水利水电工程物探技术应用与研究

曾宪强　毋光荣　郭玉松　主编

黄河水利出版社
·郑州·

内 容 提 要

本书共收录了 2007~2010 年发表在《工程物探》(内部刊物)有关工程物探方向的论文 58 篇,2010 年全国水利水电物探学术年会交流论文 37 篇,其内容包括综合物探技术,地震勘探及弹性波测试技术,电法及电磁法勘探技术,仪器及数据处理技术,隧道超前预报技术,检测、监测技术等。

本书可供水利、电力、铁路、公路等相关部门人员及工程物探与工程检测的科技人员及大专院校师生参考使用。

图书在版编目(CIP)数据

水利水电工程物探技术应用与研究/曾宪强,毋光荣,郭玉松主编. —郑州:黄河水利出版社,2010.9
ISBN 978-7-80734-884-9

Ⅰ.①水…　Ⅱ.①曾…②毋…③郭…　Ⅲ.①水利工程-地球物理勘探-文集②水力发电工程-地球物理勘探-文集　Ⅳ.①TV698.1-53

中国版本图书馆 CIP 数据核字(2010)第 169899 号

策划组稿:马广州　电话:0371-66023343　E-mail:magz@yahoo.cn

出　版　社:黄河水利出版社
　　　　　地址:河南省郑州市顺河路黄委会综合楼14层　　邮政编码:450003
发行单位:黄河水利出版社
　　　　　发行部电话:0371-66026940、66020550、66028024、66022620(传真)
　　　　　E-mail:hhslcbs@126.com
承印单位:河南省瑞光印务股份有限公司
开本:787 mm×1 092 mm　1/16
印张:41
字数:950 千字　　　　　　　　　　　　印数:1—1 500
版次:2010 年 9 月第 1 版　　　　　　　印次:2010 年 9 月第 1 次印刷
定价:100.00 元

《水利水电工程物探技术应用与研究》

编委会名单

主　　编：曾宪强　　毋光荣　　郭玉松

副主编：沙　椿　　王宗兰　　马爱玉

编　　委：才致轩　　马爱玉　　王宗兰

　　　　　王俊业　　王　波　　毋光荣

　　　　　田宗勇　　卢小林　　刘康和

　　　　　刘贵福　　汤井田　　冷元宝

　　　　　沙　椿　　李　洪　　陆二男

　　　　　郭玉松　　徐义贤　　高才坤

　　　　　常　伟　　黄衍农　　曾宪强

前　言

　　水利电力物探科技信息网在 2006 年第十届全网代表大会之时出版过一本《工程物探论文集》，作为信息网 2003~2006 年《工程物探》四年技术成果的总结，同时决定今后每届换届时都照此出版一本论文集。2010 年出版的论文集除 2007~2010 年在《工程物探》上发表的优秀论文外，还包含了部分即将在 2010 年 9 月召开的学术年会上准备交流的论文。

　　在 2006~2010 年的"十一五"期间，国家启动了数十万亿资金进行基础建设，如京沪高速铁路、南水北调工程、沪蓉高速公路、武广客运专线、西电东送、曹妃甸开发区、溪落渡水电站、向家坝水电站、杭州湾跨海大桥、国家电网建设、上海轨道交通建设、北京轨道交通建设，还有"5·12"汶川大地震后的重建和抗御 2010 年西南大旱的投入等，这些工程的完成将改善我们的生存环境和发展环境，同时也给我们提供了展示才能的大舞台。2008 年下半年以来，百年罕见的国际金融危机的冲击，使我们更加重视自主研发和创新。经历了高速发展的工程物探在这本论文集中留下了自己美丽的华章，同时也为我们下一步的发展打下了良好的基础，新的挑战在催促着我们更快地提升自己！

　　目前，国内外工程物探中爆破材料、放射性材料的使用受到了严峻的挑战，环保和可持续发展的呼声越来越高，如何在提高勘探精度和绿色环保的前提下做好工程物探也是我们面临的新课题，希望今后能看到更多这方面的论文。

　　工程物探已经走过了从艰难困苦创业到光辉灿烂收获的 60 年，我们期待着新的工程物探的壮丽篇章！

编　者

2010 年 8 月

目 录

第四篇　仪器及数据处理技术

第五篇　隧道超前预报技术

第六篇　检测、监测技术

第一篇　综合物探技术

工程地球物理探测技术的发展与未来

喻维钢[1]　刘润泽[1]　刘方文[1]　肖柏勋[2]

(1. 长江工程物探检测公司　武汉　430000;2. 长江大学　荆州　434000)

摘要:工程地球物理发展最基本的规律是在获取探测信息能力和利用信息能力的互动下,逐步向高层次发展;获取探测信息能力的突破必然引发如何利用信息的研究,反之利用信息研究的成果必将促进获取探测信息的研究。现阶段工程地球物理探测体系最大的问题是强噪声背景下弱信号检测能力的不足。未来发展的关键技术是伪随机编码观测技术,发展的战略支撑点是基于伪随机编码观测技术的时延工程地球物理探测技术。

关键词:工程地球物理　发展规律　未来发展　伪随机编码　时延探测

　　工程地球物理是应用地球物理的重要分支。20 世纪 90 年代以来,随着地球物理勘探技术、计算机信息技术的发展,在工程建设需求的强力推动下,工程地球物理得到了迅猛的发展。目前,已在工程建设前期、施工期和运行期,地质、水文和环境等地球物理问题探测或检测中发挥着重要的作用。随着工程问题需要解决的要求和复杂程度的提高,现有的工程地球物理探测技术水平已不能适应工程问题的要求。文献[1-9]对工程地球物理研究的内容、技术方法的现状、反演方法等作了较详尽的阐述。本文在回顾近年主流的地球物理探测技术发展的基础上,从宏观上把握了地球物理探测技术发展的基本规律,展望了工程地球物理探测技术发展的突破点和支撑点。

1　工程地球物理的基本原理

　　工程地球物理探测的基本原理主要是:借用石油和金属矿产等资源地球物理勘探领域的理论体系,相对资源勘探,利用的是物理场近场或远场近区场,研究对象主要针对地球浅表介质。浅表地层或浅表工程建筑是由岩土体或混凝土等介质构成的,这些介质具有不同的地球物理和力学属性,如介质的波场响应和电场响应属性,这些属性包括介质的波速 v、电阻率 ρ、磁导率 μ、介电系数 ε、密度 σ 等参数,其中主要的属性是力(或弹性)属性和电属性,也就是说,介质的差异主要表现为弹性波速度和电阻率差异。一般来讲,完整、均一、强度高的介质,表现为高阻、高速、对电磁波低吸收,当其受到各种破坏时,其波速、电阻率将变低,对电磁波表现为高吸收。但也有例外,如充填空气的岩溶,弹性波表现为低速,电阻率则为高阻,对电磁波因其多次反射而呈现高吸收;混凝土里的钢筋,弹性波为高速,电阻率为低阻,对电磁波高吸收。这些规律是由波场传播或电场分布特点决定的,工程地球物理探测就是利用物理场在不同属性介质中的不同响应特征来探测介质属

作者简介:喻维钢(1960—),男,湖北汉川人,工程师,主要从事工程地球物理及管理工作。

性差异的,探查属性差异变化界面、属性异常带,进行地质或工程单元划分,进而对岩土体或混凝土作出地质或工程评价。于是,相应地形成了工程地球物理弹性波勘探、电(磁)法勘探等。

以数学方法描述某种被观察的物理过程,地球物理勘探的过程可以抽象成从模型空间通过某种映射关系,映射成可以感知的数据空间——地球物理观测数据,即:

$$D = T(M) \tag{1}$$

式中:D 为模型响应;M 为一个包含地下模型参数集的矢量;T 为某种线性或非线性变换。

反演就是通过逆映射变换到模型空间,即:

$$M = T^{-1}(D) \tag{2}$$

式中:算子 T^{-1} 表示从数据空间到模型空间的逆变换。

映射关系见地球物理探测空间变换示意(见图1)。这种映射关系遵循地球物理学的两大模型原理:滤波器模型原理和场效应模型原理。因此,地球物理数据处理:一是基于信号分析理论的信号处理技术,主要目的是去噪、增益、提取有效信号;二是基于物理场效应理论的反演技术。

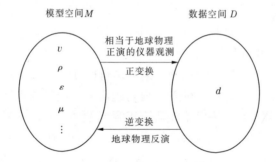

图1　地球物理探测空间变换示意

地球物理反演,就是在模型空间寻找一组参数向量,这组向量通过某种映射关系,能再现数据空间的观测数据。因此,在一定的假设条件下,反演问题可以表示为某种误差泛函的极小化问题:

$$\min \| G(M) - D \|^2 \tag{3}$$

也就是说,地球物理反演是利用模型参数和模型正演来获取合成数据 $G(M)$,再通过合成数据与观测数据的匹配估算出最佳 M 参数的。

当然,地球物理反演已经被证明是非唯一的。首先,T^{-1} 不可确定;其次,观测数据不完备;再次,观测数据含有噪声。因此,反演问题的不确定性是地球物理反演必须永远面对的课题。

2　工程地球物理发展的基本规律

工程地球物理属于观测科学,谈工程地球物理的发展规律,就需要认识地球物理的发展。围绕着地球物理基本原理,下面讨论地球物理探测技术呈现的发展脉络和基本的发展规律。

纵观地球物理探测技术的发展,地球物理勘探技术水平主要表现在获取探测信息的能力和利用信息能力的提高两方面,两者是相互促进的统一整体。探测信息的能力与式(2)的 D 相关,实质上就是地球物理的观测方法和观测手段,包含提供信息量的多少和提供什么样的信息;利用信息的能力与式(2)的 D 和算子 T^{-1} 相关,实质上就是反演能力,包含利用什么样的信息和如何利用信息。了解这些,就不难发现地球物理探测技术发展的主要脉络。

从数据观测方法的角度来看,为了获取更多、更有效的数据,地球物理学家们研究了从地面到地下的许多观测系统,总体上讲是从一维观测发展到三维观测,目前从二维到三维观测是主流,如三维地震、网络型电(磁)系统;现在人们已不满足于观测地球物理的瞬时数据,地球连续观测(时延)时代已经拉开序幕[10-16],时延4C 的地震观测已经在资源勘探领域得到成功应用,4C 电磁系统的研究工作已经取得一定进展。时延观测的出现将赋予工程地球物理新的内涵。

从数据观测手段的角度来看,不能不提及 20 世纪 60～70 年代数字地震勘探设备开发的成功,使地震勘探获取数据的能力取得突破,地震勘探技术得以迅猛发展。地震勘探的示范作用也引发了地球物理勘探其他方法技术的改造和革新,如数字声波仪、数字电磁(波)仪等也相继开发成功。为了获得更丰富的信息,人们已不满足于观测单频信息,多波多分量的地震观测技术已经实现,电法中的变频激电法、多频伪随机观测技术[17-19]已得到实现,电磁勘探多频收发技术、多分量探测技术正处于发展之中。

从利用数据的角度来看,从利用单频信息到多频信息,直至全波形,如地震层析成像从利用透射波数据到利用反射波数据,从利用运动学信息到利用动力学信息。

从地球物理反演的角度来看(如何利用信息),最初的反演模型是均匀性、线性、各向同性、简单介质,现在发展到非均匀性、非线性、各向异性、多相介质;算法从线性发展到非线性反演,从单一参数发展到多参数的联合反演。虽然这些反演方法还有许多不足,所利用的模型还不足以满足要求,但这些都是迈向"逼近"的重要发展。

了解地球物理探测技术发展的主要脉络,就可以发现地球物理探测技术就是在获取探测信息和利用信息能力的互动下,逐步迈向更高层次。获取探测信息能力的突破必然引发如何利用信息的研究;反之,利用信息研究的成果必将促进获取探测信息的研究。这是地球物理探测技术发展最基本的规律。例如,地震波动的研究最早是建立在均匀、完全弹性和各向同性三大假设的原则下进行求解的。正是由于数字地震勘探设备开发的成功,使地震勘探获取探测数据的能力取得突破,促进了地震勘探利用信息的研究,才有今天非均匀性、非线性和各向异性反演方法的出现(尽管不成熟);随着对信息利用研究的深入,人们又深感信息量的不足,才有今天多波多分量观测手段的出现。其他方法也呈现类似的发展规律。

3　工程地球物理发展的不足

必须承认,由于工程地球物理的理论体系是借用资源勘探的理论体系,同资源勘探相比,工程地球物理是小尺度、复杂的探测对象。资源勘探基于大、中尺度,多相介质甚至多相非均匀、各向异性模型的勘探体系还不能完全满足工程地球物理的要求,建立工程地球物理理论体系,弄清物理场在复杂介质的场效应特征应该是工程地球物理最大的不足。

只有基于光栅模型的勘探理论才是工程地球物理的支点,但还有一段很遥远的路要走,这有赖于整体科学技术的进步。因而,理论体系的问题还不是现阶段最关键的问题。

那么,在现有的工程地球物理探测体系下,现阶段迫切需要解决的问题是什么? 从以上对地球物理的发展脉络和规律做出的简单的剖析中,让我们沿袭最古老的哲学分析法——筛选法来找出工程地球物理现阶段关键的不足。

第一,在获取信息能力方面,已经研究出许多的观测方法和手段,数字化的采集设备已经让我们能够获取多角度的、频率较丰富的探测信息,虽然对反演而言投影还不完全,但在一般意义上够用,那么问题就出在利用信息上。

第二,在利用信息能力方面,如何利用信息是地球物理反演要解决的主题,地球物理专家们在这方面做了许多超前性的研究工作,从利用单频到利用多频数据,从单参数反演到联合反演,从简单模型到复杂模型,甚至可以在接近真实的数学或物理模型上做正反演,也就是说,我们知道用什么信息,也知道该如何利用这些信息来达到探测目的,但为什么实际效果大多却不尽如意? 重要的一点是地球物理探测的信号不像理论信号,能被利用或可被利用的信息量较少。例如,地震勘探中的地震信号提供了丰富的信息,但目前工程地震层析用得更多的依然是透射波,反射 CT 由于反射子波的难以识别而不能被广泛推广,虽然它比透射 CT 具有更高的效率;在地震反射勘探中,用到 P 波或 S 波,其他子波都被当做干扰波而浪费掉。再比如,锚杆质量检测,在锚固体系中,锚杆是一均匀的弹性杆件介质,始终是波场响应或质点运动的主体,当锚杆、砂浆和围岩都浇灌均匀、密实时,锚杆各处的振动特性不会有明显的差异;当应力波遇到锚固缺陷时,原有的振动发生变化,通过研究,这种振动的变化在时频特性上是微弱的。也就是说,锚杆检测信号往往是一种在其一阶或多阶偏导可能产生奇异的而时域难以觉察的连续平滑信号,寻找缺陷就是在近乎相同的"基因群体"中去寻找"个体差异",但目前的信号分析手段还不具备这样的"微侦察"能力。

工程地球物理探测技术也许存在许多方面的问题,通过以上的筛选,可以认为最关键的问题就是利用信息的能力不足,具体表现在我们知道利用什么信息,也知道该怎么利用这些信息,但我们却不知道这些信息在哪儿,也就是强噪声背景下弱信号识别能力不足。

4　工程地球物理发展的方向

从以上分析得出:制约工程地球物理探测技术水平的关键因素就是强噪声背景下弱信号识别能力不足。提高这种能力,一种思路是在信号处理方法上做研究,但是从傅里叶分析到小波分析,依然看不到反演所需要的信息。另一种思路是不依赖时间的全波场反演,但目前实际上很难做到这一点。这就让我们不得不怀疑获取信息的能力是否出了问题。

从发射和接收的角度来看,目前的手段是一种被动式的观测,也许我们知道发射源的频带或者能量,但发射的信号却只能任由自然的造化——"随波逐流"。也许地球物理探测获取数据的能力的终点是定点、定向观测技术,但在未来很长一段时间里也许不会看到希望的影子。电磁波通信伪随机编码技术[20-24]为我们带来可以借鉴的解决途径,它让我们得到启示:能否将被动观测变为主动观测? 能否按自己的方式去获取信息(也就是获取什么样的信息)? 如果我们发射的勘探信息是编码信息,那么接收的子波就是除具有一般物理意义下的波场特征外,还携带有编码信息的包络,通过解读包络的编码信息就可以准确地知道各种子波到达的精准时间,各种子波的提取就会变得轻松,地球物理勘探将可能从真正意义上实现自动化,多波联合反演、全波形反演就会变得可能,那时地震波、电磁波的多次干扰也许就会成为非常有用的信息,锚杆锚固缺陷检测就变得相对简单。

因此,伪随机编码的观测技术是目前工程地球物理下一个最为关键的目标(伪随机编码观测技术在工程地球物理领域由肖柏勋率先提出,我们这里是推论)。目前,伪随机编码技术在通信领域得到广泛的应用,其工作原理为:信息数据 D 经过常规的数据调制,变成了带宽为 B1 的基带(窄带)信号,再用扩频编码发生器产生的伪随机码(PN 码)对基带信号做扩频调制,形成带宽 B2(B2 远大于 B1)功率谱密度极低的扩频信号,相当于把窄带 B1 的信号以 PN 码所规定的规律分散到宽带 B2 上,再发射出去。接收端用与发射时相同的伪随机编码 PN 做扩频解调,把宽带信号恢复成常规的基带信号,即以 PN 码的规律从宽带中提取与发射对应的成分积分起来,形成普通的基带信号,然后可再用常规的通信处理解调发送来的信息数据 D,从而实现数据 D 的传输。理论和实践证明:同常规的电磁波通信技术相比,伪随机编码观测技术具有极强的抗干扰、信号识别能力,即使在信号被噪声淹没的情况下,只要相应地增加信号带宽,仍然保持可靠的通信,也就是可以用扩频的方法以宽带传输信息来换取信噪比。虽然地球物理的传播介质远比空气复杂,但地球物理观测与电磁波通信的伪随机编码技术具有类似的原理,不同的是,需要对编码信号的异变和探测距离作更加深入的研究。伪随机编码技术不仅可以应用于弹性波、电磁波探测,而且已经被证明用于电法勘探也是可行的[17-19],在伪随机编码的地球物理观测技术中,识别已知的编码要比识别单纯的子波容易得多,即便是不能百分之百地解读出编码信号,但它还是可以告诉我们"我来了",这将使强噪声背景下弱信号识别能力得到极大的提升。

除关键技术必须突破外,工程地球物理还必须有带动整个技术发展的战略支撑点。我们认为,基于伪随机编码观测技术的时延探测技术就是工程地球物理的战略支撑点,相比资源勘探而言,其具有更广泛的发展空间。

四维地球物理探测[10-16]始于 20 世纪 80 年代,当时用于监测油藏驱油情况及提高收采率。它是由三维物理探测发展演变而来的,是由通常的三维空间和时间组成的总体,勘探作业使用空间的三个坐标和时间的一个坐标,通过随时间推移观测的勘探数据间的差异来描述地质目标体的属性变化。时延探测技术最大的优势是:在随时间推移的物理探测过程中,被观测目标体会存在明显的属性变化,如岩土体温度、压力、岩土体孔隙流体性质的变化等,这将引起岩土体物理性质(力属性、电属性等)的变化,使物理场穿越目标时,可引起物理场特征(如走时、振幅、频率等)的变化。这使得我们可以通过时间推移观测的物理场数据间的差异来描述目标体的属性变化,达到认识岩土体的动态变化来预测其未来。单从这一点,就不难推测出时延探测技术在工程地球物理探测中的广泛用途。

4C 勘探是地球物理获取信息能力和利用信息能力互动下的必然产物。工程地球物理时延探测技术的研究不应限于 3S – T 空间,应包括 2S – T 甚至 1S – T 空间,把时延探测技术作为工程地球物理的方向,不仅可以以点带面,全面提高工程地球物理探测技术的水平,而且时延地球物理探测技术的解决标志着工程地球物理从瞬时探测走向连续探测,标志着工程地球物理将走向一个新的领域——动态监测。确立基于伪随机编码观测技术的时延工程地球物理探测的发展方向,不仅能提高瞬时探测的技术水平,而且会促进我们对如何获取时空探测信息,如何对时空探测信息进行时空地球物理反演进行深入的研究,这无疑对工程地球物理的发展具有重大的战略意义。

5　结语

地球物理勘探的过程可以抽象成模型空间和数据空间的转换,基于这个原理,地球物理发展规律可以概括为获取信息的能力和利用信息的能力的互动,其发展脉络在观测信息量的多少,观测什么样的信息,利用什么信息反演,如何利用信息进行反演四个方面得以体现。通过对以上四个方面影响地球物理反演因素的筛选,认为目前工程地球物理最大的不足是强噪声背景下弱信号识别能力不足,提出以伪随机编码观测技术作为解决强噪声背景下弱信号识别能力不足的突破点,以基于伪随机编码观测技术的时延探测技术作为工程地球物理发展的战略支撑点。

参考文献

[1] 曹俊兴,贺振华,朱介寿. 工程与环境地球物理的发展现状与趋势——1997 年工程与环境地球物理国际学术会议侧记 [J]. 地球科学进展,1998(5): 501-504.

[2] 赵永贵. 中国工程地球物理研究的进展与未来 [J]. 地球物理学进展,2002(2): 305-309.

[3] 朱德兵. 工程地球物理方法技术研究现状综述 [J]. 地球物理学进展,2002(1): 163-170.

[4] 成谷,马在田,耿建华,等. 地震层析成像发展回顾 [J]. 地球物理学进展,2002(3): 6-12.

[5] 李清松,潘和平,赵卫平. 井间电阻率层析成像技术进展 [J]. 地球物理学进展,2005(5): 374-379.

[6] 胡祖志,胡祥云. 大地电磁三维反演方法综述 [J]. 地球物理学进展,2005(1): 214-220.

[7] 王家映. 地球物理反演理论 [M]. 北京:中国地质大学出版社,1998.

[8] 杨文采. 地球物理反演的理论与方法 [M]. 北京:地质出版社,1997.

[9] 杨文采. 评地球物理反演的发展趋向 [J]. 地学前缘,2002,9(4): 389-396.

[10] Demshur DM. 4－D 需要精确的岩石和流体资料[J]. 范伟粹,译. 国外油气勘探,1997,11(6):754-756.

[11] Lee D S. 关于热监测的综合地震研究[J]. 傅启岳,译. 国外油气勘探,1997,9(5):622-629.

[12] Paul J,Hicks J. 油藏模拟在时间推移地震(4－D)分析中的应用[J]. 冯弘,译. 国外油气勘探,1998,10(5):632-635.

[13] Nur A. Four-dimensional seismology and (true) direct detection of hydrocarbons:the petrophysical Basis[J]. The Leading Edge, 1989,8(9):30-36.

[14] Meunier J, Huguet F. Cere-la-Ronde:a laboratory for time-lapse seismic monitoring in the Paris Basin[J]. The Leading Edge, 1998,17:1388-1394.

[15] Sonneland L, Veire H H, Raymond B, et al. Seismic reservoir monitoring on Gullfaks[J]. The Leading Edge, 1997, 1247-1252.

[16] Wang Z. Feasibility of time-lapse seismic reservoir monitoring:the physical basis[J]. The Leading Edge, 1997,16:1327-1329.

[17] 何继善,等. 双频道激电法研究[M]. 长沙:湖南科技出版社,1990.

[18] 何继善,等. 双频道数字激电仪[M]. 长沙:中南工业大学出版社,1987.

[19] 何继善,等. 论双频道幅频法的电流波形[J]. 中南矿冶学院学报,1981(6).

[20] 肖国镇,梁传甲,王育民. 伪随机序列及其应用[M]. 北京:国防工业出版社,1996.

[21] 洪嘉祥. 伪随机码调相与正弦调频复合引信[J]. 南京理工大学学报,1994(4): 56-60.

[22] 张居正. 伪随机码调相引信原理与设计[J]. 制导与引信,2000(3):1-7.

[23] 梅文华,杨义先. 跳频通信地址编码理论[M]. 北京:国防工业出版社,1996.

[24] 查光明,熊贤祚. 扩频通信[M]. 西安:西安电子科技大学出版社,1990.

充满活力的工程物理探测

王振东

（中国地质调查局　北京　100011）

摘要：本文重点介绍了工程物探的优势、应用条件、在工程中的应用效果及未来的发展趋势。
关键词：工程物探　工程物理探测　采样密度　原位测定

1　引言

工程物理探测技术是运用物理学或地球物理学的方法为各类工程服务的一类技术的总称。它既包括探查，也包括检测和监测。工程物理探测的研究对象不仅包括地球近地表的天然介质，而且包括各种地面、地下、水上和水下的人工建筑。其研究内容不仅包括目标物的空间位置和形态，而且涉及目标物本身的物理力学性质和其他物理性质。显然，上述研究对象和内容已超出工程地球物理勘探所涵盖的内容。所以，与其将工程物探作为"工程地球物理勘探"的简称，不如将其视为"工程物理探测"的简称更贴切。这样的定义将使工程物探拥有更广阔的发展空间。本文就是在工程物探的上述定义下展开的。本文还是用大家熟悉的"工程物探"这个术语，不过此"工程物探"（工程物理探测）已不是彼"工程物探"（工程地球物理勘探），而是充满发展活力的已被赋予新意的工程物探。

我国传统的工程物探始于20世纪50年代，经过50年代和60年代的初创期，70年代和80年代的成长期，从学习、借鉴、引进到消化、改进、创新，90年代已进入赶超世界先进水平的大发展时期。

50多年来，特别是改革开放后，我国物探科技工作者解放思想，开拓进取，努力为工程建设服务，使工程物探无论是队伍规模、服务领域，还是方法技术都有了迅速的发展、长足的进步。工程物探今天已是岩土工程勘察、设计、施工、检（监）测评价的重要力量。

工程物探的服务领域很宽，主要有铁路公路工程、工业与民用建筑工程、水利水电工程、火电核电工程、机场港口工程、管道运输工程、国防军事工程、环保防灾工程等，其直接的和潜在的社会经济效益极其可观，有些工作甚至关系到人民大众的生命财产安全，因而责任十分重大。

一些有识之士已经看到工程物探的巨大潜力，他们认为，工程物探技术含量高，又是一种非破损探测技术，随着相关的应用物理技术和计算机技术的迅速发展，在今后的10年乃至更长的时期内，工程物探一定会有更加快速的发展。

作者简介：王振东(1941—)，男，安徽无为人，教授级高级工程师，从事地球物理新技术开发研究及煤油、非金属、水文工程环境物探技术管理工作。

2　工程物探的优势

（1）时空采样密度大。数据采集的点距可以小到几厘米，探测深度可达数百米，由点到线、由线到面，通过纵横交错的测网，可以实现三维体积勘探。

（2）能直接提供多种物理参数和信息，如重力、磁力、放射性、温度场等背景值和异常值，被探测对象的电阻率分布、波速分布及固有振动频率等。

（3）运用数理统计学原理向测试和检测领域延伸的巨大潜力，如根据标贯击数 N 值和横波速度的相关关系，建立 N 值的经验公式；利用纵波、横波波速以及共振频率，进行公路、铁路质量无损检测、评价边坡和挡土墙的稳定性等。

（4）不破坏环境。除某些电法要向地下供电外，浅层地震勘探已基本不用炸药震源，对探测对象基本上不产生破坏作用。

（5）速度快，效率高，成本低。

3　工程物探的应用条件

（1）只有被探测对象的物性存在时空差异或符合一定地球物理条件，才能有效地应用某种工程物探方法。

（2）工作上需遵循由已知到未知、由简单到复杂的原则。因为物理探测是对天然或人工物理场进行观测，得到的是原位测定的物理参数在空间的分布或随时间的变化，如电阻率剖面、电磁波、弹性波时间剖面或介质中不同场的空间分布。当有钻孔柱状图和相应的地球物理测井资料时，才有可能作进一步的地质解释。同一种岩石由于结构、孔隙度和含水性不同会有不同的物性值，不能因为同一物性值对应不同介质就说物探存在多解性，重要的是，解释时必须遵循由已知到未知的原则。

（3）处理解释时要注意三个结合，即物探资料与地质资料结合、定性解释与定量解释结合、正反演方法结合，以此求得逼近探测研究对象的真实情况。

4　工程物探的作用

4.1　在工程不同阶段的作用

在工程前期工作中，工程物探在查明宏观地质构造格局、场地水文工程地质条件和评价区域稳定性方面发挥着先锋作用，广泛应用于各类工程建设项目的选址选线。

在工程施工过程中，工程物探在解决一些地质难题中发挥特殊作用，如预测预报涌水、冒顶、塌方、岩爆等地质灾害，保证施工顺利进行。

4.2　在工程勘察中的作用

应用物探划分地层，探测地下管线、洞穴、孤石和其他障碍物，确定基岩或持力层埋深、地下赋水情况，探测破碎带、断层及有无软弱层等已为工程界所熟知。由于应用了物探技术，明显提高了勘察质量，缩短了勘察周期，降低了勘察成本。

4.3　在工程检测和监测中发挥越来越大的作用

如用物探检测基坑变形和地基沉降，评价地基改良效果，无损检测工程桩、防渗墙、堤防险工段和坝体质量以及水坝渗漏等，已得到越来越广泛的应用。在检测建筑构件的细小裂缝和钢筋配比以及古旧建筑的老朽程度方面也取得初步效果。上述工作可归纳为以检测为基础的工程质量评价。

4.4　工程物探原位测定的某些物性参数,可直接为工程设计服务

如电阻率低的地点可作为避雷针的良好接地点,电阻率高且强度好的地基则可作为输电线路线架的基础。地下管线防腐设计需要管线附近的电阻率分布资料,构筑物的抗震设计需要地基振动特性资料,精密仪器和精密机床的安装需要地基振动资料。机场的罗盘标定场需要建在地磁场平稳的场地,而核电站的核岛要求建在稳定的完整基岩上等。再如工程开挖前可通过地震勘探查明土石方量,还可根据波速资料选择开挖机械、开挖方法,进而预算开挖费用。

由此可见,工程物探不仅仅是工程勘察的一部分,它的作用和功能,近20年来已大大拓宽。

5　工程物探的发展

工程物理探测技术虽源于资源勘探中的物理探矿和工业上的无损探伤,但今日的工程物探与三四十年前相比,已有很大发展。

首先,其方法从单一的电法和电测井发展到涵盖物探的全部六大类方法。除一些传统的物探方法外。还开发出一些特有的方法和技术,如探地雷达技术、基础与桩的动测技术、跨孔地震技术、电阻率、电磁波和弹性波层析技术、面波勘探技术等。

其次,仪器有了长足的改进。众多科技人员为适应工程项目现场快速实时采集处理的要求,相继开发出一批集硬、软件功能于一体的多功能仪器和专用仪器。工程物理探测仪器正在形成自己的探测体系。多功能仪器如电磁法仪器和多波探测仪器,专用仪器如声波仪、探地雷达、管线探测仪、全自动数字回弹仪、楼板测厚仪、钢筋锈蚀仪、金属探伤仪、混凝土构件裂缝测深仪和测宽仪、钢筋位置测定仪、工程桩动测仪等。国产仪器中除多功能电磁法仪器和探地雷达外,声波仪、管线探测仪和工程桩动测仪均可与国外仪器媲美,而多波工程勘察与工程探测仪器已在功能和技术综合指标方面达到或超过国外先进水平。

方法技术的发展和仪器设备的进步使工程物理探测的领域不断拓宽,而且各种智能型探测仪器更使工程物理探测如虎添翼。直观的图像和曲线缩短了工程物探界和岩土工程界的专业距离。而岩土工程界与工程物探界的密切合作,不但提高了岩土工程的科技含量,而且有效地保证了工程质量。

6　后话

作者在这里提出"工程物理探测"这个词组,只是想更确切地描述工程物探的发展现状和实际内涵,进一步宣传工程物探的优势与作用,强调工程物探的应用条件,以求工程物探工作者和岩土工程界人士在工程建设的全过程中更好地发挥工程物探的作用。这是一位退休物探老兵的心声。不当之处,欢迎读者朋友批评指正。

参考文献

[1] 王振东. 我国弹性波探查与检测技术取得重大进展[J]. 中国地质,1996(8).

[2] 贺颢,王振东. 工程物探在我国的发展前景[J]. 水文地质工程地质,1998(2).

[3] 王振东. 我国水文工程环境(灾害)物探50年回顾[J]. 工程物探,2000(3).

综合物探在坝基勘察中的应用

刘康和　　林洪辉　　杨萍

（中水北方勘测设计研究有限责任公司　天津　300222）

摘要：采用高密度电法、浅层地震折射波法和瑞雷波法等综合物探技术，对某水库大坝坝基进行勘察，基本查清了覆盖层厚度的变化规律，取得了较好的应用效果，为工程设计提供了科学依据。

关键词：综合物探　坝基勘察　覆盖层厚度

1　概况

某水库拟建沥青混凝土心墙坝，最大坝高 107 m，坝顶长 480 m，坝顶高程 1 203.5 m，正常蓄水位 1 200 m，总库容 0.298 亿 m³。坝址区山体陡峭，河谷深切，冲沟发育，基岩裸露，河谷宽约 70 m，河床地面高程约 1 146 m，两岸山体峰顶高程约 1 540 m，岸坡陡峭。

岩层总体走向 NW310°~NW320°，倾向北东或南西，倾角 50°~80°，出露地层为古生界石炭系和新生界第四系地层，由老到新为：石炭系中统碎屑质灰岩、大理岩、砂岩等；第四系冲洪积、坡积物，主要为砂卵砾石和碎石土等。

2　工作方法与技术

由于受场地条件的限制，在坝轴线上游 150 m 和下游 150 m 的区域内垂直坝轴线（顺河向）布置 3 条物探测线，测线间距约 20 m。为便于比较，全部测线均进行高密度电法和浅层地震折射波法探测，部分测线实施瑞雷波法探测。

（1）高密度电法。采用温纳尔装置，单一排列为 60 根分布式电极，基本电极距 3 m，排列长度 177 m，电极隔离系数 16，供电电压 177 V。仪器为国产 WGMD – 3 型高密度电法仪。

（2）浅层地震折射波法。采用相遇观测系统，24 道记录，道间距 10 m，偏移距 10 m。爆炸震源。时间域采样率 250 μs，采样点数 2 048 个，全通滤波，浮点放大。仪器为国产 DZQ24 型工程地震仪。

（3）瑞雷波法。采用完整对比观测系统，道间距 2 m 或 5 m，12 道记录，单一排列长度 22 m 或 55 m，偏移距为 20 m 或 5 m。为便于对比分析提高解释精度，每个排列均采取中间接收相向激发的勘测方式。锤击或爆炸震源。仪器设备同浅层地震折射波法，4 Hz

---

作者简介：刘康和，男，(1962—)，河南遂平人，高级工程师，物探专业总工程师，从事工程物探技术管理与研究工作。

低频检波器。

3　成果分析

在资料整理与解释之前,首先根据各物探方法所获基础资料结合钻孔成果,确定物性特征明显且层位相对稳定的标志层,并在此基础上对原始资料进行层位追踪解释。因本工区地层结构相对简单、层次清晰,经分析确定:低速、低电阻率的表层为松散砂卵砾石层,高速、高电阻率的基岩为明显标志层。

3.1　高密度电法

对野外实测的高密度电阻率数据,应用高密度电法处理软件进行编辑、圆滑、调整等处理后,再利用最小二乘法进行反演处理,最终获得高密度电阻率断面图。

本次测试所获得的电阻率断面图均能客观地反映地表以下垂直方向和水平方向岩层结构的变化特征,经分析后认为,该区电阻率剖面图具有以下规律:电阻率剖面图上、下高,中间低,层次分明。表层电阻率值一般为 1 100 ~ 2 500 Ω·m,变化较大,为地表干燥砂卵砾石层的反映,深度一般小于 2 m。随电极隔离系数的增大,电阻率先降低后变高,剖面中部电阻率最低,其值为 300 ~ 1 800 Ω·m,推测为含水砂卵砾石层在电阻率剖面上的反映。剖面下部由于出现基岩使得电阻率升高,其值为 2 000 ~ 4 000 Ω·m,详见图 1 ~ 图 3。

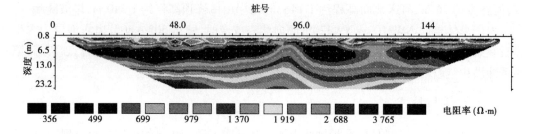

图 1　坝址左岸测线高密度电法反演断面图

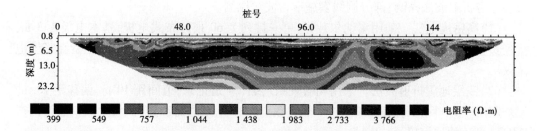

图 2　坝址中间测线高密度电法反演断面图

对比图 1 ~ 图 3,下伏基岩起伏变化具有下述规律:①左岸测线上游基岩埋深较浅且中间有隆起现象,埋深 11 ~ 20 m;②中间测线上游和下游基岩埋深相对较浅且中间有凹陷现象,埋深 20 ~ 30 m;③右岸测线上游基岩埋深较浅,埋深 23 m 左右,而下游较深,推测埋深 30 ~ 35 m。

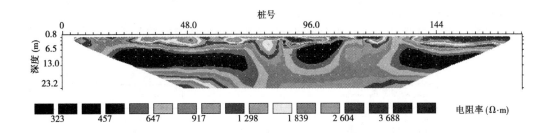

图 3　坝址右岸测线高密度电法反演断面图

上述分析说明:左岸较薄,至右岸逐渐变厚,形成左薄右厚,具有相对深槽的空间展布规律,该电法探测基岩面的空间变化规律与浅层地震折射波法的解释成果是一致的。

3.2　浅层地震折射波法

由野外获得的原始波形曲线,在波形对比及相位对比的基础上,读取各道初至时间,应用 Excel 电子表格绘制相遇时距曲线(见图 4)。然后应用 t_0 法进行解释,具体解释过程如下:

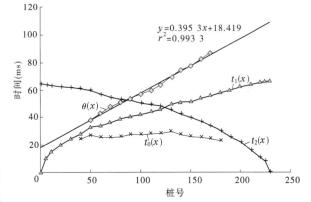

图 4　坝址右岸测线时距曲线

(1)绘制时距曲线 $t_1(x)$、$t_2(x)$,求出互换时间 T,并计算表层有效速度 v_1,确定时距曲线代表的地层数,找出时距曲线相遇段。

(2)对时距曲线相遇段用公式 $\theta(x) = t_1(x) + T - t_2(x)$ 计算并绘制 θ 线。

(3)对时距曲线相遇段用公式 $t_0(x) = t_1(x) - T + t_2(x)$ 计算并绘制 t_0 线。

(4)利用公式 $v_2 = 2 \times (x_2 - x_1) \div [\theta(x_2) - \theta(x_1)]$ 计算下伏地层界面纵波速度 v_2。

(5)利用公式 $h(x) = v_1 \times v_2 \times t_0(x) \div [2 \times (v_2^2 - v_1^2)^{1/2}]$ 计算测线上各检波点处基岩埋深 h。

地震探测成果表明:该坝址地层可分为两层结构,其中,第一层为第四系冲洪积砂卵砾石层,饱含水,砂卵砾石粒径大,一般纵波速度为 1 900 ~ 2 300 m/s,厚度为 11 ~ 33 m,且具有左岸较薄,至右岸逐渐变厚的特征,即左岸测线覆盖层厚度为 11.6 ~ 15.5 m,中间测线覆盖层厚度为 23.0 ~ 30.5 m,右岸测线覆盖层厚度为 25.0 ~ 32.5 m,形成左薄右厚,具有相对深槽的空间展布规律。下伏基岩纵波速度为 4 800 ~ 5 500 m/s。

3.3　瑞雷波法

瑞雷波在非均匀介质或层状介质中传播时存在频散特性。同一频率的瑞雷波速度在水平方向上的变化反映出地质条件的横向不均匀性,不同频率的瑞雷波速度变化则反映地层在垂向上的变化。相对于体波而言,瑞雷波具有更强的能量和更低的频率,并且随传播距离加大其能量衰减较慢,易于分辨且不受地层速度大小排序的制约。

将野外实测的瑞雷波原始记录(见图 5)利用专用处理软件(SFKSWS)进行分析处

理,其步骤为:瑞雷波记录文件输入→显示和检查实测数据→圈定面波数据窗口→F-K域搜索基阶面波频谱峰脊→确定基阶面波频谱范围→生成面波频散曲线→地质分层→绘制反演拟合曲线→打印输出结果(见图6)。

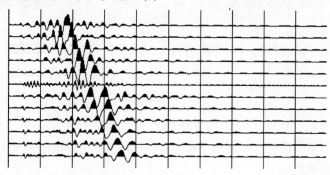

图 5　坝址中间测线瑞雷波探测原始记录

对于瑞雷波探测的数据处理本着由已知到未知的原则,在参考已知钻探成果的前提下,充分结合高密度电法、浅层地震折射波法的探测成果,对反演解释出的物性层位进行合理的归纳合并。

在探测深度范围内,本测区各岩性层瑞雷波速度均呈递增态势,作为标志层之一的第四系松散砂卵砾石层的瑞雷波速度最小,一般为 400～850 m/s,厚度为 15～32 m;而另一个标志层——基岩的瑞雷波速度值最大,一般为 1 580～1 800 m/s。

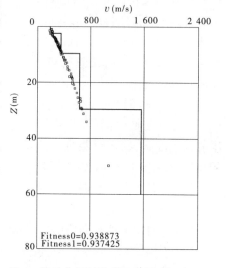

图 6　坝址中间测线瑞雷波探测解释成果

4　结语

该水库枢纽工程采用高密度电法、浅层地震折射波法、瑞雷波法探测覆盖层厚度,各种方法对其均有定量解释结果。如前所述,三种方法解释结果基本一致,且中间测线布有钻孔 ZK13 和 ZK15,它们揭示的覆盖层厚度分别为 28.2 m、18.0 m,而综合物探解释覆盖层厚度分别为 27.5 m、18.0 m,二者吻合很好。由此表明,本次物探工作方法的选用是合理的,施测技术是可行的,完全满足地质勘察要求,取得了较好的经济效益和社会效益。

参考文献

[1] 王兴泰. 工程与环境物探新技术新方法[M]. 北京:地质出版社,1996.

[2] 刘康和,等. 高密度电阻率法的初步试验[J]. 勘察科学技术,1992(2).

[3] 刘康和. 物探在南水北调中线天津干渠勘探中的应用[C]//李广诚,等. 南水北调工程地质分析研究论文集. 北京:中国水利水电出版社,2002.

某水电站库区滑坡体综合物探勘察效果

邓希贵

（四川中水成勘院工程勘察有限责任公司 成都 610072）

摘要：通过某水电站库区滑坡体勘探实例，介绍采用地震初至折射法和高密度电法相结合的物探方法，探测滑坡体厚度、范围及滑动面起伏形态等地质问题所取得的地质效果，为综合分析、评价滑坡体的稳定性及地质灾害防治提供了基础勘探资料。
关键词：水电站库区 滑坡体勘探 综合物探 效果分析

我国山地和丘陵面积广大，尤其在中西部地区普遍发育，地质构造复杂，是地质灾害多发地区之一，特别是水电站库区滑坡体的存在，对电站的建设和安全运行构成严重威胁。因此，探明滑坡体的规模、范围，对研究分析及评价滑坡体的稳定性具有十分重要的意义。本文以四川境内某水电站库区滑坡体勘探为例，结合各滑坡体厚度大、滑坡体前缘江水和后缘覆盖层相对较薄（或基岩出露）等特点，工作中采用地震初至折射法和高密度电法相结合的综合物探方法，用以探测滑坡体厚度、滑床形态和滑坡体分布范围等，综合物探探测结果与后续地质钻探验证结果完全吻合，地质效果明显，为综合分析、评价滑坡体的稳定性及地质灾害防治提供了基础勘探资料。

1 工程概况

某水电站位于四川省岷江上游中段，该电站坝型拟为砾石土心墙堆石坝，最大坝高133 m，坝顶长度383.14 m，装机容量42.0万 kW。库区内滑坡体较发育，具有一定规模的滑坡体有多处，滑坡体方量巨大，水库蓄水后岸坡再造问题较为突出，库岸稳定性较差，对工程的安全构成严重威胁。为确保水电站建成后安全可靠的运行，物探按照工程地质勘探任务要求，对库区滑坡体进行了前期物探工作。

水草坪滑坡体地貌形态明显，呈圈椅状。滑坡体后缘滑坡体擦痕、滑距明显，滑距大于30 m。滑坡体后缘高程2 020 m，前缘高程1 625 m，顺河向长约1 400 m，顺坡向长约860 m，滑坡体上有滑动鼓丘和两级平台，滑体上部有拉张裂缝，两侧有剪切裂缝。由于滑坡体汇水面积较大，滑坡体内冲沟发育，沿河边及滑坡体中部有较多的泉点出露。1933年发生7.5级叠溪海子地震，滑坡体曾经滑动。1961年5月洪水引起地表及房屋裂缝加宽，后因公路修建，加强地表水和地下水的疏排，滑坡体内裂缝没有进一步加宽的迹象，滑体现状基本稳定，属牵引式滑坡体。

作者简介：邓希贵（1960—），男，吉林农安人，专业副总工程师，高级工程师，主要从事水电水利工程物探及工程质量检测的方法技术的研究与应用工作。

滑体主要由碎块石土组成。在滑坡体后缘滑体以相对松散的块径较小的碎块石颗粒为主,含土量较高;滑坡体前缘及靠近现代河床岸坡部位,分布有体积相对较大的碎块石和漂卵砾石(河边部位),含土量较少。滑床基岩为千枚岩,并有石英岩脉穿插其中。

该滑坡体物性特征是:滑体的地震波速及电阻率自滑坡体后缘至前缘均呈逐渐增大的趋势,滑坡体后缘滑体以相对松散的块径较小的碎块石颗粒为主,含土量较高;前缘部位滑体由粒径相对较大的块石和漂卵砾石等滑体物质组成,其结构特征是相对应的。物性差异明显,具备开展地震勘探和电法勘探的地球物理前提条件。

2　工作布置

按地质专业勘探任务要求,在水草坪滑坡体部位共布置了5纵3横共计8条测线,其中 Z_1、Z_2、Z_3、Z_4 和 Z_5 5条纵测线均从岷江右岸水边起布向右岸山坡滑坡体后缘以上部位陡崖上,H_1、H_2 和 H_3 3条横测线分别布置在滑坡体后缘、中部和前缘部位。横测线的布置均大致沿等高线展布。图1为水草坪滑坡体物探工作布置图。

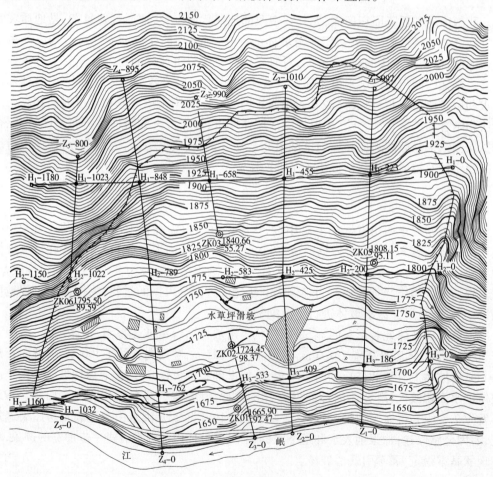

图1　水草坪滑坡体物探工作布置图

采用地震折射波法和高密度电法进行综合勘探,即除在 8 条剖面上开展地震折射波法外,在 Z_2、Z_5、H_1 和 H_2 等 4 条测线上布置了高密度电法测试工作。地震折射波法检波点距为 20 m,高密度电法测点距为 6 m。

地震折射波法使用国产工程地震仪进行数据采集,28 Hz 垂直检波器接收,两重相遇追逐观测系统,以炸药爆破方式激发;高密度电法使用 DUK – 2 高密度电法测量系统进行数据采集。

3　资料处理

地震折射资料处理工作将野外采集的原始地震记录输入计算机,经格式转换,读取初至。定量解释采用 t_0 法,用 $t_0(x)$ 曲线按 $h = vt_0/(2\cos i)$ 求得滑体厚度,并以法线深度构制滑床顶板界面的起伏形态;再依据 $\theta(x)$ 确定滑床顶板界面纵波速度。上述过程均是在计算机上采用地震折射解释专用程序进行的。

高密度电法数据处理采用 Res2dinv 软件包处理后,可得到视电阻率反演成像色谱图。反演计算采用基于半牛顿最小二乘迭代法,将理论曲线与实测曲线作对比(拟合),获得最佳拟合效果的电阻率成像色谱图。反演成果信息丰富,图像直观。

4　成果分析

水草坪滑坡体测区地震折射时距曲线均呈二层结构:第一层地震纵波波速 v_1 = 1 100 ~ 1 600 m/s,为松散堆积、崩坡积等滑体的反映,滑体成分以碎块石土为主;第二层地震纵波波速 v_2 = 3 800 ~ 4 200 m/s,为基岩顶板滑面的反映。

分析该区高密度电法反演色谱图可见,表部色谱图呈不均匀高、低阻相间的晕团,其电阻率变化多在 150 ~ 800 Ω·m 之间,推测为滑体内部不均匀堆积碎块石土层变化的反映;而色谱图下部呈现不均匀的高阻晕团,电阻率变化范围 800 ~ 1 500 Ω·m,推测为滑床基岩的反映。

图 2 为 Z_3 测线剖面综合物探成果。Z_3 测线是布置在滑坡体中部顺坡向的纵测线。该测线长度为 990 m,而相对高差达 420 m,地形坡度较大。Z_3 测线滑体为松散堆积碎块石,土层厚度在 35 ~ 85 m 之间变化,滑面即相对完整的千枚岩顶板界面。其中,在 250 ~ 300 桩号之间滑面有一隆起的平台,该部位滑体厚度约 65 m;320 ~ 540 桩号段滑体厚度相对较厚,平均厚度可达 83 m 左右,该段滑面略呈凹形状;自桩号 540 至滑坡体后缘,滑体厚度变化平稳,厚度均一,多在 50 m 左右变化;在测线大号端部位滑体厚度约 35 m。滑体前缘抵入江中,滑面高程 1 580 m 左右。

图 3 为 H_2 测线综合物探成果。该测线位于滑坡体中部,为一条基本沿地形等高线布置的横测线,长度 1 150 m。H_2 测线滑体厚度变化在 25 ~ 90 m,其成分主要以松散堆积碎块石土层为主,滑床为相对完整的千枚岩。自桩号 970 至测线小桩号(滑坡体上游)方向地形平缓,该地段滑体厚度较大,且厚度变化不大,平均为 80 m 左右;而至大桩号方向虽然地形起伏变化相对较大,但该测段滑体厚度表现为浅些,滑体厚度比较均匀,变化范围小,多在 50 ~ 70 m 之间变化,平均为 60 m 左右;最浅处位于测线的两端部位,滑体厚度约 25 m。

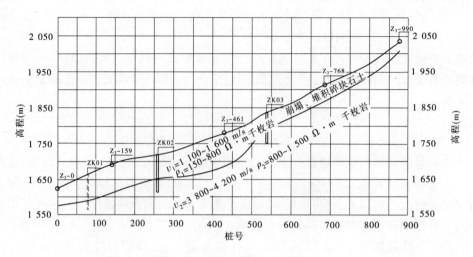

图 2 Z_3 测线剖面综合物探成果

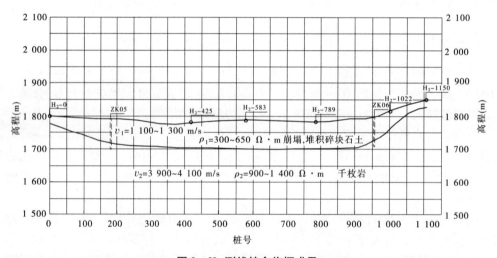

图 3 H_2 测线综合物探成果

综合分析水草坪滑坡体物探成果表明,两种物探方法解释的滑体厚度变化及滑面起伏形态基本趋于一致。滑体厚度在 20～90 m 之间变化,总的趋势是自滑坡体前缘上游至后缘下游大部分地段滑体厚度较厚,多在 60～80 m 之间变化;其他部位滑体厚度相对较薄,一般为 30～50 m。基岩以相对完整的千枚岩为主,并有石英岩脉穿插其中,基岩顶板为滑动面。

滑面倾向前缘,滑体前缘滑面高程在 1 600 m 左右,自上游至下游滑面形态呈 W 形,前缘和中间部位滑面起伏相对平缓,后缘部位滑面起伏较大。除滑坡体上、下游地段外,自前缘→中部后段→后缘部位,滑面形态为平缓→较陡→较平缓状,平均坡度变化为 18°～35°～25°。滑坡体上游侧中部至后缘坡度较下游侧中部至后缘滑面为缓,特别是在后缘下游部位滑面上升明显,呈陡立状,滑面坡度在 45°以上。

5　钻探验证

在完成水草坪滑坡体勘察物探工作不久,在该测区布置了 5 个钻孔进行勘探,其中 ZK01、ZK02 和 ZK03 3 个钻孔位于物探 Z_3 测线的 $Z_3 - 98$ 桩号上游侧 18 m 处、$Z_3 - 285$ 桩号和 $Z_3 - 593$ 桩号处,而 ZK05 和 ZK06 钻孔分别布置在 Z_1 测线的 $Z_1 - 474$ 桩号下游侧 8.6 m 处和 Z_5 测线的 $Z_5 - 386$ 桩号偏下游 9.4 m 处,钻孔布置见图 1 所示。物探成果与钻探揭示资料对比见表 1。

表 1　物探成果与钻探揭示资料对比

物探成果		钻探资料		相对误差（%）	说明
桩号	滑体厚度（m）	孔号	滑体厚度（m）		
$Z_3 - 98$	78.8	ZK01	76.3	3.28	钻孔位于测线上游侧 18 m 处
$Z_3 - 285$	74.2	ZK02	77.4	4.13	
$Z_3 - 593$	36.6	ZK03	32.6	12.2	
$Z_1 - 474$	80.5	ZK05	77.8	3.45	钻孔位于测线下游侧 8.6 m 处
$Z_5 - 386$	74.8	ZK06	72.8	2.75	钻孔位于测线下游侧 9.4 m 处

由表 1 可以看出,5 个验证钻孔除 ZK03 孔处物探解释成果相对误差为 12.2% 外,其他 4 个钻孔所揭示的滑体厚度与物探解释成果相对误差均小于 5%。可见,物探成果与钻探资料验证情况是完全吻合的。

6　结语

在大型水电工程库区滑坡体勘探过程中,首先采用物探方法进行面积性的探测,然后适当布置少量的钻孔验证,进行查明滑坡体厚度、范围及滑动面的起伏形态等地质问题,是一种既经济又快速且行之有效的勘探方法之一。这种勘探方法可为综合分析、评价滑坡体的稳定性及地质灾害防治提供基础勘探资料,并对工程建设具有重要的指导意义。

参考文献

[1] 王俊如. 工程与环境地震勘探技术[M]. 北京:地质出版社,2002.
[2] 董浩斌,王传雷. 高密度电法的发展与应用[J]. 地学前缘,2003(10).

工程物探在工程地质勘察中的应用

刘宗选　　曾宪强　　张志清

（中国水电工程顾问集团昆明勘测设计研究院　昆明　650041）

摘要：本文结合工程实例，介绍了工程物探在工程地质勘察中用于探测坝体渗漏部位、地基岩溶的平面及空间分布形态、断层构造岩带的分布范围等地质问题的应用情况，并探索工程物探与地质分析相结合、运用钻探验证的综合勘察方法，取得了较好的效果。

关键词：工程物探　工程地质勘察　渗漏探测　岩溶探测　断层带探测

1　引言

工程地质勘察是一项系统工程。要完成一项特定的工程地质勘察任务，需要多工种、多种方法相结合协同工作，而且对工程区地质体的认识不是一次工作就可以完成的，它需要由点到面、由浅入深、由表及里的实践—认识—再实践—再认识，使认识不断深化，逐渐接近客观实际。

工程地质勘察涉及测量、卫星遥感成像技术、地理信息系统（GIS）、地质测绘、工程物探、工程钻探、坑槽洞探及岩、土、水试验等专业。为查明某一工程地质问题往往需要采取两种以上的方法工作。就工程物探而言，它有电法勘探、电磁法勘探、地震法勘探、声波测探、层析成像、综合测井等方法，而每一方法又可以分为多种不同的具体工作方法。最近我们在某机场建设的勘察工作中为了查明一个地质问题同时用高密度电法、瑞雷波法、浅层地震折射波法等，最后用钻孔验证，取得了较好的效果。

2　勘探方法辨析

在工程地质勘察工作中，地质工程师仅凭传统的常规方法无法完成对地质体特征的认识，需要各工种多种方法协同工作才能完成。这里只简单介绍勘探（物探、钻探）工作在工程地质勘察中的适应性和作用。

工程物探有成熟的理论、先进的生产设备和工作方法，根据需要能快捷地采集地下一定深度范围的多种不良地质现象的物理特征信息。通过每条测线的物探工作可获取不同测线上的地质信息，再把全部测线得到的成果按其实际位置进行排列、组合，从而得到一定空间范围内的地质信息。但物探是一种间接方法，其成果解释具有多解性，在地质勘察中多数成果只能定性或半定量，且要借助钻探等资料验证，只有少数成果可以定量。

钻探、坑槽洞探等能直观、准确地揭示不良地质体的平面和空间位置，但是只是一孔

作者简介：刘宗选（1935—），男，辽宁绥中人，教授级高级工程师，主要从事地质勘探和技术管理工作。

之见。物探、钻探、坑槽洞探等方法能科学地组合、正确地利用则是最佳的勘察方法。

3　工程实例分析

3.1　某水库大坝安全鉴定

3.1.1　某水库简况

该水库始建于1958年10月,至1960年10月完成,坝高42 m,1976年再次加高5.41 m,至今水库最大坝高为47.41 m,总库容9 025万 m^3 ,兴利库容6 870万 m^3 ,坝顶长450 m,坝顶宽9.8 m,内坝坡坡比1∶3.0～1∶4.0,外坝坡坡比1∶2.5。坝型为黏土宽心墙坝。

3.1.2　任务要求

由于大坝下游坡长期观测孔地下水位突然升高,市水务局和市规划设计院为了查明原因,并同时作大坝安全鉴定,需要做一定量的勘探工作,其中物探工作委托中国水电工程顾问集团昆明勘测设计研究院完成,最初提出的要求主要有:

（1）心墙在防渗性能上是否存在较大的渗漏区域;

（2）F5断层带上部是否有裂缝;

（3）查清坝体结构,即心墙、坝壳料、河床冲积层形态;

（4）坝体物理力学性质。

最终经过协商,主要查清两个问题:

（1）心墙是否存在较大渗漏区域;

（2）大坝的坝体结构。

3.1.3　工作方法

根据任务要求决定采用物探与钻探相结合的勘探方法。本着从已知到未知的原则,先打部分控制孔,继而选用高密度电法、大地电磁法、瑞雷波勘探法、探地雷达法、电磁波CT等开展工作。图1为坝轴线位置电阻率剖面及其对应的地质分析剖面,从中可以看出,其在坝体的分层结构和软土体的位置方面均有较好的对应。

3.1.4　探测结果

物探探测结果没有发现坝体有集中渗漏区,但发现7个低电阻率和低波速区,经钻孔验证上述异常为松软土体,地下水位高于临近区域,故形成低电阻率和低波速异常。图2为其中的一个异常,图2(a)、(b)分别为瑞雷波波速剖面和高密度电法电阻率剖面,在图

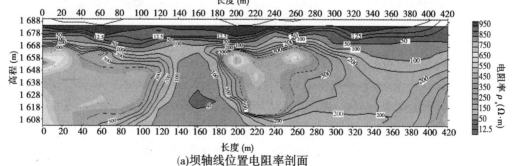

(a)坝轴线位置电阻率剖面

图1　坝轴线位置电阻率剖面及其对应的地质分析剖面

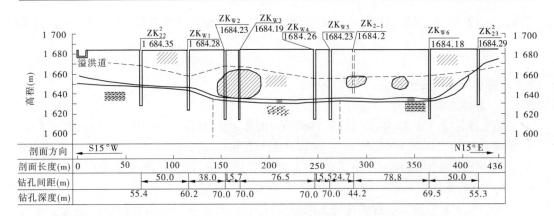

(b)坝轴线位置地质分析剖面

续图 1

中圈示位置,瑞雷波波速剖面上表现为低波速特征,高密度电法电阻率剖面表现为低电阻率特征,经钻孔验证为松软土体。

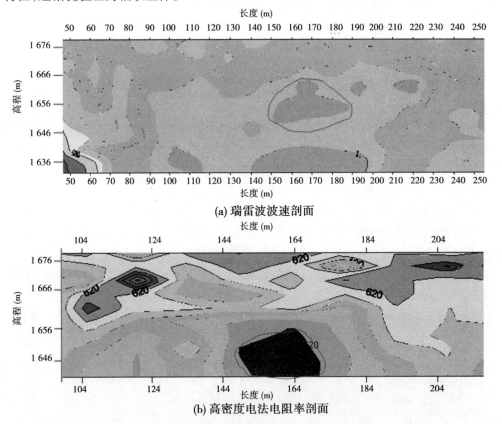

图 2　瑞雷波波速剖面和高密度电法电阻率剖面

　　防渗心墙土体及坝壳料的电阻率、弹性波速均无明显差异。经地质工程师对钻孔岩芯鉴定,室内试验颗粒构成、渗透系数等指标判断,心墙土料和坝壳料二者上述指标均很接近,无明显差别,故物探成果无明显差别是合理的。事实上,大坝经过近50年的运行,所谓的坝壳料经风化后已与心墙黏土料的性质差别不大,大坝整体已接近均质土坝。

3.2　某机场工作区地基勘察

3.2.1　任务要求

该机场工作区建筑群地基勘察范围约4.2 km²,需物探专业查明的两个地质问题是:

(1)岩溶发育程度,岩溶洞穴发育规律及平面和空间分布位置;

(2)红黏土的厚度及分布规律。

3.2.2　工作方法

为查清上述问题,物探采用了高密度电法、浅层地震折射波法、瑞雷波法和钻孔电视观察四种方法,并采用钻探验证。

3.2.3　探测成果分析

通过33 km高密度电法剖面、14 km浅层地震折射波法剖面和95个点的瑞雷波法测量的综合物探工作,共查出溶洞16个,溶蚀裂隙159处,长度达8 500 m,将上述物探工作成果与钻探相结合,绘制出精度较高的红黏土覆盖层等厚度图(见图3)。红黏土厚度及岩溶洞穴经钻孔验证,准确度较高,这个效果是其他勘探手段很难取得的。图4所示为其中一处溶洞在电阻率剖面上的反映,低电阻率特征较为明显,经钻孔验证(见图5)为黏土填充的溶洞。

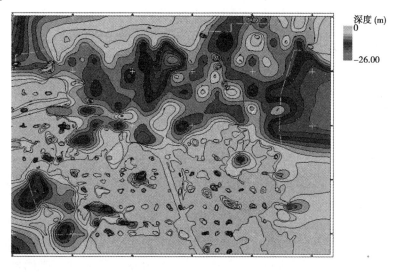

图3　第四系红黏土覆盖层等厚度图

3.3　某机场F10构造岩带勘察

3.3.1　任务要求

断层F10是一条区域性断裂,长约30 km,断层带物质由断层泥、角砾岩透镜体岩块组成,构造岩带宽窄不一,最大宽度超过100 m。F10断层通过横山挖方区中偏北部。因为横山挖方料灰岩考虑用做混凝土骨料,岩体的块体大小和强度十分重要,所以要准确地了解F10构造岩带的规模和分布范围。F10在挖方区通过长约1 km,没有露头,全为红黏土

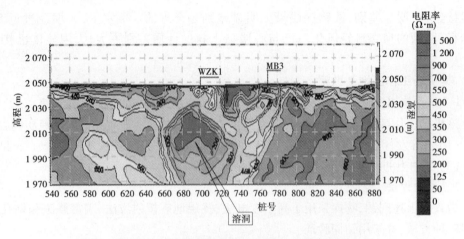

图4　WT1 测线电阻率剖面溶洞处显示为低阻

图5　WT1 剖面低阻异常处钻孔 ZK1 验证情况

覆盖。

3.3.2　工作方法

为了查清 F10 构造岩带的规模及分布,采用物探和钻探相结合的方法勘探,然后进行综合地质分析判断。物探同时使用高密度电法、瑞雷波法和浅层地震折射波法。

3.3.3　探测成果分析

物探探测结果比较好,构造岩带的电阻率、波速与非构造岩带的电阻率、波速有明显差异(如图6所示,F10 断层在电阻率剖面和瑞雷波相速度剖面上均有较好的反映),经钻孔验证和地质判断,物探成果可信。根据物探成果和钻孔资料,比较准确地确定了挖方区 F10 构造岩带的范围。图7所示的钻孔 ZK2095 为 F10 断层构造岩带内的深孔,其岩芯性状反映出基岩(灰岩)在断层影响带内非常破碎的情况,与物探的低电阻率和低波速特征对应较好。

4　结语

(1)从三个实例可以看出,在工程地质勘察过程中,多种勘探方法相结合,扬长避短,互相补充,会得到理想的结果。钻探可以直观准确地了解某一点的信息,它可以给物探提

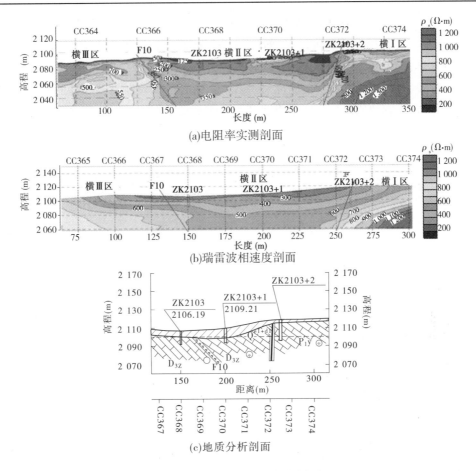

(a)电阻率实测剖面

(b)瑞雷波相速度剖面

(c)地质分析剖面

图 6　L2042 物探成果与地质分析剖面

图 7　ZK2095 钻孔 F10 断层构造岩带岩芯照片

供某一点的已知信息,也可以为物探成果解释提供验证的信息。但是要查明某一范围内面上的地质问题,工程物探方法有其他勘探方法不能替代的作用。

(2)物探勘察只要条件允许,应该合理地选用两种以上方法进行工作,其作为补充验证,可提高成果精度。

(3)物探工作的全过程中应与地质工作人员经常交换信息,互相沟通,将物探成果分析的多解性融于交流、沟通之中,确保准确快速地提高工作成果。

(4)物探是一门涉及计算机技术、数学、物理、数字信号处理等多领域的综合性应用学科。近几年,随着各项科学技术的快速发展,物探技术也有了长足的发展,工程物探作为物探的重要组成部分,其在探测精度、探测范围、解释的可靠性方面都有了较大的提高,可以预见,其在工程地质勘探当中必将起到越来越重要的作用。

抽水蓄能电站上水库岩溶探测研究及应用

常　伟　赵党军

（中国水电顾问集团北京勘测设计研究院　北京　100024）

摘要：本文介绍了现有岩溶探测的有效方法手段，通过两个抽水蓄能电站上水库的工程实例分析，对每种勘探方法的适用条件及能取得的勘探效果进行了简要的探讨、介绍。

关键词：岩溶　高密度电法　电磁波 CT　大地电磁　探地雷达

1　引言

抽水蓄能电站是一种特殊的水电工程，是电网运行中起调峰填谷作用的电站。它既有常规水电站的一般性，又有其自身的特殊性。抽水蓄能电站不同于常规水电站，其特点之一即是存在一个上水库。

高水头抽水蓄能电站要求短距离内存在较大的地形高差，因此上水库通常均修建在高山顶上。在一个孤立的山头上修建一个大水库考虑的重点是库水渗漏问题，而渗漏主要是由断层、裂隙、岩溶等不良体地质所导致的。岩溶的发育必须具有以下条件：含有碳酸钙的基岩（如白云岩、灰岩等）、水、其他地质构造（如断层、裂隙）。也就是说，溶蚀是水与碳酸钙的岩体顺着构造发生作用的结果。与其他地质构造相比，岩溶的规模和走向更无规律可循。

物探是一种间接勘测手段，虽然工作方法很多，但每种方法都有其自身的局限性，对不同的探测任务、不同的探测目标体，有针对性地选择工作方法是达到最佳探测效果的前提，而每种物探方法的解译成果又受到各种因素的影响和制约。怎样既能突出真异常又能避免产生假异常，一直是物探工程技术人员研究的课题。

2　探测岩溶的物探方法

目前，探测岩溶所采用的物探方法主要有以下几种：高密度电法、探地雷达、地震反射法、大地电磁及电磁波 CT。

高密度电法、地震反射法、探地雷达探测由于受方法和仪器设备的限制，主要解决地表浅部异常，常常用来进行地表探测。地表探测的大地电磁法（EH－4）要求测区现场满足所选用的场源布设要求，被探测目的层或地质体位于探测盲区以下，受场源及方法的限

作者简介：常伟（1963—）男，天津市人，教授级高级工程师，物探专业总工，北京地球物理学会理事，中国地球物理学会工程地球物理专委会副主任，主要从事工程物探管理和技术工作。

制,浅表部异常可能会在探测盲区内而被忽略,因此其常常用于中深部异常探测。电磁波CT在孔中进行,可解决孔间异常,且解释深度较精确,常用来进行钻孔间剖面探测。

高密度电法原理上属于电阻率法的范畴,特点是观测点密度高,获得信息量丰富,是能较详尽了解水平方向和垂直方向上的电性变化的一种电阻率勘探。

高密度电法可用于探测构造破碎带、岩性分界、喀斯特、洞穴、堤防和防渗帷幕隐患等,也可用于探测覆盖层厚度、地层分层、风化分带、岩性分层等。

物探领域的层析成像技术(简称 CT)有电磁波 CT、地震波 CT、声波 CT 等。电磁波CT 有两种成像方法:一种为绝对衰减层析成像,另一种为相对缩减层析成像。

当电磁波穿越不同的地下介质(如各种不同的岩石、矿体及溶洞、破碎带等)时,由于不同介质对电磁波的吸收存在差异(如充填溶洞、破碎带等的吸收系数比其围岩的吸收系数要大得多),因此在高吸收介质背后接收到的电磁波场强小得多,从而呈现负异常,就像阴影一样。我们就是利用这一差异来推断目标地质体的结构和形状的。

可控源音频大地电磁测深法(CSAMT)是利用人工可控源产生电磁场,不同频率电磁波具有不同的穿透深度,根据电磁场的趋肤效应,通过测定地表电磁场的频率响应而获得不同深度介质电阻率分布信息,以达到探测地质构造和目的的一种电磁勘探方法。

大地电磁法可用于探测隐伏断层破碎带、覆盖层、地下古河道、喀斯特、洞穴等,也可用于堤防和防渗帷幕隐患探测、地下水和地热源探测、岩性分层等。

探地雷达探测是利用电磁波的反射原理,用仪器向地下发射和接收具有一定频率的高频脉冲电磁波,通过识别和分析反射电磁波来探测与周边介质具有一定电性差异的目的体的一种电磁勘探方法。探地雷达具有分辨率高,成果、图像直观等优点,在浅层、超浅层工程勘探和检测中广为应用。

3　工程实例

3.1　安徽某抽水蓄能电站

该抽水蓄能电站上水库库区主要出露地层为上寒武统琅琊山组($\in_3 Ln$)及车水桶组($\in_3 C$)灰岩,紧密褶皱和断裂构成了工程区的主要构造骨架。工程区不同地层、不同构造部位岩溶发育程度有很大差异性,不同的岩体结构及岩层组合类型,岩溶发育强度也有着明显的差别。质纯、无夹层的厚层块状灰岩($\in_3 C^2$),岩溶发育强度最剧烈,个体岩溶的规模、岩溶率都大大超过其附近的泥质条带状薄层灰岩,成为本区岩溶发育的主要特征之一,是主要的工程地质问题。因此,查明上水库厚层灰岩地层岩溶发育程度及发育规模是物探的主要任务。

根据上水库工程地质条件,库区防渗采取以垂直灌浆帷幕为主,库区、防渗线上溶洞掏挖、回填混凝土,库区局部水平黏土铺盖为辅的综合处理措施。

上水库帷幕灌浆的防渗标准不大于 1 Lu。帷幕线从龙华寺分水岭,经主坝趾板、进出水口岸边、副坝至小狼洼沟顶岩脉墙,竖向深入岩溶发育带以下的相对不透水层内,两端与高于库水位的地下水位相接,在库区东南、西、北及东北岸形成完整封闭的帷幕防渗圈。

3.1.1　库区岩溶探测

在上水库库区开展的岩溶探测,共布置了 7 条物探测线,对各测线均进行了高密度电法勘测与地震映像勘测。

高密度电法工作采用温纳尔装置,即 $AM = MN = NB = na(n = 1, \cdots, 16)$,$n$ 为极距系数,剖面测量时点距为 a,测点的视电阻率 ρ_s 值表示在该装置 MN 的中点与深度 $AB/3$(即 na)处的位置。当 n 增大时,记录点在剖面两端呈斜线逐渐收拢,最后所测数据排列起来,构成一个倒梯形断面,在此基础上绘制岩石视电阻率等值线图。

本次测试共用 60 根电极,点距 2 m,16 个极距,电极布设一次完成,最大探测深度约为 30 m。

地震反射法是利用地震波的反射原理,对浅层具有波阻抗差异的地层或构造进行探测的一种地震勘探方法。地震映像是单点发射、接收的等偏移观测方法。本次地震映像法采用的炮检距为 6 m,点距 1 m。

将每条测线测试接收到的反射波连成剖面,进行初始切除、动平衡、带通滤波等处理后,获得时间剖面,再对每条剖面的反射波进行分析与解释。

图 1 是 w1 测线成果图的局部,成果解释时,以高密度电法成果为主,辅以反射波剖面成果。

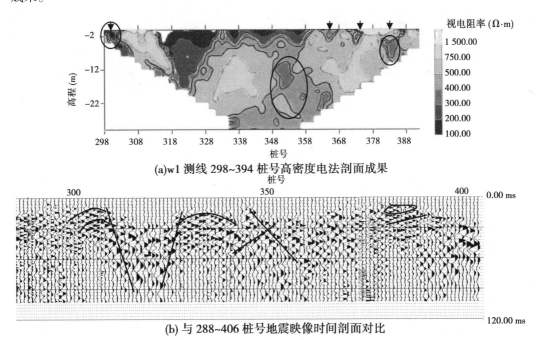

(a)w1 测线 298~394 桩号高密度电法剖面成果

(b) 与 288~406 桩号地震映像时间剖面对比

图 1　w1 测线成果

在高密度电法成果图上可以看到:桩号 300 ~ 304、365 ~ 368、370 ~ 380、386 ~ 388 的低阻异常反映的是地表可见的溶槽、溶沟,且延伸不深;在桩号 312 ~ 326、335 ~ 338 有近地表的低阻异常,结合地表情况推断为表层覆盖物的反映;而桩号 298 ~ 304、350 ~ 360、379 ~ 386 有向下延伸的低阻异常区,推断解释为较发育的岩溶、溶蚀裂隙群。

在反射波剖面成果图上同样可以看到：桩号 312~326、335~338 波形频率明显变低且走时较长，为表层覆盖物的反映；桩号 304、328、348 有明显的波形变化，为不同介质界面的反映。对照两图可以看到两者之间的对应关系。

两种方法的综合应用，对岩溶、溶蚀裂隙群的探测效果及成果解释，起到了很好的相互验证作用。

3.1.2　龙华寺分水岭电磁波 CT 测试

在龙华寺分水岭岩溶勘察过程中，在灌浆平硐内布置了七对电磁波 CT，目的是为论证龙华寺防渗的必要性和确定防渗底高程提供地质依据。

从成果剖面中（见图 2）可以看出，没有明显的岩溶反应，喀斯特渗漏基本以小规模溶洞或溶蚀裂隙为主。电磁波 CT 应用的最大收获是彻底查清了 F11 断层的规模和走向（见图 2）。由于 F11 断层内充填有不透水的蚀变花岗闪长岩脉，因此为帷幕灌浆提供了以 F11 作为边界条件的依据。

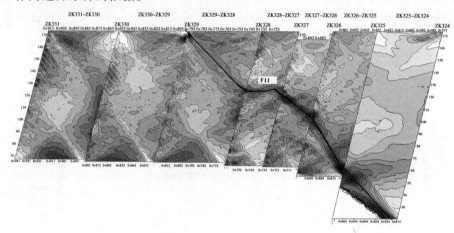

图 2　龙华寺二期防渗电磁波 CT 成果剖面

3.1.3　龙华寺分水岭地下岩溶

为查明上水库左岸龙华寺分水岭地带的地下岩溶，布设了 5 条控制性 EH-4 大地电磁剖面，查明深度 200 m 范围内较大渗漏岩溶通道的分布情况，为该地段水库防渗的必要性及灌浆防渗范围的进一步论证提供依据。测区内基岩和部分异常体的电性参数见表 1。

表 1　测区内基岩和部分异常体的电性参数

岩体类别	视电阻率（$\Omega \cdot m$）
完整灰岩	$n \times 10^3$
含水完整灰岩	$n \times 10^2 \sim n \times 10^3$
断层、溶洞或溶蚀带	$n \times 10 \sim n \times 10^2$

EH-4 连续电导率成像系统勘探野外装置包括场源和测站。在外业工作中，首先在远离测线 300~500 m（测线中心的垂直方向上）处布设场源，发射人工电磁场，然后通过

采集布设在地面上相隔一定距离、两个正交的电磁场信息,即在测线上以一定的点距测量 E_x、H_y 或 E_y、H_x 两参数。本次工作测点距为 3 m,发射电磁场频率为 800 ~ 64 000 Hz,控制探测深度在 200 m 范围内。

EH - 4 电导率测深得出的结果为二维平面内目标体视电阻率数值大小,根据每一象元视电阻率数值进行着色成图像,便于人观看。图像有如下几个概念:视电阻率数值、背景值、异常值。其中,视电阻率数值表示一条测线上一定深度内岩层的视电阻率值;背景值表示图像中无异常的区域(即完整岩体)视电阻率数值;异常值是指图像上某处高于或低于背景值的异常视电阻率数值,异常值与该处岩体的风化、溶蚀、破碎、裂隙、构造等情况有关。

图 3 为 E 测线的 EH - 4 探测解释成果。该测线起于泉 25,终于泉 139,测线长 680 m。

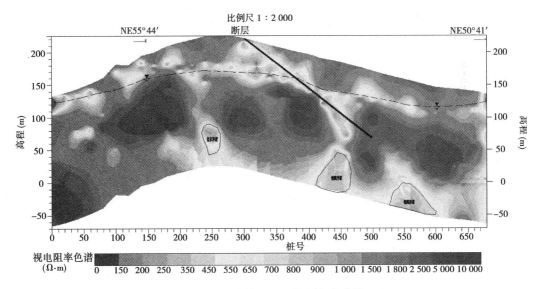

图 3　E 测线的 EH - 4 探测解释成果

从成果图中可以看出:

(1)整条剖面视电阻率值大都为 550 ~ 5 000 Ω·m,在剖面桩号 300 ~ 460 处出现一倾斜的低阻异常,视电阻率值为 150 ~ 500 Ω·m,为断层及断层影响带的反映。

(2)在剖面桩号 230 ~ 260 范围、高程 80 m,桩号 430 ~ 450 范围、高程 30 ~ - 10 m,桩号 560 ~ 590 范围、高程 - 10 ~ - 40 m 三处出现低阻异常,视电阻率值小于 350 Ω·m,推测该处岩体溶蚀破碎。

(3)该条剖面地下水位在高程 180 ~ 130 m 之间变化,其中在剖面桩号 230 ~ 400 范围较深,埋深约 50 m。

从大地电磁法探测成果图可以看到,对于断层破碎带、中深部异常反映较好。

3.2　山西某抽水蓄能电站

山西某抽水蓄能电站上水库根据前期勘察成果,区内奥陶系上下马家沟组、冶里组、寒武系凤山组、崮山组岩层岩性为质纯层厚的灰岩和白云质灰岩,属可溶岩和易溶岩,岩体内岩溶较为发育。在上水库、下水库及输水系统均进行了探地雷达测试工作,取得了很好的效果。下面简要介绍上水库岩溶、溶蚀探测工作。

上水库库盆基础在开挖到设计高程时,其建基面及以下的岩体内仍存在溶洞、溶蚀宽缝等不良地质现象。库盆地基不均一将造成防渗沥青混凝土库盆在蓄水后局部地段的破坏,因此必须详尽查明上水库建基面以下一定范围内的岩溶、溶蚀宽缝的分布情况及范围。

上水库溶洞、溶蚀探测采用探地雷达,工作区域为库盆库底和部分库岸,测线长度46 km。测线间距为 2.5 m,测线方向大致呈东西向,与工区主要地质构造线垂直或大角度斜交。现场测试时先进行人工放线、放点,沿测线方向每 2 m 标注一个点位,每 10 m 标注一个控制点。控制点均采用全站仪进行控制测量。

上水库雷达探测岩溶、溶蚀构造工作共探测出溶洞异常 51 个、溶蚀宽缝异常 94 条,合计 145 处之多(见图 4)。其分布规律如下:

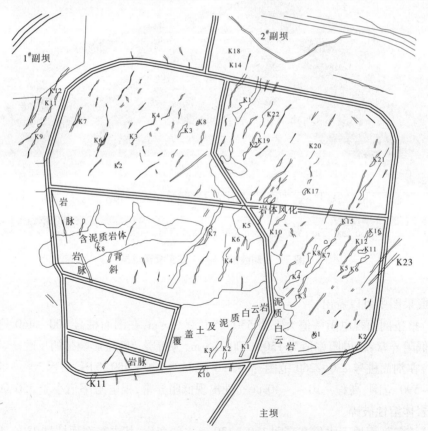

图4 上水库库盆地质雷达探测岩溶、溶蚀构造成果

(1)岩溶发育方向基本沿 NE 向,发育方向多为 NE(40° ~60°),受构造控制的方向性明显,溶洞直径一般为 1~3 m,少数大于 3 m,溶蚀裂隙宽度一般小于 0.5 m;从开挖揭露的情况看,溶洞及溶蚀宽缝大多数为充填型,少数为无充填或半充填型;溶洞多充填黏土,少量夹有碎石;宽缝以黏土碎块石充填为主。

(2)探测到较明显的岩溶分布规律,基本分布于原始地形条件下的沟底部位。

(3)第5层灰岩及第4层灰岩与白云岩互层部分岩溶较发育,而第4、6层泥质白云岩部分岩溶相对不发育。

按探地雷达探测的异常总数40%性质不同的异常来进行开挖验证,验证结果表明:溶洞、溶蚀裂隙分布位置、充填物均与探测成果吻合,溶洞的发育规模也与探测成果吻合,溶蚀裂隙的发育规模与探测成果基本吻合,仅在宽缝发育的宽度探测上,物探成果与实际存在一定的误差。在后期的库盆地基处理过程中,对探地雷达探测的异常进行了全部开挖,并进行了工程处理。

以上情况说明,探地雷达利用其无损、快速、准确的优点,能够很好地解决工程上的疑难问题,从而为建设单位去除了风险,缩短了施工周期,节省了开支。

4　结语

任何一种物探方法都依据一定的物理前提,并具有一定的条件性和局限性。

高密度电法虽然观测点密度高,获得的信息量丰富,能较详尽地了解水平方向和垂直方向上的电性变化,但它的探测深度相对较小,且解释深度与实际情况有一定的误差。

电磁波 CT 在孔中进行,可解决孔间异常,且解释深度较精确,常用来进行钻孔间剖面探测,其缺点是必须有一对(或几对)钻孔,且距离不能太远,工作效率低。

可控源音频大地电磁法要求测区现场满足所选用的场源布设要求,被探测目的层或地质体位于探测盲区以下;受场源及方法的限制,浅表部异常可能会在探测盲区内而被忽略,常常用于中深部异常探测;电偶极子场适用于探测数百或数千米深度范围,磁偶极子场适用于探测 1 000 m 深度范围,天然场一般用于补充人工场的低频段。

由于雷达波的频率极高,因此在地层中其能量的衰减也很大,加之仪器性能所限,雷达的勘探深度较浅。对于第四系地层来说,其有效探测深度一般不足 30 m,而对于电阻率较高的岩石层来说,其探测深度相对大些,对于电阻率很低的地层,其探测深度很浅。GPR 图像一般不能确定地下目标体(二度体或三度体)的横向尺寸,如管径大小、球状体或空洞的直径及范围较小的沟槽宽度等。另外,由于地层岩性的不均匀性及其组成的复杂性,使得雷达波速的测试计算有一定困难,有时只能采用经验值进行埋深计算,此时将会产生一定的误差。

物探是一种间接勘测手段,虽方法很多但每种方法都有它的局限性,且每种方法的解译成果还受到各种因素的影响和制约,甚至产生一些假异常。

在实际工作中对不同的探测任务、不同的探测目标体,有针对性地选择工作方法是达到最佳探测效果的前提。

应用综合物探手段是克服单一物探方法产生假异常的最好途径,这样才能够更好地解决实际工程地质问题。只有正确认识和使用这些物探技术,充分发挥其有效作用,才能够更好地为工程建设服务。

采空区探测技术研究状况及发展趋势

薛云峰　胡伟华　鲁　辉

（黄河勘测规划设计有限公司工程物探研究院　郑州　450003）

摘要：采空作为人类活动产生的潜在地质灾害之一，给矿山的安全生产、工程建设和人民的生命财产造成了严重的威胁。要对采空区进行治理，必须对采空区的地理位置、埋深、现状进行了解，只有对采空区的空间分布状态有了充分的了解，治理才能有的放矢。近年来，国内外在利用地球物理勘探技术查明地下采空区方面做了大量的工作，采用了各种各样的方法和技术，但由于采空区自身的特殊性和地球物理方法的局限性、多解性，传统的单一方法和单一内容的探测已不能满足工程需要。如何针对采空区的特点，建立各种方法的数学物理模型，优化探测方法，是一个值得深入研究的课题。

关键词：采空区　地球物理探测　发展趋势

1 采空区探测的目的和意义

矿产作为一种重要的资源，其开采所形成的采空区由于历史原因，大多未进行有效的治理而处于废弃状态，如有的采空区出现了大面积的地面沉陷，有的采空区出现了地面裂隙，还有的采空区尚未出现明显的反应，但采空作为人类活动产生的潜在地质灾害之一，给矿山的安全生产、工程建设和人民的生命财产造成了严重的威胁。若要对采空区进行治理，必须对采空区的地理位置、埋深、现状进行了解，只有对采空区的空间分布状态有了充分的了解，治理才能有的放矢。因此，为减轻和预防由地下采空区所引发的地质灾害，建立地质灾害预警系统，探索用综合物探方法探测采空区的分布，为评价和治理提供依据是十分迫切和有意义的。目前，采空区的探测已经成为一项重要的研究课题，但是其仍处于发展阶段。

2 采空区探测方法的研究状况

对采空区的探测，目前国内外主要是以采矿情况调查、工程钻探、地球物理勘探为主，辅以变形观测、水文试验等。其中，美国等西方发达国家以物探方法为主，而我国目前以钻探为主、物探为辅。在美国，采空区等地下空硐探测技术全面，电法、电磁法、微重力法、地震法等都有很高的水平[1]。其中，高密度电阻率法、高分辨率地震勘探技术尤为突出，并且近年来在地震 CT 技术方面也发展迅速。日本的工程物探技术在国外同行业中处于

作者简介：薛云峰（1967—），男，河南禹州人，工学博士，教授级高级工程师，国家注册岩土工程师，从事工程物探、检测、监测的生产科研和管理工作。

领先地位[2]，应用最广泛的是地震波法。此外，电法、电磁法及地球物理测井等方法也应用得比较多，特别是日本VIC公司于20世纪80年代开发研制的GR-810型佐藤式全自动地下勘察机，在采空区、岩溶等空硐探测中效果良好，且后续推出的一系列产品都处于国际领先水平。欧洲国家工程物探技术也较全面，在采空区的探测方面：俄罗斯多采用电法、瞬变电磁法、地震反射波法、井间电磁波透射、射气测量技术等；英、法等国家以探地雷达方法应用较好，微重力法、浅层地震法也有使用[1]。

近年来，国内在利用地球物理勘探技术查明地下采空区方面做了大量的工作，采空区的探测成了工程地球物理勘探的热点和难点问题，引起了地球物理学者的广泛关注，采用了各种各样的方法和技术。在各种物探方法中，根据其所研究地球物理场的不同，通常可分为以下几大类：

（1）以地下介质密度差异为基础，研究重力场变化的重力勘探。

（2）以介质磁性差异为基础，研究地磁场变化规律的磁法勘探。

（3）以介质电性差异为基础，研究天然或人工电场（或电磁场）的变化规律的电法勘探（或电磁法勘探）。

（4）以介质弹性差异为基础，研究波场变化规律的地震勘探。

（5）以介质放射性差异为基础，研究辐射场变化特征的放射性勘探。

（6）以地下热能分布和介质导热性为基础，研究地温场变化的地热测量等。

主要探测方法分类如图1所示。

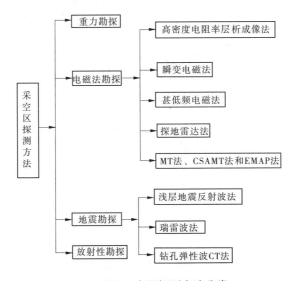

图1　主要探测方法分类

2.1　重力勘探方法

重力勘探方法是利用地下地质体质量亏损或盈余，在地表观测它们引起的重力异常，从而确定地下地质体的分布、大小、边界等。采空区因开采形成质量亏损，从而形成低重力异常。在煤矿采空区保存完整时，形成低值剩余重力异常。在采空区塌陷而不充水时，质量亏损值不变，但负密度值减小而影响厚度增大；充水时，亏损质量得到一定补偿，比在不充水的同样情况下,负密度值减小。无论在采空区实际存在哪种情况,按一般规律都可测出局部剩余重力异常。采用高密度、高精度微重力测量和适当的资料处理解释方法,在面积上控制采空区范围。采用数字地形多剖分体高精度地改方法及三维解释方法,以达到提高解释精确性的目的[3]。在某大厂区,由于煤层采空区的充水,引起坡体蠕滑,变形速率急剧增大,造成厂区特别是主厂房产生严重断裂变形,危及安全生产,使用重力勘探及其他方法对采空区进行了探测,取得了一定的效果。

2.2　电磁法勘探

2.2.1　高密度电阻率层析成像法

在现场测量时,将全部电极设置在一定间隔的测线上,然后用多芯电缆将其连接到程控式多路电极转换器上,使电极布设一次完成。为了准确、快速地采集大量数据,测量时通过程序控制实现电极排列方式、极距和测点的快速转换,并利用与系统配套的电法处理软件,对采集的数据进行各种处理,将结果进行图示,使解释工作更加方便、直观。李清林等[4]利用河南省义马市义马煤业(集团)2×50 MW 跃进电厂采空区和电阻率层析成像测量的结果,探讨了电阻率层析成像测量在煤矿采空区和斜风井巷道中的应用。李清林等同时指出:电阻率层析成像二维测量方法在煤矿采空区和斜风井巷道的探测和定位是准确和可行的;煤矿采空区和斜风井巷道内若没有水体存在,电阻率层析成像二维测量成果图中一般都是高阻异常封闭圈,若有水体存在则表现为低阻异常封闭圈。

2.2.2　瞬变电磁法

瞬变电磁法是在向地下发送一次脉冲磁场的间歇期间,观测由地下地质体受激引起的涡流产生的随时间变化的感应二次场,二次场的大小与地下地质体的电性有关:低阻地质体感应二次场衰减速度较慢,二次场电压较大;高阻地质体感应二次场衰减速度较快,二次场电压较小。根据二次场衰减曲线的特征,就可以判断地下地质体的电性、性质、规模和产状等。由于瞬变电磁仪接收的信号是二次涡流场的电动势,对二次电位进行归一化处理后,根据归一化二次电位值的变化,间接解决如陷落柱、采空区、断层等地质问题。该方法因具有分辨能力强、工作效率高、受地形影响小、能穿透高阻覆盖层等优势,迅速发展成为高效、快捷的物探方法,近几年来受到人们的重视。刘君[5]将瞬变电磁法应用于致使地表房屋出现裂缝的朔州市平鲁区井坪镇的采空区探测,效果良好。山西晋城煤业集团公司在凤凰山矿进行了地面高精度、高分辨率瞬变电磁探测,推断出地下存在采空区,并判断了采空区的积水情况[6]。

2.2.3　甚低频电磁法

甚低频电磁法使用频率为 15~25 kHz 的电台发射的电磁波作为场源。当电磁波在传播过程中遇到地质体时,使其极化而产生二次电流,从而引起感应二次场。在一般情况下,二次场和一次场合成后的总场与一次场的振幅方向、相位均不相同,即引起了一次场的畸变。使用专门的仪器通过测量某些参数的畸变,即可发现地质体的存在。甚低频电磁法工作方法通常又分倾角法和波阻抗法两种。在探测高阻体时,一般选用波阻抗法进行甚低频电磁法测量,测线方向尽量与发射台方向一致或与该方向夹角最小。对山西阳城电厂厂区内铁矿隐伏采空区的探测,以及对附近北留铁矿进行的查找地下采空区的试验[7],均表明了用甚低频电磁法勘查隐伏采空区是有效的。

2.2.4　探地雷达法

探地雷达是利用高频电磁波以宽频带短脉冲,从地面通过天线 T 送入地下,经反射体反射后返回地面,通过天线 R 接收。在介质中传播时,其电磁波强度与波形将随所通过介质的电性质及几何形态而变化。所以,根据接收到波的双程走时、幅度与波形资料,可推断介质的结构。探地雷达适用于探测深度较浅的目标体,由于其可以更换不同频率的天线,适用面较广,且探测分辨率高,在工程中的应用已经得到认同[8]。探地雷达数据可采用专用软件进行处理,着重进行振幅恢复、滤波、F–K 滤波、反褶积处理,获得信噪比较高的时间剖面,提高了有用信号的识别。雷达时间剖面能比较真实、全面地反映地下介质的变化情况,保证了资料的质量[9],并利用地下介质的电性差异来进行分层及查明地下异常地质体。山东省交通规划设计院采用 Pulse EKKO 100 型数字化探地雷达查明了煤井采空区塌陷所致的山东博山西域城地段沿路轴线及其附近地区出现的开裂和沉陷[10],认为探地雷达系统用于地下硐室探测具有快捷、精确的特点,对地下采空区、人防工程洞室、地下溶洞等的探测更具有优越性,可为工程建设、规划提供可靠的地质资料。

2.2.5　MT 法、CSAMT 法和 EMAP 法

电磁排列剖面(EMAP)法是近几年来在可控源音频大地电磁(CSAMT)法成功实践的基础上发展起来的,是对大地电磁(MT)法的一种改进[11],既具有 CSAMT 法的稳定性,又具有 MT 法的轻便灵活性。2004 年,电导率成像系统 EH–4 引入煤矿物探,该系统对探测采空区等有较好的地质效果。运用该系统对山东某煤矿采空区进行 EMAP 法探测[12],确定了采空区的位置、范围。山西省太原市晋祠镇,是著名的古采破坏区,经大地电磁测量,矿区的东北部存在大片低值电磁异常,异常的规模和强度较大,轮廓规则,并呈渐变状态,具有典型古采积水区的特征,分析资料后对采空区及积水分布进行了判断[13]。

2.3　地震勘探

地震勘探是利用地层和岩石的弹性差异来探测地质构造、寻找有用矿产资源的重要地球物理勘测方法[14]。波在传播过程中,当遇到弹性分界面时将产生反射、折射和透射,接受其中不同的波,就构成了不同的地震勘探方法。在采空区探测中,地震勘探法也得到广泛的应用。

2.3.1　浅层地震反射波法

地震反射波法是利用人工激发的地震波在地层的传播过程中,对波阻抗界面上产生的反射信号进行分析,用以推断界面深度、构造形态及其物性参数[15]。在煤层采空区引起的上覆岩层破坏对地震波有很强的吸收频散衰减作用,使反射波频率降低,破碎围岩及裂隙对地震波衰减还表现为反射波波形变得不规则、紊乱甚至产生畸变,采空区下方则由于岩层相对完整而变化不明显,这是在地震时间剖面上识别煤层采空区的另一个重要标志[16]。当煤层采空区及其顶板遭受破坏后,在地震时间剖面上反射波组的中断或消失,同时煤层顶部结构的不规则破坏,也将产生各种低频干扰[17]。贾东新等(1998)[16]用美国 EG&G 公司生产的 ES–2401 型浅层地震仪在内丘县西庞村开展煤层采空区探测工作,确定了采空区的空间分布范围,使得因采煤引起的村、矿关系得到了改善。

2.3.2　瑞雷波法

常规物探方法在对"房–柱"式开采造成的面较小、埋深较浅的采空区进行探测时存

在漏报或误报的情况,而瑞雷波法在采空区探测中更具实用性和有效性。瑞雷波是一种沿着自由界面传播的面波,如地层与空气、水之间形成的界面[18]。瑞雷波在层状介质中传播时,相速度随频率变化而变化,有明显的频散特性,频散特性与地层瑞雷波相速度及空间分布有唯一的对应关系;瑞雷波与横波、纵波相比,能量强、波速较小,容易分辨且分辨率高,重复性好;瑞雷波相速度与层内的横波速度有着明显的相关性,当地层的泊松比较大时,瑞雷波相速度与横波速度相差小于5%;瑞雷波的穿透深度与激发波长有关,其穿透深度为一个波长,激发的频率越低,勘探深度越大。当采空区未发生塌陷时,瑞雷波传播到这些位置时将突然消失或散射,频散曲线在采空区顶板处表现为"之"字形拐点,而且速度迅速下降,从而可以在纵向上确定未塌陷采空区的范围;当采空区发生塌陷后,引起煤层上部地层结构疏松,在频散曲线上,受影响地段瑞雷波速度显著降低,据此可以在横向上确定出塌陷区的范围,在纵向上确定出塌陷影响范围。在山西晋城市巴公镇凤凰山煤矿采区出现直径大于10 m的采空区。为保证探测精度,在瞬变电磁法和高分辨率地震勘探的基础上,采用了多道瞬态瑞雷波法进行了探测[19]。探测结果表明,瑞雷波探测成果对采空区的判断更准确、可靠。

2.3.3　钻孔弹性波CT法

钻孔弹性波CT法,又称地震波层析成像技术。这种技术利用大量的地震波速度信息进行专门的反演计算,得到测区内岩土体弹性波速度的分布规律[20]。钻孔弹性波CT法是近年来随弹性波CT技术发展起来的,旨在探测钻孔间的地质构造情况。该方法是在一个钻孔内不同深度放炮,在其他钻孔内安置检波器接收,从所获得的地震记录中拾取地震纵波初至时间,通过不同的数学方法在计算机上重建探测区内速度场,利用速度分布对应各种地质异常的分布或应力分布,直观地以剖面形式给出两钻孔间地质异常体赋存的状态,从而确定异常范围[19]。门头沟勘探区钻孔弹性波CT探测采空区[21]是"北京市西山地区塌陷勘探"的一部分,共打垂直钻孔12个,获得剖面16条,剖面总长度为5 486.73 m,经分析和解释,给出了老窑采空区的分布情况。

2.4　放射性测量

自然界中存在的天然放射性同位素广泛存在于岩石、土壤和水体中,不同岩性和不同类型的土壤放射性元素含量不同[22]。在采空区探测中常用的放射性方法是氡气测量法。由于该方法测试场地的适应性较强,而且不受地电、地磁影响,探测深度较大,在采空区探测中有良好的应用效果。氡是天然放射性铀系气体元素,直接母体是镭,铀又是镭的母体,母体元素的含量水平在一定程度上决定了岩石、土壤中氡气浓度的高低。由于团族迁移、接力传递、扩散、对流、抽吸等作用,其表现出很强的迁移作用,容易从深部向上扩散并进入土壤中。因此,在铀镭富集地段、地质构造破碎带上方、采空区上方都可形成氡的富集,而在其附近地段氡含量明显减少。这是寻找铀矿体、构造破碎带、采空区、陷落柱及地下水资源等的重要依据[23]。山西煤田水文地质队多次将氡气测量法应用于地下采空区的探测。为了查明山西万家寨引黄工程北干线1号隧洞附近煤矿采空区及对引水隧洞的影响,对采空区进行综合地质勘查时使用了氡气测量法,收到了很好的效果。

3　探测方法的发展趋势

随着科学技术的发展和计算机技术的应用,许多新方法、新技术不断地被引入物探领域,为地球物理方法的进一步发展开辟了广阔的前景。由于地球物理方法是以观测各种地球物理场的变化规律为基础的,因此当应用物探方法来解决各种地质问题时,它必须具有一定的地质及地球物理条件,才能取得满意的效果,在采空区探测中也不例外。这些条件主要是:

(1)探测对象与周围介质之间有比较明显的物性差异。

(2)探测对象必须具有一定的规模(即其大小相对于埋藏深度必须有相应的规模),能产生在地面上可观测到的地球物理异常场。

(3)各种干扰因素产生的干扰场相对于有效异常场必须足够小,或具有不同的特征,以便能进行异常的识别。这些条件是物探工作能取得良好效果的前提。

在物探资料的解释中还存在多解性的问题,即对于同一异常场有时可得出不同的地质解释。这种情况往往是由于复杂的地质条件和地球物理场理论自身的局限性造成的。为了克服这种多解性的影响,应尽可能地利用多种物探方法的成果,尤其是已知的地质资料,进行综合分析解释,以便得到确切的地质结果。

随着勘探工作的不断深入,人们要求勘探的精度不断提高,待解决的问题复杂性和难度加大,单一物探方法已不能满足新形势的要求,虽然有的方法优点明显,但是单一方法往往对地质异常体很难定性,因此综合物探方法得到了广泛应用。综合物探方法根据地质体的密度、电性、弹性等多种物性对采空区进行探测,应用各种方法相互印证,使异常的确定更加准确、可靠。

4 结语

近年来随着对采空区治理的重视,采空区的探测技术的研究也得到了全面发展,采空区的探测问题已成为我国工程地球物理学者研究的热门问题之一。对采空区的探测,采用了各种各样的方法和技术,对这些方法进行了系统的分析、试验、比较和评价,取得了一些成果,但由于采空区自身的特殊性和地球物理方法的局限性、多解性,传统的单一方法和单一内容的探测已不能满足工程需要。如何针对采空区的特点,建立各种方法的数学物理模型,优化探测方法,是一个值得深入研究的课题。

参考文献

[1] 孙宗第. 高等级公路下伏空洞勘探、危害程度评价及处治研究报告集[M]. 北京:科学出版社,2000.

[2] 地质矿产部地球物理化学勘查研究所. 日本工程物探译文集[M]. 北京:地质矿产部物化探研究所,1984.

[3] 于国明,李静,韩革命. 综合物探方法在深部煤层采空区检测中的应用研究[J]. 陕西地质,2003,21(2):62-69.

[4] 李清林,谢汝一,王兰甫,等. 应用电阻率层析成像探测采空、斜风井巷道稳定性计算[J]. CT理论与应用研究,2005,14(3):1-7.

[5] 刘君. 瞬变电磁法在探测煤矿采空区中的应用[J]. 科技情报开发与经济,2005,15(16):281-282.

[6] 牛海金,宋新华,陈永新,等. 用TEM探测煤矿采空区的实践与探索[J]. 中国煤炭,2005,31(8):42-44.

[7] 徐萱. 甚低频电磁法在隐伏采空区勘察中的应用[J]. 河北地质学院学报,1994,17(3):252-260.

[8] Jeffrey E Patterson, Frederick A Cook. Ground penetrating radar (GPR) as an exploration tool in near surface pegmatitemining [J]. SEG Technical Program Expanded Abstracts, 2004: 1472-1475.

[9] 程久龙,胡克峰,王玉和,等. 探地雷达探测地下采空区的研究[J]. 岩土力学,2004,25(S1):79-82.

[10] 刘红军,贾永刚. 探地雷达在探测地下采空区范围中的应用[J]. 地质灾害与环境保护,1999,10(4):73-80.

[11] 张少云. 电磁排列剖面法(EMAP)原理及应用[J]. 江苏地质, 1999,23(3):167-171.

[12] 刘鸿泉,张刚艳,徐法奎,等. 电导率成像技术在煤矿物探中的应用效果[J]. 煤矿开采,2005,10(3):12-14.

[13] 罗洪发. 被动源高频大地电磁系统的应用[J]. 地质与勘探, 2002,38(6):51-54.

[14] 张胜业,潘玉玲. 地球物理原理[M]. 武汉:中国地质大学出版社,2004.

[15] 王磊. 浅层地震反射波法在高倾角煤层采空区勘探中的应用[J]. 新疆地质,1998,16(3):280-282.

[16] 贾东新,王自强,徐庆魁. 浅层地震法在煤层采空区探测中应用[J]. 河北煤炭,1999(3):21-23.

[17] 靳聚盛. 地震勘探方法圈定老窑采空区[J]. 中国煤田地质, 1998,10(3).

[18] Jianghai Xia, Richard D Miller, Choon B Park,et al. Utiliza-tion of high-frequency Rayleigh waves in near-surface geo-physics[J]. The Leading Edge,2004,23(8):753-759.

[19] 常锁亮,张淑婷,李贵山,等. 多道瞬态瑞雷波法在探测煤矿采空区中的应用[J]. 中国煤田地质,1997,14(3):70-72.

[20] 王振东. 浅层地震勘探应用技术[M]. 北京:地质出版社,1988.

[21] 郭恩惠,刘玉忠,赵炯,等. 综合物探探测煤矿采空塌陷区[J]. 煤田地质与勘探, 1997(10):8-11.

[22] 常桂兰. 氡与氢的危害[J]. 铀矿地质,2002,18(2):122-129.

[23] 郭崇光,李敬宇,刘君. 氡气测量在山西采空区探测中的应用[J]. 科技情报开发与经济,2004,24(1):180-181.

戈兰滩水电站工程前期物探工作回顾

赵 楠 王慧芳

（中水北方勘测设计研究有限责任公司 天津 300222）

摘要：本文对戈兰滩水电站工程前期勘察的物探工作过程进行了回顾总结，对取得的成果作了简要介绍，并对应用效果进行了评价，提出了水利水电工程勘察中应把握的工作要点，可供业内技术人员参考借鉴。

关键词：物探 戈兰滩水电站 勘察设计阶段 方法有效性试验 地层结构 参数测试 质量评价 工程验证

1 引言

随着国民经济的快速发展，作为重要的国家基础设施、清洁环保的水资源开发力度与日俱增，与之而来的是水利水电工程建设的场地、地质条件日益恶劣，工程勘察的难度也随之增大。

按照目前水利水电勘测设计单位的质量管理体系，作为工程地质勘察重要手段之一的物探的工作技术依据一般为合同或工程地质勘察技术大纲、任务书等。在不同的勘察设计阶段，任务要求有所区别，即水工设计尤其是地质专业对物探资料关注的重点不同，当然，这也与工程本身及其地质条件的特殊性有关。例如，在预可行性研究阶段，进行坝址、坝线比选时可能更多地关注备选坝址或坝线的覆盖层厚度、隐伏构造、岩体风化、卸荷深度等，而在可行性研究阶段则对大坝、厂房及地下硐室群等建筑物基础岩体的空间展布形态、质量类别、完整性、渗透性等更加关心，即由整体宏观把握向细节微观控制过渡，甚至对物探任务要求的措词一般也由"探测、了解"变为"查明、测定"。

众所周知，物探属于间接的体积勘探方式，基于半无限空间理论的物探方法对隐伏于地下的介质空间展布形态及物性特征、参数等探测产生多解性是正常的，然而随着新技术、新材料、新设备及新方法的不断涌现，作为一种经济快捷的勘探手段，物探在水利水电工程勘察设计中的应用日益广泛，成功案例日益增多，尤其是使用综合物探手段并结合地质、场地条件等对实测物探资料进行全面系统分析后，"真实再现"地质环境是可预期的，这已被大量的工程实例所证明。

本文简要回顾了戈兰滩水电站前期勘察中所开展的物探工作，并结合后续的钻探及建基面开挖情况对物探应用效果进行了评价。

作者简介：赵楠（1965—），男，河北冒黎县人，高级工程师，主要从事工程物探工作。

2　工程概况

2.1　工程简介

戈兰滩水电站位于西南边陲的红河流域李仙江下游河段,总库容 4.09 亿 m³,设计装机容量 450 MW,坝型为碾压混凝土重力坝,坝顶高程 458.0 m,最大坝高 113.0 m。根据《水利水电枢纽工程等级划分及洪水标准》(SL 252—2000),工程等别为 II 等,工程规模为大(2)型。

1999 年 11 月,国电公司昆明院完成了李仙江流域规划阶段的勘测设计,2002 年 12 月,受云南大唐李仙江流域水电开发有限公司委托,水利部天津院(中水北方公司)承担了戈兰滩水电站预可行性研究阶段到可行性研究阶段的勘测设计工作。预可行性研究阶段勘测设计于 2002 年 12 月~2003 年 5 月完成,可行性研究阶段工作完成于 2004 年 2 月。2005 年开工建设,2006 年 1 月 15 日截流,现已建成发电。

2.2　环境及场地条件

戈兰滩水电站工程区位于北回归线以南,属亚热带高原季风气候。每年 5~10 月份为雨季,全年约 85% 的降水都集中于该季;其他时段为旱季,日照强烈。每年 3 月中旬至 11 月中旬气温均较高,白天温度可达 40 ℃。水量丰沛,地下硐室内滴、渗水严重。

本区地处无量山脉西南部,地势北高南低,山脉多呈 NW—SE 向展布,与区域构造线基本吻合。区内地势高峻,峰峦连绵,沟谷发育,山顶高程一般为 1 500~1 900 m,切割深度一般大于 500 m,两岸山体坡度多为 40°~60°,属中浅切割构造侵蚀、剥蚀地貌区。李仙江河谷最低点高程约为 366.0 m。

工区内山高、坡陡、沟深,植被茂盛;坝址处为 V 形河谷,河面不宽,但水流湍急。

2.3　地质简况

测区内与工程相关地层主要为二叠系上统龙潭组和第四系地层及火成岩。基岩岩性主要为华力西期安山岩、蚀变辉绿岩、辉长岩以及二叠系凝灰岩、细火山角砾岩、砂岩、泥岩、粉砂岩等;覆盖层一般为第四系黏土或坡残积碎石土、冲洪积砂砾石等。

区域构造主要受控于"歹"字形构造体系及经向构造体系,主要构造带及主断裂带多具活动性。坝址区地震基本烈度为 7 度。

岩体节理裂隙发育以陡倾角为主。在强、弱风化岩体中,裂隙的发育程度相对较高。新鲜岩体内节理裂隙发育程度明显降低,且多呈闭合状。

因地下水位较高,岩体一般以化学风化为主,主要受岩性、矿物成分、构造和地形地貌等条件控制,有隔层风化和囊状风化等现象存在。

3　预可行性研究阶段

因工期较紧且考虑到重型勘探设备笨重,无论是转场运输还是施工,成本都很高,因此经现场查勘,结合场地、地质条件及工程要求详细论证后决定尽可能多地布置物探工作,只在坝肩山体及厂房区等关键工程部位控制性地布置钻探、硐探,并用于指导、验证、校核物探成果。

物探工作主要在上、下两个比较坝址(间距约 2.0 km)和上坝址的两条比选坝线(相距约 50 m)上进行,物探工作的任务、目的为:

（1）了解工作区（含上、下坝址）主要地层结构及其分布情况；

（2）了解、查明坝址区岩体完整性、岩体风化卸荷情况等；

（3）查明坝址区蚀变带软弱夹层的分布、延续性等。

3.1　工作布置及工作量

根据现场查勘结果并结合理论分析和以往工程经验，第四系覆盖层与下伏基岩、沉积岩与火成岩、砂岩与泥岩以及同岩性不同风化程度岩体间存在有相当的弹性差异，具备开展地震类勘探以及声波测井等物探方法的基本地球物理前提。因此，针对上述工作目的，结合场地、地质条件及工期、经济因素综合考虑，在方法有效性试验基础上优选地震波折射法、瑞雷波法作为地层结构调查的主要方法，并对物探工作布置如下。

3.1.1　地层结构调查

沿坝轴线在两坝肩地形起伏相对较小部位采用地震波折射法，部分地表起伏较大部位则采用瑞雷波法，并视场地情况在坝肩不同高程布置部分瑞雷波法探测横测线。考虑到全风化基岩与第四系坡残积碎石土弹性特征相近，确定以强风化基岩顶界面为目的层。

在上坝址右岸河床滩地布设物探测线，用以探测河床滩地覆盖层厚度，确定砂砾石层和下伏基岩地震纵波速度，为水上地震勘探资料解释提供参考依据。

在上、下坝址区沿拟定坝轴线、上（下）游围堰部位分别布设与河道正交或斜交的水上地震测线，以查明水下地层结构，获得各层介质的纵波速度。

3.1.2　岩体地震波测试

对上、下坝址区所有探硐硐壁岩体及部分地表露头岩体进行纵、横波速度测定，进而计算岩体动弹性模量、动泊松比等物理力学参数。

3.1.3　声波测井

因本阶段未布设水上钻孔，故声波测井主要在分布于坝肩山体及厂房、地下硐室群等关键部位的钻孔内进行，对不同岩性的新鲜岩芯试件作了声波测试，以评价岩体完整性、风化卸荷情况等。

3.2　成果综述

综合归纳分析各方法所获资料，本阶段探测获得如下成果：

（1）上坝址左、右坝肩山体覆盖层厚度为 11.0～34.0 m，随地面高程升高，埋深变大，覆盖层纵波速度为 360～480 m/s，瑞雷波速度为 160～260 m/s；基岩纵波、瑞雷波速度为 2 170～3 680 m/s、1 040～1 400 m/s。

（2）上坝址右岸河床滩地覆盖层厚度为 1.0～6.0 m，基岩面高程为 360.6～369.4 m，由河道向右侧山脚埋深变小。覆盖层纵波速度为 310～620 m/s，基岩纵波速度为 2 510～3 810 m/s。

（3）上坝址附近河水深度（旱季）自上游至下游逐渐变大，一般为 2.0～10.0 m，纵波速度为 1 500 m/s；覆盖层厚度一般为 2.0～10.0 m，且上游较薄，水下河床顶面高程 355.0～363.0 m，纵波速度为 2 030～2 810 m/s；基岩面高程范围值为 348.0～359.0 m，上游高于下游，纵波速度为 4 440～5 710 m/s，多为 4 900 m/s 左右。

（4）相对而言，上坝址下坝线左、右坝肩山体覆盖层最薄，基岩相对完整，覆盖层厚度为 1.0～22.0 m，随地面高程升高其层厚变大。覆盖层纵波速度为 410～760 m/s，瑞雷波速度为 130 ~ 340 m/s;基岩纵波速度为 3 390 ~ 3 850 m/s,瑞雷波速度为 1 610 ~ 2 280 m/s。

（5）下坝址左、右坝肩山体覆盖层厚度为 6.0 ~ 30.0 m,随地面高程升高其层厚变大。覆盖层纵波速度为 400 ~ 520 m/s,瑞雷波速度为 130 ~ 280 m/s;基岩纵波速度为 2 560 ~ 3 370 m/s,瑞雷波速度为 800 ~ 1 190 m/s。

（6）下坝址附近主河槽水深(旱季)一般为 4.0 ~ 6.0 m,河底高程 355.0 ~ 357.0 m;覆盖层厚度 4.0 ~ 10.0 m,基岩面高程 346.0 ~ 352.0 m。覆盖层纵波速度 1 710 ~ 2 450 m/s,多为 1 800 m/s 左右,表明相对于上坝址细颗粒成分含量加大。基岩纵波速度 2 540 ~ 5 410 m/s,且多在 3 200 ~ 4 700 m/s,表明岩体完整性低于上坝址。

（7）本工区影响岩体纵波速度值的主要因素首先是岩性,即火成岩类岩体波速值高于沉积岩,而当同为沉积岩时,则岩体波速值的决定因素为结构面发育情况。硐室围岩的强度也受开挖松动、应力分布状态影响。探测结果表明,上坝址基岩岩体强度整体高于下坝址岩体强度。

硐室中主要岩性不同风化程度岩体纵波速度、动弹性模量加权平均值分别为:

安山岩:强风化,1 320 m/s、3.48 GPa;弱风化,2 620 m/s、14.07 GPa;微风化,4 370 m/s、44.83 GPa。

凝灰岩:弱风化,2 290 m/s、10.33 GPa;微风化,4 140 m/s、36.57 GPa。

粉砂质泥岩:弱风化,2 180 m/s、8.82 GPa;微风化,4 220 m/s、38.30 GPa。

泥质粉砂岩:弱风化,2 000 m/s、6.40 GPa;微风化,3 440 m/s、26.55 GPa。

（8）孔内岩体声波测试结果表明,弱 - 微风化安山岩、凝灰岩、火山角砾岩等岩体内裂隙较发育,声速离散系数较大,各岩性岩体声波测试结果见表 1。

表 1　各岩性岩体声波测试结果

岩性	风化程度	v_p(m/s)范围 值/平均值	E_d(GPa)范围 值/平均值	K_v	F	说明
安山岩	弱风化	2 560 ~ 5 710/4 610	11.31 ~ 76.62/49.06	0.59	0.77	微风化岩体中含新鲜岩石,统计值系按厚度加权平均而得。
	微风化	2 670 ~ 5 880/5 050	12.30 ~ 81.25/59.93	0.71	0.84	
凝灰岩	弱风化	1 980 ~ 5 710/3 530	6.27 ~ 74.41/24.18	0.36	0.59	
	微风化	1 980 ~ 5 880/4 360	6.27 ~ 78.91/40.92	0.54	0.73	
火山角砾岩	微风化	2 470 ~ 5 880/4 760	10.34 ~ 79.79/51.36	0.64	0.79	风化程度按地质描述,风化系数按实测参数计算而得。统计岩性已作归并
岩屑砂岩	强风化	2 070 ~ 4 260/2 860	6.86 ~ 39.07/14.30	0.24	0.49	
	弱风化	3 280 ~ 5 260/4 560	19.53 ~ 63.14/44.76	0.60	0.78	
	微风化	3 170 ~ 5 260/4 750	18.24 ~ 63.14/50.58	0.65	0.81	
粉砂岩	弱风化	2 330 ~ 5 260/3 180	9.10 ~ 63.14/18.36	0.29	0.54	
	微风化	2 910 ~ 5 710/4 830	14.80 ~ 74.41/52.30	0.68	0.82	
泥质粉砂岩	弱风化	2 010 ~ 2 960/2 570	6.47 ~ 15.31/11.07	0.19	0.44	
	微风化	2 940 ~ 4 520/3 650	15.11 ~ 43.98/25.85	0.38	0.62	

（9）探测深度范围内未见明显软弱夹层。相对而言,在上坝址左岸桩号 K0 + 130 ~ K0 + 240 间基岩纵波速度范围值为 2 040 ~ 2 200 m/s,对应基岩完整性相对较差或岩性异

于旁侧。

3.3　质量评价

经与后续钻探成果对比,以及对不同物探方法获得成果进行比较分析可对物探成果质量评价如下。

地层结构调查:地震波折射法和瑞雷波法对强风化基岩面的探测成果一致。比较钻探成果可见,除 ZK5 孔外,其他钻孔处物探测试精度均大于 85%。测得基岩纵波速度与声波测井、硐壁岩体测试成果也能互相验证。

声波测井成果与孔内岩石的岩性、风化程度等对应良好,对岩体的风化系数计算和完整性评价与地质评价基本一致。

4　可行性研究阶段

2003 年 8 月预可行性研究阶段勘测设计成果通过了由云南省发展和改革委员会主持的审查,舍弃下坝址及上坝址的下坝线,工程转入可行性研究阶段。根据审查意见,补充坝址区水上钻探进一步查明工程地质条件和主要工程地质问题、查明库岸边坡稳定性等,为此地质勘察技术大纲确定可行性研究阶段物探工作任务如下:

(1)测定坝基岩体弹性波速,计算动弹性模量、动泊松比等参数,并据此评价岩体完整性及其风化卸荷情况。

(2)进一步查明坝址区河床(水下)覆盖层厚度。

(3)了解库区岸坡主要地层结构,并查明潜在滑动面的分布情况。

4.1　工作布置及工作量

根据预可行性研究阶段工程经验,结合本阶段所要解决的问题,本着同样的工作布置原则,仍然采用地震折射波法、瑞雷波法以及声波测井等物探方法进行物探工作,但测线、点的密度有所加大。

4.1.1　地层结构调查

4.1.1.1　水下覆盖层探测

在坝址区上、下游围堰间布设顺河向、与河道斜交地震测线以查明沿线水深及覆盖层厚度,确定各层介质地震波速并判断其性状。

4.1.1.2　边坡稳定调查

在库区左岸选择四座有代表性的山体布置物探测线,测定基岩面埋深和空间展布形态,推测覆盖层和下伏基岩的性状,了解滑坡发生的一般规律,确定潜在滑动面的空间位置。

4.1.2　岩体地震波测试及声波测井

对布置于主要水工建筑物部位的探硐硐壁岩体及钻孔进行地震波测试和声波测井,用以评价岩体完整性和风化卸荷情况,并对取自不同钻孔的部分不同岩性新鲜岩芯试件进行声波测试。

4.2　基本结论

4.2.1　地层结构

4.2.1.1　坝址区

上游围堰—坝下 150 m 共 300 m 范围内,河水深一般为 1.5 ~ 10.0 m(旱季),除在坝轴线上、下游各 30 m 范围内水深大于 6.0 m(坝轴线上游 25 m 处最大水深超过 12.0 m)外,其他部位多为 2.0～4.0 m,上游较浅。河水波速约 1 500 m/s。

综合分析预可行性研究阶段、可行性研究阶段物探成果,探测范围内顺河向可划分为三个单元:上游围堰至其下游约 100 m 处;坝轴线上、下游各 30 m 范围内;坝下游 30 m 至坝下游 150 m。

第一单元:①水下覆盖层顶、底面高程一般分别为 362.5～363.0 m 和 353.0～358.0 m,厚度一般为 2.0～8.0 m,随河流曲折河道中部和凹岸侧较厚;覆盖层纵波速度 1 900～2 850 m/s,靠右岸波速较大,表明河道右侧覆盖层组成成分粒径较大。②自上游围堰至其下游约 65 m 范围内基岩纵波速度为 2 850～3 170 m/s,而其他部位基岩纵波速度为 4 350～5 340 m/s且靠右岸侧较大,推断上述两部位基岩岩性或风化程度不同,而岩性变化的可能性更大。

第二单元:①水下覆盖层顶、底面高程分别为 354.0～359.0 m 和 347.0～351.5 m,厚度为 7.6～9.5 m。在河道中心偏左侧的坝上游 40 m 至坝上游 22 m 范围内水深加大,覆盖层变薄,厚度一般为 2.0～4.0 m,随河流曲折河道中部和凹岸侧较厚;覆盖层波速为 1 740～2 810 m/s,靠右岸较大,表明河道右侧覆盖层组成成分粒径较大。②基岩波速 4 900～5 700 m/s,靠右岸侧较大。

第三单元:①水下覆盖层顶、底面高程一般分别为 359.5～361.5 m 和 349.5～357.0 m,厚度为 7.0～12.0 m 且下游较厚,靠左岸较薄为 2.5～5.0 m;覆盖层纵波速度 1 740～2 030 m/s,表明伴随着河道的逐渐开阔覆盖层组成成分粒径变小。②基岩纵波速度为 4 700～5 400 m/s。在河道中部沿河水流向基岩面有一相对深槽(靠下游较明显),该部位基岩波速度为 2 500～4 440 m/s。

总之,水下基岩面上游埋深较浅且平缓,下游埋深较大且自两岸向河槽明显变深。自上游至下游,在坝上 30 m 附近河水深及覆盖层厚度均变大,基岩面出现陡降且梯度较大;坝轴线以上覆盖层纵波速度相对其下游较大,说明层内组成成分粒径较大;上游围堰以下约 65 m 范围内,基岩纵波速度明显小于其他部位,推断该部位基岩有岩性变化;坝下游 30 m 至坝下游 150 m 主河道中部有相对深槽发育,基岩纵波速度明显变小且越向下游越显著,推测该处岩体结构面较发育;根据实测基岩界面速度结合岩体地震波测试及声波测井成果推断,水下基岩属于弱风化下部—微风化上部。

坝址区测试范围内河床基岩面等高线分布见图 1。

4.2.1.2　库区滑坡体探测

探测结果表明,库区边坡可以分为两种类型:其一为相对稳定边坡,其特征为覆盖层厚度较大,一般为 10.0～30.0 m,且随地面高程升高,厚度变大(靠近坡脚端覆盖层厚度一般小于 15.0 m),地面及基岩面坡度相对较缓(小于 35°),基岩波速度较大;覆盖层和基岩地震纵波速度、瑞雷波速度分别为 360～530 m/s、160～290 m/s 和 1 510～2 800 m/s、980～1 270 m/s。其二为失稳边坡,其特征为覆盖层厚度较小,一般为 2.0～13.0 m,靠近坡脚端覆盖层厚度较大,一般为 5.0～13.0 m ,地表及基岩面坡度相对较陡;覆盖层和基岩地震纵波速度、瑞雷波速度分别为 310～620 m/s、150～250 m/s 和 1 500～2 620 m/s、420～1 150 m/s。

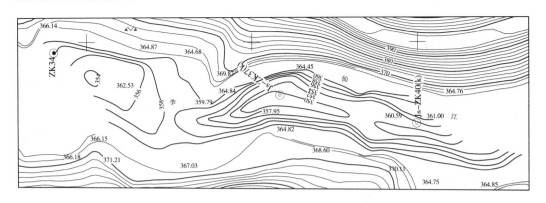

图1　坝址区测试范围内河床基岩面等高线分布

无论何种边坡,当其失稳发生滑动时,滑动面均为强风化基岩顶面,属于碎石土滑坡或破碎岩石滑坡。在覆盖层内无明显的潜在滑动面存在。

4.2.2　硐壁岩体地震波测试

综合分析预可行性研究阶段、可行性研究阶段地震波测试结果得坝址区各岩性不同风化程度岩体纵波速度、动弹性模量、完整性系数范围值、平均值见表2。

表2　坝址区岩体地震波测试成果

岩性	风化程度	v_p(m/s)范围值/平均值	E_d(GPa)范围值/平均值	K_v范围值/平均值
安山岩	强风化	690 ~ 2 850/1 330	0.57 ~ 14.62/2.83	0.02 ~ 0.26/0.06
	弱风化	900 ~ 5 130/2 750	0.97 ~ 61.85/15.53	0.03 ~ 0.84/0.26
	微—新	2 810 ~ 5 960/4 760	14.21 ~ 86.18/53.72	0.25 ~ 1.00/0.75
辉长岩	全风化	850 ~ 3 110/1 650	0.86 ~ 18.08/5.50	0.02 ~ 0.27/0.09
凝灰岩	弱风化	850 ~ 3 380/2 280	0.84 ~ 20.74/8.92	0.02 ~ 0.39/0.18
	微—新	2 000 ~ 5 560/4 240	6.40 ~ 73.11/39.68	0.14 ~ 1.00/0.61
凝灰质泥岩	强风化	640 ~ 1 480/1 030	0.48 ~ 3.36/1.57	0.02 ~ 0.09/0.05
	弱风化	990 ~ 2 580/1 930	1.67 ~ 11.24/6.31	0.04 ~ 0.27/0.15
	微—新	1 990 ~ 4 760/4 210	6.53 ~ 52.30/38.95	0.16 ~ 0.92/0.73
炭质泥岩	弱风化	2 000 ~ 2 340/2 250	6.45 ~ 9.21/8.46	0.16 ~ 0.22/0.20
粉砂岩、炭质泥岩、凝灰岩	弱风化	2 340 ~ 3 380/2 660	9.21 ~ 19.37/12.41	0.19 ~ 0.39/0.24
	微风化	2 200 ~ 5 300/3 130	7.78 ~ 64.35/18.00	0.17 ~ 0.97/0.34
粉砂岩	微风化	2 150 ~ 4 760/4 020	7.62 ~ 52.30/35.76	0.15 ~ 0.75/0.55
火山角砾岩	微风化	4 820 ~ 4 850/4 850	52.08 ~ 53.32/52.69	0.75
凝灰岩与凝灰质泥岩互层	微风化	2 800 ~ 5 130/3 820	13.70 ~ 60.10/31.43	0.32 ~ 1.00/0.60

4.2.3　孔内岩体声波测试

测试结果表明,除岩性外,岩体风化程度、结构面发育程度对其声波速度值影响也很大,故在各孔宏观划分速度层中往往包含有几种岩性地层,同时各速度层内也包含有局部小的低速度夹层以简化层次,因而同一速度层内纵波速度值的离散系数较大。钻孔揭露各主要岩性不同风化程度岩体声波速度和风化系数、完整性系数分析归纳如表3所示。

表3　钻孔内主要岩性岩体声波参数统计

岩性	风化程度	v_p(m/s)范围 值/平均值	E_d(GPa)范围 值/平均值	K_v	F	说明
安山岩	微风化	1 500~6 670/4 930	3.52~107.90/56.10	0.66	0.82	微风化岩体中含新鲜岩石,统计值系按厚度加权平均而得。风化程度按地质描述,风化系数按实测参数计算而得
辉绿岩	微风化	1 560~6 450/5 110	4.02~106.40/64.69	0.64	0.85	
辉长岩	微风化	4 080~5 710/4 850	35.19~79.11/54.30	0.65	0.81	
凝灰岩	微风化	1 440~6 670/4 430	3.15~104.82/42.25	0.55	0.74	
火山角砾岩	微风化	1 800~6 670/4 470	4.98~105.99/43.49	0.57	0.75	
蚀变玄武岩	微风化	1 430~6 250/4 660	3.20~94.77/50.13	0.61	0.78	
硅质岩	弱风化	1 400~6 350/4 210	—	0.47	0.70	
	微风化	2 020~6 670/5 440	—	0.78	0.91	
泥灰岩	微风化	2 380~5 410/4 130	9.53~67.29/35.27	0.57	0.76	
泥质粉砂岩	弱风化	2 940~4 440/3 770	15.64~42.60/27.69	0.48	0.69	
泥质粉砂岩蚀变带	弱风化	3 510~4 000/3 750	24.00~32.97/27.39	0.47	0.69	

4.3　综合分析及质量评价

综合分析坝址区地层结构调查、岩体地震波测试及声波测井资料可见,水上物探剖面测得基岩纵波速度常见值为:沉积岩 2 850~3 170 m/s,火成岩 4 350~5 870 m/s,对应弱风化下部或微风化上部基岩,与平硐岩体地震波测试结果和水上钻孔的声波测井资料基本一致。

孔内各岩性微风化岩体声波速度均大于相应的地震波速度,两者比值为 1.03~1.05(平均值之比),弱风化岩体该比值更大。此差异由测试方法的工作尺度、工作频段、测试方向、计时精度、勘探点空间分布差异以及硐室开挖爆破影响等多方面原因造成。

对比分析钻探与物探成果及比较分析不同物探方法获得成果,可对物探成果质量评价如下:

(1)可行性研究阶段布置的水上 ZK37 孔位于 WS2 与 WS5 测线交点处,预可行性研究阶段水上 WS2 线在该点解释成果为覆盖层厚度 7.4 m、波速 2 110 m/s、基岩波速 4 910 m/s,判断基岩风化等级处于弱风化下部或微风化上部;可行性研究阶段顺河向水上 WS5 线解释该点覆盖层厚度 8.4 m、波速 1 990 m/s、基岩波速 4 880 m/s,同样判断基岩风化等级处于弱风化下部或微风化上部,ZK37 孔钻探结果表明,该点覆盖层厚度为 8.3 m、基岩为弱风化—微风化状,与根据 WS2、WS5 探测结果综合推定的覆盖层厚度 7.9 m 基本一致,物探测深相对误差4.9%。

(2)预可行性研究阶段在左岸坝轴线高程524.0 m处物探解释覆盖层(含全风化基岩)厚度19.9 m,覆盖层与基岩地震纵波速度分别为350~450 m/s和2 000~2 360 m/s;可行性研究阶段布置于该部位的ZK16孔钻探结果表明,该部位全风化基岩底面埋深为21.0 m,物探与钻探相对误差为5.4%。

(3)用于划分地层的地震波折射法和瑞雷波法对强风化基岩面的探测成果基本一致,并且这两种方法测得的纵波和瑞雷波速度值也是一致的,强风化基岩纵波速度与声波测井、硐壁岩体测试成果也能互相验证。

(4)根据地震纵波速度对硐壁岩体进行的风化分带与地质划分的空间位置基本吻合。声波测井成果与孔内岩石的岩性、风化程度及结构面发育情况等对应良好,对岩体的风化系数计算和完整性评价与地质评价基本一致。

总之,根据验证资料,地层结构调查的物探解释精度高于90%。

5　工程验证

电站开工建设后的建基面开挖及物探检测结果充分验证了前期勘察中物探成果的客观可靠性。限于篇幅,在此仅就坝址区开挖情况对前期物探资料的准确性予以简要说明。

前期物探勘测河床坝段基岩面高程为347.0~351.5 m,基岩纵波速度为4 900~5 700 m/s为弱风化下部—微风化岩体,基坑开挖结果表明,该部位建基面高程为347.5~352.5 m,岩体纵波速度为4 260~5 410 m/s,两者基本一致。

左坝肩因实际坝轴线在勘测坝轴线基础上向上游偏转了约30°,导致开挖结果与前期勘测结果略有出入,即前期勘察未能发现小角度穿过实际坝轴线2#坝段的小断层和发育于4#坝段的辉绿岩蚀变带,但覆盖层厚度基本一致;预可行性研究阶段提出的左坝肩质量较差,岩体分布范围基本与开挖后发现的位于6#坝段的炭质泥岩及凝灰质泥岩分布段相对应。

无论是覆盖层厚度还是基岩纵波速度,右坝肩前期物探结果均与开挖结果基本吻合;水上物探提出的位于河道中部的相对深槽也被开挖结果所验证,该深槽在下游消力池部位甚至形成一个较大的天然冲刷深坑。

6　结语

随着科学技术的发展,在工程勘察中物探成果的准确性、可靠性日益提高,但正如前文所述,水利水电工程场址的地质条件、场地条件、工作环境也日益复杂恶劣,加上物探资料解释自身特有的不唯一性,稍有不慎即可能得出错误的结论,尤其是在地层结构调查、隐伏构造探测时。这就要求物探工作者在不断提升自身业务水平的同时,在工程勘察中把握住相应设计阶段的工作要点,即认真领会设计、地质意图,根据"技术可靠、经济合理、方法可行"的原则在方法有效性试验基础上明确标志层或目的层物性特征,找准勘探"靶区"并优选工作方法,根据地质和场地条件兼顾工期并在规范许可范围内合理地布置外业工作,科学选择工作参数,尽可能地参考不同时期、不同勘探方法获得的已知成果,结合宏观及微观地质背景进行资料的全面系统分析,并与其他类似工程项目类比,以客观真实地再现地质环境,取得准确可信的成果。

戈兰滩水电站工程现已竣工发电近四年,实践证明,前期勘探(包括物探)成果与实际地质情况基本吻合,工程物探充分发挥了其应有的作用,无论是后期的补充钻探还是施工开挖结果,都一再证明了前期物探资料的可靠性,取得了令人满意的成果,希望本文能在类似工程中起到参考借鉴作用。

黄河海勃湾水利枢纽工程地球物理
勘测特点和效果

赵 楠 王清玉 刘栋臣 王志豪

(中水北方勘测设计研究有限责任公司 天津 300222)

摘要:本文结合海勃湾水利枢纽工程的地质、场地条件及工程地质要求对前期勘察工作特点及物探工作采取措施进行简要说明,并对工作方法及应用效果予以简介。

关键词:海勃湾水利枢纽 地层结构 隔水层 古河道 工程勘察特点 方法有效性试验 方案策划 应用效果

1 工程简介

黄河海勃湾水利枢纽位于内蒙古自治区乌海市境内的黄河干流上(右岸为乌海市区,左岸为防沙林场),是以防凌为主、结合发电、兼顾防洪等综合利用的水利枢纽工程,主要由土石坝、泄洪闸、电站等水工建筑物组成,最大坝高 18.2 m、坝长 6.371 km、最大库容 4.87 亿 m^3、总装机容量 90 MW,属 II 等大(2)型工程。

工作区域内地貌单元类型为由黄河冲积平原、山前冲洪积平原组成的断陷盆地地貌,按形态可分为冲积地貌、堆积侵蚀地貌、山前堆积地貌、风成地貌等。

坝址区河谷宽阔(约 500 m),河床高程约 1 065 m,河漫滩、河心滩等河流堆积侵蚀地貌发育,两岸不对称且连续性较差,主要由一、二级阶地组成。左岸冲积平原多为活动风积沙丘覆盖,高程 1 065 ~ 1 092 m,与乌兰布和沙漠相连接,活动沙丘内地表相对高差最大为 27.0 m,为典型的风成沙漠地貌;右岸为山麓带状冲洪积平原,由山前洪积扇相互联结组成,地面高程 1 070 ~ 1 200 m,相对高差 30 ~ 80 m,局部有高 3.0 ~ 15.0 m 的活动风积沙丘。

坝址区与工程有关的主要为第四系及第三系地层。自上而下第四系地层主要为:Q_4 风积砂或冲积砂砾石夹黏土、砾质土、中细砂、砂壤土等;Q_3 冲积、湖积微胶结状砂卵砾石、黏土(壤土)、砂壤土、含砾中细砂、中细砂等;Q_2 冲洪积胶结状砂卵砾石、细砂、中粗砂等。第四系地层厚度大于 500 m。下伏第三系地层主要为 N_2 泥岩、砂质泥岩夹泥质砂砾岩、细砂岩等,地层厚度一般大于 200 m。

工程区位于断陷盆地内东侧,大地构造部位属中朝准地台阿拉善台隆和鄂尔多斯西缘坳陷带,跨越其中的吉兰太中新断陷、贺兰山台陷及桌子山台陷三个三级构造单元。区内发育的构造形迹包括褶皱和断裂,以东西向和南北向两组最为发育。新构造运动具有

作者简介:赵楠(1965—),男,河北冒黎县人,高级工程师,主要从事工程物探工作。

明显的继承性,即沿老构造中的一些断裂产生新构造运动,新构造形迹与老断层相吻合。

坝址区地震动峰值加速度为 0.2g,相应地震基本烈度为 8 度。

工区地下水按埋藏条件有孔隙潜水、孔隙半承压水、孔隙裂隙潜水三种类型,坝址区与工程有关的地下水主要为孔隙潜水,其埋深一般为 0.5 ~ 25.0 m。

2 工程特点

鉴于区内构造较发育,且左岸近 6.0 km 的副坝坐落于沙漠地带,因此本工程要解决的主要工程地质问题为:了解坝址区是否存在隐伏构造及其位置、宽度和延伸方向;坝基地层结构调查,探测浅部是否有隔水层发育及其空间展布形态;地下水位及古河道探测;场地类别评价及砂性土振动液化初判等。

与以往水利水电工程勘察相比较,本工程具有如下显著特点:

(1)副坝较长且坐落于沙漠地带;

(2)覆盖层厚度大,且成因复杂,岩性多变;

(3)隐伏构造埋深较大。

上述诸特点也致使本工程的物探工作迥异于其他工程。首先,区域地质资料表明工区内基岩埋深大于 500 m,欲利用卫星照片解译的断层是否穿越坝址区难度很大;风积砂下伏较浅部不同岩性第四系地层层厚均相对较小且物性参数相近、难以分辨;副坝区地表风积砂层厚度较大、主坝址水域宽阔且水深湍急,对物探工作极其不利。

3 对策

鉴于本工程坝高较低、覆盖层厚度较大,针对上述工程地质问题,结合场地条件分析确定物探工作要点为:除隐伏构造探测需深入到基岩外,地层结构调查应重点解决与工程安全和工程设计密切相关的近地表(本工程要求 60 m)地层结构问题,尤其是重点探测隔水层及古河道,而对于较深部(大于 100 m)的地层结构则只须宏观控制即可。结合现场查勘结果分析后决定采取以下对策:

(1)强化方法有效性试验,优化工作方法,及时分析外业资料,调整工作方法和仪器工作设置参数,确保原始资料的准确性。

(2)与地质、钻探等专业加强协调沟通,对专业内各方法所获资料及时汇总并综合分析,确保资料即时共享。

(3)视场地情况及资料初步分析解释成果,随时调整工作布置。

(4)注意同类参数对比分析(如剪切波速度和瑞雷波速度),方法间成果互相验证、补充。

在具体工作中则采取以下措施:为消除松散风积砂造成的接地困难,电法采用加长电极,检波器安置于浮砂之下较潮湿砂中;震源采用深炮坑上覆砂袋盖重;剪切波测井之剪切板钢钉加长加密且置于浮砂之下同时增大压重;水域震探采用互换法。

4 方案策划

当地层结构相对简单,层间物性差异显著时,选择适宜的单一物探方法结合钻探可以取得较好的地质效果。但工程实践中这种理想情况很少,因此结合具体工程实际策划一套较科学系统的综合物探方案是非常必要的。

本工程浅部第四系地层因其沉积环境的复杂性、成因的多样性导致地层岩性不仅在垂向而且在水平方向都复杂多变,主要表现为地层的厚度变化、岩性的横向变化、大量的地层尖灭和透镜体的存在,形态复杂。因此,为圆满解决上述地质问题,必须结合理论及以往工程实践,在方法有效性试验的基础上确定切实可行的工作方法及工作参数。

因各物探方法工作机制不同而各具特色、各有优势与局限,例如地质雷达探测能够根据不同反射电磁波组的动力学和运动学特征划分出具有明显介电常数差异的物性层界限,并且具有很高的纵、横向分辨率,但其使用的电磁波在低电阻率地层中被吸收衰减较快、探测深度较浅,同时介电常数差异较小的相邻不同岩性地层在地质雷达探测剖面上无明显反映,并且有时岩性分界面并不一定就是介电常数差异面,两者间往往存在一定的偏差,所以必须再结合基于地层其他物性(如弹性)特征进行探测的物探方法(如瑞雷波法)对其探测成果进行验证和补充,以增强探测成果的可靠性。

根据理论分析、以往工程经验,结合场地、地质条件和方法有效性试验结果,针对本工程主要地质问题确定:以低速、低介电常数、高电阻率的表层松散风积砂,相对高速、高阻的砂砾石层和高速、低阻的基岩为标志层。在此基础上确立了以瑞雷波探测法、高密度电法、地震波反射法为主并辅以地质雷达、地震波折射法及电测深法等综合物探方法,以从微观上区分浅部地层,从宏观上对深部第四系地层进行大层划分、探测基岩埋深及隐伏构造。至于振动液化问题则以剪切波测井结合瑞雷波探测结果予以解决。

总之,工作方案的策划原则是在综合考虑任务要求、场地和地质条件、物性条件、方法有效性、试验结果、工作周期及经费等前提下,尽量选择两种或两种以上基于不同物性参数的综合物探方法,力求多角度、全方位地解决工程地质问题。

5　工作实施及资料分析

5.1　地震波反射法

基于波阻抗差异的地震波反射法主要针对隐伏构造布置,在部分测段也对其他方法浅部地层结构调查结果及古河道探测作了校核性布置。

根据试验结果,地震波反射法采用单边激发三次覆盖观测系统,24 道观测;深层勘探视测线部位不同,最小偏移距为 240 ~ 300 m,道间距 10 m;浅反选择最佳窗口为,最小偏移距 40 m,道间距 3 m;工作参数分别为,时间域采样率 0.50 ms、0.25 ms,记录时窗 1 024 ms、512 ms;全通滤波,浮点放大。

深、浅层地震波反射法典型勘探记录见图 1、图 2。

在图 1 中分布有三个明显的反射波同相轴,分别对应地下不同的物性层面,其中最下部的同相轴(反射时间为 670 ~ 720 ms)对应第三系基岩面,其他同相轴为第四系内部物性层面的反映。

经速度扫描分析,各层综合叠加速度一般为 1 600 ~ 1 900 m/s,典型深层地震波反射时间剖面见图 3。探测结果表明,各测线地震波反射时间剖面上都存在三个明显的同相轴且均起伏不大,随桩号加大各同相轴代表的层面有逐渐变浅的趋势,其深度范围分别为

100 ~ 160 m、250 ~ 360 m 和 460 ~ 520 m,分别对应第四系地层内的岩性或波阻抗变化面和第三系基岩顶面。探测结果表明,测试范围内基岩面平滑连续,未见有较明显的断层发育迹象。

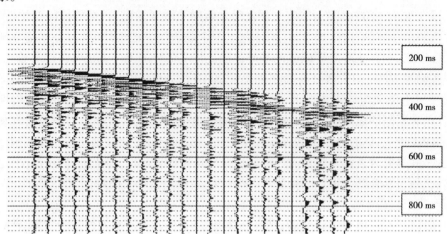

图 1　深层地震波反射法典型勘探记录
(炮点:K3 + 520;接收点:K3 + 800 ~ K4 + 030)

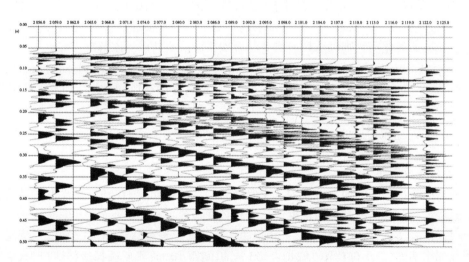

图 2　浅层地震波反射法典型勘探记录
(炮点:K2 + 984;接收点:K2 + 056 ~ K2 + 125)

在图 2 中分布有四个明显的反射波同相轴,反射时间分别为 84 ~ 112 ms、100 ~ 126 ms、124 ~ 142 ms、165 ~ 172 ms,各自对应浅部各物性层面,其中 165 ~ 172 ms 同相轴对应地层埋深较大,已超出探测深度范围。

速度分析表明,浅部各层综合叠加速度为 1 060 ~ 1 550 m/s,典型浅层地震波反射深度深度剖面见图 4,即桩号 K4 + 755 ~ K4 + 920(左侧为大桩号端)段深度剖面图,由图 4 可见,各同相轴反射波形的相似性、同相性较好且可连续追踪,对应各层埋深为 34.0 ~ 65.0 m。

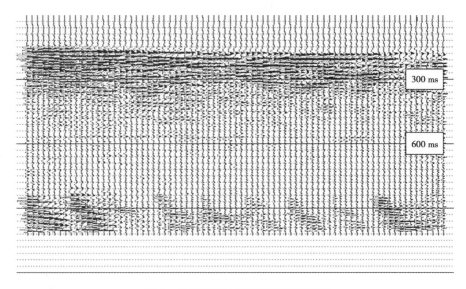

图3　典型深层地震波反射时间剖面

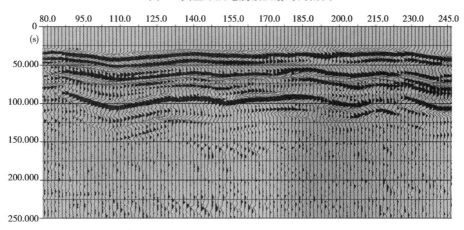

图4　典型浅层地震波反射深度剖面

　　测试成果表明,除局部测段(桩号 K2 +350 ~ K2 +600,各反射层面埋深同步加大,分布高程较低,具深槽形态)外各反射层面基本平缓,且随埋深加大波速值递增,但横向变化不大。反射层面埋深较大部位,一般上覆松散风积砂层厚度较大。

5.2　瑞雷波法

　　外业采用瞬态瑞雷波探测技术,相遇观测系统,爆炸震源,可同时兼顾地震波折射;24 道记录,道间距 2 ~ 4 m。经展开排列试验选择偏移距为 20 m、30 m;仪器工作参数为:时间域采样率 0. 50 ms,记录时窗 1 024 ms,全通滤波,浮点放大。典型的瑞雷波探测原始记录及反演解释成果见图 5、图 6。

　　瑞雷波法探测的物理前提是其在非均匀介质或层状介质中传播时存在频散特性。同一频率的瑞雷波速度在水平方向上的变化反映地质条件的横向不均匀性,不同频率的瑞雷波速度变化则反映地层的垂向变化。其优势在于瑞雷波具有更强的能量和更低的频率,易于分辨且不受地层速度大小排序的限制。

一般而言,当地层间存在 30 m/s 的瑞雷波速度差异时即可被识别。由于地质条件、成因的复杂性,同岩性地层波速值具有一定的离散性,而个别不同岩性地层间波速差异不大或相近,故物探划分层位有时与地质层位不同而为物性层。

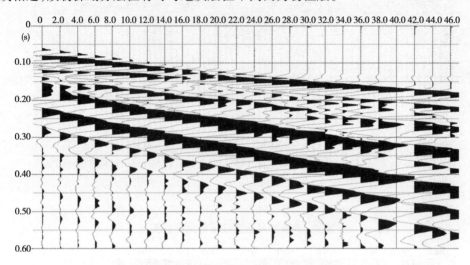

图 5　典型的瑞雷波探测原始记录

(炮点:K0 - 020;接收点:K0 + 000 ~ K0 + 046)

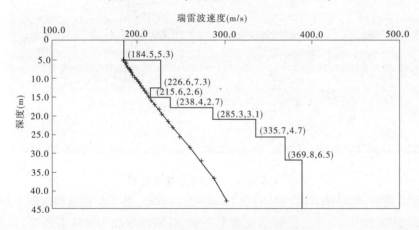

图 6　典型的瑞雷波探测反演解释成果

瑞雷波法探测的目的在于划分第四系浅部地层,对资料的解释分析原则是:由已知到未知,在参考已知钻探成果的前提下,结合其他物探方法探测成果,对反演解释所得物性层位进行合理归纳合并,以求真实还原地质地层结构。

由图 6 可见:埋深 0.0 ~ 14.6 m 地层瑞雷波速度为 210 m/s(近地表约 5.0 m 为相对松散干燥风积砂),对应松散风积砂;埋深 14.6 ~ 17.9 m 瑞雷波速度 238 m/s,对应壤土;17.9 ~ 21.9 m 瑞雷波速度 285 m/s,对应含砾中细砂;21.9 ~ 25.6 m 地层瑞雷波速度 336 m/s,对应中细砂或含砾粗砂;25.6 ~ 32.2 m 地层瑞雷波速度 370 m/s,对应较深部的黏性土;32.2 m 以下地层瑞雷波速度 390 m/s,对应下部的中细砂等,解释结果与排列所处部位 TZK1 孔钻探成果基本一致。

总体而言,探测深度范围内各层瑞雷波速度主要呈递增态势,个别测点浅部(<20 m)也有高速层存在。标志层——松散风积砂层瑞雷波速度值最小,一般为 140～210 m/s,多为 180 m/s 左右;标志层——砂卵砾石层瑞雷波速度值较大,一般为 500～700 m/s,当其埋深相对较浅、含砂或泥量相对较高时则为 250～400 m/s;黏土层瑞雷波速度视其埋深而异,浅部 200～240 m/s,深部 360～400 m/s;细砂、含砾细砂、砾质砂等瑞雷波速度视其埋深不同,一般为 240～450 m/s。

5.3　地震波折射法

地震波折射法勘探与瑞雷波探测同步进行,主要用于探测地下水位并配合其他方法确定古河道位置,典型记录见图 7。

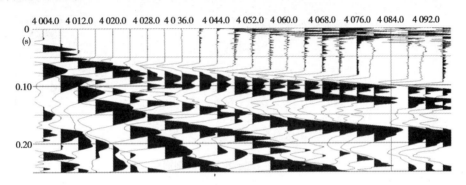

图 7　地震波折射法探测记录

(炮点:K4+000;接收点:K4+004～K4+096)

对于第四系地层而言,除岩性外,影响其纵波速度的主要因素是含水量、粒径、密实度等,本测区影响浅部各岩性层纵波速度的主要因素是含水量。

测区内水位以上各岩性地层纵波速度为:风积砂 390～560 m/s;黏土或壤土 570～1 090 m/s;砂砾石 1 180～1 480 m/s。饱水地层视岩性不同纵波速度一般为 1 250～1 800 m/s,且多在 1 600 m/s 左右。

探测成果表明,在勘探深度范围内:副坝延长段地层可分为两个速度层:第一层为相对干燥地层,其纵波速度为 340～370 m/s,底面(水位)埋深为 6.6～26.6 m,高程 1 065.6～1 069.6 m,下伏地层为饱和状,纵波速度 1 250～1 780 m/s;库区相对干燥地层纵波速度为340～420 m/s,底面(水位)埋深为 2.8～21.8 m,高程 1 061.2～1 071.2 m、其中桩号 K2+060～K2+620 段水位变化较大(由 K2+060 的 1 067.5 m 降到 K2+150 的 1 062.3 m,此后一直到桩号 K2+580 水位基本稳定在约 1 062.0 m,到桩号 K2+620 水位又渐升至 1 065.2 m),纵波速度 1 390～2 100 m/s。

5.4　地质雷达

方法有效性试验表明,本工区地质雷达探测深度较浅,故该方法用以配合瑞雷波法区分,测定风积砂下部埋深较浅黏土层的空间分布规律。

测试采用剖面法,使用主频 50 MHz 非屏蔽天线,收、发天线距 2 m,记录点距 1 m,采样频率 888 MHz,记录时窗 576 ns,叠加 16 次。典型地质雷达探测剖面见图 8。

表层风积砂松散干燥介电常数最小,其波组特征为低频、强振幅、连续性好;其下部黏土层介电常数相对较大,反射波组一般为相对低频,振幅相对较强,当层内含水量较高时,则振幅变弱,频率变高;下部细砂、含砾细砂层等因埋深较大、含水量高,电磁波信号被强吸收衰减,在地质雷达图上不易识别。

在图8中,上部低频、水平的同相轴为风积砂层,其下部呈起伏状反射波,同相轴为黏土层。图中可分辨的反射信号最大出现时间约200 ns,表明探测深度较小。因此,图8未做地形校正,所以下部产状较平缓的黏土层面被镜像为地形起伏状。

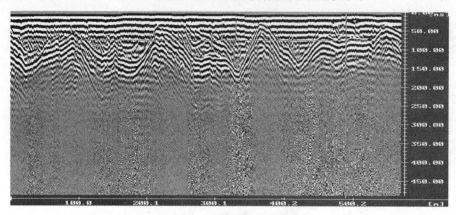

图8　典型地质雷达探测剖面

5.5　电测深法

使用$MN:AB=1:5$的对称四极电测深法,$(AB/2)_{max}$为1 000 m。

测试结果表明,随桩号加大各电性层埋深有逐渐变浅又变深的趋势但梯度不大。浅部地层电阻率横向变化较大,视测点位置及层厚不同表层风积砂电阻率为700～6 000 Ω·m;垂向电阻率则随埋深加大而递减,下伏地层电阻率20～1 000 Ω·m,其中中间各层电阻率值一般为60～400 Ω·m,埋深247～385 m以下地层电阻率小于40 Ω·m,分别对应饱水的细砂或含砾细砂及以砂为主的砂砾石层等。

5.6　高密度电法

因浅部地层一般较薄且除砂砾石层外其他岩性地层电性差异较小,故高密度电法仅用于辅助其他方法探测结果区分物性层岩性及圈定古河道位置。

测试采用温纳尔装置,布设60根电极,电极隔离系数19,基本电极距5 m。实测及反演电阻率剖面见图9。

影响岩土体电阻率值的因素主要为岩性、含水量、粒径、密实度等。对于非饱和第四系土层,其含水量、密实度越高,粒径越小,电阻率值越低;反之,则电阻率值越高。水位以下饱和岩土层的电阻率变化则多受岩性及粒径的制约,即黏性土电阻率值小于砂性土;粒径越大则砂砾石电阻率值越高。

图9所示近地表大于1 000 Ω·m之高阻区为风积砂的反映,局部低洼部位该层很薄或缺失。因未作地形校正致使下伏平缓地层镜像为沙丘起伏状。埋深7.0～23.0 m以下地层电阻率小于200 Ω·m,为水位以下地层之反映,中部各电性层基本水平展布,局部有相对高阻砂砾石等分布。

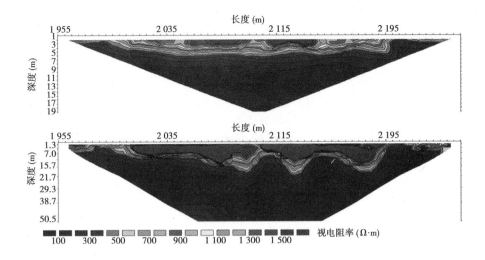

图 9　实测及反演电阻率剖面

探测结果表明,随桩号加大,自上而下各地层的电阻率值均逐渐变小;各层埋深及电阻率值有减小趋势但变化梯度不大;水位以上地层电阻率值随层厚变小相应变小;水位以下地层电阻率则受岩性控制,变化较大。

根据电阻率变化情况沿测线可横向划分为 3 个单元,即桩号 K0 + 000 ~ K1 + 020、K1 + 020 ~ K1 + 790、K1 + 790 ~ K3 + 000。

桩号 K0 + 000 ~ K1 + 020 段表层风积砂电阻率 3 000 ~ 5 000 Ω·m,底面埋深为 4.0 ~ 12.0 m,局部地段缺失;第二层电阻率 500 ~ 1 000 Ω·m,层底埋深为 4.0 ~ 22.0 m,为水位以上地层综合反映;第三层电阻率 100 ~ 300 Ω·m,对应水位以下地层。部分测段埋深 11.0 ~ 26.0 m 间有透镜体发育,电阻率值一般为 1 200 ~ 3 000 Ω·m,表明相应部位岩性异于旁侧。

桩号 K1 + 020 ~ K1 + 790 段风积砂电阻率 1 000 ~ 4 000 Ω·m,底面埋深为 1.0 ~ 6.0 m,局部地段缺失;第二层电阻率 300 ~ 500 Ω·m,层底埋深为 4.0 ~ 10.0 m,对应水位以上地层;第三层电阻率 50 ~ 200 Ω·m,为水位以下地层的综合反映。

桩号 K1 + 790 ~ K3 + 000 表现为二个电性层。第一层电阻率 1 000 ~ 2 500 Ω·m(局部存在透镜状夹层,其电阻率为 300 ~ 500 Ω·m),为表层风积砂及水位以上地层的综合反映,层底埋深 6.0 ~ 22.0 m;第二层电阻率一般为 20 ~ 150 Ω·m(桩号 K2 + 520 ~ K2 + 610 间电阻率 100 ~ 1 000 Ω·m),为水位以下地层的综合反映。桩号 K2 + 370 ~ K2 + 410(埋深为 18.5 ~ 35.0 m)及 K2 + 680 ~ K2 + 740(埋深 12.0 ~ 28.0 m)发育透镜体,电阻率值分别为 1 000 ~ 1 500 Ω·m 和 250 ~ 450 Ω·m,表明物性异于旁侧。

5.7　剪切波测井

结合瑞雷波探测结果综合分析剪切波测试资料可见,埋深 20.0 m 以上各层砂性土实测剪切波速度均小于相应深度部位振动液化上限剪切波速度,即所有砂性土层均初判为液化。地层等效剪切波速度范围值为 215 ~ 289 m/s,且多大于 258 m/s,场地类别基本为Ⅱ类。

6 应用效果

本工程选用物探方法分别基于地层弹性、波阻抗及电性等差异,以消除单一方法因其本身局限性或多解性等引起的偏差,使最终成果基本客观地反映实际情况。例如:就潜在古河道探测而言,在对其成因、结构形态、沉积环境、地层岩性及其相应物性参数特征等方面进行综合分析后,首先使用浅反从反射界面形态上进行初步调查;其次用瑞雷波法确定各层弹性特征,对岩层密实度作定性评价;再次结合地下水位调查使用地震波折射法探测在具备古河道形态特征部位是否有水位沉降现象;最后使用高密度电法从电性差异判断岩层主要组成成分的粒径变化,当上述各种方法探测成果都能够互相支持时,才能推断有古河道存在。

通过项目建议书及可行性研究阶段探测,得出如下基本结论:

(1)埋深约 60.0 m 以上地层可分为 5 大层(局部 7 层),自上而下依次为:风积砂(低洼处缺失)、黏性土层或黏性土与薄层砂壤土的综合体(多数地段该层又可分为上下两个亚层)、砾质砂或中砂、中细砂、中粗砂或砂砾石等。

(2)深部(60.0 m 以下)地层可宏观分为四大层,其底面埋深依次为:100~160 m,250~360 m,460~520 m,第四层未见底面。推断各层依次对应岩性为:细砂、黏性土层,微胶结砂砾石层,胶结较好砂砾石层,第三系泥岩等。

(3)探测范围内未见明显隐伏构造发育迹象。

(4)区内地下水位埋深较浅,除库区局部地段外,水位起伏较小,距离黄河越远水位越高但梯度不大,地下水补给黄河。副坝地下水位 1 065.6~1 069.6 m;库区地下水分布高程 1 061.2~1 071.2 m。

(5)推断库区测线桩号 K2+340~K2+650 有古河道发育,建议钻探验证。

(6)场地类别基本为 II 类,区内砂性土层初判均液化。

虽然测区内地层岩性复杂多变且分布极不稳定,但由于切合实际地使用了综合物探方法,基本查清了诸如地层结构、地下水位、隐伏构造等工程地质问题,尤其是与工程直接相关的松散风积砂厚度、可作为持力层的砂或砂砾石层的埋深、作为隔水层的黏土层空间展布情况、古河道发育部位,并对砂性土振动液化予以初判、对场地类别作出评价等,取得了良好的地质效果。

综合物探在水电站坝址比选中的应用

文志祥　黄正来　林永燊

（长江工程地球物理勘测武汉有限公司　武汉　430010）

摘要：本文简要介绍了在水电站坝址比选工作中利用两种以上物探方法开展工作各取所长、优势互补取得的成果。首先采用水上横江地震查明了坝轴线河床部位基岩中低速带的存在和分布范围，又在同一剖面上采用水上高密度电法进行判定，其低速带均呈低阻反应并倾斜向纵深发育，据此可确认为断层。通过多条横江高密度电法剖面可进一步确定断层的产状及发育规模。物探成果显示：上坝线断层靠河床右岸一侧，中坝线断层位于河床中部，根据断层的走向推断下坝线该断层将延伸到河床左岸坡上，后经勘探钻孔和平硐等资料验证，以上推断是正确的。因此，设计可能将下坝线作为首选坝址，物探在此次选坝工作中起到了指导性作用，取得了较好的应用效果。

关键词：水上高密度电法　水上横江地震　应用效果

1　引言

　　某水电站位于北部山区河床干流上，该河段沿江两岸多为峡谷地带，岸坡呈"V"字形陡立，岸坡坡度为30°~40°不等，两岸冲沟发育，近河岸坡高程多为300~1 200 m，坝址区河床宽度300 m左右，河床水位一般在238~260 m高程。

　　坝址区地表多被黏土、碎块石等覆盖；基岩岩性较为简单，左岸为斑状变晶花岗片麻岩，右岸为花岗片麻岩；河床中部顺河流方向发育一条断层，宽度为几十到一百多米。坝址右岸岩体受断层影响较小，岩体完整度好；左岸斑状变晶花岗片麻岩受构造影响相对较大，岩体完整度稍差；断层间岩体不同程度地受断层影响，局部或大部受到破坏。

　　为了查明断层的具体部位及发育情况，评价断层对大坝基础稳定的影响，配合地质勘察为选坝工作提供依据，在该水电站上、中两个拟选坝线首先开展了水上横江地震工作，基本查明了断层的分布范围；而后又将高密度电法应用于水上作横江剖面勘探，与水上横江地震勘探的资料作对比研究，进而查明了断层走向、倾向、倾角及断层内部的发育情况，为坝址选择提供了可靠的依据。

　　本文通过水上横江高密度电法和水上横江地震折射法两种物探方法在选坝方面的应用实例，介绍其应用效果。

作者简介：文志祥（1956—），男，湖南南县人，工程师，主要从事水利水电工程物探工作。

2 横江水域地震勘探

2.1 水上横江地震工作方法

采用地震折射法横江布设地震排列,根据互换原理,将激发与接收互换开展工作,即在河床两岸根据地震折射排列要求布设接收检波器,在河床水域按一定间距放炮激发,用地震仪接收激发产生的地震波,由此获取该地震剖面的地震时距曲线,然后用地震折射法进行解释。

2.2 地震资料的解释

解释工作分定性解释和定量解释两步完成。定性解释主要是根据物性断面与地质岩性的对应关系,判断地下折射界面的数量及大致的产状,从物性断面上宏观地作出地震低波速带与断层及其不良地质体之间的判识;定量解释则是根据定性解释的结果,选用相应的数学方法或作图法求取各折射界面的埋深及形态等参数。

中坝轴线水上横江地震—地质剖面图,如图 1 所示。

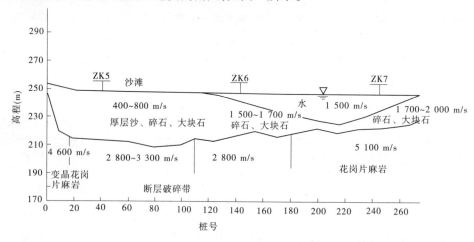

图 1　中坝轴线水上横江地震—地质剖面

地震勘探成果:河床左侧为约 120 m 宽的沙及砂卵石滩,河道分布于右侧,水深 0 ~ 18 m。河床覆盖层在桩号 0 ~ 140 m 段上部为 20 ~ 30 m 的细砂层,底部为厚层沙、碎石、大块石,地震波速度 $v_p = 400 \sim 800$ m/s;河床中部覆盖层以碎石、大块石为主,地震波速度 $v_p = 1\,500 \sim 1\,700$ m/s;河床右岸为碎石、大块石,地震波速度 $v_p = 1\,700 \sim 2\,000$ m/s。河床基岩靠左岸出露成陡立状,岩性为斑状变晶花岗片麻岩,地震波速度 $v_p = 4\,600$ m/s;在河床剖面桩号 16 ~ 180 m 段为断层破碎带,纵波速度 $v_p = 2\,800 \sim 3\,300$ m/s;右岸段为花岗片麻岩,纵波速度 $v_p = 5\,100$ m/s。从剖面图上地震波速度的分布情况不难看出,该河段基岩中存在的断层破碎带靠近河床左岸一侧。

3 横江水域高密度电法

3.1 水上横江高密度电法工作布置

水上高密度电法是陆地高密度电法的拓展,开展水上横江高密度电法的目的是证实上述水上横江地震勘探的结果及有效地追踪断层的发育方向与规模。

水上横江高密度电法采用 60 根电极 10 m 间距,排列长度 590 m,当排列长度达不到剖面长度时,排列前边 30 道电极后移加长排列,使之达到剖面长度。本水上横江高密度电法剖面从河床左岸山坡起头,中部横穿河床,右部通达右岸山坡,最大连续布线长度达 890 m,使河床水域部分与左、右岸山坡剖面连接在一起组成一个完整剖面,这样使剖面的水陆部分相衔接,总体上反映横江剖面内河床水域剖面段与左右岸山坡剖面段电阻率值的变化。

根据勘察工作需要在上、中、下三个坝线布置多条横江高密度电法剖面。

3.2 横江水域高密度电法在坝址比选中的重要作用

由于上、中坝线两岸山坡及河床水域均存在断层破碎带,特别是河床水域存在的断层破碎带宽度较大,横江水上地震仅查明了断层的宽度范围和断层带的纵波速度值,对断层带的倾向、走向及发育深度等选坝工作严重关注的问题无法解决,这就为物探工作提出了新的要求。

3.3 水上横江高密度电法可行性分析

高密度电法的施测方法实际上是由一系列供电、测量极距系列对剖面以下地质体纵、横向面积单元进行测试采样,然后绘出采样各单元的电阻率影像图,其实际上是一系列电测深的集合,突出优点是可将面积单元内各电阻率值由软件绘成影像图,从而还原实测面积单元内各电性层的真实几何形象,便于对地质体进行分析研究。

水上电测深是成熟的物探方法,水上高密度电法是一系列水上电测深的集合,因此开展水上高密度电法无疑是可行的。

3.4 水上高密度电法试验及工作成果

由于目前我们没有水上高密度电法电缆,要实现水上高密度电法只有将陆地高密度电法电缆架设在水面以上,再通过加长供电电极线使供电电极入水供电,实现横江水上高密度电法工作的开展。

试验工作在中坝线水上横江剖面(原地震横江折射剖面)上展开,电缆布设是由横跨江面近乎水平的钢丝绳上加挂钢质扣环,并付挂 10 m 间距的麻绳连环来支承,再通过加长供电电极线使供电电极入水供电来实现的中坝轴线横江水上高密度电法剖面如图 2 所示。

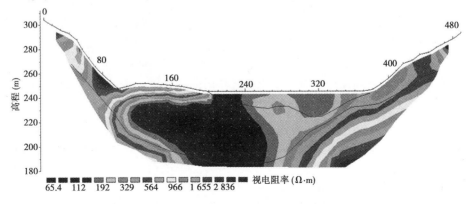

图 2 中坝轴线水上横江高密度电法剖面

　　电缆电极布设完成后开始测试,先用小电压供电,完成一次全剖面测量,再加大电压供电,进行一次全剖面测量,直至达到供电300 V以上,再进行一次全剖面测量,从而圆满地完成了横江水上高密度电法剖面测试的试验工作。

　　试验工作实测过程非常顺利,未发生供电过流、过压的情况;实测资料经数据处理生成高密度电法影像图,结果与中坝线地震折射剖面资料对比,发现高密度电法影像图上F1断层的左右起止范围与地震剖面非常接近,F1断层左右两盘的倾向、倾角被清楚地展示出来,断层内部的发育情况及发育深度亦很清楚,达到了与陆地高密度电法相同的效果。

　　在上、中坝线一带按一定间距开展多条水上横江高密度电法剖面,并将相邻多条横江水上高密度电法剖面作对比展示,不难看出F1断层的走向,这样整个F1断层内部的发育情况及上、下游发展方向的情况就非常清楚了。6条相邻水上横江高密度电法剖面切片如图3所示。

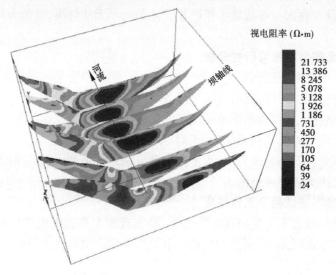

图3　6条相邻水上横江高密度电法剖面切片

4　下坝址水上横江高密度电法及水上横江地震折射的对比研究

　　从上坝址水上横江地震折射剖面和中坝址水上横江地震折射剖面及水上横江高密度电法揭示的坝区F1断层走向延伸方向看,中坝址以下1.8~2.4 km段,F1断层可能从左岸坡上通过,若这个推断成立,则下坝址可能成为本水电站坝线的首选,因为F1断层从左岸坡上通过,很大程度地简化了未来施工处理断层的难度。

4.1　下坝址水上横江地震

　　下坝址水上横江地震实测结果显示,剖面河床段覆盖层在47 m左右,基岩中并未发现断层低阻带,而在左岸坡上平硐揭示出规模巨大的断层破碎带,证明上述推断是正确的。

4.2　下坝址水上横江高密度电法

　　下坝址水上横江高密度电法剖面从左岸山坡上起,垂向通过290 m河床,再往右岸上山布设,剖面全长1 490 m。

实测结果如图4所示,河床的情况与地震横江折射剖面相同,基岩中未发现断层低阻带;右岸山坡有一小规模岩体破碎带,但无断层通过;左岸山坡在剖面400~510 m段发现一条基岩断层破碎带,发育深度25 m左右;在剖面590~820 m段发现一条基岩断层破碎带,断层起点桩号670 m处倾向西,倾角约70°;在断层下边桩号820 m处倾向东,倾角约60°,断层发育深度45 m左右。

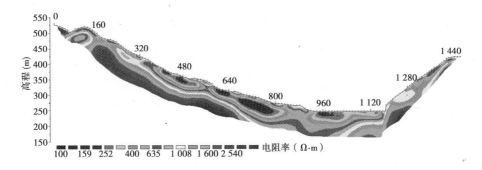

图4　下坝址横江水上高密度电法剖面

我们可以从F1断层的延伸方向及本剖面情况来分析判断,剖面的670~820 m段的断层破碎带,就是我们追索的F1断层。

F1断层在下坝址位于河床左岸坡上,与推测结果相符。

5　综合物探工作在水电站选坝工作中的作用探讨

在本次水电站选坝工作中,首先在上、中坝线做了水上横江地震折射和两岸坡上的高密度电法,在水上横江地震折射剖面上发现基岩中存在较为宽大的低阻带,其发育宽、深度大,根据现有资料无法判断其是否为区域地质地形图上标明的断层,因为如果是断层就有断层的走向、倾向、倾角等系列特征数据,单凭地震横江剖面上发现的低阻带是无法判断的。

为了解决这个问题,我们开发出水上横江高密度电法这一新的物探方法,并在上、中坝址成功地进行了水上横江高密度电法的工作,查明了上、中坝址横江剖面上的低阻带原来就是F1断层,并查明该断层的走向、倾向和倾角。

将上、中坝址低阻带(现在判断为F1断层)联合起来考虑,并以断层的走向向下游延伸,在中坝址下游2~3 km一带的下坝址,F1断层将从左岸坡上通过。

通过下坝址水上横江地震折射剖面勘探和下坝址横江高密度电法剖面资料揭示,下坝址河床水域不存在断层或低阻带,下坝址左岸存在一处低阻带和一处约150 m宽的断层破碎带,这就是我们追索的F1断层。

物探工作在这次选坝过程中,由发现低阻带,到使用物探新技术、新方法查明该断层的走向、倾向和倾角;通过断层的走向作延伸,对断层进行追索,查明断层由河床水域向下游(下坝址)左岸坡延伸,再用物探多方法确认,最后地质部门作出了以下坝址作为可行性研究坝址的决策。

在这次选坝过程中,综合物探工作为水电站选坝工作作出了贡献,充分显示了综合物探在水利水电勘测工作中极为重要且不可替代的作用。

第二篇　地震勘探及弹性波测试技术

水上地震折射互换法误差分析

陈新球　　赵党军　　彭绪洲　　李　泽

（北京国电水利电力工程有限公司　　北京　100024）

摘要:本文在理论上,从地震折射运动学的角度对水上地震折射互换法因过河钢丝绳的重量、水的流速和流向、炮点深度等客观因素造成的解释误差进行了分析,揭示了水上地震折射互换法应注意的问题。这为水上地震折射互换法的资料解释进行误差校正提供了理论基础。

关键词:水上地震折射勘探　互换法　误差　分析

1　引言

　　在水利水电地球物理勘探中,水上地震折射勘探是最为常见的一种物探方法。过去在诸如长江、黄河等大型江河上进行水上地震折射勘探都是通过水上漂浮电缆、仪器船和爆炸船等组成的水上工作系统在水上抛锚定位来实施的,但是,随着西部大开发的深入,国内的水电开发重点也逐渐向西部转移,水上地震折射勘探的作业环境也随之发生了根本性的改变。目前,水上地震折射勘探一般都是在相对狭窄、水流湍急且多数不具备通航条件的河谷中进行的,因此水上地震折射勘探的作业方式不得不调整,大家也就不约而同地想到了"互换法"。

　　从理论上讲,水上地震折射互换法是一种安全、高效、经济且切实可行的施工方式,但是,在实际工作中,由于各种因素的影响,水上地震折射互换法往往存在较大的误差。就目前的水上地震折射勘探作业环境来说,因为没有其他更好的作业方式来进行水上地震折射勘探,水上地震折射互换法也就成了唯一选择。如果能分析清楚水上地震折射互换法工作中引起误差的因素和误差大小,通过必要的手段尽可能克服或减小造成误差的因素,并在解释过程中进行校正。水上地震折射互换法才能真正成为安全、高效、经济、行之有效的水上地震折射勘探手段,并能取得良好的效果。

　　本文从理论上对引起水上地震折射互换法误差的一些因素和误差大小进行了分析和探讨。

2　基本原理和引起误差的因素

　　在满足地震折射勘探条件[1]下(以下讨论均在此条件下进行),对图 1 所示的双层介

作者简介:陈新球(1967—),男,湖北蕲春人,高级工程师,现主要从事水利水电工程物探工作。

质而言,当在 O 点激发、M 点接收时,地震折射波的传播路径为 $OABM$,旅行时间为 t;若将激发点和接收点位置互换(即 M 点激发、O 点接收),地震折射波的传播路径为 $MBAO$,其旅行时间也必定是 t(因为地震折射波的旅行距离完全相等)。这就是水上地震折射互换法的理论基础。

水上地震折射互换法是在应该安置检波器的点进行逐点放炮激发,由于各炮点的炸药量和激发条件的不同,必定会产生地震折射波动力学特征的差异;而由于所架设的钢丝绳存在重量、炸药等的附重、水的流速和流向不同等客观因素的影响,各炮点的深度会存在较大的差异,横河、顺河方向的距离也会发生偏差。地震波动力学和运动学上的这些差异和偏差都会给水上地震折射互换法的解释结果带来误差。

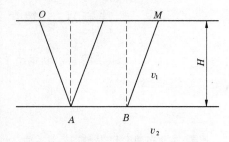

图 1　双层介质地震折射波传播示意

地震折射勘探的解释,目前主要是利用地震波的运动学特征。因此,本文仅对各炮点的几何偏差带来的误差进行分析,而不考虑地震波动力学特征的差异带来的误差。

3　误差分析

3.1　折射波旅行距离误差

在如图 2 所示的双层介质中,H 是界面的埋深,v_1、v_2 分别是表层有效速度和界面速度,e 是折射地震波的临界角,A、B 两点是架设过河钢丝绳的支点,M_1、M_n 是河两岸的边道检波器,O_i 是河中任一炮点设计位置,O_i' 是其实际位置。

为了方便分析,作如下假设:①A、B 两点同高;②A、B 两点间的钢丝绳是以线段 AB 为弦的圆弧;③不考虑炮点附重和水对炮点的冲力对钢丝绳所在弧的影响。

以 M_1 为原点、$M_1 M_n$ 为 X 轴、$M_1 Q_1$ 为 Y 轴、$M_1 N_1$ 为 Z 轴建立三维坐标系。G_{Oi}、O_{Xi}、O_{Li} 分别是理论炮点 O_i 在过河钢丝绳(理论)AB 直线上的固定点、X 轴上(XY 平面)的投影位置和 $N_1 L_1 L_n N_n$ 平面上的投影位置;G_{Oi}' 是实际炮点 O_i' 在过河钢丝绳上的固定点,O_{Xi}' 是其在 X 轴上的投影位置;O_{Qi}'、O_{Li}' 分别是实际炮点 O_i' 在 $M_1 Q_1 Q_n M_n$ 和 $N_1 L_1 L_n N_n$ 平面上的投影位置;O_{Mi}' 是 O_{Qi}' 在 X 轴上的投影位置;N_{Z1}、N_1、N_n、N_{Zn} 分别是 M_{Z1}、M_1、M_n、M_{Zn} 在 $N_1 L_1 L_n N_n$ 平面上的投影位置。

设河宽为 $AB = M_1 M_n = 2X$,钢丝绳(弧 AB)的长度为 $\overparen{AB} = 2X$,$\overparen{AG_{Oi}} = AG_{Oi} = X_i$,$G_{Oi}$、$G_{Oi}'$ 在 Y 方向上的距离为 $G_{Oi}F = G_{Oi}'C' = h_{Oi}$;若弧 AB 的半径为 R,则 $a = \dfrac{X'}{R}$,$b = \dfrac{X_i}{R} - a = \dfrac{X_i - X'}{R}$,$PD = R\cos a = R\cos\dfrac{X'}{R}$,$h_{Oi} = R\cos b - PD = R\left(\cos\dfrac{X_i - X'}{R} - \cos\dfrac{X'}{R}\right)$,$DC = PD\tan b =$

$$PD\tan\frac{X_i - X'}{R} = R\cos\frac{X'}{R}\tan\frac{X_i - X'}{R}, PC = \frac{PD}{\cos b} = \frac{R\cos\dfrac{X'}{R}}{\cos\dfrac{X_i - X'}{R}}\circ$$

过 E 点作 AB 的垂线 EC'，不难求得：

$$O_{Xi}O'_{Xi} = EF = C'G_{0i} = AG_{0i} - AD - DC' = (X_i - X) - R\sin\frac{X_i - X'}{R}。$$

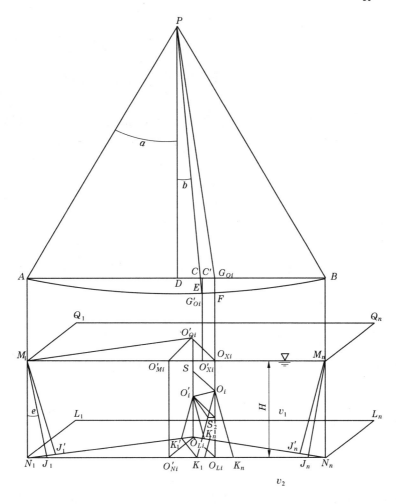

图2　折射波旅行距离误差分析

设实际炮点 O'_i 在过河钢丝绳上的固定点在 X 方向上与理论炮点 O_i 的距离误差为 ΔS_{0i}，即有

$$\Delta S_{0i} = (X_i - X) - R\sin\frac{X_i - X'}{R} \tag{1}$$

设理论炮点 O_i 的 X、Y、Z 坐标分别为 x_i、y_i、h_i，即 $M_1O_{Xi} = AG_{0i} = N_1O_{Li} = x_i = X_i$，$y_i = 0$，$O_iO_{Xi} = h_i$；$O'_i$ 的 X、Y、Z 坐标分别为 x'_i、y'_i、h'_i，即 $M_1O'_{Xi} = N_1O'_{Li} = x'_i$，$O'_{Mi}O'_{Qi} = y_i$，$S_iO'_{Qi} = h'_i$。于是有：$S_iO'_i = \Delta h_i = h'_i - h_i$。

设因水的流速、流向造成实际炮点 O'_i 在 X 方向上偏离它在钢丝绳上固定点的距离为 Δx_i，在 Y 方向上偏离它在钢丝绳上固定点的距离为 Δy_i，即 $O'_{Mi}O'_{Xi} = \Delta x_i$，$O'_{Mi}O'_{Qi} = \Delta y_i$。若 O'_i 在 G'_{0i} 左侧为正，反之为负。

由式（1）就可求得实际炮点 O_i' 的 X 坐标为

$$x_i' = M_1 O_{Mi}' = M_1 O_{Xi} - O_{Xi} O_{Xi}' - O_{Xi}' O_{Mi}' = X_i - \Delta x_i - \left[(X_i - X) - R\sin\frac{X_i - X'}{R} \right]$$

即

$$x_i' = (X - \Delta x_i) + R\sin\frac{X_i - X'}{R} \tag{2}$$

当 $R \geqslant 10X$（即钢丝绳的最低点与水平线 AB 的垂直距离小于 0.05）时，式（2）可近似为 $x_i' \approx X_i - \Delta x_i$。

当在 O_i、O_i' 点激发，M_1 点接收时，折射地震波的旅行距离分别为 $O_i K_1 J_1 O_i$ 和 $O_i K_1 J_1 M_1$。

$$O_i K_1 J_1 M_1 = O_i S_2 + S_2 K_1 + K_1 J_1 + J_1 M_1$$
$$O_i' K_i' J_i' M_1 = O_i' K_i' + K_i' J_i' + J_i' M_1$$

根据折射地震波的运动学规律[1]有：$J_1 M_1 = J_i' M_1$，$J_1 N_1 = J_i' N_1$

因此，在 O_i、O_i' 点激发，M_1 点接收时，折射地震波的旅行距离误差为

$$\Delta S_{1i} = O_i' K_i' J_i' M_1 - O_i K_1 J_1 M_1 = (O_i' K_i' + K_i' J_i') - (O_i S_2 + S_2 K_1 + K_1 J_1)$$

根据空间几何关系[2]有：$O_i' K_i' = S_2 K_1$，所以 $\Delta S_{1i} = (K_i' J_i' - K_1 J_1) - O_i S_2$。显然，$O_i S_2 = \dfrac{h_i' - h_i}{\cos e}$，$K_i' J_i' - K_1 J_1 = \{ \sqrt{(x_i')^2 + \Delta y_i^2} - [H - (h_i' + h_{0i})]\tan e' \} - [X_i - (H - h_i)\tan e]$，所以

$$\Delta S_{1i} = \left[\sqrt{(x_i')^2 + (\Delta y_i^2)} - X_i \right] + \Delta h_i \frac{\sin e - 1}{\cos e} + h_{0i}\tan e \tag{3}$$

根据折射地震波的运动学规律[1]，在 O_i、O_i' 点激发，M_1 点接收时，折射地震波的旅行时误差

$$\Delta t_{1i} = t_{1i}' - t_{1i} = \left(\frac{M_1 J_i'}{v_1} + \frac{J_i' K_i'}{v_2} + \frac{K_i' O_i'}{v_1} \right) - \left(\frac{M_1 J_1}{v_1} + \frac{J_1 K_1}{v_2} + \frac{K_1 O_i}{v_1} \right)$$

$$= \frac{\sqrt{(x_i')^2 + \Delta y_i^2} - X_i}{v_2} + \Delta h_i \left(\frac{\tan e}{v_2} - \frac{1}{v_1 \cos e} \right) + \frac{h_{0i}}{v_1}\tan e \tag{4}$$

在实际工作中，炮点的设计深度一般在 0.5 m 左右（按 0.5 m 计算），一般地区的地质条件也满足 $v_2 \geqslant 2v_1$ 且 $v_2 \geqslant 3\,000$ m/s。此时，$\Delta h_i \leqslant 0.5$ m，$\left(\dfrac{\tan e}{v_2} - \dfrac{1}{v_1 \cos e} \right) \leqslant 1.2$ km/s，即 $\Delta h_i \left(\dfrac{\tan e}{v_2} - \dfrac{1}{v_1 \cos e} \right) + \dfrac{h_{0i}}{v_1}\tan e \leqslant 0.6$ ms，可忽略。于是式（3）和式（4）就可分别近似为

$$\Delta S_{1i} \approx \sqrt{(X_i - \Delta x_i)^2 + \Delta y_i^2} - X_i \tag{5}$$

$$\Delta t_{1i} \approx \frac{\sqrt{(X_i - \Delta x_i)^2 + \Delta y_i^2} - X_i}{v_2} \tag{6}$$

同理可求得，当满足 $R \geqslant 10X$（即钢丝绳的最低点与水平线 AB 的垂直距离小于 0.05 倍的河宽），$v_2 \geqslant 3v_1$ 且 $v_2 \geqslant 3\,000$ m/s 时，在 O_i、O_i' 点激发，M_n 点接收时，折射地震波的旅行距离（ΔS_{ni}）和旅行时误差（Δt_{ni}）分别为

$$\Delta S_{ni} \approx \sqrt{(X - X_i - \Delta x_i)^2 + \Delta y_i^2} - (X - X_i) \tag{7}$$

$$\Delta t_{ni} \approx \frac{\sqrt{(X - X_i - \Delta x_i)^2 + \Delta y_i^2} - (X - X_i)}{v_2} \tag{8}$$

对用 T_0 法解释来说，上述距离和折射的旅行时误差会引起所求界面速度、有效速度、互换时间 T、t_0、t_θ 和解释深度等多个参数的误差。下面就以 T_0 法为例，对界面速度、有效速度和解释深度三方面的误差进行分析。

3.2　有效速度误差

当炮点 $O_i(O_i')$ 位于 M_1 一侧的转置换点 (Z_1) 时，则 M_1 一侧的有效速度误差 (Δv_{11}) 为

$$\Delta v_{11} = \frac{M_1 O'_{SZ_1}}{t'_{1Z_1}} - \frac{X_{Z_1}}{t_{1Z_1}} = \frac{\sqrt{(x'_{Z_1})^2 + \Delta y_{Z_1}^2}}{t_{1Z_1} + \varepsilon_{t1Z_1}} - \frac{X_{Z_1}}{t_{1Z_1}}$$

当炮点 $O_i(O_i')$ 位于 M_n 一侧的转置换点 (Z_n) 时，则 M_n 一侧的有效速度误差 (Δv_{1n}) 为

$$\Delta v_{1n} = \frac{M_1 O'_{SZ_n}}{t'_{1Z_n}} - \frac{X_{Z_1}}{t_{1Z_n}} = \frac{\sqrt{(X - x'_{Z_n})^2 + \Delta y_{Z_n}^2}}{t_{1Z_n} + \varepsilon_{t1Z_n}} - \frac{(X - X_{Z_n})}{t_{1Z_n}}$$

3.3　界面速度误差

众所周知，界面速度的求取与互换时间 T、排列长度和 t_θ 有关，它一般是用最小二乘法[2]对 t_θ 进行直线拟合，拟合直线斜率倒数的 2 倍就是界面速度。

由于在河两岸互换检波器处放炮时，炮点的位置和深度都能得到有效控制，可以认为互换时间 T 和排列长度的误差均为 0。因此，界面速度的误差 (Δv_2) 可以看做是由各炮点激发的折射波旅行时误差和炮点的实际位置引起的。

$$\Delta t_{\theta i} = t'_{\theta i} - t_{\theta i} = (t'_{1i} - t'_{ni} + T) - (t_{1i} - t_{ni} + T) = (t'_{1i} - t_{1i}) - (t'_{ni} - t_{ni}) = \Delta t_{1i} - \Delta t_{ni}$$

$$v_2 = 2 \times \frac{\sum_{i=1}^{n} X_i^2 + \frac{1}{n}(\sum_{i=1}^{n} X_i)^2}{\sum_{i=1}^{n} X_i t_{\theta i} - \frac{1}{n} \sum_{i=1}^{n} X_i \sum_{i=1}^{n} t_{\theta i}}$$

$$v'_2 = 2 \times \frac{\sum_{i=1}^{n} (x'_i)^2 + \frac{1}{n}(\sum_{i=1}^{n} x'_i)^2}{\sum_{i=1}^{n} x'_i t'_{\theta i} - \frac{1}{n} \sum_{i=1}^{n} x'_i \sum_{i=1}^{n} t'_{\theta i}}$$

$$\Delta v_2 = v'_2 - v_2 = 2 \times \left(\frac{\sum_{i=1}^{n} (x'_i)^2 + \frac{1}{n}(\sum_{i=1}^{n} x'_i)^2}{\sum_{i=1}^{n} x'_i (t_{\theta i} + \Delta t_{\theta i}) - \frac{1}{n} \sum_{i=1}^{n} x'_i \sum_{i=1}^{n} (t_{\theta i} + \Delta t_{\theta i})} - \right.$$

$$\left. \frac{\sum_{i=1}^{n} X_i^2 + \frac{1}{n}(\sum_{i=1}^{n} X_i)^2}{\sum_{i=1}^{n} X_i t_{\theta i} - \frac{1}{n} \sum_{i=1}^{n} X_i \sum_{i=1}^{n} t_{\theta i}} \right)$$

3.4　解释深度误差

因为解释深度 $H = kt_0$，k 又与 v_1 和 v_2 有关，所以深度误差（ΔH_i）是与有效速度误差（Δv_{11}、Δv_{1n}）、界面速度误差（Δv_2）和 t_0 误差密切相关的。

$$\Delta t_{0i} = t'_{0i} - t_{0i} = (t'_{1i} + t'_{ni} - T) - (t_{1i} + t_{ni} - T) = (t'_{1i} - t_{1i}) + (t'_{ni} - t_{ni}) = \Delta t_{1i} + \Delta t_{ni}$$

$$k_1 = \frac{v_{11} v_2}{2\sqrt{v_2^2 - v_{11}^2}}$$

$$k'_1 = \frac{v'_{11} v'_2}{2\sqrt{(v'_2)^2 - (v'_{11})^2}} = \frac{(v_{11} + \Delta v_{11})(v_2 + \Delta v_2)}{2\sqrt{(v_2 + \Delta v_2)^2 - (v_{11} + \Delta v_{11})^2}}$$

$$\Delta k_1 = k'_1 - k_1 = \frac{(v_{11} + \Delta v_{11})(v_2 + \Delta v_2)}{2\sqrt{(v_2 + \Delta v_2)^2 - (v_{11} + \Delta v_{11})^2}} - \frac{v_{11} v_2}{2\sqrt{v_2^2 - v_{11}^2}}$$

$$k_n = \frac{v_{1n} v_2}{2\sqrt{v_2^2 - v_{1n}^2}}$$

$$k'_n = \frac{v'_{1n} v'_2}{2\sqrt{(v'_2)^2 - (v'_{1n})^2}} = \frac{(v_{1n} + \Delta v_{1n})(v_2 + \Delta v_2)}{2\sqrt{(v_2 + \Delta v_2)^2 - (v_{1n} + \Delta v_{1n})^2}}$$

$$\Delta k_n = k'_n - k_n = \frac{(v_{1n} + \Delta v_{1n})(v_2 + \Delta v_2)}{2\sqrt{(v_2 + \Delta v_2)^2 - (v_{1n} + \Delta v_{1n})^2}} - \frac{v_{1n} v_2}{2\sqrt{v_2^2 - v_{1n}^2}}$$

$$\Delta H_i = H'_i - H_i = k'_i t'_{0i} - k_i t_{0i} = (k_i + \Delta k_i)(t_{0i} + \Delta t_{0i}) - k_i t_{0i} = (k_i + \Delta k_i)\Delta t_{0i} + \Delta k_i t_{0i}$$

式中，k_i、Δk_i 为由 k_1 和 k_n 内插而得的各炮点的 k 值及其误差。

4　结论

由式（6）和式（8）可以看出，在满足 $R \geqslant 10X$（即钢丝绳的最低点与水平线 AB 的垂直距离小于 0.05 倍的河宽），$v_2 \geqslant 2v_1$ 且 $v_2 \geqslant 3\,000$ m/s 时，在 O_i、O_i' 点激发，M_1、M_n 点接收的折射地震波的旅行时误差 Δt_{1i}、Δt_{ni} 的计算就大大简化；这时 Δt_{1i}、Δt_{ni} 只与河宽（$2X$）、界面速度 v_2 以及因水的流速、流向造成实际炮点 O_i 位置的偏离距离 Δx_i 和 Δy_i 有关。

在实际工作中，一般地区的地质条件都能满足 $v_2 \geqslant 2v_1$ 且 $v_2 \geqslant 3\,000$ m/s，施工中也比较容易做到 $R \geqslant 10X$（即钢丝绳的最低点与水平线 AB 的垂直距离小于 0.05 倍的河宽）。因此，实际工作中的关键问题就是如何减小因水的流速、流向对实际炮点 O_i 位置的影响，以减小其偏离距离 Δx_i 和 Δy_i 所带来的误差。

参考文献

［1］陈仲侯，傅唯一. 浅层地震勘探［M］. 成都：成都地质学院出版社，1986.

［2］现代工程数学手册编委会. 现代工程数学手册［M］. 武汉：华中工学院出版社，1985.

在云南山区河流上开展水上地震工作的探讨

王宗兰　　余良学　　戴国强　　付运祥

（中国水电顾问集团昆明勘测设计研究院　昆明　6500041）

摘要：在平原地区的大江大河上开展水上地震勘探工作,其野外工作方法技术日趋完善,并已广泛运用,且取得了较好的成果。云南的江河均在高山峡谷之中,野外工作条件与平原地区完全不同,故不能完全借用平原地区水上地震勘探的野外工作方法技术。昆明勘测设计研究院的物探人员通过研究改进和实践,初步摸索出一套适用于云南山区江河上探测河床冲积层厚度的水上地震野外工作方法技术,并在水电站规划选址的地质勘测中广为应用,取得了较好的效果。

关键词：地震勘探　折射波法　小湾水电站　冲积层厚度

云南是个多山的省份,山地高原约占全省面积的 94% ,仅 6% 为星罗棋布的山间盆地。省内主要河流都分布在高山峡谷中,河流的主要特点是江面窄、水流急、岸坡陡、弯多滩多等。从云南河流的这些特点可以看出,这样的地形地貌对开展水上地震勘探工作是极其不利的,因此不能照搬陆上地震勘探的野外工作方法技术,更不能照搬平原地区大江、大河上水上地震勘探的野外工作方法技术,只有在前者的基础上进行改进,使其完全适用于高山峡谷河流,方能取得满意的地质效果。经过多年的探索与实践,昆明勘测设计研究院物探队逐步形成了一套适用于高山峡谷河流探测河床冲积层厚度的水上地震折射波法野外工作方法技术,并在查清坝址区河段冲积层厚度方面取得了好的地质效果,为水电站的设计施工提供了有用资料。

1　水上地震折射波法

1.1　折射波的形成

地震波在岩层中传播遇到弹性分界面时,将产生反射、透射等现象,它和光学中的反射、透射一样,也遵循相关的反射、透射定律。设地下有一水平速度分界面 R ,上露地层的速度为 v_1 ,界面的速度为 v_2 , O 点为激发点,其入射波以不同的入射角 α 传播到分界面上(见图 1)。

（1）当 $v_1 < v_2$ 时。

由透射定律可知,当 $v_1 < v_2$ 时,随着入射角 α 的增大,透射角 β 也随之增大,角度的大小由式（1）来决定。

作者简介：王宗兰（1938— ）,男,湖南桃源人,教授级高级工程师,注册岩土工程师,从事水工物探研究与应用工作。

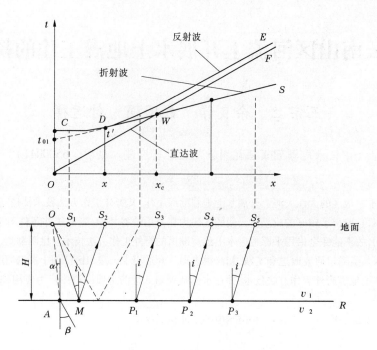

图1　一个水平层时的折射波时距曲线与其他波时距曲线的关系

$$\sin\alpha/\sin\beta = v_1/v_2 \tag{1}$$

当入射角 α 增大到某一角度 i 时,透射角 $\beta = 90°$,即发生光学中的全反射现象。这时透射波就以速度 v_2 沿界面 R 滑行,这种特殊情况下的透射波叫做滑行波。产生滑行波时,式(1)可改写成式(2)。

$$\sin i = v_1/v_2 \tag{2}$$

这个使透射波沿界面滑行的特殊入射角 i 叫做临界角。由于界面两侧的介质是连续的,滑行波引起上层介质的扰动,并以临界角 i 向地面传播,这就是折射波。在地面上只有从 S_2 点开始才能观测到折射波,因此 S_2 点叫做折射波的始点。自激发点 O 到 S_2 点范围内,因 $\alpha < i$ 不能形成折射波,故 OS_2 称为盲区。盲区的大小由式(3)来决定。

$$OS_2 = \frac{2Hv_1}{\sqrt{v_2^2 - v_1^2}} \tag{3}$$

在 S_2 至 S_3 段(见图1),由于折射波迟于直达波到达地面,折射波的初至在记录上受到直达波的干扰,故难以辨别。当观测点位置的距离大于 OS_3 时,折射波先于直达波到达地面,此时折射波的初至清晰可辨,因此 OS_3 段是地震折射波法野外工作时真正要避开的区段,它的大小由式(4)来决定。

$$OS_3 = 2H\sqrt{\frac{v_2 + v_1}{v_2 - v_1}} \tag{4}$$

(2)当 $v_1 > v_2$ 时。

由式(1)可知,此时 $\beta < \alpha$,不可能产生回到地面的折射波,故地震折射波法在该条件下不适用。

由折射波形成的原理可知:①地震折射波法只适用于 $v_1 < v_2 < v_3 < \cdots < v_n$ 的情况;②地震折射波法有盲区存在,因此探测剖面布置时要求有一定的长度;③地震折射波法野外工作时对同一震源要考虑直达波、反射波和折射波到达地面的先后,尽量避开相互干扰,选择最佳窗口观测。

1.2 野外工作方法技术

在山区峡谷河流上,用水上地震折射波法探测河床冲积层厚度,就其野外工作方法技术来说,其关键要点有以下三方面:

(1)将水、冲积层与河床基岩三层介质问题简化为二层物理模型求解。

澜沧江地区江水的纵波速度一般为 1.4 ~ 1.6 km/s,而由松散砂和卵砾石组成的河床冲积层的纵波速度一般为 1.8 ~ 2.1 km/s,二者的波阻抗差异很小,因此不能形成明显的折射界面,故可以近似地看成为一层,这样,就可将上述三层介质问题简化为二层物理模型求解。野外工作时,首先,通过水上地震折射波法的实施,求得探测剖面上每个测点河床基岩面的埋深 H_1(实际上也是水和冲积层的深度);然后,利用高精度水深仪测出探测剖面上每个测点的水深 H_2,于是,探测剖面上每个测点的冲积层厚度 H_3 就可通过 H_1、H_2 求得,即 $H_3 = H_1 - H_2$。

(2)为克服盲区和直达波干扰的影响,改常规的横河测线布置为斜交河床测线布置。

从折射波形成原理可知,地震折射波法存在盲区,因此在布置测线时,除考虑盲区外,还应考虑有足够长的有解相遇段和克服其他波的干扰等因素。以小湾电站坝区河段为例,水和冲积层的纵波速度 v_1 为 1.8 km/s,基岩纵波速度 v_2 为 4.8 km/s,一般探测深度 H 为 20 m。考虑到直达波的干扰,用式(4)计算应避开区段长为 59 m。由于采用相遇观测,此时测线两端避开区段总长为 118 m。而小湾水电站坝区河水面宽仅有 100 m 左右,若垂直河段布置测线,河水面宽度还没有计算出的避开区段长,显然,这样布置的测线是不能满足勘测要求的。为了使布置的地震观测测线有较长的相遇段,唯一的办法就是布置与河流方向斜交的跨河测线,这样既增加了测线长度,又获得了较长的有解相遇段。

(3)为克服江水流动对检波器的干扰,利用互换原理将激发点(炮点)与接收点(检波点)互换。

采用地震折射波法常用的相遇时距曲线观测系统,对水上斜测线来说,激发点为测线的端点,接收检波器均应安放在测线相应位置的水面。不难想象,此时接收检波器不是置于一个安静的状态,而是随江水漂动,由此对检波器产生的随机干扰是地震仪无法压制的,在这种强干扰背景下,也不可能取得好的观测结果。互换原理告诉我们,震源和检波器的位置可以互相交换,在这种情况下,同一波的射线路径保持不变。如果利用激发点与接收点互换,其互换前后地震波的旅行时间和路径不变,就能克服江水流动对检波器的随机干扰。因为互换后检波器安放在两岸水边附近的岸边,不受江水流动的干扰,从而改善了接收条件。原来的观测点用炮点代替,由于水是近似的不可压缩体,在水中爆炸有良好的激发条件和传输条件,同时还可以减少炸药量。

水上地震折射波法的野外工作方法技术经过上述重大改进后,基本上能适用于云南高原峡谷河流上的工程地质勘测。总体来说,其野外工作方法技术,归纳起来可分为六步进行:①在选定的观测斜测线上架设跨河钢丝绳,为观测时悬挂炮线、测绳和炸药包等用;

②在观测斜剖面两端原炮点位置,安放检波器;③沿跨河钢丝绳在原检波点位置悬挂炸药包在水中激发,岸边检波器并同时接收;④与炸药包激发同步用测量仪器量测炸药包的精确位置;⑤用高精度水深仪测量爆炸点处(即测点)的水深;⑥对观测斜测线的两个端点进行坐标定位,以保证测线位置准确。

2　应用实例

2.1　小湾水电站河床冲积层厚度探测

小湾水电站位于云南省南涧县与凤庆县交界处的澜沧江中游河段上,装机容量420万 kW,将修建双曲拱坝,坝高292 m。该工程是云南省有史以来最大的建设项目,也是云南省实现"西部开发和云电东送"的战略工程,电站已于2002年1月开工建设。

坝址区河水面宽约100 m,两岸山坡地形较陡,坡度一般为30°~40°。坝段基岩由变质岩系组成,由北向南分别为黑云花岗片麻岩、角闪斜长片麻岩和黑云花岗片麻岩,走向近东西向,大致垂直河向,倾向北北东,倾角较陡。

小湾水电站在招标设计阶段,需要了解上游围堰至尾水洞出口近1.2 km河段的冲积层厚度的变化情况,为此选用水上地震折射波法,采用上述改进后的野外工作方法技术对该河段进行全面探测,并辅以钻探补充和验证。在探测河段内共布置了62条跨河斜测线,测线一般长200 m左右,最长测线为280 m,点距10 m,震源药量0.4~0.6 kg,在水面下0.2~0.5 m间激发。通过分析62条水上地震折射波法的探测结果,查明了1.2 km河段内冲积层厚度的变化规律,其河床冲积层厚度在河中心部位一般为16~19 m,最厚处达32.9 m,且有上游薄下游厚的变化趋势。

水上地震勘探成果通过三个钻孔的验证,其绝对误差小于1.36 m,而相对误差小于10%(详见表1),工作成果满足工程要求。

表1　相同点位钻孔验证与地震解释的冲积层厚度对比

钻孔号	钻孔验证冲积层厚度 (m)	地震探测冲积层厚度 (m)	绝对误差 (m)	相对误差 (%)
ZK178	15.00	15.40	0.40	2.7
ZK171	21.45	21.23	-0.23	-1.1
ZK176	19.00	20.36	1.36	7.1

2.2　大湾水电站河床冲积层厚度探测

大湾水电站位于云南省楚雄州双柏县礼社江干流上,装机容量45 MW。坝址区峡谷地貌,谷底宽为70~100 m,两岸山坡坡度为20°~30°。坝区地层为侏罗系下统冯家河组砂岩、粉砂质泥岩,中厚层状。

大湾水电站坝区河段冲积层厚度的探测选用水上地震折射波法,采用上述野外工作方法技术。通过28条测线水上地震折射波法的探测,探明了坝区河段冲积层的厚度及其变化规律(详见图2)。冲积层厚度在河床中心部位一般为35 m左右,最浅处28 m,最深处为41.3 m。在测段河床内冲积层厚度有上游河段厚、下游河段薄的变化趋势。物探成果通过三个孔的验证(详见表2),其相对误差和绝对误差均较小,满足工程要求。设计部门根据物探成果等地层情况与因素将原坝轴线向下游移了110 m,从而避开了在冲积层较厚的河段上筑坝。

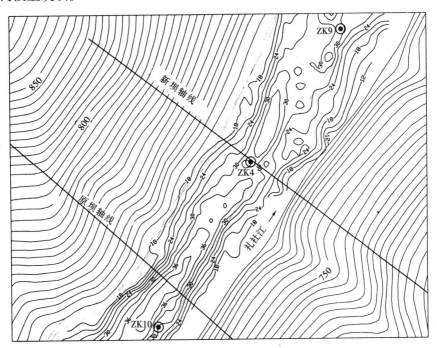

图2　大湾水电站河床冲积层厚度等值线图

表2　相同点位钻孔验证与地震解释的冲积层厚度对比

钻孔号	钻孔验证冲积层厚度 (m)	地震探测冲积层厚度 (m)	绝对误差 (m)	相对误差 (%)
ZK10	32.82	30.00	-2.82	-8.0
ZK4	29.47	31.00	1.53	4.9
ZK9	29.15	31.0	1.85	5.9

3　结语

采用水上地震折射波法,探测小湾水电站和大湾水电站冲积层厚度的成果,经过钻孔验证后,其厚度的相对误差最大为8%,远小于现行《水电水利工程物探规程》(DL/T 5010—2005)要求覆盖层厚度探测的相对误差小于15%的规定。由此可见,通过改进后形成的这套水上地震折射波法野外工作方法技术是可靠的,也是行之有效的,它完全可以用于高原峡谷河流上的工程地质勘测,并能取得较好的地质效果。目前,在澜沧江、怒江各梯级水电站的工程地质勘测中,水上地震折射波法已成为主要的勘测手段,特别是澜沧江上游人烟稀少、交通不便的河段,各梯级电站规划阶段的勘测工作更是离不开物探,水上地震折射波法几乎成了不可替代的唯一勘测手段。

水声勘探中的浅地层剖面技术应用

谢向文　郭玉松　张晓予　马爱玉　张宪君　王志勇

(黄河物探研究院(河南)有限公司　郑州　450003)

摘要:本文简要叙述了水下声呐技术发展与浅地层剖面仪的工作原理,并介绍了 3200 – XS 浅地层剖面仪的技术参数和数据处理流程,以及工程应用实例。浅地层剖面技术具有探测深度大、分辨率高的优点,特别适用于水下淤积和沉积地层的精细化探测。
关键词:声呐　浅地层剖面仪　水下勘探

1　引言

声波是已知唯一能够在水中远距离传播的波动。水声学是声学的一个分支学科,它主要研究声波在水下的产生、传播和接收过程,用以解决与水下目标探测和信息传输过程有关的声学问题。

1827 年左右,瑞士和法国的科学家首次相当精确地测量了水中声速。1912 年"巨人"号客轮同冰山相撞而沉没,促使一些科学家研究冰山回声定位,这标志了水声学的诞生。

美国的费森登设计制造了电动式水声换能器,1914 年就能探测到 2 nmile 远的冰山。1918 年,朗之万制成压电式换能器,产生了超声波,并应用了当时刚出现的真空管放大技术,进行水中远程目标的探测,第一次收到了潜艇的回波,开创了近代水声学,也由此发明了声呐。

第二次世界大战以后,为提高探测远距离目标(如潜艇)的能力,水声学研究的重点转向低频、大功率、深海和信号处理等方面。

20 世纪 60 年代以来,为了实现声呐的远程探测,研究了不少新的换能材料、结构振动方式和换能机制,发展了具有高灵敏度、宽带、低噪声等性能的水听器,如复合压电陶瓷水听器、凹型弯张换能器、利用亥姆霍兹共鸣器原理制成的低频水听器、应用射流开关技术的调制流体式换能器、声光换能器等新型的水声换能器。

水声技术在军事上的应用主要有声纳、水中兵器制导、水声对抗、水声通信、水声导航、水声隐身技术等,在民用上的应用主要有鱼群探测、流速测量、海洋环境监测、水下地形地貌测量、水下文物考古、水下地质勘探、声层析等。目前,水利水电工程领域所用的水下探测仪器主要有单频回声测深仪、双频回声测深仪、多波束测深仪、侧扫声纳仪、浅地层剖面仪等。用于水下工程地质勘探的主要是浅地层剖面仪,本文重点介绍其技术应用效果。

作者简介:谢向文(1966—),男,山西盂县人,高级工程师,主要从事工程物探工作。

2 浅地层剖面仪探测原理

浅地层剖面仪由甲板单元(主机)、水下单元(拖鱼)组成。信号发生器产生发射信号,调制放大后送入水下拖鱼中的发射阵列,发射阵列向水下发射一定频段范围内的调频脉冲信号,脉冲信号遇到不同波阻抗界面时产生反射,反射信号被拖鱼内的接收阵列接收,并经过放大、A/D 转换后进行 DSP 信号处理,最后把信号送到计算机完成阴影波形显示、数据存储及处理,仪器系统工作原理如图1所示。

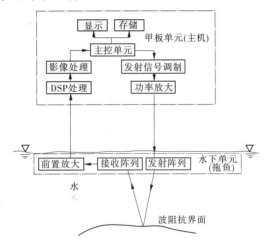

图1 浅地层剖面仪工作原理

当声波脉冲遇到不同波阻抗界面时,产生反射与透射。

根据 Snall 定律

$$\sin\theta/v_1 = \sin\theta_1/v_1 = \sin\theta_2/v_2 \tag{1}$$

式中:θ、θ_1、θ_2 分别为入射波、反射波和透射波与界面法向夹角;v_1、v_2 分别为界面两侧介质波速。

由此得出:反射波和透射波与界面法向夹角、入射角及介质两侧的波速有关。反射波振幅 A_f 取决于入射波振幅 A_r 和反射界面两侧的波阻抗差异。

反射系数计算公式为:

$$App = A_f/A_r = (\rho_2 v_2 - \rho_1 v_1)/(\rho_2 v_2 + \rho_1 v_1) \tag{2}$$

式中:$\rho_1 v_1$、$\rho_2 v_2$ 分别为界面两侧介质的波阻抗。

当 $\rho_1 v_1 \neq \rho_2 v_2$ 时,界面两侧存在波阻抗差异,可产生反射波;当 $\rho_1 v_1 < \rho_2 v_2$ 时,反射波相位与入射波相位相反;当 $\rho_1 v_1 > \rho_2 v_2$ 时,反射波相位与入射波相位相同。

3 3200 - XS 浅地层剖面仪及探测技术

3.1 仪器技术指标

3200 - XS 是美国 Edge Tech 公司生产的一种高分辨率、多用途宽带调频(FM)浅地层剖面仪系统。3200 - XS 有三种拖鱼可选:SB - 512i(500 Hz ~ 12 kHz)、SB - 216S(2 ~ 16 kHz)、SB - 424(4 ~ 24 kHz)。在泥质海底的理想情况下,最大穿透距离分别为 200 m、

80 m、40 m。垂直分辨率(和选择的脉冲有关)分别为8～20 cm、6～10 cm、4～8 cm,最大工作水深300 m,主要应用于工程勘察、地质调查、管线探测、沉积物分类等。

主要技术性能指标如下:

脉冲类型:全频谱(幅值、相位加权调频)。

A/D - D/A 转换:16 位,最大采样率 200 kHz。

脉冲发射速率:0.5～12 Hz。

采样率:20 kHz、25 kHz、40 kHz 或 50 kHz,由频率上限确定。

声学功率:212 dB ref 1 MPa,系统中心频率峰值。

功率放大器类型:双通道,增益 33 dB。

输入电源电压:220 V。

输出功率:2 000 W 峰值。

测量定位设备选用国产中海达的双机 RTK 移动测量 GPS 定位系统,它由一台 HD6000 一体机和一台 HD9900EX 水上专用分体机组成。主要技术指标如下:

通道:54 通道接收机,14 通道 L1 + 2 通道 SBAS,14 通道 L2P(Y)码或 L2C 码,12 通道 GLONASSL1,12 通道 GLONASSL2。

定位输出速率:5 Hz(可定制 20 Hz)。

长距离 RTK 性能:最大 RTK 作用距离达 60 km,在 30 km 距离内初始化只需几秒到几十秒。

端口:2 个 RS - 232 串口,1 个 USB 数据下载口,1 个蓝牙无线通信口,2 个外接直流电源口,1 个 GSM 用 SIM 卡插槽。

工作频段:900 MHz 频段,自动网络登陆。

内存:内置 Flash 存储器 64 MB。

RTK 定位精度:平面为 ±(1 cm + 1.0ppm),高程为 ±(2 cm + 1.0ppm)。

3.2　探测技术

(1)测线布置应垂直于水下地形的走向,并宜采用横河剖面布置,或按任务提出单位设计的断面和要求布置。

(2)采用 GPS 定位测量,一般采用实时动态差分测量。动态观测站固定在浅地层剖面仪拖鱼发射接收阵列的中心距处。

(3)浅地层剖面仪与 GPS 设置成一致的采样频率,保证探测数据与空间坐标相对应。

(4)浅地层剖面仪仪拖鱼要固定在船头或前侧,减少动力和螺旋桨工作时产生的干扰。

3.3　数据处理技术

数据处理流程见图 2。

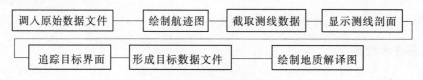

图 2　数据处理流程

野外原始数据文件一般存放在 GPS 手簿和浅地层剖面仪工作站内,根据所提供的已知坐标高程点计算绘制航迹图,并在航迹图中绘出测线,再根据测线起始位置截取航迹中的测线数据,显示测线段的探测剖面,在剖面图中追踪探测目标界面,将追踪好的目标数据形成图用的目标数据文件,最后绘制地质解译成果图件。

4　工程应用

4.1　水下根石探测

河道整治工程主要包括险工和控导工程两类,是黄河下游防洪工程体系的重要组成部分。险工依大堤而建,由坝、垛、护岸组成,具有控导河势和保护大堤的功能;控导工程修建在滩地前沿,由坝、垛、护岸组成,具有控导河势和护滩堡堤的作用。根石是坝、垛、护岸最重要的组成部分,也是用料最多、占用投资最大的部位,它决定坝、垛、护岸的稳定。为保证坝、垛、护岸的稳定与安全,必须及时了解根石的分布情况,以防止垮坝等险情的发生。

利用浅地层剖面技术探测水下根石,由于根石分布范围小,坡度变化大,水深浅,属于小尺度水域的精细化探测问题,必须保证足够的数据密度和定位精度才能获得良好的探测效果。浅地层剖面仪探测水下根石实际效果如图3和图4所示。

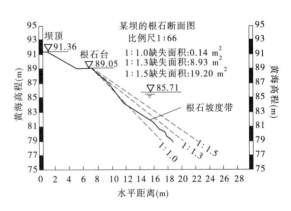

图3　测线剖面灰度　　　　　　　　图4　水下根石探测剖面成果

图3左面是水下淤积泥沙界面,右面是水下根石反射界面,淤积沙层呈现均匀稳定的层状结构,根石呈现杂乱堆砌的结构,而且根石面的坡度与根石体形态清晰可见,探测图像特征与工程结构极其相似,图像效果直观。图4为水下根石探测剖面成果,经过大量对比检验,目前根石探测精度小于 0.3 m。

4.2　海上地质勘探

图5为某海上地质勘探剖面,从图中可以看出,海底界面反射清晰连续稳定,上部地层为新近淤积的淤泥层,底部为基岩由于海底基岩界面起伏变化大,发射界面粗糙呈强弱不均的映象特征,中间连续多次反射为沉积沙层,由于沙层具有沉积韵律特征,图像中沙层反射界面很好地反映了这一地质现象。

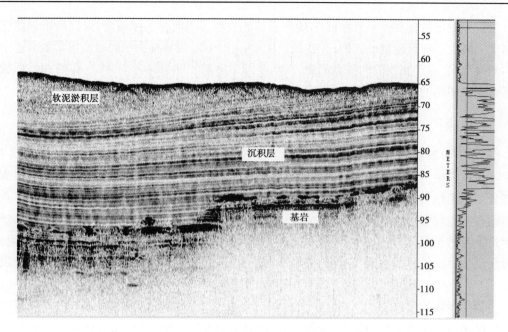

图5　某海上地质勘探剖面成果

5　结语

水声勘探中的浅地层剖面仪一般可以探测水深超过几百到几千米的水下地层,穿透淤积地层几十米到 200 m 的厚度,地层分辨率可达几十厘米。这是因为水声在水中的衰减很小,已知的物理蓝绿光在水中的衰减为 123 dB/km,100 Hz 超长电磁波在水中的衰减为 345 dB/km,但 100 Hz 声波在海水中的衰减则仅为 0.001 5 dB/km。声波能在水下传播很远距离,而光波和电磁波则在很短距离内就会被完全吸收。另外,在信号发射和接收中采用了一些特殊技术处理,此类仪器有两种技术特点:一种是线性调频技术,另一种是参量阵差频技术。3200 – XS 浅地层剖面仪就是采用宽带调频 chirp 技术,chirp 信号经匹配滤波处理,产生了脉冲压缩现象,输出一个比发射脉冲持续时间短得多的窄脉冲,因此具有很高的分辨率。所以,浅地层剖面技术具有探测深度大、分辨率高的优点,特别适用于水下淤积和沉积地层的精细化探测。

孔间层析成像正反演研究

刘　杰[1]　段　炜[2]

（1. 昆明勘测设计研究院　昆明　650041；
2. 云南省地震局地震工程研究院　昆明　650041）

摘要：本文利用跨孔层析成像的基本原理对地质异常体进行速度层析成像正、反演研究，计算结果可以确定出地质模型中速度异常体的大小、位置和慢度值等物性参数。首先通过建立正演模型，将含有异常体的模型区域剖分成规则的矩形网格，在区域两边的钻孔中分别安置发射装置和接收装置，采用多点发射、多点接收的方法获得已知地质条件下的每条速度射线的走时值，而后对所得的时间数据加入20%的噪声，采用医学中成熟的ART算法进行模型的反演计算，计算表明反演结果与正演模型十分地逼近，计算精度和速度都能达到满意的效果。

关键词：正演　反演　层析成像　慢度

1　引言

层析成像技术（Computerized Tomography）是一种用数学方法把许多射线路径得到的信息组合成射线在其中传播的介质图像的技术，医学上利用层析成像技术在图像终端清晰地重现身体内部的构造[1,2]。目前，国内外关于层析成像方法的研究已经取得了丰硕的成果，地球物理中的层析成像技术则是利用对象的各种物理性质和物性参数来重建地质体的内部图像，为其他的地球物理资料处理方法提供精确的速度模型[3,4]。自20世纪70年代以来，速度层析成像技术在油气田勘探开发、地质灾害预报、无损检测等中的应用日益广泛，已从直射线层析成像发展到弯曲射线层析成像，存在的问题仍是计算效率和精度[5-9]。根据 Backus – Gilbert 理论，分辨率和精度之间存在折中关系，在增加射线数目的情况下，正演和反演的关键就变成了求解一个大型稀疏的线性方程组的问题。本文应用变带宽存储的方法对正演模型计算，通过反演准确得到了模型图像，兼顾了正反演速度和精度的要求，证明是可行的。

2　速度层析成像的基本原理和方法

2.1　层析成像的原理

层析技术的图像重建算法的数学基础是由 Radon 于1917年完成的，在二维空间中用极坐标(r, β)表示某被测物理量$f(r, \beta)$沿直线 L 的积分为：

作者简介：刘杰（1984—），男，湖南岳阳人，助理工程师，从事水电工程物探技术的研究和应用工作。

$$p(l,\theta) = \int_{-\infty}^{+\infty} f\left[\sqrt{l^2 + s^2}, \theta + \mathrm{arccot}(s/l)\right]\mathrm{d}s \tag{1}$$

记为 $[Rf](l,\theta)$，它是 $f(r,\beta)$ 在 θ 方向上的投影，称为函数 $f(r,\beta)$ 的 Radon 变换，其 Radon 逆变换为

$$[R^{-1}p](r,\beta) = \frac{1}{2\pi^2}\int_0^\pi \int_{-\infty}^{+\infty} \frac{[\partial p(l,\theta)/\partial l]}{r\cos(\theta-\beta)-l}\mathrm{d}l\mathrm{d}\theta \tag{2}$$

即

$$f(r,\beta) = \frac{1}{2\pi^2}\int_0^\pi \int_{-\infty}^{+\infty} \frac{[\partial p(l,\theta)/\partial l]}{r\cos(\theta-\beta)-l}\mathrm{d}l\mathrm{d}\theta \tag{3}$$

理论上可以证明：只要投影采用间隔无限小，并能得到所有扫描积分测量的投影值时，就能精确地得到物性分布 $f(r,\beta)$。

2.2　速度层析成像原理和方法

从波动理论可知，各种波动在时间和空间上是连续的，不同的物质对某一频率的波的反射、折射或吸收都是不一样的，波穿过不同密度的物质时，其传播速度和方向会发生变化，能量被吸收或衰减的程度不一样。因此，只要测得携带有地质体内部信息的波的有关参数，应用适当反演方法就能够重建出物体内部的图像。

设区域中的波速分布用 $v = v(x,y)$ 来表示，其中 x 为沿两孔方向的水平坐标，y 为孔深方向的坐标，当各测线的发射源和接收点坐标一定时，该测线上的传播时间 T 可由下式确定：

$$T_k = \int_{R_k} \frac{\mathrm{d}s}{v(x,y)} = \int_{R_t} D(x,y)\mathrm{d}s \tag{4}$$

式中：R_k 为 k 条测线波的传播路径；D 为速度的倒数，即慢度值。

区域离散化如图 1 所示。

式（4）可表示为：

$$T_k = \sum_{i=1}^{Q}\sum_{j=1}^{P} a_{ij}D(i,j) \tag{5}$$

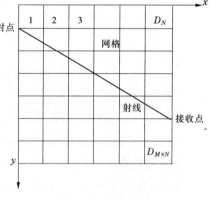

图 1　区域离散化示意

式中：a_{ij} 为第 i 条射线通过第 j 个网格化区域单元时射线的长度；D_{ij} 为单元中的慢度值；P、Q 分别为区域中的网格总数和射线总数。

式（5）写成矩阵形式为：

$$T = AD \tag{6}$$

式中，T 为 Q 维投影数据向量；D 为 P 维向量；A 为 $Q \times P$ 阶投影矩阵，写成矩阵的形式，就是下面的式子。

$$\begin{bmatrix} a_{11} & a_{12} & \cdots & a_{1P} \\ a_{21} & a_{22} & \cdots & a_{2P} \\ \vdots & \vdots & & \vdots \\ a_{Q1} & a_{Q2} & \cdots & a_{QP} \end{bmatrix} \cdot \begin{bmatrix} x_1 \\ x_2 \\ \vdots \\ x_P \end{bmatrix} = \begin{bmatrix} t_1 \\ t_2 \\ \vdots \\ t_Q \end{bmatrix} \tag{7}$$

通过求解式（7）就可以得到每个网格单元内速度波慢度值。本文采用代数重建法来

进行反演,这种算法在用于解大型稀疏线性方程组及现生成型线性方程组方面,具有节省计算机内存和运算速度快等显著优点。

3 模型的建立和计算

3.1 正演模型建立的原理和方法

速度层析成像首先确定走时 T 与慢度 D 及射线长度矩阵 A 的关系,如果介质的波速变化不大(<10%), A 可以认为从波发射点到接收点是沿直线传播,此时 $T = \int D ds$ 是一个线性系统。建立一个射线跨孔(井)层析勘探的物理模型(如图 2 所示),在包含异常体在内的区域两边钻孔中分别放置声波发射装置和接收装置,采用多点发射、多点接收的方式采集速度走时数据。

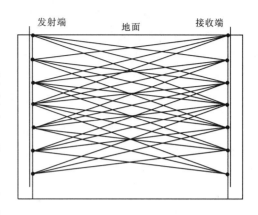

图 2 区域间发射接收示意

每条射线的走时为 $T_i = \sum_{j=1}^{P} a_{ij} \cdot D_j$,求和得到总的时间 $T = \sum_{i=1}^{Q} T_i$ 。

3.2 反演模型的计算

在得到时间数据后就可以利用 ART 算法进行模型反演,ART(Algebraic Reconstraction Technology)是代数重建方法的总称,它的基本思想是 Kacama 提出的"投影方法"。在 P 维空间中,方程组(7)的每个方程代表了一个超平面,而图像 D 则是 P 维空间中的一个点。当式(7)存在唯一解时,其解必是这 Q 个超平面的焦点,迭代过程是从初值 $D^{(0)}$ 开始的,将 $D^{(0)}$ 投影到式(7)中第一个方程所表示的超平面上,得到 $D^{(1)}$,再将 $D^{(1)}$ 投影到第二个方程所表示的超平面,得到 $D^{(2)}$,这一过程用数学公式表示为:

$$D^{(i)} = D^{(i-1)} - \frac{D^{(i-1)} w_i - P_i}{w_i} \tag{8}$$

这里 $w_i (w_i = w_1 , w_2 , w_3 , \cdots , w_P)$ 为第 i 个方程的投影系数向量。当投影进行到最后一个方程所表示的超平面时得到 $D^{(Q)}$ 时为一次完整迭代。依次迭代有 $\lim_{k \to \infty} D^{kQ} = D$ 。当 $Q < P$ 时,上述迭代过程收敛到解 $D^{(s)}$,且有 $\min | D^{(0)} - D^{(s)} |$ 。

ART 算法可以避免在大型计算上求解大型稀疏方程组时遇到的内存不够和耗时过长的问题。

4 模型计算

4.1 模型一

模型一为一个长 100 m、深 100 m 的矩形地质区域,它的背景波速为 3 000 m/s,在它的中间部分有一个 20 m×20 m 的正方形速度异常体,波速为 2 000 m/s(如图 3 所示),将模型区域按上述方法剖分,左右钻孔中各放置 11 个发射装置和接收装置。

通过编写的程序可以计算出模型中每条射线从发射点到接收点所需的时间。

　　由于介质对波速的吸收,射线不可能按直线传播,所以我们将在模型成像工作前将正演所得的时间数据加20%的噪声之后,再进行反演工作,程序迭代次数取为1 000,精度 E 取到0.000 01。

　　利用SURFER8.0成图软件对所得的慢度值进行成像处理后就得到模型一的反演结果(如图4所示),为方便计算将单位取为ms。

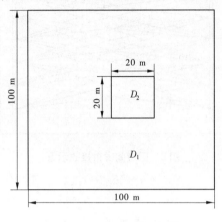

图3　模型一示意

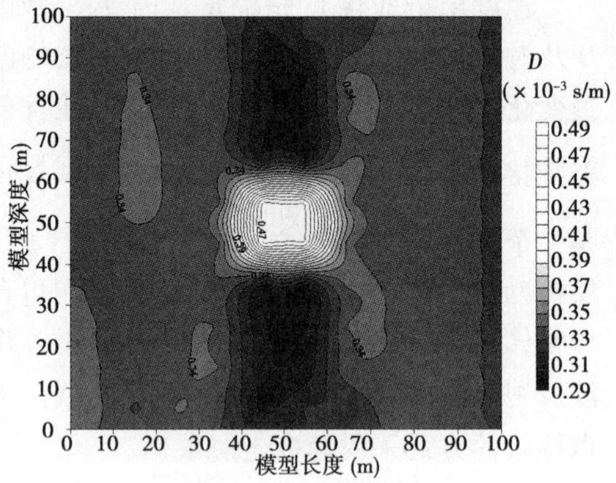

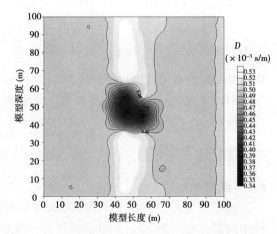

图4　模型一反演结果

　　从图4中能清楚地看到速度异常体的位置和大小,并判断出其为低速异常体。

4.2　模型二

　　模型二为一个长100 m、深100 m的正方形地质区域,它的背景速度为2 000 m/s,在它的中间部分有一个20 m×20 m的L形高速异常体,波速为3 000 m/s(如图5所示),在模型区域两边放置发射装置和接收装置,仍按上述方法剖分区域。

　　将正演时间数据加噪之后进行反演就可以得到模型二的反演结果(如图6所示),由于是在钻孔左右两侧发射和接收,所以模型上下部位明显出现低速带,这是由于射线在速度异常体上下部位密度较小的缘故。

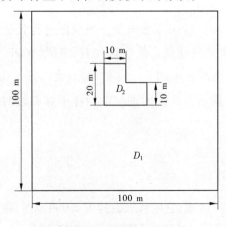

图5　模型二示意

图6　模型二反演结果

4.3　模型三

模型三为一个 100 m×100 m 的正方形地质区域,背景波速为 1 000 m/s,在它的中间部位有一个 S 形高速异常体,波速为 5 000 m/s,可以得到它的反演结果(如图 7 所示)。

5　结论

(1)利用速度层析成像技术对模型正演的时间数据加噪后,利用 ART 反演就得到了地质区域模型中正方形、L 形和 S 形的速度异常体成像结果,图像结果很好地反映出不同速度异常体的大小、形状、位置,与所建模型十分地逼近,取得了理想的效果。

(2)由于受射线条数和区域网格数量的限制,所得到的图像在成像区域的上下方有部分失真,表现为在异常体的上下部位有速度异常值区域存在,这种失真可以通过增加射线条数和细分剖分区域的办法来克服。

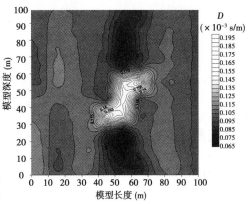

图 7　S 形模型反演结果

速度层析成像技术在无损检测和研究各种地下特征、确定地下资源的分布位置等方面有着广泛的应用。

参考文献

[1] 裴正林. 井间地震层析成像的现状与进展[J]. 地球物理学进展,2001,16(3):91-97.

[2] 周灿灿,王昌学. 水平井测井解释技术综述[J]. 地球物理学进展,2006,21(1):152-160.

[3] 徐利明,聂在平. 埋地目标体矢量电磁散射的一种快速正演算法[J]. 地球物理学报,2005,48(1):209-215.

[4] 查恩来,丁凯. 成像测井新技术在水利工程中的应用[J]. 地球物理学进展, 2006,21(1):290-295.

[5] 毛立峰,王绪本,高永才. 大地电磁概率成像的效果评价[J]. 地球物理学报,2005,48(2):429-433.

[6] 赵爱华,丁志峰. 宽角反射地震波走时模拟的双重网格法[J]. 地球物理学报,2005,48(5):1141-1147.

[7] 龙海丽,郝锦绮. 自电位层析成像的理论与实验研究[J]. 地球物理学报,2005,48(6):1343-1349.

[8] 蒋鸿亮,陈湛文,陈小宏. 高分辨率 AVO 反演技术研究[J]. 地球物理学进展,2006,21(2):478-482.

[9] 朱留方,沈建国. 从阵列声波测井波形处理地层纵、横波时差的新方法[J]. 地球物理学进展,2006,21(2):483-488.

浅析狭窄河谷覆盖层地震勘探特点

宋克民　　王奶生

（中国水电顾问集团北京勘测设计研究院　北京　100024）

摘要：通过对高山峡谷地形地震勘探的地质条件分析探讨、地震波传播特征理论分析，在常规折射方法无法实现勘探目的的情况下，采用反射法解决特殊地形情况下的覆盖层探测问题。

关键词：覆盖层　地震波　折射波　反射波

1　影响地震勘探的地质条件

覆盖层探测通常包括以下工作内容：覆盖层厚度探测，覆盖层分层。覆盖层的波速通常比基岩波速低，在覆盖层中，地下水面以上的波速又比地下水面以下的波速低。因此，地下水面（潜水面）通常是一个良好的速度界面。基岩顶板一般为良好的折射界面和反射界面。土层或砂层与砾石层之间，冲积层、洪积层与冰积层之间亦可能形成折射界面和反射界面。

1.1　低速覆盖层

在狭窄的河谷地段，低速覆盖层横向上变化很不均匀。如果低速覆盖层厚度变化大，会使反射波返回地表时产生时间上的较大错动，对追踪反射波造成很大的困难。

低速覆盖层与基岩往往形成一个明显的速度界面，是良好的折射界面，浅层折射波法就是利用这一特性来探测基岩起伏的。由于含水的覆盖层波速明显提高，因此覆盖层探测中一定要注意分析和追踪含水层的变化。

1.2　高速夹层

当覆盖层中存在着高速夹层（具备一定厚度）时，也可形成折射和强的反射界面，透射波能量很小，影响对下部地层的勘探，地震勘探把此现象称做"高速屏蔽"。在石灰岩地区，部分覆盖层被碳酸钙紧密胶结后，往往形成高速夹层。

1.3　地形、地貌

测区地形变化大，地貌复杂，窄河谷常常造成工作面的展布空间不够，无法开展正常的地面勘探工作。

1.4　旁侧影响

在窄河谷深厚覆盖层的探测工作中应注意地震波传播的旁侧基岩影响。

作者简介：宋克明（1964— ），男，吉林长春人，高级工程师，主要从事工程物探技术工作。

2　地震波的传播特性

2.1　波的反射和透射

图 1 为两层剖面,界面 R 将弹性空间分为上、下两部分,即 W_1 和 W_2,波速为 v_1 和 v_2。

入射波 A、反射波 C 在 W_1 介质中,透射波 B 在 W_2 介质中。

根据斯奈尔定律:

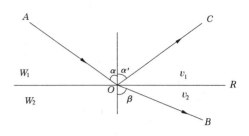

图 1　两层剖面波的反射示意

$$\alpha = \alpha', \quad \frac{\sin\alpha}{v_1} = \frac{\sin\beta}{v_2} \quad (1)$$

式中:α 为入射角;α' 为反射角;β 为透射角。

2.2　折射波的形成

当 $v_2 > v_1$ 时,随 α 增大,β 也增大,透射波偏离法线向界面靠拢,当 $\alpha \to i$(临界角)时,$\beta = 90°$,透射波以 v_2 速度沿界面滑行,形成滑行波(见图 2)。此时,有

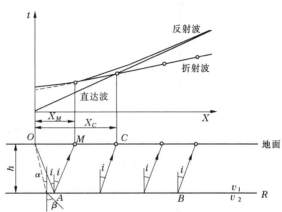

图 2　折射线形成示意

$$\sin i = \frac{v_1}{v_2} \quad i = \arcsin\left(\frac{v_1}{v_2}\right) \quad (2)$$

这时从振源出发的地震波以临界角入射到界面上,形成滑行波,滑行波所经过的界面上的任何一点,都可看做从该时刻产生子波的新振源,在上层介质中形成一种新的波动,即折射波。

2.3　折射波的盲区、临界距离

在地面上观测不到折射波的区域(OM)称为盲区。射线 AM 是地面观测到的折射波第一条射线,M 点为折射波始点,OM 区不存在折射波。

$$X_M = 2h\tan i = 2h\tan\left[\arcsin\left(\frac{v_1}{v_2}\right)\right] = 2h\frac{v_1}{\sqrt{v_2^2 - v_1^2}} = \frac{2h}{\sqrt{\left(\frac{v_2}{v_1}\right)^2 - 1}} \quad (3)$$

大多数地震勘探理论书籍都把激发点到折射波成为首波(即常说的拐点)的距离称为临界距离,如图 2 中的 X_C,在 C 点以前折射波在直达波后以续至波的形式存在,在 C 点以后折射波成为首波,它是由高速滑行波的超前运动所引起的。

$$X_C = 2h\sqrt{\frac{v_2 + v_1}{v_2 - v_1}} \quad (4)$$

由式(4)可知:①折射波作为首波,只有在炮检距大于 2 倍折射界面深度时才能够观测到;②在窄河谷深厚覆盖层的探测工作中要特别注意分析折射波法的选择和测线布置问题。

3 工程实例

四川硕曲河去学水电站工程区位于云南高原西北部,海拔 1 950 ~ 5 545 m,规划河段基本呈近东西展布,河谷两岸基岩裸露,地势较陡,两岸坡度为 70° ~ 90°,河谷断面多呈 V 字形,属构造溶蚀侵蚀高山峡谷地貌。

库区长约 15 km,为峡谷型水库,两岸山高坡陡,河谷宽度为 30 ~ 100 m。库岸稳定性较好,河流总体流向为 SW240°左右。

坝址区位于毛屋村索桥上游,为深切割的高山峡谷地形,河流总体流向为 SW255°,与岩层走向斜交,属斜向谷,河床覆盖层厚度较大。河面宽度为 30 ~ 50 m,覆盖层厚度为 20 ~ 40 m,特别是坝址左岸近似垂直。图 3 是采用折射法勘探的结果,由于无法满足炮检距大于 2 倍折射界面深度的空间布置,即使测线斜、顺河布置,也无法探测到真正的基岩面,其大炮检距的初至波多半来自旁侧影响。解释的数据根本与勘探目的层毫无瓜葛。

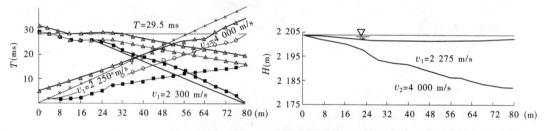

图 3 横河折射测线时距曲线

为了解决河面窄而覆盖层深的实际问题,在可行性研究阶段采用小偏移距的反射法对被测对象进行探测。当反射波遇到不同的地质体时,由于波阻抗的变化,根据反射波的相位、振幅、频率等变化特征进行综合分析和相应的推断解释。在水上工作中,自己设计制造了水上漂浮勘探设备(见图 4),简便易行,避免了人在水上作业的危险,既满足了勘探精度,又便于现场施测,有效地解决了高山峡谷地形河床覆盖层探测的难题。

图 4 水上漂浮勘探设备

我们根据展开排列试验及地震测井等相关资料来确定覆盖层的有效速度,根据实际情况覆盖层分为上覆松散层和下面致密层两层。其中,上覆松散层有效速度 $v_1 = 1\,500 \sim 1\,600$ m/s,整体覆盖层的有效速度 $v_2 = 1\,900 \sim 2\,150$ m/s。物探工作在坝址区共布置了 33 条河床及水上地震测线,下面介绍 W_1、W_{25} 两条测线的解释成果。

W_1 测线长 100 m,偏移距 1 m,步长 1 m。具体位置在坝轴线上游 350 ~ 450 m 处,测线位于河中心沙滩上,上覆松散层有效速度 1 600 m/s,覆盖层整体有效速度 2 150 m/s。上覆松散层厚度介于 4.8 ~ 8.8 m,覆盖层厚度介于 14.0 ~ 20.6 m,界面形态比较平缓(见图 5)。

W_{25}测线长86 m,偏移距1 m,步长1 m。具体位置在坝轴线上游262~348 m处,坝址位于左岸。该测线的上覆松散层有效速度1 600 m/s,覆盖层整体有效速度2 150 m/s。上覆松散层厚度介于8.3~11.7 m,覆盖层厚度介于21.2~27.0 m,界面形态比较平缓(见图6)。

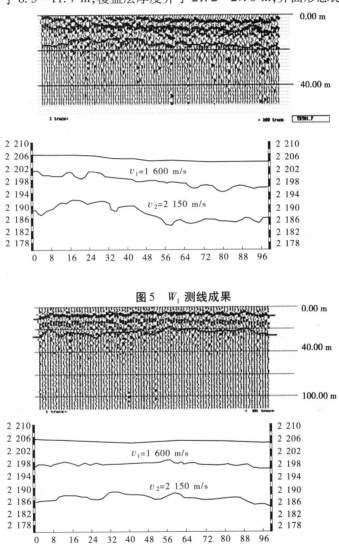

图5 W_1测线成果

图6 W_{25}测线成果

根据物探水上地震成果分析,河床及河槽段基岩埋深为14.0~39.0 m,最浅的地方14.0 m,位于坝址区上游W_1测线的20 m桩号处(在坝轴线上游430 m左右的河中心);基岩埋深最深为39.0 m,位于W_{18}测线的20 m桩号处(在坝轴线上游23 m左右,坝址靠左岸河滩上)。

测试成果显示:测试段基岩埋深总体上游较浅,下游较深,基本上在28 m左右。经钻孔验证,地震探测解释深度和钻孔揭露深度基本吻合。

地震法非纵观测系统在探测古河槽中的运用

王长录

（中国水电顾问集团西北勘测设计研究院工程物探研究所　兰州　730050）

摘要：地震法，尤其是地震折射波法相遇观测系统，是常用的工程物探方法，在水电工程勘察中应用广泛。在一些地形、地质和物性等条件不利的场地，采用地震折射波法相遇观测系统往往难以有效追踪目的层，合理选择地震折射波法非纵观测系统可以有效解决勘测场地条件的限制。本文以澜沧江某水电站坝址区左岸古河槽勘探为例，介绍了地震折射波法非纵观测系统的工作方法、反演解释、资料分析以及在解决此类工程地质问题中的应用效果。

关键词：古河槽　地震折射波法　非纵观测系统

1　引言

物探工作在水电工程勘察中的应用越来越广泛，但其工作场地大多位于地形地貌起伏较大、山体较陡的山坡地带。面对复杂的地形地貌及地质条件，如何选择最佳的探测方法以达到解决工程地质问题的目的，需要在工作中不断实践和探索。本文结合澜沧江某水电站坝址区左岸古河槽物探工作实例，论述了地震非纵观测系统的应用效果。

古河槽是水电工程地质中较常见的一种地质现象，是地质历史时期河流改道或因其他原因被废弃后遗留的河床冲刷槽。查明古河槽的走向及其上部覆盖层厚度，对研究和评价厂坝基础和边坡稳定性十分重要。目前，常用的钻探手段往往是"一孔之见"，仅靠钻探很难准确判定其总体形态、规模及隐伏构造情况。采用地球物理探测方法，可以快捷、经济地进行多测线探测，查明古河槽的形态及上部覆盖层的厚度，并取得良好的地质效果。

2　测区地形地质简况

该水电工程为澜沧江上游河段梯级开发的水电站之一，坝址区左岸岸坡整体走向近南北向，为Ⅲ级基座阶地的前缘天然边坡，坡度36°～43°，平均坡度39°，大面积被第四系地层覆盖，仅在1 808～1 817 m高程基岩出露，捧巴沟、捧巴小沟将岸坡切割成几块。在1 840 m高程以上堆积有深厚覆盖层。地层呈三层结构：第一层为坡积碎石土（Q_4^{dl}），第二层为洪冲积含漂石块碎石土和河流冲积砂卵砾石层（Q_3^{al+pl}），第三层为二叠系千枚岩。图1为坝址区左岸地形地貌。

在预可行性研究阶段，地勘工作发现左岸坝肩勘探平硐硐深93.5～105.5 m处揭露

作者简介：王长录（1964— ），男，甘肃合作人，工程师，主要从事水利水电工程物探工作。

图1 坝址区左岸地形地貌

到砂砾卵石,而硐内其他部位的岩性为二叠系千枚岩。大部分卵砾石磨圆度较好,属于河床型沉积,判断此处可能是古河槽。为了进一步论证古河槽的存在,并查明其分布形态与埋藏深度,提出了以物探为主、地质钻探为辅的探测方案。物探工作主要目的是查明古河槽的走向、形态及上部覆盖层厚度。

3 方法选择与工作布置

在水电工程物探工作中,地震勘探应用非常普遍,常用的折射波法又分为纵测线观测系统和非纵测线观测系统。所谓非纵测线观测系统(或者叫非纵观测系统),是指从激发点向观测线作垂线,垂足位于测线段以内时,称为横测线;位于测线延长线上时,称为侧测线。

根据测区物性条件,物探工作选择地震折射波法。鉴于测区岸坡较陡且覆盖层深厚,工作中采用非纵观测系统和相遇观测系统相结合的工作方法。其中,相遇观测系统主要是为非纵观测系统的定量解释提供物性参数。

根据物探工作的目的,结合测区实际地形、地质和物性条件,在坝址区左岸岸坡处布置了15条物探测线(见图2)。其中,沿岸坡坡向布置了10条,采用非纵观测系统,并辅助参数纵测线观测系统;垂直岸坡坡向布置了5条,采用纵测线相遇观测系统。测线长度为175～385 m,点距为5 m。

非纵观测系统中的激发点位置的选择是整个工作的关键。要求:一是要满足炮检距离大于目的层盲区距离且在折射波有效追踪范围;二是激发点与测线的距离应大于测线的长度,以免造成地下不均匀性对探测结果的影响,使得误差较大;三是要避免因目的层的起伏所造成的地震波绕射和透射现象。根据地质资料,左岸岩体呈"孤山梁"条形状,基本沿河谷走向延伸。结合部分纵测线相遇时距曲线解释成果资料,激发点选择在顺坡向测线的上游或下游,偏向岸内,炮检距离大于400 m。

4 非纵时距曲线的解释

非纵测线的激发点远离测线,涉及的空间变化较大,影响因素也较多,因而非纵测线时距曲线的解释有其复杂性和特殊性。

理论上,水平界面的非纵测线的折射波时距曲线呈双曲线形态,而实测曲线相对有

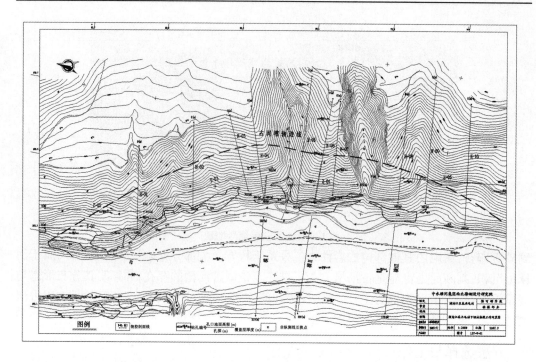

图 2　物探工作布置图

"超前"或"滞后"的现象。这种"超前"或"滞后"的时间差可近似认为是界面深度的变化所致。因此,可根据实测曲线和理论曲线之间的时差来计算界面的深度变化。非纵时距曲线观测系统的资料解释是采用"相对时差"法,即测取各测点实测时距曲线和理论时距曲线之间的时间差 Δt。$\Delta t = 0$ 的点为"基准点",表示该点所对应的折射界面深度等于"基准点"所对应的深度,$\Delta t > 0$ 表示该点所对应的折射界面深度大于"基准点"所对应的深度,$\Delta t < 0$ 表示该点所对应的折射界面深度小于"基准点"所对应的深度。

　　根据测区地层波速介质层结构,非纵时距曲线采用三层波速介质结构进行解释,可参见图 3 所示波路径示意图。

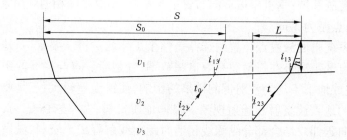

图 3　波路径示意

　　其时距关系为

$$\Delta t_2 = t - t_0 - \frac{S - S_0}{v_3} - (h_1 - h_{01}) \frac{\cos i_{13}}{v_1} \tag{1}$$

$$\Delta h_2 = \frac{v_2 \Delta t_2}{\cos i_{23}} \tag{2}$$

$$h_2 = \Delta h_2 + h_{02} \tag{3}$$

$$H_{12} = h_1 + h_2 \tag{4}$$

$$L = h_1 \tan i_{13} + h_2 \tan i_{23} \tag{5}$$

式中：t_0、S_0 为已知点的观测时和炮检距；t、S 为任一观测点的观测时和炮检距；h_{01}、h_{02} 为已知观测点第一层厚度和偏移点处的第二层厚度；h_1、h_2 为任一观测点第一层厚度和偏移点处的第二层厚度；v_1、v_2 为第一、第二层介质纵波速度；v_3 为第三层上界面纵波速度；L 为偏移距；H_{12} 为观测点与偏移点的覆盖层相对厚度。

在进行非纵时距曲线反演时，应注意以下两点：

(1)根据所建立的地层结构几何模型，非纵观测系统解释成果存在偏移现象，应进行偏移校正(可参见图3)。地震非纵测线的折射波出射点在地面激发点与观测点连线上的投影点和观测点之间存在一定的偏移距离，用非纵时距曲线解释的覆盖层厚度应为偏移点处的覆盖层厚度。

(2)非纵时距曲线解释是根据"基准点"(或称参数点)的深度去推算出其他未知点深度，每条测线上必须有一个已知点。为了获得"基准点"处覆盖层参数，可重叠或交叉布置纵测线，也可直接采用测线上已有的钻孔分层成果。

5　成果分析与精度评价

根据纵测线相遇时距曲线解释结果，第一层坡积碎石土(Q_4^{dl})的纵波速度 v_1 为720～940 m/s，厚度为2.8～25.4 m；第二层洪冲积含漂石块碎石土和河流冲积砂卵砾石层(Q_3^{al+pl})的纵波速度 v_2 为1 630～1 940 m/s，厚度为17.4～34.6 m；第三层较完整的二叠系千枚岩的纵波速度 v_3 为3 320～4 760 m/s。测区内覆盖层厚度为0～121.7 m，基岩面高程为1 784.0～1 858.1 m，具体见表1。

表1　覆盖层厚度、基岩面凹槽处高程汇总

测线编号	覆盖层厚度 H_{12}(m)	凹槽桩号(m)	凹槽处基岩面高程(m)
Z－01	0～12.6	24～108	1 817.8～1 820.0
Z－02	4.0～44.9	95～180	1 817.8～1 819.2
H－01	5.1～88.9	76～138	1 817.2～1 819.7
H－02	7.4～109.3	72～141	1 816.4～1 820.3
H－03	0～121.7	64～121	1 816.1～1 819.4
H－04	0～97.2	79～154	1 815.5～1 818.8
H－05	0～118.5	148～212	1 814.3～1 819.2
H－06	2.5～110.2	120～184	1 813.1～1 817.2
H－07	2.8～102.0	106～185	1 812.9～1 817.8
H－08	14.0～118.6	136～211	1 808.1～1 815.7
H－09	8.8～112.4	205～296	1 802.6～1 814.8
H－10	0～93.2	204～302	1 791.5～1 812.4

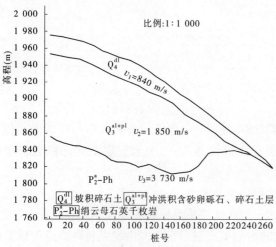

图 4　H－06 横测线地质－物探成果剖面

非纵测线地质－物探成果剖面图（以 H－06 测线为例，见图 4）反映出较完整的基岩顶板存在较明显的凹槽，其分布形态具有明显的相似性和连续性，从凹槽的形态和延伸方向可以判定左岸存在古河槽。

对地震勘探资料分析表明，左岸阶地处非纵测线物探成果剖面图的古河槽特征表现较明显，多呈 V 形。根据物探成果绘制的古河槽基岩形态三维效果见图 5。由图 5 结合图 2 分析可知，该古河槽在左岸阶地处呈月牙状展布，走向在上游围堰 Z－01 测线处以 SE 方向延伸，在坝线附近拐

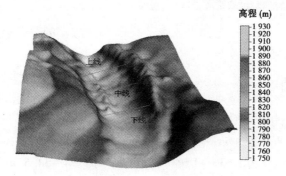

图 5　坝址区左岸古河槽基岩形态三维效果

向 S，在下坝线 H－08 测线处拐向 SW 方向延伸，古河槽相对切割深度为 10～25 m，延伸长度约 1.2 km。上游 Z－01 处为古河槽进口，古河槽入口低洼处基岩面高程为 1 817.8～1 820.0 m。中部捧巴沟和捧巴小沟处测线 H－04、测线 H－05、测线 H－06、测线 H－07 等测线最低处基岩面高程为 1 813.1～1 819.2 m。下游 H－10 测线处为古河槽出口，最低处基岩面高程为 1 791.5～1 812.4 m。由于古河槽的切割，使得左坝肩（捧巴沟及下游段）形成"孤山梁"式单薄条形岩体，且愈往下游，基岩山脊愈薄，古河槽切割深度愈大。

经物探资料与钻探资料对比（见表 2）表明，二者吻合较好，物探成果覆盖层厚度的绝对误差为 0.5～5.8 m，相对误差 0.6%～3.7%，小于现行《水电水利工程物探规程》（DL/T 5010—2005）的误差要求，表明物探成果较准确地反映了坝址区左岸覆盖层厚度及其变化。

6　结语

本文结合澜沧江某水电站工程坝址区左岸古河槽物探应用实例，论述了地震折射波法非纵测线时距曲线观测系统在古河槽勘探中的应用效果，为该水电站工程设计与处理方案提供了基本依据。

表2　物探成果与钻探成果对比

孔　号	钻探成果（m）	物探成果（m）	绝对误差（m）	相对误差（%）
ZK114	19.6	18.2	1.4	7.1
ZK135	89.5	92.1	2.6	2.9
ZK139	112.5	111.2	1.3	1.2
ZK145	73.9	69.6	4.3	5.8
ZK149	86.7	83.1	3.6	4.2
ZK185	11.0	10.5	0.5	4.5
ZK187	66.0	64.8	1.2	1.8
ZK189	41.5	42.7	1.2	2.9
ZK191	101.2	95.4	5.8	5.7

就地震折射波法而言,当地形条件难以满足布置相遇时距曲线观测系统的测线时,非纵测线时距曲线观测系统是一个很好的替补方法。特别是目前已开发出了地震仪器遥爆技术的情况下,借助地面GPS配合,使得这项工作变得更简捷而快速。同时本文实例表明,在地质条件复杂及深厚覆盖层地区,合理选择物探工作方法,会取得较好的地质效果。

参考文献

[1] 王振东. 浅层地震勘探应用技术[M]. 北京:地质出版社,1988.

[2] 陈忠厚,傅唯一. 浅层地震勘探[M]. 成都:成都地质学院出版社,1994.

[3] 中华人民共和国国家发展和改革委员会. DL/T 5010—2005 水电水利工程物探规程[S]. 北京:中国电力出版社,2005.

面波勘探在划分岩体风化带中的应用

黄　宁　　刘国辉

（石家庄经济学院　石家庄　050031）

摘要：本文以河北赤城公路隧道勘察为例，重点论述在隧洞岩体构造特征和质量评价中，利用面波勘探方法探测岩体上部覆盖物厚度，划分岩体全风化和中等风化界面，以及对沿隧洞轴线上的岩体进行质量评价。

关键词：面波　频散曲线　岩体　质量评价

1　问题的提出

1.1　面波勘探用于岩体工程类型划分中的研究意义

　　面波勘探方法是近年发展起来的一种浅层地震勘探新技术，该技术利用面波的传播速度与岩土物理力学性质的密切相关性，以及面波独有的频散现象测试和分析地下岩体的工程特性。

　　近10年来，面波勘探方法已在工程中得到广泛的应用，特别是最近几年，国内外许多学者进行了面波勘探技术的理论与应用研究。目前，面波勘探法已逐步成为浅层或超浅层地球物理勘探和工程岩体及施工质量检测的重要手段之一，但仍有应用理论与实践问题亟待解决，特别是在岩体工程质量评价过程中，要求测试方法简捷快速、样点密集、提供岩体质量是连续分布特征等都需要对面波勘探技术领域的应用问题进行深入研究。实践表明，面波勘探在岩体工程质量评价中有较大的应用潜力。

1.2　目前岩体工程分类方法的缺点和不足

　　岩体的工程分类是通过岩体一些简单和易测的指标，把工程地质条件与岩体力学性质联系起来进行归类，并对各类岩体质量、工程建筑条件予以定性或定量的评价。岩体工程分类的目的在于预测各类岩体的稳定性，进行工程地质评价。根据岩土波速测试结果，将岩体划分为具有一定地球物理参数、不同水平和级别的块体与岩带，从而为工程设计和施工提供地质依据。

　　目前，国内外常用的岩体工程分类方法有 Deere 的 RQD 分类、Barton 的岩体质量 Q 系统分类、Bieniawski 的节理岩体 RMR 分类系统、我国水利电力部提出的岩体质量指标 RMQ 分类法等。我国煤炭、冶金、铁道、建设等部门都结合本部门的特点，分别制定了适合本系统的分类方案[1]。结合各种岩体工程的特点，以定性和定量分析相结合，我国在 1995 年提出了地下硐室的岩体分类方案的 *BQ* 公式，作为各类工程岩体分级的国家标准

───────────────
作者简介：黄宁(1983—)，女，河南商丘人，在读硕士研究生，主要从事工程勘察和物探方面的学习和研究。

推广执行[2]。

岩体风化的垂直分带,一般划分为全风化、强风化、弱风化和微风化四个带。

定性分带方法从风化岩的地质特征出发,以经验判断为主进行岩体的风化分带。这种方法的缺点是:由于勘察人员的经验、对评价标准掌握情况的差异,往往得出不同的分带量级,存在评价时的任意性。

定量分带方法是在定性分带的基础上,利用室内或现场测试的岩石力学性质单项或多项指标结合一定的数学或统计学的方法,对岩体进行风化程度分带。廖颜萱、侯玉宾、龚涛等学者分别利用自己的方法做了大量的试验工作,将岩体风化带与岩体工程地质特性紧密结合,最终得出了岩石的风化规律以及岩体的分带方法[3]。

然而,以上对岩体的分类分带方法没有考虑岩体结构面发育特征的影响,并且对各风化带内岩体的物理力学性质变化和声波特征及其变化缺少研究。因此,有必要开展岩体分类的技术研究。

1.3　面波勘探解决岩体工程分类的优势

在岩土工程勘探中,常用面波速度进行介质的垂向分层、岩土工程性质研究、对建筑场地进行地基评价等。与其他地震勘探方法相比,它有如下几个方面的优势:

(1)浅层分辨率高。在地震波形记录中,瑞雷波较其他类型的弹性波频率低,传播速度小,衰减慢,因此它具有很高的分辨能力,可以确定路面厚度及探测到地面上厘米级宽度的裂隙,这样的精度是其他弹性波法无法比拟的[4]。

(2)不受各地层速度关系的影响。常规地震折射波法和反射波法主要利用波的运动学特征,且要求各层的波速或波阻抗有较大差异,瑞雷波法则不受上述物性条件的限制,只要求各层介质间具有横波速度差异,由于横波速度主要与介质密度或介质的松散与密实程度有关,因此在地层划分方面有较好的分辨能力。

(3)工作方法简单,排列短,工效高,成本低,简单快速,所需的激发能量小,并且能量大,易于观测,能适用于不同的地形,在揭示地下岩性结构的物探方法中具有一定的优越性。

因此,开展面波勘探在岩体工程分类中的应用是十分必要的,具有重要的理论价值和实用价值。

2　横波速度确定岩体工程力学参数的可能性

在大多数工程地质参数之间以及地震参数与工程地质参数之间存在着相互依赖的关系,从而使应用地震学方法对工程地质参数(如动弹性模量、静弹性模量、动切变形模量、泊松比、岩体孔隙裂隙度等)进行估算成为可能。根据岩土体内传播的弹性波(纵波、横波、面波)速度和密度 ρ,可以计算岩体的动弹性参数,其关系式为[5]:

$$E_d = \frac{\rho v_s^2 (3v_p^2 - 4v_s^2)}{v_p^2 - v_s^2} \tag{1}$$

$$\sigma_d = \frac{v_p^2 - 2v_s^2}{2(v_p^2 - v_s^2)} \tag{2}$$

$$K_d = \rho(v_p^2 - \frac{4}{3}v_s^2) \tag{3}$$

$$\mu_d = \rho v_s^2 \tag{4}$$

$$\lambda_d = \rho(v_p^2 - 2v_s^2) \tag{5}$$

式中：E_d 为动动弹性模量；σ_d 为动泊松比；K_d 为动体变模量；μ_d 为动剪切模量；λ_d 为动拉梅常数；v_p 为纵波速度；v_s 为横波速度。

根据面波的传播特点，在均匀各向同性弹性介质中，面波的传播速度只与传播介质的泊松比和剪切波速度或纵波速度有关，瑞雷波波速与横波波速有如下的近似关系：

$$v_R = \frac{0.87 + 1.12\sigma}{1 + \sigma}v_s \tag{6}$$

显然，由面波勘探所得的 v_R 值估算有关的岩土及工程动力学参数是有理论依据的。

3　面波勘探的基本原理

在不均匀介质中瑞雷波速度（v_R）具有频散特性，此点是面波勘探的理论基础。随着深度增加，面波的位移幅值迅速减小，其某一波长的波速主要与深度小于 1/2 波长的地层物性有关，一般认为其影响深度或穿透深度不超过一个波长的值。但在水平方向上，面波的振幅按 $1/\sqrt{r}$ 的规律减小，比体波的衰减慢得多，这也是开展面波勘探的优越性之一[6]。

面波勘探按震源方式不同分为稳态法和瞬态法。前者产生单一频率的面波，可以测得单一频率波的传播速度；后者产生一定频率范围的面波，不同频率的面波叠加在一起，以脉冲的形式向前传播[7]。

面波勘探实质上就是根据瑞雷面波传播的频散特性[7]，利用人工震源激发产生多种频率成分的瑞雷面波，寻找出波速随频率的变化关系，从而确定出地表岩土的瑞雷波速度随深度的变化关系，即频散曲线，来解决浅层工程地质勘察及地基岩土的地震工程等问题。

4　应用实例

4.1　工区概况

测区位于河北省赤诚县，是省道滦赤线至三岔口段陈家后山与隔河寨隧道。该公路隧洞长 2 km，基岩裸露区和松散堆积物覆盖大约各占一半，岩性为白云岩。构成隧道的围岩为元古界蓟县系（J_x）雾迷山组，岩性主要为白云岩、白云质灰岩，多为薄层状，含燧石条带。发育有溶隙和小溶洞，地层产状（90°～100°）∠（10°～18°）。在岩层中有大小不同规模的中性至基性岩浆岩体、岩脉侵入，以辉绿岩为主，节理较发育。拟建隧道进出口场地为山间河流的河床，地势起伏不平。

4.2　测区工程地质概况

本测区主要地层自上而下为第四系覆盖层和白云岩。由于覆盖层较薄，基岩具有一定程度的风化，使其在波速上存在着一定的差异。根据前人资料和本次对区内典型岩性地段测定结果，其不同岩性的波速如表 1 所示。

表 1　岩体风化程度与横波速度对应关系

岩体风化程度	横波速度 v_s（m/s）	岩体风化程度	横波速度 v_s（m/s）
新鲜岩石	$v_s > 1\,500$	强风化	$600 < v_s \leqslant 900$
微风化	$1\,200 < v_s < 1\,500$	全风化	$300 < v_s \leqslant 600$
中等风化	$900 < v_s < 1\,200$	第四系及坡积物	$v_s \leqslant 300$

从表 1 可以看出：各风化带存在明显的波速差异，从而为开展面波勘探提供了必要的地球物理条件。

4.3　野外工作方法

本次勘探主要采用 12 道接收，记录采样点数 1 024 点，采样间隔为 0.25 ms，偏移距为 3 m，采用锤击震源（锤重 3.63 kg）。在地形较陡的区段，观测排列方向垂直于轴线方向；在地形平缓的区段，观测排列方向沿主轴方向展布。在基岩出露的地方，借助石膏作为耦合剂进行勘探；在滚石较多、地形较陡的地方采用多次叠加，改变电缆的排布方向和改变偏移距等方法来最大程度地获得有用信号。

4.4　资料解释

每个记录点经过处理后，得到频散曲线解释成果图。在频散曲线成果图中，我们能直接读取该点划分的层数及各层的厚度和波速，如图 1 所示。

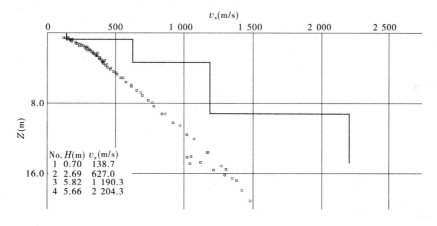

图 1　K182 + 68 点处频散曲线解释成果

对测线上的各测点进行了逐点面波资料反演解释，其解释结果如图 2 所示。

该区段岩体上部均为第四系覆盖，主要为残积、坡积物，其厚度为 0.32 ~ 0.97 m，一般在地形较缓的地段厚度较大，如 K184 + 60 ~ K184 + 120 段，其中，在 K184 + 330 ~ K184 + 390 段覆盖较薄。

基岩全风化厚度为 0.53 ~ 4.9 m，其中 K184 + 30 ~ K184 + 120 段较厚，在 K184 + 150、K184 + 360 两点处相对较薄；中等风化厚度为 1.1 ~ 5.02 m，其中在 K184 + 30 ~ K184 + 120 段相对较厚，在 K184 + 150 及 K184 + 360 点处相对较薄；微风化层相对较厚，

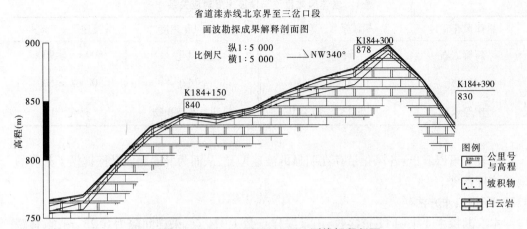

图2　K184 + 30 ～ K184 + 390 测线解释剖面

在 1.83 ～ 5.61 m 内变化,其中在 K184 + 30 ～ K184 + 120 和 K184 + 270 ～ K184 + 300 段相对较厚。

4.5　测区岩体质量评价

4.5.1　岩体质量概述

本次面波探测是岩体工程地质调查与面波测试同时进行的,以使面波资料解释时充分考虑地质条件,对岩体质量评价更能反映岩体的实际状态。

区域地质构造比较简单,断层较少,大多数地段节理不发育,节理一般为两组,每立方米节理的数量在 10 条以内。地下水水位在洞底以下。进、出口斜坡为陡立陡崖,不存在由于上覆岩体厚度不足须设引洞的问题。

进出口斜坡虽然陡峭,但由于节理不发育,岩体完整性好,缓倾岩层无软弱夹层,且倾向山体,属稳定结构,边坡稳定性较好,但存在洞口岩体崩塌的危险性,须施工时治理。

4.5.2　岩体质量分级

本次探测以面波测试为主,在无松散残积物覆盖地段以结构面统计为辅助校核方法,以获得岩体基本质量级别。

现场工程地质调查观测每个测点的节理或裂隙成因和力学性质[8]、节理的延续性和充填状态,确定体积节理数 J_v,为的是从地质观测方法中获得岩体的完整性系数 K_v。由此可得到岩体的基本质量指标:

$$BQ = 90 + 3R_C + 250K_V \tag{7}$$

式中:R_C 为工程岩体的饱和抗压强度,本工程为 50 MPa;K_V 为岩体的完整性系数。

根据《工程岩体分级标准》(GB 50218—94),式(7)的限制条件为:当 $R_C > 90K_V + 30$ 时,应以 $R_C = 90K_V + 30$ 计算 BQ 值;当 $K_V > 0.04R_C + 0.4$ 时,则以 $K_V = 0.04R_C + 0.4$ 代入式(7)求得 BQ 值。

按照规范的规定原则得到了各点面波测试和工程地质调查节理统计的岩体基本质量指标。

4.5.3　隧洞岩体质量分类

从岩体基本质量指标可以看到,面波测试对岩体质量的反应更灵敏,它的测试结果是各层岩体的基本质量指标的平均值[9]。而工程地质调查仅是基本地表岩体质量以裂隙状况为统计目标的岩体质量指标。所以,面波测试更有代表性,它反映了各个测点、各层岩体平均岩体基本质量指标跳跃式的变化特性,更接近岩体质量的客观实际。

根据测试结果,结合现场工程地质调查,按照《公路工程地质勘察规范》(JTJ 064—98)附录 G 将岩体分类标准规定为Ⅵ类的分类方法,给出该公路隧洞的分类结果列于表 2。

表 2 隧洞岩体质量分类

测点区间	桩号区间	岩体类别	工程地质条件说明
0 ~ 6	K182 + 68 ~ K182 + 158	Ⅳ	白云岩中有安山岩脉侵入,沿白云岩和安山岩脉有 F1 断层,断层带虽有胶结,但风化状态不均一
6 ~ 12	K182 + 158 ~ K182 + 248	Ⅳ	岩体比较完整,裂隙密度较均一
12 ~ 16	K182 + 248 ~ K182 + 308	Ⅲ	在 13 ~ 14 测点有节理密集带通过,节理为压扭性高倾角节理
16 ~ 22	K182 + 308 ~ K182 + 403	Ⅴ	岩体裂隙不发育
22 ~ 24	K182 + 403 ~ K182 + 457	Ⅲ	NNE 向压扭性节理密集带
24 ~ 32	K182 + 457 ~ K182 + 577	Ⅳ	裂隙密度每立方米在 10 条左右,延续性差
32 ~ 40	K182 + 577 ~ K182 + 697	Ⅴ	岩体完整,节理延续性差
40 ~ 42	K182 + 697 ~ K182 + 727	Ⅲ	NE 向高倾角节理密集带
42 ~ 66	K182 + 727 ~ K183 + 90	Ⅴ	岩体完整,节理延续性差
66 ~ 70	K183 + 90 ~ K183 + 150	Ⅲ	NNE 向压扭性节理密集带
70 ~ 78	K183 + 150 ~ K183 + 270	Ⅳ	岩体较破碎,节理稍密,但延续性较差
78 ~ 80	K183 + 270 ~ K183 + 300	Ⅲ	EW 向节理密集带,压性节理,延续性好
80 ~ 92	K183 + 300 ~ K183 + 460	Ⅴ	岩体完整性好
92 ~ 94	K183 + 460 ~ K183 + 480	Ⅱ	EW 向压性断层与其影响带,岩石较破碎,夹少量糜棱岩
94 ~ 96	K183 + 480 ~ K183 + 500	Ⅳ	岩石完整性较差,主要受断层低序次构造节理的影响
96 ~ 106	K183 + 500 ~ K183 + 582	Ⅲ	岩石完整性差,但延续性很好,近 EW 向和 NNE 两组高倾角节理切割岩体,受边坡卸荷作用,节理张开
108 ~ 110	K184 + 30 ~ K184 + 60	Ⅲ	(第二个隧洞入口) 受 EW 向节理密集带影响,岩体较破碎
110 ~ 122	K184 + 60 ~ K184 + 240	Ⅳ	岩体节理较密,节理延续性差
122 ~ 128	K184 + 240 ~ K184 + 330	Ⅴ	岩体节理较少,紧闭型节理,延续性较好
128 ~ 132	K184 + 330 ~ K184 + 390	Ⅲ	节理较密,受岩体卸荷作用,节理有拉开现象

5　结语

　　面波勘探是一种新兴的物探方法,它在划分地层、评价地基质量、岩土物理力学参数原位测试、地基加固处理效果评价、岩体风化带划分、地下空洞及掩埋测试、公路质量无损检测、研究地基的振动特征等方面已经取得广泛的应用。通过本宗实例,更进一步证明了面波勘探运用的广阔前景。

参考文献

[1] 王明华,白云,张电吉.含软弱夹层岩体质量评价研究[J].岩土力学,2007(1).

[2] 林韵梅.岩石分级的理论与实践[M].北京:冶金工业出版社,1996.

[3] 叶长峰,吴继敏,唐新华,等.风化岩体参数变化规律研究及工程意义[J].西部探矿工程,2005,17(10).

[4] 周竹生,刘喜亮,熊孝雨.弹性介质中瑞雷面波有限差分法正演模拟[J].地球物理学报,2007(2).

[5] 杨成林,等.瑞雷波勘探[M].北京:地质出版社,1993.

[6] 程立.瞬态瑞雷面波法在软岩地层勘探中的应用[J].西北水电,2002(2).

[7] 陈祥.面波"之"形速度—深度曲线的成因[J].地球物理学进展,2004(4).

[8] 何正勤,丁志峰,贾辉,等.用微动中的面波信息探测地壳浅部的速度结构[J].地球物理学报,2007,50(2).

[9] 周红,陈晓非.凹陷地形对 Rayleigh 面波传播影响的研究[J].地球物理学报,2007(4).

用弹性波测试指标进行工程岩体分类

刘善军 李 伟 江兴奎 李 健

（中国水电顾问集团北京勘测设计研究院 北京 100024）

摘要：利用弹性波测试指标来进行工程岩体分类是水电物探很重要的一项工作。用于工程岩体分类的弹性波测试指标主要是岩体完整性系数 K_v，《工程岩体分级标准》（GB 50218—94）也将弹性波纵波速度 v_p 用于岩体分级。本文重点阐述了岩体完整性系数 K_v，并对弹性波速度 v_p 用于岩体分级的实用性进行了分析。

关键词：弹性波测试指标 岩体分类 弹性波速度 岩体完整性系数

1 引言

工程岩体分类的目的是，从工程的实际需求出发，对工程建筑物基础或围岩的岩体进行分类，并根据其好坏进行相应的试验，赋予它必不可少的计算指标参数，以便于合理地设计和采取相应的工程措施，达到经济、合理、安全的目的。因此，工程岩体分类是为岩体工程建设的勘察、设计、施工和编制定额提供必要的基本依据。

岩体分类从早期的较为简单的岩石分类发展到多参数的分类，从定性的分类发展到定量半定量的分类，经过了一个发展过程。最早采用岩石的单轴抗压强度值作为岩石质量好坏的分级指标，随着人们对岩体认识的不断深入，在评价岩体的质量时，又加入了结构面对岩体的影响，并考虑了地质的赋存条件，即地下水和地应力等对岩体质量的影响，使得评价岩体质量好坏的体系更加全面、完善。一些研究相对比较深入的岩体分类方法，还与岩体的自稳时间、岩体和结构面的力学参数建立了相关关系。

对于岩土工程而言，由于影响岩体质量及其稳定性的因素很多，即使是同一岩体，由于工程规模大小以及工程类型不同，对其也会有不同的要求及评价。因此，长期以来，国内外不少专家学者以工程类比为基本思想，建立一个评价体系，探索从定性和定量两个方面来评价岩体的工程性质，并根据其工程类型及使用目的对岩体进行分类，这也是岩体力学中最基本的研究课题之一。

弹性波测试是指在岩体或土层中激发弹性波（地震波或声波），用仪器测定岩、土体传播这些弹性波（包括纵波与横波）的速度以及传播过程中能量的衰减等特征，从而求得岩、土体的动态弹性系数，评价岩、土体的力学特性。此法与地震勘探不同，它多数是利用直达波。弹性波测试可为岩体的工程地质分类提供依据，也可测定地下硐室围岩的松弛范围、进行灌浆效果的检查、坝基建基面和桩基质量的无损检测，还可为工程建筑物的抗

作者简介：刘善军（1967—），男，河南开封人，工程师，主要从事工程物探计算软件开发及技术工作。

震设计和砂层液化研究提供参数。

　　利用弹性波测试指标来进行岩体分类是水电物探一项很重要的工作,也是对岩体分类进行定量分析的一种方法。《工程岩体分级标准》(GB 50218—94)用于工程岩体分类的弹性波测试指标主要是岩体完整性系数 K_v 和弹性波纵波速度 v_p。重点阐述岩体完整性系数 K_v,并对弹性波速度 v_p 用于岩体分级的实用性进行分析。

2　弹性波测试岩体分类指标

2.1　岩体完整性系数 K_v

　　利用岩体弹性波纵波速度与同一岩体新鲜完整岩块的纵波速度的比值确定岩体完整程度的指标,就是岩体完整性系数 K_v。计算公式是:

$$K_v = (v_p/v_{pr})^2 \tag{1}$$

式中:v_p 为岩体弹性波纵波速度,m/s;v_{pr} 为新鲜完整岩块的纵波速度,m/s。

　　《水电水利工程物探规程》(DL/T 5010—2005)、《工程岩体分级标准》(GB 50218—94)及《岩土工程勘察规范》(GB 50021—94)中都给出了按岩体完整性系数 K_v 划分岩体完整程度的标准,且三种版本的划分标准都是一致的。

　　表 1 给出了定量划分的岩体完整性系数 K_v 与定性划分的岩体完整程度之间的对应关系。求出 K_v 就能判别岩体的完整程度。

表 1　岩体完整程度分类

完整程度	完整	较完整	完整性差	较破碎	破碎
完整性系数 K_v	$K_v > 0.75$	$0.75 \geqslant K_v > 0.55$	$0.55 \geqslant K_v > 0.35$	$0.35 \geqslant K_v > 0.15$	$K_v \leqslant 0.15$

　　岩体完整性系数 K_v 是多组系数值,每组系数值只与岩体完整程度有关,可以真实体现不同岩体的完整程度。因此,岩体完整性系数 K_v 能科学和准确地反应岩体的完整程度。

　　从式(1)可以看出,要取得岩体完整性系数 K_v,必须求出新鲜完整岩块的纵波速度 v_{pr}。所谓新鲜完整岩块,是指无任何风化、无任何结构面(如节理、层理、裂隙等)的规整岩块,在实际工作中,可以从完整岩体中取块或利用钻探取芯。测试新鲜完整岩块纵波速度 v_{pr},一般用声波测试来完成。这样将产生新的问题:其一,如果岩体弹性波纵波速度 v_p 是地震波速度,而完整岩块的纵波速度 v_{pr} 是声波法测得的,那么 v_p 与 v_{pr} 就存在接口不匹配问题;其二,由于新鲜完整岩块都是从新鲜完整岩体中取块或利用钻探取芯所得到的岩块,应力得到了释放,应力状态与所取的母体已明显不同,反应在物性上与所取母体已存在差异。第一个问题可以通过测试岩体弹性波声波速度(如声波测孔和声波对穿)或通过地震波测井相关分析来解决,第二个问题至今也没有一个完美的解决方案。《水利水电工程地质勘察规范》(GB 50287—99)附录 D 岩土物理力学性质参数取值中规定,对于均质和非均质岩体的物理力学性质参数,可采用测试成果的算术平均值或统计的最佳值,或采用概率分布的 0.2 分位值作为标准值。在实际工作中,多采用对测试的新鲜完整岩体中的多组 v_p 值进行统计分析,再结合室内物性测试数据,选出一个可靠的极大值作为

v_{pr}。这种替代方法虽然是不完美的,但经过多个工程的实践证明是可行和有效的。

2.2　弹性波纵波速度参数 v_p

在岩体或土层中激发弹性波(地震波或声波),用仪器测定岩、土体传播这些弹性波(包括纵波与横波)的速度就是弹性波速度。弹性波速度参数是非常重要却又易于获取的一项岩体物性力学指标。《工程岩体分级标准》(GB 50218—94)附录 C 中规定了岩体设计指标的纵波速度 v_p 分级指标(见表2)。

表2　工程岩体纵波速度分级指标

级别	Ⅰ	Ⅱ	Ⅲ	Ⅳ	Ⅴ
纵波速度 v_p(m/s)	≥5 500	5 500~4 500	4 500~3 500	3 500~2 500	≤2 500

从表2中可以看出,该标准将纵波速度 v_p 分成了五个速度段,不同的速度段对应岩体的不同级别。这样,根据测得岩体的弹性波纵波速度,就可得到按波速特性划分的相应岩体的级别,也就可以大致推断岩体的完整程度。

然而,该分级指标没有考虑硬岩、软岩固有的工程特性,故对软岩是不可行的。

3　弹性波纵波速度 v_p 参数分级指标分析

从表1中 K_v 分类标准可以推算出 v_p 与 v_{pr} 的对应关系(见表3)。

表3　以 K_v 为标准推算 v_p 与 v_{pr} 的对应关系

v_{pr}(m/s)	$K_v>0.75$	$K_v=0.55~0.75$	$K_v=0.35~0.55$	$K_v=0.15~0.35$	$K_v<0.15$
	v_p(m/s)	v_p(m/s)	v_p(m/s)	v_p(m/s)	v_p(m/s)
5 500	>4 763	4 079~4 763	3 254~4 079	2 130~3 254	2 130
5 700	>4 936	4 227~4 936	3 372~4 227	2 208~3 372	2 208
5 900	>5 110	4 376~5 110	3 490~4 376	2 285~3 490	2 285
6 000	>5 196	4 450~5 196	3 550~4 450	2 324~3 550	2 324
6 200	>5 369	4 598~5 369	3 668~4 598	2 401~3 668	2 401
6 300	>5 456	4 672~5 456	3 727~4 672	2 440~3 727	2 440
6 400	>5 543	4 746~5 543	3 786~4 746	2 479~3 786	2 479
6 600	>5 716	4 895~5 716	3 905~4 895	2 556~3 905	2 556
6 800	>5 889	5 043~5 889	4 023~5 043	2 634~4 023	2 634
7 000	>6 062	5 191~6 062	4 141~5 191	2 711~4 141	2 711

从表3中可以看出:表2中Ⅰ级岩体纵波速度 v_p 对应的新鲜完整岩块的纵波速度 v_{pr} 要大于6 300 m/s,Ⅱ级岩体 v_{pr} 要大于6 000 m/s,Ⅲ级岩体 v_{pr} 要大于5 900 m/s,Ⅳ级岩体 v_{pr} 也要大于5 900 m/s,Ⅴ级岩体 v_{pr} 最高可达6 400 m/s。很显然这种数据指标不是对所有岩性都适用。参照相应规程规范可知,对于硬岩来说,v_{pr} 可以满足以上数据指标,但对

中硬岩和软岩来说,这个标准显然是不合适的。这就是说,表2工程岩体分级标准有明显的局限性,这个标准适用于硬岩的岩体分级,但不适用于中硬岩的岩体分级,更不能作为软岩的岩体分级标准。

4　结语

用于工程岩体分类的弹性波测试指标主要是岩体完整性系数 K_v , K_v 能科学和准确地反映岩体的完整程度。应用岩体纵波速度 v_p 对工程岩体进行分级有其明显的局限性,对硬岩岩体可以,但不能作为中硬岩和软岩的岩体分级标准。

本文在成文过程中,得到了钱世龙和常伟的悉心指导,在此表示衷心感谢。

马吉水电站岩体静、动弹性模量对比关系分析

韩连发　周　剑　陈建强

（中国水电顾问集团北京勘测设计研究院　北京　100024）

摘要：近些年来，岩体动弹性模量测定在国内外大型工程中被广泛重视，动、静弹性模量相关分析是其应用的前提。利用这种分析成果随时对工程施工期进行弹性波检测，从而快速、准确地了解建基面上的岩体力学参数值（变形模量 E_0 等），提供便利而有效的手段。本文分析了二者在马吉水电站预可行性研究阶段的相互关系。

关键词：静弹性模量　动弹性模量　测试方法　相关关系

1　引言

马吉水电站是怒江开发中下游河段水电梯级规划十三级电站中的第三级电站，是怒江中下游水电开发的龙头工程之一。

马吉水电站坝址位于云南省福贡县马吉乡上游约 8 km，古当河口下游附近河段上。坝址控制流域面积 10.61 万 km^2，多年平均流量 1 270 m^3/s，初拟采用混凝土拱坝作为代表性坝型，最大坝高约 300 m ，正常蓄水位 1 570 m，总库容约 47 亿 m^3，初拟装机容量 4 200 MW。

马吉水电站坝址河床宽度为 80～130 m，河谷呈"V"字形，岸坡基本对称，左岸坡度一般为 40°～60°，右岸坡度一般为 35°～60°，局部为高 50～100 m 的基岩陡壁，大部分基岩裸露。两岸山顶高出河床在 1 000 m 以上，为中山—高中山地貌。

上坝址基岩为石炭系第三段（CC）混合岩，局部有变粒岩、角闪云母片岩，岩体中石英脉发育。下坝址岩性较复杂，主要为片麻岩、混合岩、变粒岩及角闪云母片岩，片麻理产状为 NW340°NE∠80°左右。在坝址附近有燕山期和喜山期侵入的花岗岩，但出露范围不大。

如此高坝大库建造在地形、岩性均较复杂的环境之中，单靠为数不多的静弹性模量数据，设计者显然感到不足，需要辅以动弹性模量数据，以较全面和正确地反映岩体力学特征。

2　动弹性模量 E_d 现场测试

动、静弹性模量对比时，动弹性模量 E_d 现场测试一般采用声波法，测点选在静弹性模量点附近布设风钻孔，在风钻孔内测试岩石的纵、横波速。

作者简介：韩连发（1964—），男，河北衡水人，工程师，主要从事工程技术工作。

岩石的纵、横波速反映岩石质量的好坏、岩石材料的损伤程度、岩石的各向异性及其受力状态。

利用声波测试技术,记录声波的走时,测得岩石(体)的纵波速(v_p)、横波速(v_s),对于各向同性岩石介质,其动弹性参数由下式计算:

$$\left.\begin{array}{l} E_d = \rho v_s^2 (3v_p^2 - 4v_s^2)/(v_p^2 - 2v_s^2) \\ \mu_d = (v_p^2 - 2v_s^2)/2(v_p^2 - v_s^2) \end{array}\right\}$$

式中:E_d 为岩石动弹性模量;μ_d 为动泊松比;v_p 为岩石的纵波速;v_s 为岩石的横波速;ρ 为岩石的密度。

3 动弹性模量和静弹性模量对比关系分析

通过对马吉水电站下坝址 14 个平硐的测试,获得了 23 个对应的波速值、动弹性模量和静弹性模量,详见表 1,其相关关系见图 1。

表 1　动弹性模量和静弹性模量对比

平硐号	PD106	PD203	PD201	PD105	PD203	PD004	PD004	PD201
桩号	91	98	110	170	100	88	130	38
v_p(km/s)	3.45	3.97	3.80	4.05	4.13	4.40	4.41	4.59
E_d(GPa)	19.25	23.98	21.86	28.9	30.94	26.46	32.23	30.53
E_s(GPa)	3.38	1.14	2.88	1.6	16.15	15.7	19.00	17.38
平硐号	PD108	PD108	PD204	PD111	PD106	PD003	PD003	PD110
桩号	85	87	54	115	145	75	133	133
v_p(km/s)	4.9	5.00	5.20	5.32	5.5	5.59	5.65	5.65
E_d(GPa)	48.18	53.8	59.9	62.86	66.49	69.88	71.01	68.29
E_s(GPa)	17.27	20.97	42.62	39.20	17.55	37.3	34.15	31.63
平硐号	PD116	PD111	PD101	PD105	PD110	PD105	PD107	
桩号	83	90	75	102	75	63	90	
v_p(km/s)	5.31	5.26	5.18	5.31	5.25	5.49	5.7	
E_d(GPa)	62.86	57.29	45.79	62.61	55.50	68.74	72.27	
E_s(GPa)	39.2	40.7	22.30	46.3	31.63	53.32	62.00	

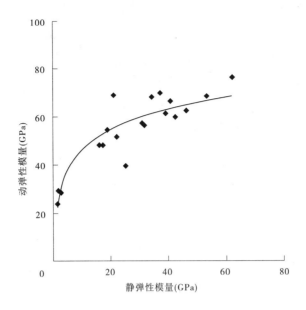

图 1　动弹性模量与静弹性模量相关关系

以表 1 数据经对数回归,得出动弹性模量和静弹性模量相关公式:

$$E_d = 12.228 \ln E_s + 18.055$$

相关系数　　　　　　　　　　　$r = 0.8967$

通过岩石动、静弹性模量试验对比得出:岩石的动弹性模量大于静弹性模量;岩石的动弹性模量和岩石静态变形性能存在相应的统计关系,显示了一定的相关关系;岩体完整性越差,动、静弹性模量差别越大,随着岩体完整性的提高,二者逐渐接近,动弹性模量 E_d 在 $30 \sim 50$ GPa 时,与静弹性模量 E_s 之间的相互关系较好。因此,通过相关分析,可以用动弹性模量测定值转换成静弹性模量以供设计使用。

马吉水电站动弹性模量和静弹性模量对比关系在本阶段采用样本较少,随着工作的继续,对相关公式进行修正。

4　静弹性模量与声波波速的相关分析

图 2 为 $E_s \sim v_p$ 曲线,以表 1 数据经对数回归,得出静弹性模量与声波波速之间的相关公式

$$E_s = 95\,877 \ln v_p - 787\,415$$

相关系数　　　　　　　　　　　$r = 0.8247$

$E_s \sim v_p$ 曲线是动弹性模量 E_d 和静弹性模量 E_s 关系的第一近似表达法,此标准对今后坝基、坝肩变形和处理的验收都具有实际意义。

5　声波速度和地震波速度相关分析

声波法和地震法测试的都是岩体弹性波速度,而岩体弹性波速度差异不仅取决于控制岩体质量的一系列地质因素,还与弹性波测试方法有关。弹性力学理论表明,当

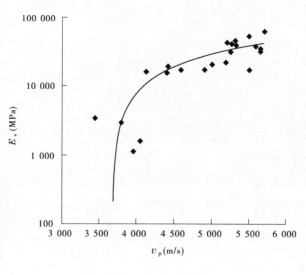

图 2　$E_{s} \sim v_{p}$ 曲线

弹性波在黏弹性介质中传播时,由近及远高频成分被大量吸收,而保留其低频成分,吸收系数 $\alpha = f(\omega)$ 与弹性波的频率成正比;弹性波振幅 $A = A_{0}e^{-\alpha r}$,随吸收系数和传播距离呈指数规律衰减。也就是说,弹性波的振动能量通过对岩体结构面产生压缩、摩擦及错动变形而削减,而且高频比低频振动的波能损失更为严重。当利用地震波探测时,由于频率较低,岩体可视为完全弹性体,其波速 $v_{p} = [(\lambda + 2G)/\rho]^{1/2}$,与频率和黏滞系数几乎无关;而声波探测居高频范围时,岩体的黏弹性特征表现突出,其波速 $v_{pm} = (2\eta'\omega/\rho)^{1/2}$ 与频率和黏滞系数的开方成正比,并产生频散现象,这就是在相同测试条件下,声波速度高于地震波速度的原因。

另外,在测试过程中,声波法测试尺度小,相对地质因素影响小。而地震法测试尺度大,地质因素影响就大。一般来说,地震波速是岩体物理力学性质的综合反应,声波速度可视为岩石弹性力学性质的反映。声波与地震波对比的目的在于找出两者在同样现场测试条件下的相关系数,以便将声波原位静动对比成果转化为地震波速与变形模量的关系,并推广应用。

在马吉水电站平硐中,根据结构面类型和风化强度布置风钻孔,弱风化及以下岩体每 3 m 布置 1 孔,微风化与新鲜岩体 5 ~ 10 m 布置 1 孔,孔深 1.5 ~ 2.0 m,对穿孔间距依据测试目的在 0.3 ~ 1 m 选择。单孔测试(发射—接收)点距 0.2 m;对穿测试采用双孔对穿平行测试法,点距 0.1 m。

硐壁地震波连续测试采用小地震法,在硐壁上固定接收,同一高度上移动锤击,点距 2 m,连续观测。测线长度视岩性接收波形好坏决定。

通过对马吉水电站 20 个平硐的测试,获得了大量对应的声波速度和地震纵波速度,其中声波单孔测试共获得样本点 1 242 组,声波对穿测试共获得样本点 342 组,波速概率分布如图 3 和图 4 所示。

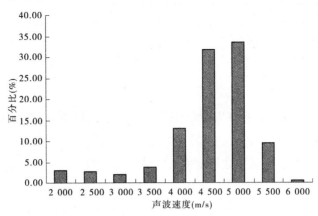

图 3 声波波速概率分布

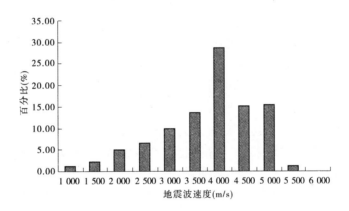

图 4 地震波速度概率分布

由概率分布图 3 和图 4 可知:声波速度集中在 4 000~5 500 m/s,地震波速度集中在 3 000~5 000 m/s。由于速度相对集中,直接进行地震波速度与声波速度的相关计算分析时存在相关点分布不均匀问题,必须作相应的处理。

通过声波单孔和对穿数据综合分析研究,得出马吉水电站坝区声波速度与地震波速度对应关系式为:

$$v_{pm} = a + bv_p$$

相关系数 $\qquad r = 0.942\ 5$

式中:v_{pm} 为声波速度;v_p 为地震波速度;$a = 372$;$b = 1.03$。

由声波速度和地震波速度相关公式可推出平硐声波速度与地震波速度的对应关系(见表 2)。

表2　声波速度与地震波速度对应关系　　　　　　（单位:m/s）

声波速度	1 500	2 000	2 500	3 000	3 500	4 000	4 500	5 000	5 500	6 000
地震波速度	1 095	1 580	2 066	2 551	3 036	3 522	4 007	4 493	4 978	5 464

声波和地震波之间可以近似为线性相关,地震波速度比声波速度慢 400～600 m/s。对穿测试的直线关系比单孔测试的计算要好,相关系数更高,这主要因为单孔测试的是某处岩石的波速,对穿测试的是该处一定范围内的岩体的波速,对穿测试的波速一般要比单孔的稍低一点。

声波法测试的频率较高,一般在 1～100 kHz 之间,波长短,分辨率较高,对小裂隙的反应灵敏度相对较高,测试精度也相对较高,但在完整性差的岩体中经常发生造孔困难或者漏水,另外较破碎岩体对弹性波高频部分吸收较强,声波常常穿不透,因此在较破碎岩体中难以获得声波速度。地震波频率低,波长较大,在较破碎岩体中的衰减相对较小,可在较大范围内反映岩体质量,在较破碎岩体中也较容易获得测试成果。在具体应用时,二者之间又各有特点,可以相互补充,而不是彼此取代。

6　结语

综上所述,可以得出如下几点认识:①岩石的动、静弹性模量之间存在相关关系,随着动、静弹性模量对比工作的深入,相关系数将进一步提高,因此动弹性模量可供设计应用前提成立;②$E_s \sim v_p$ 的相关特性分析表明,只需测量岩石的弹性速度 v_p,即可为工程施工建基面快速确定岩石的静弹性模量;③在大型工程中,用地震法测定岩体弹性波速度比较切实可行,能更全面和准确地反映岩体的力学性质。

黄河水下根石探测的浅地层剖面技术

郭玉松[1]　　胡一三[2]　　马爱玉[1]

(1.黄河勘测规划设计有限公司工程物探研究院　郑州　450003;
2.水利部黄河水利委员会　郑州　450003)

摘要:根石探测技术一直是困扰黄河下游防洪安全的重大难题之一。为此,本文从工程结构和探测条件等方面分析根石探测的技术难点,阐述了适应复杂工况的浅地层剖面技术,通过对其探测成果与人工锥探进行对比分析可以看出,浅地层剖面技术很好地解决了黄河水下根石探测的技术难题。

关键词:黄河　河道整治工程　根石探测　声呐　浅地层剖面仪

1　引言

河道整治工程是黄河防洪工程的重要组成部分,主要包括控导工程和险工两部分。控导工程和险工由丁坝、垛(短丁坝)、护岸三种建筑物组成。土坝体、护坡的稳定依赖于护根(根石)的稳定。黄河下游现有堤防险工、控导工程 370 余处,坝、垛、护岸约 10 000 道,常年靠水的有 3 000 多道。这些工程常因洪水冲刷造成根石大量走失而导致发生墩、蛰和坝体坍塌等险情,严重时将造成垮坝,直接威胁堤防的安全。为了保证坝垛安全,必须及时了解根石分布情况,以便做好抢护准备,防止垮坝等严重险情的发生。因此,根石探测是防汛抢险、确保防洪安全的最重要工作之一。

长期以来,根石探测技术一直是困扰黄河下游防洪安全的重大难题之一。解决根石探测技术问题,及时掌握根石的分布情况,对减少河道整治工程出险、保证防洪安全和沿黄农业丰收至关重要。几十年来,水下根石状况一直靠人工探摸。但人工探摸范围小,速度慢,难度大,探摸人员水上作业时还有一定的危险性,难以满足防洪保安全的要求。

近年来,黄河水利委员会根石探测项目组依托水利部"948"项目"坝岸工程水下基础探测技术研究",引进国外浅地层剖面仪,经过对探测设备软硬件的升级改造及现场反复试验研究,解决了水下根石探测问题。大量的对比探测资料表明,仪器探测精度满足工程需要,并具有探测范围大、速度快、安全性高等特点。该成果的取得,将为黄河下游防洪工程建设与管理提供重要的技术支撑。

作者简介:郭玉松(1966—),男,河南南阳人,教授级高级工程师,主要从事工程物探工作。

2　浅地层剖面技术

2.1　坝垛工程概况

黄河下游河道整治工程的坝、垛、护岸的结构型式多为柳石结构,通常采用土坝体外加裹护防冲材料的型式。坝体一般分为土坝体、护坡(坦石)和护根(根石)三部分(见图1)。

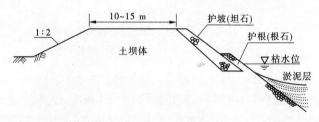

图1　坝体结构示意

土坝体一般用壤土填筑,有条件的再用黏性土修保护层;护坡用块石抛筑,由于块石铺放方式不同,可分为散石、扣石和砌石三种;护根一般用散抛块石、柳石枕和铅丝石笼抛筑。根石的完整是丁坝稳定最重要的条件,进行根石探测可以及时了解根石状态及变化情况,以便及时抢护或采取防止出险措施,防止工程出现破坏,还可节省大量的抢险费用,对防洪安全具有重要意义。

2.2　探测技术条件

黄河下游根石探测需要穿透的介质主要为含泥沙的黄河浑水、河床底部的沉积泥沙、硬泥等。含泥沙的黄河浑水介质并不均匀,从水面到底部泥沙颗粒逐渐增大,其相应的物性参数特征值也逐渐变化,但水底与沉积泥沙接触面存在突变;黄河河床底部沉积泥沙、硬泥从上到下硬度逐渐增加,相应的物性参数也逐渐变化,但与根石接触的界面存在物性参数的突变。因此,在对根石进行探测时,必须穿透浑水、沉积泥沙或硬泥等介质。

黄河河道整治工程根石探测作业范围小,坝垛附近流态复杂,布设测线困难,根石散乱,坡度陡,精度要求高,并须穿透浑水和淤泥层。针对穿透淤泥层等技术难题,项目组利用浅地层剖面仪,通过组合的 GPS 动态差分仪、综合集成软件进行了大量的现场试验。对比试验和现场试验表明,该方法解决了河道整治工程根石探测的技术难题,改变了长期依靠人工锥探的落后方法。

2.3　探测原理

浅地层剖面仪由甲板单元(主机)、电缆和水下单元(拖鱼)组成(见图2),拖鱼与一条电缆连接悬在水中,它装有宽频带发射阵列和接收阵列。探测采用声呐原理,发射阵列发射一定频段范围内的调频脉冲,脉冲信号遇到不同波阻抗界面产生反射脉冲,反射脉冲信号被拖鱼内的接收阵列接收并放大,由电缆送至船上单元的数控放大器放大,再由 A/D 转换器采样转换为反射波的数字信号,然后送到 DSP 板做相关处理,最后把信号送到工作站完成显示和存储处理。经时深转换与数据处理,可得到水面以下浑水介质和地层分布情况。可采用定点观测与断面探测相结合的工作方法。

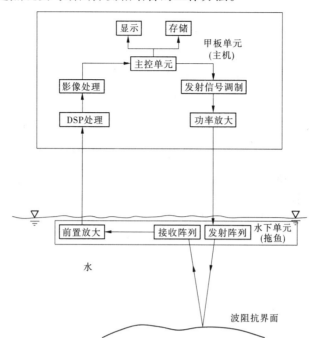

图2 浅地层剖面仪的工作原理

2.4 现场工作方法

浅地层剖面仪主要用于海洋调查勘探。在海洋调查勘探工作中,其工作水域一般是以千米计,探测范围大,分辨率要求不高,而黄河水下根石探测的工作水域,是由坝垛和长期运行后水下根石的分布区域决定的,其作业范围较小,精细化程度较高。经反复试验,我们确立了利用浅地层剖面仪,通过组合 GPS 定位仪和船载探测系统,并与数据处理软件和黄河河道整治工程根石探测管理系统综合集成,形成了快速高效的探测技术手段,实现小尺度水域的精细化探测,从而取得了良好的探测效果。

具体的工作方法为:坝垛上用 GPS 定位仪测量断面位置后,在岸上固定好断面,在坝顶断面桩处竖立两根测量花杆控制断面测量方向。探测设备在水中沿着断面方向进行探测,探测数据经处理后即可绘制根石断面图,或在坝垛附近水域随测量定位给出坝垛根石等深线图,按需要截取不同的根石断面图。由于河水、沉积泥沙、根石界面之间存在着很大的波阻抗差异,当声波入射到水与沉积泥沙界面及沉积泥沙与根石界面时,会发生反射,仪器记录来自不同波阻抗界面的反射信号,同时将 GPS 定位系统测量的三维坐标记录到采集的信号中,对信号进行识别、处理,即得到水下根石的分布信息。把探测到的根石分布信息输入到黄河河道整治工程根石探测管理系统中,对根石进行网络动态实时管理。根石探测现场设定断面测线布置平面示意如图 3 所示。在河水高流速的情况下,如果行船航迹不能沿设定断面探测时,也可采用绕坝探测模式。

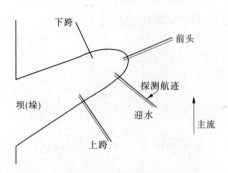

图3　设定断面测线布置平面示意

2.5　探测成果资料解释

探测的原始记录用灰度图实时地显示在仪器显示屏上,原始探测界面如图4所示。通过原始记录即可大体看出水下淤泥与抛石分布情况,左侧为淤泥层反射界面,界面比较光滑;右侧为抛石的反映,能量很强,但有发散情况。

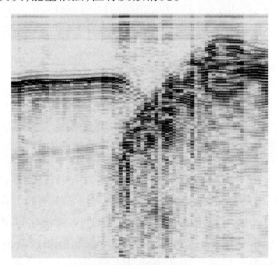

图4　原始探测界面

为适应在浅地层剖面仪软、硬件环境及新的工作模式下,准确、快捷地处理解释数据资料,项目组开发了一套数据处理软件,提取探测数据,对数据进行快速处理与解释。首先调用原始数据,显示原始数据影像,经处理转换成波形图,提取出 GPS 数据绘制航迹图,根据航迹图追踪波形反射界面,自动存储探测数据,计算缺石面积和缺石量等,绘制断面图(见图5),并可导出成果统计分析表。

3　仪器与人工锥探对比

在项目研究过程中,对仪器探测与人工探摸工作进行了对比,为保证探测结果的可靠性和代表性,选择了动水、静水、有石无沙、有石有沙和无石等具有代表性的断面进行对比探测,内容包括探测能力、探测精度、水上定位精度、探测效率等。

3.1　定点探测成果对比

定点对比探测试验,在现场工作时,探测船固定,首先用仪器进行定点探测,现场解释探测成果,然后在相同位置进行人工锥探。试验工作在大留寺控导工程及花园口险工进行,从对比结果可以看出,两者基本一致。淤泥厚度最大误差不大于 0.2 m,根石深度最大误差不大于 0.3 m,对比结果如表 1 所示。

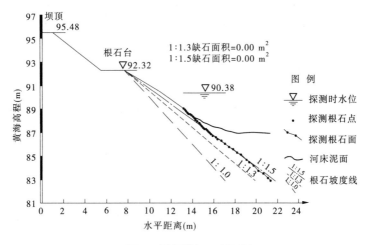

图 5　某坝的根石断面图

3.2　断面探测成果对比

　　断面探测对比时,人工锥探和仪器探测分别沿同一断面上进行探测。探测地点选择在水流较缓水域。探测时,仪器在探测载体运动状态下沿着测量定位线连续移动探测;人工锥探仍采用靠船边沿着同一条测量定位线每间隔 2 m 进行探测。在长垣周营控导工程 28 坝、29 坝沿固定断面进行了仪器探测,并与同测线下的人工锥探作了对比。人工锥探与仪器探测剖面的对比如图 6、图 7 所示。探测资料对比显示,探测深度、根石比降基本一致。由于人工探摸数据量少,其探测断面线呈直线状;而仪器探摸数据量大,清晰完整地反映了水下根石的真实状态。两图探测断面形态吻合良好,深度最大误差小于 0.3 m。

表 1　仪器探测与人工锥探成果对比

坝号	点号	仪器探测根石深度(m)	人工锥探根石深度(m)	二者差值(m)	仪器探测泥层深度(m)	人工锥探泥层深度(m)	二者差值(m)
大留寺控导工程 44 坝	1	1.8	1.85	0.05			
	2	2.6	2.7	0.1			
	3	2.9	2.85	0.05			
	4	3.4	3.25	0.15			
	5	5.7	5.6	0.1			

续表 1

坝号	点号	仪器探测根石深度(m)	人工锥探根石深度(m)	二者差值(m)	仪器探测泥层深度(m)	人工锥探泥层深度(m)	二者差值(m)
花园口工程108坝	1	3.2	3.1	0.1			
	2	4.4	4.5	0.1			
	3	7.2	7.0	0.2			
	4	9.0	8.8	0.2	1.1	1.3	0.2
	5	11.7	11.5	0.2	1.2	1.1	0.1
花园口工程110坝	1	1.7	1.7	0			
	2	5.9	6.0	0.1	3.3	3.2	0.1
	3	6.5	6.5	0	3.3	3.1	0.2
	4	6.8	7.1	0.3	3.4	3.3	0.1
	5	7.7	7.5	0.2			

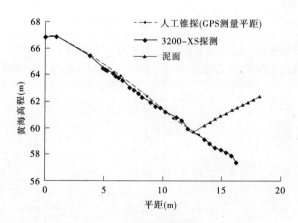

图6　长垣周营控导工程28坝迎水面人工锥探与声呐探测根石剖面对比

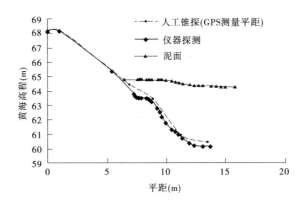

图 7　长垣周营控导工程 29 坝迎水面人工锥探与声呐探测根石剖面对比

4　结语

黄河下游河道整治工程根石探测是确保防洪工程安全的一项重要工作。工程实践表明,将海洋调查专用的大功率非接触式浅地层剖面仪应用于多沙河流根石探测,将浅地层剖面仪、RTK 移动测量、GPS 定位系统、综合集成软件和自主开发的船载探测系统有机配合,在实时同步情况下,采集的脉冲信号与定位数据相匹配,提高了采样密度和精度,实现了小尺度水域的精细化探测,解决了河道整治工程根石探测中穿透淤泥层等技术难题,改变了长期依靠人工锥探的落后方法。该技术经济、社会、环境效益显著,具有广泛的推广应用前景。

BQ 分级法在隧道围岩划分中的应用

李晓磊　裴少英

（黄河勘测规划设计有限公司工程物探研究院　郑州　450003）

摘要：对公路隧道进行勘探时，由于规范的分类标准所考虑的参数单一，造成解释结果与真实结果差别较大，而 BQ 分级法通过二级分级法，在充分考虑岩体波速、岩体单轴抗压强度及天然应力、地下水等其他因素后进而求得围岩基本质量指标修正值 [BQ]，对公路隧道的围岩进行了分类，其分类结果和地质解释结果相一致。

关键词：围岩分类　BQ 分级法

1　引言

在隧道围岩类别划分中，常使用弹性波速直接对隧道围岩质量进行分级，在使用过程中发现，这样经常会使判读出的围岩质量等级过高，给施工带来不利的影响。例如：在《公路工程地质勘察规范》（JTJ 064—98）（见表 1）中，并未考虑天然应力、地下水和结构面方位等问题直接进行了分级，并且在分级中互相有交叉，显然对于围岩等级划分造成了一些不便。相比之下，BQ 分级法在考虑了多参数影响后进行了修正，结果比较符合实际情况，成为现在广为使用的分级方法。

表 1　《公路工程地质勘察规范》中隧道围岩分类标准

围岩类别	VI	V	IV	III	II	I
围岩弹性波速度（km/s）	>4.5	3.5~4.5	2.5~4.0	1.5~3.0	1.0~2.0	<1.0

2　BQ 分级法简介

1990 年国标《工程岩体分级标准》提出二级分级法：第一步，按岩体的基本质量指标 BQ 进行初步分级；第二步，针对各类工程岩体的特点，考虑天然应力、地下水和结构面方位等对 BQ 进行修正，得到详细分级。围岩基本质量指标 BQ 应根据分级因素的定量指标 f_r 值和 K_V 值按下式计算：

$$BQ = 90 + 3f_r + 250K_V$$

式中：f_r 为采用实测的岩石饱和单轴抗压强度；K_V 为岩石完整性系数。

作者简介：李晓磊（1982—），男，河南孟津人，助理工程师，主要从事工程物探工作。

K_V 值一般用弹性波探测值计算：

$$K_V = (v_{mp}/v_{rp})^2$$

式中：v_{mp} 为岩体的弹性纵波速度，km/s；v_{rp} 为岩块的弹性纵波速度，km/s。

围岩基本质量指标修正值 $[BQ]$ 计算如下：

$$[BQ] = BQ - 100(K_1 + K_2 + K_3)$$

式中：K_1 为地下水影响修正系数（见表2）；K_2 为主要软弱结构面产状影响修正系数（见表3）；K_3 为初始应力状态影响修正系数（见表4）。

当无表2～表4中所列情况时，修正系数取零，然后由修正值 $[BQ]$ 按表5进行分类。

表2　地下水影响修正系数

地下水出水状态	BQ			
	>450	450～351	350～251	≤250
潮湿或点滴状出水	0	0.1	0.2～0.3	0.4～0.6
淋雨状或涌流状出水，水压≤0.1 MPa 或单位出水量≤10 L/(min·m)	0.1	0.2～0.3	0.4～0.6	0.7～0.9
淋雨状或涌流状出水，水压>0.1 MPa 或单位出水量>10 L/(min·m)	0.2	0.4～0.6	0.7～0.9	1

表3　主要软弱结构面产状影响修正系数

结构面产状及其与洞轴线的组合关系	结构面走向与洞轴线夹角<30°、结构面倾角30°～75°	结构面走向与洞轴线夹角>60°、结构面倾角>75°	其他组合
K_2 值	0.4～0.6	0～0.2	0.2～0.4

表4　初始应力状态影响修正系数

初始应力状态	BQ				
	>550	550～451	450～351	350～251	≤250
极高应力区	1.0	1.0	1.0～1.5	1.0～1.5	1.0
高应力区	0.5	0.5	0.5	0.5～1.0	0.5～1.0

表5　围岩基本质量分级

$[BQ]$	>500	500～451	450～351	350～251	≤250
围岩类别	I	II	III	IV	V

3　应用实例分析

3.1　工区介绍

某隧道工区位于鹤壁市西的太行山区,海拔为 200～300 m,地形起伏很大,第四系残留物很少,出露的都为灰岩,风化相当严重。隧道进口位于村庄院落里,因此测线起点从离隧道进口 50 m 外的山崖上开始。

3.2　K_V 的求取

K_V 值是通过隧道岩体、岩石的弹性波速度来求取的,而弹性波速度则是通过地震折射法测得的。

3.2.1　工作方法

在野外工作时有单支时距曲线观测系统、相遇时距曲线观测系统、多重相遇时距曲线观测系统以及追逐时距曲线观测系统等。所谓时距曲线是一种表示接收点距离和地震波走时之间的关系曲线,通常以接收点到激发点的距离为横坐标,以地震波到达该点的走时为纵坐标作图,即可得到相应的时距曲线。在各种时距曲线观测系统中,以相遇时距曲线观测系统使用较多,如图 1 所示。

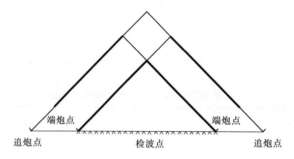

图 1　追逐相遇时距曲线观测系统

3.2.2　数据处理

首先作出每个剖面的时距曲线,然后进行解释。

当地形起伏较大时,为了消除地形的影响,采用延迟时法(t_0 法)对数据进行处理。覆盖层的速度(包括强风化层的速度)v_1 由测线上低速带点、参照各相遇剖面上时距曲线交点法综合求取,并利用现场钻孔资料进行校正;风化层的速度 v_2 由基岩露头测试结合低速带以及相遇时距曲线求取;微、新鲜基岩面速度 v_3 由剥皮线的斜率的倒数确定,并由岩芯超声波测试加以验证。

具体处理方法为:折射波相遇时距曲线 S_A 和 S_B,对应于 x 点的延迟时

$$D(x) = \frac{1}{2}\left[t_A(x) + t_B(x) - T_{AB} \right]$$

则折射界面深度

$$h(x) = \frac{D(x)v_1v_2}{\sqrt{v_2^2 - v_1^2}}$$

式中:$D(x)$为延迟时;T_{AB}为互换时;$t_A(x)$、$t_B(x)$为x点折射波旅行时。

求出各检波点的延迟时$D(x)$,用$t_A(x)$或$t_B(x)$减去$D(x)$所构成的线即为剥皮线,剥皮线的斜率的倒数即为所求的基岩速度。

3.2.3　隧道弹性波速度

对采集到的数据利用3.2.1中介绍的方法进行处理,得到隧道轴线上某段的时距曲线图,分别见图2、图3和图4。其v_{rp}值通过试验,测试完整岩块的弹性波波速得到,见表6。

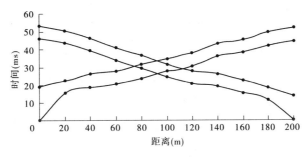

图2　K20+580~K20+730段地震折射时距曲线

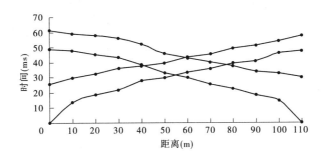

图3　K20+730~K20+833段地震折射时距曲线

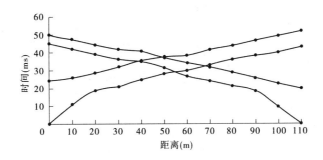

图4　K20+833~K20+949段地震折射时距曲线

表 6　某隧道各段波速及完整性系数

起讫桩号	$v_{mp}(m/s)$	$v_{rp}(m/s)$	K_V
K20 + 580 ~ K20 + 730	2 520	3 570	0.50
K20 + 730 ~ K20 + 833	2 550	3 570	0.51
K20 + 833 ~ K20 + 949	3 240	3 570	0.82

3.3　f_r 的求取

f_r 是用坑探槽中采取的岩块加工制成的标准试件测得的。岩样拆除密封后立即制备试件,均加工成 50 mm 直径的圆柱体试件,其高度与直径之比为 2,同一含水状态下的试件为 3 个。试件沿轴向以每秒0.5 ~ 1 MPa的速率加载直至破坏,得到其破坏载荷值。由 $f_r = \dfrac{P}{A}$ 计算得到岩石饱和单轴抗压强度,其中:P 为破坏载荷,N;A 为试件截面面积,mm^2。某隧道各段岩石饱和单轴抗压强度详见表7。

表 7　某隧道各段岩石饱和单轴抗压强度

起讫桩号	序号	$P(N)$	$A(mm^2)$	$f_r(MPa)$	平均 $f_r(MPa)$
K20 + 580 ~ K20 + 730	1	66 730	981.25	68	71
	2	62 800	981.25	64	
	3	79 480	981.25	81	
K20 + 730 ~ K20 + 833	1	78 500	981.25	80	73
	2	67 710	981.25	69	
	3	68 690	981.25	70	
K20 + 833 ~ K20 + 949	1	79 480	981.25	81	82
	2	83 410	981.25	85	
	3	78 500	981.25	80	

3.4　地下水等因素修正系数

通过计算得到 BQ 值(见表8),根据表2、表3和表4对照得到 K_1、K_2 和 K_3。

表8　地下水等因素修正参数

起讫桩号	BQ	K_1	K_2	K_3
K20 + 580 ~ K20 + 730	428	0.1	0.5	0.5
K20 + 730 ~ K20 + 833	437	0.1	0.5	0.5
K20 + 833 ~ K20 + 949	541	0	0.5	0.5

3.5　分类结果

根据围岩基本质量指标修正值 $[BQ] = BQ - 100(K_1 + K_2 + K_3)$,计算得到表9。分别推断 K20 + 580 ~ K20 + 730、K20 + 730 ~ K20 + 833、K20 + 833 ~ K20 + 949 的围岩类别为 Ⅳ、Ⅳ、Ⅲ。因此,该隧道可按 Ⅲ ~ Ⅳ 围岩类别施工。

表9　某隧道围岩分类成果

起讫桩号	BQ	$[BQ]$	围岩类别
K20 + 580 ~ K20 + 730	428	318	Ⅳ
K20 + 730 ~ K20 + 833	437	327	Ⅳ
K20 + 833 ~ K20 + 949	541	441	Ⅲ

4　结论

(1)地震勘探在对隧道洞轴线附近围岩的勘探中,获得了围岩的纵波波速,取得了很好的效果,并起到了降低成本的作用。

(2)公路隧道影响因素多,而且具有模糊性和不确定性。BQ 分级法与其他分级方法相比,其多参数定量分析资料可信度高,且结果和地质人员的解释相一致,证明用这种方法对隧道围岩分类较为准确。

参考文献

[1] 陈仲候,王兴泰,等.工程与环境物探教程[M].北京:地质出版社,1999.

[2] 何樵登,熊维纲,等.应用地球物理教程——地震勘探[M].北京:地质出版社,1991.

［3］何发亮,谷名成,等.TBM 施工隧道围岩分级方法研究［J］.岩石力学与工程学报,2002(9).

［4］李坚伟,金丽芳,等.隧道围岩分级方法综合研究［J］.山西建筑,2009(1).

［5］张勇,张子新,等.TSP 超前地质预报在公路隧道中的应用［J］.西部探矿工程,2001(5).

［6］中华人民共和国交通部.JTJ 064—98 公路工程地质勘察规范［S］.南京:南京大学出版社,1999.

弹性波测试在新疆水利水电工程中的应用

饶　权　杨建国　张　峰

（新疆水利水电勘测设计研究院勘测总队　昌吉　831100）

摘要：弹性波测试具有简便快速和对岩土介质无破坏作用等优点，是水利水电工程探测中常用的测试方法。本文通过介绍声波和地震波在新疆水利水电工程中的应用实例，说明其测试方法和直观的测试效果。

关键词：弹性波　岩土介质　声波 CT　地震波 CT

1　引言

声波探测和地震探测是弹性波测试的基本方法，其原理十分类似，是以弹性波理论为基础的，通过研究弹性波在岩土介质中的传播特性来推断被测岩土介质的结构、致密完整程度，从而对其作出评价的物探方法。

声波探测和地震探测两者主要的区别在于工作频率范围的不同，声波探测所采用的信号频率要远远高于地震波的频率。弹性力学理论表明，弹性波的振动能量是通过对岩土介质的结构面产生压缩、摩擦及错动变形削减的，而且高频比低频振动的波能损失更大。声波探测其频率高，岩体黏弹性特征表现突出，其波速 $v_{\mathrm{p}} = (2\eta'\omega/\rho)^{1/2}$，与频率和黏滞系数的平方成正比，并产生散射（频散）；而地震探测频率较低，岩体可视为完全弹性体，其波速 $v_{\mathrm{p}} = \left(\dfrac{\lambda}{\rho} + \dfrac{2\mu}{\rho} \right)^{1/2}$，与频率和黏滞系数无关。因此，相同测试条件下，声波探测波速一般略高于地震探测波速，但速度曲线的变化趋势大体一致。另外，考虑地震仪器的计时精度和声波测试的耦合问题，介质体有水或无水等速度也有差异。

声波探测频率高，有较高的分辨率，但激振能量较弱，传播距离较短，受节理、裂隙、结构面及介质不均匀等因素影响很小，因此声波速度可视为岩石弹性力学性质的反映，一般只适用于在小范围内对介质体进行较细致的研究；而地震探测频率较低，传播距离较长，受以上因素影响很大，因此地震波速是岩体力学性质的综合反应，适用于对介质体进行宏观的研究。

2　测试方法与工程实例

2.1　声波探测

声波速度是岩体物理力学性质的重要指标，与控制岩体质量的一系列地质因素有着

作者简介：饶权（1963—），男，安徽人，高级工程师，主要从事物探技术管理和生产工作。

密切的关系。它不仅取决于岩石本身的强度,也与岩体结构的发育程度、组合形态、矿物组成和密实度、裂隙宽度及充填物质等有关。声波单孔测试反映的是测试孔不同深度上两接收换能器之间孔壁岩体波速的平均值,声波跨孔对穿测试反映的是两对穿孔之间不同深度上岩体波速的平均值。单孔和对穿测试均能较好地反映被测介质的真实速度,体现岩体的力学特征,为进行地质岩体质量分级、划分风化卸荷深度以及研究岩体在载荷下波速变化规律等提供参数,为工程评价岩体质量提供定量指标。

　　新疆某河干流上的控制性工程,具有灌溉、防洪、生态、城镇及工业供水和发电等综合效益,可行性研究补勘阶段初步选定了坝址。坝址区岩性为 Q_1 砂砾岩,属极软岩,遇水后极易软化。为提高混凝土拱坝方案坝型设计的可行性和可靠性,提供所需的岩体力学参数,分别在左坝肩和右坝肩的一个平硐内做了一组天然状态和饱水状态下的载荷试验,试验前后布置了物探声波测试孔。试验目的是了解岩体承载能力及其变形的关系和逐级加载过程中的变化规律,以及载荷试验前后岩体波速的变化规律,为工程地质勘察评价坝址区岩体质量提供依据。

　　图1(a)为左坝肩平硐饱水状态下载荷试验前后,单孔、跨孔总体平均速度曲线图,试验前呈逐渐上升状,而试验后呈逐渐下降状,孔深1.2 m以内,试验后高于试验前,孔深大于1.2 m相反,孔口速度试验后比试验前提高相对最大。图1(b)为左坝肩平硐天然状态下载荷试验前后,单孔、跨孔总体平均速度曲线图,孔深1.2 m以内试验后比试验前高,孔深大于1.2 m基本相等。

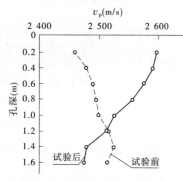

(a)左坝肩平硐饱水状态下平均速度曲线

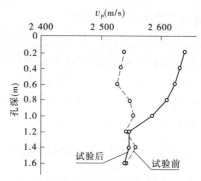

(b)左坝肩平硐天然状态下平均速度曲线

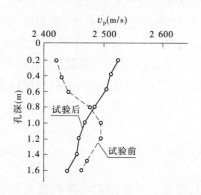

(c)右坝肩平硐饱水状态下平均速度曲线

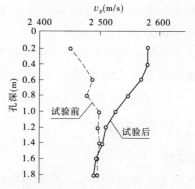

(d)右坝肩平硐天然状态下平均速度曲线

图1　载荷试验前后平均速度曲线

右坝肩平硐载荷试验结果与左坝肩平硐基本一致,反映饱水状态下靠近孔口段试验后速度比试验前速度有所提高,而靠近孔底段则相反(见图1(c)),天然状态下近孔口段试验后速度比试验前速度大,而近孔底段基本相等(见图1(d))。

测试结果表明:载荷试验后,两坝肩岩体速度均呈由岩体表面向下逐渐缓慢降低的趋势;深度0~1.2 m范围内,岩体速度均有不同程度的提高,且越接近岩体表面速度相对提高越大;1.2 m以下,饱水状态下岩体速度低于试验前,且在测试深度内随深度的增加而逐渐降低,天然状态下虽也有所降低但与试验前相差无几。

2.2 混凝土声波检测

水利水电工程建筑物中混凝土质量问题和混凝土裂缝是常见的混凝土缺陷,对于混凝土质量和混凝土裂缝无论是表部的开裂还是深度较大的裂缝都不易直接观测,即混凝土缺陷的性质不易直接判断。利用声波频率高、波长短,即分辨率高,可探测混凝土的微观结构的特点,以及混凝土对高频声波的吸收、衰减和散射的动力学特征,采用声波法对混凝土进行检测,使用不同的技术方法,可得到混凝土质量和混凝土裂缝缺陷的可靠检测结果,为判断混凝土缺陷的性质提供可靠的检测资料。

2.2.1 混凝土浅裂缝检测

对于探查混凝土开裂深度小于或等于500 mm的混凝土表部浅裂缝,采用单面跨裂缝对称平测的声波法,检测的裂缝中不得充水,测试依据为《超声波检测混凝土缺陷技术规程》(CECS 21:2000)。先在混凝土裂缝附近的同一侧进行声时和传播距离的不跨缝检测,绘制"声时—传播距离"坐标图或用统计的方法求出两者的关系,然后将收发换能器分别置于以混凝土裂缝为轴线的对称两侧,两收发换能器中心连线垂直于混凝土裂缝走向,以两个收发换能器内边缘间距等于100 mm、150 mm、200 mm、250 mm、300 mm等进行跨缝的声时测量,混凝土裂缝深度可按下式计算:

$$d_{ci} = \frac{l_i}{2} \sqrt{\left(\frac{t_i}{t_{0i}}\right)^2 - 1}$$

式中:d_{ci}为混凝土裂缝深度,mm;t_{0i}、t_i分别为测距为l_i的不跨缝、跨缝平测的声时值,μs;l_i为不跨缝平测时第i次的声波传播距离,mm。

裂缝深度的确定以不同测距剔除不合理数据后取平均值。

新疆某水电站正常蓄水位为1 649 m,总库容为1.25亿 m³,电站总装机容量为309 MW,为大(2)型工程。大坝在建设过程中,面板表面出现了不同程度的裂缝,使用声波平测法对面板裂缝进行了检测,大坝面板厚500 mm,检测结果表明,面板裂缝大多为浅表裂缝。表1~表3为要求现场开凿处理验证的大坝17#和18#面板裂缝的检测结果,验证所测的裂缝深度与测试结果吻合较好。

表 1　17#面板 10 号裂缝检测结果

序号	l_i(mm)	t_i(μs)	t_{0i}(μs)	裂缝深度(mm)
1	100	62	38	64.46
2	150	70	64	33.23
3	200	92	88	30.49
4	250	120	114	41.09
5	300	132	128	37.79
6	350	158	151	53.90
7	400	170	168	30.95
8	450	190	192	
裂缝测试平均深度				41.70

表 2　18#面板 3 号裂缝检测结果

序号	l_i(mm)	t_i(μs)	t_{0i}(μs)	裂缝深度(mm)
1	100	50	38	42.76
2	150	71	64	36.02
3	200	94	91	25.89
4	250	115	113	23.62
5	300	130	131	
裂缝测试平均深度				32.07

表 3　18#面板 6 号裂缝检测结果

序号	l_i(mm)	t_i(μs)	t_{0i}(μs)	裂缝深度(mm)
1	100	60	38	61.10
2	150	83	64	61.93
3	200	105	91	57.56
4	250	125	113	59.12
5	300	150	131	83.67
6	350	171	155	81.54
7	400	180	169	73.33
8	450	200	198	
裂缝测试平均深度				68.32

2.2.2　混凝土深裂缝检测

对于探查混凝土开裂深度大于 500 mm 的混凝土深部裂缝,采用跨裂缝穿透法检测。在混凝土裂缝的两侧分别造孔,确保两孔平行,孔深可预估,根据测试结果判断是否加大孔深,检测时将收发换能器分别置于两孔中同一深度,以清水做耦合剂,自孔底向上同步连续点测,可在混凝土裂缝一侧的孔边再造一个测试无裂缝混凝土声学参数的较浅的孔,根据测试的波幅序列图对比来判断混凝土裂缝的深度。

混凝土裂缝深度的确定方法为:结构物的裂缝宽度从表面至内部逐渐变窄,直至闭合。裂缝越宽,对超声波的反射程度越大,波幅值越小,随着孔深增加,波幅测值越来越大,至不存在裂缝时波幅达到最大值(相对于有裂缝部位),其所对应的钻孔深度即是混凝土裂缝深度。

新疆某大型水电站工程,大坝由混凝土重力拱坝,由左、右岸重力墩及重力副坝组成,最大坝高 72 m,于 1991 年建成,2000 年初在左、右岸重力墩表面发现多条裂缝。声波测试采用跨孔穿透法对混凝土裂缝进行了检测,测试采用跨孔距离 1.5 m 左右,点距 0.2 m。测试波列图上,声波跨孔测试对混凝土裂缝和裂缝深度的反映较为明显,裂缝对波幅的衰减十分明显,未跨裂缝的波列图波幅的相似性较好。

图 2 为未跨裂缝测试波列,作为与跨裂缝测试的波列图进行对比使用,图中全孔波列图波幅的的相似性较好,没有波幅的衰减现象。

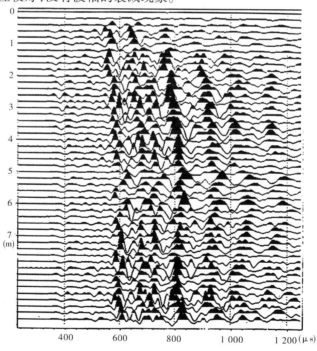

图 2　未跨裂缝测试波列

跨裂缝测试的波列图均有不同的衰减现象,图 3(a) 为 1# ~ 2# 孔跨裂缝声波检测波列,0 ~ 6.4 m 波幅有强烈衰减,6.4 ~ 12.8 m 波形虽然相似性较好,但与 12.8 ~ 14.2 m 波幅相比,也有不同程度的衰减,说明该位置裂缝深度为 12.8 m,且 6.4 m 以内裂缝的张开度相对较大,6.4 ~ 12.8 m 裂缝张开较小或处于咬合状态;图 3(b) 为 5# ~ 6# 孔跨裂缝检测波列,0 ~ 5.2 m 波幅几乎均被衰减,5.2 ~ 8.4 m 波幅衰减严重,8.4 ~ 10.2 m 波幅也有较大衰减,孔深大于 10.2 m 的波形相似性较好,波幅没有衰减,说明该位置裂缝深度为 10.2 m,且 5.2 m 以上张开度相对较大,5.2 ~ 10.2 m 也有不同的张裂。

2.2.3　混凝土质量声波 CT 检测

声波 CT 是在单孔和跨孔测井的基础上发展来的,它仍属于声波测井,是以弹性波理论为基础,通过探测声波在岩体内的特征来研究岩体性质和完整性的一种特殊探测方法。与传统声波探测方法不同的是:声波 CT 是按一定规则采集大量数据,然后通过 CT 软件成像并解释的一种物探方法。两孔之间的声波 CT,常采用在每个孔内等距布点,然后交织成网状测试的方法,由两孔可以扩展到多孔,从而对这些孔所跨地层进行声波 CT 测试。声波 CT 可获得丰富的信息,故在推断断层、检测裂缝、评价岩体完整性、混凝土浇筑质量及基础灌浆效果等领域都得到了广泛的应用。

新疆某水库为大型水资源综合利用控制型工程,该工程建在活断层上,水库库容 6.4 亿 m^3,主坝高 44 m,为黏土心墙砂砾料坝壳坝,水库主坝右坝肩为岩石倾倒体,由泥岩、泥质砂岩等结构破碎的软岩构成,倾倒体内张性裂隙发育,浸水后易软化变形,地震工况条件下稳定性差。右坝肩 W150 m 截渗墙为混凝土体,嵌入至完整基岩内,截渗墙顶板高程 1 150.48 m,廊道宽 3 m,长约 36.5 m。2002 年 9 月水库在地震后发现截渗墙顶部新出现三条裂缝,最大缝宽 5 mm,深度不详。

图 4 为采用声波 CT 对截渗墙 ZK4 ~ ZK2 孔进行的检测成像图,可以看出:两孔间 1 150.48 ~ 1 144.30 m 高程波速为 1 375 ~ 3 000 m/s,在 ZK4 钻孔 1 148 m 高程上下和 ZK2 钻孔 1 145 m 高程上下靠近两钻孔的混凝土体波速很低,说明混凝土体质量很差;在 ZK4 钻孔 1 145.5 m 高程和 ZK2 钻孔 1 144 ~ 1 142 m 高程范围内波速为 2 700 ~ 3 500 m/s,混凝土体波速相对较高,说明混凝土体质量相对较好;在 ZK4 钻孔 1145.5 m 高程和 ZK2 钻孔 1 142 m 高程以下波速在 3 500 m/s 以上,其混凝土体波速高,说明混凝土体完整、质量好。声波 CT 检测也说明混凝土截渗墙上部部分失效,需要进行处理。由此结合倾倒体上部岩体出现的数条裂缝分析,认为倾倒体仍处于变形发展阶段,需要进行加固处理,以有效提高其岩体的抗变形能力和强度,减小其上部岩体的变形空间,在一定程度上缓解倾倒体变形的继续发展。

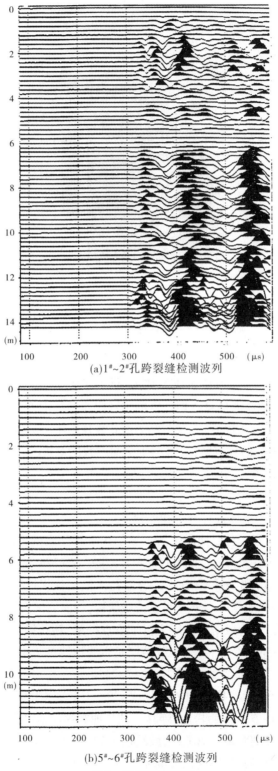

(a)1#~2#孔跨裂缝检测波列

(b)5#~6#孔跨裂缝检测波列

图3　孔跨裂缝波列

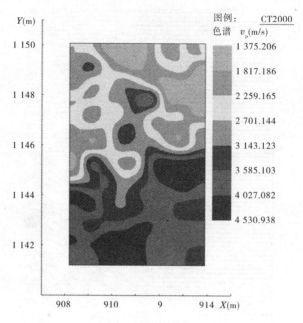

图 4　ZK4～ZK2 孔声波对穿 CT 成像剖面

2.3　地震 CT 探测

　　地震 CT 探测技术即地震波层析成像技术,借鉴了医学 X 射线透视扫描诊断技术的基本原理,利用大量的地震波信息依据一定的物理定律和数学关系进行反演计算,得到被测区域内介质体的波速分布规律,并以图像的形式表现出来。与常规的地震探测相比,地震 CT 探测技术具有较高的分辨率,更有利于全面细致的对被测介质体进行质量评价,圈出地质异常体的空间位置。两孔之间的地震 CT,采用一发多收的扇形穿透,经过诸多激发将在被测区域形成致密的射线交叉网络,每条射线地震波旅行时间被唯一确定,然后通过 CT 软件成像并对被测区域进行分类和评价。

　　新疆某大型水利枢纽工程是南疆某河干流山区下游河段的控制性水利枢纽工程,设计水库正常蓄水位 1 820 m,最大坝高 162.8 m,总库容 22.4 亿 m³,电站装机容量 660 MW,具有防洪、灌溉、改善生态和发电等综合效益。该工程坝址区为深达 100 m 的深厚覆盖层,前期勘探因钻孔取样问题未查明覆盖层结构,物探测试表明覆盖层 8～12 m 深度以下较密实。可行性研究阶段对覆盖层进行了重点勘察,钻孔揭示覆盖层 6～12 m 深度以下有一厚度 3～6 m 的胶结层,为查明胶结层是否为连续的界面,胶结层以下是否还有胶结砂砾石层,使用了两孔间的地震 CT 探测技术。

　　图 5 为采用地震 CT 探测技术的 ZK29～ZK29-1 对穿 CT 成像剖面,对穿孔距 3.6 m,可以看出:两孔间 0～6 m 深为松散砂卵砾石层,地震纵波速度为 770～2 300 m/s,6～13 m 地震纵波速度在 3 000 m/s 以上,为胶结层反映,在胶结层中(ZK29-1 孔深 7.9 m 处)反映有一层连续低速地层,厚度在 1 m 左右,向 ZK29 孔方向逐渐变深,地震纵波速度为 1 100～2 300 m/s,胶结层以下为正常砂卵砾石地层,地震纵波速度为 1 500～2 700

m/s,ZK29 –1 钻孔深度 3 ~ 6 m 及 13 ~ 17 m 处局部也有胶结反映。图 6 为采用地震 CT 探测技术的 ZK25 ~ ZK26 对穿 CT 成像剖面,对孔距 47 m,同样两孔间 0 ~ 6 m 为松散砂卵砾石层,地震纵波速度为 1 870 ~ 2 400 m/s,6 ~ 19 m 反映为胶结层,地震纵波速度为 2 900 ~ 3 800 m/s,ZK26 孔处反映胶结顶板相对较浅,由 ZK26 向 ZK25 方向逐渐变深,19 ~ 50 m 为较密实、均一的砂卵砾石地层,未发现有其他低速层或胶结层,地震纵波速度为 2 150 ~ 2 450 m/s,由于该对穿孔孔距过大,图中反映的胶结层(高速层)变厚、顶板变浅,与实际地层有一定出入,但也基本反映了胶结层的分布走向情况。由此可知胶结层是连续的界面,且分布在覆盖层上部深度 20 m 范围内。

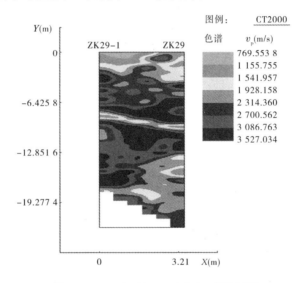

图 5　ZK29 ~ ZK29 –1 对穿 CT 成像剖面

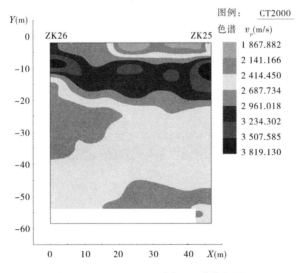

图 6　ZK25 ~ ZK26 对穿 CT 成像剖面

3　结语

通过以上弹性波测试的实例可以有如下认识：

（1）采用声波法检测混凝土缺陷快速、方便，且检测结果形象、直观。

（2）弹性波 CT 探测具有较高的分辨率，应用前景广阔。

参考文献

［1］宋先海，等.大体积混凝土深裂缝检测及应用效果分析［J］.工程物探，2002（3）.

［2］陈仲侯，王兴泰，杜世汉.工程与环境物探教程［M］.北京：地质出版社，1993.

水平层状介质浅层地震反射波的识别与研究

王志勇　李　戟　胡伟华　张宪君

（黄河勘测规划设计有限公司工程物探研究院　郑州　450003）

摘要：浅层地震反射波法在基岩面、地下构造、地下空洞和不良地质体探测等方面，具有十分显著的应用效果。本文从反射波时距曲线的理论公式推导开始，根据不同的地质模型正演计算获得时距曲线，结合实际采集的信号进行反射波对比分析与识别，力求能够为浅层地震反射波法勘探提供技术支持。

关键词：浅层地震　反射波法　时距曲线　地震勘探

1　引言

工程物探作为一种地质勘探手段，广泛地应用于地质、铁路、水电及建筑等行业，发挥的作用越来越大。浅层地震反射勘探是工程地质勘察中的一种重要方法，其特有的高分辨率特性有利于确定地层界面、基岩起伏变化的形态。勘探成果的优劣取决于震源、检波器、观测系统、数据采集质量、资料解释、处理等。本文从反射波时距曲线的理论公式推导开始，根据不同的地质模型和观测系统，正演计算获得时距曲线，结合实际采集的信号进行反射波的识别与研究，其成果对外业生产有一定的参考作用。

2　浅层地震反射勘探中的几种常见的干扰波

在地面激振后，一般会有直达波、折射波、反射波、声波、面波还有各种转换波以不同的速度传达到接收点，在地震记录中形成了一个波列。在波列中，除临界点（直达波、折射波同时到达地面的点）以内的测线上由直达波先到外，其他各测点均以折射波首先到达，故折射波又称"首波"或"初至折射波"。在地震反射勘探中，直达波和折射波是最易识别的干扰波，其他干扰波还有面波、多次反射波及声波，面波干扰最为明显，见图1。

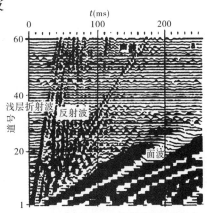

图1　地震反射记录中的各种干扰波

3　浅层地震波时距曲线理论研究

3.1　直达波与折射波时距曲线理论研究

直达波是从震源点出发不经任何反射以速度 v 直接传播到接收点的地震波。对于浅

作者简介：王志勇（1980—），男，河南通许人，工程师，主要从事工程物探和工程检测工作。

层地震反射波而言,震源在地表附近,当采用纵测线观测时,其时距曲线方程为:

$$t = x/v \qquad (1)$$

一般可认为 v 为表层速度,x 为传播距离。显然,在一定观测范围内,直达波最先到达接收点。直达波的时距曲线为一直线。

波在层状介质中遇到界面时发生反射及透射,入射线、反射线、透射线、法线在同一平面内,入射线、反射线、透射线与法线的夹角正弦与各自波速之比相等,并为常数。当入射角大于临界角时无透射波,此时的波沿着界面 R 滑行。根据惠更斯原理(波前原理),界面上的每一点都可作为一个新的小震源发出子波向前传播,其反射角为 i 的射线到达地面的时间最短。这种以 i 角回折于地面的滑行波称为折射波,见图2。二层、三层水平层状介质的折射波时距方程见式(2)、式(3)。直达波、折射波时距曲线均为直线,见图3。

二层
$$t = \frac{2h_1}{v_1}\cos i_{12} + \frac{x}{v_2} \qquad (2)$$

三层
$$t = \frac{2h_1}{v_1}\cos i_{13} + \frac{2h_2}{v_2}\cos i_{23} + \frac{x}{v_3} \qquad (3)$$

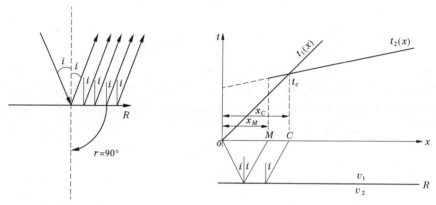

图2　折射波示意　　　　　　图3　直达波、折射波示意

3.2　多层水平介质反射波时距曲线理论研究

在浅层地震反射勘探中,常遇到近似水平层状的多层介质,设有一组水平层状介质,在 O 点激发,在 S 点接收,第 i 层的速度和厚度分别为 v_i 和 H_i,则第 n 层底界面反射波到达 S 点的传播时间为通过各层的传播时间和,即:

$$t = 2\sum_{i=1}^{n} \frac{l_i}{v_i} = 2\sum_{i=1}^{n} \frac{H_i}{v_i \cos \alpha_i} \quad (i = 1,2,\cdots,n) \qquad (4)$$

式中:l_i 为每一层中波传播的路径长度;α_i 为波在每一层中的入射角。

由 Snell 定理 $\dfrac{\sin \alpha_1}{v_1} = \dfrac{\sin \alpha_2}{v_2} = \cdots = \dfrac{\sin \alpha_n}{v_n} = p$,求得 $\cos \alpha_i = \sqrt{1 - \sin^2 \alpha_i} = \sqrt{1 - p^2 v_i^2}$,并代入式(4)得:

$$t = 2\sum_{i=1}^{n} \frac{l_i}{v_i} = 2\sum_{i=1}^{n} \frac{H_i}{v_i \sqrt{1 - p^2 v_i^2}} \qquad (5)$$

设 S 点接收处的水平坐标为 X,则第 i 层反射波到达 S 点时满足下式:

$$X = 2\sum_{i=1}^{n} X_i = 2\sum_{i=1}^{n} H_i\tan\alpha_i = 2\sum_{i=1}^{n} H_i \frac{pv_i}{\sqrt{1-p^2 v_i^2}} \qquad (6)$$

多层水平介质的时距方程是由式(5)、式(6)消去参数 p 后的方程。其曲线为双曲线,见图4。

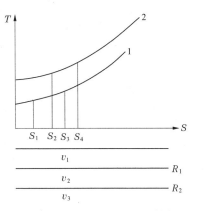

1—R_1界面反射波时间;2—R_2界面反射波时间

图4　反射波时距曲线示意

4　几种常见的地质模型的正演模拟与实测记录对比分析

4.1　水平两层介质正演模拟曲线与实测记录对比分析

地震波在水平两层介质中传播,其时距曲线为单支双曲线,当第一层的厚度大于某个值时,反射波时距曲线和直达波时距曲线容易识别,图5为水平两层层状介质正演曲线和实测记录图。如果待探测工区只是两层地层结构,则选好观测系统,根据反射波的特点,很容易将反射波识别出来。观测系统的选择主要依据展开排列和正演计算。

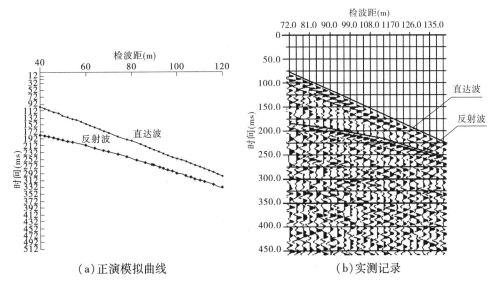

（a）正演模拟曲线　　　　　　（b）实测记录

图5　水平两层层状介质正演模拟曲线与实测记录

4.2　水平三层介质正演模拟曲线与实测记录对比分析

为了便于研究,建立如下地质模型:地层为三层水平介质,第一层厚度为 6 m,速度为 500 m/s,第二层厚度为 20 m,速度为 2 200 m/s,通过计算得出图6(a),由图看出,第二层上界面反射波和第二层下界面反射波在距离炮点 18 m 处相交。当检波点距离炮点小于 18 m 时,反射波时距曲线按照地层顺序依次排列,当检波点距离大于 18 m 时,反射波时距曲线则和实际地层相反。根据地质模型,在野外选择和模型相近的地层进行野外数据采集,采集原始记录见图6(b),对记录进行仔细观察和分析发现,实际采集数据和正演时距曲线基本符合。

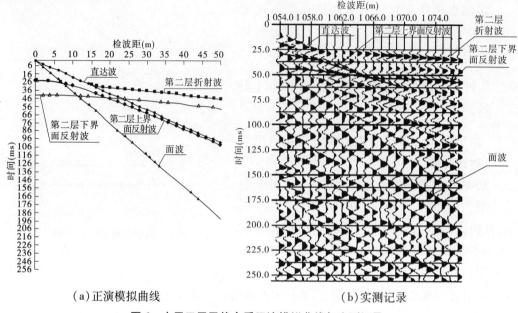

（a）正演模拟曲线　　　　　　　　　　　　（b）实测记录

图6　水平三层层状介质正演模拟曲线与实测记录

5　复杂地震记录反射波识别方法与处理方案

在开展地震反射波勘探时,地震反射波的识别非常重要,要想识别反射波,首先应对勘探的地质状况有一定了解,根据所掌握的地质状况进行外业展开排列,通过对展开排列和所掌握的地质状况,初步建立地质模型,并对该地质模型进行时距曲线正演计算和绘图,然后对照采集的原始记录逐步挑选目标层的反射波,确定反射波后可以按照地震反射波的处理流程进行处理,能够得到比较接近实际地层的成果资料。

在对反射波识别时,有以下几个问题应值得注意:

（1）不能把浅层折射波当成目标层反射波;

（2）不能轻易将折射波后面出现的波当成勘探目标层的反射波;

（3）当地层较薄时,薄层上下界面反射波的时间间隔小于波形周期时,应注意仔细分辨;

（4）最好对照正演时距曲线去识别目标层反射波,以免误判造成解释错误。

当采集数据没有明显地震反射波时,应考虑以下处理方案来解决问题:

（1）根据初步了解的地质模型建立正演时距曲线,根据时距曲线设置最佳采集窗口;

（2）用组合检波器代替单个检波器采集;

（3）更换不同震源,寻求最佳激振方式;

（4）可能实际情况与地质模型差别太大,修改地质模型。

6 应用实例分析

实例一:某工区覆盖层黄土厚 70 ~ 100 m,基岩为砂岩,利用反射波法寻求基岩面。这是典型的两层层状介质,由于黄土比较厚,采用地震折射法需要很大的能量,为了节约成本,本次采用浅层地震反射波法进行勘探。采集的原始记录见图 5(b)。在记录上确定反射波后,运用常规的处理手段,处理成果如图 7 所示,由图 7 可以看出基岩面清晰,同相轴连续。

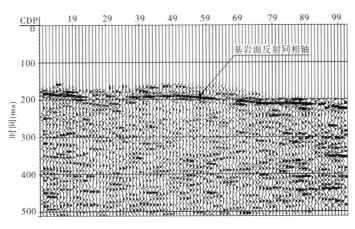

图 7 两层水平介质地震反射波处理成果

实例二:某工区覆盖层厚度约 6 m,砂卵石厚度约 30 m,利用反射波法求砂卵石的底界面埋深。该工区采集的原始记录见图 6(b)。根据原始记录和正演时距曲线,识别第二层砂卵石底界面的反射波,然后运用地震反射处理手段得出成果,如图 8 所示。由图 8 可见,处理效果明显,基本上能够清晰地反映砂卵石下界面的情况。

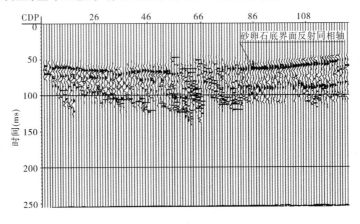

图 8 三层水平介质地震反射波处理成果

7　结语

在浅层地震反射波法勘探中,反射波的识别非常重要,它直接影响着成果的精度和可信度,因此在作浅层地震反射勘探时,要认真分析和识别反射波的位置,作出正确判断,力求勘探成果与实际一致。

参考文献

[1]　王振东.浅层地震勘探应用技术[M].北京:地质出版社,1988.
[2]　王庆海,徐明才.抗干扰高分辨率浅层地震勘探[M].北京:地质出版社,1991.

弹性波 CT 检测混凝土防渗墙分辨率的研究

王 峰 薛云峰

（黄河勘测规划设计有限公司工程物探研究院 郑州 450003）

摘要： 弹性波 CT 作为一种新兴的地球物理勘探方法，在混凝土防渗墙检测中取得了广泛的应用。但是，弹性波 CT 技术是一个图像重建的反演问题，其成像的精度直接影响着检测成果的质量，所以分析分辨率的影响因素，探讨各种因素与分辨率之间的关系，具有十分重要的意义。本文采用数值模型的方法，通过混凝土防渗墙缺陷模型的正反演解析，确定了成像精度与诸多因素之间的关系，提出了提高成像分辨率的措施。

关键词： 弹性波 CT 防渗墙 模型正反演 分辨率

1 引言

弹性波 CT 作为一种新兴的地球物理勘探方法，近几年来，从理论研究、方法技术、仪器设备到软件开发都取得了初步进展，作为一种精品的检测技术，弹性波 CT 技术在混凝土防渗墙检测中取得了广泛的应用[1-3]。大量的应用实例表明，弹性波 CT 技术能直观地检测混凝土防渗墙中的空洞、离析等缺陷，是混凝土防渗墙质量检测中重要、常用的方法之一。但是，弹性波 CT 技术是一个图像重建的反演问题，其成像的精度直接影响着检测成果的质量，所以分析分辨率的影响因素，探讨各种因素与分辨率之间的关系，具有十分重要的意义。弹性波 CT 的分辨率，主要受反演算法、观测系统、震源频率、目标体的形态及性质等方面的影响。近年来，许多研究者对弹性波 CT 成像分辨率问题进行了研究，并取得了可喜的成果[4-7]。本文在分析影响分辨率因素[8-11]的基础上，依据混凝土防渗墙的特点和一般存在的缺陷类型，分别设计了不同低速体的离析缺陷和裂缝缺陷模型，采用弯曲射线追踪的方法对混凝土防渗墙缺陷模型进行正反演解析，由此确定成像精度与诸多因素之间的关系，最后提出提高成像分辨率的措施。

2 影响分辨率的因素分析

2.1 系统参数选择与分辨率的关系

层析成像的精度和分辨率与观测系统的关系非常密切。四边观测系统成像效果较好，而两边观测系统成像效果较差。其主要原因是：采用四边观测系统，射线分布均匀，密集交叉，约束条件好；而采用两边观测系统时，射线稀疏，且分布不均匀，约束条件差，尽管采取加密观测的方法，增加射线条数，但多为缓倾角横向分布，缺乏陡倾角纵向控制，成像

作者简介： 王峰（1966—），男，河南息县人，工程师，主要从事工程物探、工程检测工作。

结果仍将受到影响。所以,在成像区域内保证射线网度疏密均匀并互相约束是提高成像精度和分辨率的关键。

在防渗墙检测中,一般采用跨孔弹性波 CT。跨孔弹性波 CT 要求孔深不小于两孔间距,一个孔中放置震源,另一个孔中放置接收传感器。因为只能利用孔间进行穿透,难以进行全方位观测。由于施测条件所限,造成被测区域某些部位射线过密,而另一些部位射线偏稀,在激发点和接收点处,射线过密且不交叉,而在激发点和接收点之间形成射线空白三角区,结果在孔壁及孔底附近产生一些波速异常,尤其是在钻孔的底部,射线相对稀疏,交角较小,约束条件差,势必影响成像精度和分辨率。另外,系统的主要参数炮间距和接收传感器间距,也直接决定了成像时像元的大小。如果介质不均匀,则可能出现有的像元不存在射线对应的情况,如何选择合适的观测参数,使得每个像元都有射线通过而且射线的数目相对均匀,对成像的分辨率有重要的意义。

2.2　震源、接收特性对分辨率的影响

地震走时数据是跨孔弹性波 CT 成像的基础,而数据的采集质量取决于仪器本身的可判读精度、初至的清晰程度、旅行时间的长短及接收与激发条件等因素。为了获得高质量的走时记录,就需要获得频带较宽、较尖锐的地震波形。为此,应采用小能量激发,激发能量小,激发产生的信号频谱中主频高。另外,小能量激发使检波器附近的质点产生小变形和小位移,更能满足波动方程成立的前提条件,使数据处理的结果更可靠。震源所激发的信号频谱特征除与激发能量有关外,还与激发介质有关。为此,应选择激发条件好的孔作为震源孔,如在充水、完整孔中激发,将有助于提高激发信号的主频。

数据的采集质量除与震源的性质有关外,还与接收振动的地震仪有关。地震仪应不失真地接收反映实际情况的有效信号。为了记录不同频率范围的地震信号,记录仪器应具有宽的频带和可选择的滤波器。跨孔弹性波 CT 通常在激发孔的一点放炮,在接收孔布置多个检波器同时接收,这就要求仪器具有良好的一致性。由于检波器 - 混凝土振动系统的频率特性与墙体的混凝土结构有关,一般情况下,墙体混凝土的固有频率较高。考虑检波器的高通滤波性质,防渗墙检测一般采用固有频率较高的检波器。

2.3　分辨率与射线追踪方法的关系

弹性波 CT 的基本原理就是利用大量的地震波旅行时间与其对应的射线在各成像单元内经过的路径以及待求的速度建立大型稀疏矩阵。在反演过程中,除保证地震走时的观测精度外,进行射线追踪以正确描述地震波的传播路径同样至关重要。地震波在均匀的介质中,以球面发散的形式向外传播,其射线为直线。当遇到异常体时,波前面将发生畸变,随之与其正交的射线也改变了方向,地震波将沿弯曲路径行进。当被检测的防渗墙速度变化不大时,地震波可近似地看做直线传播,但当速度变化较大时,地震波的传播路径发生明显弯曲,如果这时仍按直线反演,则误差较大,分辨率也就差。根据费马原理,地震波沿射线传播的旅行时间和沿其他任何路径传播的旅行时间相比为最小,即波沿旅行时间最小的路径传播。在地震层析成像反演过程中,这种最小走时路径是采用数学物理方法进行弯曲射线追踪来实现的。射线追踪是弹性波 CT 中的关键环节,更有助于精细地划分和圈定防渗墙中的低速异常体,提高分辨率。

2.4　反演算法与分辨率的关系

在弹性波 CT 数据处理中,反演算法会直接影响图像重建的效果。走时反演的方法

较多,成像算法从最初的 BPT、ART 发展到目前普遍使用的 SIRT。理论分析和实践证明:SIRT 具有较高的成像精度,能够明显地克服由于个别数据误差较大造成的结果失真和由于射线分布不均造成的误差集中。当异常体波速变化较大时,应用射线追踪技术和 SIRT 算法,可以实现高精度弯曲射线 CT。

3 混凝土防渗墙缺陷模型的正反演及模型板试验

为了证实弹性波 CT 的精度和分辨率与诸因素的关系,确定走时反演取得的波速图像的准确性,依据混凝土防渗墙的特点和一般存在的缺陷类型,分别设计了不同低速体的离析缺陷和裂缝缺陷。即在速度为 $v_1 = 4\,000$ m/s 均匀的混凝土防渗墙中,分别设计了一个速度为 $v_2 = 3\,400$ m/s 轻度离析缺陷模型,速度为 $v_3 = 500$ m/s 严重离析缺陷模型,速度为 $v_4 = 500$ m/s 十字裂缝缺陷模型。然后,分别采用四边观测系统和两边观测系统进行射线追踪。成像范围为 17 m $\times 10$ m,激发、接收点距为 1 m。最后,制作了一个长 $\times$ 宽 $\times$ 厚 $= 18$ m $\times 9$ m $\times 0.2$ m 的混凝土板,进行了试验研究。

3.1 轻度离析缺陷模型的正反演

图 1 和图 2 分别为轻度离析缺陷模型四边观测和两边观测正反演解析。从图 1 和图 2 可以看出:四边观测系统,射线均匀密集、正交并互相约束,缺陷体内射线网络相对稀疏,而其周围射线较为密集。反演成像结果精度高,缺陷体边界清晰,反演速度 $v_2 = 3\,447$ m/s,与模型相对误差为 1.38%;两边观测系统,射线数目明显减少,缺陷体及其上下部位射线稀疏,正交性较差,虽然缺陷体边界清晰,但在缺陷体上下部位出现了高速异常晕团,缺陷体反演速度 $v_2 = 3\,586$ m/s,与模型相对误差为 5.47%。

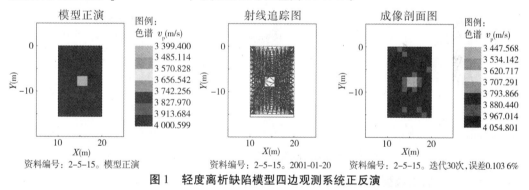

图 1 轻度离析缺陷模型四边观测系统正反演

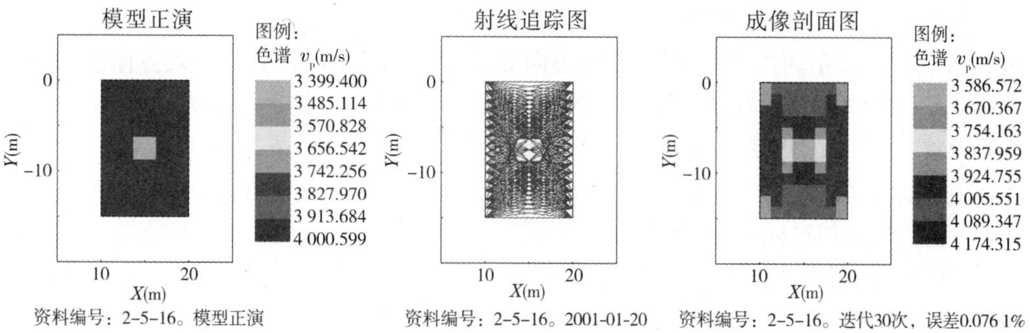

图 2 轻度离析缺陷模型两边观测系统正反演

3.2 严重离析缺陷模型的正反演

图 3 和图 4 分别为严重离析缺陷模型四边观测和两边观测正反演解析。从图 3 和图 4 可以看出:由于缺陷体的速度仅为背景场速度的 12.5%,穿过缺陷体的射线数目更少,射线的均匀性和正交性较差。采用四边观测系统时,虽然缺陷体的边界清晰,但是在缺陷体的四周出现了相对背景场的低速晕团,并且背景场较为杂乱,出现了一些假异常。反演缺陷体速度 $v_3 = 537$ m/s,与模型相对误差为 7.4%;采用两边观测系统,射线数目明显减少,缺陷体及其上下部位射线更稀疏,均匀、正交性更差,缺陷体边界模糊,沿水平方向范围增大,在缺陷体上下部位出现了更大范围的高速异常晕团。反演缺陷体速度 $v_3 = 611$ m/s,与模型相对误差为 22.2%。

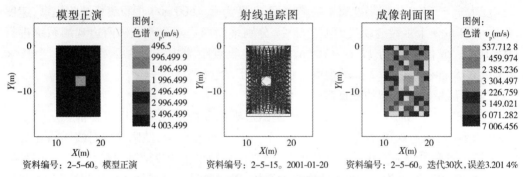

图 3 严重离析缺陷模型四边观测系统正反演

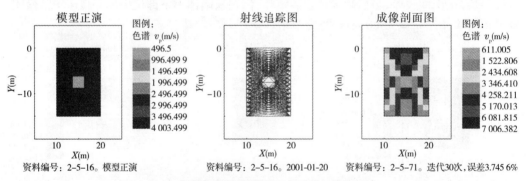

图 4 严重离析缺陷模型两边观测系统正反演

3.3 十字裂缝缺陷模型的正反演解析

图 5 和图 6 分别为十字裂缝缺陷模型四边观测和两边观测正反演解析。从图 5 和图 6 可以看出:采用四边观测系统,水平方向裂缝边界清晰,分辨率高,垂直方向裂缝边界虽然清楚,但是在裂缝的边界出现了相对背景场的低速晕团,背景场较为杂乱,出现了一些假异常,反演裂缝速度 $v_4 = 535$ m/s,与模型相对误差为 7%;采用两边观测系统时,除具有上述特征外,在异常体上下部位出现了大范围的高速异常晕团,反演裂缝速度 $v_4 = 682$ m/s,与模型相对误差为 36.4%。

3.4 混凝土模型板试验

首先采用激发和接收点距均为 0.5 m 的两边观测系统,对混凝土板进行 CT 扫描,然后在混凝土板上设置了直径 1.0 m 的空洞缺陷,采用同样的观测系统,进行扫描,最后生

成的波速色谱图见图7。由色谱图可以看出:没设置缺陷时,该混凝土模板的弹性波速度
为4 600～5 000 m/s,平均值为4 800 m/s,没有明显的低速区,说明混凝土模板浇筑均匀,
没有缺陷;设置缺陷后,该混凝土板的弹性波速度为3 800～5 000 m/s,离散性明显加
大,中间有一个大的低速异常体,异常虽略有失真,但轮廓清晰可见。

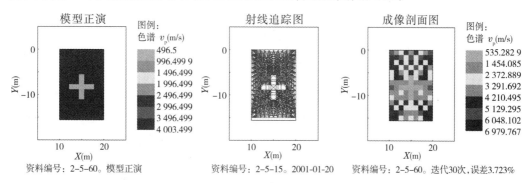

图5　十字裂缝模型四边观测系统正反演

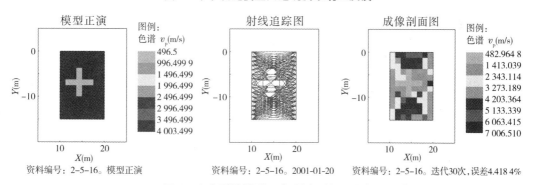

图6　十字裂缝模型两边观测系统正反演

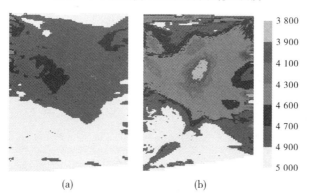

图7　混凝土模型板制作缺陷前后波速色谱

4　结语

　　地震层析成像的分辨率和精度与诸多要素有关,不仅取决于探测区域内低速缺陷体
的分布形态、物理力学性质、地震波传播路径的散射程度等客观因素,同时还取决于测试
条件、观测系统、走时精度、射线网度、单元划分、射线追踪及反演算法等主观因素。因此,

根据检测防渗墙的特点,充分利用实测条件,采用多边观测系统,提高数据的采集质量,加密射线网度,缩小成像单元,采用射线追踪反演是提高成像精度和分辨率的根本措施。

成像效果和分辨率与观测系统关系密切。四边观测系统射线密集、均匀、交叉,成像效果好,分辨率高;两边观测系统射线稀疏、分布不均、约束条件差,成像效果差,分辨率低。但在混凝土防渗墙质量检测中,一般情况下不可能在剖面四周连续观测,往往采用两边观测系统,所以无法保证射线在整个剖面内分布均匀,存在射线稀疏区,这些区域位于异常体的无接收或发射点一侧,并伴随假异常,即低速体的上下两侧伴有高速假异常。

地震层析成像技术对探测混凝土防渗墙中的离析、裂缝等低速缺陷具有明显的效果,可满足工程检测的需要。当异常体与周围介质的速度相差较大时,根据弹性波走高速的特性,射线将在低速体周围产生弯曲绕射,使得穿过低速体周围的射线数减小。不仅异常范围扩大,而且反演所得的异常体波速比实际模型的波速偏高。异常体波速与背景场速度差异越大,反演所得的异常体波速误差越大,说明异常体有被平均化的倾向。

参考文献

[1] 冷元宝. 工程 CT 技术在工程勘察中的应用[C]∥'98 水利水电地基与基础工程学术交流会论文集. 天津:天津科学技术出版社,1999.

[2] 段世超,孙胜利,杨永叶. 小浪底大坝混凝土防渗墙质量检查[J]. 西部探矿工程,2000,12(5):36-38.

[3] 薛云峰,崔林. 弹性波 CT 技术在黄壁庄水库副坝防渗墙质量检测中的应用[C]∥夏可风. 水利水电地基与基础工程新技术. 天津:天津科学技术出版社,2002.

[4] 曹俊兴,严忠琼. 地震波跨孔旅行时层析成像分辨率的估计[J]. 成都:成都理工学院学报,1995,22(4):95-101.

[5] 陈国金. 井间观测系统的讨论[J]. 石油物探,1996,35(3):93-100,109.

[6] 裴正林,余钦范,狄帮让. 井间地震层析成像分辨率研究[J]. 物探与化探,2002,26(3):218-224.

[7] 朱介寿,严忠琼,曹俊兴. 井间地球物理层析成像软件系统研究及其应用[J]. 物探与化探,1998,22(2):90-98.

[8] 杨文采,李幼铭,等. 应用地震层析成像[M]. 北京:地质出版社,1993.

[9] 王家映. 地球物理反演理论[M]. 2 版. 北京:高等教育出版社,1998.

[10] 杨文采. 地球物理反演的理论与方法[M]. 北京:地质出版社,1997.

[11] 王运生. 弯曲射线地震波透射层析成像的一种实现方法[J]. 河海大学学报:自然科学版,1993,21(4):21-28.

第三篇　电法及电磁法勘探技术

大地电磁技术在太行山隧道勘察中的应用

杜彦军

（铁道第三勘察设计院　天津　300251）

摘要：全长 27.87 km 的太行山隧道，最大埋深 450 m，是国内目前最长的铁路山岭隧道，隧道区内存在大量特殊地质问题。本文介绍了可控源音频大地电磁法（CSAMT）、高频大地电磁法（HMT）技术方法的原理和在解决太行山隧道洞身附近的地层、地下水、构造以及岩溶发育等地质问题方面的应用，通过深孔钻探对发现的构造、地下水等异常验证的效果，总结出了各种不同地质问题所反映的大地电磁异常特征，为以后长大深埋隧道的勘察提供了一种有效的勘察手段。

关键词：太行山隧道　可控源音频大地电磁法　高频大地电磁法

1　引言

石家庄至太原客运专线是我国第一条客货混行的客运专线，线路经过河北、山西两省，太行山隧道为石家庄至太原客运专线中最长的隧道，隧道全长 27.87 km，最大埋深 450 m，是国内目前最长的山岭隧道。隧道区位于太行山脉低、中山区及盂县—寿阳黄土盆地堆积区西缘，进口段群峰耸立，山高谷深，出口段黄土冲沟遍布。区内断裂构造发育，出露地层主要为以寒武—奥陶系石灰岩、白云岩为主的夹薄层角砾状泥灰岩，局部有寒武系下统页岩及元古界长石石英砂岩及砂质白云岩。为了查明隧道区的断裂构造、岩溶和地下水等主要地质问题，在研究和吸收国内外长大深埋隧道综合勘察经验的基础上，选择了目前国内先进的可控源音频大地电磁法（CSAMT）、高频大地电磁法（HMT）开展工作，取得了满意的效果。

2　大地电磁技术

20 世纪 50 年代，法国的 Cagniard（1953）和苏联的 Tichonov（1950），以及 60 年代的 Berdichevskil 等（1969），借助于在大地中传播的不同频率的电磁波趋肤效应的差异，提出了大地电磁法（以下简称 MT）和音频大地电磁法（以下简称 AMT）。这种方法的实质是测量由于太阳风或太阳黑子活动（MT）及赤道区的闪电雷击（AMT）在地球表面产生的各种频率的水平电场分量 E_x 和与之正交的水平磁场分量 H_y 之比，从而达到了解地下电性结构的目的。1971 年和 1978 年，Goldstein 和 Strangberg 提出了可控源音频大地电磁法（简称 CSAMT），该方法使用了人工发射的可控制的场源，达到了电磁测深的目的。90 年

作者简介：杜彦军（1967—），男，天津人，高级工程师，从事工程物探、工程检测技术研究与管理工作。

代由美国 EMI 公司和 Geometrics 公司联合推出的新一代电磁仪——EH – 4 型 Strata Gem 电磁系统,能观测到离地表几米至 1 000 m 内的地质断面的电性变化信息。随着大地电磁方法理论的发展,国外这方面的仪器设备被陆续引进国内,由于大地电磁法具有探测深度大、不受高阻层屏蔽、设备轻便的特点,近年来已经逐步成为解决长大深埋隧道地质勘探的重要手段和方法。

2.1　可控源音频大地电磁法(CSAMT)

可控源音频大地电磁法是基于电磁波传播理论和麦克斯韦方程组导出的水平电偶极源在地面上的电场及磁场公式:

$$E_x = \frac{IAB\rho_1}{2\pi r^3}(3\cos^2\theta - 2) \tag{1}$$

$$E_y = \frac{3IAB\rho_1}{4\pi r^3}\sin 2\theta \tag{2}$$

$$E_z = (i - 1)\frac{IAB\rho_1}{2\pi r^2}\sqrt{\frac{\mu_0\omega}{2\rho_1}}\cos\theta \tag{3}$$

$$H_x = -(1 + i)\frac{3IAB}{4\pi r^3}\sqrt{\frac{2\rho_1}{\mu_0\omega}}\cos\theta\sin\theta \tag{4}$$

$$H_y = (1 + i)\frac{IAB}{4\pi r^3}\sqrt{\frac{2\rho_1}{\mu_0\omega}}(3\cos^2\theta - 2) \tag{5}$$

$$H_z = i\frac{3IAB\rho_1}{2\pi\mu_0\omega r^4}\sin\theta \tag{6}$$

式中:I 为供电电流强度;AB 为供电偶极长度;r 为场源到接收点之间的距离。

将式(1)沿 x 方向的电场 E_x 与式(5)沿 y 方向的磁场 H_y 相比,并经过一些简单运算,就可获得地下的视电阻率 ρ_s 公式

$$\rho_s = \frac{1}{5f}\frac{|E_x|^2}{|H_y|^2} \tag{7}$$

由式(7)可见,只要在地面上能观测到两个正交的水平电磁场(E_x,H_y)就可获得地下的视电阻率 ρ_s,有人也称其为卡尼亚电阻率。

CSAMT 法具有如下一些特点:

(1)使用可控制的人工场源,信号强度比天然场源要大得多,因此抗干扰能力强。

(2)测量参数为电场与磁场之比,得出的是卡尼亚电阻率。由于是比值测量,因此可减少外来的随机干扰,并减少地形的影响。

(3)基于电磁波的趋肤深度原理,利用改变频率进行不同深度的电磁测深,大大提高了工作效率,减轻了劳动强度。一次发射,可同时完成七个点的电磁测深。

(4)勘探深度范围大,一般可达 1～2 km;横向分辨率高,可灵敏地发现断层;高阻屏蔽作用小,可穿透高阻层。

2.2　高频大地电磁法(HMT)

利用宇宙中的太阳风、雷电等入射到地球上的天然电磁场信号作为激发场源,该一次场是平面电磁波,垂直入射到大地介质中,在大地介质中将产生感应电磁场,此感应电磁

场与一次场是同频率的。在均匀大地和水平层状大地情况下,波阻抗是电场 E 和磁场 H 的水平分量的比值。

$$Z = \left| \frac{E}{H} \right| e^{i(\varphi_E - \varphi_H)} \tag{8}$$

$$\rho_{xy} = \frac{1}{5f} |Z_{xy}|^2 = \frac{1}{5f} \left| \frac{E_x}{H_y} \right|^2 \tag{9}$$

$$\rho_{yx} = \frac{1}{5f} |Z_{yx}|^2 = \frac{1}{5f} \left| \frac{E_y}{H_x} \right|^2 \tag{10}$$

式中:f 为频率,Hz;ρ 为电阻率,$\Omega \cdot m$;E 为电场强度,mV/km;H 为磁场强度,nT;φ_E 为电场相位;φ_H 为磁场相位,mrad。

必须提出的是,此时的 E 与 H 应理解为一次场和感应场的空间张量叠加后的综合场,简称总场。

在电磁理论中,把电磁场(E,H) 在大地中传播时,其振幅衰减到初始值 $1/e$ 时的深度,定义为穿透深度或趋肤深度 δ,即

$$\delta = 503 \times \sqrt{\frac{\rho}{f}} \tag{11}$$

由式(11)可知,趋肤深度 δ 将随电阻率 ρ 和频率 f 变化而变化。当地表电阻率固定时,电磁波的传播深度(或探测深度)与频率成反比。高频时探测深度浅,低频时探测深度深,频率较高的数据反映浅部的电性特征,频率较低的数据反映较深的地层特征,人们可以通过改变发射频率来改变探测深度,从而达到频率测深的目的。在一个宽频带上观测电场和磁场信息,并由此计算出视电阻率和相位,可确定出大地的地电特征和地下构造。

3　外业工作布置

3.1　可控源音频大地电磁法(CSAMT)

使用凤凰地球物理公司研制的 V6 - A 多功能大地电磁仪进行野外数据采集,沿隧道左线布设测线,在异常地段时其两侧增加旁测线。根据控制桩采用差分 GPS 布置测点,点距 25 m。本次工作频率选择为 $2^3 \sim 2^{13}$ Hz。

3.2　高频大地电磁法(HMT)

使用 Strata Gem EH - 4 电磁系统进行野外数据采集,选择单点测深方式,采用天然场源,在 10 Hz 至 100 kHz 的宽频范围内采集数据。

4　资料处理

可控源音频大地电磁法野外采集的数据经过编辑、近场校正、静态效应消除等软件进行预处理后,绘制各测线反演电阻率断面图。

高频大地电磁法野外采集的时间序列的数据经预处理后,现场进行 FFT 变换,获得电场与磁场虚实分量和相位数据,进行一维 BOSTIC 反演,利用二维成像软件进行二维电磁成像,绘制各测线反演电阻率断面图。

5　应用实例

5.1　DK89 + 800 ~ DK87 + 800 段大地电磁的应用效果

这一段洞身处于 O_{2f_1} 和 O_{2f_2} 地层中,主要岩性为石灰岩、泥灰岩。图 1 为线路里程 DK89 + 800 ~ DK87 + 800 段可控源音频大地电磁法(V6 – A)反演电阻率剖面,图 2 为线路里程 DK89 + 800 ~ DK88 + 150 段高频大地电磁法(EH – 4)反演电阻率剖面,两种大地电磁法反映中间段落电阻率较两侧明显偏低,局部存在低阻异常,结合区域地质分析,浅部近水平低阻,并有相对高阻夹层,反映了石炭系地层的特点,解释为煤层,下部出现两处明显低阻异常,电阻率几十欧姆米以下,显示了断裂存在并叠加岩溶破碎的影响。结合周

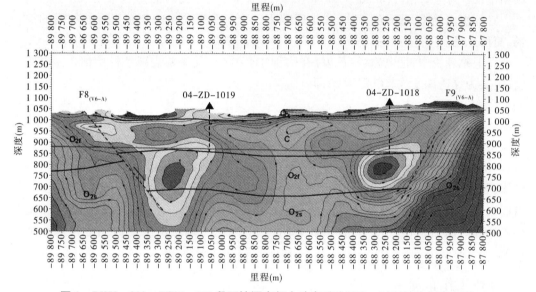

图 1　DK89 + 800 ~ DK87 + 800 段可控源音频大地电磁法(V6 – A)反演电阻率剖面

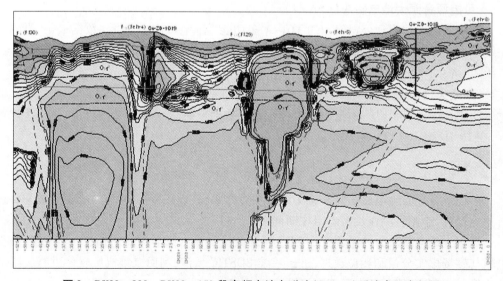

图 2　DK89 + 800 ~ DK88 + 150 段高频大地电磁法(EH – 4)反演电阻率剖面

边地层出露情况,本段确定为一局部断陷,两侧断层分别定名为 F12、F16。F12 断层向东倾,F16 断层向西倾。两断层间高频大地电磁(EH - 4)反演电阻率剖面图中多处电阻率等值线发生扭曲、变形,呈高低阻相间急剧变化的异常,分析为次一级小断层,命名为 F13、F14、F15,受断层影响,本段地层破碎、较松散。另外,局部存在的 5 个低阻的小圈闭异常可能为岩溶或低阻泥灰岩的反映,工程施工应注意塌方等危害。

图 3 为 DK88 + 235 右 10 m 钻孔(04 - ZD - 1018)的岩芯照片,在 138 m 岩芯破碎,岩性为泥质充填物和角砾混合物,揭示了断层破碎带的存在,该断层破碎带与物探解释的低电阻率特征对应。

图 3　DK88 + 235 右 10 m 钻孔岩芯图片

5.2 DK93 + 000 ~ DK92 + 500 段大地电磁的应用效果

图 4 为 DK93 + 000 ~ DK92 + 675 段高频大地电磁法(EH - 4)反演电阻率剖面,图 5 为 DK92 + 900 ~ DK92 + 500 段 CSAMT 法(V6 - A)反演电阻率剖面。从图 5 中看出局部存在低阻异常,与围岩电阻率差别较大,在高频大地电磁(EH - 4)反演电阻率剖面图中相同位置电阻率等值线发生扭曲、变形,电性横向不连续,呈低阻异常,结合区域地质信息,认为异常是破碎的白云岩,推断为断层,定名为 F4。断层西倾,断层破碎及影响带宽 40 m 左右,含大量水。

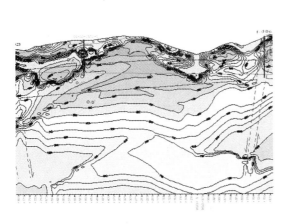

图 4　DK93 + 000 ~ DK92 + 675 段高频大地电磁法(EH - 4)反演电阻率剖面

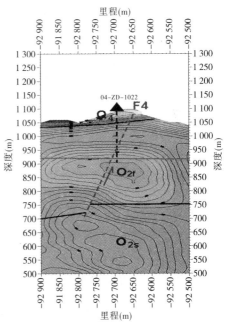

图 5　DK92 + 900 ~ DK92 + 500 段 CSAMT 法(V6 - A)反演电阻率剖面

该段地层岩性为白云岩,但电性非常不均匀,局部是高阻,大面积是低阻特征,高阻反映了白云岩弱风化或岩石完整,大面积低阻特征是角砾状泥灰岩或岩石裂隙发育,溶蚀严重引起的,根据局部相对低阻异常,圈出 3 个溶洞,本段为岩溶集中发育地段,施工要高度重视岩溶、断层泥的危害,雨季施工还要注意地下水。04 - ZD - 1022 钻孔证明了这一点,图 6 为 DK92 +696 右 10 m 钻孔(04 - ZD - 1022)岩芯图片,揭示岩石较破碎,验证了物探推断低阻异常为断层反映。

图 6 DK92 +696 右 10 m 钻孔岩芯图片

5.3 不同地质问题的物性反映

(1)不同岩性的地层具有不同的电阻率,总的趋势为灰岩的电阻率高于其他沉积岩类和碎屑岩类的电阻率,大地电磁测深的观测参数对低阻介质反映比较灵敏,而对高阻介质反映较差,故在剖面分析中,均以低阻层作为电性标志层,根据电性标志层的分布特征及规律,推测地层分布规律。

(2)在断层发育部位有如下物性特征:①在反演剖面上,电阻率等值线曲线出现错动、疏密不均、扭曲、陡变、自上而下低阻体条带状贯穿,电性标志层产生大幅抖动;②采集曲线形态变化;③采集曲线电阻率值变化一般会降低。

(3)岩溶:地面电磁法观测的岩溶电性特征变化较大,一般情况下,灰岩地区发育的干溶洞表现为强高阻特征,被水和泥等介质充填后溶洞表现为低阻。岩溶依其存在特点分为充泥充水岩溶、空洞岩溶。在形成机理上,深部岩溶往往与节理、裂隙、断层等构造有着一定的联系,在反演电阻率断面中,往往表现为孤立的低阻闭合圈,周围电阻率曲线一般缺乏稳定性,但其波及范围不大。

(4)地下岩层存在地下水时,一般电阻率会降低,结合地层及构造情况,分析低阻异常含水情况,含水性描述有四种情况:①不含水。为不含水断层、地层,电性特征表现为电阻率变化不大,电阻率等值线有一定扰动。②含少量水。为渗滴水程度断层、地层,电性特征表现为电阻呈低阻异常,电阻率等值线有一定扰动。③含大量水。为可能有渗涌、细流的断层、地层,电性特征表现为电阻呈明显低阻异常,电阻率等值线不连续。④富水。为较明显渗涌水段,电性特征表现为电阻较两侧围岩低呈明显低阻异常,电阻率等值线不连续并且结合地质调查具备赋水条件。

(5)低阻异常。由于地质体本身具有非常丰富的变化特点,故在反演电阻率断面中有一些低阻异常现象仍无法用上述五种判别方式判定其性质。但不能排除该低阻异常对工程所形成的隐患,因而暂将该类异常定为低阻异常。

6 结论

本次物探工作方法选择合理,野外原始数据采集质量可靠,在外业工作期间利用初步物探结果,配合现场地质调查,确定的物探异常经七个钻孔验证,揭示的构造、岩溶、地层与物探推断异常性质基本吻合,说明本次工作方法和资料处理方法有效。本次工作共推断断层57处,推断岩溶及低阻异常83处。

通过大地电磁技术在太行山隧道勘察中的应用,总结了断层、岩溶、地下水等地质问题所具备的大地电磁物性特征,为以后分析判断大地电磁物探成果提供了依据及标准。

参考文献

[1] 石昆法.可控源音频大地电磁法理论与应用[M].北京:科学出版社,1999.

电法勘探在水库大坝渗流安全评价中的应用

郑灿堂　万　海　董延朋

（山东省水利科学研究院　济南　250013）

摘要：近年来,电法勘探在水库大坝安全隐患探测中得到推广应用,并取得了令人瞩目的成就。本文以山东省潍坊市郭家村水库大坝为实例,介绍了充电法和高密度电法在大坝渗漏隐患探测中的应用,并简要阐述了该技术对大坝渗流安全评价所起的作用。用充电法测定渗漏隐患的平面分布范围及其入渗带的位置,用高密度电法查明渗漏隐患的垂向分布,两种方法相结合,可以测定渗漏隐患的空间位置,给钻孔勘探和渗流计算提供指导,使钻探避免了盲目性,使渗流计算参数的选定更加确切,大大增加了渗流安全评价的可靠性。

关键词：电法勘探　充电法　高密度电法　渗漏隐患　安全评价

我国在新中国成立初期建设了大量的水库,受当时经济、技术等条件的限制,填筑质量普遍不高,运行几十年来,由于外部条件的影响以及大坝的自然老化,许多水库不同程度地存在着渗漏隐患。为了对渗漏隐患的分布范围和危害程度作出可靠评价,以避免隐患治理的盲目性,我们对山东省潍坊市郭家村水库大坝渗漏隐患采用了动态导体充电法和高密度电法两种电法勘探技术进行探测,并通过钻探取样及注水试验,为渗流计算提供了确切的隐患部位以及物理指标和渗透系数等计算参数,最后对渗漏隐患进行了安全评价。

1　水库基本概况

郭家村水库位于山东省潍河水系百尺河的上游,于1959年动工修建,1960年拦洪蓄水。该库大坝为均质土坝,全长2 007 m,最大坝高17.0 m,迎水坡坡比为1:3,背水坡高程89.0 m处设一顶宽2.0 m的戗台,戗台以上坡比为1:2.5,以下为1:3。

水库地质资料缺乏,部分坝段坝体和坝基常年渗漏,渗流逸出点较高,坝后浸没严重,曾多次出现险情,严重影响水库蓄水和安全运行,被列为第二批国家病险库之一。

2　电法探测基本原理

随着电子仪器、计算机技术的迅猛发展,动态导体充电法和高密度电法等物探手段已成为堤坝隐患探测的常用技术。基于物探手段对探测地质体解释的多解性和特殊性,决定对郭家村水库大坝采用物探和钻探联合探测,并进行渗流计算,以达到先定性解释后定量解释,最终对渗漏隐患作出准确的安全评价。

作者简介：郑灿堂(1957—),男,山东东平人,研究员,主要研究堤坝安全检测、分析和评估技术以及水利工程建设质量与安全检测评定技术。

2.1　充电法

充电法是在渗流出逸点、钻孔、探槽、坑道中等天然漏头或人工揭露点上接一供电电极(A),另一供电电极(B)置于远离充电体的地方,其电场影响忽略不计。然后在 AB 线路里接上电源对渗漏隐患(充电体)进行供电,形成稳定电流场,该电场的分布特征与充电体的形态、大小和产状等因素有关。

江河、水库、湖泊中的水体在空间的分布一般为均匀体,充电时形成的电流场的电流密度均匀分布。存在渗漏时,渗漏带形成线形导体,线形导体的电阻率一般比"围岩"的电阻率要低得多,所以电流线主要沿渗流方向分布。在主要渗漏带电流线密度相对较高,可以测到最大归一化的 $\Delta U/I$ 值;随着远离主要渗漏的地段,其电场微弱,且均匀分布,测到归一化的 $\Delta U/I$ 值很低。

堤坝中的渗漏隐患在自然状态下为线形导体,注入电解质溶液时则成为良好的线形动态导体。它与常见的导电良好的固态导体不同,动态导体的形状、规模和导电性随时间而变化。充电法的地电模型、测线布置见图1。

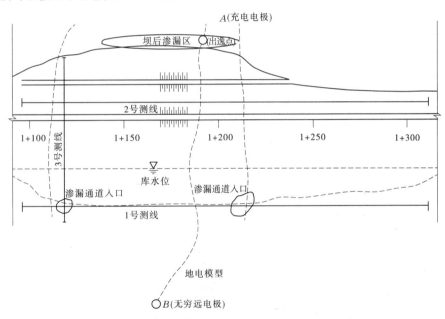

图 1　充电法的地电模型、测线布置和探测结果示意

2.2　高密度电法

高密度电法就其原理而言,与传统的电阻率法相同,是在传统电法基础上发展起来的电法勘探手段。常规的电法勘探由于其观测方式的限制,不仅测点稀疏,而且很难从电极排列的某种组合上去研究地电断面的结构与分布,提供的地电断面结构特征的地质信息较为贫乏,无法对结果进行统计处理和对比解释。高密度电法与常规的电阻率法不同的是一次设置较多的测试电极,一次勘探过程完成纵横二维勘探测试,能在现场准确快速地采集大量数据,具有较强的抗干扰性能。

由于同一介质成分或结构等不同以及不同的介质,它们具有不同的电阻率。假定介质为均质各向同性,地下介质电阻率通过式(1)进行计算:

$$\rho = K \frac{\Delta U}{I} \tag{1}$$

式中: ρ 为岩土的视电阻率, $\Omega \cdot m$; ΔU 为电位差, V; I 为供电电流强度, A; K 为装置系数,与布极方式和电极距有关。

3 坝体和坝基的地球物理特征

通过对郭家村水库大坝坝体和坝基的物探及钻探结果可知:坝体系壤土均质坝,含水量相同的条件下,其电阻率随壤土中粗颗粒的含量不同而不同,粗颗粒含量高时,电阻率大;反之,粗颗粒含量低时,电阻率小,其变化范围为 $10 \sim 30 \ \Omega \cdot m$。坝体中存在渗漏带时,由于渗漏带的含水量大,电阻率明显降低。坝基砂层的电阻率为 $50 \sim 60 \ \Omega \cdot m$,坝基中渗漏带的电阻率也相对较低。下伏基岩为凝灰岩,电阻率较高,一般大于 $200 \ \Omega \cdot m$。

4 工程中的应用

该水库多次出现险情,为了查明渗漏隐患的平面位置,平行坝轴线布设了两条充电法测线,采用梯度观测;为了查明隐患的垂向分布及成因,在充电法测得隐患部位处垂直坝轴线布置了一条高密度电法横断面,在隐患处坝顶轴线上布设了一条高密度电法纵断面。两种方法相结合,以测定渗漏隐患的空间位置。

4.1 野外探测方法

4.1.1 充电法

4.1.1.1 观测方法

充电法现场检测采用电位梯度法,测量电极 M、N 采用不极化电极,电极距固定,这样测出的异常属于纯异常。

4.1.1.2 资料处理方法

整理观测结果时,把所测的电位差转化为单位距离及单位电流强度时的电位差,即将电位差数值被 MN 之间的距离和供电电流 I 去除:

$$\Delta U = \frac{\Delta U_{MN}}{IMN} \tag{2}$$

式中: ΔU 为电位梯度(归一化), $\frac{MV}{Am}$; ΔU_{MN} 为观测到的电位差,MV; I 为供电电流强度,A; MN 为测量电极 M 和电极 N 之间的距离,m。

如果 MN 之间的距离和 I 保持不变,可以只观测电位差,此时

$$\Delta U = \Delta U_{MN} \tag{3}$$

4.1.2 高密度电法

4.1.2.1 观测方法与工作布置

考虑到探测目的和大坝的具体地形情况,采用温纳装置,与常规电阻率法相比设置了较高的测点密度,在测量方法上采取了一些有效的设计,使得数据采集系统有较高的精度和较强的抗干扰能力。在充电法测出的河床坝段渗漏隐患范围内的坝顶轴线上布置了一条纵断面,在河床段渗漏严重的部位(1 + 134 断面)布置了一条横断面。

4.1.2.2 资料处理方法

数据处理采用 Geoelectrical Imaging 快速二维电阻率反演软件。该软件采用非线性最小二乘法反演技术自动生成由实测数据确定的二维电阻率模型剖面,其主要处理流程如下:

(1)数据文件编辑。Geoelectrical Imaging 软件的数据文件一般为三列:第一列为记录点横坐标,表示电阻率剖面的具体位置,记录点为 P1P2 测量电极的中点;第二列为记录点纵坐标,表示记录的深度参数;第三列为与记录点对应的实测视电阻率值。对形成的数据文件利用软件的数据编辑功能剔除那些突变点或畸变点,以保证反演的准确性,形成二维反演单元模型。

(2)二维单元模型。根据数据文件,程序自动生成用于有限元计算的二维单元模型。

(3)电阻率二维成像处理。电阻率二维成像处理通过三个过程的三张剖面图展现。第一幅图为视电阻率剖面;第二幅为经过圆滑偏置滤波处理后的计算视电阻率剖面;第三幅为经过 3 次迭代,均方误差 <10% 的反演真电阻率剖面,它反映了地下介质的电性分布。

4.2 资料解释

图 2 为充电法 1 号测线和 2 号测线的归一化电位曲线。从 1 号电位曲线中可以看出:大坝 1 +120 ~ 1 +240 段为渗漏段,其中 1 +120 ~ 1 +140、1 +200 ~ 1 +236 两段异常值为正常值的 3 倍以上,说明上述部位渗漏严重,根据以往经验判断,已形成渗漏通道;其余部位为一般性渗漏。从 2 号电位曲线可以看出,该剖面 1 +120 ~ 1 +230 段为渗漏异常段,其中 1 +124 ~ 1 +146 段、1 +206 ~ 1 +230 段为严重渗漏段。2 号测线渗漏异常位置与 1 号测线基本一致。

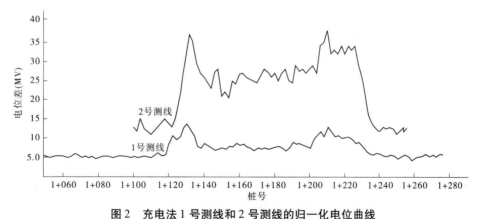

图 2 充电法 1 号测线和 2 号测线的归一化电位曲线

图 3 为大坝 1 +060 ~ 1 +480 段坝顶轴线高密度电阻率图像。从图 3 可以看出,大坝垂向上存在三处隐患:① 坝顶 1.5 m 以上,坝料电阻率较高,一般为 50 ~ 60 Ω·m,系砂类土的反映;② 结合地面高程,从深度上分析,坝体内部 12.0 ~ 16.0 m 处电阻率较高,一般在 40 ~ 60 Ω·m,亦系砂类土的反映,只是由于坝体壤土影响,电阻率稍微降低;③从深度上分析,深度 16.0 ~ 17.0 m 应为坝基,该部位电阻率较高,一般为 50 ~ 60 Ω·m,亦系砂类土的反映。

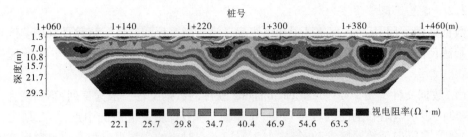

图3 大坝 1 + 060 ~ 1 + 480 段坝顶轴线高密度电阻率图像

图4为大坝 1 + 134 断面高密度电阻率图像。从图4可以看出,大坝垂向上存在三处隐患:①坝顶 1.0 ~ 1.5 m 以上,坝料电阻率较高,一般为 50 ~ 60 Ω·m,系砂类土的反映;②结合地面高程,从深度上分析,坝体内部 11.5 ~ 16.0 m 处电阻率较高,一般为 40 ~ 60 Ω·m,系砂类土的反映;③从深度上分析,深度 16.0 ~ 17.0 m 应为坝基,电阻率较高,一般为 50 ~ 60 Ω·m,亦系砂类土的反映。

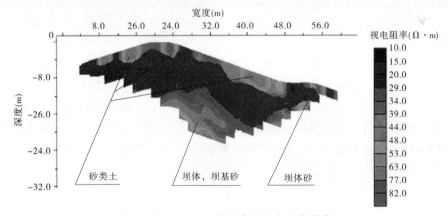

图4 大坝 1 + 134 断面高密度电阻率图像

5 地质钻探验证

如上所述,用充电法查明了大坝渗漏隐患的平面分布,然后用高密度电法查明了大坝河槽段渗漏隐患的垂向分布,但是隐患部位砂类土的颗粒级配、渗透系数等物理力学指标需要地质钻探、现场试验和室内试验来完成。

为此在充电法探测存在严重渗漏的两个断面,即 1 + 134 和 1 + 213 横断面布置了 6 个钻孔,通过取样确定土的物理力学指标。钻探结果表明:坝顶存在一层粗砂砾石层,厚度为 1.0 ~ 1.2 m;坝体内部 12.0 ~ 17.0 m 存在厚 5.6 m 的中粗砂透镜体;坝基砂没有清除、隐患部位钻进时漏水。钻探结果与物探判别基本一致。

6 渗流计算

渗透破坏是一个复杂的问题,对任何水工建筑物而言,渗透变形可以是单一形式出现,也可以是多种形式相伴出现于各个不同部位,渗透破坏起初通常是建筑物或地基的薄弱环节,即隐患存在的部位。物探和钻探查明了大坝河槽段坝基与坝体内存在松散砂层,

1 + 120 ~ 1 + 240 段坝基渗漏严重,为渗流计算提供了范围;坝体内采用注水试验,坝基采用抽水试验,测得坝体壤土、中粗砂透镜体和坝基砂的渗透系数分别为 5.42×10^{-4} cm/s、2.74×10^{-3} cm/s 和 8.6×10^{-3} cm/s。土的物理指标采用孔内原状砂类土取土器取样,经室内试验取得了渗流计算需要的参数。土的物理指标见表1。

表1 坝体壤土、中粗砂透镜体及坝基砂的物理指标

位置	土的不均匀系数	土的细粒含量(%)	土的孔隙率	孔隙比	土的比重	d_5(mm)	d_{20}(mm)
坝体壤土				0.659	2.70		
坝体砂	117	23	32.5	0.483	2.67	0.002	0.075
坝基砂	80	20	34.3	0.522	2.67	0.006	0.06

砂性土的渗透变形类型应根据土的细粒含量采用下式判断:

$$p_c \geqslant \frac{1}{4(1-n)} \times 100（流土）\tag{4}$$

$$p_c < \frac{1}{4(1-n)} \times 100（管涌）\tag{5}$$

式中:p_c 为土的细粒颗粒含量,以质量百分率计(%);n 为土的孔隙率。

由以上公式可以计算出,坝基砂的渗透变形类型为管涌。

管涌型临界水力比降采用下式计算:

$$J_{cr} = 2.2(G_s - 1)(1 - n)^2 d_5/d_{20}\tag{6}$$

式中:d_5、d_{20} 分别为占总土重的5%和20%的土粒粒径。

根据《水利水电工程地质勘察规范》(GB 50287—99),安全系数取1.5,则坝基砂的临界水力坡降和允许水力坡降见表2。

表2 坝基砂的临界水力坡降和允许水力坡降

位置	渗透变形类型	临界水力坡降	允许水力坡降
坝基	管涌	0.16	0.10

根据工程经验判定坝体壤土(无保护时)的渗透变形类型为流土,临界水力坡降采用下式计算:

$$J_{cr} = \frac{G_s - 1}{1 + e}\tag{7}$$

式中:G_s 为土的相对密实度;e 为土的孔隙比;J_{cr} 为土的临界水力坡降。

经计算,坝体壤土的临界水力坡降为1.02。根据《水利水电工程地质勘察规范》(GB 50287—99)要求,安全系数取2,坝体壤土的允许出逸坡降为0.51。

坝基砂平均水力坡降采用下式计算:

$$J = H/B\tag{8}$$

式中:J 为渗流坡降;H 为坝上、下游水头差,取15.3 m;B 为坝底宽度,取104 m。

大坝渗流量计算采用有限元法计算,上游水位采用设计洪水位295.85 m,下游水位

采用坝后多年平均水位 81.00 m。经计算,1 + 134 断面单宽渗流量为 4.67 m³/(d·m),坝基砂的平均坡降为 0.15,坝体壤土的出逸坡降为 0.56,河槽坝段异常段年渗流量为 10 万 m³。

7　渗流安全评价

　　经过充电法和高密度电法探测,查明大坝 1 + 120 ~ 1 + 240 为渗漏段,其中 1 + 134 断面和 1 + 213 断面附近已形成渗漏通道。地质钻探验证了物探判断的正确性,并取得了隐患处坝料的物理参数及渗透系数。通过渗流计算可得到渗流等势线(见图 5),从渗流等势线可以看出,坝后出逸点位于排水体以上,出逸坡降大于无保护时壤土的允许坡降,分析认为,坝体壤土易形成渗透破坏,坝基砂的渗流坡降计算值大于允许值,所以坝基砂存在管涌破坏的危险。

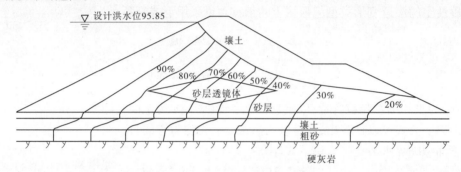

图 5　设计洪水位时渗流等势线

8　结语

　　通过充电法、高密度电法和地质钻探的联合探测以及渗流计算分析,查明了郭家村水库坝后渗水明流的成因,并对该库渗流安全进行了评价。综上所述,可得出如下几点认识:

　　(1)针对大坝渗漏,特别是坝后出现渗水明流的隐患,充电法能快速有效地查明渗漏入渗处、渗漏通道在平面上的分布;

　　(2)高密度电阻率成像可以形象地反映出地质体的细部变化;

　　(3)充电法和高密度电法两种方法既可相互验证,又能互为补充,二者联用可以查明渗漏隐患的空间分布范围,为钻探和渗流计算分析提供指导,使钻探避免了盲目性,使渗流计算参数的选定更加确切,大大增强了渗流安全评价的可靠性。

参考文献

[1] 傅良魁.电法勘探教程[M].北京:地质出版社,1983.
[2] 何裕盛.地下动态导体的充电法探测[M].北京:地质出版社,2001.
[3] 刘杰.土石坝渗流控制理论基础及工程经验教训[M].北京:中国水利水电出版社,2006.

探地雷达勘察岩溶实例分析

刘康和

（中水北方勘测设计研究有限责任公司 天津 300222）

摘要：简述探地雷达的基本原理，介绍了探地雷达在勘察岩溶中的应用实例，说明探地雷达是岩溶区岩土工程勘察和评价的有效方法。

关键词：探地雷达 岩溶勘察 黄河万家寨水利枢纽

1 引言

探地雷达因具有分辨率高、定位准确、快速经济、灵活方便、剖面直观、实时图像显示等优点，备受广大工程技术人员的青睐。现已成功地应用于岩土工程勘察、工程质量无损检测、水文地质调查、矿产资源研究、生态环境检测、城市地下管网普查、文物及考古探测等众多领域，取得了显著的探测效果和社会经济效益，并在工程实践中不断完善和提高，必将在工程探测领域发挥着愈来愈重要的作用。本文以黄河万家寨水利枢纽库区岩溶勘察为例，说明探地雷达技术在岩溶勘察中的应用情况，以此与同行进行切磋，推动隐伏岩溶探测技术的发展。

2 基本原理

探地雷达与探空雷达相似，利用高频电磁波（主频为数十、数百乃至数千兆赫）以宽频带、短脉冲的形式，由地面通过发射天线（T）向地下发射，当它遇到地下地质体或介质分界面时发生反射，并返回地面，被放置在地表的接收天线（R）接收，并由主机记录下来，形成雷达剖面图。由于电磁波在介质中传播时，其路径、电磁波场强度以及波形将随所通过介质的电磁特性及其几何形态而发生变化。因此，根据接收到的电磁波特征，即波的旅行时间（亦称双程走时）、幅度、频率和波形等，通过雷达图像的处理和分析，可确定地下界面或目标体的空间位置或结构特征。

雷达波（电磁波）在界面上的反射和透射遵循 Snell 定律。实际观测时，由于发射天线与接收天线的距离很近，所以其电磁场方向通常垂直于入射平面，并近似看做法向入射，反射脉冲信号的强度与界面的反射系数和穿透介质的衰减系数有关，主要取决于周围介质与反射目的体的电导率和介电常数。对于以位移电流为主的介质，即大多数岩石介质属非磁性、非导电介质，常常满足 $\sigma/\omega\varepsilon \ll 1$，于是衰减系数（$\beta$）的近似值为：

作者简介：刘康和（1962—），男，河南遂平人，高级工程师，物探专业总工程师，从事工程物探技术管理与研究工作。

$$\beta = \frac{\sigma}{2}\sqrt{\frac{\mu}{\varepsilon}} \tag{1}$$

即衰减系数与电导率(σ)及磁导率(μ)的平方根成正比,与介电常数(ε)的平方根成反比。而界面的反射系数为:

$$r = \frac{Z_2\cos\theta_1 - Z_1\cos\theta_2}{Z_2\cos\theta_1 + Z_1\cos\theta_2} \tag{2}$$

式中 Z 为波阻抗,其表达式为:

$$Z = \sqrt{\frac{\mu}{\varepsilon}}\left[\sqrt{1 + \left(\frac{\sigma}{\omega\mu}\right)^2}\right]^{-\frac{1}{2}} \tag{3}$$

显然,电磁波在地层中的波阻抗值取决于地层特性参数和电磁波的频率。由此可见,电磁波的频率($\omega = 2\pi f$)越高,波阻抗越大。

对于雷达波常用频率范围(25 ~ 1 000 MHz),一般认为 $\sigma \ll \omega\varepsilon$,因而反射系数 r 可简写成:

$$r = \frac{\sqrt{\varepsilon_1} - \sqrt{\varepsilon_2}}{\sqrt{\varepsilon_1} + \sqrt{\varepsilon_2}} \tag{4}$$

上式表明反射系数 r 主要取决于上下层介电常数差异。

应用雷达记录的双程反射时间可以求得目的层的深度 H:

$$H = \frac{tc}{2\sqrt{\varepsilon_r}} \tag{5}$$

式中: t 为目的层雷达波的反射时间; c 为雷达波在真空中的传播速度(0.3 m/ns); ε_r 为目的层以上介质相对介电常数均值。

3　工程实例

3.1　概况

测区位于黄河万家寨水利枢纽库区右岸阳壕沟内,地表为第四系黄土,局部地段受水库蓄水的影响使得表层黄土受冲刷伴有陷落现象,沟壁多处已出现塌滑。下伏基岩为奥陶系中统灰岩,风化程度较高,溶蚀洞、溶蚀裂缝发育。

理论及实践经验表明:黄土、灰岩之间以及溶蚀洞、溶蚀裂缝带与围岩之间存在较大的电性、电磁性差异,具备探地雷达勘察的物理前提。但测区场地狭窄,地形起伏相对较大,不利于雷达测线的布设和现场施测以及探测成果的对比分析。

3.2　测试技术及资料处理

为便于对比分析,雷达测线一般沿沟底分段布设或沿沟壁等高线布置。

外业施测使用瑞典 MALA 地质科学仪器公司生产的 RAMAC/GPR 探地雷达系统,天线中心频率 50 MHz,收发天线间距 2 m。实测采用剖面法,且收发天线方向与测线方向平行。记录点距 0.5 m,采样频率 905 MHz,单一记录迹线的采样点数 512,叠加次数 16,记录时窗 565 ns。

雷达资料的数据处理与地震反射法勘探数据处理基本相同,主要有:①滤波及时频变换处理;②自动时变增益或控制增益处理;③多次重复测量平均处理;④速度分析及雷达合成处理等,旨在优化数据资料,突出目的体,最大限度地减少外界干扰,为进一步解释提供清晰可辨的图像。处理后的雷达剖面图和地震反射的时间剖面图相似,可依据该图进行地质解释。

根据以往工程经验和已知钻探揭露地层校准,该区第四系黄土雷达波速为 0.07 ~ 0.09 m/ns,奥陶系灰岩雷达波速为 0.10 ~ 0.13 m/ns,结合处理后的雷达剖面图中目标体的双程反射时间,即可得出目标体的埋深或倾向。

3.3　成果分析

探地雷达资料的地质解释是探地雷达探测的目的。由数据处理后的雷达图像,全面客观地分析各种雷达波组的特征(如波形、频率、强度等),尤其是反射波的波形及强度特征,通过同相轴的追踪,确定波组的地质意义,构制地质－地球物理解释模型,依据剖面解释获得整个测区的最终成果图。

探地雷达资料反映的是地下地层的电磁特性(介电常数及电导率)的分布情况,要把地下介质的电磁特性分布转化为地质分布,必须把地质、钻探、探地雷达这三个方面的资料有机结合起来,建立测区的地质－地球物理模型,才能获得正确的地下地质结构模式。

雷达资料的地质解释步骤一般为:

(1)反射层拾取。根据勘探孔与雷达图像的对比分析,建立各种地层的反射波组特征,识别反射波组的标志为同相性、相似性与波形特征等。

(2)时间剖面的解释。在充分掌握区域地质资料,了解测区所处的地质结构背景的基础上,研究重要波组的特征及其相互关系,掌握重要波组的地质结构特征,其中要重点研究特征波的同相轴的变化趋势。特征波是指强振幅、能长距离连续追踪、波形稳定的反射波。同时,还应分析时间剖面上的常见特殊波(如绕射波和断面波等),解释同相轴不连续带的原因等。

根据上述解释原则,对雷达图像进行地质解释如下:

图 1 为黄河万家寨水利枢纽库区右岸阳壕沟沟底右侧坡脚 1# 测线(靠近黄河且其延长线与黄河近 60°交角)雷达测试图像。此图由浅至深解释为:①雷达波双程时间小于 110 ns 时呈现波形稳定、振幅较强、可连续追踪的似水平层状(局部有起伏,基岩面不平所致)反射同相轴,该特征为均质黄土在雷达图像上的反映,经定量解释该黄土层厚度为 6 ~ 8 m;②黄土层以下灰岩,即雷达波双程时间大于 110 ns 段(埋深大于 6 ~ 8 m)出现雷达波同相轴不连续或缺失或杂乱无章,说明该处灰岩岩体溶蚀现象严重,如该测线测点桩号 25 ~ 37 m、顶部埋深 9 ~ 10 m 处出现强反射弧,推测为洞径 3 ~ 4 m 的溶洞,但该溶洞周围溶蚀裂缝发育,部分尚未完全成洞,该测线测点桩号 32 ~ 60、顶部埋深 21 ~ 22 m 处也表现为强反射弧,推测为洞径 4 ~ 5 m 的溶洞,但该溶洞已完全发育成洞。

图 2 为黄河万家寨水利枢纽库区右岸阳壕沟沟底左侧坡脚 2# 测线(靠近黄河且其延长线与黄河成近 65°交角,与 1# 测线近平行)雷达测试图像。此图由浅至深解释为:①雷达波双程时间小于 90 ~ 110 ns 时呈现波形稳定、振幅较强、可连续追踪的似水平层状(局部有起伏,基岩面不平所致)反射同相轴,该特征为均质黄土在雷达图像上的反映,经定量解释该黄土层厚度为 6 ~ 7 m;②黄土层以下灰岩,即雷达波双程时间大于 90 ~ 110 ns 段(埋深大于 6 ~ 7 m)出现雷达波同相轴不连续或缺失或杂乱无章,说明该处灰岩岩体溶

蚀现象较严重,如该测线测点桩号 20～40、顶部埋深 12～13 m 处出现强反射弧,推测为洞径 3～4 m 的溶洞,但该溶洞周围及岩体内溶蚀裂缝发育(见图中标注),部分尚未完全成洞,该测线测点桩号 58～65、顶部埋深 22～23 m 处也表现为强反射弧,推测为洞径小于 3 m 的溶洞,该溶洞也未完全发育成洞。

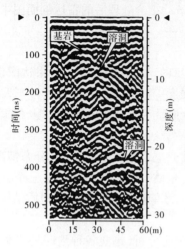

图 1　阳壕沟 1# 测线雷达测试图像　　　　图 2　阳壕沟 2# 测线雷达测试图像

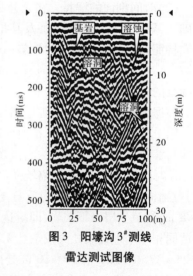

图 3 为黄河万家寨水利枢纽库区右岸阳壕沟沟底 3# 测线(较 1#、2# 测线远离黄河且其延长线与黄河近垂直)雷达测试图像。此图由浅至深解释为:①雷达波双程时间小于 60～90 ns 时呈现波形稳定、振幅较强、可连续追踪的似水平层状(局部有起伏,基岩面不平所致)反射同相轴,该特征为均质黄土在雷达图像上的反映,经定量解释该黄土层厚度为 4.5～6.5 m;②黄土层以下灰岩,即雷达波双程时间大于 60～90 ns 段(埋深大于 4.5～6.5 m)出现雷达波同相轴不连续或缺失或杂乱无章,说明该处灰岩岩体溶蚀现象较严重,如该测线测点桩号 25～56、顶部埋深 10～11 m 处出现强反射弧,推测为洞径 5～6 m 的溶洞,但该溶洞周围及岩体内溶蚀裂缝发育(见图中标注),部分尚未完全成洞,该测线测点桩号 80～100、顶部埋深约 17 m 处出现强反射半弧(由于地形关系未能全部测到),推测为洞径约 5 m、洞顶中心在桩号 100 处的溶洞,该溶洞发育成洞相对较好。

图 3　阳壕沟 3# 测线
雷达测试图像

通过雷达测试成果的地质解释,共划定地下灰岩岩体隐伏溶洞 2 个,溶蚀裂缝集中带多处,经地质钻探对部分物探成果验证,除洞径大小误差较大外,其他(如埋深和位置)基本与客观实际吻合,取得了较好的应用效果。

4　结语

（1）理论与实践证明，探地雷达在地下岩溶探测中能够发挥重要作用，不但具有快速、非破损、高精度、经济等优点，而且可以形象地揭示溶蚀异常的空间展布规律，在岩溶勘察中能够取得较好的应用效果，适宜于埋藏在地表以下 20～30 m 范围以内的目标体探测。同时，它对浅层或超浅层的工程探测有着十分广阔的应用前景，然而探地雷达的探测深度和精度与所采用的天线频率有很大关系，天线的频率越低，探测深度越大，则精度越低；而天线的频率越高，探测深度越浅，则精度越高。

（2）探地雷达技术可针对地下目标体实施大范围的连续扫描，能提供直观连续的剖面图和平面图，能有效弥补常规地质调查和钻探的不足，有利于岩溶区的灾害治理和地基评估。

（3）使用多种频率重复探测可以较好地处理不同深度、不同大小的目标体，并且可将不同频率的资料相互对比印证，提高解释的精度和可靠性。

（4）探地雷达技术所基于的电磁波理论是复杂的，在实际应用中同样受到介质性质、目标体性质、探测环境、仪器性能和技术经验等因素的影响。因此，在进行资料处理与分析时应结合各种信息进行科学判断，必要时应用多种方法相互验证、互相补充。

参考文献

[1] 王兴泰. 工程与环境物探新技术新方法[M]. 北京. 地质出版社. 1996.
[2] 刘康和. 探地雷达及其应用[J]. 水利水电工程设计, 1998(4): 38-39.
[3] 刘康和, 等. 瑞马探地雷达及其工程应用[J]. 水电站设计, 1999(4): 67-70.
[4] 刘康和. 地质雷达在水利工程质量检测中的应用[J]. 长江职工大学学报, 2001(1): 10-13.

频率域电磁法正演与反演——现状与趋势

汤井田　任政勇

（中南大学信息物理工程学院　长沙　410083）

摘要：本文简要介绍了几种应用较广泛的勘探电磁法正、反演方法，包括有限差分法、积分方程法、有限元法、广义线性化反演、完全非线性反演（蒙特卡洛法、遗传算法、人工神经元网络、模拟退火）及拟线性近似反演，分析了各种方法的特点和适用性，总结对比了各反演方法的性能和效率，并对正演和反演中的一些关键技术作出了评价与展望。

关键词：电磁法　有限差分法　积分方程法　有限元法　广义线性化反演　完全非线性反演　拟线性近似反演

1　引言

电磁勘探中的正演和反演都依赖于 Maxwell 方程组。在准静态极限下，并假设时间谐变因子为 $e^{-i\omega t}$，线性介质中，有：

$$\left.\begin{array}{l} \nabla \times E = i\omega\mu H \\ \nabla \times H = \sigma E + J_s \\ \nabla \cdot (\mu H) = 0 \\ \nabla \cdot (\varepsilon E) = \rho \end{array}\right\} \tag{1}$$

式中：E 为电场强度矢量；H 为磁场强度矢量；ω 为角频率；ε 为介电常数；μ 为磁导率；σ 为电导率；J_s 为仅在源点不为 0 的激励源；ρ 为体电荷密度。

一般地，E 和 H 也称为场量，ω、J_s 和 ρ 为场源量，ε、μ 和 σ 为介质参量。正演是已知场源量和介质参量，求场量分布。反演则有两类：一类是已知场量和介质参量，求场源，通常称为逆源问题，在地震监测、预报和电磁设计中有广泛应用；二类是已知场源和场量，求介质参数，这也是电磁勘探中反演的通常意义，也是本文讨论的范畴。

为保证正演的适定性，仅有上述 Maxwell 微分方程组是不够的，还必须给出内边界条件和开放边界上的正则条件。由于地质构造（决定了电磁模型）和电磁场边值问题的双重复杂性，一般的电磁模型是无法得到解析解的，因此数值模拟方法在电磁正演中得到了广泛应用。而由于观测数据集的不完备和等值性，人们只能依据某种标准从无限多的可能的电磁模型中找出最符合观测数据的模型。标准不同，找到的模型也可能不同，而且也存在这样的可能，即在同样的标准下，有多个模型符合观测数据。因此，电磁反演一般是

作者简介：汤井田（1964—），男，江苏人，教授，博士生导师，主要从事电磁场理论及应用研究，信息处理及反演研究。

不唯一的。

由于电磁场正演和反演是电磁勘探的基本问题,也是多年的研究前沿和热点,每年发表的文章很多。本文不准备连篇累牍地对每种方法作详细的介绍和讨论,仅扼要介绍应用较广泛的几种主要的正、反演方法,如有限差分法、积分方程法、有限元法、广义线性化反演、完全非线性反演、拟线性近似反演等,分析对比各方法的特点和适用性,并对正演和反演中的一些关键技术作出评价和展望。

2　频率域电磁测深数值模拟方法

有限差分法、积分方程法、有限元法是电磁测深正演中最主要的也是应用最多的几种数值模拟方法。频谱 Lancsoz 分解法、边界单元法、矩量法、微分 – 积分法、无网格的 Galerkin 等方法虽有一定应用,但不占主导地位。

2.1　有限差分法

有限差分法(Finite Difference Method,FDM)是最为古老的数值计算方法之一,在地球物理中的应用则始于 20 世纪 60 代。20 世纪 90 年代后,由于交错式网格的广泛应用,FDM 在地电磁场分析中也步入了黄金阶段,并延续至今。目前,FDM 已逐步应用于各向异性介质和时间域电磁模拟,并借助于并行技术求解。

FDM 首先将定解区域划分为规则的网格,其规模为 $M = N_x N_y N_z$,N_i 为直角坐标系中各方向上的节点数,电场与磁场被离散到每个节点。然后按差分原理,以每个节点上的差商近似代替相应的偏导数,从而得到关于节点上电场和磁场的线性方程组 $A_{FD}X = B$,A_{FD} 为 $3M \times 3M$ 的复数、对称、大型、稀疏矩阵,X 为 $3M \times 1$ 矩阵,为各节点上电场或磁场的三分量值,B 为由源和边界条件生成 $3M \times 1$ 的矩阵。解上述方程组,就可以求出电磁场在各个节点上的值。若再应用插值方法,可获得整个定解区域上的近似解。

FDM 网格剖分简便,数据易于准备,程序编制简易,且交错网格的采用,使它可以很好地处理内部介质差异导致的磁场与电场的不连续现象。但对于电导率变化复杂、地形等不规则的电磁模型,FDM 缺乏灵活性。

2.2　积分方程法

积分方程法(Integral Equation Method,IEM)将 Maxwell 微分方程转换为 Fredholm 积分方程,其电场表达式为:

$$E(r) = E_b(r) + \int_v G(r,r')(\sigma - \sigma_b)E(r')\mathrm{d}r' \tag{2}$$

式中:$E(r)$ 为待求的总场;$E_b(r)$ 为一次场,通常是由均匀或层状介质产生的,其解析表达式为复杂的 Bessel 函数积分,可以由汉克尔变换或高斯积分求得;$G(r,r')$ 为并矢 Green 函数;v 为电导率异常区,即 $\Delta\sigma = \sigma - \sigma_b$ 不为 0 的区域;σ_b 为背景电导率。

为求解式(2),通常将不均匀体划分为 N 个小立方体,并假设每个小单元内场值为其中心点的值,从而得到线性方程组 $A_{IE}X = B$,A_{IE} 为 $3N \times 3N$ 的复数、密实矩阵。求解此方程组,可得到定解区域上的电磁场值。磁场的表达式与式(2)类似。式(2)就是著名的散射方程,它在很多领域都有重要应用。

由于只需要对电导率有变化的区域进行剖分和求积分,且不涉及微分方法中的吸收边界等复杂问题,因此 IEM 产生的线性方程组维数远小于其他方法,计算速度特别快,且占用内存少,编程也较简单,从而使三维电磁数值模拟不再"昂贵"和"费时",是目前最廉价、快速、能推广的计算技术。

IEM 虽然计算速度快,但对电导率变化复杂、地形起伏较大基本是无能为力的。即使对于简单的三维问题,其解的精度也严重依赖于 A_{IE} 的精确度。一般来讲,A_{IE} 的精确度取决于并矢格林函数的计算。由于并矢格林函数是奇异的,因此其计算精度无法保证,计算也十分耗时。

2.3　有限元法

有限元法(Finite Element Method, FEM)于 20 世纪 60 年代被提出,1971 年 Coggog 首先将其应用于半空间中感应异常的计算,开创了 FEM 在电磁场数值模拟中应用的先河。

FEM 是依据变分原理或加权余值法导出与定解问题等价的积分弱解,并将定解区域剖分成规则或不规则的单元,单元上的场由节点上的场值插值得到,通过求泛函极值,得到关于节点上电磁场值的线性方程组 $A_{FE}X = B$,A_{FE} 为大型的对称、正定、复数、稀疏矩阵。解方程组求出节点上的场值后,由插值可得到整个定解区域上的电磁场。

FEM 是边值问题中数学理论最为完善的一种方法,而且对单元形状没有要求。由于三角形和四面体单元可以足够精确地剖分复杂的电磁模型,FEM 能够求解边界复杂、地形、介质变化大等 FDM、IEM 难以求解的复杂模型,且所形成的系数矩阵对称、正定、稀疏,容易求解,收敛性好,占用内存少,程序通用性强,因此得到了广泛的研究和应用。国内外大量学者讨论了 FEM 在直流电阻率、大地电磁测深、可控源电磁测深等方法中的应用,内容涉及到 2D、2.5D、3D 电磁场计算的基本理论、单元及形状函数、吸收边界条件、线性方程组求解、实际应用等各个方面,是电磁场数值模拟中最为活跃的领域之一。但 FEM 单元的剖分常常没有规律,对无边界区域的求解不方便。

目前 FEM 求解电磁场主要有两种思路:一是直接从电场或磁场的旋度方程出发,但这种方法存在"伪解现象",且电磁场在界面上是强制性连续的;二是先求解电磁场的势函数,再求出电磁场分布。有三种基本的势函数定义方法:一是基于磁矢量势与电标量势的 $A - \Phi$ 系统;二是基于磁矢量势、电标量势和磁标量势的 $A - \Phi - \Psi$ 方法;三是基于磁标量势与电矢量势的 $T - \Omega$ 公式。尽管 $A - \Phi$ 系统的计算量稍大,但其方程对称、简单、通用,且在 Coulomb 规范下势在求解域内连续,符合节点型有限元的基本要求,而不必引入复杂的基于边的矢量有限元方法。当然,仅基于磁矢量势 A 也可求解电磁场,但由于电场是 A 的二阶微分,这要求单元插值函数阶次不低于 2,自由度大大增加,计算困难,因此很少采用。

理论上,只要单元足够精细,FEM 数值解可以无限逼近连续介质时的准确解。但实际上,计算误差取决于对模型的一次剖分。虽然局部加密网格可以减少个别点的奇异性,但对网格的重新剖分并不能保证数值解向准确解收敛。由 Zienkiewicz 与 Babushka 等提出并发展的自适应有限元(Adaptive Finite - Element Method, AFEM)从数学理论上保证了数值解呈拟指数方式收敛到准确解。自适应有限元的核心是后验误差的估计和非结构化网格。根据后验误差,可以自动调整网格单元的大小、阶次,且可保证修订后的计算结果比前次更优,最后可给出满足精度要求的数值结果及相应的误差分析。目前,地电磁场模拟中的 AFEM 正处于萌芽和发展之中。Demkowicz 与 Rachowicz 等对直流电测井和电磁场进行了 AFEM 数值计算,得出了高精度的视电阻率结果。Key 等采用 AFEM 进行大地电磁二维数值模拟。Li 给出了海底可控源电磁法二维模型的初步结果。汤井田、任政勇进行了三维稳定电流场的自适应有限元模拟,并提出了基于 Coulomb 规范下 $A - \Phi$ 系统的 AFEM 计算方案。

2.4　电磁正演的速度评价

各种电磁数值模拟最终都要求解复数、大型的线性方程组,共轭梯度法(Conjugate Gradient, CG)是求解的有效方法之一。该方程组的求解时间约占计算总时间的80%。一般地,FEM、FDM、IEM 等生成的线性方程组的条件数(Condition Number, CN)非常大,而求解速度与 CN 成正比。因此,如何减小线性方程组的 CN,是影响电磁正演速度的关键,这也就大大促进了预条件处理器的发展和应用。FEM 常用的预处理器有 Jacobi(JP)、对称迭代超松弛(SSOR)、不完全 Cholesky 分解(IC)及不完全 LU 分解器(ILU)。另外,低感应数法(Low Induction Number, LIN)及多重网格预处理器等也有应用。在 IEM 中,通常利用 MIDM(Modified Iterative – Dissipative Method)来加快方程的收敛速度,FDM 则常用 Jacobi 方法。表1和表2列出了 IEM 与 FDM 模拟三维感应测井时预处理器的性能对比,其中 IEM 测试平台为 PC P2 350 MHz,FDM 测试平台为 IBM RS – 6000 590 工作站。可见,经预处理的线性方程组不仅在收敛速度上有所加快,而且在精确度上也有所提高。因此,寻找最优化的预处理器和线性方程组快速解法将是电磁正演的发展趋势之一。

表1　各种预处理器的性能

正演方法	网格数	频率(kHz)	预处理器	迭代次数	运行时间 $T(s)$
IEM	30 752	101 600	MIDM	7	2 950
	563 328	10	LIN	17	2 121
FDM	435 334	160	Jacobi	6 000	5 686
	435 334	5 000	Jacobi	1 200	1 101

表2　IEM 法中的 LIN 与 Jacobi 处理器的测试性能

预处理器	迭代次数	相对残差
Jacobi	1	1.00×10^{-3}
	5	2.00×10^{-11}
LIN	1	1.10×10^{-1}
	100	9.40×10^{-5}
	1 000	1.30×10^{-10}

3　频率测深反演方法

电磁法反演主要研究从观测数据向量到电磁模型参数向量的映射方法。一般地,反演包括四个问题:①解的存在性。即对于一组观测数据,是否存在一个能拟合观测数据的模型。②解的非唯一性。如果存在能拟合数据的模型,它是唯一的还是非唯一的。③模型构建。如何获取能拟合数据的模型。④解的评价。如果解是非唯一的,那么构建的模型有何意义。

理论上已经证明,给定一组观测数据后,总可以找到能拟合它的模型。由于数据有限(不完备),且存在误差,反演解一般是非唯一的,它是一定标准或置信度下有意义的最优解。

构建反演模型有三种主要的方法,即基于向量残差最小的广义线性最优化反演方法、完全非线性迭代法和电磁逆散射方法。

3.1　广义线性最优化反演方法

数学上,基于向量残差最小的广义线性最优化方法可以表示为

$$O(m) = \| d - f(m) \|^p \to \min \tag{3}$$

式中:$O(m)$ 为目标函数;d 为观测数据向量;m 为模型参数向量;$f(\cdot)$ 为理论正演算子;$\| \cdot \|^p$ 为 p 阶范数,一般取 2。

根据不同的目的,对目标函数可以作适当修改或约束。由于 $f(\cdot)$ 通常是非线性的,导致反演也是本质非线性的。处理非线性最优化问题,主要有广义线性化迭代和完全非线性迭代方法。

线性化迭代法(Linear Iterate Method, LIM)是电磁反演中最古老、理论最完善、应用最广泛的一类方法,为人们所熟知。将非线性正演算子泰勒展开,再求目标函数对模型参数的偏导数,LIM 最终将求如下的法方程:

$$\Delta \dot{m} = J \cdot \Delta d \tag{4}$$

式中:Δm 为模型参数增量向量;J 为灵敏度矩阵,也称 Jacobian 矩阵,元素 $J_{ij} = \dfrac{\partial f_i(m)}{\partial m_j}$,是每个观测点上的响应对模型参数的偏导数;$\Delta d$ 为数据残差向量。

一般地,式(4)是严重病态的大型欠定方程组,传统的求解方法主要有最小二乘法、阻尼最小二乘法、高斯-牛顿法、马奎特法、广义逆分解法等。

影响 LIM 实际应用的有三大核心因素,正演的速度与精度、Jacobian 矩阵快速计算和大型病态线性方程组的求解,它们都与模型参数数量有关。对于模型参数比较少的一维层状介质,传统方法反演的速度和效果都是可以接受的。但在 2D 及 3D 反演中,模型参数数量以万计,甚至以百万计,导致正演的速度和精度严重不足,灵敏度矩阵难以精确快速计算,病态法方程求解也十分困难,因此除少数简单模型或近似方法外,复杂模型的 2D 及 3D 电磁反演还难以满足实际需要。鉴于快速准确地计算 Jacobian 矩阵的非现实性,发展近似或不需要直接计算灵敏度矩阵的方法是趋势之一。

预处理共轭梯度法(Preconditioned Conjugate Gradient, PCG)、双共轭梯度法(BiCG)、非线性共轭梯度法(Non-Linear Conjugate Gradient, NLCG)等是求解 LIM 法方程的快速方法。PCG 不直接运算 Jacobian 矩阵,而是计算它与向量的点积,耗时约相当于 2 次正演的时间,从而极大地减少了计算代价。NLCG 计算 Jacobian 矩阵与梯度向量的点积,耗时相当于一次正演。另外,不精确高斯-牛顿法(Inexact Gauss-Newton, LGN)在

可控源电磁法 3D 反演中也得到了应用。表 3 列出了 NLCG 和 PCG 在不同数据反演中的速度对比。

表 3　NLCG 与 PCG 算法速度对比

实验人	时期	模型规模	工作平台	数据	方法及迭代次数	运行时间
Newman	2003 年	$N = 25\,600$, $M = 132\,553$	ASC Ⅱ Red 超级计算机，252 个处理器	3D MT	NLCG 68	120 h
Newman, Comber	2005 年	$N = 17\,820$	ASC Ⅱ Red 超级计算机，336 个处理器	3D TEM	NLCG 87	18 s
Mackie	2001 年	$N = 2\,000$, $M = 32\,604$	PC P2 400 MHz	3D MT	NLCG 20	10 h
Zhdanow, Goluben	2003 年	$N = 25\,600$, $M = 33\,600$	未知	3D MT	NLCG 30	14 min
Siripunvarapoin	2004 年	$N = 1\,440$, $M = 16\,464$	Dec 666 MHz, 1GRAM	3D MT	PCG 5	84 h
Varentsov	2002 年	$N = 1\,176$	P Ⅱ PC 450 MHz	3D MT	PCG 15	30 min
Sasaki	2001 年	$N = 210$	P Ⅱ PC	3D EM	PCG 3	25 h

线性迭代法的另一种趋势可称为一次性算法(All‐At‐Once method，AAO)。AAO 方法在求解正演模型的同时也进行参数反演，在正演初期并不要求结果精确，因此可以加快计算及反演速度。

3.2　完全非线性迭代法

由于线性化迭代法常常陷入目标函数的局部极小点，解依赖于初始值，因此完全非线性迭代法是另一类发展迅速的最优化方法，主要有蒙特卡洛法、遗传算法、人工神经网络法、模拟退火法等。

3.2.1　蒙特卡洛法

为纪念著名的赌城 Monte Carlo，通常将在解空间中随机、完全搜索以达到最优解的方法统称为蒙特卡洛法(MC)。由于 MC 可以解决其他方法难以解决的许多问题，在很多领域得到广泛应用。

显然，最简单最直接的 MC 反演是穷举法，即在一定条件下，对模型参数进行一切可能的组合，依次进行正演计算，并与观测数据比较，直到找到最优解。但显然这是不可能实现的。

传统的蒙特卡洛法是穷举法的改进，它不是对模型空间进行彻底的搜索，而是随机搜索，又称为尝试法(Trial and Error)。它是按一定的先验信息，随机地产生大量可选择的模型，通过正演计算，比较与观测数据的差，并根据预先给定的标准确定该模型是接受还是放弃。

显然，决定尝试法速度和效果的是随机搜索的原则，一般由某些公式产生的随机数控制。常用的随机数发生器有平方取中法、乘积取中法和乘同余法等。

广义地讲,遗传算法、模拟退火法等都属于 MC 类方法,但又和传统的蒙特卡洛法不同,它们不是随机地选择模型,而是在一定的原则下,有指导地选择模型,因此也称为启发式蒙特卡洛法。

3.2.2　遗传算法

遗传算法(Genetic Algorithm, GA)是由 Holland(1975)依据进化论和遗传学原理创立的,它通过群体的个体之间繁殖、变异、竞争等方法进行的信息交换优胜劣汰,从而一步步地逼近最优解。对个体的遗传操作主要是通过选择、交叉和变异这三个基本的遗传算子实现。

与生物进化类似,GA 的运算对象是可能的解空间集合,它由 N 个参数向量组成,向量的每个参数称为人工染色体,对染色体进行选择、交叉、变异,从而产生新的个体(参数向量),并由适应度(目标函数)评价每个个体的优劣,作为遗传的依据,并逐步达到最优解。因此,GA 一般包括个体编码、产生初始群体、构造评价函数、遗传操作(选择、交叉、变异)、判断收敛性、最优个体解码等步骤。

理论上,GA 可以解决任意维函数的优化问题。但随着参数规模的增加,计算次数也急剧增加,导致计算效率下降。另外,遗传算法容易出现"早熟",即算法收敛于局部极小点,这主要取决于设定的遗传和变异概率,理论上,基本的遗传算法收敛于最优解的概率也小于 1。GA 的另一个弱点是"爬山"能力差,这也是受变异概率影响。但变异概率大,则可能导致算法不收敛。

为克服 GA 的弱点,产生了多尺度编码、并行运算、混合编码等变种。表 4 是 GA 及其变种在电磁勘探反演中的应用效果对比。

表 4　GA 及其变种在电磁勘探反演中的应用效果

实验人	时期	模型规模	工作平台	应用领域	方法及速度
M. L. Smith	1992 年	$N=9\times9, N_m=266$ $I=126, P_c=P_m=0.5$	PC PⅡ 400 MHz	电磁层析成像	5 次迭代,GA
G. Ramillien	2001 年	$N=1\ km\times1\ km\times6\ km, I=7$, $N_m=500, P_c=0.6, P_m=0.4$	未知	重力及 EM 反演	2 次迭代,GA,每次 30~40 代
F. Boschetti, M. Dentith, R. L	1997 年	$M=10\ km\times22\ km, N=17$, $P_c=0.8, P_m=0.01$	SUN SPARCstation 20	2D 重力及 EM	15 min
F. Boschetti, M. Dentith, R. L	1997 年	$M=2\ km\times2\ km\times0.15\ km$, $N=9\times9\times3=51$, $P_c=0.8, P_m=0.01$	SUN SPARCstation 20	3D 重力及 EM	50 min
C. Chen, J. Xia	2006 年	$M=300\ m\times100\ m$, $P_m=0.3$	PC Ⅲ 1.0 GHz	标量 2D EM	86 次迭代,GA 混合编码
C. Schwarzback, et al.	2005 年	$M=40\ m\times6.2\ m, N_m=8\ 192$, $N=8\ 198\times2\ 048=224$, $I=960$	SGI AltixTX 3 000, 490 –690RAM; 32 Intel@ – ItaniumTM – 2, 24 个 3GHz CPU, 128 GB RAM	标量 3D EM	1 580 ~1 740 h, GA 并行运算 66 ~100 h
师学明, 王家映	2000 年	$M=10^5\ m\times10^5\ m, N_m=30$ $P_c=0.9, P_m=0.6$	未知	2D MT	65 次迭代,GA 多尺度编码

　　虽然遗传算法是一类重要的完全非线性最优化方法,但在电磁场反演中仍处于研究与发展阶段。随着 PC 计算机并行运算的发展,以及大型、超大型计算机的加盟,遗传算法的研究与应用也将越来越广泛而深入。

3.2.3　人工神经网络法

　　人工神经网络法(Artificial Neural Network,ANN)是基于生物学的神经元网络的基本原理而建立的,实质上是模仿大脑的结构和功能,借助计算机处理大规模信息的一种完全非线性反演方法。

　　ANN 有单层和多层之分,每一层包含若干个神经元,即信息处理元。各神经元之间用带可变权重的有向弧连接,网络通过对已知信息的反复学习训练,并逐步调整改变神经元连接权重的方法,达到处理信息、模拟输入输出之间关系的目的。因此,ANN 一般由三个基本元素组成:神经元、网络结构和学习规则。神经元是构成网络的基本单位,网络结构是由多个神经元按一定规则通过权重连接在一起的网状结构,学习规则是神经元之间连接权重的调整方法。根据三要素的不同(特别是学习规则),可将 ANN 分为很多种类,如多层前向神经元网络、多层误差反传神经网络、多层耦合神经网络等,图 1 是几种不同的 ANN 结构。

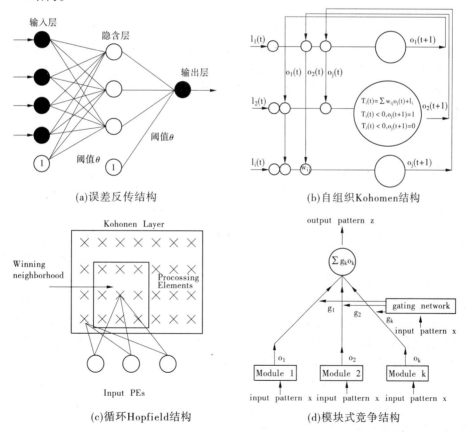

(a)误差反传结构　　　　　　　(b)自组织 Kohomen 结构

(c)循环 Hopfield 结构　　　　　　(d)模块式竞争结构

图 1　几种不同的 ANN 结构

在上述几种 ANN 算法中,最为广泛采用的是 BP 神经网络。由于结构不同,ANN 反演的性能也各不同,表 5 是几种 ANN 在电磁反演中的对比。总体而言,ANN 的速度较快,适合于大规模非线性反演。

表 5　几种 ANN 在电磁反演中的对比

实验人	时期	模型规模	模型规模	工作平台	应用领域
C. Manoj, N. Nagarajan	2003 年	3 000 s	PC P II 500 MHz	3D MT	60 min,BP
M. M. Poulton	1992 年	$N = 10\ m \times 150\ m$,拟合差 $2.5 \times 10^{-3}\ m^2$,13 个频率	PC	2D MT	2 000 min, Kohomen 自组织结构
Y. Zhang, K. V. Paulson	1997 年	COPROD1 COPROD2	PC	1D MT 2D MT	7 ~ 12 迭代循环 Hopfield 结构
L. Zhang, M. M. Poulton, T. Wang	2002 年	层状大地(70 层)	PC	1D 标量 EM	训练 20 min, 反演 3 s,BP
U. K. Singh, R. K. Tiwari, S. B. Singh	2005 年	$M = 15\ km \times 1\ km$	PC	1D 标量 EM	70 ~ 900 s,BP

由于 ANN 是模拟人脑的结构和功能建立的,虽然目前仅仅是对大脑的低级近似,但它的很多特点或优点都与大脑智能类似,如本质的并行结构和并行运算、信息的分布存储与联想记忆、强大的容错能力与适应性,以及图形识别功能等。同样地,ANN 也有很多局限,如不适于高精度的计算、受训练样本和方法影响大等。全方位模拟大脑功能,发展并行结构和运算方法,解决大型超大型反演问题,是 ANN 的趋势,也是 ANN 的优势所在。

3.2.4　模拟退火法

模拟退火法(Simulated Annealing,SA)属于一种通用的随机探索算法,其思路是模仿热平衡过程来寻找全局最优解或近似全局最优解。基本的模拟退火迭代步骤是 Kirkpatrick 等于 1983 提出的 Metropolis 过程。

在模拟退火中,降温的方式对算法有很大的影响。如果温度下降过快,可能会丢失极值点,而下降过慢,收敛又很慢,为此出现了很多的退火方案。另外,初始温度、温度步长和终止准则也是影响算法效果的关键因素。

遍历每一个温度的模拟退火是一个马儿可夫过程。理论上,只要按一定的条件,使退火的马儿可夫过程足够长,那么可以保证算法以概率收敛于全局最优解,且不依赖于初始温度。然而,实际的算法是不可能遍历所有温度状态的,因此 SA 计算效率比较低,结果也依赖于初始温度等因素。近年来,出现了许多改进方法,如采用温度的 Cauchy 或似 Cauchy 分布代替常规的高斯分布。Basu 等提出了用试验方法确定临界温度,由稍高于临界温度开始,在不同程度上提高了模拟退火法的计算效率。魏超等提出了量子退火算法。表 6 列出了 SA 的应用效果,相比于 ANN,其效率是很低的。

表6　SA 算法的应用效果

实验人	时期	模型规模	工作平台	应用领域	运行时间
S. P. SHARMA and P. KAIKKONEN	1999 年	M = 5 km × 4 km	Sun Enterprise Ultra4000	2D TEM	20 ~ 24 h
魏超,朱培民,王家映	2006 年	三地层模型 H = 200 m + 400 m + infinte.	PC	2D MT	14 501 次迭代

非线性迭代法中,还有随机搜索、禁忌搜索、原子跃迁等方法,但应用并不广泛。表7是截至 2006 年 9 月国外几个重要的地球物理学会(SEG,AGU,EGU,CGU)刊物中发表的关于最优化反演方面的论文数量,从中可以看出,线性化迭代法仍占有较大的比重,同时,电磁法反演方面的文章数量还偏少,相对于电磁勘探越来越广泛的应用,其反演解释显然需要更多的投入。

表7　几种最优化方法的论文数量对比(至 2006 年 9 月)

反演方法	地震勘探	地球物理领域测井技术	重磁勘探	电法与电磁法
线性化迭代法(LIM)	586	16	102	53
遗传算法(GA)	123	15	46	9
人工神经网络法(ANN)	92	22	35	20
模拟退火法(SA)	371	17	13	41

3.3　电磁逆散射方法

广义线性化反演在每次迭代过程中都要求解 Jacobian 矩阵和 Hassian 矩阵,不仅计算难度大且耗时,结果也依赖于初始模型,而完全非线性迭代则可能不收敛。因此,研究相对简单模型的三维电磁弱散射问题仍然有实用价值。

3.3.1　Born 线性近似

对于电磁场散射方程(2),若假设异常电导率与背景电导率相差不大(小扰动),以致在异常体内的散射场近似为零,则可以用入射场来近似总场,从而使非线性积分方程线性化,这就是所谓的 Born 线性近似。反演时,利用最小二乘法和 Born 线性近似反复迭代,可获得最优解。这种迭代的优点是概念简单、易于实现、抗噪声能力强且每次迭代时间短,其缺点是收敛速度慢。如果在每次迭代中都根据前次结果修改背景电导率,则可以加快收敛速度,但每次迭代都要计算更新的背景介质的格林函数,计算量要大很多。

杨峰等提出变分 Born 线性近似方法,即在 Born 线性近似后,应用变分方法导出用于反演的电场积分方程,它不仅收敛速度快,成像质量也得到了改善,而且不需要在每次迭代中重新计算格林函数,计算效率也有很大提高。

Born 线性近似及其变种都要求异常电导率必须是小扰动的。若要改善大扰动情况下的反演结果,则必须考虑多次散射。Habashy 等假设异常体内的总场是入射场的线性函数,将多次散射纳入了积分方程,大大地拓宽了线性近似的应用范围,但由于计算复杂,没有得到广泛应用。

3.3.2　Zhdanov 拟线性近似

Zhdanov 等假设异常体内异常场与背景场是线性相关的,从而构造了拟线性近似方法(Quasi – Linear,QL)。即:

$$E_s(r') = E(r') - E_b(r') = \lambda E_b(r') \tag{5}$$

其中 λ 是电反射张量,它是位置和频率的慢变函数。式(2)重写为:

$$E_s(r) = \int_v G(r,r')(\sigma - \sigma_b)(I + \lambda)E_b(r')\mathrm{d}r' = \int_v G(r,r')m(r')E_b(r')\mathrm{d}r' \tag{6}$$

电反射张量 λ 由下面的异常区域的线性化方程确定:

$$E_s(r) = \int_v G(r,r')m(r')E_b(r')\mathrm{d}r' = \lambda(r)E_b(r) \tag{7}$$

这是关于电反射张量 $\lambda(r)$ 的线性方程。Zhdanov 利用 $\lambda(r)$ 在散射体内的慢变条件,用最优化方法求解了 $\lambda(r)$,也可以由共轭梯度等方法求解。为保证 $\lambda(r)$ 是慢变的,可以将散射体划分成多个小单元,在每个单元上求出散射场,然后再进行线性叠加。在求出电反射张量后,再利用式(6)进行迭代反演。

在提出 QL 方法后,Zhdanov 又通过提高拟线性级数的阶次来增加计算精度。虽然同阶次的 Born 级数计算要快于拟线性级数,但在相同的计算精度下,Born 级数阶次必须比拟线性级数的高。因此,拟线性级数在计算三维电磁散射时比全积分方程或改进的 Born 级数更有效。模型计算表明,QL 方法正演精度明显优于 Born 近似,与精确解很接近,速度也比能得到精确解的数值法快很多,大约是 Born 近似的 2 倍,对一些强散射问题也给出了理想的近似解。对三维 MT 实测数据的反演合理地恢复了日本北海道南部和美国新墨西哥州两个温泉的地质模型和地质特征,反演过程也是快速而稳定的。

拟线性近似方法得到的散射场相当于二阶 Born 级数,由于将一部分多次散射引进了积分方程的计算中,因此 QL 方法比 Born 近似方法精确,而且由于反射张量是用最优化方法求出的,拟线性近似方法的解估计要比用二阶 Born 级数得到的解估计更精确。

4　总结与展望

快速高精度的电磁正演是所有反演方法的基础,决定着反演的速度和精度。目前,电磁正演的发展虽十分迅速,但精度和速度仍无法保证。不论是 FDM、IEM、FEM、BEM,还是其他的数值计算方法,都依赖于对模型的剖分,缺乏对计算精度的可靠评价。以后验误差引导的自适应有限元法(AFEM)为带地形的复杂的三维电磁模型的高精度计算提供了有效工具,但速度仍有赖于计算机性能的不断提高,因此并行计算是发展的方向之一。

反演虽然依赖于正演,但问题更为突出,也更富有挑战性。三维电磁反演的规模通常很大,需要在数十万甚至百万计的节点上进行数十次乃至上百次的正演计算,Jacobian 矩阵的计算量更是巨大,法方程严重病态,求解十分困难,甚至超出了目前 PC 机的计算能力。因此,如何减少参与反演的参数是三维电磁成像中首先应该考虑的,如采用多尺度反演技术。目前,除一维、二维及简单模型外,电磁反演技术还远没有达到实用化水平。快速或避免求 Jacobian 矩阵的反演方案、大型病态线性方程组的求解技术等仍是重点研究方向。

　　电磁反演的本质非线性,使得广义线性化反演常陷入局部最优解的泥潭,非线性系统的混沌效应又可能使完全非线性反演不收敛,摆脱这种两难境地的可能途径是将两种方法相结合。首先以适当的数学方法对解空间进行分解,在每一个子空间上进行非线性采样,选取不同的初始模型,并采用广义线性化反演给出该子空间上的最优解。然后以蒙特卡洛类方法,在完全的解空间上搜索出全局的最优解。

　　电磁反演的另一个问题是目标函数和约束条件的选取。基于向量残差的目标函数是目前最常用的。显然,向量残差最小并不能保证反演的参数向量一致收敛于目标向量。因此,如何使目标函数合理并具有最少化的局部极值点是更为复杂的问题,如增加对方向梯度的约束、最小构造约束等。另外,为保证解的稳定,需要对目标函数正则化,即增加稳定罚顶,这也有赖于先验信息,而且可影响解的平稳性、精确性等。

　　如同其他领域的反演,电磁反演的唯一性也取决于测量数据的完备性和冗余量。由于观测数据的不完备,电磁反演一般是非唯一的。减少非唯一的一个办法是进行联合方法,包括不同方法之间的联合和以同种方法不同参数之间联合。目前的联合反演基本上是将不同的反演结果进行综合或相互约束。事实上,也可以对每种方法或参数建立不同的目标函数及各自的约束条件,然后进行多目标的优化反演。

　　电磁正演与反演仍将是十分活跃而极具挑战性的研究领域。可以预期,随着数学理论和大型计算技术的不断发展,以及地球物理学者不懈的努力,复杂模型的快速高精度的电磁正演和三维反演将会不断取得突破,并有望在未来10年内应用于实际生产。

基于RRI反演的高频大地电磁测深在深边部矿产勘探中的试验研究

高才坤[1,2]　汤井田[1]　王　烨[1]　肖　晓[1]　杜华坤[1]

(1.中南大学信息物理工程学院　长沙　410083;2.昆明勘测设计研究院　昆明　650041)

摘要：随着我国国民经济的快速发展,对各种矿产资源的需求量越来越大。经过多年对近地表矿产开采之后,找矿的目标逐渐向矿区深边部发展。本文阐述采用Stratage[MT] EH－4电导率成像系统的高频大地电磁法,并且利用RRI反演,能够准确快速地探测大深度范围内的矿化异常,对矿区的深边部矿产的赋存状态进行超前的宏观预测,并将野外的成功实例进行分析。

关键词：高频大地电磁测深　Stratage[MT] EH－4电导率成像系统　地球物理找矿　RRI反演

随着我国国民经济的快速发展,对各种矿产资源的需求量越来越大。因此,矿山保有储量的严重不足和接替资源基地紧缺已成为阻碍我国经济发展和影响我国资源供应体系稳定性的重大隐患。传统的、以追索地表矿化露头式的地质找矿法,面对找寻盲矿、深部矿及解决有关隐伏的、深部的地质问题,早已力不从心。地质找矿工作必须紧密结合各种地球物理勘察、钻探等方法,获取更准确、丰富的地质信息,将传统地质找矿方法、地球化学找矿方法与地球物理找矿方法有机结合起来,才能实现地质找矿的重大突破。对于绝大多数储量危机的矿山而言,其找矿潜力并未枯竭,开展深部和周边部找矿仍是解决其接替资源的最佳途径,由于大多数储量危机矿山及所在区域都经历过了长期的找矿勘察,潜在的资源主要是难识别的和深埋藏的隐伏矿床(体)。在这种情况下,利用各种地球物理方法,对深部、边部矿产进行宏观预测,是一种快速、精确、经济可行的方法。本文介绍了一种快速的地球物理找矿方法,即高频大地电磁测深法(High Frequency MT,以下简称HMT),该方法选用的频率在10 Hz～100 kHz之间,所用的仪器为美国Stratage[TM] EH－4电导率成像系统。通过对内蒙古某矿区的RRI反演成果进行分析,说明了高频大地电磁测深法具有精度较高、分辨率好、快速、轻便的优点。

1　仪器方法简介

1.1　高频大地电磁测深方法原理

大地电磁测深法是研究地壳和上地幔构造的一种地球物理探测方法。它是以天然交变电磁场为场源,当交变电磁场以波的形式在地下介质中传播时,由于电磁感应作用,地面电磁场的观测值将包含有地下介质电阻率分布的信息。高频大地电磁测深法(HMT)

作者简介：高才坤(1968—),男,云南会泽人,教授级高级工程师,注册岩土工程师,在读博士生,主要从事工程物探技术研究及管理工作。

与大地电磁测深法(MT)、音频大地电磁测深法(AMT)最大的不同在于其所采用的天然电磁场的频率不同。大地电磁测深法采用的频率很低,一般为 $n \times 10^{-3} \sim n \times 10^{2}$ Hz;音频大地电磁测深法采用的频率一般为 $n \sim 8\,192$ Hz(n 表示 $1 \sim 9$)。这两种方法采用的频率都比较低,探测的深度也较深。而高频大地电磁法所使用的频率为 $10 \sim 10^{5}$ Hz,其频率相对前两种方法较高,探测深度一般在地下 $1\,000$ m 以内;同时,较高的频率使得高频大地电磁测深法的抗干扰能力增强。其工作频率范围分布如图 1 所示。

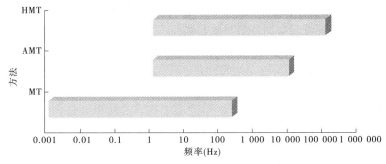

图 1　MT、AMT、HMT 工作频率分布

1.2　Stratage^MT EH－4 电导率成像系统简介

Stratage™ EH－4 电导率成像系统是由美国 EMI 公司和 Geometrics 公司联合研制生产的地球物理探测仪器,它是测量地表以下几米到 $1\,000$ m 深度内的电阻率的先进仪器之一。该系统能使用天然场和人工的电磁场信号,能在各种恶劣地形条件下进行电导率连续剖面观测。

该系统通过对测点电磁场正交分量的观测,得出相互正交的时域电场分量 E_x、E_y 和磁场分量 H_x、H_y,通过傅氏变换、功率谱计算,然后获得电阻率测深曲线,频率较高的数据反映浅部的地质特征,频率较低的数据反映深部的地层信息。其工作装置如图 2 所示。

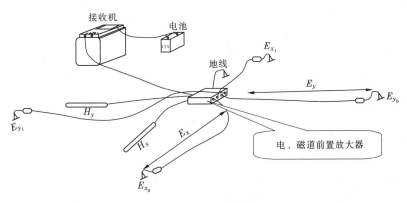

图 2　EH－4 工作装置

2　RRI 反演理论

在直角坐标系下,假设 x 轴平行于二维构造的走向,y 轴垂直于构造走向,z 轴正向下。忽略铁磁性和位移电流后,从电介质低频谐变场的 Maxwell 方程组出发,分别对 TE

模式和 TM 模式做推导可得：

$$
\begin{cases}
\nabla^2 E_x = -i\omega\mu\sigma(y,z)E_x \\
\dfrac{\partial E_x}{\partial z} = i\omega\mu H_y
\end{cases}
\tag{1}
$$

$$
\begin{cases}
\nabla^2 H_x + \nabla\rho \cdot \nabla H_x = -i\omega\mu_0 H_x \\
\rho\dfrac{\partial H_x}{\partial z} = E_y
\end{cases}
\tag{2}
$$

式(1)和式(2)分别是 TE 模式和 TM 模式的两组方程,在给定这两组方程的边界条件以后就可以进行正演模拟。对 TE 模式和 TM 模式分别定义变量：

$$
V = \frac{1}{E_x}\frac{\partial E_x}{\partial z} = i\omega\mu\frac{H_y}{E_x} \qquad U = \frac{\rho}{H_x}\frac{\partial H_x}{\partial z} = \frac{E_y}{H_x} = Z_{yx}
$$

作扰动分析,建立数据扰动和模型参数扰动之间的线性积分方程：

$$
\begin{cases}
\delta d_{xy} = \dfrac{2}{V(y_i,0)}\delta V = \displaystyle\int \dfrac{2\sigma_0(z)E_{x,0}^2(y_i,z)}{E_{x,0}(y_i,0)H_{y,0}(y_i,0)}\delta(\ln\sigma)\,\mathrm{d}z \\
\delta d_{yx} = \dfrac{2}{U(y_i,0)}\delta U = \displaystyle\int \dfrac{-2\sigma_0(z)E_{y,0}^2(y_i,z)}{E_{y,0}(y_i,0)H_{x,0}(y_i,0)}\delta(\ln\sigma)\,\mathrm{d}z
\end{cases}
\tag{3}
$$

式中：δd_{xy}、δd_{yx} 分别为 TE 模式和 TM 模式下观测数据与理论数据的差值；$\sigma_0(z)$ 为模型改变前的电导率值；$H_{y,0}(y_i,0)$、$E_{x,0}(y_i,0)$ 和 $H_{x,0}(y_i,0)$、$E_{y,0}(y_i,0)$ 分别为模型改变前第 i 个测点下地表的磁场值和电场值；$E_{y,0}(y_i,z)$、$E_{x,0}(y_i,z)$ 分别为初始模型或者本次迭代前模型在第 i 个测点下某深度的理论电场。

二维反问题中,综合考虑模型横向和垂向的不均匀性,构造如下目标函数：

$$
Q(y_i) = \iint\left[\frac{\partial^2 m(y_i,z)}{\partial f^2(z)} + g(z)\frac{\partial^2 m(y,z)}{\partial y^2}\bigg|_{y=y_i}\frac{\partial^2 z}{\partial f^2(z)}\right]^2 \mathrm{d}f(z)
\tag{4}
$$

这是一个在各测点上的标度 Laplace 范数。式中,函数 $f(z)$ 可以控制标度尺的长度,是用来度量不同深度的构造,取 $f(z) = \ln(z + z_0)$,常数 z_0 通常是选取模型表层电阻率值和最高频率情况下的趋肤深度。$m = \ln\sigma = -\ln\rho$。$g(z)$ 是起控制水平方向构造的惩罚因子。

3　理论模型反演计算

为了测试反演的正确性,说明反演效果,本文对两个简单的理论模型进行了二维 RRI 反演。

如图 3(a)所示,在背景电阻率值为 1 000 $\Omega \cdot$ m 的均匀半空间内,有一埋深为 200 m 的 200 m × 160 m 的低阻体,其电阻率值为 100 $\Omega \cdot$ m。我们采用 50 m × 40 m 的网格对该模型进行网格划分,取频率范围为 10 Hz ~ 100 kHz,对该模型进行正演模拟。在对该模型的正演结果进行二维 RRI 反演时,选择初始模型电阻率值为 1 000 $\Omega \cdot$ m,设置其横向网格大小正演模型相同,纵向网格前三层为 10 m,随后以 1.1 倍增加。对该模型分别进行 TM 模式反演、TE 模式反演和 TE 模式与 TM 模式联合反演,就会得到如图 3(b) ~ (d)所示的反演结果。由于模型的网格大小一定,三次反演的时间差不多都为 8 min。

对于图 3(b)所示的 TM 模式的反演结果,很明显,由于浅部低阻异常的影响,导致 TM 数据在纵向上有一个低阻条带畸变,这明显是由静态效应引起的。对于图 3(c)所示的 TE 模式的反演结果,很好地圈定了低阻异常体的位置和大小。对比 TM 模式反演结果和 TE 模式反演结果可知,对于同一剖面,TM 模式的数据受静态效应的影响程度一般要大于 TE 模式的数据。对于图 3(d)所示的 TE 模式与 TM 模式联合反演的结果,也很好地圈定了低阻异常的位置和大小,并且其背景值更接近真实情况。

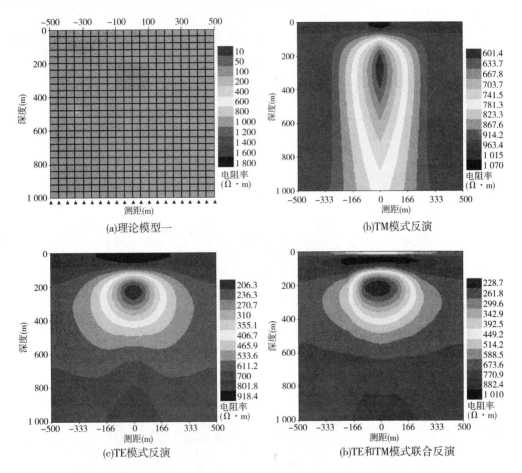

(a)理论模型一

(b)TM模式反演

(c)TE模式反演

(b)TE和TM模式联合反演

图 3 模型一选择不同数据进行反演的结果

通过这个理论模型的反演结果对比分析,我们发现只要我们选择合理的初始电阻率值,设置合理网格大小,就总能得到比较好的反演结果。并且在普通的 PC 机上就能够进行二维 RRI 反演,反演速度非常快(通常几分钟到十几分钟),这使得二维 RRI 反演具有非常大的实用价值。

4 在内蒙古某金属矿区的应用

内蒙古某矿区钼矿床矿化特征具有类似斑岩型钼矿床的特征,矿化以细脉浸染型或微脉侵染型为主,主要为辉钼矿－石英细脉或辉钼矿(＋石英)微脉在岩石的节理和裂隙中密集分布。初步研究主要受矿区出露的花岗斑岩体接触带控制,在岩体接触带凹入部位,由于凹入部位的岩石受上部、东侧及下部花岗斑岩的共同影响,形成了钼矿化的富集体。该矿化体可能是一呈巨厚的板状矿体或透镜状矿体。此外,该矿床也有可能受矿区火山角砾岩(隐爆角砾岩)控制。为了确定钼矿体的埋深,圈定钼矿体的范围,探明其延伸情况,在该矿区布置了两条垂直于推测矿体走向的 EH－4 剖面。两条测线互相平行,相距 200 m,测线穿过了花岗斑岩接触带,在测线的北东端出现花岗斑岩超覆现象。1 号线上有 4 个已完工钻孔,2 号线上有 1 个钻孔,这些钻孔都位于杂砾岩(上侏罗统酸性火山岩)与花岗斑岩的接触带附近。所有钻孔资料表明,该测区在杂砾岩地表 80 m 以下普遍存在钼矿化,特别是在地表以下 200～500 m 为矿化比较好的区域。

　　图 4 和图 5 分别是取 1 号线和 2 号线的标量 TE 模式和 TM 模式联合 RRI 反演的结果,并综合钻探、地质资料解释所得的综合解释剖面图。对于图 4 所示的 1 号线在点号从 180 到 880 之间,标高从 560 m 至 1 150 m 左右,有一个视电阻率小于 300 Ω·m 的低阻异常,推测为矿化异常;对于图 5 所示的 2 号线在点号从 80 到 660 之间,标高从 600 m 到 1 150 m 左右,有一个视电阻率小于 300 Ω·m 的低阻异常,推测为矿化异常。

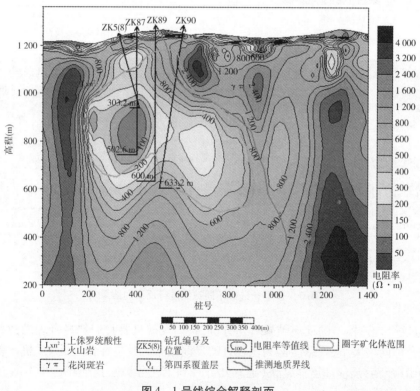

图 4　1 号线综合解释剖面

　　对比图 4 和图 5 我们很容易发现 2 号线和 1 号线的电性特征差不多,在标高从 600 m 到 1 150 m 左右都有一个较大的低阻异常。推测为该低阻异常为矿化体所引起的。由于石英是脆性的,节理发育,且连通性好,这样具有低阻性质的辉钼矿填充在连通性很好的裂隙中,于是,密集的矿脉反映出的整体的电性特征就是像图4和图5那样大片的低阻异常。

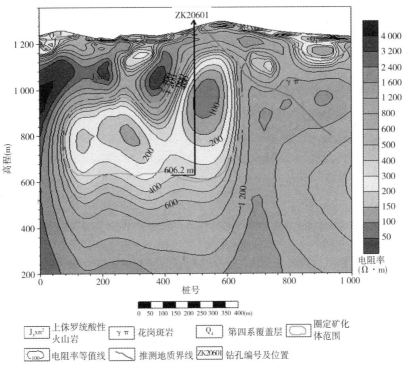

图5 2号线综合解释剖面

钻孔资料表明,ZK87孔,矿化体从地下141.5 m至502.6 m,厚度达361.1 m,M_0加权平均品位为0.033 3%;ZK89孔,矿化体从地下83.5 m至467.9 m,厚度达384.4 m,M_0加权平均品位为0.04%;ZK90孔,矿化体从地下74.8 m至633.2 m,厚度达558.4 m,M_0加权平均品位为0.040 8%;ZK5(8)孔,矿化体从地下110.4 m至303.2 m,厚度达192.8 m,M_0加权平均品位为0.035 5%。2号线的ZK20601孔,孔深97.3 m至606.2 m中,有矿化体累积厚度472.5 m,其中有四个矿化体厚度分别为291.8 m、83.9 m、68.4m和26.9 m的钻孔,而且以上钻孔均是在钼矿化尚在边界品位以上的情况下由于钻机技术原因而终孔。所有钻孔资料表明,该测区在杂砾岩地表80 m以下普遍具有钼矿化,特别是在地表以下200 m到500 m为矿化比较好的区域,该区钼矿床是一大—特大型的钼矿床。图4、图5中推测的矿化体和现有的钻孔资料所圈定的矿化范围是非常吻合的。

5 结论

通过在内蒙古某金属矿区的EH-4电导率成像仪高频大地电磁测深的应用,证明该方法在深边部找矿中有较好效果,其采用的电磁阵列剖面法(EMAP)能有效地压制静态效应,空间滤波技术的采用减小了地形的影响,且具有探测深度大、信噪比高、抗干扰能力强、分辨率高的特点。

通过理论模型的模拟和EH-4实测数据的反演,我们可以清楚地看到,RRI反演具有算法稳定、计算时间短等优点,这些优点使得 RRI 反演在普通的 PC 机上就可以进行反演计算。但是 RRI 反演最大的问题就是其反演结果的多解性问题。然而,只要我们根据实际情况(各种先验信息),合理地进行初始假设,并选择合适的网格密度,便能够通过 RRI 反演得到比较好的反演结果。对于大地电磁测深法来说,RRI 反演是一种快速实用的反演方法。

利用 EH-4 电导率成像系统进行高频(10 Hz ~ 100 kHz)大地电磁测深,不仅能应用于金属矿勘探方面,还可以应用于其他工程地质勘察、寻找地下水、探测浅层地质构造及找矿工作,是一种较先进的地球物理方法。

参考文献

[1] 孙振家,朱余德,等.毛登铜矿区控矿地质特征及成矿预测研究[R].长沙:中南大学,2005.

[2] 肖晓.内蒙古某矿山多金属矿二维大地电磁测深数据 RRI 反演解释研究 [R].长沙:中南大学信息物理工程学院,2006.

[3] 刘亮明,王志强,等.综合信息论在储量危机矿山深边部找矿中的应用——以铜陵凤凰山铜矿为例[J].地质科学,2002.

[4] 刘光鼎,郝天珧.应用地球物理方法寻找隐伏矿床[J].地球物理学报,1995.

[5] 石应骏,刘国栋,等.大地电磁测深法教程[M].北京:地震出版社,1985.

[6] 敬荣中.新世纪勘查地球物理的发展及我院勘查地球物理发展的对策思路 [J].矿产与地质,2001.

[7] 王烨,曹哲民,等.铁路隧道工程勘察中高频大地电磁测深应用效果研究[J].工程地质学报,2005.

[8] A A 考夫曼,G V 凯勒.频率域和时间域电磁测深[M].北京:地质出版社,1987.

[9] 张宪润,陈儒军.激电相对相位法区分矿与非矿的成功实例[J].物探与化探,1998.

高频大地电磁测深在深厚堆积体探测中的应用

高才坤[1,2]　吴抗修[2]　汤井田[1]　王　烨[1]　王宗兰[2]　肖长安[2]

（1. 中南大学信息物理工程学院　长沙　410083;2. 昆明勘测设计研究院　昆明　650041）

摘要:在水利水电工程地质勘察中,对堆积体的调查研究历来都很受重视。特别是云南山区,地形和地球物理条件较复杂,用常规的物探方法探测堆积体厚度及规模,通常情况下难以取得好的效果。近年来,我们试验用高频大地电磁测深法探测堆积体的厚度和规模,取得了可喜的成绩,其探测成果与钻孔验证结果对比,误差很小,完全满足现行物探规程的要求。

关键词:高频大地电磁测深　EH-4电导率成像系统　堆积体

堆积体是水利水电工程中常见的一种不良地质体。堆积体在蓄水前一般是稳定的,但蓄水后由于水位抬高,导致自然条件发生变化,原本松散的堆积体就有继续向库底下滑的可能,轻者造成水库淤积,重者甚至威胁到大坝的安全。因此,在水利水电工程地质勘察中,勘测设计单位对堆积体的调查、研究历来都很重视,这样就迫切需要用一种较准确的方法来探测堆积体的厚度、形态和规模,特别是松散、巨厚型堆积体。由于地形及表面地球物理特征限制,采用常规的地震及电法均不能很好地进行这类堆积体的探测。而高频大地电磁测深探测方法在规模大、埋藏深、复杂的地质体勘探中,对地层、构造、覆盖层等地质现象的探测具有较强的适用性和较好的探测效果,且在野外受地形等条件限制较小。通过我们对这类堆积体的地形及地球物理特征进行认真的研究和分析,决定采用高频大地电磁测深法进行探测。目前,高频大地电磁类仪器主要为EH-4电导率成像系统,因此我们采用EH-4仪器进行堆积体探测。通过多个电站堆积体的探测表明,高频大地电磁测深法是探测这类堆积体的一种较为有效的方法,并取得了较好的效果。

1　仪器方法简介

1.1　高频大地电磁测深方法原理

大地电磁测深是研究地壳和上地幔构造的一种地球物理探测方法。它是以天然交变电磁场为场源,当交变电磁场以波的形式在地下介质中传播时,由于电磁感应作用,地面电磁场的观测值将包含有地下介质电阻率分布的信息。高频大地电磁测深法(HMT)与大地电磁测深法(MT)、音频大地电磁测深法(AMT)最大的不同在于其所采用的天然电磁场的频率不同。大地电磁测深法采用的频率很低,一般为 $n \times 10^{-3} \sim n \times 10^{2}$ Hz;音频大地电磁测深法采用的频率一般为 $n \sim 8\,192$ Hz,这两种方法采用的频率都比较低,探测的

作者简介:高才坤(1968—),男,云南会泽人,教授级高级工程师,注册岩土工程师,在读博士生,主要从事工程物探技术研究及管理工作。

深度也较深;而高频大地电磁法所使用的频率为 $10 \sim 10^5$ Hz,其频率相对前两种方法较高,探测深度一般在地下 1 000 m 以内;同时,较高的频率使得高频大地电磁测深法的抗干扰能力增强。

1.2　EH-4 电导率成像系统简介

Stratage™ EH-4 电导率成像系统是由美国 EMI 公司和 Geometrics 公司联合研制生产的地球物理探测仪器,它是测量地表以下几米到 1 000 m 深度内的电阻率的先进仪器之一。该系统能使用天然场和人工的电磁场信号,能在各种恶劣地形条件下进行电导率连续剖面观测。

该系统通过对测点电磁场正交分量的观测,得出相互正交的时域电场分量 E_X、E_Y 和磁场分量 H_X、H_Y,通过傅氏变换、功率谱计算,然后获得电阻率测深曲线,频率较高的数据反映浅部的地质特征,频率较低的数据反映深部的地层信息。

2　现场工作技术

现场工作技术主要注意以下六点:

(1)观测点的布置通过全站仪进行定点,要求点位差小于 0.5 m,方位差小于 0.2°。

(2)在开展工作的前一天一定要做平行试验,检测仪器是否工作正常,要求两个磁棒相隔 2~3 m,平行放在地面,两个电偶极子也要平行。观测电场、磁场通道的时间序列信号。

(3)工作时共用四个电极,每两个电极组成一个电偶极子。为了便于对比监视电场信号,其长度等于点距,与测线方向一致的电偶极子叫做 X - Dipole;与测线方向垂直的电偶极子叫做 Y - Dipole。为了保证 Y - Dipole 电偶极子的方向与 X - Dipole 的相互垂直,用森林罗盘仪确定方向,误差 < ±0.5°;电偶极子的长度用测绳测量,误差 < ±0.5 m。

(4)磁棒布置距前置放大器应大于 5 m。为了消除人为干扰,两个磁棒要埋在地下至少 5 cm,用地质罗盘定方向使其相互垂直,误差控制在 ±0.2°,且水平。所有的工作人员要离开磁棒至少 10 m,尽量选择远离房屋、电缆、大树的地方布置磁棒。

(5)电、磁道前置放大器放在测量点上,即两个电偶极子的中心。为了保护电、磁道,前置放大器应首先接地,远离磁棒至少 10 m。

(6)主机要放置在远离 AFE(前置放大器)至少 20 m 的一个平台上,而且操作员最好能看到 AFE 和磁棒的布置。

3　EH-4 探测参数选定依据

EH-4 高频电极电缆长 26 m,最大极距约 50 m,低频电极距最长可达 300 m,X 方向一对,Y 方向一对,测两个方向的电场分布。分辨率跟效率是一对矛盾,无论纵向还是横向,如果分得太细太密,势必影响测量效率。鉴于效率和磁电传感器频谱范围的限制,EH-4 的测量频段为 10 Hz ~ 100 kHz,其探测深度大致在 10~800 m,满足一般的堆积体探测深度要求。地层的分辨率主要取决于频率密度,横向分辨率主要取决于电偶极子长度。只要控制相干度、仪号相对干扰背景的强度、相位关系和频率范围四个 EH-4 参数,就能处理好数据。

4　应用实例

4.1　实例 1

云南省金沙江某梯级电站勘测过程中坝址附近存在一深厚堆积体,为评价堆积体对电站建设的影响情况,需查明堆积体的厚度、规模等情况,以便提供处理依据。该堆积体表层松散,地形坡度相对较陡,采用常规的地震及高密度电法均不能有效开展工作,为此我们采用高频大地电磁法进行探测。根据现场情况及勘探要求,共布置了 5 条高频大地电磁测深测线(编号 E1 ~ E5)进行探测,即三纵二横。图 1 为其中一条测线的探测成果图,该测线垂直于山体走向布置,探测结果表明:此剖面电性相对简单,除桩号 890 ~ 1 280 段外,电性基本稳定,说明堆积体厚度变化不大;桩号 0 ~ 500,地表电阻率逐渐变小,但变化幅度不大;桩号 890 ~ 1 280 段堆积体厚度较大,推测大于 80 m。剖面在桩号 520 处为钻孔 ZK2,钻孔揭露堆积体厚度为 72.0 m,高频大地电磁测深探测堆积体厚度为 75.0 m,绝对误差为 3.0 m,相对误差 4%;剖面在桩号 950 处为钻孔 ZK3,钻孔探明堆积体厚度为43.0 m,高频大地电磁测深探测堆积体厚度为 47.5 m,绝对误差 4.5 m,相对误差 10%。经钻孔验证的探测成果表明,高频大地电磁探测成果误差小,其探测精度满足现场物探规程要求,资料完整可靠。

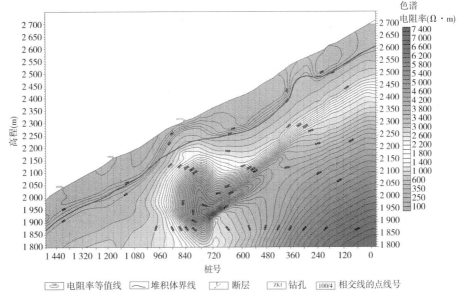

图 1　金沙江某水电站高频大地电磁测深电阻率剖面

4.2　实例 2

云南省澜沧江某梯级电站坝前存在一松散架空型深厚堆积体,为评价堆积体对电站建设的影响情况,需查明堆积体的厚度、规模等情况,以便提供处理依据。为探测堆积体的规模,根据堆积体的形态和地球物理特征,采用高频大地电磁测深法进行堆积体的勘探,堆积体上共布置了三纵四横七条剖面。图 2 是其中一条剖面的高频大地电磁测深电阻率剖面图,该剖面长 250 m,测点编号从 1 000 到 1 250,点距 25 m,共完成测点 11 个。反演剖面图中,电阻率由上至下逐渐变大,堆积体厚度大体上表现为小号点薄,大号点厚,分布在 20～60 m 深度的范围内,探测成果后经钻孔验证,成果可靠。由于几个钻孔均不在剖面位置上,钻孔位置的堆积体厚度,是通过几个剖面进行推断得出的,最大绝对误差 3.2 m。

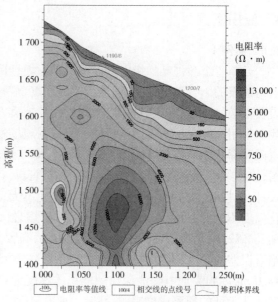

图 2　澜沧江某水电站高频大地
电磁测深电阻率剖面

5　结语

通过对多个电站堆积体的探测实践表明,采用高频大地电磁法进行堆积体的探测是成功的,特别是对于松散、巨厚型堆积体更显现出其探测的优势。因为在水利水电工程中所遇到的松散、巨厚型堆积体一般地形变化狭窄、变化大,再加上表层松散,传统的地震及电法勘探均受到极大的限制,致使运用效果不佳。而高频大地电磁法对地形要求相对较低,并且不受表层松散等的影响,从而克服了上述地形和物性的限制,使探测取得好的效果,成为水利水电工程中探测堆积体的有效手段,具有较好的推广价值。

参考文献

[1] 林宗元. 岩土工程试验检测手册[M]. 沈阳:辽宁科学技术出版社,1994.
[2] 石应骏,刘国栋,等. 大地电磁测深法教程[M]. 北京:地震出版社,1985.
[3] 王烨,曹哲民,等. 铁路隧道工程勘察中高频大地电磁测深应用效果研究[J]. 工程地质学报社,2005.
[4] 石昆法. 可控源音频大地电磁法理论与应用[M]. 北京:科学出版社,1999.
[5] AA 考夫曼,GV 凯勒. 频率域和时间域电磁测深[M]. 北京:地质出版社,1987.
[6] 傅良魁. 应用地球物理学教程[M]. 北京:地质出版社,1990.
[7] 何继善. 可控源音频大地电磁法[M]. 长沙:中南大学出版社,1990.

绕坝渗流探测技术的应用研究

涂善波　杨红云　鲁　辉

（黄河勘测规划设计有限公司工程物探研究院　郑州　450003）

摘要：利用潜水面水位场矢量法结合激发极化法查明了大坝绕坝渗流问题，确定了绕坝渗流通道的位置，为大坝绕坝渗流处理提供了准确翔实的依据，消除了安全隐患，确保近库区百姓安居乐业。

关键词：绕坝渗流　潜水面水位场矢量法　激发极化法

1　引言

近年来，随着我国水利水电工程的迅速发展，许多水利枢纽、电站相继建成并投入使用，为我国抵御各种日趋严重的自然灾害提供了保障，并大大地缓解了我国的电力缺口，产生了巨大的社会经济效益。随着大坝的建成，由于地质结构引发的各种复杂的安全隐患也随之而来，绕坝渗流问题是目前出现的较为典型的由地质结构引发的安全隐患。某大坝蓄水后，由于蓄水压力形成透水层，从而产生了绕坝渗流，伴随着库区水位的抬高，大坝下游滩地及居民区的地下水位也随之升高，对房屋等建筑地基造成侵蚀，威胁到人民群众的生命和财产安全。快速准确地找到绕坝渗流场，界定绕坝渗流通道的位置，为大坝绕坝加固处理工程提供了依据，具有十分重要的意义。

2　工程地质概况

该大坝位于低山丘陵区向冲洪积平原的过渡地带，地形平坦，地貌类型复杂，地势西高东低，南北均与黄土台塬——丘陵区相邻。河谷呈广阔的 U 形，谷地宽 3 000 m 左右，左岸河漫滩宽约 750 m，右岸河漫滩宽 1 100 ~ 1 500 m，滩面高程 124 ~ 126 m。两岸主要为Ⅱ级阶地，Ⅰ级阶地缺失，左岸 175 ~ 200 m 高程以上发育有Ⅲ级阶地，形成了宽阔的第四纪台阶式河谷。工区地质构造简单，共分两层，即覆盖层和基岩。覆盖层上部为河漫滩粉细砂、砂壤土、黄土状粉质壤土等，厚 15 ~ 25 m，下部为砂卵石层，厚 20 ~ 30 m；基岩为紫红色泥质粉砂岩与黏土岩互层，局部夹有灰黄色泥质砂岩。

3　地球物理特征

该区的地球物理特征值详见表1。从表1可见，含水砂砾石层的视极化率范围为

作者简介：涂善波（1980—），男，河南正阳人，助理工程师，主要从事工程物探工作。

3.81% ~ 6.10%,明显高于干砂砾石层和泥质砂岩与黏土岩。区内砂卵石层与第四系上覆层的电阻率有较大差异,这种物性差异为开展电法勘探工作提供了有利的地球物理条件。同时调查了解到,在大坝周围分布有较多的民用机井和观测钻孔,可以方便地测出潜水位高程,因此考虑采用潜水面水位场矢量法确定集中渗流场的位置及渗流通道方向。综上条件,确定采用潜水面水位场矢量法和激发极化法进行勘测。

表1　地球物理特征值统计

岩性名称	视极化率 $\eta(\%)$	电阻率 $\rho(\Omega \cdot m)$
黄土	1.82 ~ 2.98	20 ~ 45
干砂卵石	2.15 ~ 3.37	50 ~ 110
含水砂卵石	3.81 ~ 6.10	55 ~ 70
泥质砂岩与黏土岩	1.52 ~ 2.96	25 ~ 340

4　工作方法及成果分析

4.1　潜水面水位场矢量法

潜水是一种重力水,它的流动性主要是受重力作用而形成的,其在流动时总是由高水位流向低水位且沿最大坡度方向流动,如图1所示。

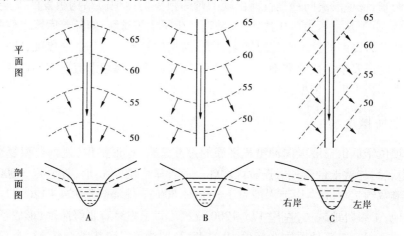

图1　潜水运动原理

水库蓄水后,由于近坝区砂卵石层渗流作用,引起地下水位较大幅度上涨,产生绕坝渗流。为了模拟出近坝区渗流场的情况,采用水位场矢量法确定渗流通道的位置和分布区域。在保证库区水位稳定的情况下,测量近坝区各观测井的坐标及潜水面水位高程,再将这些数据绘制到地形图上,勾勒出潜水面等势线图和矢量场图;在等势线图和矢量场图中分析出地下砂卵石层中水流方向和渗流场的位置。

在整个近坝区范围内,分布有近200个民用机井和观测钻孔。利用这些观测孔的水位高程,勾勒出近坝区的水位等值线图和潜水面矢量场(见图2),可以判断出在有两处明显的渗流区域。根据观测到的渗流区域,在覆盖渗流区域左、右坝肩布置了6条激发极化测线,利用激发极化法确定渗流通道的位置。

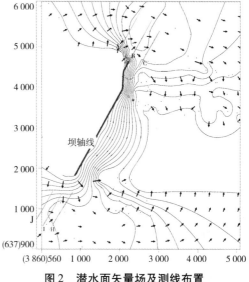

图2 潜水面矢量场及测线布置

4.2 激发极化法

激发极化法是以岩、矿石的激电效应的差异为基础从而达到解决水文地质问题的方法。现场工作采用对称四极剖面装置,测量砂卵石层中的富水性。以铁电极作为供电电极,不极化电极作为测量电极,使用乙电池供电。通过对野外实测的视极化率值进行各类计算、处理,勾勒出等值线图;分析等值线图,视极化率相对高的地方,就是砂卵石层渗漏集中的地方。

鉴于区内覆盖层黄土层的厚度为15~25 m,试验选择的参数为$AB/2 = 60$ m、100 m、160 m;$MN/2 = 15$ m、25 m、40 m,供电时间20 s、30 s、40 s,断电延时100 ms,测量点距为25 m。结果各组参数的曲线上都显示了极化异常体,但在$AB/2 = 100$ m、$MN/2 = 25$ m时,极化异常信息更能表现客观的地质情况。经综合分析,最终选用$AB/2 = 100$ m、$MN/2 = 25$ m,供电时间30 s,断电延时100 ms的参数进行激发极化法工作。

实测的视极化率剖面曲线如图3所示。从图3上可以看出,各测线均存在相对较高的视极化率异常。如在A线的100~175 m段,视极化率值为4.16%~5.71%,远高于均值2.16%~3.84%,可以推测此处应存在相对高极化率的富水层。为判定整个渗流通道

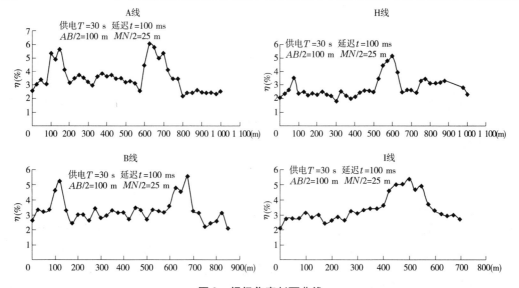

图3 视极化率剖面曲线

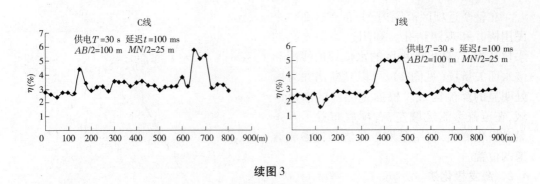

续图3

的准确位置和走向,把同区内的测线按其相对位置组合起来,勾勒出区域内的视极化率等值线图,从而可以直观地看出渗流通道的位置。

　　左坝肩的 A、B、C 三线间距 200 m,按其相对位置布置网格区域,勾勒出等值线图 4。从图 4 中可以明显看出,在 A 线 100～175 m、B 线 100～150 m 范围出现相对较高的极化率,并且在 A 线 600～700 m、B 线 625～675 m、C 线 625～700 m 范围也出现有相对高极化率,推测两处存在有集中渗漏通道。在潜水面水位矢量场图(见图 2)上,两处也发现有同向渗流现象。

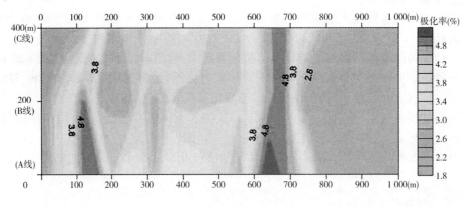

图4　左坝肩视极化率等值线

　　右坝肩的 H、I、J 三线间距 300 m,按其相对位置布置网格区域,勾勒出等值线图 5。其中在 H 线 550～625 m、I 线 425～550 m、J 线 375～475 m 范围出现相对较高的极化率,推测该处存在有集中渗漏通道。而在潜水面水位矢量场图(见图 2)上,该处也同样有同向渗流现象。

4.3　成果分析

　　利用水位矢量场法和激发极化法准确地界定了左、右坝肩部位集中渗漏通道的位置。在左岸 A 线 100～175 m、B 线 100～150 m 范围,A 线 600～700 m、C 线 625～700 m 范围有两处集中渗漏通道;右岸 H 线 550～625 m、J 线 375～475 m 范围有一处集中渗漏通道。

　　在完成集中渗流通道位置的探测后,在测区布置了 3 个钻孔进行勘探验证,其中 ZK01 孔位于左岸近坝区 A 线 655 m 处,ZK03 孔位于右岸近坝区 J 线 460 m 处,经钻孔电视、水温、电导、库水位与排水量分析以及现场试验等,确定两处均存在较大的渗流通道。

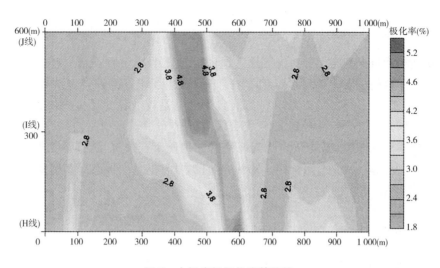

图 5　右坝肩视极化率等值线

ZK02 孔位于 H 线的 210 m 处,经钻孔验证,该处无明显渗流。钻孔验证结果与探测的渗流通道结果一致(见图 6),取得了较好的效果。

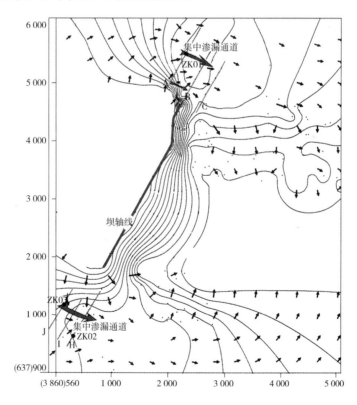

图 6　近坝区渗流场及渗漏通道示意

5　结语

本次绕坝渗流探测在充分考虑该坝区地球物理条件下,选择了行之有效的物探方法,从而取得较满意的成果。探测的精度高,工期短,产生了很好的社会经济效益,为以后类似问题的解决提供了很好的参考。与目前常用的也是较准确的环境同位素分析方法相比,该方法具有方法简便、探测精度高、不需要在坝体布置较多观测钻孔等优点。在坝基渗流和绕坝渗流探测中,应该充分调查该地区的地质工程概况,选择最为有效的探测方法,采用多种方法综合探测,避免单一物探方法的多解性,从而提高探测精度。

参考文献

[1] 傅良魁. 电法勘探教程[M]. 北京:地质出版社,1983.
[2] 傅良魁. 激发极化法[M]. 北京:地质出版社,1982.
[3] 李金铭. 地电场与电法勘探[M]. 北京:地质出版社,2005.
[4] 陈崇希,林敏. 地下水动力学[M]. 北京:中国地质大学出版社,2005.

屏障接地电阻测井法探讨

江兴奎 钱世龙

（中国水电顾问集团北京勘测设计研究院 北京 100024）

摘要：屏障接地电阻测井在砂质、黏土质沉积的地层或在岩层中存在软弱夹层的情况下，能够得出详细的剖面划分和相当精确的测定厚度（几厘米级）的地层界面，这是普通电测井所不及的。本文将对屏障接地电阻法理论上的一些问题进行探讨。

关键词：屏障接地电阻 有效电阻 电极系数 旋转椭圆面 旋转双曲面

1 屏障接地电阻法的测量原理

屏障接地电阻法的实质就是沿着井身记录供电电极 A（或称测量电极）的接地电阻 R_A，而在该电极的两侧装置有两个对称的并与电极 A 同极性的电流电极 A_Z，即所谓屏障（或聚焦）电极。屏障电极能阻碍自中心位置电极 A 的电流沿井身散布而将它按辐射状送入围岩的深处。为达此目的：

（1）中心电极和屏障电极间距应尽可能的短小，通常采用 $A_Z0.01A0.01A_Z$ 电极系。电极系的直径 d_a 尽可能接近井径 d_0。

（2）应使 A_Z、A、A_Z 三者为同电位。为此可将它们直接短路连接，并保持整个电极系表面上的电流密度一致，即可满足条件 $\dfrac{l}{L} = \dfrac{I_A}{I_A + I_Z}$，式中 l 为电极 A 的长度，L 为电极系的总长度。

初始测量装置如图 1 所示。

借助等臂的电桥进行测量。此电桥的三个臂的电阻 $R_1 = R_2 = R_3 = R$，第四臂的电阻 R_4 是由标准电阻箱 R_M、电缆电阻 R_C 和电极 R_A、R_B 组成的。用电流强度 I_A 的电流供给电桥，当 $R_4 = R$ 时，电桥处于平衡状态。这时，电桥的测量对角线 M、N 上的点位差等于零；当 $R_4 \neq R$ 时，电桥便失去平衡，M、N 之间就有电位差，电位差值则随着 R_4 的总电阻与 R 的差值增大而增加。

工作开始时，首先将电极系置于金属套管中（即令 $R_A = 0$），调节标准电阻箱电阻 R_M，使电桥处于平衡状态（$U_{MN} = 0$），这时 $R_4 = R'_M + R_C + R_B = R$。然后，将电极系下放到井中（无套管），由于 $R_A \neq 0$，$R_4 > R$，这时 MN 之间的电位差：

$$\Delta U_{MN} = \left[V_B + i_1(R + R_A) \right] - (V_B + i_2 R) = i_1(R + R_A) - i_2 R \tag{1}$$

其中

$$i_1 + i_2 = I_A$$

作者简介：江兴奎（1983—），男，吉林长春人，工程师，主要从事工程物探技术工作。

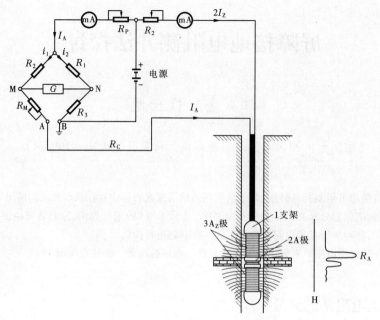

图1 屏障接地电阻法的测量装置

通常 R_A 比 R 小得多,在实际运用中用式(2)来计算

$$\left. \begin{aligned} \Delta U_{MN} &= \frac{I_A}{4} R_A \\ \text{或}\quad R_A &= 4\frac{\Delta U_{MN}}{I_A} \end{aligned} \right\} \tag{2}$$

接地电极 A 的电位可由下面的公式来表示:

$$U_A = \frac{I_A}{2\pi h}\left[\rho_0 \int_{r_a}^{r_0} \frac{dr}{r} + \rho \int_{r_0}^{r_c} \frac{dr}{r}\right] + V_C \tag{3}$$

式中:ρ_0 为井液电阻率;ρ 为围岩电阻率;r_a 为电极半径 $\left(\frac{d_a}{2}\right)$;$r_0$ 为井径半径 $\left(\frac{d_0}{2}\right)$;$h$ 为流散圆柱体的范围高度,此高度选用电极 A 的长度 l 加上电极 A 和 A_z 间距的一半之和,有时也选用电极的半径 r_a;V_C 为从 C 点计算起的电位降落。

由 C 点开始到无穷远,电场的辐射受到破坏,即屏障效应减弱。因为屏障电极系长度的选择,可以满足 $r_c \gg r_0$,所以在此情况下,V_C 与 $U_A - V_C$ 比较起来可略而不计。

将式(3)积分得:

$$U_A = \frac{I_A}{2\pi h}\left(\rho_0 \ln \frac{r_0}{r_a} + \rho \ln \frac{r_c}{r_0}\right) \tag{4}$$

按接地电阻定义:

$$R_A = \frac{U_A}{I_A} = \frac{\rho_0 \ln \dfrac{r_0}{r_a} + \rho \ln \dfrac{r_c}{r_0}}{2\pi h} \tag{5}$$

则

$$\rho = \frac{2\pi h R_{\mathrm{A}}}{\ln \frac{r_{\mathrm{c}}}{r_0} + \frac{\rho_0}{\rho}\ln \frac{r_0}{r_{\mathrm{a}}}} = \frac{14.5 h R_{\mathrm{A}}}{\lg \frac{r_{\mathrm{c}}}{r_0} + \frac{\rho_0}{\rho}\lg \frac{r_0}{r_{\mathrm{a}}}} \tag{6}$$

当 $r_{\mathrm{a}} \to r_0$，$\lg \frac{r_0}{r_{\mathrm{a}}} = 0$ 时，可以认为下面的计算是相当精确的。

$$\rho = \frac{14.5 h}{\lg \frac{r_{\mathrm{c}}}{r_0}} R_{\mathrm{A}} = \frac{58h}{\lg \frac{r_{\mathrm{c}}}{r_0}} \frac{\Delta U_{\mathrm{MN}}}{I_{\mathrm{A}}} = K \frac{\Delta U_{\mathrm{MN}}}{I_{\mathrm{A}}} \tag{7}$$

式中：K 为与电极系的结构和电极周围的岩层特性有关的系数，它可以在已知电阻率 ρ 的岩层中用试验方法求得。

由式(2)和式(7)可以得知：接地电阻 R_{A} 是岩层电阻率的函数，ΔU_{MN} 随 R_{A} 的变化而变化，故按接地电阻测井曲线可以划分岩层。这就是屏障接地电阻测井的基本工作原理。

据上所述，现代屏障接地电阻法从接地电阻的定义出发，直接测量电极表面电位 U_{A} 和流散电流 I_{A} 之比而获取。

2　影响接地电阻值的因素

在工程勘测中应用屏障接地电阻法研究井孔剖面时，是在确定沿探测井孔移动的电极 A 的接地电阻的基础上来研究岩层的。接地电阻的大小是由电极的形状、几何尺寸、屏障条件以及井孔环境(底层结构、电阻率、井径、井液等)所决定的。

2.1　屏障接地电阻与屏障电极系大小的关系

2.1.1　圆柱形电极的接地电阻

(1)屏障电极系由于在制作上将 A 与 A_Z 间隔很小，在工作中要求 A_Z、A、A_Z 是同电位且表面电流密度一致，故可以认为是一种圆柱状的电极。设圆柱体长度为 L，直径为 d_{a}，将它置于均匀各向同性介质 ρ 之中。采用圆柱坐标系(Z, r, ψ)，并将其原点置于电极的中心(见图2)。

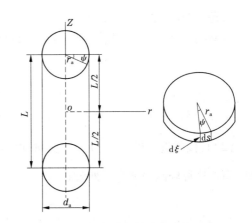

图2中：$\mathrm{d}s = r_{\mathrm{a}}\mathrm{d}\psi\mathrm{d}\xi$；

$$s = \int \mathrm{d}s = r_{\mathrm{a}} \int_0^{2\pi} \mathrm{d}\psi \int_{-\frac{L}{2}}^{\frac{L}{2}} \mathrm{d}\xi$$
$$= 2\pi r_{\mathrm{a}} L。$$

图2　圆柱状电极的电场分析示意

当电极完全充电时电极单位面积上的电荷 q 为：

$$q = \frac{Q}{S} = \frac{\rho I}{8\pi^2 r_{\mathrm{a}} L} \tag{8}$$

在直角坐标系(z, r)的空间的任何一点上，由均匀分布着表面密度为 q 电荷的圆柱状电极造成的电场电位 U_r 应按下式计算：

$$U_r = \int_s \frac{q\,\mathrm{d}s}{R} = \frac{\rho I}{8\pi^2 r_a L}\int_{-\frac{L}{2}}^{+\frac{L}{2}}\int_0^{2\pi}\frac{r_a\,\mathrm{d}\psi\,\mathrm{d}\xi}{\sqrt{(r^2 - 2r_a r + r_a^2) + (Z - \xi)}} \tag{9}$$

式中，$R = \sqrt{(r - r_a)^2 + (Z - \xi)^2}$。

当 $r > r_a$ 时，根号下面含有 r_a 项可以忽略，在这种情况下：

$$U_r \approx \frac{I\rho}{4\pi L}\ln\frac{Z + \dfrac{L}{2} + \sqrt{\left(Z + \dfrac{L}{2}\right)^2 + r^2}}{Z - \dfrac{L}{2} + \sqrt{\left(Z - \dfrac{L}{2}\right)^2 + r^2}} \tag{10}$$

等位面要适合下列公式：

$$\frac{Z + \dfrac{L}{2} + \sqrt{\left(Z + \dfrac{L}{2}\right)^2 + r^2}}{Z - \dfrac{L}{2} + \sqrt{\left(Z - \dfrac{L}{2}\right)^2 + r^2}} = A \quad (A\ \text{为常数}) \tag{11}$$

将式(11)移项后消去根号并两边除以 $L^2 A(A+1)^2$ 得：

$$\frac{Z^2}{\dfrac{L^2(A+1)^2}{2^2(A-1)^2}} + \frac{r^2}{\dfrac{L^2(\sqrt{A})^2}{(A-1)^2}} = 1 \tag{12}$$

令 $a = \dfrac{L}{2}\dfrac{A+1}{A-1}$，$b = \dfrac{L\sqrt{A}}{A-1}$，代入式(12)得

$$\frac{Z^2}{a^2} + \frac{r^2}{b^2} = 1 \tag{13}$$

这是一个大家熟悉的椭圆方程式。

按椭圆定义，椭圆的焦点到椭圆中心的距离 c 为：

$$c = \sqrt{a^2 - b^2} = \frac{L}{2} \tag{14}$$

这样就得出结论：圆柱状电极的等位面是围绕着 Z 轴旋转的椭圆体，该椭圆的长半轴为 a，短半轴为 b，椭圆体的焦点是在电极的首末端。

（2）直接贴近电极（$r = r_a$）的等位面，可以看成是实半轴 $a = \dfrac{L}{2}$、虚半轴 $b = \dfrac{r_a}{2}$ 的旋转椭圆面。这种椭圆面适合下列公式：

$$\frac{Z^2}{\left(\dfrac{L}{2}\right)^2} + \frac{r^2}{\left(\dfrac{d_a}{2}\right)^2} = 1 \tag{15}$$

当 $2\left(\dfrac{L}{d_a}\right) \gg 1$ 时，

$$A \approx \left(\frac{2L}{d_a}\right)^2 \tag{16}$$

因此，电极表面的电位为：

$$U_{ra} = \frac{\rho I}{4\pi L}\ln\left(\frac{2L}{d_a}\right)^2 = \frac{\rho I}{2\pi L}\ln\frac{2L}{d_a} \tag{17}$$

这种电极的接地电阻按定义：

$$R = \frac{U_{ra}}{I} = \frac{\rho}{2\pi L}\ln\frac{2L}{d_a} \qquad (18)$$

在均匀介质中电阻率 ρ 为：

$$\rho = \frac{2\pi L}{\ln\dfrac{2L}{d_a}}\frac{U_{ra}}{I} = K\frac{U_{ra}}{I} \qquad (19)$$

式中：K 为圆柱状电极的电极系数。

在非均匀介质中的电阻率用有效电阻率 ρ_a [1] 来表示：

$$\rho_a = \frac{2\pi L}{\ln\dfrac{2L}{d_a}}\frac{U_{ra}}{I} \qquad (20)$$

（3）圆柱形电极的等位面是旋转椭圆体面。那么与等位面（特别是电极表面附近）成垂直相交方向的电流线就形成双带旋转双曲面。它的焦点和等位面的焦点都在 Z 轴上，而且焦距 F_1、F_2 也相同。这样的双曲面适合于下列公式：

$$\frac{Z^2}{a_r^2} - \frac{r^2}{b_r^2} = 1 \qquad (21)$$

式中：a_r 是双曲面的两个共轭轴 Z 之间距离的 $1/2$，称为实半轴；b_r 称为虚半轴。

$$\left.\begin{array}{l} Z = \pm\dfrac{a_r}{b_r}\sqrt{r^2 + b_r^2} \\[3mm] r = \pm\dfrac{b_r}{a_r}\sqrt{Z^2 - a_r^2} \end{array}\right\} \qquad (22)$$

由于圆柱状电极表面发出的电流是一系列的双带双曲面，在实际应用中，我们通常选用电极高为 $h = \dfrac{d_a}{2} + a_r$ 这组流出的电流双曲面 S_1 和 S_1'（在全金属导体电极内是同电位的），而令这个高度 $h = a$（实半轴），这样计算较为方便。故按双曲线定义从电极中心至焦点的距离 c 可按下式计算：

$$\left.\begin{array}{l} c = \sqrt{a_r^2 + b_r^2} \\[3mm] b_r \approx \sqrt{c^2 - a^2} = \sqrt{\left(\dfrac{L}{2}\right)^2 - \left(\dfrac{d_a}{2}\right)^2 - a_r^2} \end{array}\right\} \qquad (23)$$

2.1.2　屏障电极系的接地电阻

（1）在均匀介质中圆柱状屏障电极系，当测量电极 A 和屏障电极 A_z 的电位相等（整个电极系的表面电流密度均匀就能保证其电位相等）时，圆柱状电极系就可以用旋转椭圆体来替代，根据上述的方法可以相当精确地分析出屏障接地电阻值（见图3）。

---

[1]　术语"不均匀介质的有效电阻率 ρ_a"和术语"视电阻率 ρ_s"一样，应该被了解为这样一种假设的均匀介质的电阻率，在这种介质中电极的接地电阻 R 的值与在所研究的不均匀介质中的相等。有效电阻率和视电阻率的不同点在于：有效电阻率总是同电极附近介质的电阻率有直接的关系，而视电阻率就没有这种直接关系。有效电阻率与电极接地电阻之间的比例关系系数称为接地系数，在屏障接地电阻法中称电极系数。具有长度的因子，单位为 m。

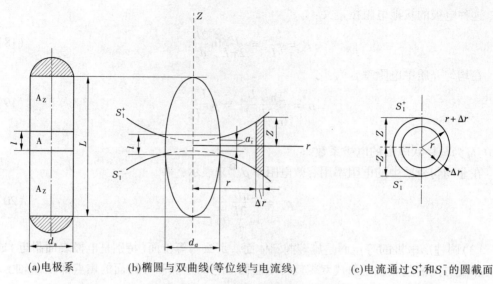

(a)电极系　　　(b)椭圆与双曲线(等位线与电流线)　　　(c)电流通过S_1^+和S_1^-的圆截面

图3　在均匀介质中屏蔽接地电阻的计算

由直接贴近圆柱体电极的等位面方程式(15)可以求得：

$$r^2 = \frac{d_a^2}{4} - \frac{d_a^2}{L^2}Z^2 = \frac{d_a^2}{4}\left(1 - \frac{l^2}{L^2}\right) \tag{24}$$

由测量电极 A 流出的电流 I_a 在双曲面 S_1^+ 和 S_1^- 之间的空间传播，而在对称水平面 $\frac{l}{2}$（测量电极长度之半）的地方穿过电极表面。双曲面和椭圆体交叉线的坐标 $Z = \pm\frac{l}{2}$，这样，双曲面方程式(21)可以写成：

$$\frac{\left(\frac{l}{2}\right)^2}{a^2} - \frac{\frac{d_a^2}{4}\left(1 - \frac{l^2}{L^2}\right)}{b^2} = 1 \tag{25}$$

将 $b = \sqrt{\left(\frac{l}{2}\right)^2 - \left(\frac{d_a}{2}\right)^2}$ 代入式(25)得：

$$a = \sqrt{\frac{l^2(L^2 - d_a^2)}{4\left(L^2 - d_a^2\frac{l^2}{L^2}\right)}} \tag{26}$$

考虑电极系设计 $\frac{l^2}{L^2} \ll 1$，则

$$a \approx \frac{l\sqrt{L^2 - d_a^2}}{2L} \tag{27}$$

有了 a 和 b 的确定值后，旋转双曲面的通式(21)就成为

$$\frac{Z^2}{\frac{l^2(L^2 - d_a^2)}{4L^2}} - \frac{r^2}{\frac{L^2 - d_a^2}{4}} = 1 \tag{28}$$

可实际描绘的电流线的形态（S_1^+ 和 S_1^-），从而可以计算出电极 A，发出的流散电流任

何一部分的电阻值。

$$dR = \rho \frac{dr}{S} = \frac{\rho dr}{2\pi r \cdot 2Z} = \frac{\rho dr}{4\pi rZ} \tag{29}$$

式中,Z 相当于该位置的等位面和电流双曲线正交的 Z 轴高度。

公式(29)积分得电极 A 的接地电阻 R_A 为

$$R_A = \frac{\rho L}{2\pi l \sqrt{L^2 - d_a^2}} \ln \frac{L + \sqrt{L^2 - d_a^2}}{d_a} \tag{30}$$

令 $\frac{L}{d_a} = L_d$,则

$$R_A = \frac{\rho L_d}{2\pi l \sqrt{L_d^2 - 1}} \ln(L_d + \sqrt{L_d^2 - 1}) \tag{31}$$

在均匀介质中,电阻率

$$\rho = \frac{2\pi l \sqrt{L_d^2 - 1}}{L_d \ln(L_d + \sqrt{L_d^2 - 1})} R_A = K \frac{U_A}{I_A} \tag{32}$$

在非均匀介质中,有效电阻率

$$\rho_a = \frac{2\pi l \sqrt{L_d^2 - 1}}{L_d \ln(L_d + \sqrt{L_d^2 - 1})} R_A = K \frac{U_A}{I_A} \tag{33}$$

式中,K 称为圆柱状屏障电极系的电极系数。

$$K = \frac{2\pi l \sqrt{L_d^2 - 1}}{L_d \ln(L_d + \sqrt{L_d^2 - 1})} \tag{34}$$

(2)比值 $\frac{K}{l}$ 为:

$$\frac{K}{l} = \frac{2\pi \sqrt{L_d^2 - 1}}{L_d \ln(L_d + \sqrt{L_d^2 - 1})} \tag{35}$$

$$\frac{K}{l} = \frac{\rho}{R_A l} = f(L_d) \tag{36}$$

$\frac{k}{l}$ 是一个无因次的参数,不难证明是单值函数。当 L_d 越大,实际电极系和理论的椭圆电极系的接地电阻的差别越小。只有在 $L_d < 2.5$ 时,试验测定的电极系数比计算的精度要高。

图4是在电极系直径 d_a 和测量电极 A 的长度 l 各不相同时,接地电阻 R_A 与电极系长度 L 的关系试验曲线。电极系的尺寸是厘米,测试介质的电阻率 $\rho = 10 \; \Omega \cdot m$。

对比图4中的曲线后,就能得出以下结论:

(1)当 d_a 和 l 不变时,增长电极系 L 就能使接地电阻 R_A 增高,当 L 和 l 不变时,增加电极系的直径就能使 R_A 降低。

(2)如果 L 和 d_a 发生变化,而它们的比值 L_d 不变时,那么 R_A 值不会变化。

(3)当 L 和 d_a 之比值 L_d 不变,增加测量电极的长度 l,就会使接地电阻 R_A 降低;同

时,比较曲线②和④之后,表明 R_A 和 l 互相成反比的,这种比例关系在 $l \leqslant 0.5L$ 以内都成立。

图 5 以坐标 $y = \dfrac{\rho}{R_A l} = \dfrac{K}{l}$、$x = \dfrac{L}{d_a} = L_a$ 绘制的试验曲线,在这一图上也绘制了按式(35)算出的理论曲线(实线)。

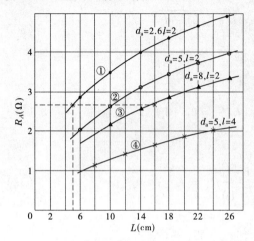

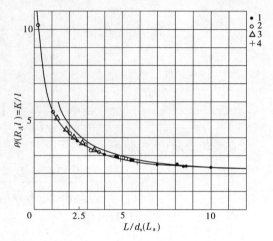

1—$d_s = 2.6, l = 2$;2—$d_s = 5, l = 2$;
3—$d_s = 8, l = 2$;4—$d_s = 5, l = 4$
(注:电极系长度尺寸为 cm)

**图 4　屏蔽接地电阻与电极系的
几何尺寸之间的关系**

图 5　无因次参数 $\dfrac{\rho}{R_A l}$ 与比值 $\dfrac{L}{d_s}$ 的关系

从图 5 所表示的图 4 中的四条曲线在这里都相当精确结合成一条曲线,这就证明 l、L 和 d_a 为任一值时的 $\dfrac{K}{l}$ 只与比值 $\dfrac{L}{d_a} = L_d$ 有关。

当 L 值很小时,理论计算的位置要比试验曲线高,这是因为屏障电极系制作的工艺在其电极系上下端头有绝缘圆头的存在。靠近测量电极的电流线比按理论的椭圆体电极系中压缩的较紧。这样,测量电极表面密度增加,R_A 也增加,$\dfrac{K}{l} = \dfrac{\rho}{R_A l}$ 值减小。随着 L_d 的增大,实际电极系和椭圆电极系的接地电阻 R_A 的差别越小,图 5 中当 $L_d \geqslant 2.7$ 时,它们之间的差别不超过 5%。当 $L_d \leqslant 2.5$ 时,电极系数用试验数据更为精确。

(4)由接地电阻公式(30)可以直接得测量电极 A 表面的电位为:

$$U_A = \frac{l\rho L}{2\pi l \sqrt{L^2 - d_a^2}} \ln \frac{L + \sqrt{L^2 - d_a^2}}{d_a} \quad (37)$$

当电极系长度 L 和 d_a 不变,只改变测量电极长度 $l\left(\text{保持 } l > \dfrac{d}{2}\right)$ 时,显然式(37)是一个线性方程,绘制的 $U_A = f\left(\dfrac{L}{l}\right)$ 曲线如图 6 所示。它表示电极表面的电位 U_A 随着 $\dfrac{L}{l}$ 比值增大而增大。

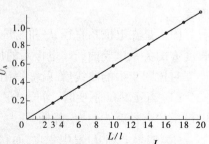

图 6　电极表面电位 $U_A = f\left(\dfrac{L}{l}\right)$ 曲线

　　而在实际应用上应该说随着电极系总长度的增加,测量电极 A 的接地电阻 R_A 在增大。这种说法在均匀介质中或在厚岩层($H > L$)中是恰当的,因为增加屏障电极 A_Z 的长度就会使测量电极的电流线压缩起来,S_1^+ 和 S_1^- 空间缩小,电流密度增高,则 R_A 增高,见图 7(a)和图 7(b)。然而并非在所有情况下,增大 L 尺寸就能使 R_A 增加。如当电极系总长度超过高岩层时,却会得到相反的结果,见图 7(c)和图 7(d)。全部的屏障电流实际上都从岩层以外的屏障电极末端流出,在这种情况下,就使得在岩层以外测得的电阻增加,而对着岩层所测得的接地电阻降低,电极系划分岩层的能力就降低了。

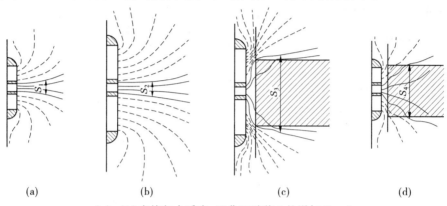

(a)　　　　(b)　　　　(c)　　　　(d)

（a）、（b）在均匀介质中,双曲面随着 L 的增加 $S_2 < S_1$;

（c）、（d）在高阻岩层中,双曲面随着 L 的增加 $S_3 > S_4$

图7　屏蔽接地电阻法电极系的电流线示意

　　为了消除上述缺陷,提出了如图8(a)所示的屏障分段电极系。分段中的电流必须通过稳流电阻 R_1、R_2、R_3、$\cdots$,在电极系设计中,这些电阻的值要大大超过各该分段的接地电阻值。各个分段的长度可以逐段增加,离这中心越远者越长,因为只有在靠近测量电极 A 的地方才需要特别均匀的电流密度。稳定电阻值与各分段长度成反比,$R_1 l_1 = R_2 l_2 =$

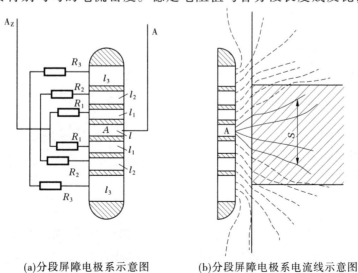

(a)分段屏障电极系示意图　　　　(b)分段屏障电极系电流线示意图

图8　分段屏障电极系测量原理示意

$R_3 l_3 = \cdots =$ 常数,这样就能使整个屏障电路中的电流密度均匀。满足了上述条件,那么在应用分段屏障电极系时,只要增加电极系的总长度,就能使测量电极流出的电流成辐射状传播到更深,同时也提高了电极系划分岩层的能力。

(5)电位分布特征。能帮助了解屏障接地电阻所反映的介质范围和介质性质。

当 $L \gg d_a$ 时,电极表面的电位(见式(37))可以近似为:

$$U_A \approx \frac{\rho I_A}{2\pi l} \ln \frac{2L}{d_a} \tag{38}$$

在 r 轴上任一点的电位为:

$$U_r = \frac{\rho I_A L}{2\pi l \sqrt{L^2 - d_r^2}} \ln \frac{L + \sqrt{L^2 - d_r^2}}{d_r} \tag{39}$$

式中:d_r 为旋转椭球面至电极系中心的距离的二分之一,即 $\frac{d_r}{2} = r$。

比值

$$\frac{U_r}{U_A} = \frac{\sqrt{L^2 - d_a^2}}{\sqrt{L^2 - d_r^2}} \frac{\ln \dfrac{L + \sqrt{L^2 - d_r^2}}{d_r}}{\ln \dfrac{L + \sqrt{L^2 - d_a^2}}{d_a}} \tag{40}$$

令 $\frac{L}{d_a} = n, L = n d_a$;$\frac{d_r}{d_a} = m$,并设 d_a 为一单位值,得

$$\frac{U_r}{U_A} = \frac{\sqrt{n^2 - 1}}{\sqrt{n^2 - m^2}} \frac{\ln \dfrac{n + \sqrt{n^2 - 1}}{m}}{\ln(n + \sqrt{n^2 - 1})} \tag{41}$$

绘制 $\frac{U_r}{U_A} = f(m)$ 电位分布曲线(见图9)。

电位分布特性分析如下:

(1)电位衰减呈指数曲线,当 $d_r \rightarrow d_a$ 时,$U_r = U_A$,随着 $\frac{d_r}{d_a}$ 的增大,曲线趋于缓慢下降,表示电流线旋转双曲面面积增大、电流密度减少所致。当 $d_r \rightarrow L$ 时,$U_r \rightarrow 0$,屏障效应消失,式(41)超出适用范围。

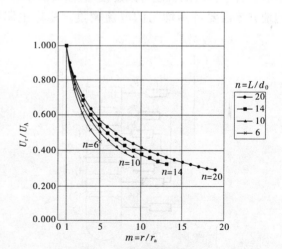

图9　电位分布特性曲线

(2)$\frac{d_r}{d_a}$ 比值从 $1 \rightarrow 2$,r 轴上的电位仅降低 $10\% \sim 20\%$,说明电极 A 的接地电阻 $80\% \sim 90\%$ 由这范围内的介质电阻率所决定。

(3)在相同的 $\frac{U_r}{U_A}$ 值时,(在电位曲线相对平缓后),$\frac{L}{d_a}$ 比值越大,$\frac{d_r}{d_a}$ 比值也越大,说明

增大 $\dfrac{L}{d_a}$ 值,可以将电流送入岩层更深处,更能确切反映介质的性质。

(4)电极系的几何尺寸 L、l、d_a 决定了电极系形成的等位面,从而决定了电流线双曲面的形状。在 $L \gg d_a$ 时,双曲线的渐进线按定义:

$$Z = \pm \frac{a}{b} r = Kr \tag{42}$$

将 a 和 b 代入

$$K = \frac{a}{b} = \frac{\dfrac{l \sqrt{L^2 - d_a^2}}{2L}}{\dfrac{\sqrt{L^2 - d_a^2}}{2}} = \frac{l}{L} \tag{43}$$

$\dfrac{l}{L}$ 的比值越小,电流线双曲线越平缓,即 S_1^+ 和 S_1^- 空间越被压缩,电流密度衰减越慢,电极 I_A 的电流越能深入岩层,这时稳定旋转双曲面在 d_r 不太大的情况下越接近于圆柱体的电流束。在圆柱体上电位降落呈线性,故而能更确切地反映岩层的电阻率。

2.2　屏障接地电阻与屏障电流变化的关系

出于某种原因,屏障电路和测量电路的电流比例关系失调,即 $\dfrac{L}{l} \neq \dfrac{I_A + I_Z}{I_A}$ 时,将导致测量电极 A 所流出的电流在介质中传播空间的缩小或扩大。根据试验结果(见图10),它相当于测量电极长度 l 的缩小或扩大,电流密度在离电极表面 Δr 的距离后,又重新按双曲面分布。

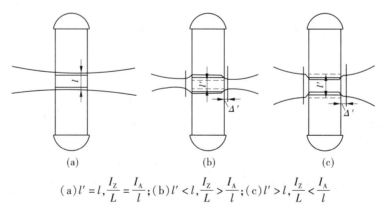

$$(a) l' = l, \frac{I_Z}{L} = \frac{I_A}{l}; (b) l' < l, \frac{I_Z}{L} > \frac{I_A}{l}; (c) l' > l, \frac{I_Z}{L} < \frac{I_A}{l}$$

图10　在屏蔽电流和测量电流比值不同的条件下,测量电极的电流分布情况

如果假想的测量电极长度 l' 和电极总长度保持如下的关系:

$$l' = \frac{I_A}{I_A + I_Z} L = \frac{1}{1 + \dfrac{I_Z}{I_A}} L \tag{44}$$

那么屏障电极电流 I_Z 和测量电极的电流 I_A 的比值变化可以看成是测量电极长度 l 的变化,这样就能把2.1.1中推导的公式和 $\dfrac{K}{l}$ 比值等关系应用于电极表面电流密度不相

同的场合,而只需把原式中的实际测量电极长度用 l' 来代替。这时圆柱状屏障电极系数就变成:

$$K' = \frac{2\pi l' \sqrt{L_d^2 - 1}}{L_d \ln(L_d + \sqrt{L_d^2 - 1})} = \frac{L}{1 + \frac{I_Z}{I_A}} \chi\left(\frac{L}{d_a}\right) \tag{45}$$

$$\frac{K'}{l'} = \frac{2\pi \sqrt{L_d^2 - 1}}{L_d \ln(L_d + \sqrt{L_d^2 - 1})} = \chi\left(\frac{L}{d_a}\right) \tag{46}$$

即 $\chi\left(\dfrac{L}{d_a}\right) = \dfrac{K}{l}$ 是根据图 5 的试验曲线所确定的无因次系数。

因此,在电流密度不均匀的条件下,均匀介质的屏障接地电阻可按下式计算:

$$R'_A = \frac{\rho\left(1 + \dfrac{I_Z}{I_A}\right)}{\chi\left(\dfrac{L}{d_a}\right)l} \tag{47}$$

均匀介质中的电阻率为:

$$\rho = K'R_A = K' \frac{U_A}{I_A} \tag{48}$$

当测量电极和屏障电极的电流密度均匀,即 $\dfrac{L}{l} = \dfrac{I_A + I_Z}{I_A}$ 条件下,由式(47)所得的接地电阻 R_A 是相当精确的;当 $\dfrac{L}{l} \neq \dfrac{I_A + I_Z}{I_A}$ 时,接地电阻的实际值 R'_A 就会与按式(47)计算出的理论值 R_A 有些差异。这是因为在靠近电极系有一厚度为 Δr 的"岩层",这里的电流密度还是不均匀的。理论和试验表明,在这个差值 $\Delta R_A = R'_A - R_A$ 保持不变,也就是说,ΔR 实际上只取决于靠近电极系的井液电阻率。这样就可以把 $\pm \Delta R_A$ 看做是电极与电解液(井液)界面上的接触电阻 R_j 的校正值[插]。

2.3 屏障接地电阻与钻孔井径 d_0 和井液电阻率 ρ_0 的关系

(1)当电极系直径 d_a 接近钻孔直径 d_0 时,井孔影响可以忽略。

(2)当井液电阻率 ρ_0 接近围岩电阻率 ρ 时,井孔影响可以忽略。

(3)当 d_0 略大于 d_a,围岩电阻率 $\rho \gg \rho_0$,井孔影响可以忽略。

(4)在工程清水钻孔中,井孔和井液的影响是不变的,仅会造成一个屏障接地电阻值的差值 ΔR_A,它不影响屏障电阻接地法的分层。如果需要确定对应岩层的电阻率来区别岩性,可以按 2.2 中所述,把钻孔的影响看成一个附加电阻 R_f,从实测的屏障接地电阻中消除。

参考文献

[1] BH 达哈诺夫,BA 果波洛娃. 屏障接地电阻法[C]//地下地球物理论文集. 北京:石油工业出版社,1956.

[2] BH 达哈诺夫,EA 涅曼. 接地电阻法测井的理论基础[C]//地下地球物理论文集. 北京:石油工业出版社,1958.

---

❶ 在进行屏障接地电阻法测井时,只注意到实测的接地电阻 R_A 而没有考虑接触电阻 R_j 和 ΔR_A 这些附加电阻的存在,而当要确切地了解地层电阻率时,就应当测定附加电阻值 R_f。

EH-4电磁系统在隐伏断层探测中的应用效果

鲁 辉 涂善波 胡伟华

（黄河勘测规划设计有限公司工程物探研究院 郑州 450003）

摘要：针对EH-4电磁系统的组成、方法原理、数据处理以及在某水库隐伏断层探测中的应用效果，总结了该系统的几个探测优势。

关键词：EH-4 隐伏断层 探测深度

1 引言

某水库位于河南省境内，功能以反调节为主，兼顾灌溉、供水和发电。为了确定水文地质边界条件和水文地质分区的需要，水库管理部门希望用物探方法查明库区周边坡头—吉利断层的准确位置。传统上探测隐伏断层的物探方法有很多种，如地震勘探（包括反射法、折射法）、电测深法、高密度电法、氡射气测量等，这些方法在一定的条件下均曾取得过良好的效果。但由于该库区周边覆盖层厚，场地不开阔，一些传统方法的使用受到限制或使用效果不好。如地震勘探，要达到一定的勘探深度，需使用炸药作为震源，而绝大部分测线从农田中通过，不适合放炮。电测深对于大埋深目标体需要足够远的跑极距离，而由于该地区居民点比较多，跑极常常受到建筑物的阻隔。高密度电法由于受到供电电压的限制，难以达到很大的探测深度。在这种具体情况下，我们决定选用EH-4电磁系统来探测该断层。EH-4电磁系统探测深度大，自20世纪90年代引入我国以来在找矿方面应用较广，但用来探测隐伏断层的很少，本次应用也是尝试。

2 仪器组成与方法原理

EH-4电磁系统由美国EMI和Geometrics两公司联合生产，它包括发射装置和接收装置两部分。接收装置包括不锈钢电极、接地电缆、前置转换器（AFE）、磁探头、主机、传输电缆、12 V蓄电池，发射装置包括发射天线、发射机、控制器、12 V蓄电池，它属于部分可控源与天然源相结合的一种大地电磁测深系统。深部构造通过天然背景场源成像（MT），其信息源为10 Hz~100 kHz。浅部构造则通过一个新型的便携式低功率发射器发射1~100 kHz人工电磁信号，补偿天然信号的不足，从而获得高分辨率的成像。基本假设是将大地看做水平介质，大地电磁场是垂直投射到地下的平面电磁波，则在地面上可观

作者简介：鲁辉（1980—），男，河南汝南人，工程师，主要从事工程物探资料处理、解释和工程质量检测等研究工作。

测到相互正交的电磁场分量为 E_x、H_y 和 E_y、H_x。通过计算可确定介质的电阻率值,其计算公式为

$$\rho = \frac{1}{5f} \left| \frac{E_x}{H_y} \right|^2 \qquad\qquad (1)$$

式中:f 为频率,Hz;ρ 为电阻率,$\Omega \cdot m$。

由于地下介质是不均匀的,因而计算的 ρ 值称为视电阻率值。可探测深度在理论上为一个趋肤深度,计算公式为

$$\delta = \sqrt{\frac{2}{\omega\mu\sigma}} \approx 500\sqrt{\frac{\rho}{f}} \qquad\qquad (2)$$

式中:δ 为趋肤深度,m。

式(2)表明,电磁波的趋肤深度随电阻率的增加和频率的降低而增大。

3　数据处理

3.1　干扰信号的剔除

在信号采集过程中,由于各种原因,有可能出现随机的干扰信号,它影响着视电阻率曲线,使其中的个别频点发生跳跃,如果未剔除,将会影响最终的反演解释结果。剔除干扰信号的方法有两种:①对采集的时间序列信号进行编辑,直接剔除发生畸变的信号;②对视电阻率曲线进行编辑,直接删除个别跳跃较大的频点。

3.2　近场源校正

近场源信号也是人为的或天然的干扰信号,只不过它是比较稳定的干扰源,它有可能是测量现场附近出现的未知强信号,也有可能是发射天线太近所引起的。在野外由于工作条件的限制,有时这两种情况均无法避免,只好在后期的数据处理中加以消除。

近场源影响的主要表现是视电阻率曲线中一段与另一段发生截断。当进行二维反演时,在电阻率成像图上就有一个低阻解释结果,而从理论计算看,视电阻率曲线是连续的。因此,视电阻率曲线发生的截断需要改正。

改正近场源影响的原则有如下三点:①天然场源不受近场源的影响,相应的视电阻率曲线保持不变;②视电阻率曲线应该连续、圆滑;③近地表的视电阻率应是准确的。

3.3　数据反演解释

近十九年来,不断有新的二维 MT 反演的新方法提出,如 De Groot - Hedlin 和 Constable 等(1990)的 OCCAM 反演方法;Smith 和 Booker 等(1991)的快速松弛反演法(RRI);Peter S R 和 Pratt R G(1997)等的零空间反演法;Siripunvaraporn 等(2000)对 OCCAM 法做了些改进,提出了简化基奥克姆法(REBOCC)等。这些方法各有优缺点,其中,RRI 方法用前一次迭代模型的场量的横向梯度替代迭代后模型的场量的横向梯度,大大减少了反演过程中正演的次数,节约了大量的计算机资源和时间,这就使在普通的 PC 机上进行 MT 的二维反演成为可能,目前,该方法是 EH - 4 数据二维反演的主要方法之一。

3.4　地形修正与插值

EH - 4 的理论基础是将大地看做水平介质作为基本假设,但实际的情况是:地形往往是不平坦的,同一条测线的测点存在高程差,需要进行地形修正。修正的方法是用每个

测点的实际高程作为二维反演数据文件的第一个频点高程,其他频点的高程相应做加减运算,形成修正后的数据文件。同一测点随着测深的增加,数据点变得越来越少,一般经过插值处理后,形成的图像更完美。插值时采用两点间线性法。对于深部没有数据的部分可以采用外延法,即利用最深的两点的数据按线性关系,计算出深部未知点的电阻率值。

4　工区地质条件与地球物理特征

工区位于黄河Ⅱ级阶地,地层自上而下主要为黄土状粉质壤土、粉细砂和砂壤土、砂卵石层、紫红色泥质粉砂岩与黏土岩互层。具体地球物理特征如下:①第四系黄土状粉质壤土、粉细砂和砂壤土,其视电阻率 ρ_T 值为 $15\sim50\ \Omega\cdot m$;②砂卵石层,其视电阻率 ρ_T 值为 $40\sim120\ \Omega\cdot m$;③第三系紫红色泥质粉砂岩与黏土岩互层,其视电阻率 ρ_T 值为 $20\sim340\ \Omega\cdot m$。

该地区地下水位较高,且砂卵石层为透水层,判断断层破碎带必定充水,其与两侧新鲜基岩相比电阻率应该明显偏低。

5　工作布置与资料解释

在济涧河西侧和宋庄东北横跨坡头—吉利断层推断线各布置一条测线,分别为 A 测线和 B 测线。数据处理后所得测线视电阻等值线成果分别见图 1、图 2。由图 1 可见,在 A 测线桩号 48 m 处基岩层出现横向不连续的现象,不连续处电阻率比两侧(由于测线长度有限,只能看到一侧边界)基岩明显偏低,且边界(图 1 中虚线所示)清晰,因此判断此处为断层的一个边界。由图 2 可见,在 B 测线桩号 0 m 处基岩层出现横向不连续的现象,不连续处电阻率比右侧基岩明显偏低,且边界清晰(图 2 中虚线所示),因此判断此处为断层的一个边界。综合 A 测线和 B 测线成果判定:坡头—吉利断层走向为东西走向,倾向为北偏东,倾角为 75°左右。

经核实,上述由 EH - 4 成果解释出的断层性质与地质推断较为符合。

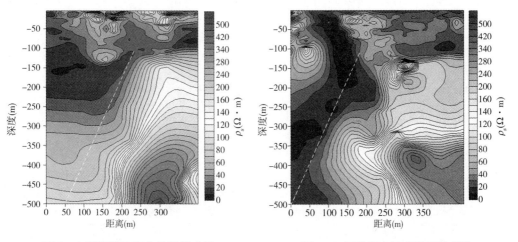

图 1　A 测线视电阻率等值线成果　　　　　　图 2　B 测线视电阻率等值线成果

6　结语

本次使用 EH－4 电磁系统探测隐伏断层取得了令人满意的效果,通过本次工作我们得到如下一些结论:

(1)该系统对于工作场地狭小的大埋深目标体探测有独特优势;

(2)该系统穿透能力强,在浅部存在低阻层的情况下仍能达到预定的勘探深度;

(3)该系统具有较高的分辨率,可以分辨出较小的地质构造。

参考文献

[1] 陈庆凯,席振铢.EH－4 电磁成像系统的数据处理过程研究[J].有色矿冶,2005(5).

[2] 张刚艳,张华兴,刘鸿泉.EH4 电导率成像系统在煤矿采空区探测中的应用研究[C]∥第六届全国矿山测量学术讨论会论文集.2002.

[3] 汤井田,肖晓,杜华坤,等.RRI 方法在 EH－4 数据解释中的应用[J].地质与勘探,2008.

边坡隐患探测方法研究

朱自强　　彭冬菊

（中南大学信息物理工程学院　长沙　410083）

摘要：滑坡和塌陷是常见的危害人类生存环境的地质灾害，各种工程设施中的边坡极易产生滑坡和塌陷。本文应用物理模型模拟边坡工程中存在的滑动层，探讨了边坡工程中滑坡隐患的电场分布规律。物理模拟或实际探测均可采用三极或对称四极电阻率测深法进行观测[1]，利用电阻率测深剖面的 ρ_s 等值线断面图中 ρ_s 等值线的分布规律，结合模拟条件和野外实际探测中所处的地质条件，圈定出边坡中一定深度范围内的含水滑动层或塌陷。同时，对所观测到的 ρ_s 资料，采用反射系数 K 法进行解释，以提高区分边坡隐患的能力[2]。通过对某厂边坡隐患的探测，利用不同地层的电性结构特点和分布规律，确定其滑动层的结构构造，并判断出滑动层的埋深、规模及性质，为后续的边坡隐患治理提供可靠的地质依据。

关键词：电阻率测深　反射系数 K 法　边坡隐患　物理模拟

　　边坡中产生的滑坡、滑动、沉陷、泥石流、岩崩，这些在表面上看似斜坡岩土体运动的不同表现形式，但随时都有可能带来严重的破坏甚至是巨大的地质灾害。为了尽可能避免或降低滑坡等地质灾害对人民生命财产的危害及对工程建设的影响，这就要求对滑坡隐患进行研究并加以有效的防治[3]。通常的地层滑坡或塌陷与地下介质中含水量的多少及变化直接有关[4]，所以边坡工程中的滑坡、滑动或塌陷的产生和发展与地下水、降雨、地表水下渗以及过量抽取地下水等甚为密切[5]。在边坡隐患的治理过程中，查清和评价边坡隐患地区的水文地质条件，确定地下水在边坡隐患地区的分布状况和补给来源，采取有效的治理措施，减少工程费用，则是边坡隐患研究和评价的主要任务[4]。

　　利用边坡岩石土体的电性差异可探测含水层或岩土分界面，进一步确定边坡滑动层的空间位置并指导处理。本文通过设计边坡模型，并开展电测深探测实验，总结电测深曲线规律，通过反射系数 K 法提高资料解释的分辨力，取得了较好效果。

1　物理模拟实验

1.1　模型的建立

　　为了研究边坡隐患中电场的分布规律，建立一个电性结构为 $\rho_1 = \rho_3 > \rho_2$ 的土槽模型，ρ_1、ρ_3 的介质为亚黏土，其电阻率值为 200 $\Omega \cdot m$ 左右，ρ_2 的介质为亚黏土加食盐的混合物，其电阻率值为 10 $\Omega \cdot m$ 左右，模拟边坡隐患中的含水低阻层。图 1 为该边坡模型沿坡面的中心断面，其结构为：坡长 3 m，坡角 15°左右，低阻层厚度大致 0.1 m，埋深在

作者简介：朱自强（1964—），男，湖南双峰人，教授，从事重磁、边坡工程的研究。

0.5 m 左右,其顶面与覆盖层坡面平行。该边坡模型的走向长度亦为 3 m,图 2 为该边坡模型沿坡面走向的中心断面,相对而言,其结构与沿坡面的中心断面大致相同,只是模拟的右侧低阻层厚度逐渐加大,其边缘厚度已达 0.2 m。

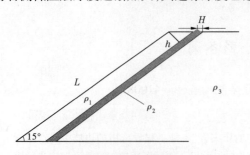

图 1　边坡模型沿坡面的中心断面

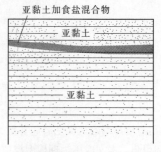

图 2　边坡模型沿坡面走向的中心断面

　　模拟试验采用三极电测深装置,其中 $AB/2$ 最小为 3 cm,最大为 150 cm,整个模型沿坡面走向布设了 3 条剖面,每条剖面布设 7 个测深点。

1.2　模拟试验成果的推断解释

　　为避免边界影响,采用沿坡面走向的中心剖面的观测成果进行分析解释,图 3 为该剖面的电测深 ρ_s 等值线断面,图中 ρ_s 等值线大都呈相互平行状分布,说明这些部位的介质均匀且呈层状分布,仅部分区域分布有局部的高、低阻 ρ_s 异常,主要分布在剖面的右侧中部及剖面的下部。其中,剖面的右侧中部(5 ~ 7 点下面)分布有局部的 ρ_s 高阻异常,应是土层充填的亚黏土中混杂有卵石而呈高阻特性;剖面的下部分布的是局部的 ρ_s 高阻异常,为模拟 ρ_3 介质的亚黏土所致,而在剖面下部 $\rho_s = 150\ \Omega \cdot m$ 的两条等值线之间分布的是 ρ_s 低阻异常,且右侧的分布范围大于左侧,该 ρ_s 低阻异常分布范围反映的是模型的含盐低阻层,左、右侧 ρ_s 异常分布范围的变化则说明了含盐低阻层模型的厚度变化,而该 ρ_s 低阻异常上、下部 $\rho_s = 150\ \Omega \cdot m$ 、 $\rho_s = 180\ \Omega \cdot m$ 两条稍微向右倾的 ρ_s 等值线的所在部位,表明了 ρ_1 和 ρ_2 、 ρ_2 和 ρ_3 两种模型介质的大致分界线,同时也表明含盐低阻层模型的顶板大致呈水平状。上述分析表明,利用电测深法进行这种模拟观测,通过视参数 ρ_s 构成的 ρ_s 等值线断面图中 ρ_s 等值线的分布规律,可以反映出探测对象基本的空间赋存状态。

　　反射系数 K 法实际上是一种解释电测深 ρ_s 曲线的数据处理方法,即对电测深 ρ_s 曲线进行一次滤波,实测的 ρ_s 曲线经过反射系数 K 法处理后,能明显提高对 ρ_s 异常的分辨能力[6]。图 4 为沿剖面走向的中心剖面的电测深 K 等值线断面,图中 K 等值线大都呈起伏状分布,一方面说明这种层状模型介质的电性并不均匀,另一方面也表明 ρ_2、ρ_3 两种模型的顶板由于在建造过程中因人员的踩踏已变得起伏不平,相对 ρ_s 等值线的分布规律而言,K 等值线的分布规律则是分辨能力提高的体现[7]。剖面中部 $K = 0.1$ 的两条等值线之间分布的负 K 值异常区域,反映的是模型的含盐低阻层,从左至右负 K 值异常分布范围的变化同样说明了含盐低阻层模型的厚度变化,该负 K 值异常区域内分布有局部的负 K 值异常,说明 ρ_2 介质中亚黏土加食盐的混合物搅拌不匀存在局部不均匀体。剖面图中的上部和下部分布的都是 K 值大于 0.1 的等值线,反映的是 ρ_1 和 ρ_3 介质的分布状况,其中

也分布有局部的高 K 值异常,即为亚黏土中混杂有卵石所致。为了得到观测剖面内 ρ_2 介质模型的顶板埋深,利用各测深点的单支 K 值曲线确定其埋深,其值都为 $46 \sim 52$ cm。

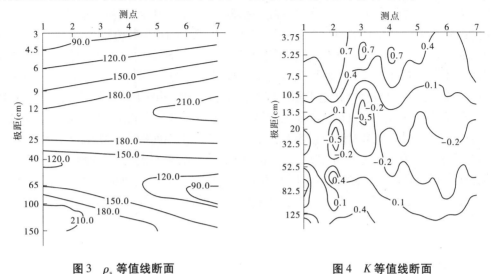

图 3 ρ_s 等值线断面   图 4 K 等值线断面

以上分析说明,利用含盐低阻层模拟边坡隐患,采用电测深法进行观测,是解决边坡隐患问题的正演手段之一。根据 ρ_s、K 等值线断面图的异常特征可用来解反问题[8]。对于所观测到的 ρ_s 资料,除传统的电测深 ρ_s 资料解释方法外,采用反射系数 K 法进行解释,更能突出边坡隐患的存在[9]。

2 边坡隐患中滑坡、塌陷的实际探测

某厂地处红层地区,厂内西北部围墙边水库的一个大型边坡发生大面积滑坡、塌陷,形成一条长约 150 m、宽 30 多 m、近东西走向的塌陷带,地表下陷达 1.5 m。因滑坡和塌陷共生,导致地层向北滑动,地表和部分厂房开裂,围墙向水库一侧倾伏。滑坡、塌陷严重影响该厂的生存、发展和周边环境,急需对这一地质灾害进行评价,确定形成这一灾害的地质原因,以便综合治理,防止进一步扩大。于是,在厂区进行了 25 m × 20 m、最大 $AB/2$ 为 65 m 的面积性电测深。采用传统的电测深 ρ_s 资料解释方法和反射系数 K 法对所观测的 ρ_s 曲线进行了解释。以下为滑坡、塌陷地段的 6、8、22 号剖面的解释结果。

6 号剖面的 ρ_s 等值线断面(见图 5)中,ρ_s 等值线的数值从上至下逐渐减小,且 6 号测深点下 ρ_s 曲线下凹,有明显的 ρ_s 低阻异常,说明该点底部存在低阻体,但不能确定塌陷的存在部位。图 6 的 K 等值线断面图中 6、8 号测点底部有倾斜的 K 值为 -0.3、-0.6、-0.7 的等值线分布,说明这一部位存在含水构造。由于 6 号点地处塌陷中心,K 等值线的分布说明了该点下的含水层埋深明显大于 8 号测点,而在 4 号点下则出现上负下正的 K 等值线分布,并与 6、8 两测深点的 K 等值线不连续,说明 4、6 号两点之间为塌陷的界面,导致 4 号测点下的含水层留在近地表,而 6 号点的含水层处于该剖面的底部。上述 K 等值线几何形态的变化,突出了剖面内塌陷部位含水层的分布。

图 7 所示 8 号剖面中,ρ_s 等值线从上至下数值逐渐减小,8 号测深点下 ρ_s 等值线呈凹

陷状,说明该点底下有低阻体存在,据此同样无法确定该剖面塌陷的部位。图 8 的 K 等值线上部呈平行分布,中部呈下凹状,且在 6、8 号测点底部有 $K = -0.7$ 的局部异常存在,说明有与塌陷有关的含水构造存在。后经钻探验证为含水细砂层、粉砂层及流砂层。上述两剖面的差别在于 6 号剖面只有 6 号测点下有塌陷,因而 K 等值线的分布较复杂。8 号剖面的 6、8 号两测深点底下有塌陷,所以 K 等值线相对地变化较缓,K 等值线的异常也较明显。经对地面水文调查及对塌陷区的地面投影范围分析,形成这一地段的滑坡和塌陷是由于地下水(含地表水)在地下细砂层中富集和流动,不断地带走细砂,于是,这些细砂层中形成贮水空间,且不断扩大,加上边坡下水库中的水与之贯通,上述贮水空间就具有一定的承压作用。当水库内水被逐渐抽干,就导致贮水空间的承压作用减小或消失,于是,就形成了该地区东西向条带状的塌陷和滑坡。塌陷的东西走向,即为地下水和细砂的流动方向。相对来说,这种滑坡的范围不算大,所以,地表开裂的纵向滑动的幅度远小于塌陷深度。上述这种塌陷和滑坡与大量开采地下水导致地面沉降而形成地质灾害的机制是相同的。

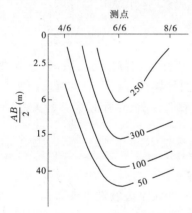

图 5　6 号剖面 ρ_s 等值线断面

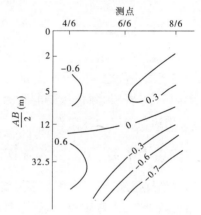

图 6　6 号剖面 K 等值线断面

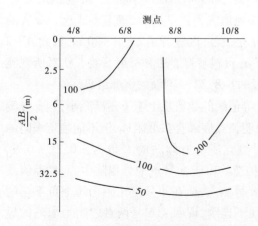

图 7　8 号剖面 ρ_s 等值线断面

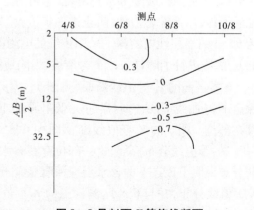

图 8　8 号剖面 K 等值线断面

22 号剖面地处厂区东部,靠近该厂围墙。该剖面的 ρ_s 等值线呈平行分布,向一侧倾斜,从上至下 ρ_s 值逐渐减小(见图 9)。这种变化趋势形成了该剖面下部存在一个含水低阻层的概念,但从该剖面的 K 等值线看(见图10),虽平行分布,但在4、6号测点下呈下凹状,而出现在该剖面上的4、6、8号测点下,从上而下,K 的绝对值逐渐减小。该剖面4、6、8点所在范围地表滑坡的走向同下凹的走向。经钻探验证,这种滑坡仅发生在近地表含水层中。由此说明,这种绝对值大的分布在剖面的上部,反映出这些地段地表层富含水而导致滑坡。究其原因,上述地段生活污水大量排放在地表,渗透至浅部红层中,导致滑坡。地下污水在红层中的渗透深度和流向,就是滑坡面的大致深度和滑动方向。

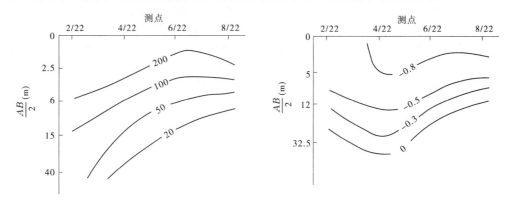

图9　22号剖面 ρ_s 等值线断面　　　　图10　22号剖面 K 等值线断面

虽然上述两处滑坡的性质及产生滑坡、塌陷的深度不同,但都与介质中含水有关。所以,反射系数 K 法的解释结果都明显地反映了这一地质现象的存在,其实质就是突出了滑坡塌陷部位地层中地下水的异常。因为地下水呈高频特性,通常电阻率测深法得到的 ρ_s 曲线只能局限于区分不同深度的介质是高阻或低阻的解释,而反射系数 K 法对 ρ_s 曲线进行一次微分——高通滤波,则地下水这种高频信号响应灵敏[10]。K 呈负值出现,其梯度变化也大。所以,各测点的 ρ_s 曲线通过反射系数 K 法解释后,地下某些层位中介质含水量沿剖面的分布规律就变得十分清晰。某厂测区内的电测深曲线经过反射系数 K 法解释后,突出了滑坡和塌陷地段地下介质中地下水的异常,从而明确显示出滑坡和塌陷的存在部位和范围。由此揭示了产生这种滑坡和塌陷的地质原因。

3　结语

(1)利用土槽模拟边坡隐患电场的分布规律,采用电测深法进行观测,是解决边坡隐患问题的正演手段之一。

(2)在通常情况下,边坡隐患中的滑坡、塌陷与地下水的存在和变化直接相关。反射系数 K 法评价滑坡、塌陷则突出了导致滑坡、塌陷的地下含水层异常,因此能准确地确定滑坡、塌陷的性质和存在空间,为及时治理提供了可靠的地质依据[11]。

(3)K 等值线断面图的分布规律能直观地反映出边坡隐患中的地层结构和滑动层的分布,显示出滑坡、塌陷的存在部位,灵敏度高,分辨能力强,采用传统的电测深 ρ_s 资料解释方法无法达到这种解释效果[12]。

参考文献

[1] 高峰. 电测深法在三峡库区滑坡勘探中的应用[J]. 地下水, 2004(3).

[2] 陈绍求, 陈明伟. 电阻率法在区分堤坝隐患中的作用[J]. 中南工业大学学报, 1999(10).

[3] 赵明阶, 何光春, 王多垠. 边坡工程处治技术[M]. 北京: 人民交通出版社, 2003.

[4] 李静. 滑坡稳定性研究现状综述及思考[J]. 西部探矿工程, 2006(8).

[5] 王峰, 刘光焰, 刘均利. 降雨入渗与滑坡关系研究综述[J]. 人民黄河, 2006(8).

[6] 龙凡. 电反射系数 K 法在赤峰西部水文地质勘察中的应用效果[J]. 物探与化探, 1988(2).

[7] 陈绍求. 反射系数 K 法在确定红层地质构造中的应用[J]. 地质与勘探, 1998(9).

[8] 贾东新, 李炜. 反射系数电法勘探及应用效果[J]. 河北煤炭, 1998(1).

[9] 陈绍求. 工程勘探中电测深反射系数(K)法的应用[J]. 物探与化探, 1992(2).

[10] Timothy. The future of scientific communication in the earth sciences[J]. Computer and geosciences, 1997(6).

[11] 陈绍求. 反射系数在地质灾害评价中的应用[J]. 物探与化探, 1998(8).

[12] 陈绍求, 肖志强. 反射系数在岩溶探测中的应用[J]. 物探与化探, 2000(6).

梯度自然电位(SP)方法确定水坝渗漏部位和形态

曾昭发[1]　王者江[1]　薛　建[1]　黄　玲[1]　王小辉[2]　杨玉辉[2]

(1.吉林大学地球探测科学与技术学院　长春　130026;
2.黑龙江省西沟水电有限公司　黑河　164300)

摘要:水库堤坝的渗漏隐患是一个十分重要同时又很难解决的问题。本文在总结水库堤坝发生渗漏时产生的自然电位场的主要特点和探测自然电位场方法的基础上,研究直接测量自然电位场的水平梯度,并通过解析反演获得渗漏部位的深度和形态,取得了很好的效果,提出了利用梯度自然电位测量方法进行水库和河堤渗漏隐患的快速探测方法技术,并在黑龙江哈拉台河水库进行实际应用,不仅推断出产生渗漏的主要原因,还获得了渗漏部位的深度及形态因子。其结果为工程设计和施工提供了重要指导,也为快速开展堤坝的渗漏研究提供了一个重要方法。

关键词:堤坝渗漏　探测　梯度自然电位测量　参数反演

1　引言

新中国成立后,我国修建了大量的水利水电工程,这些工程为国民经济的发展作出了巨大的贡献。经过多年服务以后,其中许多工程出现不同程度的渗漏问题,这不仅造成直接的经济损失(如水库库容损失),而且对工程的安全也构成威胁。新一轮水利水电设施的大发展,也需要对这些水库进行加固和扩建。那么,如何准确、具体地确定这些渗漏部位,将是水利水电地质勘察部门迫切需要解决的问题。

由于水患事故的增多和对水利工程的重视,水利主管部门和科研院校利用地球物理方法进行各种水利工程隐患探测的研究和试验。如水利部建设了水利工程隐患的试验场,开展了高密度电法、探地雷达法、瞬变电磁法等多种地球物理方法的试验。所有这些工作为利用地球物理方法进行水利工程的隐患探测提供了指导。同时,地球物理工作者也在寻求一种准确、快速、简便的方法来确定水利工程隐患的各种参数。

自然电位方法(Spontaneous Potential Method)是地球物理方法中最古老的方法之一。由于自然电位方法无需向地下供电,直接测量两点间的电位大小,因而自然电位方法简单且易于开展,工作效率高。近年来,自然电位方法被广泛应用于地热勘察和水文地质研究。

自然电位方法很早就被应用于水坝和水库渗漏的探测。自从1809年Reuss发现水流通过孔隙介质时产生自然电位现象开始,便不断地有学者和地球物理工作者努力地探

作者简介:曾昭发(1966—),男,河南人,教授,主要从事地球物理理论与技术研究。

讨利用自然电位方法进行水库和水坝渗漏有关的理论和应用研究（Quincke（1859），Helmholtz（1879），Gouy（1927），Stern（1924），U. A. Moid（1964）），在水库渗漏探测方面，A. A. Ogilvy 和 Bogoslovsky（1969）进行了理论研究和实际应用，并取得了满意的效果；Bogoslovsky 和 A. A. Ogilvy（1971）在利用自然电位方法探测水库渗漏的同时，进行了长期的观测，获得了水库渗漏量和自然电位的关系。Bogoslovsky 和 Ogilvy（1973）又利用自然电位方法研究水库排水构造的形变。但这些文献中主要研究水库的库底渗漏，而水坝和河堤渗漏的探测意义更加重大。自然电位方法被应用于地热水流探测（R. F. Corwin 和D. B. Hoove，1979），D. V. Fitterman（1984）对水流位场（Streaming Potential）提出了数学模型，还对异常进行了理论计算。E. M. Abdelrahman 等研究出对自然电位异常进行解释的算法。这些工作为我们进行水库和堤坝的自然电位快速探测提供了基础，但如何对水库大坝及堤防渗漏进行准确和快速的测量，尚没有探讨。

　　我们在多年的实践中，探索了一套利用梯度自然电位方法确定水坝渗漏部位和渗漏通道大小的方法，并在实践中取得了较好的效果。该方法无需无穷远极，测量快速、简便，具有较好的推广价值。

2　渗漏形成的自然电场和大小

　　在地下介质中，由于水的渗漏，便产生过滤电场。过滤电场的产生机制是当溶液在渗透压力的作用下，通过岩石颗粒间的孔隙时，岩石的颗粒将溶液中的带电粒子（一般为负离子）（傅良魁，1987）吸向孔隙壁，使运动着的溶液中正、负离子的数目不相同，结果是多余的正离子出现在靠近孔隙的出口一端，随时间的增长，这种正、负离子分布的差异形成的电位差逐渐增大，一直到这个电位差使负离子加速运动，正离子减速运动，最终使正离子和负离子保持近似相同的数目从孔隙通道内流出。这时，由岩石吸附作用形成的过滤电场趋于一个稳定的电场，其方向与溶液流动方向相反。水坝和河堤的渗漏模型都可以利用这一个理论来解释。

　　对于夹心墙式的水坝的渗漏而言，由于水坝的水在水压的作用下，沿水坝的心墙或齿槽的薄弱部位发生水的渗漏，随着时间的增长，渗漏部位越来越大，形成渗漏的通道，成为水利工程的隐患。水坝的这种渗漏便形成上述的过滤电场。但还有不同的地方，即当水流量较大，并形成渗漏的通道时，这时不仅形成由于流水通道壁的岩石颗粒产生的吸附作用而形成过滤电场，又由于水本身带电（一般带负电荷），在水发生流动时产生电场。在这种情况下，由于岩石颗粒的吸附作用而产生的电场和水流动产生的电场相互叠加。可见，电场的大小不仅与岩石的性质有关，而且与水的电阻率和水流速度等也有关系。

　　对于渗漏形成的自然电位大小，Helmholtz 曾给出了电位大小的表达式：

$$V = \frac{\varepsilon\rho\zeta}{4\pi\mu}P \tag{1}$$

式中：ε 为水的介电常数；ρ 为水的电阻率；ζ 为电动势；μ 为水的黏滞系数；P 为水体的压力。

　　电位和压力的关系在许多文献中进行了阐述，即电位与压力成正比关系，而与水流通道的几何形态关系不大；在一定范围内，水流通道内颗粒直径与电位成反比；流体的含盐度、渗透性的微小变化等与电位的变化关系较小。

3　水库水坝渗漏模型及其自然电位场的特点

水库的类型很多,本文以心墙堆石坝为例进行研究。这种水库水坝的渗漏主要包括心墙的渗漏和水库堤坝基础的渗漏。由于渗漏的部位不同,可以用不同的模型进行模拟研究。例如,在本次研究中,水库的渗漏主要表现为如下两种方式:

(1)心墙渗漏。水库大坝心墙,由于质量问题或长期的使用而使心墙的质量退化,局部产生裂缝或由于厚度变薄而形成渗漏。发生渗漏后,水流从上而下并产生自然电场,根据渗流场的特点,其异常场表现为垂直偶极子场,因而可以用垂直偶极子模型来代替。

(2)水库大坝心墙的基础渗漏。例如,齿槽处理中的质量问题或地下断层发生变化,局部产生渗漏。由于渗漏部位的入水口和出水口高程大致相等,因而形成的自然电位场可以用水平偶极子模型模拟。

在本次水库大坝渗漏探测中,主要以这两种渗漏方式为主。在监测或检测中,也以这两种模型场为主,进行识别和研究。

4　渗漏点深度和渗漏通道形态确定

渗漏点的深度和形态参数将直接关系到修复工程的设计和施工,甚至关系到修复工程的质量,因而确定这些参数非常重要。

梯度自然电位反演方法是 Abdelrahman(1997)提出的,根据自然电位异常曲线计算出各种水平梯度异常曲线,最后进行反演。但由于在水平梯度导数计算中,各种误差被放大,不容易得到较稳定的结果。在本次研究中,采用各种水平梯度异常曲线直接由测量获得,大大地减小了各种导数计算中产生的误差,并用来反演渗漏部位的深度和形态,得到了较好的结果。

由渗漏产生的自然电位的表达式为:

$$V(x_i,z,\theta,q) = k\frac{x_i\cos\theta + z\sin\theta}{(x_i^2 + z^2)^4}\quad i = 1,2,\cdots,N \tag{2}$$

式中:z 为深度;θ 为电场极化角度;x 为水平位置坐标;q 为形态因子,对于球形体(3D),$q = 3/2$,对于水平圆柱体(2D),$q = 1$,对于垂直圆柱体,$q = 1/2$。

对式(2)求水平梯度为:

$$V_x(x_i,z,\theta,q,s) = \frac{k}{2s}\left\{\frac{(x_i - s)\cos\theta + z\sin\theta}{[(x_i - s)^2 + z^2]^q} - \frac{(x_i + s)\cos\theta + z\sin\theta}{[(x_i + s)^2 + z^2]^q}\right\} \tag{3}$$

式中:s 为求差分时水平的长度单位。

在本次研究中,我们采用自然电位梯度测量方法,直接获得了自然电位各种间距的水平梯度曲线。这样,在反演计算中直接利用这些梯度测量曲线结果,从而减少了由自然电位曲线局部的噪声而带来反演结果不稳定的问题。

对于 $x_i = 0$,有:

$$V_x(0) = k\frac{\cos\theta}{(s^2 + z^2)^q} \tag{4}$$

对于 $x_i = \pm s$，进行整理，可以得到：

$$\frac{V_x(-s) + V_x(s)}{2V_x(0)} = \frac{(s^2 + z^2)^q}{(4s^2 + z^2)^q} \tag{5}$$

对式(5)求深度和形态因子的关系，得到：

$$z = s\sqrt{\frac{4F^{1/q} - 1}{1 - F^{1/q}}} \tag{6}$$

其中

$$F = \frac{V_x(-s) + V_x(s)}{2V_x(0)}$$

利用式(6)可以确定深度和形态因子。具体步骤为：①确定中心点位置($x_i = 0$)；②计算不同的 s 值下的自然电位水平梯度；③利用式(6)对每一个 s 值的差分结果计算深度和形态因子曲线。对所有 s 值所计算的曲线的交点，可以获得深度和形态因子的值。在此基础上，可以计算出极化角度和 k 值。

5　渗漏范围的确定

渗漏范围可以利用对测量进行追索的方法来确定，即地表测量过程中发现异常后，进一步往水面区域进行追索，在获得水面异常后，再追索水底的自然电位异常范围，然后根据异常范围确定渗漏的范围或区域的大小。

6　应用实例

哈拉台河水库位于黑龙江省黑河市境内的公别拉河中游，是一个混合式开发的水库，坝址位于哈拉台河入口以上 1 km 处，坝址以上控制流域面积 1 168 km^2。哈拉台河水库的大坝都为渣油沥青混凝土心墙堆石坝(见图 1)，有严重的渗漏问题。哈拉台河水库的大坝下游可见渗漏的出水点有六七处之多，这不仅造成水库库容的损失，而且对水库大坝的安全构成了严重的威胁。为搞清渗漏的部位，我们采用自然电位方法对哈拉台河水库和西沟水库的大坝进行了探测。

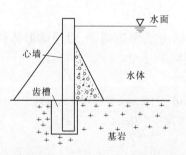

图 1　黑龙江哈拉台河水库大坝结构断面示意

沿坝轴线方向进行的自然电位梯度测量，测量点距为 2 m，测线长度为 400 m 左右。共开展了 8 个不同 MN 间距的自然电位梯度测量(包括 2 m、4 m、6 m、8 m、10 m、12 m、14 m 和 20 m)。在测线上具有 5 处较大的异常。限于篇幅只对其中两处特征明显的异常进行阐述(见图 2 和图 3)。从图 2 和图 3 可见，异常形态具有较大的差别，图 2 的 1 号异常形态表现为对称的异常，中心表现为负异常。根据异常形态判断渗漏部位的模型为垂直偶极子，即表现为心墙的渗漏。图 3 的 2 号异常形态为正异常和负异常组成的，正负异常值大致相等。根据异常形态判断渗漏部位的模型为水平偶极子，推断为基础附近的渗漏。需要进一步根据渗漏部位的深度来确定渗漏的性质。

图 4 和图 5 分别为两个异常的反演结果。1 号异常根据梯度自然电位异常反演方法

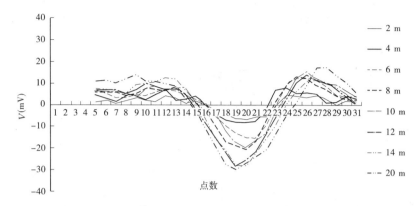

图2 哈拉台河水库坝轴线测线自然电位梯度测量1号(MN为2 m)异常曲线(点距为2 m)

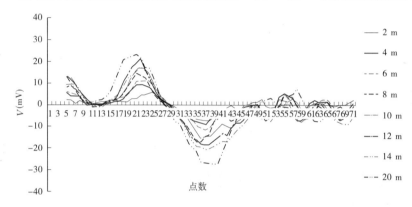

图3 哈拉台河水库坝轴线测线自然电位梯度测量2号(MN为4 m)异常曲线(点距为2 m)

得到的结果为:深度为33 m左右。形态因子为1.35,形态接近三维形体和垂直柱体。实际工程验证的结果是该处为心墙渗漏,渗漏深度范围为30~32 m。由于与水库水坝底部的高度只有4 m左右,形态可以视为较短垂直偶极子。2号异常反演方法得到的结果为:形态因子为1.0左右,形态接近水平圆柱体,即水平偶极子。深度为36 m左右。实际工程验证的结果是该处为心墙底部渗漏,形态为长轴状。通过对深度范围在35~38 m之间进行灌浆处理,消除了渗漏隐患。

7 结论和建议

根据理论和实践研究,我们可以得出如下结论:

(1)由于水库和堤坝的渗漏,将产生较稳定的自然电场,异常的大小与渗漏通道内的压力有关;

(2)对于渗漏点的深度和渗漏通道的形态特征有各种确定方法,根据实测的自然电位梯度曲线进行反演,具有计算结果稳定、效果好和容易实现的优点;

(3)通过探测,物探结果与钻孔结果基本一致;

(4)通过理论和实践的研究,可以设计出一种快速测量渗漏的仪器,即利用多道自然电位梯度测量方法,实现测量结果的实时解释,达到快速测量的目的。

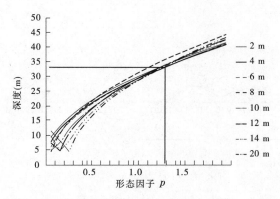

图 4 哈拉台河水库坝轴线测线自然电位梯度测量 1 号异常反演结果

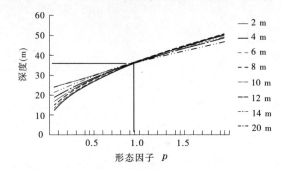

图 5 哈拉台河水库坝轴线测线自然电位梯度测量 2 号异常反演结果

参考文献

［1］ 傅良魁. 电法勘探教程［M］. 北京：地质出版社，1987.

［2］ E M Abdelrahman, A A Ammar, S M Sharafeldin etc.. Shape and depth solutions from numerical horizontal self-potential gradients［J］. Journal of Applied Geophysics,1997(36):31-43.

［3］ V V Bogoslovsky, A A Ogilvy. Deformations of natural electro fields near drainage structures［J］. Geophysical Prospecting, 1973(21):716-723.

［4］ R F Corwin, D B Hoover. The self-potential method in geothermal exploration［J］. Geophysics,1979(44):226-245.

［5］ D V Fitterman. Calculations of self-potential anomalies near vertical contacts［J］. Geopyhsics,1979(44):195-205.

［6］ G Gouy. 1927 Sur la fonction electrocapillaire［J］. Ann. d. Phys,1927(7):129.

［7］ H Helmholtz. Über electrische grenzschichten［J］. Wied. Ann. ,1879(7):337.

［8］ Moid Uddin Ahmad. A laboratory study of streaming potentials［J］. Geophysical Prosprcting,1964(12):49-64.

［9］ G Quincke. Über eine neue Art. Electrischer Ströme［J］. Pogg. Ann. ,1859:107.

［10］ Robert F Corwin, Donald B Hoover. The self-potential method in geothermal exploration［J］. Geophysics,1979(44):226-245.

［11］ F F Russ. Memoires de La Societe Imperiale des Naturalistes de Moscou［J］. SUB Göttingen,1809(2):327.

［12］ D Schiavone, R Quarto. Self-potential prospecting in the study of water movements［J］. Geoexploration,1984(22):47-58.

［13］ O Stern. The theoy of electrolytic double layer［J］. Z Elektrochem,1924(30):508.

［14］ D S Vagshal, S D Belyaev. Self-potential anomalies in Cerro De Pasco and Hualgayoc areas（Peru）revisited［J］. Geophysical Prospecting,2001(49):151-154.

高密度电法在水库渗漏探测中的应用

肖长安 苌 兴 苏 宁

（中国水电顾问集团昆明勘测设计研究院 昆明 650041）

摘要：本文论述了高密度电法在云南省部分水库渗漏探测上的应用情况，主要包括高密度电法反演、高密度电法和其他方法联合探测等方面的内容。

关键词：高密度电法 水库 反演

1 引言

目前，云南省部分 20 世纪五六十年代建造的中小型水库，由于运行时间较长，都不同程度地出现了渗漏现象，在喀斯特地区这种情况尤为严重。为了保障水库运行安全，保护水库下游人民的生命和财产安全，需要重新对水库进行安全鉴定和除险加固施工。在这个过程中，物探作为勘探手段之一，发挥了十分重要的作用，而高密度电法由于具有工作效率高、对渗漏低阻带反应明显的特点，正逐渐在水库安全鉴定和除险加固初步设计的勘察中成为一种主要的方法。本文通过几个工程实例说明高密度电法探测成果的有效性，同时说明为进一步增加这种有效性，采用多次重复测试和多种方法验证是十分必要的。

2 高密度电法工作方法

高密度电法在 20 世纪 80 年代就已经得到了应用[1]，其工作方法相对来说已经发展得比较成熟了，但是在一些问题上还是仁者见仁、智者见智，如高密度电法的深度问题、装置选取问题等。以下是作者在实际工作中总结的一点经验，希望得到大家的批评指正。

2.1 勘探深度确定

高密度电法的勘探深度与地下介质的电阻率和结构都有关系，因为这两者都是影响电流流动的十分重要的因素，因此进行高密度电法的反演是十分必要的工作。另外，在进行视电阻率成图时，可根据钻孔对比进行适当的调整。在事先设计采集数据的深度时，为保险起见，建议以 1/6AB 设计，即勘探能够达到的最大深度应为最大供电电极间距的 1/6。

2.2 装置选取

高密度电法的装置类型很多，到目前为止已有十几种，常用的也有五六种，选择合适的装置类型对探测结果的影响较大。按照相关文献[2]和作者的经验，偶极 - 偶极对电阻率值的水平变化反应灵敏，但信号较为复杂，解释较为困难，单极 - 偶极、单极 - 单极对电

作者简介：肖长安（1977—），男，湖北随州人，工程师，从事水工物探工作。

阻率值的垂直变化反应相对较为灵敏,对水平变化反应灵敏度稍差。建议在进行水库渗漏探测时以温纳装置(水平和垂直分辨能力较为均衡)为主,可适当补充其他装置做多次测量。

2.3 点距选取

点距通常应根据要分辨目标体的大小适当选取,通常做水库周围普查时可选 2～5 m,点距选择过小时,同样的电极根数,探测的深度大大减小,工作效率大大降低,而且随深度的增加其分辨率大大降低[3]。因此,片面地追求小间距测量对深部探测没有较大的改善,对于重点部位的详查可选取 1～2 m 点距做浅部探测。

3 工程实例

3.1 呈贡县松茂水库大坝渗漏探测

3.1.1 工程概述

呈贡县松茂水库始建于 1958 年,位于昆明市东南,距昆明市直线距离约 24 km,是呈贡县最大的一座中型蓄水工程。松茂水库设计坝高 30 m,总库容 1 600 万 m^3,现坝高 29 m,坝顶宽 4 m,长 270 m,坝型为均质土坝,除第四系地层外,工程区内主要出露地层为二叠系上统峨眉山玄武岩。

为配合水库的除险加固初步设计,2007 年 3 月对水库进行了高密度电法探测工作。根据现场踏勘情况,测线主要布置在大坝坝体上,平行坝轴线在坝前、坝顶和坝后共布置 4 条测线,点距为 2 m 或 3 m,为进行对比,在 4 条测线上补充了电测深点,点距 20 m。

3.1.2 探测成果

通过本次探测在坝体上共发现两处主要的渗漏点:一处位于右坝肩,一处位于坝体左靠近坝肩的位置。图 1 为其中一条剖面(D1)的探测断面图,该剖面位于坝后靠近坝脚部位,其中图 1(a)为原始的高密度电法视电阻率断面图,图 1(b)为运用最小二乘法反演后的高密度电法视电阻率断面图,图 1(c)为测试完成后,运用 20 m 点距进行电测深探测的视电阻率断面图。由图 1(b)可见,在水平距离 160～200 m、深度 15～25 m 存在一个低视电阻率异常带,该异常带的视电阻率小于 100 Ω·m,推测该处存在渗漏情况。另外可以看出,该异常带有向剖面左侧延伸的趋势,大概延伸至水平位置 105 m 左右。在水平距离 40～80 m、深度 20 m 以上的浅表部也存在一处低电阻率异常带,从现场情况来看,该处地表植被生长特别茂盛,存在渗漏情况。从图 1(a)原始视电阻率断面和图 1(c)电测深视电阻率断面可见,该两处异常反应较为一致。从该剖面附近的钻孔揭示情况来看,该深度范围为全、强风化的玄武岩,呈土夹碎石状。

3.2 石林县新坝水库岩溶渗漏探测

3.2.1 工程概述

新坝水库位于石林县城北东 16 km 的北大村镇,与昆明市直线距离 50 km,是利用岩溶洼地修建成的一个小型水库,径流面积 4.50 km^2,设计库容 60.5 万 m^3,大坝为均质土坝,最大坝高约 13.8 m,坝顶长约 200 m,坝顶宽 2 m,属小型水利工程,库区出露的地层除第四系外,主要为二叠系下统栖霞组及茅口组灰岩和二叠系上统峨眉山玄武岩组。

目前,水库渗漏情况较为严重,为配合水库的除险加固初步设计,初步查明水库渗漏

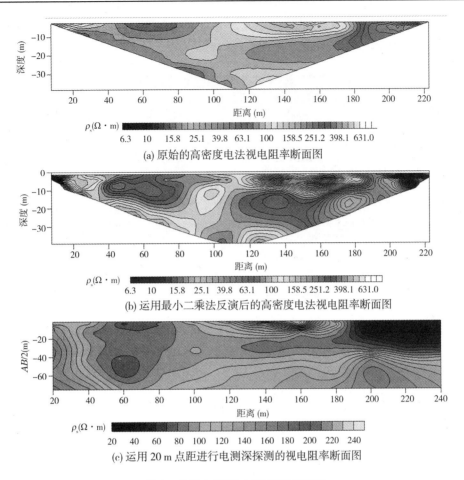

(a) 原始的高密度电法视电阻率断面图

(b) 运用最小二乘法反演后的高密度电法视电阻率断面图

(c) 运用20m点距进行电测深探测的视电阻率断面图

图1　松茂水库D1剖面探测断面图

情况,在水库大坝、右岸大坝附近及水库西北角各布置了一条高密度电法剖面,另外在右岸大坝附近补充了自然电位法测试以进行对比验证。

3.2.2　探测成果

此次探测表明,水库西北角不存在大的溶蚀发育带,水库大坝和右岸均存在较明显的渗漏区域或岩溶发育带。图2为在大坝坝顶测试的其中一条高密度电法剖面(D1测线),图2(a)为原始的视电阻率断面图,图2(b)为运用最小二乘法反演后的视电阻率断面图,图2(c)为相应的物探异常圈定断面。从图2(b)可以看出,相对低视电阻率区域集中在3个位置,从左至右分别为:①水平位置220~260 m、垂直位置1 779~1 809 m;②水平位置285~310 m、垂直位置1 777~1 806 m;③水平位置340~370 m、垂直位置1 787~1 807 m。ZK03~ZK01分别穿过该3处低阻异常区域。从经过的钻孔揭示情况来看,在该深度范围内,ZK01、ZK02揭示的为人工填土和全、强风化的岩体,ZK03揭示的为人工填土和洪积层、残积层黏土,均与钻孔对应较好,另外在水平位置405~434 m、垂直位置1 804~1810 m存在一低视电阻率异常区域,推测也应为强风化的破碎岩体。在水平位置117~177 m、垂直位置1 762~1 800 m存在一相对低阻异常区域,位于坝肩部分,推测为岩溶发育区域,ZK05 在孔深 33.5~37.6 m 存在一较大的溶蚀裂隙,与该异常区域有一定的对应关系,但深度要浅,可能与该处的地形变化有一定关系。

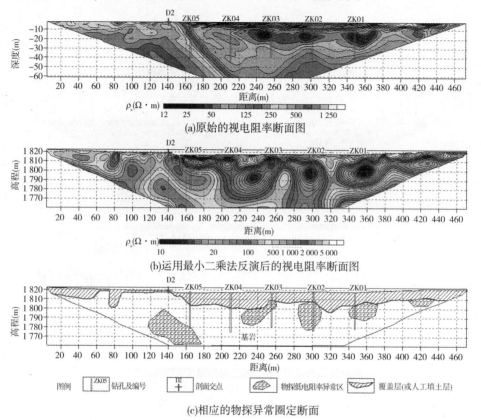

(a)原始的视电阻率断面图

(b)运用最小二乘法反演后的视电阻率断面图

(c)相应的物探异常圈定断面

图例　▯ZK05 钻孔及编号　▯D2 剖面交点　▨物探低电阻率异常区　▭覆盖层(或人工填土层)

图 2　新坝水库 D1 测线高密度电法探测成果

另外,在剖面 D2 位置有一相交的自然电位法测线。

图 3 为自然电位随距离变化的曲线图。由图可见,在水平位置 45 m、95 m 左右出现正电位异常(见图中虚线所圈),推测该两处位置可能有发生渗漏的情况,而且测线位置靠近出水点,正电荷聚集,故为正电位异常显示。其中,水平位置 45 m 左右的异常与另一条高密度电法测线的溶蚀发育区有一定的对应关系,水平位置 95 m 左右的异常与高密度电法 D1 测线在水平位置 117~177 m 的溶蚀发育区有一定的对应关系。通过对比说明自然电位法与高密度电法有较好的一致性。

4　结语

通过上述高密度电法在水库渗漏探测中的运用,从取得的探测效果来看,高密度电法不失为一种有效的水库渗漏探测方法。另外,根据工作情况,总结出以下几点结论:

(1)高密度电法在水库渗漏探测中对反映渗漏区域的低电阻率异常具有较好的探测效果,部分位置可以进行半定量解释;

(2)高密度电法解释最好在反演电阻率断面上进行,但在进行反演前,最好对数据进

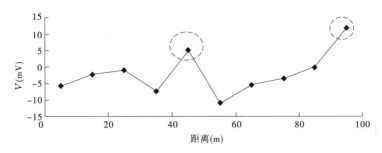

图3　自然电位法测试曲线图(虚线为正电位异常)

行初步处理,包括剔除异常点数据和进行必要的光滑等;

(3)为使探测结果更加可靠,最好采用多种方法进行综合探测。

参考文献

[1] 董浩斌,王传雷.高密度电法的发展与应用[J].地学前缘,2003.

[2] 祁增云,任海翔,乔佴岳.高密度电法勘探的装置选择和资料解释[M].昆明:云南科技出版社,2006.

[3] 刘小军,李长征,等.高密度电法概率成像技术在堤防隐患探测中的应用[J].工程地球物理学报,2006.

景观湖渗漏探测分析

王清玉　赵　楠　刘栋臣

（中水北方勘测设计研究有限责任公司勘察院　天津　300222）

摘要：分析景观湖渗漏的原因并提出探测方案，采取沿湖堤实施高密度电法以探测湖岸是否存在地质缺陷或渗漏通道；在水上实施雷达探测，探测湖底地层结构，分析湖底隔水层是否连续分布，即探测湖底是否存在渗漏区，从而锁定可能的渗漏区域。

关键词：景观湖渗漏　高密度电法　地质雷达　探测分析

1　概况

某景观湖水域面积约 15 万 m^2，水量约 25 万 m^3，水深为 0.5 ~ 2.3 m，竣工后发现湖水水位日均下降 2 cm 左右，查明渗漏原因并及时采取有效的工程处理措施迫在眉睫。

景观湖地表以下 20 m 深度范围内自上而下主要地层为：人工堆积层，岩性为淤泥；新近沉积层，岩性为黏质粉土及砂质粉土或细砂；第四纪沉积层，岩性为砂卵砾石等。此外，景观湖局部地段外侧有水渠。

2　确定探测方案

根据景观湖的地质情况，分析渗漏认为其可能有两种情况：一是水平向渗漏，即湖水补给渠水；二是湖底有垂直渗漏现象。为此，沿下述思路探测和分析渗漏原因：

（1）沿湖堤实施高密度电法以探测湖岸是否存在地质缺陷或渗漏通道。

（2）在水上实施雷达探测，探测湖底地层结构，分析湖底隔水层是否连续分布，即探测湖底是否存在渗漏区。

（3）高密度电法探测深度不小于 15 m，雷达探测深度不小于湖底以下 0.5 ~ 1.0 m。

3　成果分析

3.1　景观湖湖堤高密度电法探测成果

高密度电法测线沿湖堤顺时针方向布设，测量断面呈闭合状，视情况电极距选为 1 m、2 m，选用 30 根、60 根电极，隔离系数为 9、16，测线总长 4 000 m。

结合地质情况分析，在探测深度范围内景观湖湖堤具有三层物性界面。第一物性层主要为黏质粉土，层顶高程一般为 47.3 ~ 50.9 m，该层介质的电阻率差异较大，一般为

作者简介：王清玉（1962—），男，河南永城人，高级工程师，从事水利水电工程物探生产与研究工作。

1.5 ~ 2 950.7 Ω·m,说明第一物性层在水平方向上岩性变化较大(主要受局部表层硬化路面及岸边堆石体影响)。第二物性层主要为细砂,层顶高程一般为 37.6 ~ 49.8 m,该层电阻率差异相对较小,一般为 28.6 ~ 347.6 Ω·m,说明第二物性层岩性较稳定。第三物性层主要为砂卵砾石,层顶高程一般为 32.8 ~ 46.1 m,电阻率一般为 80.6 ~ 2 353.1 Ω·m。

图 1 为 W2 高密度电阻率断面图。该剖面探测深度范围内地层可划分为三层,其中,表层顶面(地表)高程为 49.0 ~ 49.3 m,电阻率范围为 24.5 ~ 72.5 Ω·m、平均值为 42.2 Ω·m,对应黏质粉土;第二层顶面高程为 42.7 ~ 43.0 m,电阻率范围为 59.2 ~ 136.6 Ω·m、平均值为 81.7 Ω·m,对应细砂层;下伏砂卵砾石层顶面高程为 40.4 ~ 40.8 m,电阻率范围为 200 ~ 281 Ω·m、平均值为 240 Ω·m。

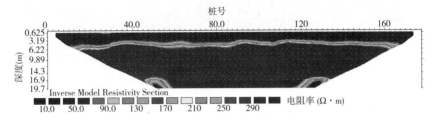

图 1　W2 高密度电阻率断面图

该剖面探测范围内细砂、砂卵砾石等透水层均在湖底隔水层以下,推断为无渗漏区域。

此外,极个别剖面局部有高阻异常体分布,推断其对应岩性为细砂、砂卵砾石,如这类异常位于湖底以上,可以形成与相邻水渠的水力联系通道,故不排除湖水经过该通道向相邻水渠渗漏的可能。

3.2　水上雷达探测

在一定发射功率和发射频率下,地质雷达反射波的振幅和频率主要取决于介质接触面的反射系数,亦即取决于反射面两侧介质的介电常数差异,其差异越大,反射能量越强。同时,上层介质的介电常数越大,电阻率越低,则对能量的衰减吸收越强烈,必然也将导致反射能量的减弱。另外,当地下介质均一时,电磁波反射同相轴连续性较好,当有异常存在时,反射波同相轴将有错断或呈双曲线状。

就本次湖底渗漏探测而言,一般认为淤泥层及其下伏黏质粉土层为隔水层,当湖底淤泥层或淤泥层和黏质粉土层变薄或缺失时即可推测为潜在渗漏区或渗漏区,表现在雷达探测图像上则为湖底以下反射界面不明显或同相轴不连续。

典型雷达探测图像见图 2 ~ 图 4。

图 2 为 DW3 测线 58.3 ~ 77.3 m 段水上地质雷达探测剖面图,图中 60 ~ 75 ns 间明显的同相轴为湖底反射(58.3 ~ 67.0 m 段对应湖底人工堆石体),水深为 1.00 ~ 1.25 m,湖底以下未见明显反射层面,该测段湖底为潜在渗漏区。

图 3 为 DW8 测线 2.5 ~ 29.6 m 段水上地质雷达探测剖面图,图中 58 ~ 80 ns 间明显的同相轴为湖底反射(15.3 m、24.4 m 处的弧状反射表明湖底有块石或其他高阻体分布),水深为 0.95 ~ 1.35 m,湖底以下地层反射界面清晰,该测段湖底为正常区。

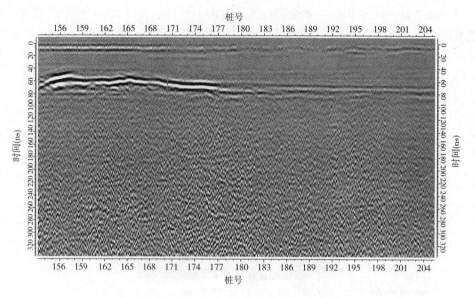

图 2　DW3 测线水上地质雷达探测剖面

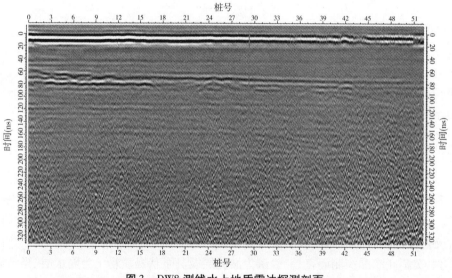

图 3　DW8 测线水上地质雷达探测剖面

图 4 为 NW2 测线 133.4～147.5 m 段水上地质雷达探测剖面图,图中 40～50 ns 间的强同相轴为湖底反射,水深为 0.66～0.83 m。该测段湖底为正常区,但在 142.7 m 附近湖底有较强向下的反射同相轴分布,表明该处地层曾经扰动,推测为孔洞状渗漏通道。

综合分析水上雷达探测 17 条剖面 4 600 m 的测试成果可见:景观湖湖底作为隔水层的淤泥层、黏质粉土层变薄或缺失现象比较严重,其中相当部分区域存在湖水渗漏的可能。

3.3　渗漏成因分析

根据本次探测结果和现场调查分析,景观湖湖水渗漏与湖底清淤及湖内景观施工密

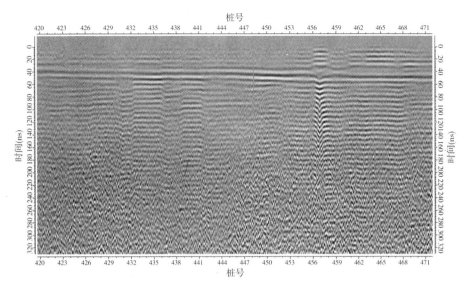

图4　NW2测线水上地质雷达探测剖面

切关联。

首先,湖岸围堤在湖底以上多为相对隔水的黏质粉土或砂质粉土,只是局部有透水性相对较强的砂或砂卵砾石分布,形成潜在的湖水与外界的水力联系通道,且这些通道系自然形成,形成年代久远不会突然造成湖水的大量渗漏。

人工清淤后,分布于湖底的弱透水性淤泥及黏质粉土层厚度变薄甚至缺失,必然导致湖水通过透水性相对较强的砂或砂卵砾石层垂直渗漏(据调查在湖西北侧曾开采过砂,本次探测也发现该区域的湖水深度明显变深,部分区域水深大于2.3 m)。此外,在湖中做景观施工时,湖水抽干后湖底裸露时间较长,湖底淤泥层在阳光直射下必然发生龟裂等现象,原生结构遭到破坏,重新蓄水后也会出现垂直渗漏问题。

4　结论

通过本次探测可获得如下基本结论:

(1)探测范围内未见明显地质缺陷,即不存在地质构造发育所致湖水渗漏问题。

(2)湖堤局部地段可能存在少量水平渗漏,湖水渗漏以湖底垂直渗漏为主。湖堤地层结构简单,具有较强透水性的砂层、砂卵砾石层,基本呈水平层状展布,其顶面高程多位于湖底隔水层以下,但该层局部起伏较大,部分堤段透水层升至湖底以上,形成湖水与外界的水力联系通道,当外界水位低于湖水位时,则湖水有通过该通道向外渗漏的可能;湖底普遍存在隔水的淤泥层及黏质粉土较薄或局部缺失问题,推断由此形成的垂直渗漏为湖水渗漏的主要原因。

(3)建议对物探划分的渗漏区验证,并在确定渗漏区域后对其实施相应的工程处理。

CSAMT 法与 EH4 探测铝土矿效果的对比

张　毅

（黄河勘测规划设计公司工程物探研究院　郑州　450003）

摘要：本文主要介绍了在豫西铝土矿探测中，CSAMT 法与 EH4 探测结果的对比，并从原理上分析了对比结果。本文认为，当探测深度小于 600 m 时，EH4 更有优势，当探测深度超过 600 m 时，必须使用 CSAMT 法。

关键词：CSAMT 法　EH4 电导率成像系统　铝土矿探测　效果对比

1　引言

　　2006 年，我单位参与了河南省新安县郁山铝土矿详查，使用 V6A 可控源音频大地电磁仪探测铝土矿，获得了良好的效果。该项目已提交矿产地 1 处，提交铝土矿资源量 3 125万 t，实现了河南省隐伏铝土矿勘察的重大突破，被评为"2009 年度全国十大地质找矿成果"。在工作过程中也发现了一些问题，首先勘察区人口密集地表冲沟异常发育，选择合适的发射场很困难，也不安全，铺设供电线路费时、费力，由于 8 个接收电极全部用电缆连接到主机上，跨沟过河时同样费时、费力，这就导致了 V6A 可控音频大地电磁仪大在豫西铝土矿勘察中效率并不高；其次由于勘察区内矿井众多，在收、发之间很难避免电磁干扰源，由此引发的场源效应在资料解释时带来了不少的困惑，选择一种轻便的电磁测深仪器作为补充是很有必要的。我单位引进 EH4 电导率成像系统后，在已知铝土矿上进行了比对测试，并对结果进行了分析。

2　两种仪器的方法原理

　　两种方法的原理都是根据不同频率的电磁波在地下传播有不同的趋肤深度，通过对不同频率电磁场强度的测量就可以得到该频率所对应深度的地电参数，从而达到测深的目的。

$$h = \frac{\lambda}{2\pi} = \sqrt{\frac{2}{\omega\mu\sigma}} = 503\sqrt{\frac{\rho}{f}}$$

式中：h 为趋肤深度；ρ 为电阻率；f 为频率。

　　可控源音频大地电磁（CSAMT）法是在大地电磁（MT）法和音频大地电磁（AMT）法的基础上发展起来的人工源频率域测深方法。在音频段（1 ~ 9 600 Hz）逐次改变供电电流和测量频率，便可测出卡尼亚视电阻率随频率的变化，从而得到卡尼亚视电阻率随频率的变化曲线，完成频率测深。

　　EH4 电导率成像系统属于部分可控源与天然源相结合的一种大地电磁测深系统。

作者简介：张毅（1980—），男，辽宁丹东人，工程师，主要从事工程物探工作。

深部探测通过天然背景场源成像(MT),其信息源为 10 Hz~100 kHz。浅部探测则通过一个新型的便携式低功率发射器发射 1~100 kHz 人工电磁场信号,补偿天然电磁场信号的不足,从而获得高分辨率的电阻率图像。

3　探测铝土矿的方法

矿区地层(岩矿石)物性参数见表1。

表1　豫西渑池礼庄寨铝土矿区地层及岩矿物性统计

地层时代			主要岩性	电阻率/极化率 ($\Omega \cdot m$)/(%)	速度 (m/s)	平均密度 ($\times 10^3$ kg/m^3)	密度层平均密度 ($\times 10^3$ kg/m^3)
界	群(系)	地层符号					
新生界	第四系	Q	黄土、砂岩	15~100/ 0~2.0	1 900~ 2 000	1.91	2.25
	新近系 古近系	N E	黏土岩、砂岩	50~1 000/ 0~2.0	2 000~ 3 000	2.30	2.43
中生界	白垩系	K$_2$	黏土岩、砂岩			2.42	
古生界	上古生界	二叠系 P	砂岩、页岩、黏土岩		3 500~ 4 200	2.45	
		石炭系 C$_2$	黏土岩、炭质页岩、灰岩	100~2 000/ 0~2.0		2.48	
	下古生界	奥陶系 O$_{1-2}$	灰岩	500~10 000/ 0~1.0	4 500~ 5 500	2.66	2.65
		寒武系 ∈	白云岩、灰岩、页岩			2.63	
铝土矿				120~190/ 0.5~0.9		2.95	

区内出露地层由老至新主要为寒武系、奥陶系、石炭系、二叠系、白垩系及古近系、新近系、第四系。地层电阻率具有从新至老逐渐增大的特征,下古生界的奥陶系和寒武系地层厚度大,寒武系电阻率最高,第四系电阻率最低,二叠系、白垩系、古近系及新近系电阻率差异不大。中石炭统本溪组为一套铁铝岩系(铝土矿含矿岩系),直接不整合于寒武系或奥陶系之上,石炭系地层与下伏寒武系或奥陶系地层电阻率差异明显,与上覆二叠系地层电阻率差异不明显,直接探测到铝土矿是困难的。从铝土矿成矿规律分析,铝土矿集中分布于古陆边缘和古岛四周的湖盆、洼地的斜坡地带及小型岩溶洼地的中心,受基底地形控制明显,具体讲,负地形是铝土矿富集场所,大的坳陷沉积盆地控制着铝土矿带的分布范围和展布方向,是铝土矿的一级控矿单元。小的岩溶洼地、盆地、溶洞、溶斗等具体控制铝土矿的矿体形态、产状、规模,是铝土矿的二级控矿单元。通过探测基地起伏形态,间接寻找铝土矿是有电性差异基础的。

4　对比结果

在 2 条测线上分别用两种方法进行了探测,CSAMT 法工作参数为标量测量、点距50

m、发射极距 1 km、收发距 8 km、频率 1～9 600 Hz,EH4 工作参数为矢量测量、点距 50 m、接收频率 11.7～10 000 Hz。

从 1 测线两种方法的电阻率—深度剖面(见图 1、图 2)看,基本形态是一致的。根据地质资料,水平距离 500 m 处,是一个大坳陷盆地的边缘。两种方法的测量结果,在 500 m 水平位置,600 m 高程左右,地层明显向下坳陷,与地质资料一致,说明两种方法对大的坳陷沉积盆地反映明显。在 700 m 位置有钻孔资料,已经用粗线表明在电阻率—深度剖面图上,从钻孔深度上看,两种方法对地层深度、电阻率值的反映一致。两种方法不同的是,图 1 中 630 m 和 430 m 高程有两条明显的高阻层,与实际地质情况不符。从原始数据看(见图 3、图 4),相同频率段,电阻率基本一致,EH4 采集的原始数据质量不如 CSAMT 法,个别点跳动较大,可能是 EH4 信号较弱,更容易受到干扰,个别的跳点造成了 EH4 电阻率—深度剖面图中 630 m 和 430 m 高程有两条明显的高阻层的假异常。对原始数据统计后发现,在本工区可靠频率段为 80～100 000 Hz,根据趋肤深度公式计算,EH4 在本工区最大探测深度为 600～700 m。

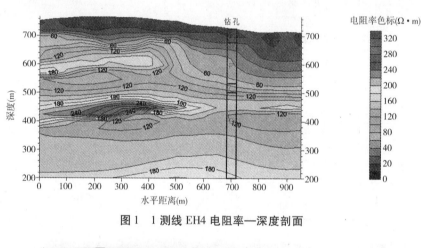

图 1　1 测线 EH4 电阻率—深度剖面

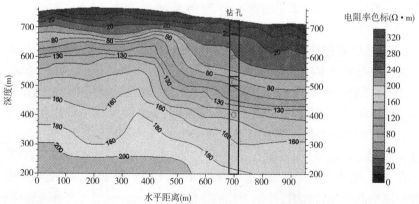

图 2　1 测线 CSAMT 法电阻率—深度剖面

从 2 测线两种方法的电阻率—深度剖面(见图 5、图 6)看,基本形态是一致的。根据地质资料,水平距离 500 m 处,是一个大坳陷盆地的边缘。两种方法的测量结果,在 460～540 m 水平位置,600 m 高程左右,奥陶系灰岩定界面有一个明显的漏斗,与地质资料一致,说明两种方法对较小的漏斗反映明显。在500 m位置有钻孔资料,已经用粗线表明在电阻率—深度剖面图上,从钻孔深度上看,两种方法对地层深度、电阻率值的反映一致。

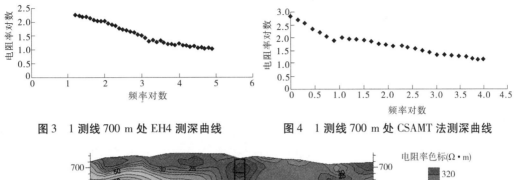

图3　1测线700 m处EH4测深曲线　　　　　图4　1测线700 m处CSAMT法测深曲线

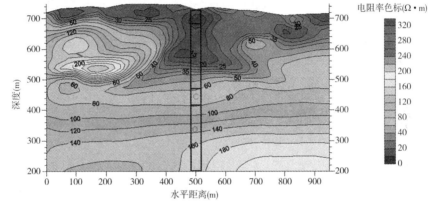

图5　2测线EH4电阻率—深度剖面

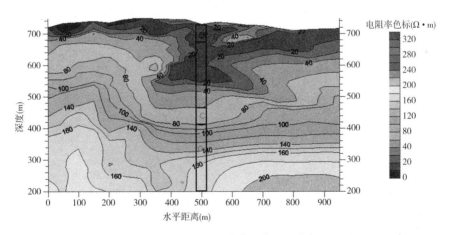

图6　2测线CSAMT法电阻率—深度剖面

5　结论

在豫西铝土矿勘察中,当勘探深度小于600 m时,EH4完全可以取代CSAMT法。EH4设备轻便,不需要发射,工作效率高,在地形复杂的地区,单点采集的工作模式更显优势。随着豫西铝土矿成矿理论的发展,铝土矿探测深度逐渐加大,深部铝土矿探测仍需要CSAMT法。

场差电阻率勘探法

常　伟　钱世龙

（中国水电顾问集团北京勘测设计研究院　北京·100024）

摘要：场差电阻率勘探法，早在 20 世纪中叶已传入我国。场差电阻率勘探法的最大优点是地下电流密度分布形态人工可控，从而能够很好地达到增强异常地质体的异常幅度、有效压制干扰、增大探测深度和控制探测深度范围等目的。

关键词：场差法装置　场差电阻率　装置极距比和电流比　纯异常装置

1　概述

1.1　场差电阻率勘探法

场差电阻率勘探法简称场差法，属差分电法勘探。

场差法的实质是：按探测的要求，首先确定基本装置 $A_{i+1}MNB_{i+1}$ 的几何尺寸，然后确定辅助装置（或称补偿装置）A_iB_i。A_iB_i 的供电方向与 $A_{i+1}B_{i+1}$ 相反，这样它所测的电位差 ΔU_{MN} 就是与电流方向相反的两条供电线路在地下造成的两个电流场在测量电极 M 和 N 上两个电位差 ΔU_{i+1} 和 ΔU_i 叠加所得结果，即 $\Delta U_{MN} = \Delta U_{i+1} - \Delta U_i$，因此，该方法称为场差法。

1.2　场差法的装置

场差法的装置形式和装置参数及符号见图 1。

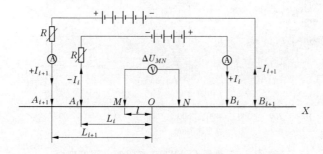

图 1　场差法的装置形式和装置参数及符号

图中：A_{i+1}，A_i，B_i，B_{i+1} 为供电电极；M、N 为测量电极；Ⓐ 为电流表；Ⓥ 为电压表；R 为可变电阻；$A_{i+1}MNB_{i+1}$ 为基本装置；L_{i+1} 为基本装置的半电极距；A_iMNB_i 为补偿装置；L_i 为

作者简介：常伟（1963—），男，天津市人，教授级高级工程师，主要从事工程物探管理和技术工作。

补偿装置的半电极距;$\overline{MN}$为测量电极距;l为测量电极的半电极距;$m = \dfrac{L_{i+1}}{L_i}$为场差法装置的极距比,简称极距比;$n = \left| \dfrac{I_i}{I_{i+1}} \right|$称为场差法装置的电流比,简称电流比;$I_{i+1}$为基本装置的供电电流强度;$I_i$为补偿装置的供电电流强度。

场差法的装置既可用于场差电剖面,也可用于场差电测深。

1.3 场差法装置在一个排序上可获得三个电阻率值

场差法装置在一个排序上可获得三个电阻率值:

(1)基本装置的四极对称电阻率: $\rho_s^{A_{i+1}B_{i+1}} = k_{A_{i+1}B_{i+1}} \dfrac{\Delta U_{i+1}}{I_{i+1}}$

(2)补偿装置的四极对称电阻率: $\rho_s^{A_iB_i} = k_{A_iB_i} \dfrac{\Delta U_i}{I_i}$

(3)场差法电阻率: $\rho_{sT} = k_T \dfrac{\Delta U_{MN}}{I_{i+1}}$

式中:$k_{A_{i+1}B_{i+1}}$,$k_{A_iB_i}$,k_T分别为各自对应的装置系数。

根据场的叠加原理它们之间存在下列关系:

$$\frac{\rho_{sT}}{k_T} = \frac{\rho_s^{A_{i+1}B_{i+1}}}{k_{A_{i+1}B_{i+1}}} - \frac{1}{n} \frac{\rho_s^{A_iB_i}}{k_{A_iB_i}} \tag{1}$$

从式(1)可以得出:场差法电阻率ρ_{sT}可以从$\rho_s^{A_{i+1}B_{i+1}}$和$\rho_s^{A_iB_i}$换算得到。

1.4 场差法计算

在场差法工作中,首先根据探测目的体的要求确定基本装置的电极距L_{i+1},然后再确定L_i值,因而得出极距比$m = \dfrac{L_{i+1}}{L_i}$。

理论计算表明,可以通过人工调制极距比m与电流比n的关系来控制地下电流密度随深度的变化形态。

这种探测方法对局部非均质体及断面上的薄夹层有较高的敏感性,它多用于探明和追索薄夹层,圈定其范围,探索和圈定岩溶、构造、破碎带、地下洞室。

2 均匀导电半空间场差法的电位和电流密度分布特点

2.1 电位特征

(1)根据电场叠加原理、场差法的电位可以由一个基本装置的A_{i+1},B_{i+1}电路所流出的$+I_{i+1}$和$-I_{i+1}$的电流强度和与它反相的补偿装置A_i,B_i电路所流出的$-I_i$和$+I_i$的电流强度所造成的电流叠加而成。因此,在导电半空间任一点P电场的电位U_P可以写成:

$$U_P = \frac{\rho I_{i+1}}{2\pi} \left[\left(\frac{1}{R_{A_{i+1}P}} - \frac{1}{R_{B_{i+1}P}} \right) + n \left(\frac{1}{R_{B_iP}} - \frac{1}{R_{A_iP}} \right) \right] \tag{2}$$

式中:ρ为均匀同性介质的电阻率;I_{i+1}为基本装置的供电电流强度;$R_{A_{i+1}P}$、$R_{B_{i+1}P}$、R_{B_iP}和R_{A_iP}分别代表电源A_{i+1}、B_{i+1}、B_i和A_i至P点的距离。

等位面满足如下条件:

$$\frac{1}{R_{A_{i+1}P}} - \frac{1}{R_{B_{i+1}P}} + n\left(\frac{1}{R_{B_iP}} - \frac{1}{R_{A_iP}}\right) = 常数$$

电流线将垂直等位面通过，图2绘制的是一个 $m = 2.8$、$n = 0.14$ 场差装置的电场分布图。在赤道平面附近，近地面处电场形态和只有一个四极对称装置有明显的区别，而在深处和四极对称装置相当一致。

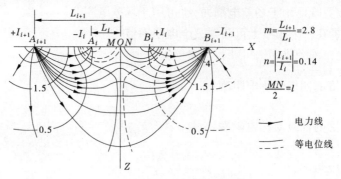

$m = \dfrac{L_{i+1}}{L_i} = 2.8$

$n = \left|\dfrac{I_{i+1}}{I_i}\right| = 0.14$

$\dfrac{MN}{2} = l$

→ 电力线

--- 等电位线

图2　场差装置的电场分布

（2）场差法装置的布置全对称于测点 O，我们通常称 O 点的竖直切面为赤道平面。场差法测量的是地表 MN 之间的电位差，当 $h = 0$（即在地面上）时，公式（2）中的 $R_{A_{i+1}P} = \overline{A_{i+1}M}$，$R_{B_{i+1}P} = \overline{B_{i+1}M}$，$R_{B_iP} = \overline{B_iM}$，$R_{A_iP} = \overline{A_iM}$，则有：

$$U_M = \frac{\rho I_{i+1}}{2\pi}\left[\left(\frac{1}{\overline{A_{i+1}M}} - \frac{1}{\overline{B_{i+1}M}}\right) + n\left(\frac{1}{\overline{B_iM}} - \frac{1}{\overline{A_iM}}\right)\right] \tag{3}$$

$$U_N = \frac{\rho I_{i+1}}{2\pi}\left[\left(\frac{1}{\overline{A_{i+1}N}} - \frac{1}{\overline{B_{i+1}N}}\right) + n\left(\frac{1}{\overline{B_iN}} - \frac{1}{\overline{A_iN}}\right)\right] \tag{4}$$

$$\Delta U_{MN} = U_M - U_N = \frac{\rho I_{i+1}}{\pi}\left(\frac{\overline{MN}}{\overline{A_{i+1}M}\,\overline{A_{i+1}N}} - n\frac{\overline{MN}}{\overline{A_iM}\,\overline{A_iN}}\right) \tag{5}$$

对于梯度装置，即当 $L_i \gg l$ 时，$\overline{A_iMA_iN} = L_i^2$，$\overline{A_{i+1}MA_{i+1}N} = L_{i+1}^2$，则有：

$$\Delta U_{MN} = \frac{I_{i+1}\rho\,\overline{MN}}{L_{i+1}^2}(1 - nm^2) \tag{6}$$

2.2　电流密度随深度的变化规律

（1）场差法电流密度在赤道面上随深度的变化可以用 A_{i+1}、B_{i+1} 和 A_i、B_i 两个反相供电装置的电流密度随深度变化的向量合成来表示，见图3。

电流密度在赤道平面上的分布规律可由下列方程式表达：

$$\bar{j}_{hT} = \bar{j}_h^{A_{i+1}B_{i+1}} + \bar{j}_h^{A_iB_i} \tag{7}$$

$$\dot{j}_h^{A_{i+1}B_{i+1}} = \frac{I_{i+1}}{2\pi h^2}\sin 2\alpha_{i+1}\sin\alpha_{i+1} \tag{8}$$

$$\dot{j}_h^{A_iB_i} = \frac{I_i}{2\pi h^2}\sin 2\alpha_i\sin\alpha_i = \frac{nI_{i+1}}{2\pi h^2}\sin 2\alpha_i\sin\alpha_i \tag{9}$$

当 $h = 0$ 时，电流密度 $j_0^{A_{i+1}B_{i+1}}$、$j_0^{A_iB_i}$ 为极大值，按下列公式计算：

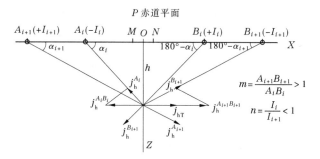

图3 电流密度在赤道面上随深度变化公式导出示意

$$j_0^{A_{i+1}B_{i+1}} = \frac{I_{i+1}}{\pi L_{i+1}^2} \quad （极大） \tag{10}$$

$$j_0^{A_i B_i} = \frac{I_i}{\pi L_i^2} = \frac{n I_{i+1}}{\pi L_i^2} = \frac{n\ m^2 I_{i+1}}{\pi L_{i+1}^2} \quad （极大） \tag{11}$$

在赤道平面上,合成的电流密度仅为水平分量,故式(7)可以写成代数和形式:

$$j_{hT} = j_h^{A_{i+1}B_{i+1}} - j_h^{A_i B_i} \tag{12}$$

(2)在均匀半无限导电空间中,调整补偿装置的供电电流,使得场差装置 $\Delta U_{MN} = \Delta U_{i+1} - \Delta U_i = 0$,即满足 $m^2 n = 1$ 的条件,在赤道平面上电流密度 $\dfrac{j_{hT}}{j_0} = f\left(\dfrac{h}{L_{A_{i+1}B_{i+1}}}\right)$ 随深度变化关系曲线见图4。

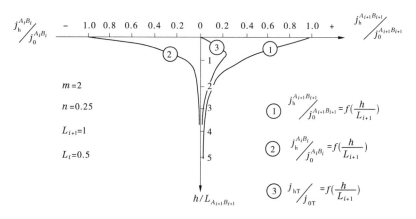

图4 电流密度随深度变化关系曲线

图中:①在地面 $h = 0$ 赤道面 0 点,场差法电流密度 $j_{0T} = 0$;②在 $\dfrac{h}{L_{i+1}} \approx 0.7$ 附近,场差法电流密度有极大值;③当 $\dfrac{h}{L_{i+1}} > 2$ 以后,电流密度急剧衰减→0。

场差法电流密度随深度变化的这三个特点具有以下实际的勘探意义:

(1)在普通四极对称装置中,电流密度分布只与 A 和 B 电极之间的距离有关,供电电极距愈大则一定密度的电流分布愈深,这就是它只能用加大供电电极距来增加探测深度的原因。而在场差法中,由于在 A_{i+1}、B_{i+1} 的供电线路中加入一个反向供电的 A_i、B_i 补偿电路,可以看成一个负反馈的电流放大器,在 A_{i+1}、B_{i+1} 固定的条件下,改变 m 和 n,则电流密度的形态改变了,而在 $\frac{h}{L_{i+1}} \approx 0.7$ 的位置出现极大值,或者说当 $L_{i+1} = 1.41h$ 的电极距能测得电流密度的极大值,它相当于增加 L_{i+1} 极距的探测深度或突出该处异常目的体的异常。

(2)当 $h = 0$ 时,场差法电流密度 $j_{0T} \to 0$;或者当 $\frac{h}{L_{i+1}} > 2$ 时,$j_{0T} \to 0$,这两者表明场差法可以压制近地表和不大深度范围内非目的体的干扰。

3 场差法电阻率

3.1 均匀介质中的电阻率

(1)由公式(5)得到均匀介质中电阻率 ρ:

$$\rho = \frac{\pi}{\left(\dfrac{\overline{MN}}{\overline{A_{i+1}M} \cdot \overline{A_{i+1}N}} - n \dfrac{\overline{MN}}{\overline{A_iM} \cdot \overline{A_iN}} \right)} \frac{\Delta U_{MN}}{I_{i+1}} \tag{13}$$

在均匀各向同性介质中,任何装置测得的电阻率均等于介质电阻率 ρ,公式(13)可以写成

$$\rho_T = k_T \frac{\Delta U_{MN}}{I_{i+1}} \tag{14}$$

式中:

$$k_T = \frac{\pi}{\left(\dfrac{\overline{MN}}{\overline{A_{i+1}M} \cdot \overline{A_{i+1}N}} - n \dfrac{\overline{MN}}{\overline{A_iM} \cdot \overline{A_iN}} \right)}$$

称为场差法装置系数。不难看出:场差法装置系数 k_T 和基本装置的装置系数 $k_{A_{i+1}B_{i+1}}$ 和补偿装置的装置系数 $k_{A_iB_i}$ 存在下列关系:

$$\frac{1}{k_T} = \frac{1}{k_{A_{i+1}B_{i+1}}} - n \frac{1}{k_{A_iB_i}} \tag{15}$$

对于梯度装置 $L_i \gg l$ 时,当代入极距比 $m = \dfrac{L_{i+1}}{L_i}$ 后,得:

$$k_T = k_{A_{i+1}B_{i+1}} \frac{1}{1 - m^2 n} = k_{A_{i+1}B_{i+1}} D \tag{16}$$

(2)根据场差法的电位相减原理,公式(5)可以用以下形式表示:

$$\Delta U_{MN} = \Delta U_{i+1} - \Delta U_i \tag{17}$$

由于:

$$\frac{\Delta U_{MN}}{I_{i+1}} = \frac{\rho_T}{k_T} \quad \frac{\Delta U_{i+1}}{I_{i+1}} = \frac{\rho^{A_{i+1}B_{i+1}}}{k_{A_{i+1}B_{i+1}}} \quad \frac{\Delta U_i}{I_{i+1}} = n\frac{\rho^{A_iB_i}}{k_{A_iB_i}}$$

故而得:

$$\frac{\rho_T}{k_T} = \frac{\rho^{A_{i+1}B_{i+1}}}{k_{A_{i+1}B_{i+1}}} - n\frac{\rho^{A_iB_i}}{k_{A_iB_i}} \tag{18}$$

公式(18)表示由两个供电相反的四极对称装置组成的场差法装置,场差法电阻率可以采用分别测量 A_{i+1}、B_{i+1} 和 A_i、B_i 的电阻率 $\rho^{A_{i+1}B_{i+1}}$ 和 $\rho^{A_iB_i}$ 然后进行叠加而得到。这一结论同样适用于非均匀介质或水平成层介质中,只需将 ρ_T 改写成视电阻率 ρ_{sT},即得:

$$\frac{\rho_{sT}}{k_T} = \frac{\rho_s^{A_{i+1}B_{i+1}}}{k_{A_{i+1}B_{i+1}}} - n\frac{\rho_s^{A_iB_i}}{k_{A_iB_i}} \tag{19}$$

(3)由公式(19)可知:

①现成的双重电剖面曲线,可以转换成场差电剖面曲线。

②现成的垂向电测深曲线可以转换成场差法电测深曲线;同样,现成的垂向电测深理论曲线可以转换成场差法电测深理论曲线。

3.2　场差法电阻率数据的转换

3.2.1　在纯异常装置条件下

在纯异常装置条件下,即 $\Delta U_{MN} = 0$ 则 $\rho_{sT} = 0$,公式(19)可写成:

$$\frac{\rho_s^{A_{i+1}B_{i+1}}I_{i+1}}{k_{A_{i+1}B_{i+1}}} - \frac{\rho_s^{A_iB_i}n_0I_{i+1}}{k_{A_iB_i}} = 0 \tag{20}$$

在纯异常装置条件下的电流比 n,我们用 n_0 来表示,n_0 必须满足:

$$n_0 = \frac{k_{A_iB_i}}{k_{A_{i+1}B_{i+1}}}\frac{\rho_s^{A_{i+1}B_{i+1}}}{\rho_s^{A_iB_i}} \tag{21}$$

(1)在均匀介质中,有:

$$\rho_s^{A_{i+1}B_{i+1}} = \rho_s^{A_iB_i} = \rho$$

则:

$$n_0 = \frac{k_{A_iB_i}}{k_{A_{i+1}B_{i+1}}} = \frac{L_i^2 - l^2}{L_{i+1}^2 - l^2} \tag{22}$$

(2)在围岩顶部的覆盖层电阻率与围岩不同,即二层地电断面时,n_0 则要用公式(21)计算,$\frac{\rho_s^{A_{i+1}B_{i+1}}}{\rho_s^{A_iB_i}}$ 称为修正系数,这样就可以将二层地电断面当做均匀介质来看待,ρ_{sT} 异常则完全是围岩中异常地质体的反映。修正系数的取值:一是可以从野外现场无异常地质体存在的地段实测,二是从已知的二层地电断面参数的理论曲线中查得。

3.2.2　在非纯异常装置条件下

在非纯异常装置条件下,$\Delta U_{MN} = \Delta U_{i+1} - \Delta U_i \neq 0$,则 $n \neq n_0$ 的任意值。

(1)根据电场相减的原理,采用 A. A. 别特洛夫斯基换算公式:

$$\rho_{sT} = \frac{\rho_s^2}{\rho_s - L\frac{\partial\rho_s}{\partial L}} = \frac{\rho_s}{1 - t} \tag{23}$$

式中:ρ_s 为基本装置四极对称电测深曲线在极距 L 时的视电阻率;t 为该电测深曲线在双对数坐标纸上的切线斜率。

(2)在一个测点上按下列顺序进行资料采集:①接通 A_i、B_i 线路测量 ΔU_i 和 I_i;②接通 A_{i+1}、B_{i+1} 线路测量 ΔU_{i+1} 和 I_{i+1};③同时接通 A_i、B_i 和 A_{i+1}、B_{i+1} 两条供电电流方向相反的线路,测量 ΔU_{MN} 和 I_{i+1};④按下式计算 ρ_{sT}:

$$\rho_{sT} = k_T \frac{\Delta U_i \Delta U_{i+1}}{I_i \Delta U_{MN}} \tag{24}$$

式中：$k_T \approx k_i(m-1)$。

　　或者按式(25)计算：

$$\rho_{sT} = k_T \frac{\Delta U_i}{n I_{i+1}} \cdot \frac{\Delta U_{i+1}}{\Delta U_{MN}} \tag{25}$$

式中：$k_T \approx k_{i+1} \dfrac{1}{1-m^2 n}$。

　　也可直接按 ΔU_{MN} 算出：

$$\rho_{sT} = k_T \frac{\Delta U_{MN}}{I_{i+1}} \tag{26}$$

　　(3)当断面上电阻率差别很大时，可以通过下列公式换算：

$$\rho_{sT} = \frac{L_{i+1} - L_i}{\dfrac{L_{i+1}}{\rho_s^{A_{i+1}B_{i+1}}} - \dfrac{L_i}{\rho_s^{A_i B_i}}} \tag{27}$$

3.2.3　场差法电阻率换算误差

　　在非纯异常装置情况下，为了增大异常幅度通常采用电流比 $n \to n_0$。这时，M 和 N 之间的电位差几乎完全由地下异常地质体所引起，因而 ΔU_{MN} 值一般均很小，直接测量 ΔU_{MN} 可能相对误差较大。为了克服在测量技术上的困难，才采用分别测量并计算出 $\rho_s^{A_{i+1}B_{i+1}}$ 和 $\rho_s^{A_i B_i}$，然后根据位场叠加原理来计算 ρ_{sT}。这样做实际上也存在严重的缺陷——计算的场差法电阻率误差有可能仍然较大。

　　场差电阻率误差主要来于 $\rho_s^{A_{i+1}B_{i+1}}$ 和 $\rho_s^{A_i B_i}$，为此，我们将式(18)可以改写为：

$$\rho_{sT} = k_T \left(\frac{\rho_s^{A_{i+1}B_{i+1}}}{k_{A_{i+1}B_{i+1}}} - n \frac{\rho_s^{A_i B_i}}{k_{A_i B_i}} \right) = \frac{k_T}{k_{A_{i+1}B_{i+1}}} \rho_s^{A_{i+1}B_{i+1}} - \frac{n k_T}{k_{A_i B_i}} \rho_s^{A_i B_i} \tag{28}$$

　　通常，野外视电阻率测量的精度用相对误差来衡量，用四极对称装置测量结果计算 ρ_{sT} 的相对误差为：

$$\frac{\Delta \rho_{sT}}{\rho_{sT}} = \frac{k_T \left(\dfrac{\Delta \rho_s^{A_{i+1}B_{i+1}}}{k_{A_{i+1}B_{i+1}}} - n \dfrac{\Delta \rho_s^{A_i B_i}}{k_{A_i B_i}} \right)}{k_T \left(\dfrac{\rho_s^{A_{i+1}B_{i+1}}}{k_{A_{i+1}B_{i+1}}} - n \dfrac{\rho_s^{A_i B_i}}{k_{A_i B_i}} \right)} \tag{29}$$

　　当 $n \approx n_0$ 的工作状态时，则：

$$\frac{1}{k_{A_{i+1}B_{i+1}}} = \frac{n}{k_{A_i B_i}}$$

　　那么式(29)可以改写为：

$$\frac{\Delta \rho_{sT}}{\rho_{sT}} = \frac{\Delta \rho_s^{A_{i+1}B_{i+1}} - \Delta \rho_s^{A_i B_i}}{\rho_s^{A_{i+1}B_{i+1}} - \rho_s^{A_i B_i}} = \frac{\dfrac{\Delta \rho_s^{A_{i+1}B_{i+1}}}{\rho_s^{A_{i+1}B_{i+1}}} - \dfrac{\Delta \rho_s^{A_i B_i}}{\rho_s^{A_i B_i}} \dfrac{\rho_s^{A_i B_i}}{\rho_s^{A_{i+1}B_{i+1}}}}{1 - \dfrac{\rho_s^{A_i B_i}}{\rho_s^{A_{i+1}B_{i+1}}}} \tag{30}$$

由于测量视电阻率差值 $\Delta\rho_s^{A_{i+1}B_{i+1}}$ 和 $\Delta\rho_s^{A_iB_i}$ 的误差可以是同号的,也可以是异号的,如果假定两者的观测精度相同,有以下两种情况。

(1)当误差为同号时,有:

$$\frac{\Delta\rho_{sT}}{\rho_{sT}} = \frac{\Delta\rho_s^{A_{i+1}B_{i+1}}}{\rho_s^{A_{i+1}B_{i+1}}} \tag{31}$$

可见,场差视电阻率计算结果的误差和普通四极对称装置是一样的。

(2)当误差为异号时,有:

$$\frac{\Delta\rho_{sT}}{\rho_{sT}} = \frac{\Delta\rho_s^{A_{i+1}B_{i+1}}}{\rho_s^{A_{i+1}B_{i+1}}} \frac{1 + \dfrac{\rho_s^{A_iB_i}}{\rho_s^{A_{i+1}B_{i+1}}}}{1 - \dfrac{\rho_s^{A_iB_i}}{\rho_s^{A_{i+1}B_{i+1}}}} \tag{32}$$

这时,合成的 ρ_{sT} 的误差不仅决定于 $\rho_s^{A_{i+1}B_{i+1}}$ 和 $\rho_s^{A_iB_i}$ 的测量误差,而且与 $\rho_s^{A_iB_i}$ 和 $\rho_s^{A_{i+1}B_{i+1}}$ 的比值有关。

式中, $\dfrac{1 + \dfrac{\rho_s^{A_iB_i}}{\rho_s^{A_{i+1}B_{i+1}}}}{1 - \dfrac{\rho_s^{A_iB_i}}{\rho_s^{A_{i+1}B_{i+1}}}}$ 称为误差放大系数。

$\dfrac{\rho_s^{A_iB_i}}{\rho_s^{A_{i+1}B_{i+1}}}$ 越接近1,其误差越大。按电法规程要求,四极对称装置的视电阻率观测允许误差为±4%计算:

当比值 $\dfrac{\rho_s^{A_iB_i}}{\rho_s^{A_{i+1}B_{i+1}}}$ 为0.9(或1.1)时,其误差放大倍数为19(21)倍,其相对误差达80%;

当比值 $\dfrac{\rho_s^{A_iB_i}}{\rho_s^{A_{i+1}B_{i+1}}}$ 为0.5(或1.5)时,其误差平均放大倍数为3(5)倍,其相对误差达16%。

由于用两种极距分别测量 $\rho_s^{A_{i+1}B_{i+1}}$ 和 $\rho_s^{A_iB_i}$ 然后计算 ρ_{sT} ,误差有时可能很大,因此在选择 n 时,需要偏离 n_0 一定范围。

在测量技术允许的条件下,还是直接测量 ΔU_{MN} ,按公式 $\rho_{sT} = k_T \dfrac{\Delta U_{MN}}{I_{i+1}}$ 计算为好。

3.3　水平成层场差理论曲线

水平成层场差理论曲线可以通过现成的垂向电测深理论曲线换算而得到。绘制场差理论曲线可采用图解作图法和电子计算机绘制。

3.3.1　图解作图法绘制场差电测深理论曲线

图解作图法步骤如下:

(1)将二层、三层、四层中的垂向电测深理论曲线,绘制在模数为6.25 cm的双对数坐标纸上。现以两层介质为例,如图5所示绘制了一条 $\mu_2 \dfrac{-\rho_2}{\rho_1} = 20$ 的二层理论曲线。

图5中: $m = 1.4$; $AB/2 = L$; $h = 1$; $\rho_1 = 1$ 。

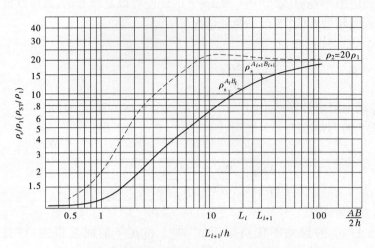

图 5　垂向电测深曲线转换成场差电测深曲线图解作图法

（2）选择极距比 $m = \dfrac{L_{i+1}}{L_i} = 1.4$，将垂向电测深曲线划分为若干区间，并规定任何一个区间小极距为 L_i，大极距为 L_{i+1}。L_i 和 L_{i+1} 值均可在横坐标 $\dfrac{AB}{2h}$ 上得到。L_i 和 L_{i+1} 与垂向电测深曲线交点的纵坐标即为 $\rho_s^{A_iB_i}$ 和 $\rho_s^{A_{i+1}B_{i+1}}$ 值。

（3）计算装置系数：

$$k_{A_iB_i} = \frac{\pi}{MN}L_i^2 = \frac{\pi}{MN}\frac{L_{i+1}^2}{m^2}$$

$$k_{A_{i+1}B_{i+1}} = \frac{\pi}{MN}L_{i+1}^2$$

$$k_T = \frac{\pi}{MN}L_{i+1}^2\frac{1}{1-m^2n}$$

（4）确定纯异常装置的电流比 $n_0 = \dfrac{I_i}{I_{i+1}}$，取 $n_0 = \dfrac{k_{A_iB_i}}{k_{A_{i+1}B_{i+1}}} = \dfrac{1}{m^2} = 0.51$。

计算电流比 n 越接近 n_0，异常增益越高，当 $n = n_0$ 时，k_T 值为无穷大，是无法进行计算的。一般 $n < n_0$，现取 $n = 0.9n_0 = 0.46$。

（5）将式（19）改写成下列形式：

$$\rho_{sT} = k_T\left(\frac{k_{A_iB_i}\rho_s^{A_{i+1}B_{i+1}} - nk_{A_{i+1}B_{i+1}}\rho_s^{A_iB_i}}{k_{A_{i+1}B_{i+1}}k_{A_iB_i}}\right) \tag{33}$$

把装置系数代入，整理得：

$$\rho_{sT} = \frac{1}{1-m^2n}(\rho_s^{A_{i+1}B_{i+1}} - m^2n\rho_s^{A_iB_i}) \tag{34}$$

将计算参数 m、n 代入式（34），计算 ρ_{sT} 值。

（6）按区间顺序，逐一换算 ρ_{sT} 值即可获得场差法电测深 $\mu_2 = 20$ 的理论曲线，见图 5 的虚线曲线。

3.3.2　计算机绘制场差法理论曲线

图解作图法存在两个明显的弱点:一是费工费时,二是取数精度不够。计算机绘制场差法理论曲线,可以按垂向电测深理论曲线进行计算。它可以按参数 ρ_1、h_1、μ_2(二层介质),或 ρ_1、h_1、μ_2、γ_2、μ_3(三层介质)系统相当精确地按 m 和 n 取值计算或换算成 $\rho_{sT}/\rho_1 = L_{i+1}/h$ 的场差法电测深理论曲线,且绘制快速、方便。

3.3.3　场差法电测深理论曲线的特点

(1)二层介质。场差法二层介质理论曲线与垂向电测深理论曲线比较(如图 5 所示),其最大的优点是在 $\dfrac{L_{i+1}}{h}$ 和 $\dfrac{AB}{2h}$ 相同时,场差法只需很小的比值即可探测到第二层介质的电阻率,这表明场差法具有极佳的装置极距和探测深度比,这一结论同样适用于多层介质,而且电性差异远大于垂向电测深。

(2)三层 H 型曲线。

①场差法 ρ_{sT} 曲线的极小值的纵坐标小于垂向电测深曲线的纵坐标。当 $\gamma_2 > 5$,对于 $\mu_2 = 1/39$ 时,有 $\rho_{sTmin} < \rho_2$ 的假极小值,它比垂向电测深曲线判别 ρ_{sTmin} 与 ρ_2 之间的界限值更为确切。当第二层 γ_2 很大时,在 ρ_{sT} 曲线的假极小值之后,变成 ρ_2 渐近线,该渐近线值接近 ρ_2 真值。当 γ_2 很小时,ρ_{sT} 曲线和垂向电测深曲线一样外形似二层曲线。

②当 μ_2 和 γ_2 很小时,ρ_{sT} 曲线极小值的横坐标会大于总厚度 $h_1 + h_2$,但是不会超过 2.3 倍。随着 μ_2 和 γ_2 的增加,ρ_{sT} 曲线极小值的横坐标与总厚度 $h_1 + h_2$ 之比值会减少,当 $\gamma_2 > 5$ 时,几乎所有的 ρ_{sT} 横坐标均小于总厚度 $h_1 + h_2$,当 $\gamma_2 > 24$ 以后,ρ_{sT} 极小值的横坐标可小到 1/6.5 的标准层埋藏深度。

(3)三层 K 型曲线。

①场差法 ρ_{sT} 曲线的极大值比垂向电测深曲线的纵坐标数值大,当 $\gamma_2 > 5$ 时,对于 $\mu_2 > 39$ 会出现 $\rho_{sTmax} > \rho_2$ 的假极大值。在一般情况下,ρ_{sT} 电测深与 ρ_s 电测深极大值纵坐标的比值为 1.01 ~ 3.19。当 $\gamma_2 = 9 ~ 24$ 时,ρ_{sT} 的极大值纵坐标稍大于第二层介质的真电阻率 ρ_2。ρ_{sT} 极大值的纵坐标的位移与第二层的电阻率 ρ_2 的依赖关系与垂向电测深曲线相比,这种依赖关系显得要大些。

②ρ_s 曲线和 ρ_{sT} 曲线的极大值横坐标之比值为 1.3 ~ 9.2,即与垂向电测深相比,μ_2 和 γ_2 值越大,场差法极大值横坐标电极距缩小得越多。当 $\gamma_2 < 2$ 时,ρ_{sTmax} 横坐标稍大于总厚度 $h_1 + h_2$,ρ_{sT} 极大值横坐标位移值基本上由第一层厚度变化决定。当然,地电断面的所有参数都会影响这一个值,这和垂向电测深情况相同。

4　场差法探测异常地质体的可控特性

4.1　异常地质体探测与装置的关系

(1)电阻率法探测某一地质体所产生的异常的大小取决于两个因素:第一个因素是地质体的规模(长、宽、延伸)、埋藏深度以及地质体与围岩之间的电阻率差异,这称为地质体的自然参数,自然参数一定,它产生的异常值也一定,这是不依人们意志为转移的地球物理条件;第二个因素是人工输入导电半空间电流场的分布的性质,即人们所说的电阻率法装置形式的选择,从而人们可以能动地改变其电流场分布特征,达到增加探测深度和有效凸显地质体异常的目的。

（2）直流电阻率法的装置形式尽管多种多样，但就其测量电流密度而言，装置的供电方式基本分为水平、垂直和混合型三大类。

使用四极对称装置使被探测的地质体总体上处于水平电流场中，属于水平供电方式；一切利用同性电极相斥原理的屏障（或聚焦）装置使被探测的地质体处于垂直地面的电流场中，这种装置称为垂直向供电方式；一切不对称装置均可列入混合供电方式。二极电位装置是水平和垂直向供电方式的特例。

场差法装置本质上属于水平向供电方式，但它可以能动地改变水平相电流密度随深度的变化规律，电流密度随深度变化的曲线形态和垂直向供电方式（如聚焦装置）是极其相似的，可以达到异曲同工的效果。

4.2　提高异常地质体异常幅度的场差法途径

（1）四极对称装置电流密度随深度的变化规律可由公式（35）来决定：

$$j_{\mathrm{h}}^{AB} = \frac{I}{2\pi h^2}\sin 2\alpha \sin \alpha \tag{35}$$

它以极快的速度衰减，电流密度极大部分集中在相对 L 很小部分的深度范围内，而且在地面装置的中心即测点 O 上，水平向电流密度最大。

$$j_{\mathrm{h}=0}^{AB} = \frac{I}{\pi L^2}$$

式中：I 为 AB 之间的供电电流强度；$L = AB/2$ 为半极距。

为了增加探测深度，必须增加 A 和 B 供电电极之间的距离，从理论上讲，随着电极距的增加，电流密度随深度变化而变得均匀，因此异常地质体的异常极值也随之增大。

（2）四极对称装置对于三度球体异常（装置中心位于球体正上方）的近似表达式：

$$\frac{\rho_{\mathrm{s}} - \rho}{\rho} = C\frac{j_{\mathrm{h}}}{j_0} \tag{36}$$

式中：ρ 为围岩电阻率；ρ_{s} 为测量视电阻率；$C = 2\dfrac{\mu - 1}{1 + 2\mu}\left(\dfrac{a}{H}\right)^3$ 为地质体自然参数，$\mu = \dfrac{\rho_0}{\rho}$；$a$ 为电阻率是 ρ_0 的球体半径；H 为球体中心的埋藏深度。

从公式（36）可见，球体异常值与两个参数有关，即地质体的自然参数 C 和电流密度比值 j_{h}/j_0。自然参数是不依人们意志改变的地球物理条件，要想增大地质体的异常值必须从增加电流密度比值 j_{h}/j_0 着手。常规电阻率法是通过增大电极距来提高 j_{h}/j_0 比值的。显然，比值的提高是有限的，当 $L \to \infty$，充其量 $j_{\mathrm{h}}/j_0 \to 1$。如果设法以减少 j_0 值来增加 j_{h}/j_0 比值，则有着很大的空间，场差法就可以达到此目的。

（3）在场差法装置条件下，地质体的电阻率异常与电流密度比值 j_{h}/j_0 的关系，仍然保持与公式（36）相似的关系，这可以通过下列一级近似计算证实。

①按场差法装置参数设定 $\overline{A_{i+1}O} = L_{i+1}$，$\overline{A_iO} = L_i$，$L_{i+1}/L_i = m$，$I_i/I_{i+1} = n$，这样在 MN 点 O 下方的电流密度为：

$$\frac{j_{\mathrm{hT}}}{\dfrac{I_{i+1}}{\pi L_{i+1}^2}} = \frac{1}{\left[1 + \left(\dfrac{H}{L_{i+1}}\right)^2\right]^{\frac{3}{2}}} - \frac{\dfrac{n}{m}}{\left[\left(\dfrac{1}{m}\right)^2 + \left(\dfrac{H}{L_{i+1}}\right)^2\right]^{\frac{3}{2}}} \tag{37}$$

假设 $H=0$，则试验体位于地表，这时 j_{hT} 值可认为是场差装置在地面 O 点的电流密度 j_{0T}，这样公式（37）可写为：

$$\frac{j_{hT}}{\frac{I_{i+1}}{\pi L_{i+1}^2}} = \frac{j_{0T}}{\frac{I_{i+1}}{\pi L_{i+1}^2}} \approx 1 - m^2 n \tag{38}$$

或

$$\frac{j_{0T}}{1 - m^2 n} \approx \frac{I_{i+1}}{\pi L_{i+1}^2} \tag{39}$$

实际上，H 的最小值为 $H=a$，考虑到 $L \gg a$，为了计算方便起见，取 $H=0$ 是可允许的。

②在均匀半导电空间介质中，存在一个具有电阻率为 ρ、半径为 a、中心埋深为 H 的球体时，在赤道平面上，点电源在距离 R 点上的电位为：

$$U_R = \frac{I_{i+1}\rho}{2\pi}\left[\frac{1}{R} + 2\sum_{K=0}^{\infty}\frac{K(\mu-1)}{K+(K+1)\mu}\frac{a^{2K+1}}{d^{K+1}r^{K+1}}P_K(\cos\theta)\right] \tag{40}$$

式中：d 为球心至供电点的距离；r 为球心至测量中心的距离；$P_K(\cos\theta)$ 为勒让得多项式。

令 $\overline{MN} \to 0$，勒让得多项式取 $K=1$ 时，基本装置和补偿装置在 MN 中心 O 上产生的电场强度水平分量可简化为：

$$E = \frac{I_{i+1}\rho}{\pi L_{i+1}^2}\left\{(1 - m^2 n) + 2\frac{\mu-1}{1+2\mu}\left(\frac{a}{H}\right)^3\left[\frac{1}{\left[1+\left(\frac{H}{L_{i+1}}\right)^2\right]^{\frac{3}{2}}} - \frac{\frac{n}{m}}{\left[\left(\frac{1}{m}\right)^2+\left(\frac{H}{L_{i+1}}\right)^2\right]^{\frac{3}{2}}}\right]\right\} \tag{41}$$

在计算中，当等效球体保持 $a/H = 0.5$，计算 $\frac{\rho_s-\rho}{\rho}$ 和 $\frac{j_{hT}}{j_{0T}}$ 之间的关系时，从异常变化形态看 $K=1$ 和 $K=1\sim\infty$ 项计算时，其基本特点基本一致。

③场差法电阻率为：

$$\rho_{sT} = k_T \frac{E}{I_{i+1}} \tag{42}$$

而

$$k_T = k_{A_{i+1}B_{i+1}} \cdot \frac{1}{1 - m^2 n}$$

将式（41）代入式（42）得球体异常表达式：

$$\frac{\rho_{sT}-\rho}{\rho} = \frac{1}{1-m^2 n} \cdot 2\frac{\mu-1}{1+2\mu} \cdot \left(\frac{a}{H}\right)^3\left\{\frac{1}{\left[1+\left(\frac{H}{L_{i+1}}\right)^2\right]^{\frac{3}{2}}} - \frac{\frac{n}{m}}{\left[\left(\frac{1}{m}\right)^2+\left(\frac{H}{L_{i+1}}\right)^2\right]^{\frac{3}{2}}}\right\} \tag{43}$$

比较公式（43）和公式（37），可得到：

$$\frac{j_{hT}}{\frac{I_{i+1}}{\pi L_{i+1}^2}} = 1 - m^2 n$$

$$2\frac{\mu-1}{1+2\mu}\left(\frac{a}{H}\right)^3 = C$$

则
$$\frac{\rho_{sT} - \rho}{\rho} = C\frac{j_{hT}}{j_{0T}} \qquad (44)$$

公式(44)和公式(36)在形态上和物理意义上是完全一致的。

由公式(44)可知,中心点的异常值与 j_{hT} 成正比,与 j_{0T} 成反比,其比例系数为 C,异常值与电流密度 j_{hT}/j_{0T} 之间的关系基本上呈线性,如图6所示。

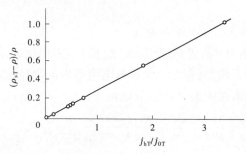

图6　场差法测量球体异常 $\dfrac{\rho_{sT} - \rho}{\rho} = f(\dfrac{j_{hT}}{j_{0T}})$ 的关系曲线

4.3　场差法异常增益特性

(1)在场差法中,由于补偿供电线路反向电流的存在,改变了电流密度随深度变化的规律,而且这种变化规律是可控的。我们把场差法装置看成是一个负反馈电流放大器,是基于以下的考虑:

①说它是负反馈是由于补偿电路的存在,在赤道平面上电流密度水平分量是相减的,负反馈的结果是 ΔU_{MN} 值的减少(与 U_{i+1} 比),然而 ΔU_{MN} 本身值的大小与异常幅值无关;

②电流放大器的作用表现在当极距比 m 固定后,选择电流比 n,可以人为减少 j_{0T} 和 j_{hT} 电流密度随深度的变化(可控),根据公式(4-10)可知:无论是 j_{0T} 的减少或者 j_{hT} 的增加(对地质体所处的深度带域中),还是 j_{hT}/j_{0T} 比值的增大,地质体的异常值都是增大的,故场差法具有异常增益效应。

(2)场差法的视电阻率 ρ_{sT} 按公式(14)给出:
$$\rho_{sT} = k_T\frac{\Delta U_{MN}}{I_{i+1}}$$

对于梯度装置把公式(16)代入上式,得
$$\rho_{sT} = Dk_{A_{i+1}B_{i+1}}\frac{\Delta U_{MN}}{I_{i+1}} \qquad (45)$$

我们把 $D = \dfrac{1}{1 - m^2 n}$ 称为场差法装置的异常增益系数。

①当 $n = 0$,即 $I_i = 0$ 时,补偿装置相当于不存在($D = 1$),无异常放大作用,此种情况为基本装置的状态,球体异常适用于式(37);

②当 $0 < n < 1/m^2$ 时,则 $0 < m^2 n < 1$、$D > 1$,具有异常正向增益效应;

③当 $n = 1/m^2$、$m^2 n = 1$ 时,$D = \infty$、$\Delta U_{MN} = 0$ 时,装置处于纯异常状态,ρ_{sT} 曲线上的异常完全是由地下异常地质体引起的;

④当 $n > 1/m^2$、$m^2 n > 1$ 时,D 为负值,ΔU_{MN} 也为负值,异常有负向放大作用。

（3）当 $n=0$，即 $I_i=0$ 时，补偿电路不起作用，相当于四极对称装置 $A_{i+1}MNB_{i+1}$，这时所测得的电阻率：

$$\rho_s^{A_{i+1}B_{i+1}} = k_{A_{i+1}B_{i+1}} \frac{\Delta U_{i+1}}{I_{i+1}}; D=1，无异常放大作用，这时 \Delta U_{MN} = \Delta U_{i+1}。$$

在场差法装置 $n \neq 0$ 条件下，实际上：

$$\left. \begin{array}{l} \Delta U_{i+1} = D \cdot \Delta U_{MN} \\ \Delta U_{MN} = \Delta U_{i+1} - \Delta U_i \end{array} \right\} \tag{46}$$

因此，场差法的异常增益系数 D 可以理解为：场差法所测量的 MN 两点间的电位差 ΔU_{MN} 要达到四极对称装置 $A_{i+1}MNB_{i+1}$ 在 MN 两点所测量的电位差 ΔU_{i+1} 时的放大倍数。

（4）在场差法实际工作中，m 和 n 的不同匹配，可以人为地改变导电半空间电流场的分布特征。因而，首先应根据探测目的体的几何参数来选择电极距和极距比 m，为了扩大探测体的异常幅度，电流比 n 一般取 $n=0.9n_0$，D 控制在 10 左右，D 值过大难以控制 ΔU_{MN} 的测量精度。若研究的对象是在均质围岩中探查异常体，则可选择纯异常装置，纯异常装置在均匀体上方 $\Delta U_{MN}=0$，ρ_{sT} 剖面曲线上发生的异常完全由地下异常地质体来决定。若为了研究某一探测深度范围内探测目的体的分布，就要调节 m 和 n，使得在这一深度带域中电流密度 j_{hT} 比其域上或域下大得多，从而使给定深度范围内目的地质体的异常得以放大，其域上或域下干扰体异常得以抑制。

调整 m 和 n，可以得到 j_{hT}/j_{0T} 不同深度响应特点，在实际工作中在哪个深度电流密度最大，增益系数就应选择多大。

5　场差法野外工作技术要点

5.1　场差法电剖面

（1）场差法电剖面在地电断面比较简单时，通常采用纯异常装置，即满足：

$$\Delta U_{MN} = \Delta U_{i+1} - \Delta U_{i+1} = 0$$

（2）根据探测深度的要求来选择基本电极距 L_{i+1}。极距比的最佳值选 $m=1.7 \sim 2.0$。为了清晰地反映高阻异常体，装置的作用距离 L_0 应为探测对象平均埋深的 $3 \sim 4$ 倍。装置的作用距离也可取 L_{i+1} 和 L_i 的算术平均值，故 L_{i+1} 可按下列公式选取，L_i 按 $L_i = L_{i+1}/m$ 选取。

$$L_{i+1} = \frac{(6 \sim 8)Hm}{1+m} \tag{47}$$

测量电极长度 $\overline{MN}=2l$ 应满足 $\frac{L_i}{l} \geq 3$。

（3）对纯异常装置，电流比 n 用 n_0 表示，由公式（48）决定：

$$n_0 = \left| \frac{I_i}{I_{i+1}} \right| = \frac{K_{A_iB_i}}{K_{A_{i+1}B_{i+1}}} = \frac{L_i^2 - l^2}{L_{i+1}^2 - l^2} \tag{48}$$

①对于梯度装置（$\overline{MN} \to 0$ 即 $n \approx \frac{1}{m^2}$），场差法极距比和电流比之间的关系见表 1。

表 1　梯度装置场差法极距比与电流比之间的关系

极距比 m	1.2	1.3	1.4	1.5	1.6	1.7	1.8	1.9	2.0	3.0
电流比 n	0.69	0.59	0.51	0.44	0.39	0.35	0.31	0.28	0.25	0.11

②对于温纳尔装置 $\overline{MN} = \dfrac{\overline{AB}}{3}$，场差法极距比和电流比之间的关系见表 2。

表 2　温纳尔装置场差法极距比与电流比之间的关系

极距比 m	1.2	1.3	1.4	1.5	1.6	1.7	1.8	1.9	2.0	3.0
电流比 n	0.62	0.53	0.46	0.40	0.35	0.31	0.28	0.25	0.22	0.10

（4）在工作中确保供电电流稳定，电流比不变。

（5）推荐在一个测点上同时获得 $\rho_s^{A_iB_i}$、$\rho_s^{A_{i+1}B_{i+1}}$ 和 ρ_{sT}，在一条测线绘制三条电剖面曲线。

5.2　场差法电测深

（1）场差法电测深基本装置相邻电极距比 $\dfrac{A_{i+2}B_{i+2}}{A_{i+1}B_{i+1}}$ 最大不宜超过 1.5，基本装置和补偿装置之极距比 $m = \dfrac{L_{i+1}}{L_i}$ 接近 $\sqrt{2}$，$\dfrac{L_i}{l} \geqslant 3$。

场差法电测深最小基本装置电极距不宜大于 $h_1/2$，但曲线尾枝至少有三个连续点是探测目的层的反映。

场差法电测深电流比不采用纯异常装置时的电流比，一般选择 $n = 0.9n_0$。

（2）场差法测量建议在一个电极距上分别测量 $\rho_s^{A_iB_i}$、$\rho_s^{A_{i+1}B_{i+1}}$ 和 ρ_{sT}。

（3）场差法测量的技术要求如下：

①场差法测量的 $\Delta U_{MN} = \Delta U_{i+1} - \Delta U_i$ 是很小的，故要求电法仪要有很高的灵敏度，有时采用微伏级精度。

②仪器与辅助设备应保证电极极化小而稳定，供电电流线路之间以及测量线距之间感应电势可以控制，电源能长期保证供给稳定电流。

③测定 ρ_{sT} 时误差的大小主要取决于电流比配置的精度及供电电极和测量电极位置的准确程度。因此，对于两条供电电路中电流的监视、极距的正确性和接地的可靠性要求都远大于普通四极对称电测深法。

④ΔU_{MN} 值可能由于工作上的原因、也可能在地电结构发生变化时，会发生符号的改变，特别是在 ΔU_{MN} 数据很小时。因此，必须检查读取数值的正确性。对于任何曲线变化规律受到破坏的所有点，应该检查装置尺寸、布极情况，然后采用改变供电线路电流强度的办法，重复读数。

场差电阻率法可以通过选择极距比 m 和调制电流比 n 与 m 的匹配，改变地下电流密度的分配形态，有的放矢地来研究与探测地下被掩埋的异常体的形态和分布范围。为了获得可靠的探测效果，工作中应采用四极对称电测法、折射地震法、电阻率测井等综合物探方法以及加强与地质人员之间的配合。

地面电阻率法装置技术研究

常　伟　钱世龙

（中国水电顾问集团北京勘测设计研究院　北京　100024）

摘要:本文是笔者分析研究直流地面电阻率法装置的一些感悟,认为:采用人工可控地下电流密度随深度变化特性的装置,有利于克服常规电阻率法带有实质性的弱点,改善常规电阻率法在浅层地质调查中所遇到的困难,是应予以重视和值得进一步研究的课题。

关键词:电阻率　装置　极距比　电流比　场差　聚焦　屏障

1　直流地面电阻率法

1.1　方法概述

直流地面电阻率法用于浅部地质调查和土木工程检测中,由于地形、地质条件的复杂性和探测范围内介质的不均匀性,在实际探查中遇到了许多困难,以致该方法被冷落了。

直流地面电阻率法,在实际工作中所遇到的主要理论技术问题是:

(1)由于压制浅部不均匀体形成的干扰能力差,地形或地表附近存在局部差异较大的地电体,以致对被探测体的异常判释困难。

(2)巨大的体积效应,是直流地面电阻率法分辨率低,特别是区别垂直叠加能力更差的基本原因。一个较小的接近地表的介质,能像在较大深度上的主要地层那样在电阻率上有大的或较大的效应,这是电阻率法应用中的一个重要的实质问题。

(3)电阻率的探测深度相对于供电电极距而言是不大的,特别是在低阻屏蔽或介质不均匀的情况下,探测深度相对电极距更小,而且探测深度概念不清。供电电极距相对的探测不大,给野外工作场地带来极大的限制,甚至无法开展电阻率法工作。

上述困难给电阻率法资料解释带来麻烦甚至造成解释错误。

为此,电阻率法工作者在不断地选择和研究高分辨率、高穿透力、压制地形和不均匀介质干扰的装置形式及与其相适应的简单直观解释方法或应用相当严格的反映地电体空间形态的电阻率层析成像技术,并已取得一定的成效。

1.2　直流地面电阻率法的装置形式

直流地面电阻率法的装置形式虽然多种多样,但就其测量电流密度方向而言,装置的供电方式基本上为水平、竖直和混合三类。

对于常规的四极对称装置来说,被探测体处于平行于地面水平电流场中,属于水平向供电方式;一切利用同性电场相斥原理的聚焦或屏障装置,均使被探测体处于垂直地面电

作者简介:常伟(1963—),男,天津市人,教授级高级工程师,主要从事工程物探管理和技术工作。

流场中,属于垂直向供电方式;一切不对称装置均可列入混合供电方式。二极电位装置是水平向和竖直向供电方式的特例。

在一个装置工作条件下,电流密度随深度的变化特性(或称规律)是电阻率法勘探的基础。在地面被测量的 M 和 N 电极上的电位或 MN 之间的电位差与电流密度 $j_h/j_{h=0}$ 有关。不难理解,集中在近地表的电流愈大,或流入地层深处的电流愈小,则电阻率法装置的探测深度也愈小。

1.3　视电阻率法的基本装置形式

视电阻率法的基本装置形式是二级电位装置。它不仅具有装置形式简单、电场分析容易的特点。而且与温纳尔、施伦贝格尔和偶极装置比较,具有以下两个特性。

(1)有较大的穿透能力,在较小的电极距 $\overline{AM}$ 下能引起比较明显的电性层的分异,具有最大的探测深度。

(2)二极电位装置的视电阻率 $\rho_{sT}(S)$ 与温纳尔装置的视电阻率 $\rho_{SW}(S)$,施伦贝格尔装置的视电阻率 $\rho_{SS}(S)$ 及偶极装置的视电阻率 $\rho_{SD}(S)$ 之间,有着确切的关系:

符号 (S) 称为装置所测视电阻率对应的电极距位置。对于二极电位装置,$S = \overline{AM}$;对于温纳尔装置,$S = a = \dfrac{1}{3}\overline{AB}$;对于施伦贝格尔装置,$S = \dfrac{\overline{AB}}{2}$;对于偶极装置,$S$ 为一个特定电极距。

①二极电位装置的视电阻率与温纳尔装置的视电阻率之间的关系式为:

$$\rho_{SW}(S) = 2\rho_{sT}(S) - \rho_{sT}(2S) \tag{1}$$

②二极电位装置的视电阻率与施伦贝格尔装置的视电阻率之间的关系式为:

$$\rho_{SS}(S) = \rho_{sT}(S) - S\frac{\partial \rho_{sT}(S)}{\partial S} \tag{2}$$

③二极电位装置的视电阻率与偶极装置的视电阻率之间的关系式为:

$$\rho_{SD}(S) = \rho_{sT}(S) - S\frac{\partial \rho_{sT}(S)}{\partial S} + bS^2\frac{\partial^2 \rho_{sT}(S)}{\partial^2 S} \tag{3}$$

式中:b 是一个取决于偶极装置应用形式的常数。

二极电位装置的基本特性能被用来计算温纳尔、施伦贝格尔和偶极曲线,具有较大探测深度的二极电位装置,推荐在野外工作中使用。

1.4　电阻率法勘探的改善途径

从电阻率法勘探的基本理论出发,通过研究装置技术,得到改善电阻率法勘探的途径如下:

(1)选择不对称装置。选择如二极法、三极法、偶极法这类异常幅值较大或异常特征比较明显的装置,以提高分辨率和解释的确切性。

(2)选择李氏排列(校正剖面)、连续电剖面测量和偏置温纳尔装置,以判别及清除因表面局部不均匀引起的畸变干扰。

(3)在浅层勘探中,将电测深电极距按几何级数方式扩展改变成按等差级数扩展,如累积电阻法、巴司尼层法、五极纵轴测深。这类测深装置可能在理论上不甚严密,但能克服按等比级数扩展电测深的两个明显的弱点:一是浅、深部介质探测分辨率不相同,二是探测的深度和所研究的介质的体积也按几何级数变化。按等差级数扩展电测深电极距,则是水文工程物探摆脱长期以来受石油电法勘探方式的禁锢,而达到增加数据采集量,提高垂直分辨率,以及获得更方便、直观的解释效果的方法。

(4)改善电阻率法勘探比较理想的做法是采用高密度、多信息、连续数据采集的装置,如高密度电法、偏置温纳尔装置和三维直流电阻率法装置。这些装置的最终目标是使直流电阻率法三维化,才能真正实现电阻率法的层析成像,以岩土介质体的电阻率参数三维分布来确定地下地质体的空间展布范围。

(5)在现阶段,场差电阻率法和屏障电测法应予以重视和推荐。这类方法和常规电阻率法的不同之处在于:当装置尺寸选定后,采用人工调制装置的电流比,可人工控制地下电流密度随深度的变化特性。这一特点将产生以下预期效果:

①增强装置的分辨率,特别是垂直向电性分层;

②在选定的探测深度范围内,突出探测目的体的有效异常幅值,限制表层和探测目的层下介质的影响,电阻率曲线能直观地反映异常体和异常体埋深;

③增加装置的探测深度;

④限制待观测点外围介质对观测点测量数值的影响;

⑤上述③和④两个特点,实际上是大大放宽了电阻率法对野外工作场地大小和地形起伏的限制。

2 场差电阻率法

2.1 场差电阻率法装置与方法特性分析

2.1.1 场差电阻率法装置

场差电阻率法(以下简称场差法)属于差分法电法勘探,其装置如图 1 所示。

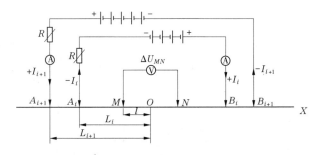

图 1 场差法装置

图中:A_{i+1},A_i,B_i,B_{i+1} 为供电电极;M,N 为测量电极;Ⓐ 为电流表,Ⓥ 为电压表,R 为可变电阻;$A_{i+1}MNB_{i+1}$ 为基本装置;L_{i+1} 为基本装置的半电极距;A_iMNB_i 为补偿装置,L_i 为补偿装置的半电极距;$\overline{MN}$ 为测量电极距;l 为测量电极的半电极距;I_{i+1} 为基本装置的供电电流强度;I_i 为补偿装置的供电电流强度;$m = \dfrac{L_{i+1}}{L_i}$ 为场差法装置的极距比,简称极距比;

$n = \left| \dfrac{I_i}{I_{i+1}} \right|$ 称为场差法装置的电流比,简称电流比。

场差法装置既可用于场差电剖面,也可用于场差电测深。

场差法的实质是:它所测的电位差 ΔU_{MN},是电流方向相反的两条供电线路在地下造成的两个电场(ΔU_{i+1}、ΔU_i)叠加所得的结果。这种探测方法对局部非均质体及断面上的薄夹层有较高的敏感性。通常用于以下工作:探明和追索薄夹层,圈定其范围,探索和圈定岩溶破碎带、地下废旧硐室、构造破碎带,绘制陡倾地电破碎带、陡倾地电接触面及冻结岩石和解冻岩石分布范围。

场差法装置,在一个排序上可以获得三个电阻率值:

(1)基本装置的四极对称电阻率:

$$\rho_s^{A_{i+1}B_{i+1}} = k_{A_{i+1}B_{i+1}} \frac{\Delta U_{i+1}}{I_{i+1}} \tag{4}$$

(2)补偿装置的四极对称电阻率:

$$\rho_s^{A_iB_i} = k_{A_iB_i} \frac{\Delta U_i}{I_i} \tag{5}$$

(3)场差电阻率:

$$\rho_{sT} = k_T \frac{\Delta U_{MN}}{I_{i+1}} \tag{6}$$

式中:$k_{A_{i+1}B_{i+1}}$,$k_{A_iB_i}$,k_T 分别为对应各自装置的装置系数,在梯度装置($MN \ll L_i$)情况下,$k_T = k_{A_{i+1}B_{i+1}} \cdot \dfrac{1}{1-m^2n}$。

根据电场叠加原理,它们之间存在如下的关系:

$$\frac{\rho_{sT}}{k_T} = \frac{\rho_s^{A_{i+1}B_{i+1}}}{k_{A_{i+1}B_{i+1}}} - \frac{1}{n} \frac{\rho_s^{A_iB_i}}{k_{A_iB_i}} \tag{7}$$

2.1.2　场差法装置的电场形态

场差法装置的电场形态取决于极距比 m 和电流比 n。图 2 绘制的是一个 $m = 2.8$,$n = 0.14$ 的场差分布图。在赤道平面附近,近地表处电场形态和四极对称装置有明显的区别,而在深处二者相当一致。

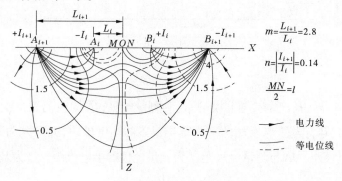

图 2　场差法装置电场分布

2.1.3　场差法装置的电流密度

场差法装置的电流密度随深度的变化特性,同样取决于极距比和电流比的匹配,图3绘制的是 $m = 2.8$,选择不同的电流比 n 时,在一个三度球体上方场差法的电流密度随深度的变化曲线。从图3可以得出结论,场差法装置可以通过人为的干预,调制 m 与 n 的匹配,达到人工控制地下电流密度的分布规律,这是常规电阻率法所不能及的特点。

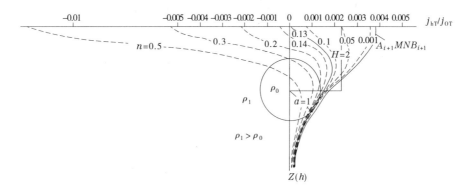

图3　在不同电流比 n 情况下,三度球体电流密度随深度变化曲线

图3中:球体半径 $a = 1$,中心埋深 $H = 2$。

2.1.4　四极对称装置

对于三度球体异常 $\Delta\rho_s$ 来说,当四极对称装置中心位于球体正上方时,其一级近似表达式为:

$$\Delta\rho_s = \frac{\rho_s - \rho}{\rho} = C\frac{j_h}{j_0} \tag{8}$$

式中: ρ 为围岩电阻率; ρ_0 为球体电阻率; ρ_s 为测量的视电阻率; $C = 2\frac{\mu-1}{1+2\mu}\left(\frac{a}{H}\right)^3$ 为地质体(这里指球体)自然参数, $\mu = \frac{\rho_0}{\rho}$; a 为球体半径; H 为球体中心的埋藏深度; j_h 为在赤道面 h 上的电流密度; j_0 为在赤道面 $h = 0$ 上的电流密度。

从公式(8)可见,球体异常值与两个参数有关,即地质体的自然参数 C 和电流密度比值 $\frac{j_h}{j_0}$。自然参数 C 是不以人们意志改变的地球物理条件,要想增大地质体的异常值,必须从增加 $\frac{j_h}{j_0}$ 着手。常规电阻率法是通过增大电极距来提高比值 $\frac{j_h}{j_0}$,从而增加探测深度和异常幅度。显然,比值的提高是有限的,当 $L\rightarrow\infty$ 时,充其量 $\frac{j_h}{j_0}\rightarrow1$。场差法装置则是以减少 j_0 值来增加 $\frac{j_h}{j_0}$ 比值,正如图3所示,它有着很大的调节空间。这样场差法可以人工调制 m 与 n 的匹配关系,以减少 j_0 来提高 $\frac{j_h}{j_0}$ 比值,达到增加探测深度,控制探测范围,增大探测体的异常幅度,压制探测体上、下部介质的干扰的目的。

2.1.5　场差法分析

对于场差法装置来说,当 $MN\to 0$ 时,在 MN 中心点 O 上的电场强度水平分量可简化为:

$$E = \frac{I_{i+1}\rho}{\pi L_{i+1}^2}\left\{(1-m^2 n)+2\frac{\mu-1}{1+2\mu}\left(\frac{a}{H}\right)^3\left[\frac{1}{\left[1+\left(\frac{H}{L_{i+1}}\right)^2\right]^{\frac{3}{2}}}-\frac{\frac{n}{m}}{\left[\left(\frac{1}{m}\right)^2+\left(\frac{H}{L_{i+1}}\right)^2\right]^{\frac{3}{2}}}\right]\right\} \quad (9)$$

场差电阻率为:

$$\rho_{sT} = k_T\frac{E}{I_{i+1}} = k_{A_{i+1}B_{i+1}}\frac{1}{1-m^2 n}\frac{E}{I_{i+1}} \quad (10)$$

将式(9)代入(10)得:

$$\rho_{sT} = \rho\left\{1+\frac{2}{1-m^2 n}\frac{\mu-1}{1+2\mu}\left(\frac{a}{H}\right)^3\left[\frac{1}{\left[1+\left(\frac{H}{L_{i+1}}\right)^2\right]^{\frac{3}{2}}}-\frac{\frac{n}{m}}{\left[\left(\frac{1}{m}\right)^2+\left(\frac{H}{L_{i+1}}\right)^2\right]^{\frac{3}{2}}}\right]\right\} \quad (11)$$

式中:$C = 2\frac{\mu-1}{1+2\mu}\left(\frac{a}{H}\right)^3$,为地质体的自然参数。

在赤道平面上 $j_{hT} = j_h^{A_{i+1}B_{i+1}}-j_h^{A_iB_i}$,故式(11)中方括号之值是 $j_{hT}\Big/\left(\dfrac{I_{i+1}}{\pi L_{i+1}}\right)$,当 $H=0$ 时,这时的 j_{hT} 值可以认为是场差法装置在地面0点的电流密度 j_{OT}:

$$\frac{1}{\left[1+\left(\frac{H}{L_{i+1}}\right)^2\right]^{\frac{3}{2}}}-\frac{\frac{n}{m}}{\left[\left(\frac{1}{m}\right)^2+\left(\frac{H}{L_{i+1}}\right)^2\right]^{\frac{3}{2}}} = \frac{j_{hT}}{j_{OT}} = 1-m^2 n \quad (12)$$

那么公式(11)改写成:

$$\rho_{sT} = \rho\left(1+C\frac{j_{hT}}{j_{OT}}\right) \quad (13)$$

$$\Delta\rho_{sT} = \frac{\rho_{sT}-\rho}{\rho} = C\frac{j_{hT}}{j_{OT}} \quad (14)$$

这样式(14)与式(8)在形态上和物理意义上是完全一致的。这就是说,地质体的异常值与 j_{hT} 成正比,与 j_{OT} 成反比,其比例系数为 C,异常值与电流密度 $\dfrac{j_{hT}}{j_{OT}}$ 之间的关系基本上为线性关系,故场差法具有异常增益效应。

2.2　场差法异常增益特性分析

(1)在场差法中,由于补偿供电线路反向电流的存在,改变了电流密度随深度的变化规律,而这种变化规律是可控的,场差法装置可以看成是一个负反馈电流放大器。其作用表现在:当极距和极距比确定以后,选择电流比 n,可以人为地控制 j_{OT} 和 j_{hT} 随深度的变化规律,无论是 j_{OT} 的减少,或者是 j_{hT} 的增加(对地质体所处的带域中),还是 $\dfrac{j_{hT}}{j_{OT}}$ 的增大,地质体的异常都是增大的。

(2)异常增益的大小由装置的异常增益数 $D = \dfrac{1}{1 - m^2 n}$ 来反映。

①当 $n = 0$ 即 $I_i = 0$ 时,相当于补偿装置电路不存在,这时 $D = 1$,异常无放大作用,这种条件为基本装置 $A_{i+1}MNB_{i+1}$ 状态,即四极对称装置条件。

②当 $0 < n < 1/m^2$ 时,则 $0 < m^2 n < 1$、$D > 1$,具有异常正向增益效应,$m^2 n$ 愈接近 1,则 D 值愈大。

③当 $n = \dfrac{1}{m^2}$、$m^2 n = 1$、$D \to \infty$、$\Delta U_{MN} = 0$ 时,装置处于纯异常状态,ρ_{sT} 剖面曲线上的异常全是由地下介质不均匀体所引起的。

2.3　场差法技术要求

(1)场差电剖面法通常采用纯异常观测方式,即满足 $\Delta U_{MN} = \Delta U_{i+1} - \Delta U_i = 0$。

①纯异常装置的电流比用 n_0 表示,并由下列公式决定:

$$n_0 = \left| \frac{I_i}{I_{i+1}} \right| = \frac{k_{A_i B_i}}{k_{A_{i+1} B_{i+1}}} = \frac{L_i^2 - l^2}{L_{i+1}^2 - l^2} \tag{15}$$

②基本电极距 L_{i+1} 根据探测深度的要求来选取。供电电极 L_{i+1} 与 L_i 最佳比值选取 $m = \dfrac{L_{i+1}}{L_i} = 1.7 \sim 2.0$。

③为了清晰地反映高阻异常体,装置的作用距离 L_0 应为探测对象平均埋深 H 的 $3 \sim 4$ 倍。装置的作用距离也可取 L_{i+1} 和 L_i 的算术平均值,故 L_{i+1} 可按公式

$$L_{i+1} = \frac{(6 \sim 8) H m}{1 + m} \tag{16}$$

来选取,这样,$L_i = \dfrac{L_{i+1}}{m}$ 也就随之决定了。

④测量电极长度 $\overline{MN} = 2l$ 应满足 $\dfrac{L_i}{l} \geqslant 3$。

(2)非纯异常条件下的场差电剖面法,为了使在所要求探测深度带域中探测目的体的异常得到最佳反映,就要调制 m 和 n 的匹配,使得在这深度带域中电流密度 j_{hT} 比其上域和下域大得多,从而达到给定范围内探测目的体异常得以放大,其上、下域介质异常得以压制的目的。

(3)场差电测深法基本装置相邻电极距比 $\dfrac{A_{i+2}B_{i+2}}{A_{i+1}B_{i+1}}$ 最大不宜超过 1.5 倍,m 接近于 $\sqrt{2}$,$L_i/l \geqslant 3$。最小基本电极距 $(A_{i+1}B_{i+1})_{\min} < 1/2 h_1$,最大电极距 $(A_{i+1}B_{i+1})_{\max}$ 要求曲线尾枝至少有三个连续点是探测目的层的反映。电流比一般选择 $n = 0.9 n_0$ 或者可控异常增益系数 $D \leqslant 10$。

(4)场差电测深曲线的解释原理和步骤与垂向电测深大体相似,场差电测深理论曲线是根据垂向电测深理论曲线换算绘制的见式(7)。

(5)场差法测量工作建议在一个排序分别测量 ρ_{sT}、$\rho_s^{A_i B_i}$ 和 $\rho_s^{A_{i+1} B_{i+1}}$,有时在测量技术上发生困难即 ΔU_{MN} 极小时,可按公式(7)换算 ρ_{sT},但误差可能较大。

（6）ρ_{sT}测定的误差大小，主要取决于 ΔU_{MN} 值的大小和电流比配置的精度及供电和测量电极位置的准确程度。因此，对于使用的仪器灵敏度（有时可达微伏级）要求更高，辅助设备要确保供电稳定性（通过两条供电电路中电流的监视），保证电极距位置正确和接地的可靠性，测量电极极化稳定，抗游散电流等要求都远远超过垂向四极对称电测法。

3　屏障电测法

3.1　聚焦装置

（1）聚焦装置是由两个同性点电源 A、A' 和 B_∞ 组成的，是屏障电测法的基本装置形式，也是竖直向供电方式的实际应用。它实质上是两个同性二极电位装置 AM 和 $A'M$ 在其中点 M 点的电位的叠加。由于同性电源的相斥作用，使其中央部位附近电流线分布方向与地面垂直聚束，故称为聚焦装置，见图4。

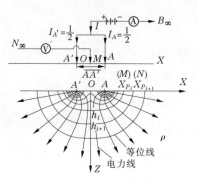

图4　聚焦装置于电场分布

图4中：$\overline{AO} = \overline{A'O} = \dfrac{\overline{AA'}}{2}$。

聚焦装置既可用于电剖面，也可用于电测深。在进行层电阻率测量时，在 X_{P_i} 和 $X_{P_{i+1}}$ 处放置测量电极 M' 和 N'。

（2）聚焦装置电流密度随深度 h（Z 轴向上）的变化，按矢量叠加原理，水平向电流密度为零，而竖直向电流密度可按公式（7）给出：

$$j_h = \frac{I}{2\pi} \frac{h}{\left[h^2 + (\overline{AO})^2 \right]^{\frac{3}{2}}} \tag{17}$$

图5绘制了聚焦装置竖直向电流密度随深度的变化曲线。

（3）聚焦装置的探测深度取决于 $\overline{AA'}$ 的距离。而当装置电极距 $\overline{AA'}$ 一定时，中央部位附近竖直向电流密度分布和深度具有一定的固定关系，并且在 $h \approx 0.71\,\overline{AO}$ 处，电流密度有极大值，这一特点导致下述有益的结论：

①强化有用信息，增强对地层垂直分辨率和相当确定的探测深度概念，使野外资料的判断比较直观，有利于了解局部电性不均匀体的存在，它可应用于岩溶、古墓穴、废坑道、堤坝蚁穴、淘空区的探测。

②削弱地形影响和测点外侧表层不均匀的侧向效应。

③加大勘探深度，特别有利于研究低阻覆盖下部介质的电性变化。

（4）地面 M 点的电位，电阻率按下列公式计算：

$$U_m = \frac{I\rho}{4\pi \overline{AO}} \tag{18}$$

$$\rho = k\frac{U_m}{I} \tag{19}$$

式中：$k = 4\pi \overline{AO}$。

当不断扩大 $\overline{AA'}$（或 $\overline{AO}$）的距离可得到 $\rho_s = f(\overline{AO})$ 的电测深曲线。

（5）由图4可知，Z轴上h_i点的电位可以在地面X_{Pi}点上找到，h_{i+1}点的电位在X_{Pi+1}点上找到，而且h_i与X_{Pi}之间存在如图6所示的规律。

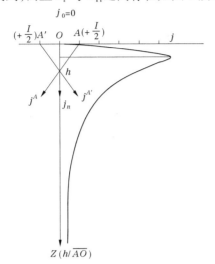

图5　聚焦装置竖直向电流密度随深度
（Z轴）的变化曲线

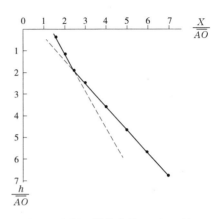

图6　地面X轴的电位U_x与Z轴

U_h 同电位对应 $\dfrac{h}{AO}=f\left(\dfrac{x}{AO}\right)$ 的关系曲线

聚焦装置在Z轴，当$h>0.5\overline{AO}$至h_c区间内，电位变化曲线$U_h=f\left(\dfrac{h}{AO}\right)$可以用$U_x=f\left(\dfrac{x}{AO}\right)$曲线来描述，特别是当$\dfrac{h}{AO}>2$以后，两者曲线相当接近，即$h\approx x$。$h_c$深度表示聚焦装置聚焦效应明显消失的深度。

这一特性使我们可以将聚焦装置的电位观测方式，换成沿地面X轴上（自$\dfrac{x}{AO}>1.7$开始）进行电位梯度测量方式，我们称为视层电阻（ρ_L）测量法。

$$\rho_L = \frac{4\pi\left[\overline{AM}\,\overline{AN}+(\overline{AA'}+\overline{AM})(\overline{AA'}+\overline{AN})\right]}{\overline{MN}}\frac{\Delta U_{MN}}{I}=k_L\frac{\Delta U_{MN}}{I} \qquad (20)$$

3.2　屏障等位装置

（1）屏障等位装置是在聚焦装置的中心点上增设了一个同性的中心电极A_0测量电极M向$A'A_0$（或AA_0）偏置了一个距离$\overline{A_0M}$（或$\overline{A_0M'}$），为了寻找屏障的位置和选择M极的最佳位置，还增设了一个等电位监示装置M_0N_0（或$M'_0N'_0$）。

屏障等位装置是屏障电测法的一种比较完善的装置形式。所谓等位，是指在预先设计的电极距$\overline{AA'}$（或$\overline{AO}$、$\overline{A'O}$）和极距比$S=\dfrac{\overline{AA'}}{\overline{O_0O'_0}}\approx\dfrac{\overline{AO}}{\overline{AM}}$条件下，通过调节电流比$C$，使监示装置$M_0N_0$之间的电位差等于零$U_{M_0}=U_{N_0}$。这时$U_{M_0}$和$U_{N_0}$这个区域（从高电位向低电位再向高电位）称为等位区，当M_0N_0之间距离很小，O_0（或O'_0）不必设置电极M而

直接用 M_0 或 M_0' 当做 M 测量电极。这个等位区把 A_0 电极散射的电流与外围隔绝,因此被称为屏障区。电极 A 和 A' 被称为中心电极 A_0 的屏障电极,故这种装置称为屏障等位装置。

测量 M 点与无穷远电位电极 N_∞ 之间的电位差 U_0,按公式 $\rho_s = k\dfrac{U_0}{I_0}$ 计算视电阻率。

(2)屏障等位装置实质上就是一个受屏障控制的二极电位装置。这种装置的电场形态可以人工调制极距比 S 和电流比 C 来改变。

图 7 绘制了在不同电流比的情况下电场分布形态示图。

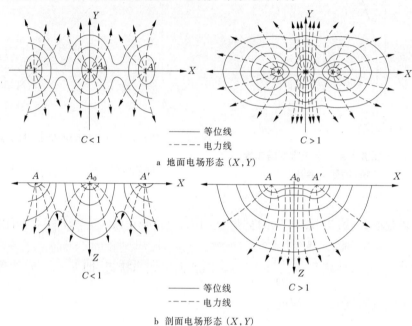

a　地面电场形态 (X,Y)

b　剖面电场形态 (X,Y)

图 7　屏障等位装置电场分布形态

图 8 绘制了竖直向电流密度在不同电流比条件下随深度(Z 轴)的变化曲线示图。

图 8 中:虚线为聚焦装置;$C=0$ 为 A_0 电源的电流密度分布曲线。

(3)通过极距比 S 和电流比 C 的调制,可以改变屏障等位装置屏障范围的大小,这实际上可以看成把电阻率法测量的空间范围,压缩到只和测点附近介质有关,因此屏障圈以外的介质或地形的影响就显得微不足道了。

(4)调制屏障范围,实际上是压缩中心电极 A_0 所散射出来的电流线的形态,A_0 电极的电流愈聚束,则屏障等位装置的功效愈明显。

①电流线愈聚束,竖直向穿透能力愈强,探测深度愈深。屏障等位装置测深深度一般大于装置 $\overline{AA'}$ 的深度,甚至可达到$(3\sim5)\overline{AA'}$深度。

②垂直分辨率愈高,对局部异常地质体的异常放大作用愈大。

③对于具有高垂直分辨率的屏障等电位电测深法来说,只要地层间具有电性差异(最好是高低电阻率相间),在 ρ_s 曲线上便有对应的电性层显示,ρ_s 曲线具有视电阻率测井的效果,这样对于三层以上的水平层状介质既没有等价原理的困扰,也没有下层厚度要

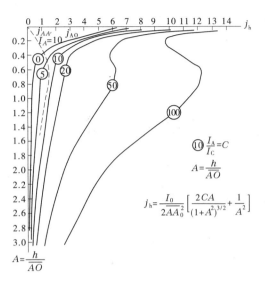

图8　屏障等位装置竖直向电流密度 $j_h = f(A)$ 关系曲线

大于上层介质厚度的限制,电测深曲线解释既方便又直观。

④当极距比 S 较大时,对于 K 或 H 形曲线,ρ_s 曲线上的极大或极小值所对应的 $\overline{AA_0'}$ 或 S 和地层中心位置(h_c)具有下列关系:

$$\frac{S_1'}{h_{c1}} = \frac{S_2'}{h_{c2}} = \cdots = \frac{S_{n-1}'}{h_{cn-1}} = \frac{S_n'}{h_{cn}} = \frac{1}{k} \tag{21}$$

或

$$\frac{\overline{A_1 A_0'}}{h_{c1}} = \frac{\overline{A_2 A_0'}}{h_{c2}} = \cdots = \frac{\overline{A_{n-1} A_0'}}{h_{cn-1}} = \frac{\overline{A_n A_0}}{h_{cn}} = \frac{1}{k} \tag{22}$$

式中:k 为地区校正系数;S' 为变 S 法中极值出现的位置;$\overline{AA_0'}$ 为定 S 法中极值出现的效果。

所以,屏障等位电测深法具有定深度探测的效果。

⑤如果屏障效应能做到 A_0 的电流(A_0 附近除外)能聚束成似圆柱状向地下散射,那么对这样圆柱体的地电层通过的电流,如同通过一个电阻串联的直流电路,它同样遵守欧姆定律,从而大大地简化了电位曲线 $U = f(h)$ 的解释,按不同的电位梯度划分地层并计算地层电阻率。因此,屏障等位装置特别适用于软地基的详细分层。

(5)屏障等位电测深法的主要观测方式,有 $\overline{AA'}$ 装置内侧的定 S 法和变 S 法及 $\overline{AA'}$ 装置外侧 X 轴上的电位观测和电位梯度观测两种。

①定 S 法是指在整个电极距 $\overline{AA'}$ 的扩展过程中,保持极距比 S 不变即 $S = \dfrac{\overline{AO}}{A_0 M}$ 不变,测量 M 点与 N_∞ 之间的电位差 $\Delta U_{MN_\infty} \approx U_M$,按公式计算 $\rho_s = k\dfrac{U_M}{I_0}$ 绘制 $\rho_s = f(\overline{AO})$ 电测深曲线(通常画在笛卡儿坐标纸上)。

②变 S 法有两种实施方法:第一种是选定 $\overline{A_0 M}$ 不变,然后按设计的 S 序列 2、2.5、3、

3.5、4、4.5、5 逐次决定装置$\overline{AA'}$的距离即$\overline{A_0A}$的距离;第二种是按最大探测深度要求决定$\overline{AA'}$距离,然后按设计 S 序列布置 M 极位置即$\overline{A_0M}$距离,电测深曲线按$\rho_s = f(S)$绘制在笛卡儿坐标纸上。

③以 X 轴上观测 $U_X = f(x)$ 称为屏障外侧电位观测法,观测 $\Delta U_{MN} = f\left(\dfrac{X_M + X_N}{2}\right)$,称这种方法为屏障外侧电位梯度观测法或视层电阻率观测法。

(6)屏障等位装置现在还不是一项完善的技术,它的主要缺点是:

①装置繁杂,屏障技术不完善,操作工序多,故功效较低,调制电流比存在实际困难;

②电位观测方式外部干扰噪声较大,还要两根无穷远电极,故它不宜作深度的探测之用;

③实际用于测量的电流仅装置总电流的小部分,却需要大功率电源支持;

④特别是缺乏理论研究和试验资料。

3.3　倒置双侧屏障装置

(1)由于屏障等位装置在野外工作遇到实际困难,未推广应用,人们从电子放大器负反馈原理得到启示,设计出倒置双侧屏障装置。这种装置实际上是在四极对称装置(称其为基本装置)$AMNB$ 的内侧或外侧增设了一对 B_1A_1 供电电路,其供电方向和基本装置反向(即所谓倒置);它通过调制装置的极距比 m 和电流比 n,人工可控制电流密度随深度的变化,相当于同性电极的屏障作用故称为倒置双侧屏障装置,如图9和图10所示。

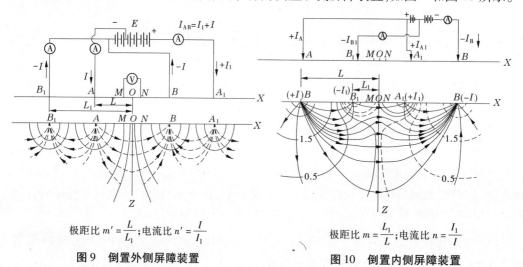

极距比 $m' = \dfrac{L}{L_1}$;电流比 $n' = \dfrac{I}{I_1}$

图9　倒置外侧屏障装置

极距比 $m = \dfrac{L_1}{L}$;电流比 $n = \dfrac{I_1}{I}$

图10　倒置内侧屏障装置

倒置内侧屏障装置实际上就是场差法装置。

(2)倒置双侧屏障装置规定:

内侧装置:极距比 $m = \dfrac{L_1}{L} < 1$,电流比 $n = \dfrac{I_1}{I} < 1$;

外侧装置:极距比 $m' = \dfrac{L}{L_1} < 1$,电流比 $n' = \dfrac{I}{I_1} > 1$。

(3)在 $MN \rightarrow 0$ 的情况下:

内侧装置：

$$\Delta U_{MN} = \frac{I\rho \overline{MN}}{\pi L^2}\Big[1 - \frac{n}{m^2}\Big] = \Delta U_{MN}^{AB} \cdot D \tag{23}$$

式中：

$$D = \frac{\Delta U_{MN}}{\Delta U_{MN}^{AB}} = 1 - \frac{n}{m^2}$$

外侧装置：

$$\Delta U_{MN} = \frac{I\rho \overline{MN}}{\pi L^2}\Big(1 - \frac{m'^2}{n'}\Big) = \Delta U_{MN}^{AB} \cdot D' \tag{24}$$

式中：

$$D' = 1 - \frac{m'^2}{n'}$$

D 和 D' 称为倒置内侧和外侧屏障的电位调制系数即 $\frac{\Delta U_{MN}}{\Delta U_{MN}^{AB}}$ 的比值，它相当于经 m 和 n 调制以后（负反馈），以 ΔU_{MN} 为基本装置 ΔU_{MN}^{AB} 的百分数。ΔU_{MN} 的符号和大小取决于调制系数中 m 与 n（或 m' 和 n'）的匹配关系，见图 11。

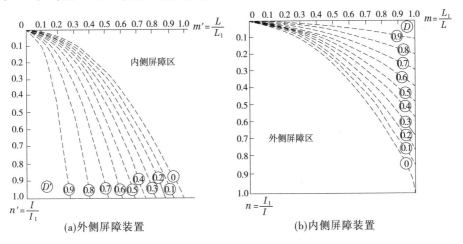

图 11 不同电位调制系数时，极距比和电流比的关系曲线

D（或 D'）为 0 的线实际上表示内侧和外侧屏障区域的分界线。

（4）电位调制系数的倒数称为异常增益系数（F 或 F'）。

内侧屏障：

$$F = \frac{m^2}{m^2 - n} \tag{25}$$

外侧屏障：

$$F' = \frac{n'}{n' - m'^2} \tag{26}$$

4 结语

场差电阻率法和屏障电测法着眼于改变电流密度随深度变化的方向和形态，来提高电阻率法勘探深度和异常幅度，并压制干扰异常，该方法是可行的，并且有特殊之处，但目前在方法理论和技术上尚未完善，故本文旨在和业内同仁探讨，以待抛砖引玉之效。文中错误或不当之处恳请赐教，并在此向本文中所引用的资料和图件的作者致谢。

参考文献

[1] 黄启声.垂向屏障等位电测法[J].物探与化探,1981,5(3).

[2] 刘善军,钱世龙.高密度电法与偏置温纳尔装置[J].工程物探,1999(1).

[3] 钱世龙.直流电阻率法勘探深度[J].工程物探,2002(4).

地形对 EH4 资料的影响与分析

胡清龙　　舒连刚　　郝名扬

（四川中水成勘院工程勘察有限责任公司　成都　610072）

摘要：EH4 在山区进行施工作业时，复杂地形往往会使数据资料产生畸变。本文采用有限元法对斜坡、山峰以及山谷三种地形模型进行了正演模拟，研究地形对 EH4 资料的影响。研究表明：①TM 模式资料比 TE 模式资料更容易受地形影响，而且地形对相位资料的影响比对视电阻率资料的影响要小。②斜坡坡度越大，对 EH4 资料的影响越大；当坡度小于 10°时，地形对 TE 模式资料的影响甚至可以忽略不计；当坡度达到 30°时，地形对 EH4 资料的影响开始大幅度增大。③山峰（或山谷）宽度越窄，对 EH4 资料的影响越大；当山峰（或山谷）宽度达到 100 m 时，对 EH4 资料的影响已经相对较小。④山峰对 EH4 资料的影响比山谷更大。

关键词：地形影响　EH4　有限元　正演

1 引言

EH4 电导率成像仪是一种应用范围很广的地球物理探测系统，目前已经在隧道勘察[1]、水库大坝渗漏勘察[2]、滑坡体勘探[3]、地热田探测[4]、矿产勘探[5]、构造探测[6]等领域取得了很多成就。然而，大多数情况下该方法都是在山区进行施工作业，复杂地形往往会使数据资料产生畸变，通常使反演结果出现假异常或假构造。因此，为了更好地处理与解释山区 EH4 资料，有必要认识复杂地形对 EH4 数据资料产生的影响特征。

目前，已有很多学者针对地形因素对大地电磁资料的影响进行了研究。徐世浙、阮百尧等（1992，1997，2007）采用边界元法实现了大地电磁场二、三维地形影响的数值模拟[7-9]。晋光文等（1997，1998）用均匀半空间表面二维地形模型进行了数值模拟，并对地形影响进行了分析[10,11]。王绪本、李永年等（1999）研究了大地电磁测深二维地形影响，并完善了其校正方法[12]。张翔、胡文宝等（1999）总结出了二维地形对大地电磁测深视电阻率的影响规律，并提出了采用带地形反演以间接消除地形影响[13]。李淑玲、孙鸿雁等（2005）介绍了秦皇陵考古探测中可控源音频大地电磁测深（CSAMT）视电阻率的地形影响和采用不同校正方法进行校正的对比研究结果[14,15]。

本文针对水利水电工程勘察中常见的覆盖层勘探（通常为两层地下介质），采用有限元法对斜坡、山峰以及山谷三种地形模型进行了正演模拟，模拟频率完全采用 EH4 频率（10 Hz～100 kHz），并对模拟结果进行了研究、分析，研究结果将对 EH4 在山区进行施工作业时提供一定程度的指导依据。

作者简介：胡清龙，(1983—)，男，湖北荆门人，在读硕士，从事地球物理方面的研究与工作。

2　模型设计及计算

　　起伏地形通常由斜坡、山峰及山谷三种基本单元构成。图 1 为建立的斜坡、山峰及山谷三种模型,考虑到本次研究针对的是水利水电工程勘察中常见的覆盖层勘探,因此三种模型的地下介质均设计成两层结构。三种模型中空气电阻率 $\rho_0 = 10^{10}\ \Omega \cdot m$,地下第一层介质(覆盖层)电阻率 $\rho_1 = 100\ \Omega \cdot m$,层厚 $d = 50\ m$,第二层介质(基岩)电阻率 $\rho_2 = 5\ 000\ \Omega \cdot m$。图 1(a)斜坡模型中斜坡水平长度 $a = 500\ m$,图 1(b)山峰模型与图 1(c)山谷模型中两边的斜坡足够长。对于斜坡模型,通过改变斜坡坡度倾角 θ 来研究不同坡度对 EH4 资料的影响。而对于山峰模型和山谷模型,通过改变山峰或山谷的宽度 w 来研究不同山峰或山谷宽度对 EH4 资料的影响。

　　正演模拟采用有限元法[16],对模型剖面使用矩形网格划分。纵向间距在地下第一层介质上、下两个界面处最小(不大于 5 m),向上或向下间距逐渐加大;横向间距在剖面中部 1/3 区域内最小(不大于 10 m),向左或向右间距逐渐加大。观测点位于剖面地表正中间。

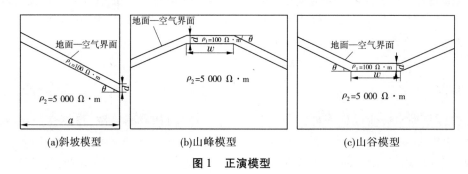

(a)斜坡模型　　　　　　　(b)山峰模型　　　　　　　(c)山谷模型

图 1　正演模型

3　模拟结果分析

3.1　斜坡模型

　　斜坡模型如图 1(a)所示,设定五个斜坡坡度倾角 θ(10°、15°、20°、30° 及 45°)进行正演模拟,五个坡度的模拟结果与水平地形(即 $\theta = 0°$)模拟结果进行对比。其中,水平地形模型以地表最高处将地下两层介质拉平,地层电阻率与层厚度不变。模拟结果如图 2 所示,给出了 TE 模式视电阻率、TE 模式相位、TM 模式视电阻率以及 TM 模式相位四种参数结果。另外,设定不同坡度的模拟结果 X_m 与水平地形模拟结果 X_0 均方相对误差为:

$$\Delta X = \sqrt{\frac{1}{n} \sum_{i=1}^{n} \left(\frac{X_{mi} - X_{0i}}{X_{0i}} \right)^2} \tag{1}$$

式中:i 为按周期的采样序号;n 为采样点数。

　　ΔX 表示斜坡地形对不同极化模式观测资料的影响,对五种不同坡度的计算结果列于表 1。

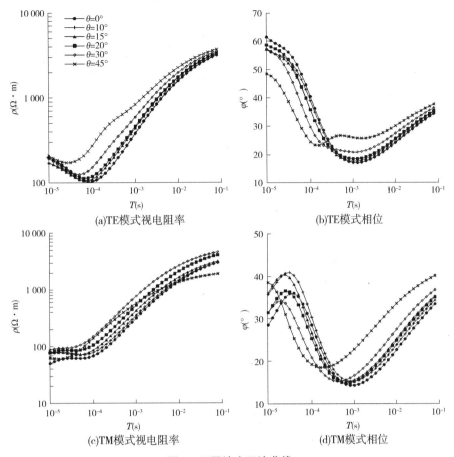

图2 不同坡度正演曲线

表1 不同坡度模拟结果与水平地形模拟结果均方相对误差(%)

斜坡坡度 θ(°)	TE 模式资料		TM 模式资料	
	视电阻率 $\Delta\rho$	相位 $\Delta\varphi$	视电阻率 $\Delta\rho$	相位 $\Delta\varphi$
10	4.7	3	17.2	9.6
15	11.2	6.2	28	11.4
20	14.7	6.7	45.1	8.1
30	41.7	16	87.7	18
45	110	31.7	67.4	40.8

根据图2与表1的结果可以看出:坡度越大,对 EH4 数据资料的影响越大,而且 TM 模式资料比 TE 模式资料更容易受地形影响,此外还可以看出地形对相位资料的影响比对视电阻率资料的影响要小。当坡度小于10°时,地形对数据影响最小,对于 TE 模式资料的影响甚至可以忽略不计;当坡度达到30°时,视电阻率与相位曲线开始大幅度偏离水平地形情况下的测深曲线,模拟结果与水平地形模拟结果均方相对误差开始大幅度增大;当坡度达到45°时,TE 模式视电阻率与相位曲线甚至变换了曲线形态,而 TM 模式视电阻

率曲线尾支也开始下落。

斜坡地形对于资料的物理解释往往会造成一定的误差。就 TE 模式资料而言,随着坡度的增大,第一层(覆盖层)电阻率值相对真实电阻率会逐渐变大,而且所揭示的层厚度也会逐渐变薄;而对于 TM 模式资料而言,第一层(覆盖层)电阻率值始终低于真实电阻率值,所揭示的层厚度也会随着坡度的增大而逐渐变薄;当坡度达到 45°时,所揭示的第二层(基岩)电阻率值也开始大幅度低于真实电阻率值。

3.2　山峰模型

根据斜坡模型可知,当坡度达到 30°时,地形对数据资料开始大幅度产生影响。因此,在对山峰模型进行数值模拟时,取山峰模型中两边的斜坡坡度 θ 始终为 30°,设定四个山峰宽度 w(20 m、50 m、100 m 以及 200 m)进行正演模拟,通过改变 w 来研究不同山峰宽度对 EH4 资料的影响。四个山峰宽度的模拟结果与水平地形模拟结果进行对比,水平地形模型以地表最高处将地下两层介质拉平,地层电阻率与层厚度不变,模拟结果如图 3 所示。同时,也采用公式(1)计算山峰宽度对不同极化模式观测资料的影响,对四种不同山峰宽度的均方相对误差计算结果列于表 2。

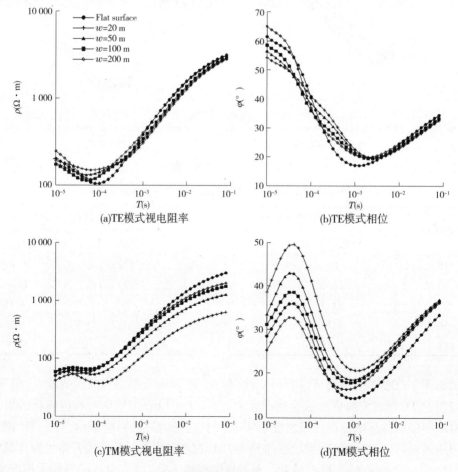

(a)TE模式视电阻率　　　　　　　(b)TE模式相位

(c)TM模式视电阻率　　　　　　　(d)TM模式相位

图3　不同山峰宽度正演曲线

表2　不同山峰宽度模拟结果与水平地形模拟结果均方相对误差(%)

山峰宽度 w(m)	TE 模式资料		TM 模式资料	
	视电阻率 $\Delta\rho$	相位 $\Delta\varphi$	视电阻率 $\Delta\rho$	相位 $\Delta\varphi$
20	40.1	29.8	60.4	36.6
50	28.2	20.3	37.1	22.2
100	13.8	12.8	21.7	18.3
200	13.6	10.2	16.9	13.3

　　根据图3与表2结果可以看出,山峰宽度越窄,对EH4数据资料的影响越大,TM模式资料比TE模式资料更容易受地形影响,而且地形对相位资料的影响比对视电阻率资料的影响要小。当山峰宽度达到100 m时,对数据资料的影响已经相对较小;继续加大山峰宽度至200 m时,对数据资料的影响相比山峰宽度为100 m时的结果并无很明显的改善。

　　山峰地形对于资料的物理解释造成的误差如下:就TE模式视电阻率资料而言,随着山峰宽度的减小,第一层(覆盖层)电阻率值相对真实电阻率会逐渐变大,而且所揭示的层厚度也会逐渐变厚;而对于TM模式视电阻率资料而言,第一层(覆盖层)电阻率值始终低于真实电阻率值,而且随着山峰宽度的减小,所揭示的第一层厚度也会而逐渐变厚,而第二层(基岩)电阻率值也会逐渐降低。

3.3　山谷模型

　　在对山谷模型进行数值模拟时,同样取山谷模型中两边的斜坡坡度 θ 始终为30°,设定四个山谷宽度 w(20 m、50 m、100 m及200 m)进行正演模拟,通过改变 w 来研究不同山谷宽度对EH4资料的影响。四个山谷宽度的模拟结果与水平地形模拟结果进行对比,模拟结果如图4所示。同样,也采用公式(1)计算山谷宽度对不同极化模式观测资料的影响,对四种不同山谷宽度的均方相对误差计算结果列于表3。

　　根据图4与表3结果可以看出,山谷宽度越窄,对EH4数据资料的影响越大,同样可以看出,TM模式资料比TE模式资料更容易受地形影响,而且地形对相位资料的影响比对视电阻率资料的影响要小。当山谷宽度达到100 m时,对数据资料的影响已经相对较小。继续加大山谷宽度至200 m时,对数据资料的影响相比山谷宽度为100 m时的结果并无很明显的改善。

　　山谷地形对于资料的物理解释造成的误差如下:就TE模式视电阻率资料而言,随着山谷宽度的减小,第一层(覆盖层)电阻率值会逐渐变小,并低于真实电阻率值,而且所揭示的层厚度也会逐渐变薄,而第二层(基岩)电阻率值会逐渐变大;而对于TM模式视电阻率资料而言,第一层(覆盖层)电阻率值始终低于真实电阻率值,而且山谷宽度越小,所揭示的第一层厚度也会越薄,第二层(基岩)电阻率值会变大。

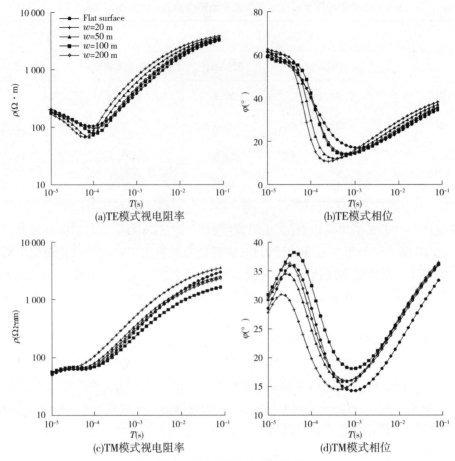

图4　不同山谷宽度正演曲线

表3　不同山谷宽度模拟结果与水平地形模拟结果均方相对误差(%)

山谷宽度 w(m)	TE 模式资料		TM 模式资料	
	视电阻率 $\Delta\rho$	相位 $\Delta\varphi$	视电阻率 $\Delta\rho$	相位 $\Delta\varphi$
20	34.6	24.9	50.9	18.1
50	23.4	18.2	25.4	13.3
100	12.5	11.9	20.8	16.9
200	11.8	10.4	13	11.4

4　结论

本文针对水利水电工程勘察中常见的覆盖层勘探,采用有限元法对斜坡、山峰以及山谷三种地形模型进行了正演模拟,研究地形对 EH4 资料的影响,得出了以下几点结论:

(1)通过对三种地形的模拟可以看出,TM 模式资料比 TE 模式资料更容易受地形影响,而且地形对相位资料的影响比对视电阻率资料的影响要小。

（2）对于斜坡模型，坡度越大，对 EH4 资料的影响越大。当坡度小于 10°时，地形对 TE 模式资料的影响甚至可以忽略不计；当坡度达到 30°时，地形对 EH4 资料的影响开始大幅度增大。

（3）山峰（或山谷）宽度越窄，对 EH4 资料的影响越大；当山峰（或山谷）两边的斜坡坡度为 30°，山峰（或山谷）宽度达到 100 m 时，对 EH4 资料的影响已经相对较小了。

（4）相同条件下，山峰对 EH4 资料的影响比山谷更大。

参考文献

[1] 周剑，白宜诚. EH4 电导率成像系统在水电隧洞工程地质灾害预报中的应用[J]. 矿产与地质，2006，20（4，5）：560-563.

[2] 祝顺义，陈庆凯. EH4 电磁成像系统在水库大坝勘察渗漏的应用[J]. 有色矿冶，2004，20（2）：10-12.

[3] 皮开荣，张高萍，文豪军. 连续电导率剖面法在探测堆积体的应用效果[J]. 工程地球物理学报，2006，3（4）：261-264.

[4] 王福花，孙文广，朱国庆，等. EH-4 大地电磁测量仪在山东泰安徂徕地热田勘探中的应用[J]. 山东国土资源，2007，23（9）：8-10.

[5] 汤井田，王烨，杜华坤，等. 高频大地电磁测深在深边部矿产勘探中的应用[J]. 国土资源导刊，2006，3（3）：117-119.

[6] 欧阳承新，王时平，全德辉，等. 高频大地电磁测深在断层构造探测中的应用研究[J]. 世界地震工程，2007，23（3）：138-141.

[7] 徐世浙，王庆乙，王军. 用边界单元法模拟二维地形对大地电磁场的影响[J]. 地球物理学报，1992，35（3）：380-388.

[8] 徐世浙，阮百尧，周辉，等. 大地电磁场三维地形影响的数值模拟[J]. 中国科学（D 辑），1997，27（1）：15-20.

[9] 阮百尧，徐世浙，徐志锋. 三维地形大地电磁场的边界元模拟方法[J]. 地球科学——中国地质大学学报，2007，32（1）：130-134.

[10] 晋光文，孙洁，王继军. 地形对大地电磁测深（MTS）资料的影响[J]. 地震地质，1997，19（4）：363-369.

[11] 晋光文，赵国泽，徐常芳，等. 二维倾斜地形对大地电磁资料的影响与地形校正[J]. 地震地质，1998，20（4）：454-458.

[12] 王绪本，李永年，高永才. 大地电磁测深二维地形影响及其校正方法研究[J]. 物探化探计算技术，1999，21（4）：327-332.

[13] 张翔，胡文宝，严良俊，等. 大地电磁测深中的地形影响与校正[J]. 江汉石油学院学报，1999，21（1）：37-41.

[14] 李淑玲，孙鸿雁，林天亮. 可控源音频大地电磁考古资料的地形校正、解释方法效果对比[J]. 物探与化探，2005，29（6）：541-544.

[15] 孙鸿雁. 可控源音频大地电磁法地形影响及校正方法的对比研究与应用[D]. 北京：中国地质大学，2005.

[16] 陈乐寿，刘任. 大地电磁测深资料处理与解释[M]. 北京：石油工业出版社，1989.

视电阻率测井在工程勘察中的应用

黄小军　刘海涛　高建华

（水利部长江勘测技术研究所　武汉　430011）

摘要：视电阻率测井是常用的测井方法之一,其主要应用范围包括划分地层岩性、基岩风化分带、破碎带及确定岩土体电阻率值等。本文通过工程中的应用效果说明电阻率测井在工程勘察中的重要性及有效性。

关键词：电阻率测井　工程勘察　应用效果

1　引言

随着国民经济的快速发展,工程勘察中对地球物理测井的要求也越来越高。视电率测井作为常用的地球物理测井方法之一在实际应用中起着重要的作用,常用于解决划分地层岩性、基岩风化分带、裂隙发育程度、破碎带划分及确定含水层地质参数、地层电阻率值等问题。本文通过一些应用实例来说明视电阻率测井在工程勘察中的应用效果。

2　基本原理

视电阻率测井原理与地面电阻率法一样,是以研究岩石电阻率的差异为基础。视电阻率测井中使用普通电极系,通常由三个电极所组成,一个供电电极,两个测量电极或两个供电电极,一个测量电极。第四个电极放在地面靠近井口的地面或接在套管上。

根据稳定电流场的理论,设地下空间为无限均匀各向同性的介质,其电阻率为 ρ,当由供电电极 A 流出的电流为 I 时,测量电极 MN 之间的电位差

$$\Delta U_{MN} = \frac{\rho I}{4\pi} \frac{\overline{MN}}{\overline{AM}\,\overline{AN}}$$

对于固定的电极系,测量出 ΔU_{MN} 与 I 即可求得岩层的电阻率

$$\rho = 4\pi \frac{\overline{AM}\,\overline{AN}}{\overline{MN}} \frac{\Delta U_{MN}}{I} = K \frac{\Delta U_{MN}}{I}$$

式中,K 称为电极系装置系数。

在工程勘察中,常用的电极系为梯度电极系和电位电极系。梯度电极系中成对电极之间的距离比中间电极到不成对电极之间的距离小得多,而电位电极系中成对电极之间

作者简介：黄小军(1977—),男,江西南城人,工程师,主要从事水利水电工程物探工作。

的距离比中间电极到不成对电极距离大得多。视电阻率测井不同电极系电极位置如图1所示。

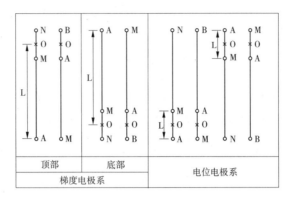

图1　视电阻率测井不同电极系电极位置示意

根据理论计算,梯度电极系中$\overline{MN}/L$(或$\overline{AB}/L$)为0.2~0.4时所测结果与理想电极系的误差<5%,同样在电位电极系中要求$\overline{MN}/L$(或$\overline{AB}/L$)≥9。

3　应用实例

某核电站建设场地核岛区地层层序依次为砂层、残积土、基岩,基岩主要岩性包括黑云母花岗岩、石英闪长岩、花岗斑岩等岩浆岩类。为了准确划分地层界线,对基岩不同风化程度进行精细分层及获得不同岩性、不同风化程度的电阻率值,在勘察过程中进行了视电阻率测井。工作中采用顶部梯度电极系,电极系参数为N0.2 5M0.875 A,$\overline{MN}/L$ = 0.25,满足梯度电极系的要求。

钻孔Z21钻探揭示的地层层序为中砂、残积土、黑云母花岗岩,根据实测的视电阻率曲线可以看出地层电阻率分别为:砂层440 Ω・m、残积土27 Ω・m、全风化黑云母花岗岩44 Ω・m、强风化黑云母花岗岩142 Ω・m,各层之间存在较为明显的视电阻率差异。由于电阻率测井是原位测试,故对地质人员精确划分地层界线起到了较好的参考作用。图2为钻孔Z21视电阻率曲线。

钻孔Z87基岩为黑云母花岗岩、花岗斑岩、石英闪长岩。实测的视电阻率曲线较为准确地划分出了不同岩性的界面,并且同种岩性内部的风化程度及破碎程度也较好地得到了区分,根据视电阻率曲线可以较为准确地获得不同岩性的电阻率参数,为接地电阻的计算提供依据。图3为钻孔Z87视电阻率曲线。

4　结论

在工程勘察中利用视电阻率测井,较为准确地划分地层岩性界面、区分基岩风化程度、划分岩体破碎程度及裂隙发育程度,同时视电阻率测井获得的视电阻率值与地面电法取得的视电阻率值相比更接近地层真电阻率值,在提供地层物理参数方面有着重要的作用,能够有效地解决一些地质问题,在工程勘察领域应用广泛,应该加以推广。

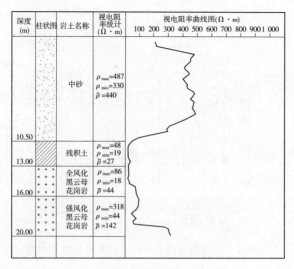

图2 钻孔 Z21 视电阻率曲线

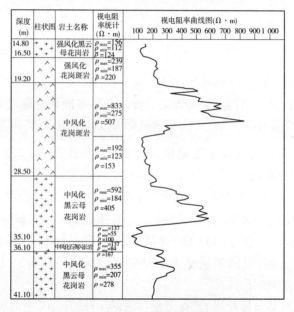

图3 钻孔 Z87 视电阻率曲线

参考文献

[1] 陈曙岑. 水文、工程地球物理测井[M]. 武汉:中国地质大学出版社,1987.

[2] 庞巨丰,李长星,施振飞,等. 测井原理及仪器[M]. 北京:科学出版社,2008.

[3] 中华人民共和国水利部. SL 326—2005 水利水电工程物探规程[S]. 北京:中国水利水电出版社,2005.

瞬变电磁法与高密度电法探测淘金洞对比试验

祁增云 陈新民

（西北勘测设计研究院工程物探研究所 兰州 730050）

摘要：本文通过瞬变电磁法和高密度电法两种方法对淘金洞探测的试验对比，总结两种方法在此类工程问题上的探测效果，同时对高密度电法的三种装置效果作一简单评价。

关键词：瞬变电磁法 高密度电法 试验对比

1 引言

甘肃省白龙江流域在清代晚期和民国时期曾进行过大规模的淘金活动，据地质调查，沿河两岸阶地下淘金洞分布密集，洞径为 1.30 ~ 1.80 m。由于历史久远，大部分洞口均被掩埋，淘金洞的延伸方向及分布范围都无法得知。近年来，该流域正在修建多个坝式水电站，许多村庄位于库区。2009 年，曾发生水库蓄水后淘金洞坍塌导致地面出现裂缝、下陷，民居房屋出现裂缝等现象。为避免类似事故再次发生，西北勘测设计研究院工程物探研究所在该流域布置了大量的地质勘察工作，根据地质情况、物性条件和场地条件，物探工作投入了瞬变电磁法、高密度电法、瞬态瑞雷波法和折射波法。为了获得勘探经验，西北勘测设计研究院工程物探研究所在工作初期开展了瞬变电磁法和高密度电法的对比试验工作。

2 方法原理简介

高密度电法已被同行业广泛采用，其原理在此不再赘述。

瞬变电磁法(以下以英文缩写"TEM"代替)是一种建立在电磁感应原理基础上的时间域人工源探测方法。它利用不接地回线或接地线源向地下发送一次脉冲电磁场(一次场)，在其激发下，地下地质体中激励起的感应涡流将产生随时间变化的包含丰富的电信息的感应电磁场(二次场)。在一次场的间歇期间观测二次场，通过对响应信息的提取和分析，从而达到探测的目的。

瞬变场与大地电阻率(ρ)、扩散时间(t)之间的函数关系十分繁杂，通常以等效代换法计算均匀半空间的晚期瞬变电磁场，该法认为感应场在地表引起的磁场相当于一个简单的电流环，该电流环如同烟圈一样以 47°倾斜锥面向下向外扩散，其扩散速度 v_z 为：

$$v_z = \frac{2}{\sqrt{\pi \sigma \mu_0 t}}$$

作者简介：祁增云(1974—)，男，青海西宁人，工程师，主要从事水电水利工程物探应用与研究工作。

式中：σ 为均匀大地电导率；μ_0 为磁导率。

TEM 工作装置主要有重叠回线装置、中心回线装置、大定回线源装置等。TEM 仪器的观测参数如时窗范围、测道数等根据厂家的不同相差较大。但普遍来讲，接收到的电信号大都归一化成 $V(t)/I$。

$V(t)/I$ 作为原始测量参数可以用来判断地质体分布情况，但为了熟悉起见，通常将其转换成视电阻率 ρ_t。极限条件下的 ρ_t 公式比较简单，有"早期"和"晚期"之分，但都不满足实际情况。现在虽然有全期下的两者转换关系也被普遍应用，但存在的悬疑问题很多。需要注意的是，这里的视电阻率 ρ_t 虽然单位也是 $\Omega \cdot m$，其与直流电法范畴下的表达一致，但两者的概念存在差异，只能称之为"计算电阻率"。

理论上讲，TEM 法的主要优势有：

(1)探测深度大，分辨能力较强，可用较小的装置获得深部目标的勘察。

(2)在高阻围岩条件下没有地形引起的假异常，在低阻围岩条件下引起的假异常易于识别。

(3)穿透和分辨低阻覆盖层能力强，无高阻屏蔽现象。

(4)对测地布点的要求不高，场地条件限制较小。

TEM 的主要缺陷是理论尚不成熟，异常多解性强，量化解释水平低。

3 野外试验

3.1 场地情况及测线布置

试验场地选在某村落一简易公路边，该处洞穴明显，埋深较浅。在测线范围内存在 6 处淘金洞，均在干燥的冲积砂卵砾石层内，洞口基本呈圆形，半径约 1.5 m，洞向垂直公路，深度超过公路宽度，洞口中心埋深 1.5 ~ 6 m，测线下方基岩出露，岩性为黑色绢英千枚岩（见图 1）。由于道路宽不足 3 m，纵向上直线长度不足 100 m，一面为山坡，一面临空，这与试验选用方法理论上的半无限空间模型存在一定的差异。由于公路上往来车辆多，高密度电法测线只能沿公路边缘布置。TEM 测线布置于公路中心，与高密度电法测线不完全重合，测试范围为 17 ~ 92 m。试验恰逢雨后不久，地表接地良好。

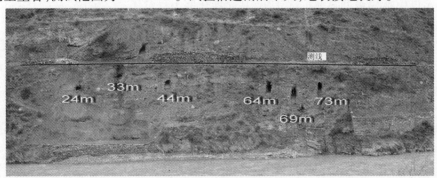

图 1　试验场地照片

3.2 试验仪器及采用装置

高密度电法测试使用重庆 WDJD - 6 型智能激电仪，采用了 α、β、γ 三种装置，100 根电极,道间距为 1 m,采集层为 1 ~ 33 层。

TEM 测试使用长沙 MSD – 1 瞬变电磁仪,采用 2 × 8 m 重叠回线装置,4 匝回线,中心频率 8.3 Hz(对应采样时间为 216 ~ 25 920 μs),叠加 64 次,测道数 40 道,输出电流 20 A,中心点距 1 m。

4 内业整编

4.1 解释流程

高密度电法解释处理采用"Res2D"软件,迭代至拟合误差最小,最终输出反演图件。三种装置的解释参数基本统一,大部分反演参数采用系统缺省值。

TEM 解释处理采用仪器配套软件,对 $V(t)$ 值进行归一化成全期视电导率后再经 Surfer 软件绘制成图。

4.2 结果分析

高密度电法三种装置下的解释成果及 TEM 解释成果见图 2。图件内容较复杂,下面以 3 种角度观察并予以分析。

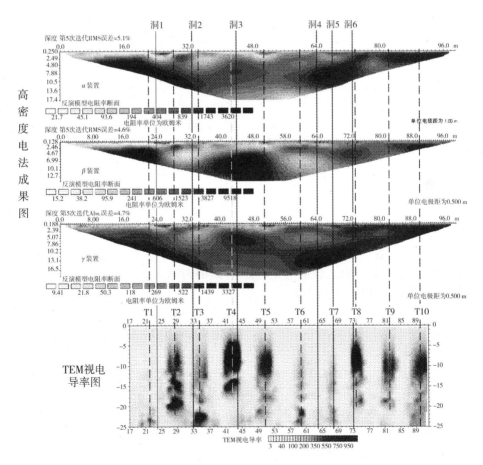

图 2　对比试验成果

4.2.1　角度1

从已知洞穴验证勘探成果的角度分析,其结果见表1。

表1　TEM、高密度电法勘探效果

洞号	洞心桩号	埋深(m)	勘探解释			
			方法或装置	桩号	深度(m)	效果
1#	24	5.2	电法	—	—	未测出,在8~10 m处有一高阻异常体带
			TEM	—	—	偏左1.8 m处有异常,深度偏深,不是洞的反映
2#	33	2.5	α			在洞左30.5 m,深2.5 m处;右36 m深3.3 m处各呈现出一个高、低阻异常
			β	—	—	在32 m处,深4.8 m处出现一低阻异常。测试时为雨后,路面有积水,该位置为泄水冲沟
			γ	34.5	3.8	效果较好,但呈现低阻异常
			TEM	34.5		效果较好,偏右1 m,中心偏深
3#	44	4.2	α	44	7.3	效果好,中心突出,高阻异常
			β	—	—	效果差,中心范围宽广,深度难确定,高阻异常
			γ	44	6.0	效果较好,中心范围宽广,高阻异常
			TEM	43		中心偏左1 m,特征明显
4#	64	5.2	α	69	8.4	4#~6#洞均呈现在高阻异常晕中,从中可确定出5#洞
5#	69	6.3	β	73	4.9	5#、6#洞呈现在高阻异常晕中
6#	73	4.8	γ	67	12.9	4#~6#洞均呈现在高阻异常晕中,埋深偏深
	4#~6#		TEM			4#洞未能测出,5#、6#洞的中心有所偏移,6#洞特征较明显

从表1中可以看出,3#洞能被高密度电法的三种装置和TEM法较好地测出;2#洞能被高密度电法的γ装置测出,TEM效果较好;5#洞的两种方法效果不理想;6#洞TEM反映明显;1#洞和4#洞两种方法均未测出。

从此角度可以看出:

(1)勘探效果好的洞,两种方法均有表现,效果差的两种方法都不尽人意,这可能与洞的坍塌程度不同有关。

(2)在横向分辨率上,TEM异常区表现为窄带,精度高于高密度电法;在纵向定量上高密度电法较好,TEM基本上得不出定量数据。

(3)4#~6#洞间距相对较小,高密度电法出现连片异常,反映出该方法横向分辨率差,在1 m的道间距下也区分不出来。TEM法在3#、5#、6#洞中心点异常有所偏移,其原因可能与测试时发射框不规则,中心点没有精确定位有关。

4.2.2　角度2

从反演推断地下异常体的结果看,高密度电法、TEM法反演剖面呈现的异常数量要多于洞穴,其中 TEM 的异常较直观,共有 10 处(见图 2 中的 T1～T10),其中除 T3、T4、T7 和 T8 为洞穴异常外,其余 6 处皆为假异常。若仔细将这些假异常与高密度电法剖面一一对应,可以发现每处 TEM 的假异常都有一个高密度电法异常相对应。具体分析见表 2。

表 2　TEM、高密度电法假异常对照分析

TEM 异常号	桩号	高密度电法异常描述
T1	22	高阻异常带,范围宽广,深度 8～10 m(γ 装置)
T2	29	高阻异常,范围小,深度 2.0～2.4 m(β、γ 装置)
T5	51	局部高阻异常,位于地表(α、β、γ 装置)
T6	60	局部低阻异常,深度为 4.8～5.1 m(α、γ 装置)
T9	82	不太明显的高阻异常,范围宽广,深度为 2～3 m(α、γ 装置)
T10	90	明显的高阻异常带,范围宽广,深度为 3～3.5 m(α、β、γ 装置)

从以上分析可以得出几个结论:

(1)每一个 TEM 异常都可以从高密度电法中找到,其中 T5 异常在高密度电法上反映为地表局部不均匀,但在 TEM 成果上表现为明显的深部异常,说明地表不均匀会引起 TEM 假异常。

(2)T6 异常在高密度电法上为一局部低阻异常,在 TEM 成果上其特征却不明显,说明 TEM 法对地质体的极性(高阻、低阻)反映不直观。

(3)两种方法的异常基本同步,有的异常是洞穴的反映,有的可能是地层不均匀引起的,从场地照片可以看出,试验区域地层并不均一,这说明异常并非无中生有。

4.2.3　角度 3

从高密度电法的三种装置勘测效果对比可以看出:

(1)三种装置的反演成果总体相似,细节处有差别,这在一定程度上反映了测试数据的稳定性和成果的可靠程度。

(2)三种装置对于高阻异常的探测能力没有明显的优劣,相对来讲,β 装置的反应能力相对较差,γ 装置略强于 α 装置。对于低阻异常,β 装置能力最强。

(3)相同条件下,γ 装置的探测深度略大于 α,β 装置探测深度最小。

(4)三种装置反演成果中洞穴的宽度、埋深均比实际偏大。

5　结论

(1)在浅层高阻地质异常体的探测中,两种方法都没有表现出明显的优势,两种方法出现的异常基本对应,很难用某一种方法正确地圈定出所需异常。

(2)在横向分辨率上,TEM 法比较有优势;在深度解译、极性判断上高密度电法比较有优势。两种方法相结合有助于判断出真实异常并确定异常的中心位置。

(3)地表局部电性不均匀体现在 TEM 法深部出现假异常,而高密度电法测试结果较真实,两种方法相结合有助于排除该异常。

(4)高密度电法三种装置的探测效果总体相似,略有差别,在高阻体探测中 α 装置和

γ 装置相对较好。多种装置测试有助于判别结果的可靠性和异常体的分析。

　　最后建议在类似工程地质勘察中采用两种方法相结合的方式。另外,由于笔者工作经验及水平有限,加上本次试验场地不甚理想,试验条件与理论模型相差甚多,结论可能会存在错误,在此殷切希望同行们予以指正。

参考文献

[1] 牛之琏.时间域电磁法原理[M].长沙:中南大学出版社,2007.

孔间电磁波 CT 技术在地质构造探查中的应用

杜爱明 吴宗宇 田连义

（中国水电顾问集团昆明勘测设计研究院 昆明 650041）

摘要：电磁波 CT 技术是目前较为先进的工程物探技术之一，该方法是采用对称偶极天线在一孔中发射电磁波，另一孔中接收电磁波场强，应用联合迭代重建算法（SRT）反演，最后得到地下介质的吸收系数分布色谱图。本文利用孔间电磁波 CT 技术准确探明了某大桥主桥台基础中的地质构造空间分布情况，并利用单孔声波测试、全孔壁数字成像测试和钻孔取芯进行了验证，充分说明了电磁波 CT 技术对地质构造探查的有效性。

关键词：电磁波 CT 技术 地质构造探查 有效性

1 概况

孔间电磁波 CT 技术是目前较为先进的工程物探技术之一，是利用各种波源透视探测目的体及地质现象的一种地球物理方法。工程基础地质构造通常是采用钻孔勘探来确定的，是最传统的手段之一，它虽能给出直接的地层信息，但难以反映地质构造的具体分布形态，采用孔间电磁波 CT 技术则能弥补这方面的不足。此次某大桥主桥台基础地质构造勘察工作中，勘探孔 ZKT01、ZKT02、ZKT03、ZKT04 布置在主桥台高程 1 513 m 平台，如图 1 所示，4 个勘探孔孔深均为 73 m 左右，孔间电磁波 CT 共测试 6 对。为了验证孔间电磁波 CT 的测试效果，4 个勘探孔均进行了钻孔取芯、单孔声波测试和全孔壁数字成像测试。

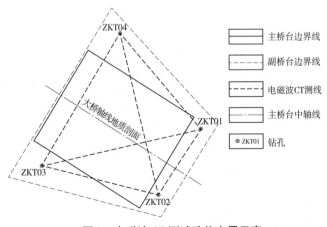

图 1 电磁波 CT 测试孔位布置示意

作者简介：杜爱明（1980—），男，湖北嘉鱼人，工程师，主要从事工程物探工作。

2　测区地质情况

某大桥主桥台基础为一堆积坡地,地形坡度一般为 15° ~ 30°。基岩地层为二叠系上统东坝组第五层(P_{2d}^5),覆盖层为第四系冲积、洪积、冰水堆积层。

2.1　二叠系上统东坝组第五层(P_{2d}^5)

二叠系上统东坝组第五层(P_{2d}^5)以灰黑色杏仁状玄武岩与致密状玄武岩呈互层状发育,夹褐铁矿化杏仁状玄武岩及火山角砾熔岩。

2.2　第四系(Q)

冰水堆积层(Q^{fgl})由冰碛砾岩、砂砾层、碎块石组成,钙泥质胶结。

冲、洪积层(Q^{al+pl}):冲、洪积层厚 0 ~ 5.0 m,由孤石、块石、漂石组成;冲积层(Q^{al}):由砂卵砾石夹漂石、孤石组成。

为了保证桥台基础安全可靠,需对主桥台基础地质构造发育情况进行详细勘察。从桥台基础各地层的岩性来看,其物性差异明显,为地球物理勘探提供了有利条件。

3　电磁波 CT 技术基本原理

地下介质的不同物性分布对电磁波的作用主要表现在对电磁波能量的吸收,这种吸收作用与岩层内发育的溶洞、软弱夹层、裂隙分布、断层破碎带以及缝洞内的含水程度、充填物性质,以及不同的岩性分布等因素有关。孔间电磁波层 CT 技术就是利用一定频率的电磁波作为发射源,当其扫描地面下地质体所取得的参数被接收机接收后,利用电磁波在不同介质中吸收系数差异,经数学处理后反演出介质的吸收系数分布,从而得到地下的精细结构和性质差异图像。

电磁波法是一种高频电磁波法,它的工作区域在电磁波的高频段,因此它遵从麦克斯韦方程组的描述和规律。它的简化公式为:

$$E = E_0 \frac{e^{-\beta r}}{r} f(\theta) \tag{1}$$

式中:E_0 为仪器辐射初始场值,dB;β 为吸收系数,dB/m;r 为发射机到接收机的距离;$f(\theta)$ 为方向因子;E 为观测值。

从式(1)可以看出,仪器采样点的观测值由以下几个因素决定:地下介质的高频吸收系数、距离因素、初始场强和方向因子。在一个特定的钻孔剖面中,初始场强一般是一个常数;距离因素和方向因子是已知的,可以在计算中消除其影响;只有 β 值是变化的,这也是我们所希望得到的结果。介质的吸收系数 β 值与剖面中的物性有关(高频电导率)。我们根据剖面中各个节点吸收系数的变化,可以得到一个吸收系数分布图,这就是我们计算得到的电磁波层析图或电磁波 CT 成像图。

4　电磁波 CT 技术野外工作方法

通常野外观测采用一孔发射、另一孔接收的方式。首先固定一个发射点,接收孔中以固定距离作全孔观测,然后移动到下一个发射点,直至发射孔全部观测完毕。为了满足电磁波场强幅值的归一化处理方法的要求,野外观测时进行了互换观测,即将基本观测时收、发孔互换,且保证互换观测与基本观测的点位重合,同样做固定的连续全钻孔移动的观测,见图2。

仪器设备为国产 JW－5Q 型地下电磁波法采集系统,数据采集系统包括放置于钻孔中的发射机、接收机及其地下天线,控制发射机、接收机并进行数据采集的地面采集监控器。发射机发射宽频带程控扫频的脉冲信号,接收机同步接收此扫频脉冲信号。该仪器上采用了一些先进技术而更趋于人性化,并且应用了微机控制、频率合成、功率合成等技术手段,不仅能迅速大量地获得信息,也使野外现场枯燥烦琐的记录工作变得轻松省力。

实际工作中,影响电磁波 CT 成像精度的参数主要有两个:一是发射电磁波的频率。电磁波频率越高,分辨力越强,但介质的吸收系数越大,穿透能力越弱;电磁波频率越低,穿透能力越强,但电磁波在岩体中的波长较长,会产生绕射现象,使划分地质构造体及构造的分辨力降低。二是采样密度。采样密度越高,图像重建时网格单元划分越小,则成像精度越高,但相应工作量也成倍增加;采样密度越低,图像重建时网格单元划分越大,则成像精度越低,相应工作量越少。

5　应用实例

此次孔间电磁波 CT 测试成像网格单元大小取为 0.5 m×0.5 m。为了提高反演成像精度,我们使用联合迭代重建算法(SRT)反演。此外,为了降低由于局部网格化导致的反演误差,我们对反演结果进行了空间光滑处理。最后,我们获得了一个精度相对比较高的相对吸收系数色谱图(电磁波 CT 成像图)。

本次测试得到了 6 条电磁波 CT 成像图,因为篇幅的限制,我们选择其中的 3 条典型剖面来进行分析,分别为 ZKT01～ZKT02 剖面、ZKT01～ZKT03 剖面、ZKT01～ZKT04 剖面。

5.1　ZKT01～ZKT02 剖面

电磁波 CT 吸引系数色谱图见图3,ZKT01～ZKT02 之间的距离为14.7 m,在剖面上有一处电磁波强吸收异常区域,异常区域主要在 ZKT01 附近,深度在20.0～30.0 m,水平范围为10.0～14.7 m。此异常区相对吸收系数大于4.5 dB/m,结合地质情况,推测此异常区域为岩体软弱夹层。夹层的下界面在图中有比较明显的反映,其最深点深度为30.0 m,水平距 ZKT01 为1.7 m,最浅点深度为20.0 m,水平距 ZKT01 为5.7 m,夹层下界面与水平方向夹角大致呈60°。

5.2　ZKT01～ZKT03 剖面

电磁波 CT 吸引系数色谱图见图4,ZKT01～ZKT03 之间的距离为31.6 m,在剖面上有二处电磁波强吸收异常区域,剖面右上角 ZKT01 的异常深度在26.2～30.4 m,水平范围为26.5～31.0 m,此异常和剖面 ZKT01～ZKT02 上所推断的异常为同一异常。剖面左下角 ZKT03 附近的异常深度在49.9～60.0 m,水平范围为0～10.3 m,结合地质情况,推测为岩体破碎带的反映。

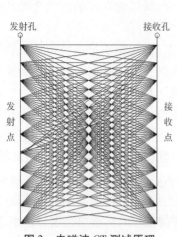

图 2　电磁波 CT 测试原理

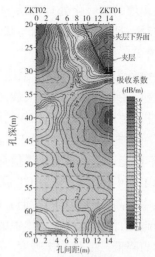

图 3　ZKT01 ~ ZKT02 剖面 CT 成像

5.3　ZKT01 ~ ZKT04 剖面

电磁波 CT 吸引系数色谱图见图 5,ZKT01 ~ ZKT04 之间的距离为 23.9 m,在剖面上有两处电磁波强吸收异常区域,剖面右边 ZKT01 附近的异常深度在 28.3 ~ 33.5 m,水平范围为 17.0 ~ 23.9 m,此异常和剖面 ZKT01 ~ ZKT02、ZKT01 ~ ZKT04 上 ZKT01 附近的异常为同一异常。剖面左边 ZKT04 附近的异常深度在 31.4 ~ 34.5 m,水平范围为 0 ~ 6.4 m,结合地质情况,推测为岩体破碎带的反映。

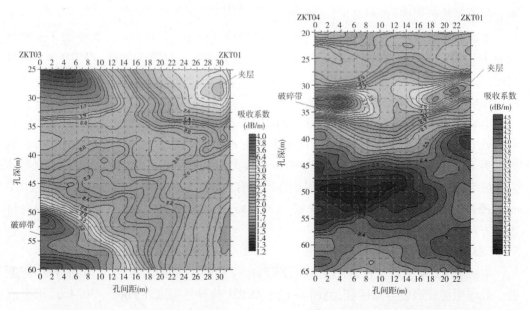

图 4　ZKT01 ~ ZKT03 剖面 CT 成像　　　　　　图 5　ZKT01 ~ ZKT04 剖面 CT 成像

为了确保在电磁波 CT 断面上圈出的异常具有可靠性,我们采用了单孔声波和全孔壁数字成像的常规物探方法进行了单孔测试,并对 4 个勘探孔进行了钻孔取芯。单孔声波检测成果见表 1,全孔壁数字成像成果见表 2,图 6 为 ZKT01 单孔声波速度曲线和孔深 28.0 ~

30.0 m 段全孔壁数字成像典型图片,ZKT01 孔深 28.6～31.4 m 段钻孔取芯图片见图 7。

表 1　单孔声波检测成果

孔号	测试孔深(m)	波速特征(km/s)			低波速带统计	
		最大值	最小值	平均值	孔深(m)	平均值(km/s)
ZKT01	73.8	5.54	2.26	4.26	14.2～17.0	3.45
					28.6～29.8	2.94
ZKT02	73.0	4.84	2.06	4.06	14.0～16.6	3.26
ZKT03	73.6	5.41	2.50	4.12	50.6～53.0	3.23
ZKT04	73.8	4.84	1.92	3.92	27.2～34.4	3.45

表 2　全孔壁数字成像成果

孔号	测试孔深(m)	基岩面深度(m)	孔内情况
ZKT01	73.4	16.9	5.0～16.9 m 为冰碛、冲积层; 28.2～29.8 m 发现有一冲积夹层,夹砂砾、碎块石、黏土等
ZKT02	72.6	16.5	12.7～16.5 m 为冰碛、冲积层
ZKT03	73.4	13.1	4.0～13.1 m 为冰碛、冲积层; 孔深 50.2～51.0 m、51.3～53.2 m 段岩体比较破碎,裂隙比较发育
ZKT04	73.6	22.4	12.6～22.4 m 为冰碛、冲积层; 孔深 26.9～34.9 m 段岩体大部分比较破碎,裂隙较发育

根据单孔声波测试、全孔壁数字成像测试结果,并结合钻孔取芯,可得到以下结果:

(1)ZKT01 孔深 17.0 m 以上为冰碛、冲积层,基岩中 28.6～29.8 m 段为低波速带,平均波速比较低,只有 2.94 km/s。孔深 28.2～29.8 m 段孔壁岩体破碎,夹砂砾、碎块石、黏土等。从钻孔取芯结果看,孔深 28.6～31.4 m 段岩芯呈碎块状,取芯率低。综合判断,ZKT01 孔深 28.6～29.8 m 为软弱夹层,夹层含砂砾、碎块石、黏土等。

(2)ZKT02 孔深 16.5 m 以上为冰碛、冲积层,基岩中无明显地质构造发育。

(3)ZKT03 孔深 13.1 m 以上为冰碛、冲积层,基岩中孔深 50.6～53.0 m 为低波速带,平均波速 3.23 km/s。孔深 50.2～51.0 m、51.3～53.2 m 段孔壁岩体比较破碎,裂隙比较发育。从钻孔取芯结果看,孔深 50.6～53.0 m 段岩芯相对比较完整,取芯率相对较高,但局部岩体仍较破碎。综合判断,ZKT03 孔深 50.6～53.0 m 为岩体破碎带。

(4)ZKT04 孔深 22.4 m 以上为冰碛、冲积层,基岩中孔深 27.2～34.4 m 为低波速带,低波速测点断续分布,此段平均波速 3.45 km/s。孔深 26.9～34.9 m 段孔壁岩体大部比较破碎,裂隙比较发育。从钻孔取芯结果看,孔深 27.2～34.4 m 段钻孔岩芯大部分呈粉末状,主要原因是岩体比较破碎,裂隙比较发育。综合判断,ZKT04 孔深 27.2～34.4 m 为岩体破碎带。

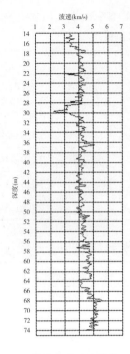　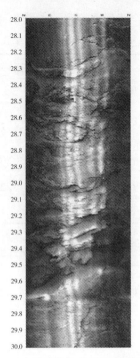

(a)单孔声波速度曲线　　　(b)全孔壁数字成像典型图片

图 6　ZKT01 孔常规物探方法成果

图 7　ZKT01 孔 28.6～31.4 m 段钻孔取芯

　　上述结果表明,单孔声波、全孔壁数字成像和钻孔取芯成果所反映的地质现象基本一致,并与图 4～图 6 电磁波 CT 剖面中 ZKT01、ZKT03、ZKT04 附近的强吸收异常区域比较吻合,印证了电磁波 CT 检测的可靠性,说明电磁波 CT 技术对地质构造勘察的有效性。

　　图 8 为大桥主桥台基坑开挖后的照片,4 个勘探孔的大致位置如图 8 所示,图中的阴影区域为软弱夹层,为一冲、洪积夹层,夹砂砾、碎块石等,夹层的下界面与水平方向的夹角呈 60°左右,基坑开挖所揭露的软弱夹层情况与电磁波 CT 的探查结果基本一致。

图8　主桥台基坑开挖后的照片

通过6对孔电磁波CT的测试,结合单孔声波测试、全孔壁数字成像测试和钻孔取芯的方法,我们可以得到测区内地质构造平面分布情况,见图9。

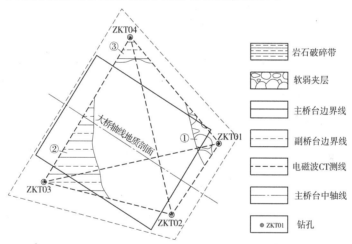

	岩石破碎带
	软弱夹层
	主桥台边界线
	副桥台边界线
	电磁波CT测线
	主桥台中轴线
⊚ ZKT01	钻孔

图9　电磁波CT测试地质构造平面位置分布

从图9中可以看出,测区共探测到3处地质构造:

地质构造①分布在ZKT01附近,为软弱夹层,为冲、洪积夹层,夹砂砾、碎块石等。从平面上看,软弱夹层界面在测线ZKT01～ZKT02上距ZKT01孔5.7 m,在测线ZKT01～ZKT04上距ZKT01孔8.0 m。从深度上看,下界面向ZKT01方向倾斜,倾角60°左右。下界面在测线ZKT01～ZKT02上最深点距ZKT01孔1.7 m,深度为30.0 m,在测线ZKT01～ZKT04上最深点距ZKT01孔8.0 m,深度为34.5 m。

地质构造②分布在ZKT03附近,为岩体破碎带,裂隙比较发育。从平面上看,破碎带在测线ZKT02～ZKT03上距ZKT03孔12.0 m,在测线ZKT01～ZKT03上距ZKT03孔10.0 m,在测线ZKT04～ZKT03上距ZKT03孔17.0 m。从深度上看,岩体破碎带分布在孔深51.8～55.0 m之间。

地质构造③分布在ZKT04附近,为岩体破碎带,裂隙比较发育。从平面上看,破碎带在测线 ZKT01 ~ ZKT04 上距 ZKT04 孔 6.0 m,在测线 ZKT02 ~ ZKT04 上距 ZKT04 孔 4.0 m,在测线 ZKT03 ~ ZKT04 上距 ZKT04 孔 2.5 m。从深度上看,岩体破碎带分布在孔深 26.9 ~ 34.9 m 之间。

6　结论

(1)通过孔间电磁波 CT 探测,查明了主桥台基础的地质构造空间分布情况,其结果也得到了单孔声波、全孔壁数字成像测试及钻孔取芯的进一步验证,表明孔间电磁波 CT 技术是地质构造勘察的有效手段。

(2)通过 6 对电磁波 CT 探测,结合常规物探方法及钻孔取芯综合分析,得到了该桥台基础地质构造的空间分布情况,其中软弱夹层分布在 ZKT01 附近,其下界面在测区最深为 34.5 m,另有两处岩体破碎带,一处在 ZKT04 附近,深度为 26.9 ~ 34.9 m,另一处在 ZKT03 附近,深度为 51.8 ~ 55.0 m。

(3)工程上要求地表以下 50 m 深度内的地质构造勘察精度要高,电磁波 CT 技术测试时,现场应采用多频系统进行扫描测试,以便对异常进行对比分析,确保对异常有足够的分辨率。孔间电磁波 CT 技术与常规的物探方法相结合,发挥综合物探的优势,并借助钻孔取芯,提高物探成果解释精度,客观地反映实际地质情况。

参考文献

[1] 夏金儒,陈石羡.电磁波 CT 成像技术在防水工程场地勘查中的应用[J].资源环境与工程,2007,21(S1).
[2] 吴岩,顾汉明,刘铁,等.电磁波在碳酸盐岩缝洞勘察中的应用[J].工程地球物理学报,2009,6(2).
[3] 黎华清,卢呈杰,韦吉益,等.孔间电磁波 CT 探测揭示水库坝基岩溶形态特征[J].岩土力学,2008(29).
[4] 付晖.电磁波 CT 在水利水电工程岩溶探测中的应用[J].人民长江,2003,34(11).
[5] 雷旭友,程凯.电磁波在重庆至怀化铁路岩溶塌陷病害抢险勘探中的应用[J].工程地球物理学报,2009,6(5).
[6] 宋先海,李端有.基于电磁波 CT 技术的复杂地质异常探测[J].资源环境与工程,2008(22).

基于南水北调西线工程岩性特征的CSAMT 法有限元三维数值模拟的研究

薛云峰[1]　张继锋[2]

（1.黄河勘测规划设计有限公司工程物控研究院　郑州　450003；
2.长安大学地质工程与测绘学院　西安　710054）

摘要：有限元法是地球物理数值模拟中常用的方法,本文采用三维可控源音频大地电磁法(CSAMT)有限元数值模拟的程序,根据南水北调西线工程岩性的地球物理特征,设置了不同的三维模型,并对其进行了有限元数值计算分析,从三维空间中模拟场的规律,探索了不同地质异常体的特征,为提高可控源音频大地电磁法在南水北调西线工程深埋藏隧洞探测地质异常体的精度奠定了基础。

关键词：南水北调西线工程　可控源音频大地电磁法　有限元单元法　数值模拟

1　引言

可控源音频大地电磁法(CSAMT)是20世纪70年代提出并被应用到地球物理领域,在矿产普查、油气勘探、水文环境等各个方面发挥了巨大的作用。该方法最大的特点是采用人工场源,大大增加了电磁信号的强度,弥补了天然场源信号微弱,不易观测等缺点。此外,它还具有工作效率高,利用一个偶极发射,可以在两侧很大的扇形区域内测量;勘探深度范围大;水平和垂直分辨率较高,高阻屏蔽作用小等优点[1]。由于该方法的优点突出,近几年,可控源音频大地电磁测深法在南水北调西线工程深埋藏隧洞进行岩性分类、探测断层深部发育情况、指导深部钻孔布置等方面发挥了较大作用[2]。

该方法虽然有着不可比拟的优点,但是由于场源的存在,也有其固有的不足。可控源音频大地电磁法由于场源的影响,其理论要复杂很多,问题也最多,如场源附加效应,近区效应,场源阴影效应,过渡带效应等。这些可以说是该方法本身固有的缺陷,目前的解释方法和技术水平很难对这些问题有一个很好的解释。尤其是对于南水北调西线工程这样沟谷深切、断崖纵横、地质构造复杂、地层陡倾角的高原地区,依据视电阻率拟断面图解决1 000 m 以内的构造、岩溶、岩层划分等问题,必然存在一些异常的识别技术难题,例如异常的位置、埋深、边界、延伸、高低阻异常的差异、假异常的识别等,对于这些问题如果没有具体的认识,仅仅依据视电阻率拟断面图来进行地质解译,必然产生较大的误差甚至是严重的错误。因此,根据南水北调西线工程岩性的地球物理特征,设置了不同的三维模型,

---

作者简介：薛云峰(1967—),男,河南禹州人,教授级高级工程师,国家注册岩土工程师,主要从事工程探测、检测和监测方面的研究。

并对其进行数值计算分析,从三维空间中模拟场的规律,探索了不同地质异常体的特征,为提高可控源音频大地电磁法在南水北调西线工程深埋藏隧洞探测地质异常体的精度是十分必要的。

当前对于可控源音频大地电磁法的研究主要集中于一维层状地质体的模拟或沿走向无限延伸地质体的二维近似模拟,但严格来讲,地球物理电磁场问题都应该在三维空间中进行讨论[3]。随着计算机硬件技术的不断发展,三维可控源音频大地电磁法正演逐渐变得可行。自20世纪70年代,就相继有许多学者对可控源音频大地电磁法的数值模拟进行了研究。K. H. Lee 和 H. F. Morrison[4](1985)研究了二维地电结构、任意电导率分布的电磁散射的有限元数值解,并对结果进行了比较。Eugene A. Badea,Mark E. Everettz[5]等(2001)从基于库仑规范下的矢量势出发,采用二次场算法,针对井中回线源下的电磁响应进行了模拟。Yuji Mitsuhata[6-8](1999,2000,2002)对频域 CSEM 数据采用2.5维方法进行了正演和反演的数值计算。国内底青云、王若[9,10]等(2002,2004)就二维线源和2.5维可控源音频大地电磁法进行了有限元数值模拟。闫述[11]等(2000)采用矢量有限元模拟了电偶源频率电磁测深,但其模型相对简单。李予国[12]等(2007)提出了基于后验误差估计的自适应有限元算法进行二维海洋可控源音频大地电磁法模拟,节省了计算成本,提高了数值精度。三维可控源因为源的加入使其理论和数值模拟非常复杂,它不像大地电磁研究的是平面波,只须在研究区域的上边界赋予电场的一个分量为常数,按照平面波的传播规律,忽略异常体的影响,在下边界施加一维吸收边界条件即可;也不像瞬变电磁方法研究的是纯二次场,根据场的因果关系,只须把初始时刻均匀大地表面的解析解赋予地表以上一个步长的网格。三维可控源数值模拟必须既要考虑空气区域,又要考虑大地区域,这将大大增加了内存消耗和计算成本。此外,如何处理源的奇异性问题和外边界条件的施加都是三维可控源音频大地电磁法需要解决的难题。

2　CSAMT 法有限元三维数值模拟的基本理论

2.1　基本方程

设大地为分区均匀、线性、各向同性、非色散介质的导电介质,假设角频率为 ω,时间因子为 $e^{-i\omega t}$,那么在准静态近似下,忽略位移电流,在电偶极子源情况下频域麦克斯韦方程组如下:

$$\nabla \times \boldsymbol{E} = -i\omega\mu\boldsymbol{H} \tag{1}$$

$$\nabla \times \boldsymbol{H} = \sigma\boldsymbol{E} + \boldsymbol{J}_s \tag{2}$$

式中:$\boldsymbol{E}$ 为电场强度;$\boldsymbol{H}$ 为磁场强度;ω 为角频率;μ 为磁导率;σ 为电导率;$\boldsymbol{J}_s$ 为电偶极子源电流密度。

将式(1)两边取散度后,再把式(2)代入式(1)可导出电场 $\boldsymbol{E}$ 所满足的矢量波动方程:

$$\nabla \times \nabla \times \boldsymbol{E} + k^2\boldsymbol{E} + i\omega\mu\boldsymbol{J}_s = 0 \tag{3}$$

其中,k 为波数,$k^2 = i\omega\mu\sigma$。

方程(3)即为三维可控源音频大地电磁法中电场所满足的矢量波动方程,虽然和大地电磁的控制微分方程只差一个源项,但源的加载使得可控源音频大地电磁法的理论和数值模拟比大地电磁法复杂许多。

由广义变分原理可得到式(3)的泛函：

$$F[\boldsymbol{E}] = \frac{1}{2}\int_V [(\nabla \times \boldsymbol{E}) \cdot (\nabla \times \boldsymbol{E}) - k^2 \boldsymbol{E} \cdot \boldsymbol{E}]\mathrm{d}V \qquad (4)$$

式中，k 为准静态近似条件下的波数，$k = \sqrt{i\omega\mu\sigma}$。

式(4)即为基于电场矢量波动方程的三维可控源音频大地电磁法的变分公式，后面的三维有限元分析及数值模拟都是基于该公式。

2.2　网格剖分

图 1 是三维可控源音频大地电磁法模型示意，地面放置一个电偶极子源，它产生的电磁波按传播路径可分为天波、地面波和地层波。

图 2 是三维可控源数值模拟所采用的网格剖分示意，我们把整个研究区域分为两部分：一部分是目标区域，一部分是网格边界区域。目标区域是我们感兴趣的区域，测线和源都在目标区域，采用均匀网格剖分；网格边界区域是为了提高数值模拟精度，向外延伸的区域，这部分网格采用逐渐向外扩大的方法，以减少边界的影响。

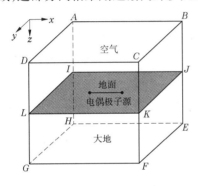

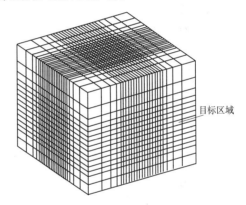

图 1　三维可控源音频大地电磁法模型示意　　　　图 2　网格剖分示意

2.3　源的加载

Yuji Mitsuhata 在 2000 年借用地震数值模拟中震源的加载方法，使用伪 delta 函数的方法模拟了 2.5 维可控源电磁响应。本文把它扩展到三维电偶极子源的模拟中，伪 delta 函数的表达式如下：

$$\delta_\mathrm{s}(x - x_0) = \frac{1}{2\tau}\begin{cases} 0 & (x - x_0) < -2\tau \\ [(x - x_0 + 2\tau)/\tau]^2/2 & -2\tau < (x - x_0) \leqslant -\tau \\ -[(x - x_0 + 2\tau)/\tau]^2/2 + 2(x - x_0 + 2\tau)/\tau - 1 & -\tau < (x - x_0) \leqslant \tau \\ [(x - x_0 + 2\tau)/\tau]^2/2 - 4(x - x_0 + 2\tau)/\tau + 8 & \tau < (x - x_0) \leqslant 2\tau \\ 0 & 2\tau < (x - x_0) \end{cases}$$

$$(5)$$

式中：τ 为常数，它的大小决定伪 delta 函数幅值的大小和加载节点的多少；x_0 为电偶极子源所在 x 方向坐标。

三维情况下的偶极子源可表示为

$$J_s = I_0 \cdot dl \cdot \delta_s(r - r_0) \tag{6}$$

式中：I_0 为电偶极子源电流大小；dl 为电偶极子长度。

$$\delta_s(r - r_0) = \delta_s(x - x_0) \cdot \delta_s(y - y_0) \cdot \delta_s(z - z_0) \tag{7}$$

这样通过一个小的区域代替一个点源，消除了源的奇异性，提高了方程组的稳定性。

2.4 边界条件

三维可控源音频大地电磁法数值模拟中外边界条件的加载远比大地电磁要复杂得多，因为电偶极子源的加载使研究区域分为近区和远区，在近区和远区地下介质对电磁波的影响规律是不同的，因此由近区场和远区场计算视电阻率可以得出不同的结论。在有限元数值模拟中，我们常常把外边界取得足够大，以模拟无穷远边界，使外边界上的电磁场衰减为零，但是由于受计算机内存的限制，又不能把边界取得足够大，这就需要对外边界的电磁场加以限定，以确保解的正则性和唯一性。

一般来讲，我们感兴趣的是异常体，或者说是目标体，为了模拟目标体在地表产生的电磁异常规律，必须取比目标体范围大得多的区域，我们称之为边界区域，以满足有限元计算条件。由于外边界距离异常体非常远，我们认为异常体对外边界的影响非常微小，可以忽略。那么在外边界上的电磁场即认为是由电偶极子源在均匀半空间中产生的一次场。我们推导了均匀半空间下电场远区表达式，由初等函数和特殊函数组成，在此把它转换为区域的外边界条件。

空中远区边界条件表达式如下：

$$E_{f1x} \approx \frac{IdL}{2\pi\sigma_2} \frac{1}{R^3} \left[\frac{3}{R^2}(x^2 - z^2) + ik_2z - 2 \right] \tag{8}$$

$$E_{f1y} \approx \frac{IdL}{2\pi\sigma_2} \left(\frac{3xy}{R^5} \right) \tag{9}$$

$$E_{f1z} \approx (i - 1) \frac{IdL}{2\pi} \sqrt{\frac{\omega\mu}{2\sigma_2}} \frac{x}{R^3} \tag{10}$$

地下远区边界条件表达式如下：

$$E_{f2x} \approx \frac{IdL}{2\pi\sigma_2} e^{k_2z} \frac{1}{r^3} \left(\frac{3x^2}{r^2} - 2 \right) \tag{11}$$

$$E_{f2y} \approx \frac{IdL}{2\pi\sigma_2} e^{k_2z} \left(\frac{3xy}{R^5} \right) \tag{12}$$

$$E_{f2z} \approx 0 \tag{13}$$

2.5 视电阻率的计算

我们采用常用的视电阻率计算公式，具体定义式如下：

$$\rho = \frac{1}{\omega\mu} \frac{|E_x|^2}{|H_y|^2} \tag{14}$$

式中，E_x 已经通过有限元计算求得，H_y 计算式可通过把式（1）展开得到

$$H_y = \frac{1}{i\omega\mu} \left(\frac{\partial E_z}{\partial x} - \frac{\partial E_x}{\partial z} \right) \tag{15}$$

在式(15)中,需要用差分方法计算各点的微商的近似值,我们采用等距插值[12]的方法来求解,具体计算公式如下:

$$\frac{\partial E_x}{\partial z}\bigg|_{z=0} = \frac{1}{6l}(-11E_{x1} + 18E_{x2} - 9E_{x3} + 2E_{x4}) \tag{16}$$

$$\frac{\partial E_z}{\partial x}\bigg|_{z=0} = \frac{1}{2l}(E_{z3} - E_{z1}) \tag{17}$$

其中,式(16)中E_{x1}为地表节点,E_{x2}、E_{x3}、E_{x4}分别为地面下前三层的等距网格节点,l是沿垂直方向两个节点的距离;式(17)中E_{z1}和E_{z3}是水平方向与所求节点等距的两个节点,l是水平方向相邻两个节点的水平距离。

2.6　散度条件的施加

在有限单元法的数值模拟中,离散化时只要求插值函数或展开函数连续,而对其导数未作任何要求,这样获得的有限元解有时是错误的[13]。进一步研究表明这种解不满足散度条件:对于磁场来说,不满足$\nabla \cdot (\mu H) = 0$;而对于电场来说,不满足$\nabla \cdot (\sigma E) = 0$。在这种情形下,我们说这种解掺杂了非物理解(即伪解)。所以,在三维可控源音频大地电磁法正演计算中,必须从问题的数值解中排除伪解,本文通过增加一罚项来强加散度条件,强加散度条件后的泛函表达式如下:

$$F[\boldsymbol{E}] = \frac{1}{2}\int_V \left[(\nabla \times \boldsymbol{E}) \cdot (\nabla \times \boldsymbol{E}) - k^2\boldsymbol{E} \cdot \boldsymbol{E}\right]\mathrm{d}V + \frac{1}{2}\int_V (\nabla \cdot \boldsymbol{E})^2\mathrm{d}V \tag{18}$$

3　基于南水北调西线工程岩性特征的三维数值模拟

3.1　南水北调西线工程探测目的及岩性特征

南水北调西线工程引水线路地球物理勘察的主要任务是对引水隧洞附近地层结构和物性特征进行岩性分类和分组,基本查明引水线路区内主要构造线(尤其是断层)的宽度和走向,并对断层构造的赋水性进行初步评价。因此,在方法选择上,要结合西线工程的地理环境和地质条件,一方面探测深度足够大,探测效率足够高;另一方面探测效果足够好。基于以上原因,确定了以可控源音频大地电磁法为主,配合其他物探方法的技术思路。

探测区地层基本为两层结构:覆盖层、基岩。覆盖层主要为第四纪松散层,电阻率在几十欧姆·米。基岩主要为砂岩、板岩或砂板岩互层,砂岩电阻率为800~5 000 Ω·m,板岩为20~500 Ω·m,砂岩板岩互层为400~2 000 Ω·m,板岩夹砂岩为100~500 Ω·m。板岩表现为低阻,砂岩表现为相对高阻。断层或破碎带的电阻率则在300 Ω·m以下,表现为相对低阻。

3.2　模型的设置及模拟结果

根据南水北调西线工程岩性的特征及CSAMT法探测的目的,分别设置了以下七个模型。

3.2.1　单个低阻体异常

在测区设计一个低阻体,该低阻体沿x方向长200 m,沿y方向长200 m,沿z方向长200 m,距地面分别为100 m、300 m、500 m、800 m。低阻异常体的电阻率为10 Ω·m、50 Ω·m、100 Ω·m,背景电阻率为2 000 Ω·m,进行数值模拟。模型结构如图3所示。

测线沿 x 方向,主测线距电偶源 5 100 m,其接收点 x 坐标如下: -750、-650、-550、-450、-350、-250、-150、-50、50、150、250、350、450、550、650、750。

所采用的频率为:256 Hz、512 Hz、1 024 Hz、2 048 Hz、4 096 Hz、8 192 Hz。

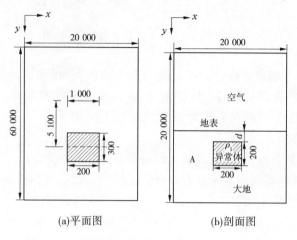

(a)平面图　　　　　　　　(b)剖面图

图 3　模型结构　（单位:m）

图 4 是埋深 $d = 100$ m,异常电阻率 $\rho_{异常} = 10$ Ω·m,背景电阻率 $\rho_1 = 2\ 000$ Ω·m 的计算结果。

图 5 ~ 图 7 是埋深 $d = 300$ m,异常电阻率 $\rho_{异常}$ 分别为 10 Ω·m、50 Ω·m、100 Ω·m,背景电阻率 $\rho_1 = 2\ 000$ Ω·m 时的计算结果。从拟断面图可以看出,在埋深 $d = 300$ m 时,对不同低阻异常的响应反映都比较明显,但是低阻异常的值越高,视深度与异常体的埋深相比越偏深。异常体边界等值线分布密,说明异常体和围岩之间发生了电阻率突变,由此可以确定低阻异常体边界位置。

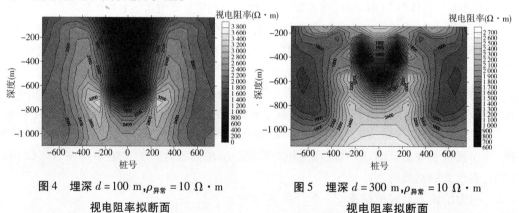

图 4　埋深 $d = 100$ m, $\rho_{异常} = 10$ Ω·m　　　**图 5　埋深 $d = 300$ m, $\rho_{异常} = 10$ Ω·m**

视电阻率拟断面　　　　　　　　　　**视电阻率拟断面**

图 8 ~ 图 10 是埋深 $d = 500$ m,异常电阻率 $\rho_{异常}$ 分别为 10 Ω·m、50 Ω·m、100 Ω·m,背景电阻率 $\rho_1 = 2\ 000$ Ω·m 时的计算结果。从拟断面图可以看出,在埋深 $d = 500$ m 时,对不同低阻异常的响应反映较明显,仍可以确定低阻异常体边界位置,但是在低阻体两旁存在明显的由边界效应引起的对称假异常。

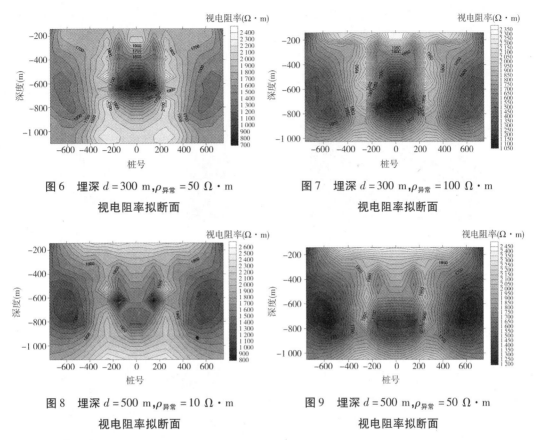

图 6 埋深 $d = 300$ m, $\rho_{异常} = 50$ Ω·m
视电阻率拟断面

图 7 埋深 $d = 300$ m, $\rho_{异常} = 100$ Ω·m
视电阻率拟断面

图 8 埋深 $d = 500$ m, $\rho_{异常} = 10$ Ω·m
视电阻率拟断面

图 9 埋深 $d = 500$ m, $\rho_{异常} = 50$ Ω·m
视电阻率拟断面

3.2.2 单个高阻体

在测区设计一个高阻体,该高阻体沿 x 方向长 200 m,沿 y 方向长 200 m,沿 z 方向长 200 m,距地面分别为 100 m、300 m、500 m、800 m。高阻异常体的电阻率为 3 000 Ω·m,背景电阻率为 1 000 Ω·m。进行数值模拟。

图 11 是埋深 $d = 100$ m,异常电阻率 $\rho_{异常} = 3 000$ Ω·m,背景电阻率 $\rho_1 = 1 000$ Ω·m 时的计算结果。

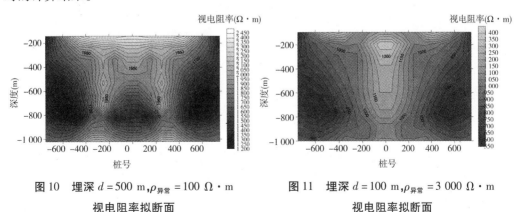

图 10 埋深 $d = 500$ m, $\rho_{异常} = 100$ Ω·m
视电阻率拟断面

图 11 埋深 $d = 100$ m, $\rho_{异常} = 3 000$ Ω·m
视电阻率拟断面

从图 11 的视电阻率拟断面图中可以看到,高阻体的异常范围要小于低阻体异常范围,而且在异常体边界位置视电阻率等值线变化不像低阻体那样剧烈,视电阻率异常反映也稍偏上,两边出现对称的低阻体假异常。

图 12 ~ 图 14 是埋深 d 分别为 300 m、500 m、800 m,$\rho_{异常} = 3\,000\ \Omega \cdot m$ 视电阻率拟断面图。从图中可以看出,对不同埋深的高阻异常体均有反映,但是分辨率较低。

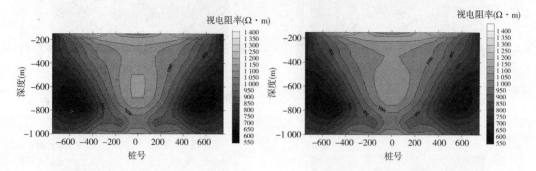

图 12　埋深 $d = 300\ m$,$\rho_{异常} = 3\,000\ \Omega \cdot m$
视电阻率拟断面

图 13　埋深 $d = 500\ m$,$\rho_{异常} = 3\,000\ \Omega \cdot m$
视电阻率拟断面

3.2.3　横向两个高阻异常体模拟

在测区设计两个相同大小的高阻体,相距 500 m,高阻体的尺寸为沿 x 方向 200 m,沿 y 方向 200 m,沿 z 方向 200 m,距地面为 100 m。高阻异常体的电阻率为 3 000 $\Omega \cdot m$,背景场电阻率为 500 $\Omega \cdot m$。模型结构如图 15 所示。

图 16 是埋深 $d = 100\ m$,异常电阻率为 $\rho_{异常} = 3\,000\ \Omega \cdot m$,背景电阻率为 $\rho_1 = 500\ \Omega \cdot m$ 时的计算结果。可以看出,两个高阻

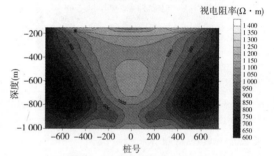

图 14　埋深 $d = 800\ m$,$\rho_{异常} = 3\,000\ \Omega \cdot m$
视电阻率拟断面

异常体的视电阻率响应都反映了出来,形态完全对称且一致,异常宽度和异常体的基本相同,位置相符。

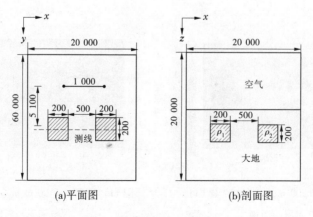

(a)平面图　　　　(b)剖面图

图 15　模型结构　(单位:m)

3.2.4　横向两个低阻异常体模拟

在测区设计两个相同大小的低阻体,相距 500 m,低阻体的尺寸为沿 x 方向 200 m,沿 y 方向 200 m,沿 z 方向 200 m,距地面为 100 m。低阻异常体的电阻率分别为 30 Ω・m、200 Ω・m,背景场电阻率为 2 000 Ω・m。

图 17 是埋深 $d=100$ m 时该模型的计算结果。从图 17 可以看出,两个低阻异常体呈不对称分布,异常体的电阻率越低,异常宽度和异常深度影响越大,但异常的中心基本反映了异常体的深度,由此可见,可控源音频大地电磁法的横向分辨率要远大于纵向分辨率。

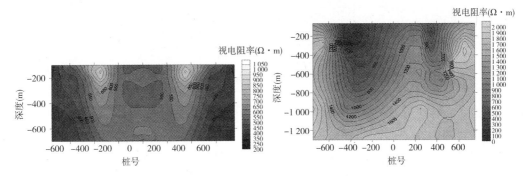

图 16　埋深 $d=100$ m, $\rho_{异常}=3\,000$ Ω・m
视电阻率拟断面

图 17　埋深 $d=100$ m, $\rho_{异常1}=30$ Ω・m,
$\rho_{异常2}=200$ Ω・m 视电阻率拟断面

3.2.5　横向一个高阻异常体和一个低阻异常体模拟

在测区设计两个大小相同的低阻体和高阻体,相距 500 m,尺寸均为沿 x 方向 200 m,沿 y 方向 200 m,沿 z 方向 200 m,距地面为 100 m。低阻异常体的电阻率为分别为 30 Ω・m,高阻异常体的电阻率为 2 000 Ω・m,背景场电阻率为 1 000 Ω・m。

图 18 是埋深 $d=100$ m 时该模型的计算结果。从图 18 可以看出,低阻异常反映非常灵敏,低阻异常宽度和深度影响大,对高阻异常体基本没有反映。

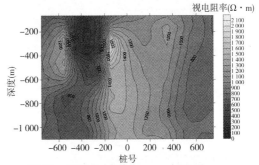

图 18　埋深 $d=100$ m, $\rho_{异常1}=30$ Ω・m,
$\rho_{异常2}=2\,000$ Ω・m 视电阻率拟断面

3.2.6　单个倾斜高阻体

在测区设计一个高阻体,该高阻体沿 x 方向长 200 m,沿 y 方向长 200 m,沿 z 方向长 600 m,距地面为 100 m,倾斜 45°。高阻异常体的电阻率为 2 000 Ω・m,背景电阻率为 300 Ω・m。进行数值模拟。模型结构图如图 19 所示。

图 20 是埋深 $d=100$ m 时该模型的计算结果。从图 20 可以看出,高阻倾斜异常反映较明显,深部延伸情况不清晰。

3.2.7　单个倾斜低阻体

在测区设计一个低阻体,该低阻体沿 x 方向长 200 m,沿 y 方向长 200 m,沿 z 方向长

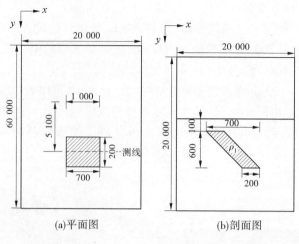

(a)平面图　　　　　　　(b)剖面图

图19　模型结构　（单位:m）

600 m,距地面分别为 100 m,倾斜 45°。低阻异常体的电阻率为 50 Ω·m,背景电阻率为 300 Ω·m。进行数值模拟。

图21 是埋深 $d = 100$ m 时该模型的计算结果。从图21 可以看出,低阻倾斜异常反映非常明显,低阻异常宽度和深度影响大,低阻异常的两边呈现不对称的高阻假异常。

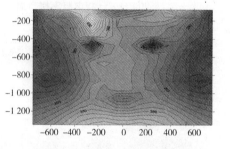

图20　埋深 $d = 100$ m,倾斜 45°,

$\rho_{异常} = 2\,000$ Ω·m 视电阻率拟断面

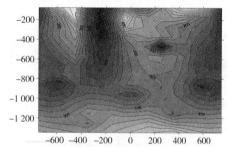

图21　埋深 $d = 100$ m,倾斜 45°,

$\rho_{异常} = 50$ Ω·m 视电阻率拟断面

3.3　模型数值模拟结果分析

根据3.2 的数值模拟结果,对七个模型模拟结果分析如表1 所示。

4　结论

本文根据南水北调西线工程岩性的地球物理特征,设置了七个不同的三维模型,并对其进行了有限元数值计算,探索地质体异常的规律。对单个的低阻异常的响应反映明显,视电阻率响应宽度和异常体宽度基本相同,而视深度也基本符合异常体的埋深,但是在低阻体两旁会有对称的高阻假异常,在实际中要引起特别的注意;单个高阻体的异常范围要小于低阻体异常范围,而且在异常体边界位置视电阻率等值线变化不像低阻体那样剧烈,两边出现对称的低阻假异常;两个高阻异常体和两个低阻异常体的视电阻率响应都能反映出来,形态完全对称且一致,异常宽度和异常体基本相同,位置相符;对于高阻异常体和低阻异常体组合,低阻异常反映非常灵敏,高阻异常体基本没有反映;对于倾斜异常体,低阻反映非常明显,高阻倾斜异常反映较明显,深部延伸情况不清晰;异常体的埋深和电阻率的大小对分辨率影响较大,埋深越大,分辨率越低,异常的电阻率越高,分辨率越低。

表1　模拟结果分析

模型	模型基本参数	模拟结果分析
单个低阻体	埋深 $d = 100$ m,异常电阻率 $\rho_{异常}$ 分别为 10 $\Omega \cdot$ m、50 $\Omega \cdot$ m、100 $\Omega \cdot$ m,背景电阻率 $\rho_1 = 2\,000\ \Omega \cdot$ m	低阻异常的响应反映比较明显,视电阻率响应宽度和异常体宽度基本相同,而视深度也基本符合异常体的埋深,在异常体边界,等值线分布密,由此可以确定低阻异常体边界位置。此外,在低阻体两旁稍低于低阻体位置处各有两个小的高阻假异常
	埋深 $d = 300$ m,异常电阻率 $\rho_{异常}$ 分别为 10 $\Omega \cdot$ m、50 $\Omega \cdot$ m、100 $\Omega \cdot$ m,背景电阻率 $\rho_1 = 2\,000\ \Omega \cdot$ m	埋深 $d = 300$ m 时,对不同低阻异常的响应反映都明显,但是低阻异常的值越高,视深度与异常体的埋深相比越偏深。异常体边界等值线分布密,可以确定低阻异常体边界位置
	埋深 $d = 500$ m,异常电阻率 $\rho_{异常}$ 分别为 10 $\Omega \cdot$ m、50 $\Omega \cdot$ m、100 $\Omega \cdot$ m,背景电阻率 $\rho_1 = 2\,000\ \Omega \cdot$ m	埋深 $d = 500$ m 时,对不同低阻异常的响应反映较明显,仍可以确定低阻异常体边界位置,但是在低阻体两旁存在明显的由边界效应引起的对称假异常
	埋深 $d = 800$ m,异常电阻率 $\rho_{异常}$ 分别为 10 $\Omega \cdot$ m、50 $\Omega \cdot$ m、100 $\Omega \cdot$ m,背景电阻率 $\rho_1 = 2\,000\ \Omega \cdot$ m	在埋深 $d = 800$ m 时,对不同低阻异常的响应反映不太明显,低阻异常的值越高,异常体边界越模糊。在低阻体两旁存在明显的由边界效应引起的对称假异常
单个高阻体	埋深 $d = 100$ m,异常电阻率 $\rho_{异常}$ 为 3\,000 $\Omega \cdot$ m,背景电阻率 $\rho_1 = 1\,000\ \Omega \cdot$ m	高阻体的异常范围要小于低阻体异常范围,而且在异常体边界位置视电阻率等值线变化不像低阻体那样剧烈,视电阻率异常反映也稍偏上,两边出现对称的低阻体假异常
	埋深 d 分别为 300 m、500 m、800 m,$\rho_{异常} = 3\,000\ \Omega \cdot$ m,背景电阻率 $\rho_1 = 1\,000\ \Omega \cdot$ m	对不同埋深的高阻异常体均有反映,但是分辨率较低
横向两个高阻异常体	埋深 $d = 100$ m,异常电阻率 $\rho_{异常} = 3\,000\ \Omega \cdot$ m,背景电阻率 $\rho_1 = 500\ \Omega \cdot$ m	两个高阻异常体的视电阻率响应都反映了出来,形态完全对称且一致,异常宽度和异常体的基本相同,位置相符
横向两个低阻异常体	埋深 $d = 100$ m,异常体电阻率 $\rho_{异常}$ 分别为 30 $\Omega \cdot$ m、200 $\Omega \cdot$ m,背景电阻率 $\rho_1 = 2\,000\ \Omega \cdot$ m	两个低阻异常体呈不对称分布,异常体的电阻率越低,异常宽度和异常深度影响越大,但异常的中心基本反映了异常体的深度

续表1

模型	模型基本参数	模拟结果分析
横向一个高阻异常体和一个低阻异常体	埋深 $d = 100$ m,异常体电阻率 $\rho_{异常}$ 分别为 30 $\Omega \cdot$ m、2 000 $\Omega \cdot$ m,背景电阻率 $\rho_1 = 1 000$ $\Omega \cdot$ m	低阻异常反映非常灵敏,低阻异常宽度和深度影响大,对高阻异常体基本没有反映
单个倾斜高阻体	埋深 $d = 100$ m,异常体电阻率 $\rho_{异常}$ 为 2 000 $\Omega \cdot$ m,倾斜 45°,背景电阻率 $\rho_1 = 300$ $\Omega \cdot$ m	高阻倾斜异常反映较明显,深部延伸情况不清晰
单个倾斜低阻体	埋深 $d = 100$ m,异常体电阻率 $\rho_{异常}$ 为 50 $\Omega \cdot$ m,倾斜 45°,背景电阻率 $\rho_1 = 300$ $\Omega \cdot$ m	低阻倾斜异常反映非常明显,低阻异常宽度和深度影响大,低阻异常的两边呈现不对称的高阻假异常

参考文献

[1] 何继善. 可控源音频大地电磁法[M]. 长沙:中南大学出版社,1990.

[2] 薛云峰,何继善,郭玉松. 南水北调西线工程深埋隧道地质超前预报系统研究的思考[J]. 地球物理学进展,2006,21(3):993-997.

[3] 闫述. 基于三维有限元数值模拟的电和电磁探测研究[D]. 西安:西安交通大学,2003.

[4] K H Lee,H F Morrison. A numerical solution for the electromagnetic scattering by a two-dimensional inhomogeneity[J]. Geophysics. 1985,50(3):466-472.

[5] Eugene A Badea,Mark E. Everettz,Gregory A. Newman. Finite-element analysis of controlled-source electromagnetic induction using Coulomb-gauged potentials. Geophysics[J]. 2001,66(3):786-799.

[6] Y Mitsuhata. 2-D electromagnetic modeling by the finite-element method with a dipole source and topography[J]. Geophysics,2000,65(2):465-475.

[7] Yuji Mitsuhata,Toshihiro Uchida. 2.5 inversion of frequency-domain CSEM data based on quasi-linearized ABIC. Program Expandecl Abstracts,2000(19):1052-3312.

[8] 底青云,Martyn Unsworth,王妙月. 复杂介质有限元法2.5维可控源音频大地电磁法数值模拟[J]. 地球物理学报,2004,47(4):723-730.

[9] 底青云,Martyn Unsworth,王妙月. 有限元法2.5维 CSAMT 数值模拟[J]. 地球物理学进展,2004,19(2):317-324.

[10] 闫述,陈明生. 电偶源频率电磁测深三维地电模型有限元正演[J]. 煤田地质与勘探,2000,28(3):50-56.

[11] Yuguo Li. 2D marine controlled-source electromagnetic modeling:Part 1-An adaptive finite-element algorithm[J]. Geophysics,2007,72(2):51-62.

[12] Yuguo Li. 2D marine controlled-source electromagnetic modeling:Part 2 - The effect of bathymetry[J]. Geophysics,2007,72(2):63-71.

[13] 徐世浙. 地球物理中的有限单元法[M]. 北京:科学出版社,1994.

第四篇　仪器及数据处理技术

SIRT 法及其改进型的反演结果对比

皮开荣[1,2]　张高萍[1,2]　杜　松[2]

（1. 桂林工学院资源与环境工程系　桂林　541004；
2. 中国水电顾问集团贵阳勘测设计研究院　贵阳　550081）

摘要: 对电磁波 CT 中常用的 SIRT 法及其改进型,通过数字模型反演计算,并就其在反演计算中的成果进行对比,最后通过工程实例中的应用,得出改进型反演结果优于原型算法的结论。

关键词: SIRT 法　SIRT 法改进型　反演结果　对比

1　引言

电磁波层析成像(CT)技术又叫无线电波透视法,它是一种传统的物探手段,苏联早在 1923 年便开始了研究,并对无线电波透视法做了大量的工作。20 世纪 80 年代,CT 技术开始应用于地学领域,电磁波同地震波等弹性波一样也作为一种投射波被引用到层析观测当中。电磁波 CT 技术和常规测井技术不同,它是对井间介质的全方位扫描,使通过观测井间介质中的波场变化,利用观测到的数据进行最优化反演计算,最终获得反映井间介质内部结构变化的图像。

针对目前电磁波 CT 在实际应用中常用的 SIRT 反演算法存在的叠加收敛与精度方面的问题,我们想通过改进,以提高成果质量。虽然目前算法反演精度较高,但反演重建结果假异常太多,以至于有时难以分辨真正的异常。通过引进 BPT 法,能较好地抑制假异常影响的特点,并把其融入到 SIRT 算法中去,如此改进后的算法最终具有压制假异常的影响、提高分辨率的优点。

2　改进型 SIRT 法的原理

从 X 的初值出发,利用公式

$$\sum_{j=1}^{m} d_{ij} X_j^q = Y_i^q \tag{1}$$

计算在第 q 次迭代时第 $i(i=1,2,\cdots,n)$ 条路径的估计值 Y_i^q,进而计算第 $j(j=1,2,\cdots,m)$ 个网格的修正值 C_i^q。

$$C_i^q = \frac{\sum_{i=1}^{n} \left[(d_{ij}/l_i)^2 \cdot r \cdot (Y_i - Y_i^q) \right]}{\sum_{i=1}^{n} (d_{ij}/l_i)^2} \tag{2}$$

作者简介: 皮开荣(1973—),男,贵州六枝人,高级工程师,在读硕士研究生,主要从事工程物探探测及检测技术工作。

式中:r 为阻尼因子(0 < r≤1)。

然后计算第 q 次迭代时,第 j 个网格的估计值。

$$X_j^q = X_j^{q-1} + C_j^q \tag{3}$$

3　数字模型反演对比

假定模型是各向同性的,具有一定的均匀性和成层性,可以认为从发射点到接收点间的电磁波传播射线是直射线或折射线。因此,电磁波 CT 成像观测系统多采用单点发射、多点接收的工作方式,即在一个钻孔中以一定的点距逐点发射电磁波,而在另一个钻孔中以相同的点距用传感器接收同一发射点发射的电磁波信号,并用仪器将电磁波信号场强数值记录下来,从而构成跨孔电磁波 CT 成像发射、接收观测系统。移动发射点及接收点,使测线达到要求的测试精度。设定吸收系统数字模型的截面如图 1 所示,深灰色区域为高吸收区,周围浅灰色区域为低吸收区。

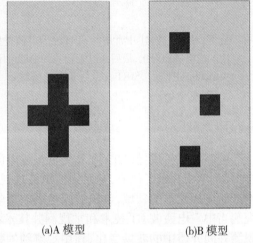

(a)A 模型　　　　　(b)B 模型

图 1　吸收系统数字模型

通过正演计算形成数字模型的初始数据文件,下面分别就 SIRT 法及其改进型进行反演对比。

对 A 模型分别采用 SIRT 法及其改进型进行反演,结果由图 2、图 3 可以看出,SIRT 法产生了趋边的假异常区,降低了图像的分辨率;而改进型 SIRT 法相对于 SIRT 法异常明显,对比度强,图像分辨率高,反映介质内部的精细构造,利用它能够较精确地确定异常分布。

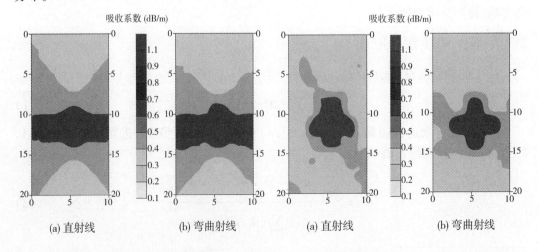

(a) 直射线　　　(b) 弯曲射线　　　　　(a) 直射线　　　(b) 弯曲射线

图 2　SIRT 法对 A 模型反演结果　　　　**图 3　改进型 SIRT 法对 A 模型反演结果**

对 B 模型分别采用 SIRT 法及其改进型进行反演,结果由图 4、图 5 可以看出,SIRT 法产生了趋边放大的假异常区;而改进型 SIRT 法相对于 SIRT 法异常明显,与模型相似度高,能够较精确地确定异常分布。

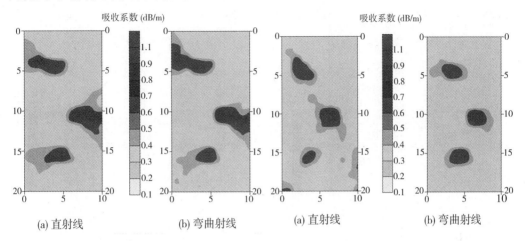

(a) 直射线　　　　　　(b) 弯曲射线　　　　　　(a) 直射线　　　　　　(b) 弯曲射线

图 4　SIRT 法对 B 模型反演结果　　　　图 5　改进型 SIRT 法对 B 模型反演结果

从 A、B 两模型的对比可知,无论采用直射线追踪还是弯曲射线追踪,改进型 SIRT 法比 SIRT 法反演的图像结果与实际模型情况具有更好的一致性、更高的分辨率和良好的收敛性,有效地弥补了 SIRT 法的不足。

4　应用实例

4.1　工程实例 1

该工程位于贵州省务川县境内的洪渡河中下游,坝址位于务川县大坪镇两河口(与甘河支流汇合处)下游约 2.5 km 长的峡谷河段内,最大坝高 134.5 m,水库正常蓄水位 544 m,库容 3.215 亿 m^3,工程以发电为主,电站装机容量 140 MW,属Ⅱ等大(2)型水电枢纽工程。

探测目的是通过对地下厂房位置(PD7 加平硐内)钻孔进行孔间电磁波 CT,了解厂房位置岩溶发育、岩体完整性等情况。

测区地层主要分布有下统茅口组(P_1m)灰岩、泥灰岩,栖霞组(P_1q)灰岩;三叠系中统巴东组($T_{2b}d$)灰岩、白云岩,下统茅草铺组(T_1m)灰岩,夜郎组(T_1y)灰岩。在地质构造上坝址区河段处构造部位为务川向斜 NW 翼并靠近核部,受其影响,次级褶皱较发育,岩层产状变化较大。

探测剖面位于 PD7 加平硐内,孔间距为 25 m,岩体视吸收系数在 0.1~1.0 dB/m 内,背景值为 0.1~0.6 dB/m,异常值为 0.7~1.0 dB/m。从电磁波 CT 成果图(见图 6(a))中可知:

孔深 35 m 以上范围内视吸收系数主要在 0.1~0.6 dB/m,存在局部视吸收系数为 0.7~0.8 dB/m 的高吸收区,解释为岩体破碎、裂隙发育区。

孔深 35 m 以下范围内视吸收系数主要在 0.4~1.0 dB/m,存在两处视吸收系数为

0.7～1.0 dB/m 的高吸收区,解释为岩体溶蚀裂隙发育区。

在后续的厂房开挖中,开挖揭露的地下地层地质情况与改进型 SIRT 法反演计算结果一致,SIRT 法所反演的结果,异常区域与范围偏多,出现了假异常区。

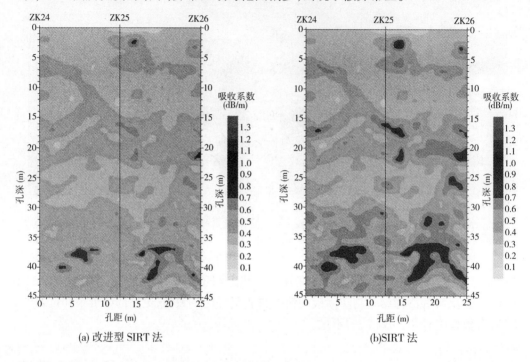

(a) 改进型 SIRT 法　　　　　　　　　　(b)SIRT 法

图 6　地下厂房平硐电磁波 CT 成果

4.2　工程实例 2

该工程位于贵州省惠水县境内打引乡天星桥上游,坝址距上游已建涟江二级海里电站发电厂房约 1 km,是红水河左岸一级支流蒙江左源涟江梯级开发的第三个梯级。初拟水库正常蓄水位 805 m,库容 52.1 万 m^3,最大坝高 40 m,工程以发电为主,电站装机容量80 MW,属中型水电枢纽工程。

探测目的是通过对坝址区坝轴线上钻孔进行孔间电磁波 CT,了解坝轴线上岩溶发育、岩体完整性等情况。

测区出露地层为二叠系上统吴家坪组(P_2w)砂页岩、灰岩,上覆第四系覆盖层。

探测剖面内基岩视吸收系数在 0.2～1.2 dB/m 内,背景值为 0.1～0.6 dB/m,异常值为 0.7～1.2 dB/m。

从电磁波 CT 成果(见图 7(a))中可知:ZK1、ZK2、ZK3 三个钻孔之间,孔深 5 m 以上,视吸收系数在 1.0～1.2 dB/m,为河水;下限孔深在 11～5 m 以上,视吸收系数在 0.8～1.1 dB/m,为河床覆盖层;下限孔深在 21～15 m 以上,视吸收系数在 0.6～0.9 dB/m 之间,为岩体风化层;孔深在 38～22 m,水平距离为 2～11 m 处存在一视吸收系数为 0.7～0.9 dB/m 的相对低速区,推断为溶蚀区;孔深在 38～24 m,水平距离为 55～65 m 处存在一视吸收系数为 0.7～0.9 dB/m 的相对低速区,推断为溶蚀发育区。

在后续的坝基开挖中,开挖揭露的地下地质情况与改进型 SIRT 法反演计算结果吻

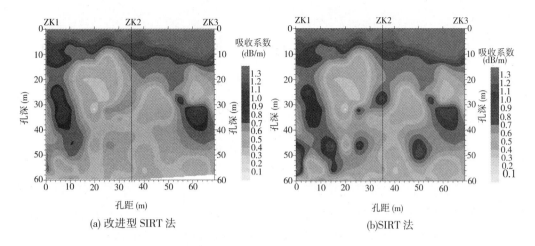

(a) 改进型 SIRT 法　　　　　　　　　　　　　　(b)SIRT 法

图 7　二坝址坝轴线电磁波 CT 成果

合,SIRT 法所反演的结果,除两处异常区有反映外,同样异常区域与范围偏多,出现了假异常区。

5　结语

通过对 A、B 两模型的反演结果对比,并经过工程实例的验证,改进型 SIRT 法具有比 SIRT 法更好的收敛性,更高分辨率。在工程实践应用中,改进型 SIRT 法不失为一种有效的可选项。在本文的模型设计、对比分析过程中,得到了王波、楼加丁两位教授级高工的指导与帮助,在此一并表示谢意。

参考文献

[1] 王兴泰. 工程与环境物探新方法新技术[M]. 北京:地质出版社,1996.

[2] 顾孝同. 国内工程 CT 技术的发展与应用[J]. 工程地球物理学报,2006.

[3] 吴以仁,邢凤桐. 钻孔电磁波法[M]. 北京:地质出版社,1982.

[4] 赫尔曼. 层析成像和反演问题的基本方法[M]. 北京:石油工业出版社,1997.

[5] 张钋,刘洪,李幼铭. 射线追踪算法的发展现状[J]. 地球物理学进展,2001,15(1).

双谱时频分析在水电工程质量检测中的应用

蔡加兴[1]　　朱培民[2]

(1. 长江水利委员会长江工程地球物理勘测武汉有限公司　武汉　430010;
2. 中国地质大学地空学院　武汉　430074)

摘要:本文针对声波反射和探地雷达在水电工程质量检测中应用的广泛性,以及在实际检测过程中检测信号主要以波形和相位的变化来判别异常的解释方法所存在的不足。拟采用信号中的高阶统计量,并利用 Wigner 双谱时频分析对建筑物中存在的缺陷所引起的反射和散射信号的异常信息进行识别和提取。该方法能够较强地反映介质的异常特征,直观地确定缺陷的位置、大小和类型,从而消除隐患,为确保水电工程的安全运行提供可靠的技术保证。该方法也可用于金属探伤和一般建筑工程的质量检测和评价,具有重要的实用价值。

关键词:高阶统计量　双谱时频分析　工程质量检测　缺陷

1　概述

地球物理信号大多是非线性、非平稳的时间序列,因此高阶统计量方法是地球物理信号分析和处理的一种基本工具。由于高阶统计量及其谱能够抑制相当广泛的噪声类型,利用 Wigner 双谱处理和识别的信号剖面能够直观地反映介质的异常并确定建筑物缺陷的位置、大小和类型。

声波反射和探地雷达因施工方便,在水电工程质量检测中备受欢迎并发挥了巨大的作用,特别是在浅层(0 ~ 30 m)的质量检测中效果更加明显,有很多典型的应用实例。由于实际问题的复杂性和各种干扰波的存在,传统的解释方法只是在波形和相位上进行异常的判别,这种解释方法不仅不能直观地反映异常,而且还可能遗漏异常。经过对声波和雷达反射信号性质的分析,发现能从信号的高阶统计量中有效地提取出反映质量缺陷等造成的地球物理场异常场,并可提供一些新的信息来突出这些地球物理异常。

本文从信号的高阶统计量这个新角度,利用声波反射和探地雷达信号的统计性质,以发现蕴藏在信号中的地球物理异常场。其方法主要从两方面着手:一是信号的时域,以统计观点分析信号的高斯分布性和分布的对称性,以达到突出异常的目的;二是信号的频域,分析信号的 Wigner 双谱性质来识别和提取异常。

2　方法原理

信号的高阶统计量主要有高阶矩、高阶累积量两种,对应地在频率域还存在它们的

作者简介:蔡加兴(1966—),男,湖北人,高级工程师,主要从事工程物探与检测的研究和应用工作。

谱,高阶矩谱和高阶累积量谱。从 20 世纪 60 ~ 70 年代开始发展起来,并在 80 ~ 90 年代成熟应用的高阶统计量理论,对处理非平稳的、时变的、非最小相位的和非线性系统条件下的随机信号来说开辟了一条新的途径。而地球物理信号大多是非线性的、非平稳的时间序列,因此可以将高阶统计量方法作为地球物理信号分析和处理的一种基本工具。

2.1　信号的高斯性及其检测方法

通常地球物理信号,特别是声波反射信号和探地雷达信号,符合广义高斯分布。广义高斯分布是一种接近于高斯分布,并具有对称形式的概率密度分布。反射信号可看做是反射系数序列和天线发射的子波的褶积,如果发射的信号是广义高斯输入信号,反射得到的信号应为同分布的平稳信号,其中子波被认为是系统的传输函数。在介质是分层均匀的情况下,实际信号可以看做是一种零均值的接近于对称的广义高斯分布信号。当地下介质的性质发生变化时,如存在缺陷,得到的信号将不再满足对称的广义高斯分布,如果能用某种手段检测这种非对称和非高斯性的变化,就能够识别出地下介质性质的突变区。而随机信号的斜度和峰度,分别是随机信号的非对称和非高斯分布的两个重要度量参数,它们是信号的高阶统计量性质。

2.2　Wigner 双谱时频分析和识别原理

前文中从时间域的角度出发,分析信号的高阶统计量性质,用信号的高阶统计量斜度和峰度分析声波反射或探地雷达回波信号时,要求信号的长度足够长,采样率尽可能的高,以满足统计的理论条件。在实际的工程质量检测中,信号长度和采样率都不能满足理论计算的要求,这样有可能会漏掉一些小的异常,但依据高阶统计量时频分析则可以解决这类问题。

在确定性信号和平稳随机信号分析中,时间和频率是信号分析的两个极为重要的参数,傅立叶正反变换建立了信号时间域和频率域的映射关系,成为信号分析和处理的有力工具。在一般的信号分析中总假设随机信号满足平稳性,确定性信号是时不变的。如果将一段记录信号分为两段,分别对每段数据进行频谱分析,其结果应该基本一样。然而在许多场合下,地球物理信号的平稳性假设和时不变假设是不能成立的,由于介质大多是含孔隙的黏弹介质,对波有吸收作用,其主频总体上向低频方向移动。

对于非平稳和时变信号,由于其统计特性随时间变化,采用传统的傅立叶变换分析方法是无法令人满意的。傅立叶变换可以从时域或频域的角度分析信号,但却无法直接将两者有机结合起来。对于像声波反射和探地雷达回波这样的时变信号,了解不同时刻附近的频域特征至关重要。时频分析实际上就是将一维的时域信号映射到一个二维时频平面上,全面反映观测信号的时频综合特征。

为了解决工程质量检测中异常体的识别问题,将高阶谱分析方法引入到声波反射和探地雷达回波信号的时频分析中,实际上,高阶谱时频分析方法能较好地识别出建筑物的质量缺陷。

1932 年,Wigner 在研究量子力学的过程中提出了一种概率统计分布,后来,Ville 于1948 年在电子工程研究中将此扩展为时频分布,从今天来看,它是现在称之为双线性的时频表示方法的一种,后人把这种时频表示方法称为 Wigner - Ville 时频分布。把高阶矩引入到 Wigner - Ville 时频分布中,就得到高阶的 Wigner - Ville 时频分布形式,即 Wigner

双谱。

　　与时间域的情况相同,在声波反射或探地雷达回波信号的统计性质偏离广义高斯分布的情况下,如存在缺陷,就会在频率域表现出异常的谱分布,检测这种异常就能区分出建筑物质量缺陷区。

3　高阶统计量分析软件的实现

　　我们将高阶统计量分析的有关方法进行了软件开发。该软件主要包含了 Wigner 双谱分析、时间域的高斯性分析、滤波、增益控制、自动静校正、道均衡、谱分析、直达波面波分离等处理模块,还包括多种文件数据格式的输入输出、绘图等模块,该软件是一套完整的具有输入输出、分析处理和绘图显示等功能的软件。

3.1　软件的基本结构

　　高阶统计量分析软件的基本结构如图 1 所示。该软件主要分为数据输入、图形显示、数据分析预处理、高阶统计分析、数据与图形输出五部分。程序的这五部分统一由程序界面管理,并有机地组成一个整体,完成处理和分析的任务。图 2 是高阶统计量分析软件的界面。

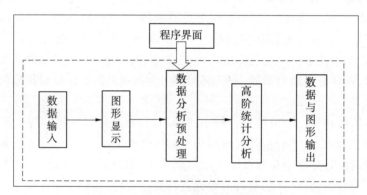

图 1　高阶统计量分析软件的基本结构

3.2　软件的模块功能

　　高阶统计量分析软件具有丰富的模块,该软件包含的模块分四类,分别是数据输入输出模块、数据显示模块、数据处理和分析模块及高阶统计量分析模块。

4　应用实例

　　结合工程实际应用,下面是两个应用实例,分别是 900 MHz 探地雷达在混凝土质量检测和声波反射在混凝土质量检测中的双谱时频分析的结果。

4.1　900MHz 探地雷达数据处理分析实例

　　图 3 是采用 900 MHz 天线的探地雷达在三峡大坝的永久船闸Ⅵ南底 13 分支廊道(S1 ~ S4)顶板上检测的原始数据,测线编号为 2 × 9,长度为 5 m,图中圆圈所标出的区域为解释的缺陷区。

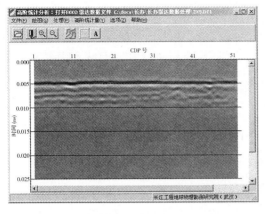

图2　高阶统计量分析软件的界面

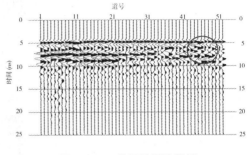

图3　2×9线探地雷达数据
（经过指数增益放大和高通滤波）

所用的仪器是加拿大生产的 EKKO1000 型探地雷达,天线频率为 900 MHz,有效探测深度约 1 m。探测方法为 CDP 剖面法,天线距 0.17 m,点距 0.1 m,共记录 52 个点,测线长度为 5.1 m。记录的时间长度为 25 ns,采样间隔为 0.1 ns。由于天线之间的间距不为零,记录时间零点从第 33 个点开始,即时间零点从 3.3 ns 开始。

探地雷达数据随时间的增加或深度的增大衰减很快,还有一些高频噪音,而且原始数据中还存在直流分量,对第一道提取的振幅谱如图 4 所示,虚线左边的部分低频分量有较大的值。

图 5 和图 6 分别为 2×9 线斜度变化率和峰度变化率高阶统计量检测结果剖面,图 5 中有两个较明显的雷达波信号斜度异常区,其中位于道号 35～45 之间的异常值较大,图 6 中也有两个较明显的峰度异常区,其中位于道号 35～45 之间的异常值较大。对比图 5 和图 6 可以看出,两图中最大的异常区空间位置都相同,说明它们是由同一原因引起的异常。

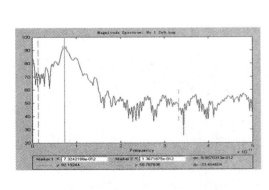

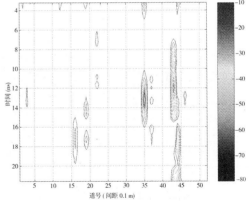

图4　2×9线探地雷达数据第一道的振幅谱　　图5　2×9线斜度变化率高阶统计量检测结果剖面

图 7 是图 3 所示的数据经过预处理和双谱识别后的结果图。图 7 中的双谱异常与已验证的混凝土质量缺陷区,不仅在空间上,而且在时间上都比较一致。

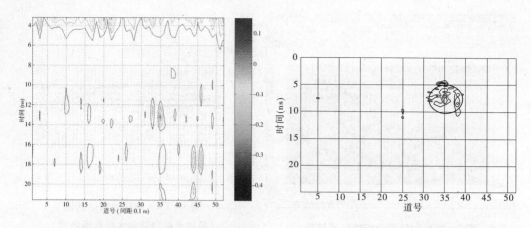

图6　2×9 线峰度变化率高阶统计量检测结果剖面　　　图7　2×9 线 Wigner 双谱识别结果剖面

4.2　声波反射信号的高阶统计量分析实例

本次选择对在三峡工地制作的混凝土模型上观测的垂直声波反射实测数据进行双谱分析。图 8 是在三峡工地一个混凝土模型上用垂直声波反射法实测的原始数据,测线编号是 hnt1/1 - 4。在缺陷区实测的垂直声波反射数据剖面,道间距 0.1 m,部分道间距0.2 m(见表1),时间采样间隔为 10 μs。为了便于观察,图 8 中将每道数据整体延迟 1 ms显示。图 8 中 1.0 ~ 1.7 ms 之间能量很强的波组为直达波和面波的叠合区,在第 16 ~ 26道、第 38 ~ 50 道和第 62 ~ 74 道,是已经证实的混凝土缺陷区。

表1　道号分配

道号	1 ~ 16	16 ~ 26	26 ~ 38	38 ~ 50	50 ~ 62	62 ~ 74	74 ~ 76
桩号	0 ~ 3.0	3.0 ~ 4.0	4.0 ~ 6.4	6.4 ~ 7.6	7.6 ~ 10.0	10.0 ~ 11.0	11.0 ~ 14.0
道间距(m)	0.2	0.1	0.2	0.1	0.2	0.1	0.2

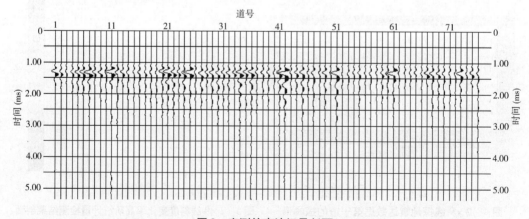

图8　实测的声波记录剖面

为了提高双谱识别的效果,首先对数据进行一系列的预处理工作。预处理包括常规的带通滤波、能量均衡、静校正和直达波面波分离等,其主要目的是消除噪声和相干干扰。图 9 是经过滤波、能量均衡和静校正后的声波数据剖面,该剖面的波形信号反映了混凝土的质量缺陷。

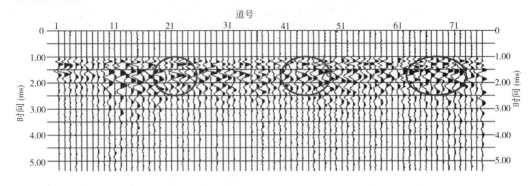

图9 经过滤波、能量均衡和静校正后的声波数据剖面

图10是对图8经过双谱识别后的剖面,该剖面上的双谱异常区也在第16~26道、第38~50道和第62~74道,与已经证实的混凝土缺陷区十分吻合。

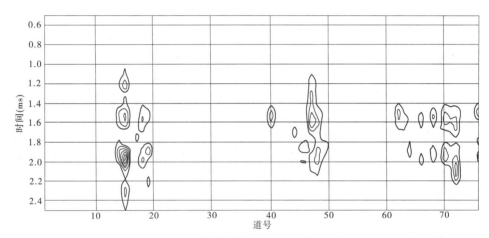

图10 剔除异常道的Wigner双谱识别结果

5 结论

(1)声波反射和探地雷达信号具有近似的广义高斯分布性质,这些性质可以作为高阶统计分析的理论基础。但不同发射频率的信号之间、雷达信号和声波信号之间具有不同的统计特性,特别是由异常体及缺陷区等引起的信号异常,有较大的统计特征值和较高的双谱值。

(2)对三峡工程探地雷达和声波反射数据等所作高阶统计量分析的结果表明,Wigner双谱分析可以识别出由异常体和缺陷区等引起异常信号,显示结果直观且不遗漏异常,便于工程技术人员进行工程质量检测和评价。

参考文献

[1] 张贤达. 时间序列分析——高阶统计量方法[M]. 北京:清华大学出版社,1996.

[2] 沈民奋,杨丽莎. 现代随机信号与系统分析[M]. 北京:科学出版社,1998.

[3] 申鼎煊. 随机过程[M]. 武汉:华中理工大学出版社,1990.

[4] 诸秦祥,徐中祥,吴国平. 信号分析与处理[M]. 武汉:中国地质大学出版社,1995.

[5] 刘方文,熊永红,等. 三峡工程强度成长期混凝土质量缺陷物探快速无损检测实验研究报告[R]. 宜昌:长江水利委员会长江工程地球物理勘测研究院,2000.

[6] 朱培民,俞国柱,王家映. 地震信号的对称性、高斯性及其检测方法[J]. 中国地球物理年会会刊,2001.

成像技术在某工程大口径钻孔中的应用

杨红云　　胡伟华　　涂善波

（黄河勘测规划设计有限公司工程物探研究院　郑州　450003）

摘要：相对小口径钻孔，对大口径钻孔进行全孔壁光学成像存在一些困难，本文从成像原理、仪器设备及现场作业等方面阐述了成像技术在某工程大口径钻孔中的成功应用，为工程地质勘察提供了技术支撑。

关键词：全景图像　大口径钻孔

1　引言

为了取得更加直观的地质资料，便于地质人员进行井下直接观察，2009 年某工程布置了 2 个口径为 1 m 的大口径钻孔。钻孔结束后，部分孔段岩体破碎，孔壁向外漏水严重，局部孔段向外喷水，地质人员下井作业困难。为了提供更加全面的地质资料，同时解决大口径钻孔岩芯不易运输、保存等困难，对大口径钻孔进行全孔壁光学成像十分必要。

一般小口径钻孔成像是利用数字摄像头通过锥形反光镜摄取孔壁四周图像，探头贴近孔壁，图像变形小。大口径钻孔直径大，采用锥形反光镜图像变形大，不宜采用小口径钻孔光学成像系统。另外，大口径孔壁距离远对照明要求很高，成像设备小，自动居中困难，也容易造成图形不规则变形。因此，需要研制专门针对大口径钻孔的成像设备。

2　成像原理

钻孔 DKJ206，灌浆效果明显，地下渗水基本都被封住，孔壁只有少许渗漏，因此无须采用防水措施，即可进行现场成像拍摄工作。钻孔 DKJ205，由于灌浆没有封住主要的渗透裂隙，孔壁到处渗水，由于压力的原因，多处裂隙直接喷水到钻孔中央。鉴于此，对大口径钻孔的成像要做孔内有水和无水时的两套方案。

2.1　干孔时成像原理

大口径钻孔全孔壁成像原理就是当孔内无水时，直接采用数字成像系统对孔壁进行分幅采集，将大口径钻孔的壁面分为足够多的图幅，使单幅图像具有足够高的分辨率，并使单幅弧面尽量接近平面，对每一个图幅进行定位采集图像。定位采集图像的原则是：对每一幅图像采集时，图像采集系统的相对位置（距离、角度）不变，图像大小、比例不变，照

作者简介：杨红云（1981—），男，山西人，工程师，主要从事水利水电工程物探工作。

明条件不变,实现现场快速、准确采集图像,后期对图像进行智能化自动处理和整体拼接成图。因此,该系统包括现场图像采集系统和图像处理系统两部分。

2.2　水下采集原理

水下采集系统的基本原理是:使用360°全景数字电视摄像,真实、全面地记录钻孔孔壁情况,同时采用数据采集、展开处理等手段,实现钻孔全壁面的影像成图,真实、全面地保存钻孔孔壁影像资料。

全景摄像的成像基本原理如图1所示。

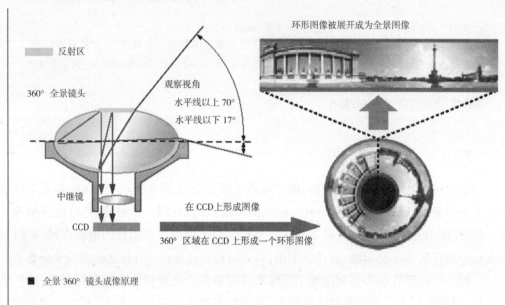

图1　全景摄影的成像基本原理

采用360°全景镜头可以摄取周围87°视场内的景物,在摄像机的靶面上形成一个周围景物的环形图像,这一图像被计算机采集记录后,再通过计算机软件进行图像展开处理,即可形成钻孔一周的展开图像,如图2所示。

图2　全景镜头图像以及展开实际图像

采用360°全景拍摄的方法,可解决钻孔裂隙渗水的问题,由于是在水下操作,水的浑浊度以及光线照明的限制,摄像机采集像素的限制,水下拍摄的效果实际清晰度相对干孔采集方案的清晰度低很多,但是基本裂隙和风化夹层还是可以清晰地分辨出来的。

3 设备及其现场作业

3.1 干孔作业

图像采集系统包括图像采集相机、视频监控、照明系统、相机及角度控制系统,见图3。

图像采集系统通过角度控制器直接控制采集平台的转动角度,同时远距离遥控相机进行拍摄和存储。图像采集要求每幅图像的照明条件一致,每一幅图像各个部位的照度均匀。为此,必须使相机与照明灯同步运行,才能保证每一幅图像的照明条件一致。为解决同步照明问题,采取照明灯与相机同时安装在一个支架上,相机在前,照明灯稍后平行。视频监控可以即时监视照明系统的一致性和均匀性,同时监测采集系统的工作状态。

野外图像采集工作控制质量的几个关键点是图像清晰度、图像的连续性、图像比例的一致性、图像位置坐标的准确性。

图像采集系统中心轴的控制十分重要。如果中心轴偏移,将引起图像比例失调,图像随机非线性失真,图像坐标失准,甚至引起拼接图像不连续。现场严格控制设备居中,保证采集设备始终稳定地保持在钻孔的中轴线上。

图像拼接处理软件是针对平面图像的,它的拼接按纵、横向拼接。首先对单幅图像进行横向连续拼接,拼接成带状展开图像。对拼接好的展开图像,再按步长进行连续拼接,拼接成整体展开图像。图像拼接可以选用自动拼接和手动拼接。自动拼接速度快,也可以进行人工干预,纠正自动识别出现的偏差。图像拼接后进行图像亮度均衡处理,消除图像边缘因亮度差异引起的拼接痕迹,改善图像拼接效果。38.2~40.4 m段孔壁展开拼接图像见图4。

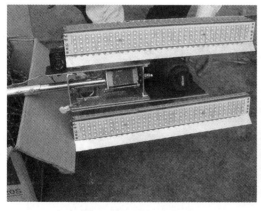

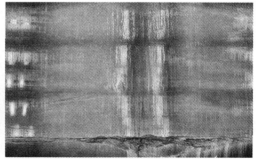

图3 大口径图像采集系统　　　　图4 38.2~40.4 m段孔壁展开拼接图像

3.2 水下作业

水下全景电视成像系统其中包括水下专用成像探头、深度计数器、井口滑轮、照明系统,如图5所示。

由于全景成像采取每个步长一次成像的拍摄方式,这样对照明的要求就需要同时将孔壁全部照亮。因此,采用环绕照明的方式,用6个水下密封灯同时进行照明。现场设计了居中矫正器,严格控制设备的居中问题,保证采集设备始终稳定的保持在钻孔的中轴线上。通过井口滑轮和深度计数器的计数来控制每次探头下降的步长,并按照步长进行连续拍摄、存储,见图6。当探头下降到孔底之后,往上提升的时候,对孔壁就进行连续摄影录像。孔壁对应的深度显示在录像画面上,对孔壁的动态情况进行有效的观察和分析。

 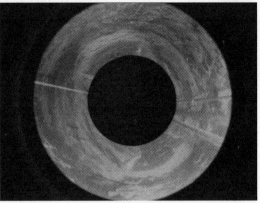

图5　全景图像采集系统　　　　　　　图6　全景实拍井壁情况图像

拼接处理软件是针对全景拍摄的横向展开。首先对单幅图像展开成横向带状展开图像。对拼接好的展开图像,再按步长进行连续纵向拼接,拼接成整体展开图像。

4　结论

大口径全孔壁光学成像形成的图像非常清晰,高保真地记载了孔壁完整的影像资料,特别是古贤对难以完整取出的泥化夹层非常清楚、完整地呈现出来,它真实客观地再现了钻孔内的地质影像,犹如置身于钻井现场。

参考文献

[1] 曹先玉. JD – 1 型钻孔全孔壁电视系统简介[J]. 工程物探,2004(3).

测量岩体模量的全自动智能化钻孔弹模测试仪

马若龙　胡伟华　毋光荣　谢向文

（黄河勘测规划设计有限公司工程物探研究院　郑州　450003）

摘要: 本文介绍了一种新的孔中原位静弹模测试仪器——HHWT－TM01型全自动智能化钻孔弹模测试仪,该仪器基于钻孔千斤顶法工作原理,自动化程度高,测试位移量程大,精度高,工作压强大,测试探头设计科学、新颖,整体防水性能好,主机可以交、直流两用,轻便适用,在室内(混凝土块、岩块、铝块和钢体中)进行了大量标定试验,并经过了相关部门的技术检定。

关键词: 岩体模量　全自动　智能化　原位测试　钻孔弹模仪

1　引言

岩体静弹性模量是水利水电等大型工程建设中非常重要的岩体参数。岩体静弹模的原位测试手段大致可分为承压板法、水压试洞法及钻孔试验法三类。国内一般采用承压板法,这类方法只能测量地表或洞壁附近处的岩体弹模,若需了解深部岩体的弹模,则需开挖巷道至被测位置,成本高,周期长;水压试洞法费用特别高;钻孔试验法无须开挖巷道,而是通过钻孔将测试探头送至被测位置进行测试,这种工作方式不仅可减少开挖巷道和制备试件时对岩体的破坏及岩体卸荷的松弛影响,测试结果更可靠,同时可缩短试验周期,减少试验费用,便于在复杂岩层中不同位置、不同方向上作大量测试,其测试结果更具有代表性。

2　总体技术方案

相对于橡胶囊结构,千斤顶结构具有测试压力大、位移测量精度高、工作成本低、应用范围广等优点。钻孔千斤顶法测量岩体弹性(变形)模量的原理是利用千斤顶内的活塞,推动钢性承压板,给钻孔孔壁施加一对径向压力,同时测量相应的孔径变形,并依据压力与变形的关系计算出岩体弹性(变形)模量。

位移测量采用高精度位移传感器,压力测量采用高精度压力传感器。位移和压力传感器、超高压千斤顶和报警装置均位于测试探头内部,并通过电缆将信号送到测试主机;超高压油管分别连接探头和加压油泵,通过主机实时显示工作压力、位移、传感器工作情况和仪器工作电压、报警等。系统原理框图见图1,孔中探头工作原理框图见图2。

下井时,测试探头与导向杆刚性连接,这种设计有三个好处:一是可以控制探头的加压方向;二是使下井过程中连接电缆和油管不受力,保护了电缆和油管;三是如果出现卡

作者简介: 马若龙(1981—),男,甘肃白银人,工程师,从事工程物探工作。

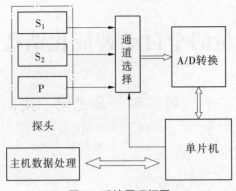

图 1　系统原理框图

孔现象方便处理。

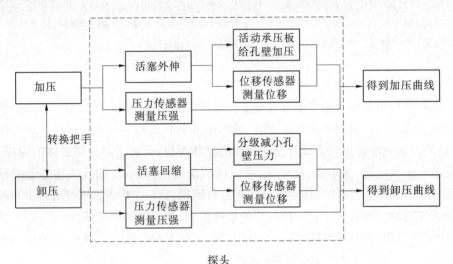

图 2　孔中探头工作原理

3　系统设计思路和研制

3.1　孔中探头

为满足测试原理,测试探头的外观设计比较独特,工作过程提供的是一对对称的条带状压力,与测试原理的要求完全符合,能保证测试过程中承压板与钻孔孔壁匹配良好,同时使整个承压板上的受力更加均匀,并提高承压板给孔壁的压强。探头采用独特的密封圈设计方法,并配套防水电缆,使整套设备的防水性能大于 5 MPa。

3.2　数据采集软件和处理软件

采集软件和处理软件均使用 Visual C＋＋语言编写。采集软件的数据以二进制文件形式存放,保证了数据安全可靠,并实现了定时记录、判稳和报警功能;处理软件主要由处理计算模块、打印模块和输出到 Word 模块组成。采集程序主界面见图 3,资料处理程序主界面见图 4。

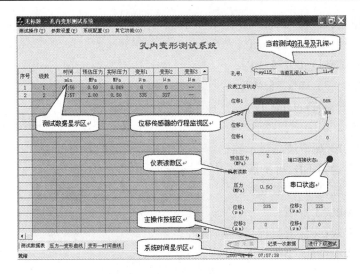

图3　采集程序主界面

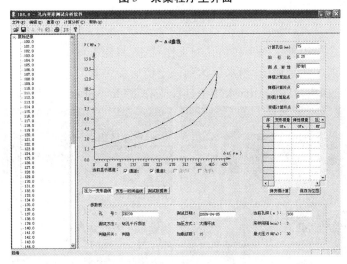

图4　资料处理程序主界面

4　仪器系统功能及技术指标

4.1　仪器系统配置

　　全自动智能化钻孔弹模测试仪主要由主机、探头、电缆、油管、油泵、导向杆组成。如图5所示。

4.2　主要功能

　　全自动智能化钻孔弹模测试仪可以根据预设工作参数快速、准确地测量出钻孔被测部位岩体的压力—变形曲线，从而根据测试曲线计算弹性模量和变形模量。

4.3　主要技术指标

　　（1）位移测试精度：0.001 mm；

　　（2）位移测试线性精度：≤0.10％FS；

(3)位移量程:15 mm、20 mm;

(4)可测孔径:φ75～110 mm;

(5)压力测试精度:0.175 MPa;

(6)最大压力:75 MPa、85 MPa;

(7)主机处理器:Pentume Ⅳ;

(8)内存:512 MB;

(9)显示器:10″高清液晶显示器;

(10)硬盘容量:4 GB(可扩展);

(11)操作系统:Win XPE mbed;

(12)工作温度:工业级;

(13)供电方式:交流或直流(12 V)两种;

(14)探头防水性能:不小于 500 m。

5　试验与检定

5.1　防水试验

防水试验完全模拟测试探头在钻孔的工作状态,将探头置于密封的专用试验设备中,并通过阀门向容器中注水加压,当水压达到一定值后关闭阀门,用压力表观测压力值并记录时间。经试验,探头可在 5 MPa 水压下连续工作 12 h 不进水。如图 6 所示。

图 5　仪器主要部件

图 6　探头防水试验

5.2　检定试验

防水试验完成以后,送往相关部门进行检定。经检定:位移测试线性度小于等于 0.10% FS,压力测试线性精度为 ±0.25% FS。

5.3　室内试验

检定合格之后,又相继进行了混凝土块(强度等级分别为 C20、C25),灰岩块,铝块和圆钢的标定试验,其中混凝土块及灰岩块还和实验室进行了对比试验。

标定和对比试验成果表明:混凝土块和灰岩块的测试值比实验室测试值最大误差为 -9.07%,最小误差为 -5.91%,这是由于受试件尺寸的影响而使测试值略有偏低,但最大误差小于10%,在允许误差范围内。铝块和钢柱的测试值和标准值基本一致,误差均小于5%。

6　结语

全自动智能化钻孔弹模测试仪与国内外同类产品相比,具有以下技术优点:

(1)自动化程度高,仪器的记录、判稳和报警均根据仪器在开始测试前设定相应参数自动控制,不需要手工记录任何数据。

(2)探头设计独特、科学,符合测试原理,这种设计在能保证测试过程中承压板与钻孔孔壁匹配良好的同时,使整个承压板上的受力更加均匀,测试数据更为可靠。

(3)75 型探头和 90 型探头的位移测试量程分别达到了 15 mm 和 20 mm,适应孔径范围大;位移测试精度为 0.001 mm,位移的线性精度 ≤0.1% FS,压力测试精度为 0.175 MPa,压力测试的线性精度为 ±0.25% FS,数据采集精度高。

(4)系统采用数据采集、显示、处理一体化的设计理念,将测试数据、曲线进行了图表一体化显示,并实现了和 Word 软件的结合。

(5)测试探头密封性能好,可承受最大达 5 MPa 水压。

综上所述,全自动智能化钻孔弹模测试仪设计合理,性能稳定,操作简单,工作压强、位移量程、测量精度和整体防水性能均能满足工程需要,是目前国内外较为理想的孔中静弹模测试设备。

利用串口通信及 VC + + 编程技术实现
弹模仪数据采集和成果输出

周锡芳 马若龙 鲁 辉

（黄河勘测规划设计有限公司工程物探研究院 郑州 450003）

摘要：本文介绍了在 Visual C + + 6.0 平台下，基于定时器和串口通信技术实现了弹模仪数据实时采集，利用 VBA 调用 Office 模板技术实现了处理后数据的输出。经过实际运用证明，该系统性能稳定，操作人性化，完全可以满足工作需求。

关键词：串口通信 可视化编程 VBA 技术 弹模仪

1 引言

本文针对测量岩体变形特征的全自动智能化钻孔弹模测试仪，设计了实时数据采集和后续数据处理输出系统。该系统主要由主板、自主设计的采集板、多通道选择器及单片机组成，各单片机根据主机设定的工作参数将采集的压力（P）和位移（S_1、S_2）信息通过串口发送给主机，主机实时记录接收到的数据并保存，采集完成后利用数据处理系统进行测试成果的处理及成果表的输出。系统结构如图 1 所示。

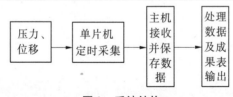

图 1 系统结构

2 硬件的设计及实现

2.1 主板

仪器的主板选择 EMB – 3680 型主板。EMB – 3680 是一款低功耗（整板功耗仅为 6 W）、体积小巧的工业主板，支持 +5 ~ +18 V 范围的单电源供电输入，集成声卡和显卡，支持 VGA、LVDS 和 TTL 显示输出模式，兼容 Windows 2000/XP/WinCE 和 Linux/Mac OS/Unix 等主流操作系统，最大支持 1 GB 的内存，提供 4 个 USB 2.0 接口和 4 个 COM 接口，支持从 CF 卡启动。该主板非常符合我们对主板低功耗、兼容性和高扩展度的要求。

作者简介：周锡芳（1981—），女，四川泸县人，助理工程师，主要从事工程物探和仪器设备检修工作。

2.2　采集板

2.2.1　A/D 转换芯片

A/D 转换芯片采用 ADI 公司的 AD7663,主要技术指标是:精度 16 bits;转换速度 250 kb/s;固有量化误差: ±3 LSB;线性误差 ±0.004 6%;双极信号范围 ±10 V、±5 V、±2.5 V,单极信号范围 0 ~ 10 V、0 ~ 5 V、0 ~ 2.5 V;可选 8 bits/16 bits 并行接口;可选 SPI 接口;5 V 供电。采用该芯片完全可以满足微米级精度的测量要求。A/D 转换电路见图 2。

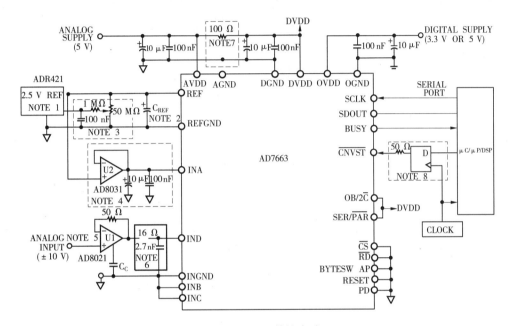

图 2　A/D 转换电路

2.2.2　电压基准

A/D 转换参照的标准是电压基准(见图 3),故电压基准直接影响着 A/D 转换结果。ADR421A 温漂小,只有 3×10^{-6}℃$^{-1}$;噪声低,只有 1.75 μV(p - p);所需供电电压范围宽,4.5 ~ 18 V 都可以工作;工作温度宽,可以在 -40 ~ +125 ℃ 范围内工作。

2.2.3　多路选择器

由于输入信号个数较多,而采样频率要求不高,采用多路选择器(见图 4)可简化电路,降低成本,加大信号输入量。而 MAX306MJI 多路选择器可 16 选 1,即最多可接 16 路信号,完全满足采集器设计要求。

2.2.4　通信转换芯片

由于将采集板和主机做成一体,信号通信距离很近,采用串口通信电路较为简单,可降低成本,保证通信质量,且所选主板有串口,无须添加任何附加电路。

主机控制程序模块流程图如图 5 所示。

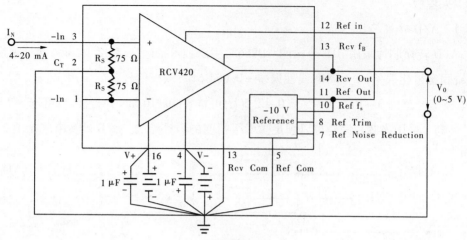

图 3　电压基准电路

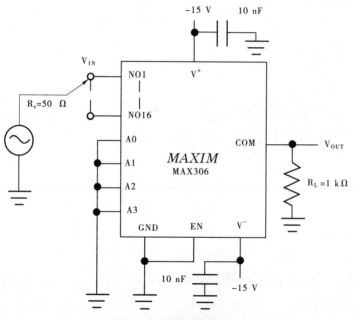

图 4　多路选择器电路

3　软件的设计与实现

3.1　串口通信

软件设计使用 VC + +6.0 开发平台,由串口类实例对串口实施一系列操作,包括打开、关闭串口,以及串口通信参数设置,针对从各个串口接收或发送的数据特点,进行编码解码,数据存储操作。主要代码如下:

```
void CConectCom::OnOK( )
{ ////////打开串口///////////////
```

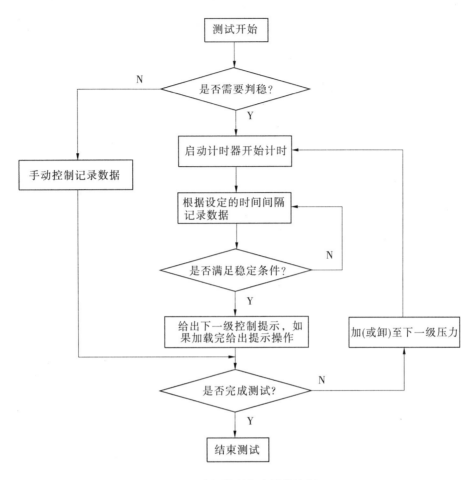

图5　主机控制程序模块流程

pView － >m_comm. SetCommPort(td) ; //串口 3

pView － >m_comm. SetInBufferSize(1024) ; //设置输入缓冲区的大小,Bytes

pView － >m_comm. SetOutBufferSize(512) ; //设置输出缓冲区的大小,Bytes

pView － >m_comm. SetInputMode(1) ; //设置输入方式为二进制方式

pView － >m_comm. SetSettings("9600,n,8,1") ;//设置波特、个数据位、停止位

pView － >m_comm. SetRThreshold(27) ; //27 表示有 27 个字节即引发事件

pView － >m_comm. SetInputLen(0) ;//设置当前接收区数据长度为0,表示全部读

取

if(! pView － >m_comm. GetPortOpen( )) //如果串口没有打开则打开

{

　　pView － >m_comm. SetPortOpen(true) ;//打开串口

　　pView － >Invalidate ( ) ;//刷新

　　CString tempp1 ;

　　tempp1. Format （" % d" ,td) ;

```
        tempp1 = "串口" + tempp1 + " 打开成功!";
        AfxMessageBox(tempp1);
    }
    else
    {
        pView - > m_comm . SetPortOpen (false);
        pView - > m_comm. SetPortOpen( true);//打开串口
        pView - > Invalidate ();//刷新
        CString tempp1;
        tempp1. Format ("%d",td);
        tempp1 = "串口" + tempp1 + " 打开成功!";
        AfxMessageBox(tempp1);
    }
    //发送采集启动命令
    CByteArray sendArr;
    sendArr. SetSize(2);
    sendArr. SetAt (0, C');
    pView - > m_comm. SetOutput(COleVariant( sendArr));
    //获得程序的当前目录
    GetModuleFileName( NULL,pView - > strPathName. GetBuffer(256),256);
    pView - > strPathName. ReleaseBuffer(256);
    int nPos = pView - > strPathName. ReverseFind('\\');
    pView - > strPathName = pView - > strPathName. Left(nPos);
}
```

3.2　处理结果输出到 Word 表格

利用 VBA 调用模板技术实现结果向 Word 表格的输出,首先应该在 Word 下建立好"钻孔弹性(变形)模量测试原始数据表"、"钻孔弹性(变形)模量测试成果表 1"、"钻孔弹性(变形)模量测试成果表 2"三个数据表。在定义好 CWzjWordOffice 类,包括其成员函数之后,根据不同的输出需求分别输出三个表格,输出成果表时,首先应定义 Word 实体对象,选择模板,然后进行表格和图像的充填,从而完成输出测试成果的功能。代码如下:

```
void CMainFrame::OnFileOutputword()
{
    CWzjWordOffice md;//定义 Word 实体对象,CWzjWordOffice 先定义好的类
    int i,k,j,intemp,m,tabnum;
    CString mytk,temptr;
    int resnum;//结果个数
    COleVariant covOptional((long)DISP_E_PARAMNOTFOUND, VT_ERROR);
    if(! md. Create(k))// 创建 Word 实体对象,调用模板选择函数
```

```
        return;
        if( OpenClipboard( ) )//打开剪切板
        {
        EmptyClipboard( );//清空剪切板
        CDC cdc;
        CBitmap MemBitmap;//定义一个位图对象
        cdc. CreateCompatibleDC( &cdc);//建立与屏幕兼容的内存显示设备
        CRect client( 0,0,280,300);
        //建立一个与屏幕显示兼容的位图,用窗口的大小
        MemBitmap. CreateCompatibleBitmap( &cdc,280,300);
        //将位图选入到内存显示设备中
        CBitmap * pOldBit = cdc. SelectObject( &MemBitmap);
        //先用背景色将位图清除干净,这里用的是白色作为背景
        cdc. FillSolidRect( 0,0,client. Width( ) + 700, - client. Height( ) -750,RGB(255,
        255,255));//绘图
        pViewR - > DrawCurve( &cdc,0, -50,1.9); //复制内存图像到剪贴板
        SetClipboardData( CF_BITMAP,MemBitmap);
        CloseClipboard( );//删除临时对象
        font5. DeleteObject( );
        poldfont = cdc. GetCurrentFont( );
        OldPen = cdc. GetCurrentPen( );
        pen. DeleteObject( );
        MemBitmap. DeleteObject( );
        }
    md. PasteCellText( 1,6,pmDataResult - > yx,pmDataResult - > kj,pmDataResult - >
po,tabnum);
        else if( tabnum = =2)
    md. PasteCellText( 1,1,pmDataResult - > yx,pmDataResult - > kj,pmDataResult - >
po,tabnum);
        }
    md. ShowApp( ); //显示 Word
    md. mdocsave( "d:\yy. doc");//保存文档
    md. m_wdDocs. ReleaseDispatch( );//断开关联
    md. m_wdSel. ReleaseDispatch( );//退出 Word
    md. m_wdApp. ReleaseDispatch( );
    EndWaitCursor( );
}
```

选择模板代码如下：

```
switch(mtemplate)
{
case 0：
    m_wdDocs. Add(&Template,&NewTemplate,&DocumentType,&Visible);
    break;
case 1：
    //使用 Word 的文档模板
    varFilePath. SetString(strPathName + "\\WordTemplate\\钻孔弹性(变形)模量测试原
始数据. doc",VT_BSTR);
    m _ wdDocs. Open ( varFilePath, varFalse, varFalse, varFalse, varstrNull, varstrNull,
varFalse,varstrNull, varstrNull,varstrNull,varstrNull,varTrue,varstrNull,varstrNull,
varFalse,varstrNull);
    break;
case 2：
    varFilePath. SetString(strPathName + "\\WordTemplate\\钻孔弹性(变形)模量测试成
果表1. doc",VT_BSTR);
    m _ wdDocs. Open ( varFilePath, varFalse, varFalse, varFalse, varstrNull, varstrNull,
varFalse,varstrNull, varstrNull,varstrNull,varstrNull,varTrue,varstrNull,varstrNull,varFalse,
varstrNull);
    break;
case 3：
    varFilePath. SetString(strPathName + "\\WordTemplate\\钻孔弹性(变形)模量测试成
果表2. doc",VT_BSTR);
    m _ wdDocs. Open ( varFilePath, varFalse, varFalse, varFalse, varstrNull, varstrNull,
varFalse,varstrNull, varstrNull,varstrNull,varstrNull,varTrue,varstrNull,varstrNull,varFalse,
varstrNull);
    break;
default：
    …
}
```

按照如下的方法，即可实现串口通信和将成果输出到 Word 表格。采集和数据处理软件界面如图 6 和图 7 所示。

4 结语

系统采用了串口通信技术,实现了弹模仪测试数据的实时采集和保存,利用 VC + +6.0 编程技术实现了将数据处理结果方便、快速地输出到 Word 表格的功能。本系统已投入使用,系统设计人性化,运行可靠稳定。

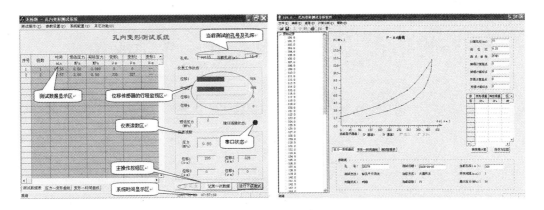

图6 采集、处理程序主界面

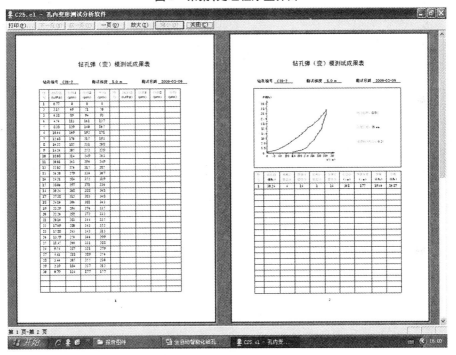

图7 资料处理程序打印界面

略论钻孔电视和钻孔全孔壁光学成像

杨红云　　涂善波　　李晓磊　　鲁　辉

（黄河勘测规划设计有限公司工程物探研究院　郑州　450003）

摘要：钻孔电视和钻孔全孔壁光学成像能得到直观的钻孔图像信息，从而获得更加丰富和精确的地质信息。本文从成像机制、设备、现场操作、最终成果等方面对它们进行了分析、对比，证明全孔壁光学成像探测效果更好。

关键词：钻孔电视　钻孔全孔壁光学成像　效果对比

1 引言

在水利水电工程的前期勘察工作中，钻孔的重要性不言而喻。钻探取芯技术可获得地层的岩石芯样并作进一步的试验分析，因而在工程勘探中得到广泛应用。但它存在着取芯率不足，取芯质量无法保证，特别在软岩或岩石破碎的地段，岩芯获取率更低，无法得到岩石构造、裂隙的原始产状等缺点。与钻孔取芯相比，钻孔电视和钻孔全孔壁光学成像能得到直观的图像信息，从而获得更加丰富和精确的地质信息。

钻孔电视出现于 20 世纪 60 年代，是一种先进、实用、直观的探测技术，是一种能直观地观测孔壁图像的检测设备。它以视觉获取地下信息，具有直观性、真实性等优点，已广泛应用于地质勘探和工程检测中。用它可以准确地划分岩性，查明地质构造，确定软弱泥化夹层，检测断层、裂隙、破碎带，观察地下水活动状况等。在工程建设中可用来检查混凝土浇筑质量、检查灌浆处理效果，协助地质力学试验及地质灾害的监测、检测，指导地下仪器设备的安装埋设，地下管道的检查探测，隧洞开挖的超前探测等。钻孔全孔壁光学成像技术作为钻孔电视的升级技术，成像质量有了质的飞跃。

2 钻孔电视

钻孔电视是彩色电视系统，它的彩色复原性好，分辨能力强，配有特殊的照明光源，视角广，其信号由专用视频电缆传输，损失小。它通过井下摄像探头摄取钻孔周围图像，图像信号经过视频电缆传输至地面监视器显示并记录。其具有低照度性能好、图像清晰动态范围宽、体积小、质量轻、功耗低、坚固耐用、操作方便的特点。

钻孔电视系统包括井下摄像头、地面控制器、传输电缆、主机、绞车、脚架等，钻孔电视系统工作原理图详见图 1。

钻孔电视的操作步骤如下：

作者简介：杨红云（1981—），男，山西人，工程师，主要从事水利水电工程物探工作。

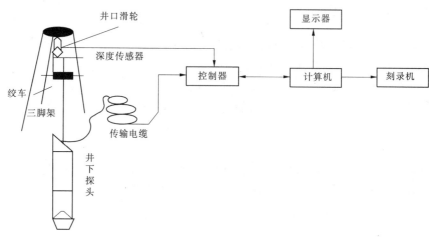

图1　钻孔电视系统工作原理

（1）冲洗钻孔，并沉淀24 h。

（2）在孔口架起三脚架，装上绞车，连接好仪器设备间各种连线，把探头放入孔中。

（3）启动主机，使探头尽量居中，缓慢放下探头，将孔口图像的上沿对准钻孔零点，孔口深度置零。

（4）启动绞车，慢慢下放探头，开始录像，对异常部位需重点录像。

在详尽分析实录资料、判断孔内岩石性状的基础上，经专业编辑软件，对录像进行后期处理，辅以必要的文字说明、背景音效，最后以电子光盘的形式刻录完成最终成果。录像截图如图2所示。

图2　钻孔电视录像截图

钻孔电视动态地显示孔内实际情况，对孔内裂隙冒水等反应较为明显，它可以有效追踪裂隙。钻孔电视也有它的不足，只能观测部分孔壁的情况，虽可以通过旋转按钮改变探头的方向，但不能同时观测全孔壁的情况，因为它是模拟信号，对钻孔质量要求较高，若孔内水体略微浑浊，将严重影响图像采集效果。

3　钻孔全孔壁光学成像

随着科学技术的进步,钻孔电视技术也有了跨越式的发展,钻孔全孔壁成像系统作为钻孔电视的升级,有效地避免了上述问题。

它采用图像采集、处理等方法,对钻孔进行全孔壁电视成像,不遗漏钻孔孔壁图像,使钻孔电视资料更加完整,不遗漏钻孔内的地质信息,同时提高了钻孔电视工作的速度和质量。

钻孔全孔壁光学成像系统,是采用一种特定的光学变换,即截头的锥形反光镜,实现了将360°钻孔孔壁图像反射成二维平面图像,这种二维平面图像即全孔壁图像。全孔壁图像可以被位于锥形反光镜上部的摄像机拍摄,经过光学变换,形成全孔壁图像。孔壁图像的变换、展开原理如图3所示。

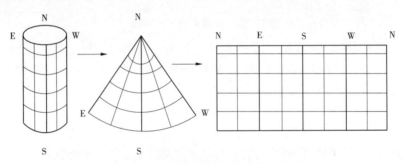

图3　孔壁图像的变换、展开原理示意

钻孔全孔壁光学成像系统同钻孔电视一样,包括井下摄像头、地面控制器、传输电缆、主机、绞车、脚架等,只是各个设备的原理和内部结构做了大变动。

井下摄像探头由井下电视摄像机、照明光源、锥形反光镜、透明摄像窗、指北针、遥控调焦装置等组成。电源及信号均通过视频传输电缆与地面控制器连接。

控制器由电源、调焦控制、深度计数、图像采集控制等部分组成。控制器为井下探头提供摄像机电源、照明电源、控制调焦等。深度计数器精确记录测井深度并显示。图像采集控制器接收深度信息,并通过RS‑232接口与图像采集处理系统对话,控制图像采集。

计算机图像处理系统由计算机、图像采集卡、刻录机、显示器等组成。计算机图像处理系统通过RS‑232接口与采集控制器连接,采集传输电缆送来的孔壁图像信号,并对孔壁图像信号进行识别、展开处理。自动拼接形成孔壁展开柱状图像,通过监视器显示出来,并一帧帧独立地记录在计算机硬盘里。

钻孔全孔壁光学成像的试验操作步骤基本同钻孔电视,为了获得清晰、拼接准确、完好的图像,在探头下井前应进行图像调整、参数确定等几项工作。在调整井下摄像机焦距后,保持井下探头状态不变,打开视频校准,调整视频中心,使图像采集中心与钻孔图像中心尽量一致。再调整内、外圆的大小,在保证图像质量的前提下,尽量扩大图像采集的面积。将钢圈尺拉出贴孔壁下放,在动态图像下监视钢卷尺放置,确定放好后点击视频校准按钮,调整视频中心,设置好内、外圆的大小,读出大圆与小圆的距离,精确到毫米,并将此值置入深度步长,见图4。设置好步长等参数后,就可以采集了。

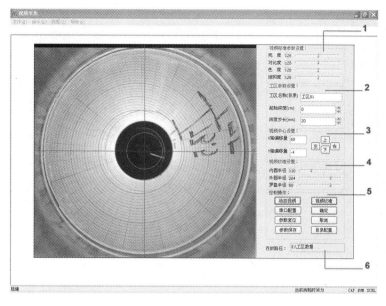

图 4　采集参数设置

计算机图像处理系统在室内对已存入的图像信息进行拼接、编辑解释处理,图像可标注深度和方位,标注地质体的产状。由于该系统的拼接是以孔深为单位,还未达到以像素为单位拼接的精度,因而图像总是出现一些拼接缝,在一定程度上影响了图像的质量和美观,典型图片如图 5 所示。

为了对图像的观察更直观,对展开的钻孔全孔壁图像进行数学模式变换处理,使其向外卷成圆柱状图像,模拟柱状岩芯观测图像,并可以控制图像放大、缩小、位移、旋转等,供详细观察、测量地层岩性的产状及变化情况,可不遗漏地编辑钻孔地质资料。旋转和倾斜观察柱状岩芯图像犹如将岩芯拿在手上进行观察。图像上还有方位指示,比较直观地看岩芯更容易判断构造产状。若将柱状岩芯图像旋转并倾斜,对应柱的端面向里看,类似于从孔口看孔壁,见图 6 ~ 图 9。

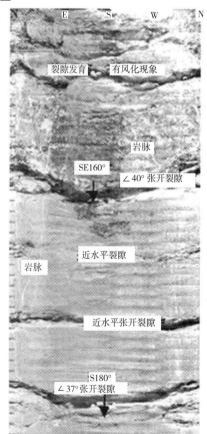

图 5　解释标注

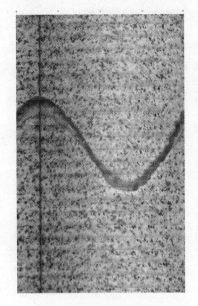

图 6　全孔壁展开图

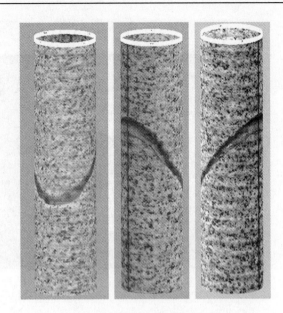

图 7　还原钻孔岩芯旋转观测图

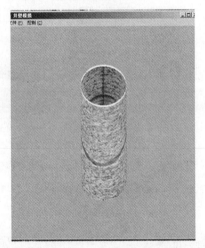

图 8　倾斜

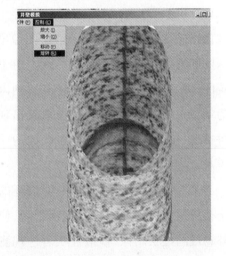

图 9　孔内壁

4　结语

从钻孔电视到钻孔全孔壁光学成像,钻孔成像技术已经取得了质的飞跃。

钻孔电视可动态地显示钻孔内壁情况,对孔内裂隙冒水等反应较为明显,它可以有效追踪裂隙,但不能展示全孔壁的情况,由于其模拟信号的限制,成像质量相对较低。

钻孔全孔壁光学图像,可标示出裂隙等构造的产状,制作钻孔岩芯图像。由于其拼接是以孔深为单位,故图像总是出现一些拼接缝,影响了图像质量。

参考文献

[1] 曹先玉. JD-1型钻孔全孔壁电视系统简介[J]. 工程物探,2004(3).

浅谈利用 VB 编程控制 Excel 的技术

陈卫东 杨 战

（西北勘测设计研究院工程物探研究所 兰州 730050）

摘要：文章以生成的声波单孔测试成果表为例，阐述了如何用 Visual Basic 编程操控 Excel 的技术。

关键词：Visual Basic Excel 单元格 工作表 计算 函数 格式

1 引言

Office 办公系统下的 Excel 在计算和制表方面，灵活方便，表现出独特的优势。一些物探测试产生的数据量很大，而成果经常需要采用图表的方式表示，在表中还需进行大量有固定模式的计算及统计工作，如果把物探资料处理软件与 Excel 紧密地结合起来效果将会更好。微软公司开发的 Visual Basic（简称 VB）给我们提供了这样有力的平台，我们可以利用 VB 编程对 Excel 进行控制。

2 VB 编程控制 Excel 基本思路

利用 VB 编写一个具有前期资料处理功能的软件，以提取后续处理所需数据，然后在该软件下编写一个能够控制 Excel 的模块，此模块的功能是把前期处理产生的原始数据传到 Excel 中，编写时要一次性定义好输出图表的样式及需使用的 Excel 函数，以达到输出到 Excel 中的结果，不需要在 Excel 中再进行计算、编辑、制图，即能生成可直接应用于成果报告的图表。

3 编程实例

下面以生成声波单孔测试成果表为例，介绍利用 VB 编程控制 Excel 的技术。

3.1 创建文档

在 VB 系统菜单中单击【工程】/【引用】命令，选中'Microsoft Excel 11.0 Object Library'对象库。然后采用下面代码，创建一个 Excel 工作簿：

```
Dim ExApp As Excel. Application
Set ExApp = New Excel. Application
Set Exbook = ExApp. Workbooks. Add
```

作者简介：陈卫东(1971—)，男，河南新密人，高级工程师，主要从事工程物探外业生产技术工作。

3.2 选中/添加工作表

如果在“Sheet1”的工作表中写数据，可以用 Sheets(“Sheet1”). Select 方法先选中该工作表。一般情况下 Excel 系统默认有 Sheet1、Sheet2 和 Sheet3 三个工作表，有时需要更多的工作表，可采用下面代码添加：

```
Dim Exsheet As Excel. Worksheet
Set Exsheet = Exbook. Sheets. Add
```

把工作表“Sheet1”名称修改成对应钻孔编号“Hole1”(参考图1)，用下面代码实现：

```
Sheets(Sheet1). Name =“Hole1”
```

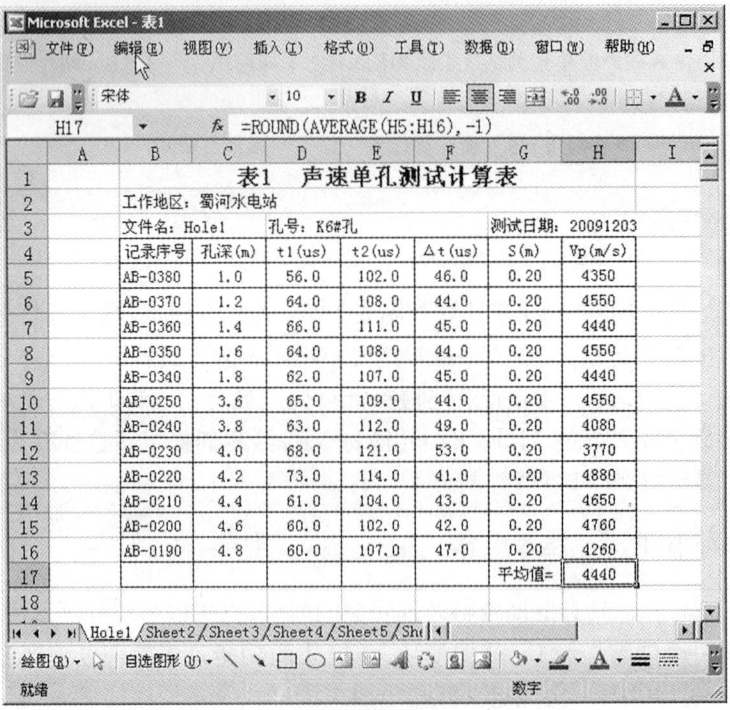

记录序号	孔深(m)	t1(us)	t2(us)	Δt(us)	S(m)	Vp(m/s)
AB-0380	1.0	56.0	102.0	46.0	0.20	4350
AB-0370	1.2	64.0	108.0	44.0	0.20	4550
AB-0360	1.4	66.0	111.0	45.0	0.20	4440
AB-0350	1.6	64.0	108.0	44.0	0.20	4550
AB-0340	1.8	62.0	107.0	45.0	0.20	4440
AB-0250	3.6	65.0	109.0	44.0	0.20	4550
AB-0240	3.8	63.0	112.0	49.0	0.20	4080
AB-0230	4.0	68.0	121.0	53.0	0.20	3770
AB-0220	4.2	73.0	114.0	41.0	0.20	4880
AB-0210	4.4	61.0	104.0	43.0	0.20	4650
AB-0200	4.6	60.0	102.0	42.0	0.20	4760
AB-0190	4.8	60.0	107.0	47.0	0.20	4260
					平均值=	4440

图1 声波单孔测试计算表

3.3 添加数据

Excel 工作表是由 65536(2^{16})行和 256(2^8)列组成的，行编号在最左边，用阿拉伯数字表示，列编号在最上边，用大写字母 A ~ Ⅳ表示。表中第 5 行第 C 列单元格名称为 C15，在程序中用 Cells(15,3)表示。如在 C15 单元格输入数据 4.6，编制下列代码可以实现：Cells(15,3). Value =4.6

3.4 添加函数

对数据的计算、统计可采用引用 Excel 函数所具有的动态功能完成，这样当修改原始数据时 Excel 能自动修改计算结果。

(1)计算表格中某列数据的平均值。

以计算图1表格中 H 列 v_p 平均值为例，其代码为：

```
Range("H17"). Activate   '选中平均值放置位置
ActiveCell. FormulaR1C1 = "= AVERAGE(R[-12]C:R[-1]C)"
```

'计算该列倒数第1行到倒数第12行平均值

套用 ROUND 函数把数值精度保留到十位：

```
ActiveCell.FormulaR1C1 = "=ROUND(AVERAGE(R[-12]C:R[-1]C),-1)"
```

(2)在多列中选择数据计算平均值。

以计算图2表格中C列、E列、G列和I列 v_p 平均值为例，其代码为：

```
Range("C18").Select
ActiveCell.FormulaR1C1 =
"=ROUND(AVERAGE(R[-15]C:R[-1]C,R[-15]C[2]:R[-1]C[2],R[-15]C[4]:R[-1]C[4],R[-15]C[6]:R[-1]C[6]),-1)"
```

代码意思为：先选中C18单元格为平均值放置位置，然后以该单元格为参考点，求该列、右第2列、右第4列、右第6列（即C列、E列、G列、I列）倒数第1行到倒数第15行数据的平均值。

最大值函数max、最小值函数min、统计数量函数count等常用函数的用法与此类同。

3.5　表格设置

以图2中表格设置为例。

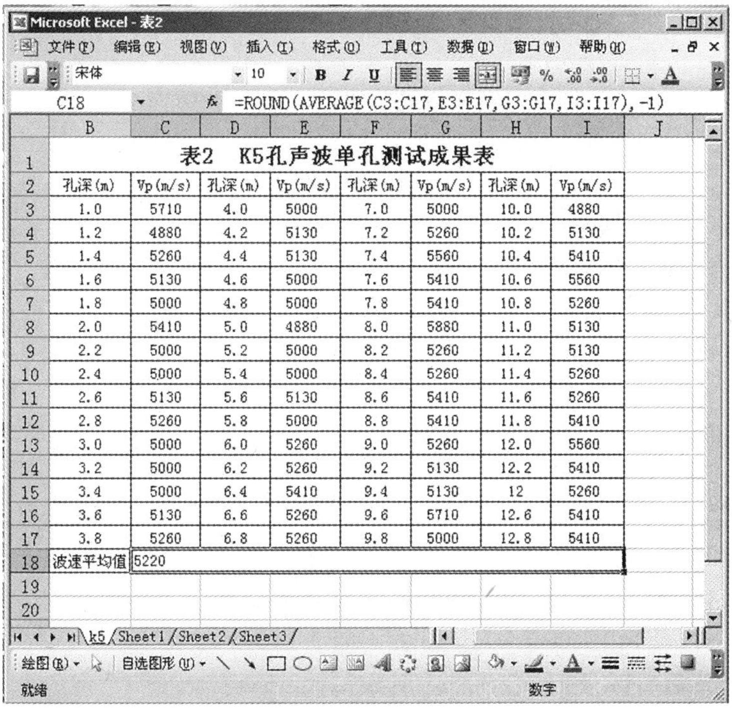

表2　K5孔声波单孔测试成果表

孔深(m)	Vp(m/s)	孔深(m)	Vp(m/s)	孔深(m)	Vp(m/s)	孔深(m)	Vp(m/s)
1.0	5710	4.0	5000	7.0	5000	10.0	4880
1.2	4880	4.2	5130	7.2	5260	10.2	5130
1.4	5260	4.4	5130	7.4	5560	10.4	5410
1.6	5130	4.6	5000	7.6	5410	10.6	5560
1.8	5000	4.8	5000	7.8	5410	10.8	5260
2.0	5410	5.0	4880	8.0	5880	11.0	5130
2.2	5000	5.2	5000	8.2	5260	11.2	5130
2.4	5000	5.4	5000	8.4	5260	11.4	5260
2.6	5130	5.6	5130	8.6	5410	11.6	5260
2.8	5260	5.8	5000	8.8	5410	11.8	5410
3.0	5000	6.0	5260	9.0	5260	12.0	5560
3.2	5000	6.2	5260	9.2	5130	12.2	5410
3.4	5000	6.4	5410	9.4	5130	12	5260
3.6	5130	6.6	5260	9.6	5710	12.6	5410
3.8	5260	6.8	5260	9.8	5000	12.8	5410
波速平均值	5220						

图2　K5孔声波单孔测试成果表

边框设置：

```
Range("B2:I18").Select    '选择区域
With Selection.Borders(xlEdgeLeft)    '左边框线设置
    .LineStyle = xlContinuous: .Weight = xlThin: .ColorIndex = xlAutomatic
End With
```

With Selection. Borders(xlEdgeRight)　'右边框线设置

　　. LineStyle = xlContinuous：. Weight = xlThin：. ColorIndex = xlAutomatic

End With

With Selection. Borders(xlEdgeTop)　'上边框线设置

　　. LineStyle = xlContinuous：. Weight = xlThin：. ColorIndex = xlAutomatic

End With

With Selection. Borders(xlEdgeBottom)　'下边框线设置

　　. LineStyle = xlContinuous：. Weight = xlThin：. ColorIndex = xlAutomatic

End With

With Selection. Borders(xlInsideVertical)　'纵向内框线设置

　　. LineStyle = xlContinuous：. Weight = xlThin：. ColorIndex = xlAutomatic

End With

With Selection. Borders(xlInsideHorizontal)　'横向内框线设置

　　. LineStyle = xlContinuous：. Weight = xlThin：. ColorIndex = xlAutomatic

End With

行高、列宽设置：

Cells. Select　'选择单元格

Selection. RowHeight = 15　'定义行高为 15

Selection. ColumnWidth = 7　'定义列宽为 7

单元格合并：

Range("B1：I1"). Select：Selection. Merge　'合并 B1 到 I1 单元格

Range("C18：I18"). Select：Selection. Merge　'合并 C18 到 I18 单元格

字体设置：

Cells. Select：Selection. Font. Name = "宋体"　'设置字体

Range("B1：I1"). Select

Selection. Font. Size = 14　'设置字号

Selection. Font. Bold = True　'字体为黑体

数据格式设置：

Range("B2：I17"). Select

Selection. HorizontalAlignment = xlCenter　'水平居中

Selection. VerticalAlignment = xlCenter　'垂直居中

Range("B3：B17,D3：D17,F3：F17,H3：H17"). Select

Selection. NumberFormatLocal = "0. 0；_"　'保留 1 位小数

以上格式设置结果见图 2 中的表格。

4　结语

利用 VB 开发 Excel 能实现方便简洁的操作、计算及制表等功能，我们在这方面仅仅是做了一点点尝试。文中难免存在不足之处，望读者批评指正。

第五篇　隧道超前预报技术

地质超前探测技术中物探方法的探讨

喻维钢 孙卫民

（长江工程地球物理勘测武汉有限公司 武汉 430010）

摘要：本文主要介绍了目前地质超前预报方法中几种常用的物探方法的工作原理及特点，阐明采用以地质调查为基础的综合物探方法是提高预报水平和预测精度的重要方法。

关键词：地质超前预报 弹性波法 探地雷达探测 声波探测法 红外探水法

近年来，随着国家对基础建设投资的加大，地下工程施工建设项目也越来越多，高质、快速、安全施工已成为各工程施工单位面临的紧迫问题。地质超前预报技术就是根据已知地质情况，应用一定的勘测手段推测前方地质体性质，为工程施工提供必要的岩石物理力学数据，减少或避免施工中可能遇到的诸如塌方、涌水、泥石流、溶洞等地质灾害，为生产与施工服务的一种地质超前预警系统。

目前，国内外在地下工程施工中较广泛使用的地质超前预报技术主要有两大类：钻孔探测法（直接法）和地球物理探测法（间接法）。钻孔探测法是地质探测中最基本的方法，其主要缺点是成本高，横向探测范围小，且在实施过程中对正常的工程施工有较大的影响。与其相比，地球物理探测法具有探测成本低、探测范围广等优点，日益受到广大工程技术人员和施工单位的青睐。目前，地质超前预报工作中使用的地球物理探测技术主要有弹性波法（TSP 超前预报系统、地震负视速度法、HSP 超前预报系统等）、电磁波法（探地雷达探测技术）、声波探测法和红外探水法等。

1 地质超前预报中的地球物理探测技术

1.1 弹性波法

1.1.1 TSP 超前预报系统

TSP（Tunel Seismic Prediction）超前预报系统属多波多分量高分辨率地震反射波探测技术，采用地震反射原理，能长距离地预报隧洞掌子面前方及周围邻近区域的地质变化情况，如断层带、破碎带、不规则体等不良地质带。探测方法主要是在隧道的边墙上布置一定数量的炮孔，通过小药量激发产生地震（弹性波）波，地震波在岩石中以球面波形式传播，当遇到岩石界面（波阻抗差异界面，如裂隙带、断层或岩层变化等）时，有一部分信号会发生反射，反射信号将被高灵度的三分量加速度地震检波器所接收并记录下来（见图 1）。利用 TSPwin 软件对所采集的地震数据进行处理后，通过分析岩层的反射波传播速度将反射波的传播时间转换为距离（深度），从而确定反射界面与隧道掌子面的距离，与

作者简介：喻维钢（1960—），男，湖北汉川人，工程师，主要从事工程地球物理及技术管理工作。

隧道轴的交角及反射层所对应的地质界面空间位置和规模。通过反射波的组合特征和动力学特征、岩石物理力学参数等资料来解释和推断地质体的性质(岩层软弱带、断层带、节理裂隙带及含水带等)。通常情况下,TSP探测范围在工作面前方100~150 m。它具有预报距离相对较长、精度较高、资料及时、经济等特点,尤其是对与隧道轴线呈大角度相交的面状软弱带、断层带及地层的分界面等效果较好,而对不规则形态的地质缺陷或与隧洞线平行的不良地质体,如几何形状为圆柱体或圆锥体的溶洞、暗河等情况的探测有一定的局限性。

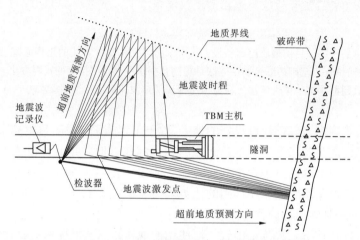

图1　TSP系列隧洞地震探测仪超前探测原理示意

1.1.2　地震负视速度法

　　地震负视速度法与TSP超前预报法的工作原理基本相同,也是利用地震反射波特征来预报隧洞开挖面附近围岩的地质情况的。观测时在距掌子面一定距离的开挖洞段的侧壁或底部布置激震点和一系列接收点,采用多炮共道或多道共炮。其振动信号在隧洞围岩内传播,当岩层波阻抗发生变化时,地震波信号将部分返回,反射界面与测线直立正交时,所接收的反射波与直达波在记录图像上呈负视速度,其延长线与直达波延长线的交点即为反射界面的位置。该方法具有明显的方向特征,可有效区分掌子面前方特征,以及区分掌子面前方反射信号与周围干扰信号,提高了精度,其预报距离可达100 m以上。目前,我国铁路勘测系统对该方法的具体应用较多,经验也较为丰富,但也存在一定的问题,主要是资料及数据处理软件的开发还需要进一步跟进和完善。

1.1.3　HSP超前预报系统

　　HSP超前预报系统(水平声波剖面法)和地震波探测原理基本相同,声波传播过程遵循惠更斯-菲涅尔原理和费马原理。本方法探测的物理前提是岩体间或不同地质体间有明显的声学特性差异。测试时,在隧道施工掌子面或边墙一点发射低频声波信号,在另一点接收反射波信号(见图2)。观测时在隧洞的两个侧壁分别布设震源和检波器,按其相对位置设计成两种观测方式即固定激发点(或接收点)和激发点与接收点相错斜交方式,震源在预报目标体的远端,接收点间距采用小道间距,多道接收,构成"水平声波剖面"。采用时域、频域分析探测反射波信号,进一步根据隧道施工掌子面地质调查、地面地质调查及利用隧道超前施工段地质情况推测另一平行隧道施工掌子面前方地质条件,以此了解前方岩体的变化情况,探测掌子面前方可能存在的岩性分界、断层、岩体破碎带、软弱夹层及岩溶等不良地质体的规模、性质和延伸情况等。其特点是各检测点所接收的反射波路径相等,反射波组合形态与反射界面形态相同,图像直观。目前,探测仪器可选用国内中铁西南科学研究院新近研制的 ZGS1610 - 3 型智能工程探测声波仪。该仪器系统最小分辨时间为 100 ns,幅度分辨率 16 bit,记录长度 32 kB,最大量程 5 V,四通道。发射、同步接收、量程等参数调节、数据传输等全部由便携式计算机通过并行接口对主机实施控制。

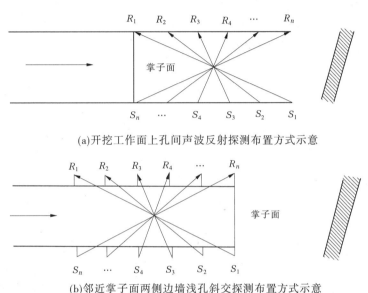

(a)开挖工作面上孔间声波反射探测布置方式示意

(b)邻近掌子面两侧边墙浅孔斜交探测布置方式示意

图 2　HSP 声波反射法测试原理示意

1.2　电磁波法(探地雷达探测技术)

探地雷达探测技术是利用高频电磁脉冲波($10^6 \sim 10^9$ Hz)的反射来探测目的体及地质现象的。探地雷达系统将高频电磁波以宽频带短脉冲形式由发射天线向被探测物发射,雷达脉冲在传播过程中,遇到不同电性介质交界面时,部分雷达波的能量被反射回来,由接收天线接收。探地雷达测的是来自探测物不同介质交界面的反射波,通过记录反射波到达时间 t、反射波的幅度等来研究被探测介质的分布和特性。

探地雷达测量方式有剖面法和宽角法两种。剖面法是发射天线(T)和接收天线(R)以固定间距沿测线同步移动的一种测量方式,得到的结果是时间剖面图,由于天线间距一般很小,故可认为是自激自收时间剖面。宽角法是将一个天线固定在地面某点不动,而将另一个天线沿测线移动,记录地下各个不同界面反射波的双程走时的测量方法。

利用波场分析得到式(1)

$$t^2 = \frac{x^2}{v^2} + \frac{4h^2}{v^2} \tag{1}$$

式中:x 为发射天线与接收天线之间的距离;h 为反射界面的深度;v 为电磁波在地下(电)介质中的传播速度。

一般地,地层的电磁波速度是已知的,或是可用宽角法测量得到的。因此,采用剖面方法记录下电磁波旅行时 t,即可利用式(2)求得地层的厚度或目标体埋深

$$h = \frac{vt}{2} \tag{2}$$

作为目前较为常用的一种前方超前预报方法,探地雷达探测技术能够较准确地预报出掌子面前方不良发育情况(如断层、溶洞、含水等),可以确定地下界面、地质体的空间位置及结构,以及指导工程施工。但该方法预报也存在一定的局限,如探测的距离较短,一般仅为 10~20 m,且不能提供围岩的弹性波传播速度,对岩体力学性质的判断差,对围岩类别的划分误差也大一些。

1.3　声波探测法

声波在介质中传播,传播方向和质点振动方向相互一致的称为纵波,其传播速度 v_p 与弹性参数有如下关系:

$$v_p = \sqrt{\frac{E}{\rho} \frac{1 - \sigma}{(1 + \sigma)(1 - 2\sigma)}} = \sqrt{\frac{\lambda + 2\mu}{\rho}} \tag{3}$$

式中:E 为杨氏模量;σ 为泊松比;ρ 为介质密度;λ 为纵波波长;μ 为剪切模量。

声波速度随岩石的弹性加大而增大,但不会随岩石密度的加大而减小,因为 E 和 ρ 还有关系,并且随着 ρ 的增大,E 有更高级次的增大,所以 ρ 增大,岩石中的声速是增大的。

声波在完整的基岩中传播时,其波速值高,但在破裂结构面较发育区域,由于断层、裂隙及破碎岩体等的存在,引起岩体内部结构特性(密实强度、电阻率特性等)与围岩物性上的差异,破坏了岩体的完整性,使得这些部位的声波波速值会随其破碎程度、风化强弱、胶结状况不同而相应变化(纵波波速常常会有较大的降低)。声波法作为超前地质预报的一种方法,具有分辨率高、操作简便、效率高等特点,此外跨孔声波法对孔间岩体构造及岩溶、洞穴的探明也具有较好的效果。

1.4　红外探水法

红外探水法主要是利用不同物体所发射的红外线能量大小与其发射率成正比的特性,达到探测一定范围内是否存在隐伏水体或含水构造的一种超前预报方法。该方法现场测试一般有两种:一是在掌子面上,分别布置上、中、下和左、中、右六条测线,并在这些测线的 9 个交点处测取数据,然后根据这 9 个数据之间的最大差值来判断是否有水;二是由掌子面向掘进后方(或洞口)按左边墙、拱部、右边墙的顺序进行测试,每 5 m 或 3 m 测取一组数据,共测取 50 m 或 30 m,并绘制相应的红外辐射曲线,根据曲线的趋势判断前方有无含水,其预测范围一般在 10~30 m 内。

2　结语

(1)就目前物探方法的发展状况,一方面由于在资料解释中多解性的客观存在,另一方面就物探仪器的精度来讲还未达到十分准确的程度,因此面对较为复杂的超前地质预报工程,采用综合物探方法进行预报是克服和弥补物探资料解释中多解性及提高预报水平的重要手段。

（2）本文介绍的目前国内几种常用的地质超前预报物探方法，都有着其独特的应用效果。对于不同的地质问题，在实际工作中，我们应以地质调查为前提，根据掌子面及围岩体的地质特性，选择相适应的物探方法尤为重要，采用与地质调查相结合的勘探手段，是提高预报精确度的有效途径。

参考文献

［1］张金根.隧道施工中不良地质体（带）位置的超前预报技术［J］.广东公路交通，1997（2）.

［2］肖书安，吴世林.复杂地质条件下的隧道地质超前探测技术［J］.工程地球物理学报，2004（2）.

我国施工隧道地质超前预报技术简评

宋先海

（中国地质大学地球物理与空间信息学院　武汉　430074）

摘要：隧道地质超前预报在隧道施工开挖中起着关键性作用，同时也是工程地球物理界所面临的一大技术难题。为此，本文回顾了我国主要隧道地质超前预报技术（隧道地震预报系统、水平声波剖面法、陆地声纳法、地质雷达法、红外探水法、超前钻探法和超前平导法）的历史，介绍了它们近年来的研究进展，分析了其现状及在几何结构成像、物性结构反演成像和复杂地质体结构探测中存在的不足，指出了当前亟待解决的基础理论研究、正反演研究、多参数综合利用、建立三维可视化的预测预警系统等问题，并提出了解决这些问题的基本设想。

关键词：地质超前预报　TSP法　探地雷达　TRT法　BEAM法

1　引言

随着我国公路、铁路、水利、矿山及其他工程建设的飞速发展，施工隧道已大量出现。截至 1999 年，我国仅铁路隧道就已达 6 876 个，总长度约为 3 670 km，为世界第一。作为隐蔽工程的公路隧道、铁路隧道、矿山隧道、输水隧道等在施工过程中，由于前方地质情况不明，经常会因遇到断层、破碎带、暗河、高地应力等不良地质体而导致塌方、泥石流、涌水、突水、岩爆冒顶等地质灾害发生[1,2]。这些灾害的出现，往往会影响施工进度，造成人员伤亡，给施工单位、国家和人民带来严重的经济损失。如 1994 年在尖山工程建设中[3]，由于对前方地质灾害掌握不清、认识不足，结果出现了塌方、涌水并伴随着大量泥石流出现，大大影响了工程进度，增加了工程造价，给尖山工程建设带来了严重的经济损失；天生桥二级水电站 3 条引水隧洞及太平驿引水隧洞在施工过程中多处发生岩爆现象[4]。类似的地质灾害不仅在许多中小工程中发生过（如昌马水库泄洪洞塌方），而且在许多大型隧道工程中也发生过（如天生桥一级工程、李家峡工程的导流隧洞，引大入秦、引黄入晋等跨流域调水工程的输水隧道，碧口、小浪底等工程的泄洪隧洞等）[5]。此外，有些隧道不仅延伸较长，且通常深埋于山体中，对于这些深埋于山体之中的长隧道，由于受技术水平和经费的限制，前期地勘工作不可能详细查清隧道围岩的地质情况。这时在施工工程中便需要采取有效方法对前方不良地质体进行准确的超前预报，对便及时地修正开挖和支护设计方案，避免工程事故发生[6]。

由此可见，在隧道施工过程中采取有效方法对前方不良地质灾害进行准确及时的超

作者简介：宋先海（1973—），男，吉林东辽人，在读博士研究生，主要研究方向为环境与工程地球物理、地球物理非线性反演、二维和三维面波理论及其应用。

前预报,以降低工程造价、减少施工中的盲目性、消除工程安全隐患以确保施工安全尤为重要。然而,我国隧道地质超前预报技术的水平是一个什么样的现状呢? 目前的隧道超前预报技术能否满足工程建设需要? 若不能满足,那么今后的研究工作应如何开展? 本文试图就这些问题进行初步探讨。

2　我国隧道地质超前预报技术现状

在我国隧道建设的勘察阶段,一般都要进行工程地质测绘、水文地质调查[7]、综合地球物理勘探(如地震勘探[8]、CSAMT[9]、高密度电法[10]等)、水文试验、深孔钻探等大量地面调查和勘探测试工作。这些工作可基本查清隧道区域内地表的工程地质和水文地质情况,给设计部门提供一定的地质资料作为设计依据。但由于隧道是一个线状的隐蔽工程,且深埋于地下,其工程岩体的工程地质、水文地质条件复杂多变,限于目前的地质勘探水平,若希望在勘察阶段就准确无误地查明其工程岩体的状态、特征及可能发生地质灾害的不良地质体的位置、规模和性质是极其困难的。尤其是在复杂的岩溶地区,由于受岩性、地层组合、构造、地貌等诸多因素的影响控制,岩溶发育复杂多变、大小不一、形态各异,给勘察工作带来更大难度。这些问题的解决,都必须依靠施工中开展深入细致的地质超前预报工作。

目前,我国用于隧道地质超前预报的方法很多,主要有隧道地震超前预报系统(TSP)、水平声波剖面(HSP)法、陆地声纳法、地质雷达(GPR)法、红外探水法、超前钻孔法和超前平导法几种。

2.1　隧道地震超前预报系统

隧道地震超前预报系统简称TSP(Tunnel Seismic Prediction)[11],是我国20世纪90年代从瑞士安伯格(AMBERG)测量技术公司引进的一套先进的地质超前预报探测系统,也是我国目前应用较为广泛的一种。TSP和其他反射地震波方法一样,采用了回声测量原理:地震波在指定的震源点(通常在隧道的左边墙或右边墙,大约24个炮点布成一条直线)用小量炸药激发产生,产生的地震波在岩石中以球面波的形式向前传播,当地震波遇到岩石物性界面(即波阻抗界面,例如断层、岩石破碎带、岩性突变等)时,一部分地震信号反射回来,另一部分地震信号透射进入前方介质,反射的地震信号将被两个三维高灵敏度的地震检波器(一般左边墙和右边墙各一个)接收。通过对接收信号的运动学和动力学特征进行分析,便可推断断层、岩石破碎等不良地质体的位置、规模、产状及岩土力学参数。

该系统引入我国之后,在一些隧道施工中取得了较好的应用效果[12]。图1和图2为李志祥等[13]利用TSP-203隧道地质超前预报系统在湖北巴东县大支坪取得的结果,他们推断的岩石破碎带、断层、软弱夹层与实际开挖验证结果基本吻合。同时,一些专家学者也结合我国隧道工程的具体情况对TSP做了大量的完善工作。例如,1991年铁道部第一勘察设计院曾昭璜认为[14],当反射界面与测线直立正交时,所接收的反射波与直达波在记录图像上呈负视速度,其延长线与直达波延长线的交点即为反射界面的空间位置。因此,在TSP的基础上提出了地震负视速度法或称隧道垂直地震剖面(TVSP)法,该方法与TSP的不同之处是:TSP法为多点激发,两点接收;TVSP法是两点激发,多点接收。中国铁路工程总公司的何振起和铁道部第三勘测设计院的白恒恒等利用该思想并结合超前水平钻探等方法,在山西省长梁山隧道 F_5、F_{12} 断层预报和福州飞鸾岭公路隧道预报中取得了预期效果[15,16]。2002 年,石家庄铁道学院的李忠等从地质构造学理论、爆破地震学理论出发,就如何增加 TSP - 202 超前预报探测系统的探测距离进行了初步探讨[17]。他们认为,若能根据现场具体地质情况来确定传感器最佳安装位置、选取合适的采样参数及探测炸药种类和用量,则其探测距离可达到 200 m 以上。他们还对如何利用 TSP - 202 超前预报探测系统搜索角问题进行了研究,指出当以一个较符合实际地质情况的搜索角去处理地震波信息时,不但信息量会大大增加,而且对断裂构造的预测精度也会大大提高[18]。他们还运用概率论并结合自己的研究成果在新倮纳隧道地质超前预报中取得了一定的效果[19]。

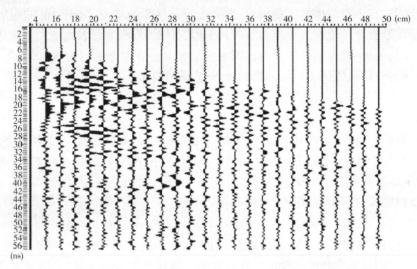

图 1　TSP - 203 隧道地质超前预报地震波时间剖面

2.2　水平声波剖面法

水平声波剖面法简称 HSP(Horizontal Sonic Profiles)。该方法是地震波反射法的一种,探测时不占用掌子面,将发射源和接收换能器布设在隧道两侧的浅孔内,发射、接收位置均在平行于隧道底面的同一水平面上,即构成"水平声波剖面"。这种方法的优点是对反射界面倾角没有限制,测点所接收的反射波路径相等,因此反射波组合形态与反射界面形态基本相同,通常是直达波呈双曲线形态,反射波呈直线形态,图像直观。柳杨春利用该方法在对四川巴彭公路铁山隧道掌子面前方 50 m 内地质状况的预报中取得了较好的效果[20]。

2.3　陆地声纳法

陆地声纳法(Land Sonar)也叫高频地震波反射法。该方法是钟世航教授 1992 年提出的,其实质是垂直地震反射法[21]。它采用极小偏移距、锤击激发、高频超宽带接收反射弹性波进行连续剖面探测。钟世航等利用该方法在羊寨隧道和铝厂隧道超前探测时,成功地探查出掌子面前方 40 ~ 80 m 距离范围的溶洞[22]。

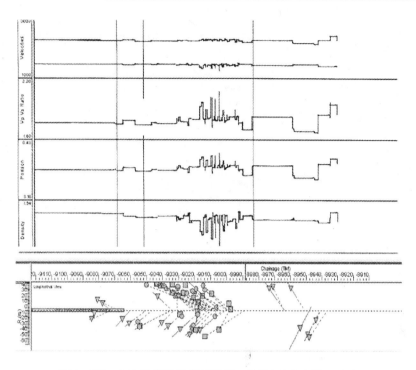

图2　TSP-203 隧道地质超前预报二维结果(李志祥,2005)

2.4　地质雷达法

地质雷达法也叫探地雷达法,简称 GPR(Ground Penetrating Radar)[2, 23-25]。该方法利用发射天线将高频电磁波以脉冲形式由隧道掌子面发射至地层中,经地层界面反射返回隧道掌子面,由另一天线接收回波信号,进而通过对接收的回波信号进行处理、分析解释,达到对短距离进行超前预报的目的。吴永清等利用该方法在对 107 国道土焦冲、六甲洞和石仓岭三座公路隧道 10~40 m 内的地质超前预报中取得了一定的效果[26]。长春科技大学的薛建等采用 TSP-202 进行中长距离(100 m 左右)预报,采用地质雷达法进行短距离(10~40 m 以内)的预报,两种方法相互结合,互相补充,在吉林省白山市石碑岭隧道掘进中,成功地预测出几十处断层和多处 5~10 m 宽的破碎带[27]。图3是赵永贵等在公路隧道得到的雷达探测记录,由图3可见,围岩中的裂隙水含水带对电磁波有强烈的反射,从反射图像中可圈定含水带位置。

2.5　红外探水法

红外探水法(Infrared Detection)是利用地下水的活动会引起岩体红外辐射场强的变化,红外探水仪通过接收岩体红外辐射场强,根据围岩红外辐射场强的变化幅值来确定隧道掌子面前方或洞壁四周是否有隐伏的含水体[28]。该方法在渝怀线园梁山隧道中取得了较好的效果[29]。

2.6　超前钻探法

超前钻探法(Advance Boreholes)是运用钻孔台车从隧道掌子面向前打孔时钻进速度的变化,并结合岩粉和泥浆颜色来预测打孔深度范围内的地质情况。该方法能最直接地揭示隧道掌子面前方的地质特征,所以准确率很高。此方法如果辅以数码成像、钻孔声波

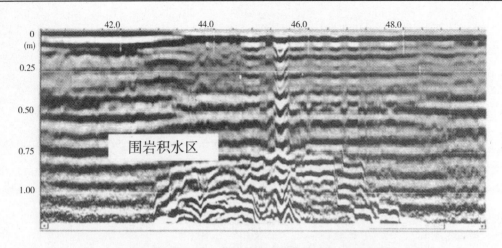

图3　公路隧道超前预报中含水带的探地雷达记录(赵永贵等,2003)

测试,还可对孔内及掌子面地质情况进行摄影成像并获取岩石波速,这样不仅有利于完成掌子面地质素描、地质展布图,而且有利于对导洞进行地质预报等[30, 31]。

2.7　超前平导法

超前平导法也称超前导坑法(Advanced Tunnels),它是在隧道中线附近利用平行导坑先期贯通一个综合性地质探洞,以便对主洞作出直观、精确的地质超前预报,同时还可为主洞施工提供输水、排水、施工通风、施工运输的方便条件。梁羽腾利用该方法在秦岭特长隧道修建中取得了较好的应用效果[32]。

3　现状分析

上述7种方法在我国隧道地质超前预报中虽然已经获得了很多成功的应用实例,及时为施工和设计单位提供了科学的参考依据,但客观地说,我国隧道地质超前预报技术还存在很多问题。超前钻探法和超前平导法不但费时、费工、价格昂贵、耗资巨大,而且具有破坏性,且是以点代面,显然难以大面积应用。间接无损的地球物理方法虽然具有测试简便、费用低廉,可提供较大范围内地质体的几何结构和物理性质等优点,但由于隧道是一个线状的隐蔽工程,其特有的探测条件要求物探技术能在狭小检测场地条件下进行大距离、高精度、快速准确的超前探测,前面介绍的几种地球物理探测方法都难以完全满足。

红外探水法对定性预报隧洞掌子面前方有无潜伏的含水体是有效的,但对含水层的位置、赋存形态、出水量、出水压力等都无法定量分析,对无水情况下的地质灾害更难以预报。

地质雷达法虽然具有快速、无损的特点,但探测距离小(一般为30 m左右),且影响地质雷达探测结果的因素也很多,如天线的布置方向、介质物理性质的不均匀性、工作频率与探测距离的矛盾、电磁波的散射和衍射、多次波及杂波、能量发散、空间信息量少等因素均不同程度地制约着探测结果的好坏。同时,由于在隧道开挖过程中,掌子面往往严重参差不齐且存在多种现场干扰,这对探测结果影响也很大,有时可能使图像失真,这为解释工作增加了很大困难,往往使结果带有很大的人为误差和假象[33-35]。

目前在我国隧道地质超前预报中应用较多的地震反射法(以TSP为典型代表),也都存在以下三方面基础理论问题。

3.1　目标体几何结构成像存在的问题

传统反射地震勘探方法可以获得水平叠加剖面。水平叠加剖面同相轴的展布形态是地下地质体几何结构的图像，当水平叠加剖面较好时可以识别出诸如背斜、向斜、断层、砂体、破碎带等构造或地质体。由于水平叠加剖面是由水平层状介质模型得出的，因此地下地质体几何结构的图像在多数情况下会发生畸变(尤其是高倾角复杂地质体)[36]。一般通过偏移技术来校正被畸变的地质体几何结构图像，使反射波归位、绕射波收敛、干涉带分解，从而提高分辨率。目前多在时间域进行偏移，例如有限差分波动方程偏移[37]，但时间剖面的偏移在构造复杂的隧道预报中被证明是失败的。因为偏移应该是按成像射线的路径归位的，但普通的时间剖面偏移没有考虑成像射线在向下传播过程中的弯曲现象，因而不能真正实现反射波的归位，尤其是在干扰强，纵、横波速变化较大时效果更是不佳。尽管波动方程叠前深度偏移[38,39]比时间剖面偏移更能获得可靠的陡倾复杂地质体几何结构图像，使复杂构造归位，但成功的实例却很少，尤其是能获取地质体几何结构立体图像的三维叠前深度偏移技术[40,41]更是研究尚浅。解决陡倾复杂地质体几何结构成像的另一途径是发展弹性波(多波)偏移，它能充分利用地震图上的信息，除纵波信息外，还可利用横波信息，从而有助于地质问题的解决。弹性波有限元逆时偏移[42]和克希霍夫积分偏移是弹性波偏移的重要技术[43]，它们不仅考虑了反射波的归位，而且也考虑了衍射波的归位，但就目前情况看也尚处研究阶段。

因此，这些决定了 TSP 隧道地震超前预报系统在探测复杂地质构造的几何结构图像时还存在多解性、多假象、人为因素影响大等问题，其可靠性和分辨率还有待进一步提高。

3.2　目标体物性结构反演成像存在的问题

如能获得隧道掌子面前方岩石及其围岩介质详细的弹性结构图像，则地质体的几何结构图像也可以通过某种规则由弹性结构图像勾画出来。然而，要获得详细的弹性结构图像甚至比获得几何结构更加困难，因为无论是进行水平叠加还是进行偏移，都需要事先知道速度参数。为了获得水平叠加剖面，先进行速度分析，获得水平叠加速度后，通过动校正获得水平叠加剖面。偏移速度的获得可以通过选择一个资料窗口，然后进行速度扫描，选择效果最佳的速度即作为偏移速度。但无论是叠加速度还是偏移速度，都是在一定资料窗口内的平均值，因而都是比较粗略的[44]。为了获得精细的速度结构，人们提出了散射波、衍射波、反射波层析成像技术[45]。然而，散射波、衍射波层析成像尚未在实际中使用，反射波层析成像的可靠性和精度主要依赖于反射波走时拾取的可靠性和精度。当地质体条件复杂、原始剖面质量较差时，走时拾取是很困难的。

由此可见，TSP 隧道地震超前预报系统由于无法准确获取隧道掌子面前方岩石的真实波速，在解释时只能事先假定一个平均波速，但这种假定的平均波速不能代表各岩性结构段的真实波速，所以 TSP 法主要是进行长距离范围内的几何构造轮廓预报，当预测距离较远时，其平均效应大，探测精度低，分辨率差，对物性结构反演人为误差大。

3.3　复杂地质体结构探测问题

对于复杂地质体结构，不仅水平层反射假设的理论基础受到动摇，而且散射波、衍射波更加发育，从本质上已不再是反射波勘探，而是反射波加衍射波(含散射波)勘探问题。

前面阐述的偏移几何结构成像和物性结构成像是相互耦合的,对于复杂结构,相互耦合的程度将更加紧密[46-48]。复杂结构勘探问题不仅体现在复杂的勘探对象上,而且也涉及作业空间的复杂性。由于掌子面的尺寸相对探测对象的距离来说小得多,因此隧道内的地震波场是三维波场,这更增加了探测的难度。在这种情况下,偏移几何结构成像和物性结构反演成像相互迭代是解决问题的重要途径,得到尽可能详细而又真实的速度结构是解决复杂结构探测的核心问题。一些反演精细速度的方法,例如散射波、衍射波、透射波、面波层析成像也尚处研究阶段;反射波速度成像工作量比较大,叠加速度、偏移速度太粗略[49-51]。

这些使 TSP 隧道地震超前预报系统对于地质结构比较简单、断层构造较大及反射界面波阻抗明显的隧道进行超前预报时,一般都能取得预期效果。但在地质结构比较复杂、波阻抗差异不大的隧道中进行超前预报时,由于散射波、衍射波、多次波、绕射波、回转波等的相互干涉叠加,使原始记录变得极其复杂,加之工程技术人员的解译所限,这时一般很难得到理想的预报效果。

综上所述,不难看出我国当前所应用的各种隧道地质超前预报方法均存在不同程度的问题和缺陷,各有优缺点。在实际工作中,欲取得较好的预报效果,必须结合具体情况对某几种方法加以优化组合、综合运用。一方面要考虑对现有的地球物理预报方法加以完善和改进,以应付当前实际生产;另一方面,还要考虑加大基础理论研究、开发和引进一些新的隧道地质超前方法。国外隧道地质超前预报技术上述几种方法与我国应用差不多,但国外的仪器设备和软件比我国要强,国外的技术创新快、开发周期短,比如 TRT 技术和 BEAM 技术(见下段)就是我国目前所没有的。

4　当前亟待解决的问题

通过以上分析可知,隧道地质超前预报问题的特点决定了对地球物理探测方法的特殊要求。由于检测工作必须在隧道内施工现场实时进行,因而就要求地球物理技术能满足在狭小检测场地条件下进行大距离、高精度、快速准确的超前探测。在前面,我们已经分析了各种现有隧道地质超前预报方法的缺陷,并指出利用现有的技术和设备是难以真正做好隧道施工超前预报工作的,尤其对于复杂的探测对象,如溶洞、暗河、复杂断层等。为此,笔者就当前亟待解决的问题提几点看法,具体如下。

4.1　加强隧道地质超前预报的基础理论研究

由前面的现状分析可知,隧道地质超前预报技术的基础理论研究必须加强。如果不从根本上弄清在复杂探测对象地质条件下地震波、电磁波及电场传播的原理、特性,则隧道地质超前预报技术不可能有重大突破,也只能是"治标不治本"。因此,在对现有技术方法完善的同时,首先应集中精力研究地震波、电磁波及电场向隧道掌子面前方复杂岩石及围岩介质传播穿透过程中,岩石及围岩介质对地震波、电磁波及电场的反射、散射、衍射、色散和传播衰减等原理特性,建立从回波信号反演隧道掌子面前方复杂岩石及围岩介质内部结构的三维立体几何结构成像和物性结构成像的基础理论体系。

4.2　加强隧道地质超前预报正反演技术研究

利用新的数学模型和已经建立的试验平台,对接收的来自隧道掌子面前方复杂岩石及围岩介质的反射回波信号进行正反演数值模拟和物理模拟,以验证三维立体几何结构成像和物性成像反演方法的可靠性。同时,运用现代先进的信号分析与处理技术手段,如高阶统计量分析、遗传算法、模拟退火、小波分析、神经网络、同伦反演等,对接收的信号进行全参数非线性反演处理,提取所需的多参数信息,推断隧道掌子面前方复杂岩石及围岩介质的几何参数和力学参数等信息。

4.3　利用全波场反演方法进行多参数提取

为了从单一的几何构造探测向岩(物)性探测发展,今后尚需借助全波场反演的方法,充分利用地震波场、电磁波场和电场所携带的各种信息来提供更多的预报内容,如岩石的纵横波速、动弹性模量、动泊松比、动剪切模量等,以解决隧道工程超前预报中所面临的陡倾复杂地质体、低速带、低信噪比等问题。在全波勘探中,将改变以往只研究反射波特点,全面研究采集信号中的直达波、面波、多次波、折射波、衍射波、散射波等各种信息,获得对隧道掌子面前方复杂岩石及围岩介质结构更精细的分布图像,以便更能准确有效地指导隧道工程的施工和支护。

4.4　建立开发三维可视化的隧道安全立体预测预警系统

三维可视化的隧道立体预测预警系统可以在地表工程地质测绘、岩溶水文地质调查、综合地球物理勘探、水文试验、深孔钻探等地面调查和勘探测试工作中对大的断裂带、溶洞、岩脉等进行探测,并确定其平面位置。在隧道掘进中,在现有条件下以 TSP 法进行中长距离预测,以地质雷达法进行短距离的精细预测时,地表探测结果与隧道掌子面探测结果形成隧道的三维立体预测体系,以便对隧道掘进过程中出现的安全险情进行随时动态报警监控,同时又可为设计和安全施工提供更好的保证体系。当隧道竣工时,根据已收集和勘察获取的资料建立隧道安全管理智能数据库,这样当隧道建成后在使用运营过程中如果局部地段因变形、渗漏、塌方而出现险情时,该系统便会自动报警,以避免更多地质灾害和隧道交通事故的发生。

4.5　新型仪器的研制和国外先进预报技术的引进

是否可以考虑研制一种大功率、具有聚焦特性和连续扫描实时探测方式的新型仪器,以满足隧道施工中大距离条件下高精度、高分辨率、快速探测预报的需要。在立足国内加大研究力度的同时,是否也可以考虑引进国外其他先进的隧道地质超前预报技术。笔者2003 年参加在四川成都举办的"隧道地质超前预报技术国际研讨会"时,发现美国的 TRT 技术和德国的 BEAM 技术可能是两种比较有前途的国外隧道地质超前预报技术。

隧道反射层析成像技术简称 TRT(True Reflection Tomography)[52,53],是由美国 NSA 工程公司近年来提出的一种新方法。该方法在观测方式和数据处理上与 TSP 和负视速度法均有很大不同,TRT 采用的是空间多点激发和接收观测方式,其检波器和激发的炮点呈空间分布,以便获得足够的空间波场信息,从而使前方地质缺陷的定位精度大大提高。TRT 法不仅在界面定位、岩体波速及其类别划分等方面具有较高的精度,而且有较大的探测距离。据介绍,TRT 法在结晶岩体中的预报距离可达 $100 \sim 150$ m,在弱土层和破碎岩体中可达 $60 \sim 90$ m。TRT 法在实践中也有很多成功的实例。

隧道电法超前探测技术简称 BEAM(Bore-tunneling Electrical Ahead Monitoring),这是国际上当前唯一的一种隧道电法超前预报方法,是德国 GEOHYRAULIK DATA 公司推出的产品。该方法是一种聚焦电流频率域的激发极化方法,其最大特点是通过外围的环状电极发射一个屏蔽电流和在内部发射一个测量电流,以便使电流聚焦进入要探测的岩体中,通过得到一个与岩体中孔隙(空隙)有关的电能储存能力参数 PFE(Percentage Frequency Effect)的变化,预报前方岩体的完整性和含水性;其另一个特点是所有的装置都安装在盾构挖掘机的刀头(测量电极)和外侧钢环(屏蔽电极)上,或安装在钻爆法施工的钻头前方(测量电极)和两侧钢架(屏蔽电极)上,随着隧道掘进,连续不断地获得成果,并实时处理得到的掌子面前方的 PFE 曲线。从 PFE 曲线即可推断预报前方不良地质体的性状及含水情况。该项技术在欧洲许多国家已经开始使用。

5 结语

鉴于前面的分析我们认为,针对我国隧道地质超前预报技术现状有以下几点认识:

(1)对现有预报方法技术及软件加以改进、完善,并针对具体实际情况选取几种方法优化组合、综合利用,以应付当前实际生产之急需;

(2)应加强隧道工程基础理论研究、正反演技术研究、多参数综合利用研究,以从根本上解决隧道施工中复杂探测对象几何结构成像和物性参数成像问题;

(3)应考虑建立开发三维可视化的隧道安全立体预测预警系统,以使隧道施工和建成后的运营更加安全;

(4)适应隧道地质超前预报技术的新型仪器设备(包括配套软件)的开发研制及对国外较有发展前途的预报方法的引进。

由于我们在隧道地质超前预报方面所做的工作十分欠缺,经验甚少,文中拙见,难免谬误。不妥之处,敬请指正。

参考文献

[1] 曾昭发,刘四新,刘少华. 环境与工程地球物理的新进展[J]. 地球物理学进展,2004, 19(3): 486-491.

[2] 赵永贵,刘浩,孙宇,等. 隧道地质超前预报研究进展[J]. 地球物理学进展,2003, 18(3): 460-464.

[3] 姚锋敏,赵崇文. 尖山工程建设工程地质问题回顾[J]. 中国矿业,1994, 3(增刊): 179-181.

[4] 张有天. 水工隧洞建设的经验和教训(下)[J]. 贵州水力发电,2002, 16(1): 75-84.

[5] 陈光宗,王石春,刘朝祯. 太平驿水电站引水洞施工地质超前预报技术[J]. 铁道建筑技术,1995(2): 29-31.

[6] 赵永贵. 工程地球物理检测疑难问题研究进展[J]. 地球物理学进展,2003, 18(3): 368-369.

[7] 刘永华,田宗勇,喻振华,等. 工程 VSP 与地震 CT 联合探测方法及其在岩土工程的应用[J]. 地球物理学进展,2005, 20(1): 267-272.

[8] 肖宽怀,刘浩,孙宇,等. 地震 CT 勘探在昆石公路隧道病害诊断中的应用[J]. 地球物理学进展,2003,18(3): 472-476.

[9] 王若,王妙月,卢元林. 高山峡谷区 CSAMT 观测系统研究[J]. 地球物理学进展,2004, 19(1): 125-130.

[10] 吕惠进,刘少华,刘伯根. 高密度电阻率法在地面塌陷调查中的应用[J]. 地球物理学进展,2005, 20(2): 381-386.

[11] 戴前伟,何刚,冯德山. TSP-203 在隧道超前预报中的应用[J]. 地球物理学进展,2005, 20(2): 460-464.

[12] 温树林,吴世林. TSP-203 在云南元磨高速公路隧道超前地质预报中的应用[J]. 地球物理学进展,2003, 18(3): 465-471.

[13] 李志祥,何振起,刘国伍. TSP-203 在大支坪隧道超前预报中的应用[J]. 地球物理学进展,2005, 20(2): 465-468.

[14] 曾昭璜. 隧道地震反射法超前预报[J]. 地球物理学报, 1994, 37(2): 268-271.

[15] 何振起,李海,梁彦忠. 利用地震反射法进行隧道施工地质超前预报[J]. 铁道工程学报, 2000(4): 81-85.

[16] 白恒恒, 辛民高. 浅谈长梁山隧道 F_5 断层的地质超前预报[J]. 铁道工程学报, 2000 (1): 87-90.

[17] 李忠, 黄成麟,刘秀峰. 增加 TSP - 202 超前预报探测系统探测距离的技术探讨[J]. 铁路航测, 2002(1): 20-23.

[18] 李忠, 汪琦. 新保纳隧道地质超前预报中 TSP - 202 探测系统搜索角研究[J]. 铁道工程学报, 2001(1): 89-91.

[19] 汪琦, 李忠. 新保纳隧道地质超前预报中概率论的应用[J]. 铁道建筑技术, 2000 (6): 35-37.

[20] 柳杨春. HSP 地质超前预报技术及其应用[J]. 岩土钻掘矿业工程, 1997(5): 34-36.

[21] 钟世航. 偏极小移距高频弹性波反射连续剖面法探察岩溶及洞穴[C] // 中国地球物理学会. 中国地球物理学会年刊. 北京:石油出版社,1995.

[22] 钟世航. 陆地声纳法的原理及其在铁路地质勘测和隧道施工中的应用[J]. 中国铁道科学,1995,16(4):48-55.

[23] 曾校丰,许维进,钱荣毅,等. 水库坝体结构层的地质雷达高分辨率探测[J]. 地球物理学进展,2000, 15(4): 105-109.

[24] 郝明,李玮,郭志强. 采用物探技术进行路基挡土墙质量检测的研究与应用[J]. 地球物理学进展,2003, 18(3): 440- 444.

[25] 曾昭发,田钢,丁凯. 宽带探地雷达系统研究及在工程检测的应用[J]. 地球物理学进展,2003,18(3):455-460.

[26] 吴永清,何林生. 地质雷达在公路隧道的应用[J]. 广东公路交通,1998,54: 111-114.

[27] 薛建,曾昭发,王者江,等. 隧道掘进中掌子面前方岩石结构的超前预报 [J]. 长春科技大学学报,2000,30(1): 87-89.

[28] 高才坤,陆超,王宗兰,等. 采用综合物探法进行大坝面板脱空无损探测[J]. 地球物理学进展,2005, 20(3): 843-848.

[29] 王洪勇,张继奎,李志辉. 长大隧道红外辐射测温超前预报含水体方法研究与应用实例分析[J]. 物探化探计算技术,2003, 25(1): 11-17.

[30] 徐卫亚,王思敬. 关于三峡永久船闸高边坡快速施工地质超前预报的几个问题[J]. 工程地质学报, 1994, 2 (3): 27-32.

[31] 傅梁均,郭长青. 地质超前预报和动态施工在隧动施工中的应用[J]. 浙江水利水电专科学校学报, 2002, 14 (3): 16-19.

[32] 梁羽腾. 秦岭特长隧道使用掘进机修建中平行导坑的作用与功能[J]. 贵州水力发电, 2002, 16(1): 1-3.

[33] 杨建广,吕绍林. 地球物理信号处理技术的研究及进展[J]. 地球物理学进展,2002, 17(1): 171-175.

[34] 郭铁拴,刘兰波,张晓东. 地质雷达技术指标的标定研究[J]. 地球物理学进展,2005, 20(2): 454- 459.

[35] 梁北援,郭铁拴,申旭辉. 地质雷达双域数据处理软件及其应用[J]. 地球物理学进展,2005, 20(2): 443- 445.

[36] 刘喜武,刘洪. 波动方程地震偏移成像方法的现状与进展[J]. 地球物理学进展,2002, 17(4): 582-591.

[37] 王红落,常旭,陈传仁. 基于波动方程有限差分算法的接收函数正演与偏移[J]. 地球物理学报,2005,48(2): 415- 422.

[38] 杨长春,刘兴材,李幼铭. 地震叠前深度偏移方法流程及应用[J]. 地球物理学报,1996,39(3): 409- 415.

[39] 耿建华,马在田,王华忠,等. 波动方程有限差分法叠前深度偏移[J]. 地球物理学报,1998,41(3): 392-399.

[40] 刘礼农,刘洪,李幼铭. SEG/EAGE 盐丘和推覆体模型的波动方程三维叠前深度偏移成像[J]. 地球物理学报, 2004, 47(2): 312-320.

[41] 黄新武,吴律,宋炜. 拉东投影法三维叠前深度偏移[J]. 地球物理学报,2004,47(2): 321-326.

[42] 崔兴福,张关泉,吴雅丽. 三维非均匀介质中真振幅地震偏移算子研究[J]. 地球物理学报,2004,47(3): 509-513.

[43] 邓世坤. 克希霍夫积分偏移法在探地雷达图像处理中的应用[J]. 地球科学,1993,18(3):303-308.

[44] 裴正林,牟永光,狄帮让,等. 复杂介质小波多尺度井间地震层析成像方法研究[J]. 地球物理学报,2003, 46 (1): 113-117.

[45] 王辉,常旭,高峰. 井间地震波衰减成像的几种方法[J]. 地球物理学进展,2001,16(1):104-109.

［46］刘礼农,周立宏,朱振宇,等.复杂观测系统下的三维波动方程叠前深度偏移［J］.地球物理学进展,2002,17
　　　 (4):658-662.

［47］刘少华.第二届中韩黄海及邻域地质与地球物理场特征研讨会简评［J］.地球物理学进展,2004,19(3):725.

［48］匡斌,王华忠,季玉新,等.任意复杂介质中主能量法地震波走时计算［J］.地球物理学报,2005,48(2):394-
　　　 398.

［49］程玖兵,王华忠,马在田.窄方位地震数据双平方根方程偏移方法探讨［J］.地球物理学报,2005,48(2):
　　　 399- 405.

［50］徐果明,李光品,王善恩,等.用瑞利面波资料反演中国大陆东部地壳上地幔横波速度的三维构造［J］.地球物
　　　 理学报,2000,43(3):366-375.

［51］刘礼农,崔凤林,张剑锋.三维复杂构造中地震波模拟的单程波方法［J］.地球物理学报,2004,47(3):514-
　　　 520.

［52］赵永贵.中国工程地球物理研究的进展与未来［J］.地球物理学进展,2002,17(2):305-309.

［53］Richard Ott, Edward Button, Helfried Bretterebner, etc.. The Application of TRT-True Reflection Tomography-at the
　　　 Unterwald Tunnel［J］. Geophysics,2002,67(2):51-56.

深埋隧洞突发性高压涌水预测及对策研究

赵国平

（杭州华东工程检测技术有限公司 杭州 310030）

摘要：在深埋隧道施工过程中，经常遇到突发性高压涌水事故，给隧道施工造成困难和损失。为了避免或减少此类事故发生，作者就突发性高压涌水形成的条件、超前预报的方法及具体施工中的对策进行了探讨，可供施工单位有关技术人员参考。
关键词：高压涌水 地质预报 探地雷达 施工对策

在深埋隧洞前期勘探中，由于受各种条件的限制，对隧洞遇到的地质状况勘探精度一般较低。在施工过程中经常遇到突发性高压涌水事故，给隧洞施工进度、成本提高造成不可估计的影响，有时还会引发灾难性的后果。因此，在施工过程中，及时预报掌子面前方的地质情况是非常重要的。目前，超前地质预报有很多种方法，如 TSP 法、探地雷达法、孔内雷达法、红外线探水法等，其中探地雷达法具有快速、分辨率高、准确率高和图像容易识别等优点，在隧洞超前预报工作中得到较为广泛的应用。

1 突发性高压涌水形成条件

对于深埋隧洞，由于覆盖层厚，地应力高，水压也高，具有突发性涌水的条件。隧洞突发性涌水涌泥的种类，按其发生的地质条件进行分类，通常可分为含水断裂破碎带及节理密集带的涌水、向斜背斜含水层的涌水和石灰岩溶蚀带溶洞的涌水三种类型。突发性涌水是随放炮、岩体崩裂（水压过高冲破岩体）而涌水，通常具有水势凶猛、水量大、水压高及冲击力强等特征。

1.1 断层破碎带含水构造

断裂破碎带地带岩石破碎、松散，不仅便于地下水的运移和储存，而且能构成富水带，存在着形成突水的大量水体，如果断层埋深较深，则其富水带具有很高的压力。图 1 为隧洞掘进遇到富含水断层破碎带示意图，由图 1 可见：当隧洞在开挖中揭穿断层后，隧洞在断层处则会发生突发性涌水现象。

1.2 向斜、背斜含水层

在向斜贮水构造地段存在着承压水，只要坑道施工破坏向斜、背斜构造体，使其排泄关系发生变化，就会形成突发性涌水现象。图 2 为隧洞掘进遇到向斜、背斜含水层示意图，由图可见：这类饱水的砂层、卵砾石层地层介质松散，孔隙率大，富含地下水，隧洞开挖进入该地层时，极易产生高压涌水现象。

作者简介：赵国平（1979—），男，山西吕梁人，在读硕士研究生，从事工程物探、工程地质及水文地质工作。

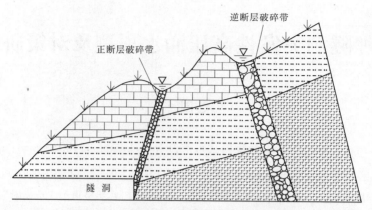

图1　隧洞掘进遇到富含水断层破碎带示意

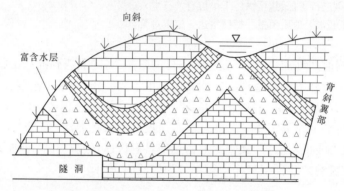

图2　隧洞掘进遇到向斜、背斜含水层示意

1.3　岩溶溶蚀带

岩溶溶蚀带主要存在于以碳酸盐类为主的可溶性岩石分布区,岩性坚硬,其岩体结构基本较完整,但当揭穿了富含地下水的溶洞或溶蚀裂隙时,地下水会突然涌出(见图3)。

2　超前地质预报

2.1　地质预报

地质预报可分为宏观地质预报和微观地质预报两种。

(1)宏观地质预报以地面地质调查为基础,结合勘探平硐已掌握的水文地质情况、断层破碎带及岩溶溶蚀带,通过勘探平硐高压涌水地质构造的位置推断出即将开挖隧洞涌水的位置、涌水量及涌水压力(见图4)。另外,通过工程区域水文地质调查,预测地表水对隧洞开挖造成的影响;通过收集该地区近年的气象、水文、水化学、水同位素的动态观测和分析资料,对隧洞要通过地区的水文地质条件做出预测。通常宏观地质预报将对隧洞掌子面前方300 m或500 m范围内的水文地质情况进行预测。

(2)微观地质预报是结合已开挖揭露的地质情况,如掌子面附近已揭露的节理、断层及地层的产状,以及这些构造面的出水情况,可以利用水的连通原理,得出已开挖的出水构造和探地雷达预报掌子面前方的构造结构面是否存在相交。如果已开挖的出水构造和掌子面前方的构造相交,通过已开挖构造的出水压力和流量,定性预测掌子面涌水的压力和流量。如果已开挖的出水构造和掌子面前方的构造结构面平行,可以通过区域地质理论,同一区域地质内总体的地质情况存在相似性,定性推测前方是否存在高压涌水构造。

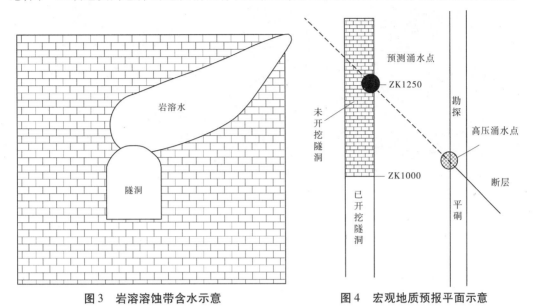

图3　岩溶溶蚀带含水示意　　　　　　　图4　宏观地质预报平面示意

2.2　探地雷达预报

利用高频电磁波以宽频带短脉冲的形式,由掌子面通过发射天线向前发射,当遇到异常地质体或介质分界面时发生反射并返回,被接收天线接收,并由主机记录下来,形成雷达剖面图。由于电磁波在介质中传播时,其路径、电磁波场强度、波形将随所通过介质的电磁特性及其几何形态而发生变化,因此根据接收的电磁波特征,即波的旅行时间、幅度、频率和波形等,通过雷达图像的处理和分析,可确定掌子面前方界面或目标体的空间位置或结构特征。在前方岩体完整的情况下,可以预报30 m 的距离,通常情况下预报范围为15～30 m。雷达探测的效果主要取决于不同介质的电性差异,即介电常数,若介质之间的介电常数差异大,则探测效果就好。由于岩体与水之间的介电常数差异较大(岩体的介电常数常常为几或者十几,而水的介电常数为81),并且其差异远远大于完整岩体与破碎岩体的差异,因此雷达图像的反射强度与富水情况存在一定的相关关系,根据雷达相对能量强度判别预报目标体是否富水从理论上讲是可行的。

掌子面前方含水构造是张开型、闭合型或局部张开局部闭合型,可以通过雷达图像的反射强度来判断。图5 为某隧洞雷达探测剖面,两个能量强的点是涌水点,而能量强的连续构造面为张开型含水构造面,经开挖都得到验证。通过隧洞左右侧壁及其掌子面的探地雷达剖面,结合已开挖隧洞的地质情况,综合分析探地雷达预报和微观地质预报对隧洞掌子面前方是否存在高压突发性涌水做出精确预报。图6 为某深埋隧洞雷达探测剖面,图7 为雷达探测分析图,图7 中的点1、点2、点3 和点4 均为出水点,出水点的水压平均喷距为3～4 m,水量为40～50 L/s。利用水的连通原理,结合前面提出的理论,预测节理4 为含水节理,构造5 为富含水构造。另外,掌子面前方及右侧有两个反射强点,预测掌子面前方10～20 m 范围内有大于200 L/s 的高压涌水,后经开挖验证,水量约1.25 m³/s。

此次深埋隧洞掘进,事前做了超前预报,根据预报结果提前做好了防范措施,故尽管有高压涌水的隐患,但没有造成安全事故。

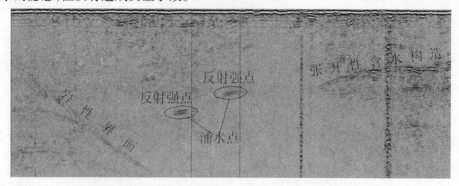

图 5　某隧洞雷达探测剖面

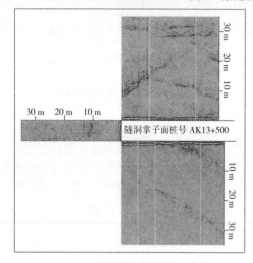

图 6　某深埋隧洞雷达探测剖面

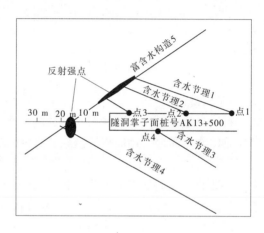

图 7　某隧洞雷达探测剖面分析解释

3　施工对策

当超前地质预报预测掌子面前方有突发性高压涌水时,在尽可能减少对隧洞掘进影响及不揭露高压涌水点的前提下,科学决策,针对不同类型的涌水形成条件,分别制定对策,解决隧洞开挖与地下水处理的矛盾,最终满足隧洞顺利掘进和处理好高压涌水。

断裂破碎带含水构造,通常采用以下灌浆方法:①固结灌浆,即用浆液灌入围岩裂隙或破碎带中,以提高岩体的整体性和抗变形能力的灌浆;②帷幕灌浆,即用浆液填充围岩内的裂隙和孔洞,形成阻水帷幕,以截断涌水通道的灌浆;③超前灌浆,即为防止隧洞开挖后大量涌水,在开挖之前对围岩预先进行的帷幕灌浆。灌浆位置通常距离掌子面有一定距离,并且做几道帷幕。灌浆结束等一段时间后(注浆材料达到预期效果需要一段时间,而该时间的长短则依据注浆材料而定)即进行物探测试,并确认超前孔验证安全的情况下,可再继续掘进。

向斜、背斜含水层,此类富含水构造采用以上灌浆方法很难处理好,必须采取别的措施。如绕洞掘进,通过物探探测方法,查明掌子面附近侧壁有没有含水构造,在没有含水构造的位置打绕洞,避开高压涌水带,在隧洞做好排水通道的同时到绕洞继续掘进,这样不会影响掘进速度,绕到高压涌水带后方后,采取正反向掘进策略,把高压水揭露后,再通过做混凝土坝等方法堵水。

岩溶溶蚀带含水构造,此类富含水构造没有稳定水源补给,通常采用以排为主,在揭穿高压水之前挖好排水系统,然后掘进揭露含水构造,随着时间的增长,水量越来越小,以至于没有水流出,此时再继续掘进隧洞。

针对不同的富含高压水构造,首先必须通过超前地质预报查明含水构造的地质情况,然后采用不同的对策保证隧洞的顺利掘进。隧洞掘进必须遵循"综合预报,先探后掘"的原则,针对一些含水构造采取"以堵为主,堵排结合,继续掘进"的对策,针对另一些含水构造采取"保证掘进,先绕后掘,以排为主,先排后堵,以堵为终"的对策。总之,任何对策都不是万能的,针对不同的水文地质情况选择不同的对策,尽量做到因地制宜、量体裁衣。

4　结语

为了防止在隧洞掘进过程中出现突发性高压涌水,采用宏观地质预报、微观地质预报及探地雷达预报提前预测出可能存在的高压涌水位置、水量和水压等是十分必要的。针对不同的富含高压水构造,在保证隧洞正常掘进的前提下,根据不同的地质情况提出了一些相应的施工对策。

深埋长隧洞超前地质预报技术研究

吴国晓

（黄河勘测规划设计有限公司工程物探研究院　郑州　450003）

摘要： 本文重点介绍 TSP203 预报系统、探地雷达和 BEAM 预报系统等三种隧洞超前地质预报方法。选取某深埋隧洞的典型洞段，对三种方法的预报成果进行比较分析，并与隧洞实际开挖结果进行对比，结果表明：TSP203 预报系统在判断前方破碎带和软弱层时的预报准确率较高，可作为超前长距离预报的首选；探地雷达在预报前方的溶洞、断裂和裂隙时，效果很好，可作为超前短距离地质预报的首选；BEAM 法能较好地预测前方围岩整体状况及含水体情况，可作为含水体预报的首选方法。

关键词： 隧洞　超前地质预报　TSP203 预报系统　探地雷达　BEAM 法

1　引言

近年来，随着我国大型水电工程及其他一些大型基础设施的建设，在施工中遇到了一些深埋、长大的隧洞。这些隧洞由于埋深大、距离长，在施工前期往往难以准确地勘察出前方的地质条件，因此在施工过程中常常会遇到突水、突泥、高地应力及岩爆、高瓦斯等地质灾害。据国内隧道施工的不完全统计，由这些事故造成的停工时间占总工期的 30%[1]。解决这些地质事故，特别是隧洞突水的预测预报工作，已成为深埋长隧洞安全施工过程中亟待解决的重大技术难题。这些技术难题备受世界各国隧道界的关注，超前地质预报技术正是在这种情况下被提出的。

目前，常用的超前地质预报方法除常规的地质分析法及超前钻孔外，发展最快的是效率较高的物探方法，如 TSP203 预报系统、TVSP 法、综合地震成像、水平声波剖面法、TRT 真地震反射成像技术、陆地声纳法、面波法、红外探水法、探地雷达、BEAM 法和瞬变电磁法等[2]。前六种方法是利用地震反射波原理，其中应用最广、效果最好的是 TSP203 预报系统。另外，据国内隧洞工程实践验证，红外探水法和瞬变电磁法预报效果不是很理想。下面就 TSP203 预报系统、探地雷达和 BEAM 三种方法的应用效果做一详细的论述和比较。

2　各预报方法原理

2.1　TSP203 预报系统

TSP203 地质超前预报系统是利用地震波在不均匀地质体中产生的反射波特性来预

作者简介： 吴国晓（1981—），男，河南南阳人，在读硕士研究生，从事水工物探的应用和方法研究工作。

报隧洞前方及周围邻近区域的地质状况的。它是在掌子面后方侧墙上一定范围内布置一排爆破点，在爆破孔后远离掌子面方向布置两个检波器，依次进行微弱爆破，产生的地震波信号在隧洞周围岩体内传播。当岩体强度（波阻抗）发生变化（如遇到断层、地下水或岩层变化）时，信号的一部分被反射回来。界面两侧岩体的波阻抗差别越大，反射回来的信号也就越强。返回的信号被经过特殊设计的接收器接收转化为电信号。根据信号返回的时间和方向，通过专用数据软件处理就可以得到反射界面的位置及方位[3,4]。

2.2　探地雷达

探地雷达法是一种用于探测地下（或周围）介质分布的广谱（1 MHz ~ 1 GHz）电磁技术。地面雷达是探地雷达的一种，是用 1 个天线发射高频电磁波，用另 1 个天线接收来自测线前方介质界面的反射波。通过对接收到的反射波进行分析来推断测线前方的地质情况。

探地雷达工作时，在雷达主机控制下，脉冲源产生周期性的毫微秒信号，并直接反馈给发射天线，经由发射天线耦合到地下的信号在传播路径上遇到介质的非均匀体（面）时，产生反射信号。位于地面上的接收天线在接收到地下回波后，直接传输到接收机。信号在接收机经过整形和放大等处理后，经电缆传输到雷达主机，经处理后，传输到微机。在微机中对信号依照幅度大小进行编码，并以伪彩色电平图（灰色电平图）或波形堆积图的方式显示出来。经过事后处理，可用来判断地下目标的深度、大小和方位等特性参数[5]。

2.3　BEAM 法

BEAM 法是德国 GEOHYD RAULIK DATA 公司研发的一种新型隧道超前预报方法。它是一种聚焦电流频率域的激发极化方法，其特点是通过外围的环状电极发射一个屏障电流和在内部发射一个测量电流，以便电流聚焦进入要探测的岩体中，通过计算视电阻率和观测与岩体中孔隙有关的电能储存能力的参数 PFE 的变化来预报前方岩体的完整性和含水性[6]。

在实际工作中，尽可能在掌子面上沿边缘布设一环型供电电极 A1，用来发射互斥的电流，在 A1 的内部布置 6 个测量电极 A0（见图 1）来接收从地层中传来的电流信号，在离掌子面 300 ~ 600 m 远的距离接一根地线 B 极作为无穷远极，B 极是用来与 A1、A0 极形成回路的。预报的范围与 A1 极所构成的圆的半径有关，半径越大，所能预报的深度也就越深。通过频率效应百分比 PFE(%) 与电阻率 R(Ω · m) 值的不同组合来描述掌子面前方的地质情况，即岩体类型和含水情况。

频率效应百分比 PFE(%) 的求取公式如下：

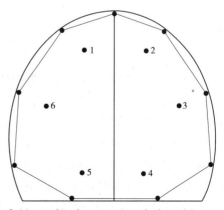

● A1—combined contacts(guand electrode)
● A0—contacts of specmed measurind electrodes 1-6

图 1　A1、A0 电极布置示意

$$PFE = (R_{f1} - R_{f2})/R_{f1} \times 100\% \tag{1}$$

式中：R_{f1} 为对应频率 1 时所测得的电阻率值；R_{f2} 为对应频率 2 时所测得的电阻率值。

3　预报效果对比分析

某深埋隧洞在施工中运用了多种预报方法，经综合验证，准确率较高的有三种方法，即 TSP203 预报系统、探地雷达和 BEAM 法。下面就具体预报效果进行详细的比较。

3.1　TSP203 预报系统与探地雷达比较

选取隧洞 BK4 +736 ~ BK4 +886 段的预报结果，并参照预报成果进行对比分析。该段在掌子面 BK4 +736 处进行了一次 TSP203 预报，在掌子面 BK4 +750 和 BK4 +822 处分别进行了表面雷达预报。

3.1.1　预报成果图

掌子面 BK4 +736 处 TPS203 岩石物理力学参数预报成果见图 2，掌子面 BK4 +736 处提取的反射层成果图见图 3，掌子面 BK4 +750 处探地雷达预报解译图见图 4，掌子面 BK4 +822 处探地雷达预报解译图见图 5。

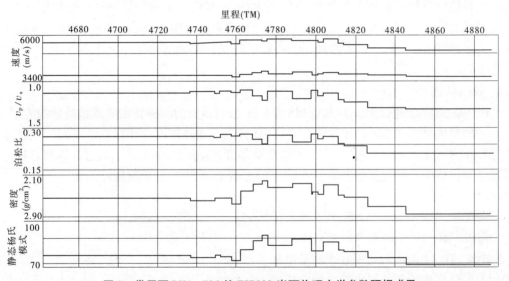

图 2　掌子面 BK4 +736 处 TSP203 岩石物理力学参数预报成果

3.1.2　对比分析

TSP203 预报距离较长，需截取两段探地雷达预报成果图与其进行对比，即取公共部分并结合实际开挖结果进行对比（见图 6）。

从图 6 可以看出：①TSP203 预报系统的有效预报距离可以达到 150 m，甚至更远，而探地雷达预报距离较近，一般有效解译距离为 30 m；②TSP203 预报系统基本预报出了破碎带位置，预报结果稍偏保守，而探地雷达预报精度较高，与实际开挖较吻合；③对于含水状况，TSP203 预报系统在溶蚀裂隙发育严重地段（如 BK4 +750 ~ BK4 +762 段）推断为含水，与实际开挖基本吻合，但总体预报不是很理想，而探地雷达对两段含水预报的结果与实际开挖非常吻合，效果很好。

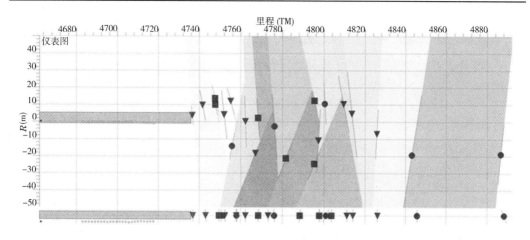

图3　掌子面 BK4 + 736 处提取的反射层成果

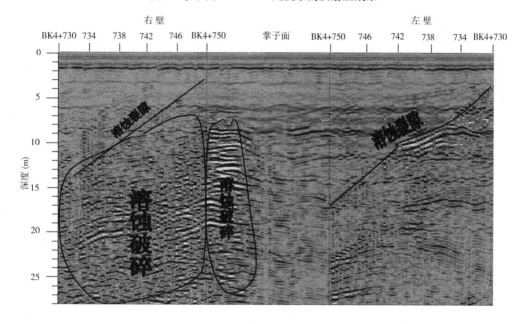

图4　掌子面 BK4 + 750 处探地雷达预报解译

综上,TSP203 系统对前方较大的岩性变化界面、岩石破碎情况和含水情况的预报具有一定的准确性和有效性,但对前方出现的裂隙、溶隙、溶蚀破碎及渗流水等较小异常体和现象的反映不如探地雷达明显。

3.2　BEAM 法与探地雷达比较

3.2.1　预报成果

BEAM 法解译距离为 AK4 + 673 ~ AK4 + 701 段,探地雷达预报解译距离为 AK4 + 687 ~ AK4 + 717 段,两种方法预报成果见图7 和图8。

3.2.2　对比分析

结合隧洞开挖后的实际情况,对两种方法预报的公共段进行综合分析对比,成果对比如图9 所示。

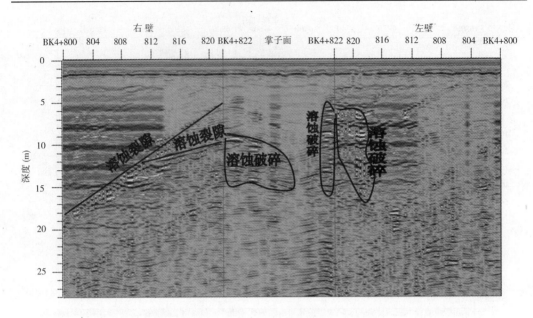

图 5　掌子面 BK4 + 822 处探地雷达预报解译

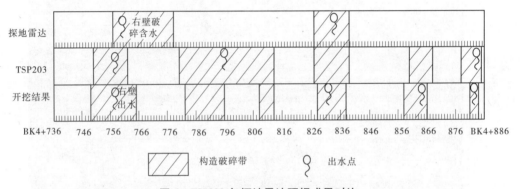

图 6　TSP203 与探地雷达预报成果对比

从图 9 可以看出：①两种方法每次预报解译距离相差不大；②在预报溶蚀破碎带方面，探地雷达相对比较准确，BEAM 法预报出了该段岩体的中等破碎带，但是在 AK4 + 697 ~ AK4 + 701 段的 4 m 长度内，没有预报出破碎带；③在含水状况方面，探地雷达基本预报出了是否有含水构造，但在出水准确位置的预报上稍微有点偏差，BEAM 法也基本上预报出了含水构造，但也没有精确地定出水点位置。

两种方法都预报出了该段的地质异常情况，探地雷达在预报精度上要高于 BEAM 法。另外，在预报范围方面，探地雷达对掌子面左右洞壁前方地质状况的反映也较准确和全面。

4　三种方法对比讨论

（1）TSP203 预报系统能够在测量成果中反映出岩体的物理力学性质，如果经过进一步的反演计算，就可以得到较准确的物理力学参数。这也是 TSP203 预报系统区别于其他方法的一个主要方面。其缺点是探测成本较高，对近隧道轴向及水平界面无效。

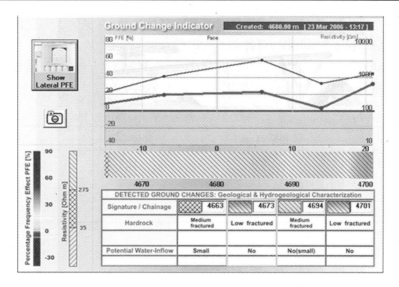

图7 隧洞 AK4 + 673 ~ AK4 + 701 段 BEAM 法预报成果

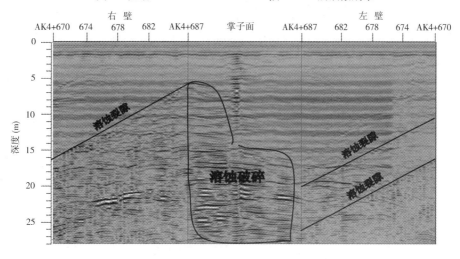

图8 隧洞 AK4 + 687 ~ AK4 + 717 段探地雷达预报成果

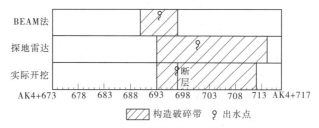

图9 BEAM 法与探地雷达预报成果对比

（2）探地雷达主要是精确预报，它能准确反映出前方的构造状况，可以根据破碎程度推断含水状况。

（3）BEAM 法主要是针对前方的流体，在预报前方的含水体方面预报得比较准确。

因此,在今后的超前预报中,应该考虑每种方法的优缺点(见表1),取长补短。在实际应用中,还应该根据实际情况,对各个方法进行有效的组合,从而进行更准确的综合地质预报。比如应考虑长短组合预报,以及把破碎带和含水体分开考虑,根据每种方法特点合理搭配,从而最大限度地提高预报准确率。

表1　三种方法适用性优缺点比较

方法	预报距离(m)	预报破碎带	含水体
TSP203 预报系统	约200	准确	较准确
探地雷达	30~50	准确	准确
BEAM 法	约30	较准确	准确

参考文献

[1] 周春宏. 深埋长隧洞地质超前预报技术[J]. 地质灾害与环境保护,2005.

[2] 张平松,吴建生. 中国隧道及井巷地震波法超前探测技术研究分析[J]. 地球科学进展,2006.

[3] 齐传生. 隧道及地下工程超前地质预报技术[J]. 隧道建设,2005.

[4] 王振卿,何振起. TSP203 地质预报系统在岩溶地区的应用[J]. 工程地球物理学报,2006.

[5] 杨果林,杨立伟. 隧道施工地质超前地质预报方法与探测技术研究[J]. 地下空间与工程学报,2006.

[6] 谭天元,叶勇,张伟. 隧道工程超前地质预报中的综合物探技术[J]. 贵州水力发电,2006.

隧道超前地质预报综合预报技术

谭天元　　张　伟

（中国水电顾问集团贵阳勘测设计研究院　贵阳　550002）

摘要：通过介绍综合预报技术的方法原理以及成功应用实例，说明综合预报技术在隧道超前地质预报中的有效性，同时分析各种方法的优缺点及怎样提高预报精度。

关键词：综合物探　超前地质预报　溶蚀裂隙　破碎带

随着隧道工程向着埋深大、里程长的方向发展，存在的地质问题也越来越复杂，穿越的地质单元也越来越多，尤其是在西部大开发中，隧道工程常常穿越高山峻岭，前期工程地质勘察不可能完全准确地查明隧道轴线方向的工程地质问题，这为隧道的施工安全带来了隐患。为了在隧洞施工过程中能够提供及时准确的工程地质资料，预知前方开挖洞段可能存在的地质灾害，需开展隧洞超前地质预报工作。

目前，国内外预报技术主要分为两大类，即地质预报法和物探法。地质预报法是利用隧道沿线及已开挖洞段所揭露的地质情况来分析隧道开挖前方可能存在的地质情况。物探方法是利用岩石的物性差异，通过仪器测量间接判断隧道开挖前方可能存在的地质情况。由于物探方法是利用岩石的物理性质来判别的，因此各种物探方法都有一定的局限性，要准确预报隧道前方的地质情况，必须采用综合物探技术进行预报，综合分析，相互印证。同时，物探资料的解释还要和地质资料的深入分析相结合，这样才能达到一定的预报效果。本文通过介绍在某水电站采用的综合预报技术，展示其在隧道超前预报中的应用前景。

1　综合预报技术的构建

某水电站辅助洞工程是该电站的关键性工程，地质条件复杂，工程地质问题尤为突出，在隧洞开挖过程中，先后出现过多次大规模的涌水，严重影响到工程进度和施工安全。为进一步探测隧道前方不良地质现象，指导隧洞的快速掘进，施工单位先后采用了陆地声纳、瞬变电磁法、红外线探测法等多种预报手段都未能达到预期的预报效果。中国水电顾问集团贵阳勘测设计研究院在总结前期预报成果的基础上，针对该工程的实际情况，构建了适合于该工程的预报体系。该预报体系以物探技术为基础、将地质综合分析贯穿于超前地质预报的全过程，把长期、中期、短期和临兆超前地质分析紧密结合于一体，提高了预报的准确性。在实际工作中，物探预报工作分三步走：第一步为中长距离预报，用 TSP 在掌子面前方 100~150 m 范围内，对较大的构造及岩体质量进行初步预报；第二步为短距

作者简介：谭天元（1969—），男，贵州岑巩人，高级工程师，从事水利水电工程物探生产和管理工作。

离预报,在掌子面用探地雷达探测,每掘进 20 m 作一次测量,对可能存在的含水构造进行较精确的预报,具体确定异常目标在掌子面前方的分布位置;在前两种方法无法探明地质缺陷的情况下,再打超前钻孔进行第三步钻孔雷达的预报,进一步确定含水构造的形态、位置及规模。具体预报流程图见图 1。

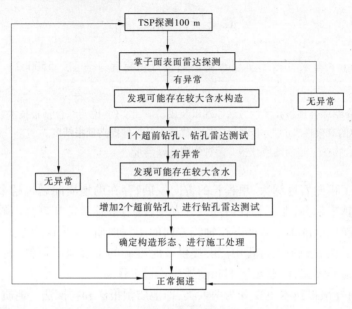

图 1　预报流程

2　综合预报技术与方法

2.1　地质分析法

利用隧道沿线已开挖洞段所揭露的地质情况和掌子面地质情况来综合分析隧道开挖前方可能存在的地质情况,且地质分析贯穿于超前地质预报的全过程。

2.2　TSP203 超前预报系统

TSP203 超前地质预报是属于中长距离的预报系统,该预报系统的作用是对预报前方作宏观地质判断,为短距离预报锁定重点地段。它是由瑞士安伯格测量技术公司研发的新一代超前地质预报系统,采用了回声测量原理,利用地震波在不均匀地质体中传播产生的反射波特性来预报隧洞掌子面前方及周围临近区域的地质情况。

2.3　探地雷达

探地雷达是综合超前地质预报技术体系中的一个重要方法。它是利用电磁波束的反射来探测掌子面前方的地质情况的,当其工作时发射天线向地下介质定向发射一定强度的高频短脉冲宽频带电磁波,电磁波遇到不同电性反射界面后振幅和相位发生变化,介质电性差异大小决定了电磁波反射的振幅强弱程度和其相位的正负。岩石破碎程度及其含水量情况是影响其电性常数的主要因素,从而可根据测量结果判定掌子面前方的围岩变化情况。

根据观测系统的不同,探地雷达分为表面雷达与钻孔雷达。

　　表面雷达测试时,雷达的天线贴在掌子面上进行,根据所采集到的图形来进行分析和断定掌子面前方的地质情况。

　　钻孔雷达是在掌子面上不同位置打三个以上钻孔,并把探头放入钻孔中进行测试,根据各个孔所测得的异常分布和各孔的位置,通过空中几何交汇的方法来准确判定掌子面前方不良地质体的位置与规模。

2.4　BEAM 超前预报系统

　　BEAM 超前预报系统是掌子面雷达的有效补充,它是一种聚焦电流频率域的激发极化方法,其特点是通过外围的环状电极发射一个屏障电流层和在掌子面发射一个测量电流,以便电流聚焦进入要探测的岩体中,通过计算视电阻率和与岩体中孔隙有关的电能储存能力的参数 PFE 的变化来预报前方岩体的完整性和含水性。

2.5　临兆超前地质预报

　　临兆超前地质预报主要以地质分析为基础,对已开挖洞段所揭露的地质现象进行分析,从而达到预报的目的。因为任何不良地质灾害的发生和发展,总是有它特殊的前兆反应,如大型断层、高压岩溶水等在发生前均有各自不同的预兆,研究和利用这些前兆特征,对工程施工、防灾减灾影响较大,既要慎重更要果断,是高质量实现超前地质预报的重要手段之一。

3　综合预报技术的应用实例

3.1　工程概况

　　某水电站位于四川省凉山彝族自治州的木里、盐源、冕宁三县交界处的雅砻江干流上,其辅助洞工程是沟通东西雅砻江的交通隧道,并作为水电站引水隧洞的施工辅助洞和超前勘探洞之用。

　　辅助洞地处青藏高原向四川盆地过渡的地貌斜坡地带,隧洞沿线由白山组大理岩组成主分水岭,地形起伏,山峦重叠,沟谷深切,主体山峰高程在 4 000 m 以上,最大高差达3 000 m以上。辅助洞最大埋深为 2 375 m,其中埋深大于 1 500 m 的洞段占全洞总长的73%。辅助洞围岩均由三叠系(T)地层组成,岩性主要为大理岩、灰岩等碳酸盐岩(约占整个洞线91%)及少量砂岩、板岩、绿泥石片岩。除泥质灰岩外,其他碳酸盐岩大多为厚层状,岩面新鲜完整。在高程 2 000 m 以下的岩溶不发育。除进出口段外,Ⅱ类围岩约占88%,Ⅲ类围岩约占 8%,Ⅳ类围岩约占 3%。

3.2　预报成果

　　图2 是 BK5 +019 桩号掌子面上的 TSP203 探测成果,从图中可以看出:在桩号BK5 +036 ~ BK5 +042,BK5 +072 ~ BK5 +082 两段泊松比较高,而密度较低。结合实际开挖地质情况进行地质分析:桩号 BK5 +036 ~ BK5 +042 段应该为岩体破碎带;而 BK5 +072 ~ BK5 +082 段为裂隙发育带,并且含水。

　　根据 TSP 预报结果,加强了表面雷达在 BK5 +036 ~ BK5 +042,BK5 +072 ~ BK5 +082 的预报频率。在雷达测试成果中,没有发现 BK5 +036 ~ BK5 +042 段存在明显异常,而在 BK5 +058 掌子面测试时,发现前方 14 m 左右即 BK5 +072 处出现了明显异常现象,同时 BK5 +038 ~ BK5 +058 段右壁异常也较明显。图3 是 BK5 +038 ~ BK5 +058 左右壁

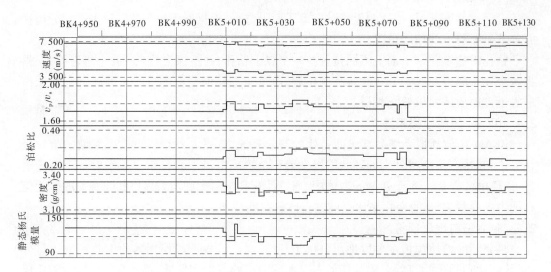

图2　TSP 岩石物理力学参数及二维平面(2D)成果

与 BK5 +085 掌子面雷达测试成果色谱。根据此图并结合 TSP 成果及已开挖洞段揭露的地质现象推测：

（1）掌子面前方桩号 BK5 +072 左右为溶蚀裂隙密集带，涌水的可能性极大。

（2）桩号 BK5 +042 ~ BK5 +058 段右侧 4.5 ~ 9 m 深度范围为溶蚀裂隙，含水，延伸后将在桩号 BK5 +068 左右与隧洞相交；BK5 +042 ~ BK5 +058 段右侧 7.5 ~ 14.0 m 深度范围内为破碎带，含水。

图 4 是 BK5 +038 ~ BK5 +058 左右壁与 BK5 +058 掌子面的雷达测试成果解释。

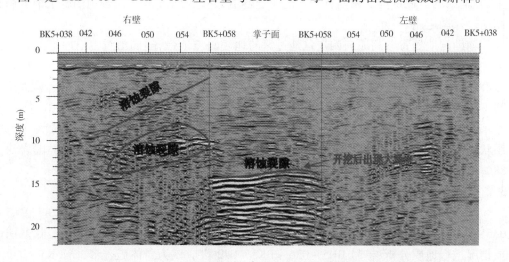

图3　BK5 +038 ~ BK5 +058 左右壁与 BK5 +058 掌子面雷达测试成果色谱

隧洞开挖到桩号 BK5 +065 处时又进行了一次雷达测试，同时增加了在掌子面上的测线条数。

图 5 是 BK5 +065 掌子面底部和 BK5 +045 ~ BK5 +065 段左右壁的雷达测试成果波形图。图 6 是 BK5 +065 掌子面中部水平测线成果波形图，图 7 是 BK5 +065 掌子面中部

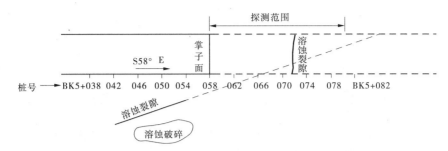

图 4　BK5 +038 ~ BK5 +058 左右壁与 BK5 +058 掌子面雷达测试成果解释

垂直测线成果波形图。

综合图 5、图 6 和图 7 可以看出:掌子面前方桩号 BK5 +070 开始出现异常,并在 BK5 +072 处消失,同时在 BK5 +073 处又出现异常并延伸至 BK5 +087 位置都未结束。由此可以推测:

(1)在桩号 BK5 +071 左右发育一溶蚀裂隙,并富水(不排除是断层),在 BK5 +074 ~ BK5 +087 段为受裂隙影响的破碎带,富水。

(2)在 BK5 +049 ~ BK5 +065 段右壁还发育一裂隙,并含水,延伸后将在 BK5 +089 左右与隧洞相交。图 8 是 BK5 +065 掌子面雷达测试成果解释。

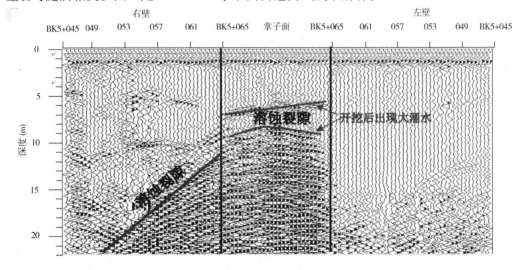

图 5　BK5 +065 掌子面底部和 BK5 +045 ~ BK5 +065 段左右壁雷达测试成果

同时,该洞段在进行 BEAM 测试时,测试成果见图 9,发现从 BK5 +067 开始,岩体的 *PFE* 值、视电阻率都明显下降,且 *PFE* 值在 BK5 +072 处已经小于零,在 BK5 +074 处达到最低,从 BK5 +074 开始 *PFE* 值、视电阻率又逐渐缓慢上升,并在 BK5 +079 处 *PFE* 值大于零。

根据 *PFE* 值、视电阻率曲线可以推测:在 BK5 +067 ~ BK5 +074 段岩体由中等破碎向岩体破碎过渡,且岩层由少量含水向富水过渡,BK5 +074 ~ BK5 +090 段岩体由破碎向中等破碎过渡,岩层从富水向少量含水过渡。

为了进一步探明在 BK5 +072 处的异常性质与规模,建议施工单位打超前钻孔,并在

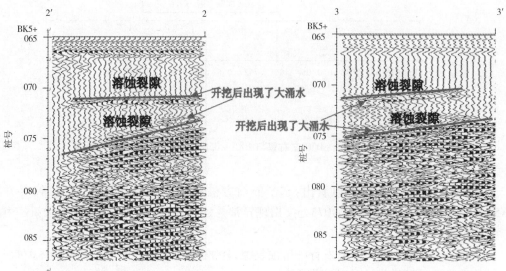

图6　BK5 + 065 掌子面雷达 2—2′测线成果　　　　图7　BK5 + 065 掌子面雷达 3—3′测线成果

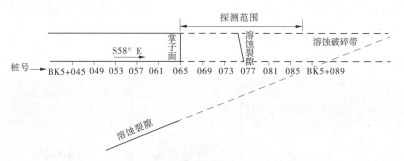

图8　BK5 + 065 掌子面雷达测试成果解释

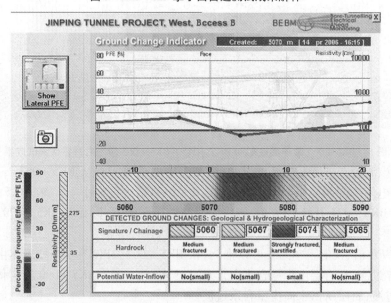

图9　*PFE* 值、视电阻率值 *R* 与岩体类型、含水情况可视化

孔内进行了钻孔雷达测试。施工单位在开挖到桩号 BK5 + 072 处掌子面时,已经出现多个炮孔涌水,随后决定在掌子面左下角打超前钻孔,当钻孔钻至 2 m 时开始出现涌水,在钻至 4 m 时,由于水压过大,钻杆已经无法推进,退出钻杆后水的射程达 50 m 远形成雾状,涌水量达 350 L/s。随后在周边打减压孔,发现周边孔涌水量并无太大压力,而涌水孔的涌水量和压力还未减小,因此决定在涌水孔左侧继续打 15 m 的超前钻孔并进行孔内雷达测试。图 10 是钻孔雷达测试的钻孔布置示意,图 11 和图 12 分别为钻孔雷达在孔 1 和孔 2 的测试成果,图 13 为钻孔雷达测试成果解释。

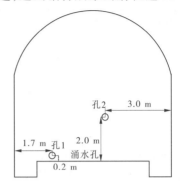

图 10　BK5 + 072 掌子面钻孔雷达测试钻孔布置

　　综合图 11 和图 12 可以看出:掌子面前方 BK5 + 072 ~ BK5 + 085 段存在两个异常,推测为两条主要富水裂隙,其中一条裂隙宽 6 ~ 12 cm,另一条宽 10 ~ 20 cm。在探测范围内,BK5 + 072 ~ BK5 + 085 段未发现大型溶洞。

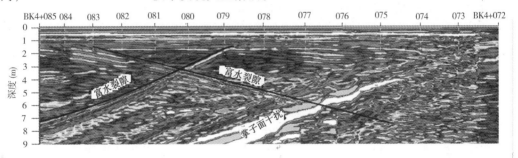

图 11　孔 1 钻孔雷达测试成果

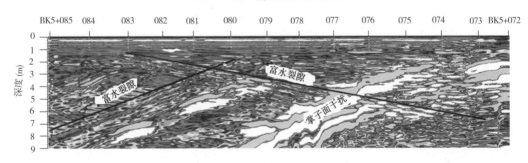

图 12　孔 2 钻孔雷达测试成果

　　通过钻孔雷达测试,确定前方无大型溶洞后,施工单位决定采取短进尺掘进,后经开挖证实:桩号 BK5 + 073 ~ BK5 + 075 段发育一小断层通过,产状为 N60 ~ 70°E/NW,∠80°,宽度 0.4 ~ 2.0 m,为方解石及方解石胶结的角砾岩,断层面均附有钙化物,在该断层附近,裂隙极为发育,形成与该断层走向平行的裂隙密集带,裂隙带内出现大量涌水。

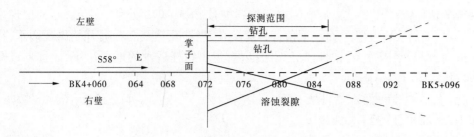

图 13 钻孔雷达测试成果解释

4 结语

通过以上实例说明采用综合预报技术对隧道前方进行超前地质预报,可以对隧道工作面前方围岩工程地质和水文地质的性质、位置和规模进行比较准确的探测和预报。在预报工作中地质与物探要紧密配合、互相印证和互相补充,只有这样,才能有效地提高预报的精度。

同时,在预报工作中也存在诸多问题,主要有以下几点:

(1)隧道施工对预报工作的现场数据采集是目前影响预报精度的一个重要因素,怎样降低施工对预报精度的影响,有待进一步研究。

(2)对预报成果的认识,应密切地结合工程实际情况和地质情况,全面分析和总结不同方法的特征,进一步提高预报准确性。

参考文献

[1] 姚姚.多波和横波地震勘探[M].北京:地质出版社,1994.

[2] 何发亮,等.隧道地质超前预报[M].成都:西南交通大学出版社,2006.

[3] 谭天元,等.隧道工程超前地质预报中的综合物探技术[J].贵州水力发电,2006,20(6).

聚焦电流法(BEAM)在隧道超前预报中的研究初探

楼加丁

(中水顾问集团贵阳勘测设计研究院 贵阳 550081)

摘要:隧道施工中的地质超前预报的精确度关系到工程的安全、质量和进度。由于隧道内可供观测的空间及观测方法受到限制,预报难度的确很大。聚焦电流法(BEAM)的工作原理是通过人为地附加一个电场,迫使工作电场具有一定的方向性,从而达到聚焦电流的目的,突出探测方向上目标体的异常特征,较适合隧道的特殊环境。本文首先对聚焦电流法在隧道超前探测中的基本原理、边值等问题进行有限元理论计算研究,在此基础上对聚焦电流法的工作方法、电极布置方式进行研究探讨,分析研究聚焦电流法的异常曲线特征,探讨其在隧道超前探测中的应用前景。

关键词:聚焦电流法(BEAM) 超前地质预报 三维 点电源场 附加电场 有限元

1 引言

隧道(洞)施工中的地质超前预报关系到工程的安全、质量和进度,因而倍受关注。隧道(洞)地质超前预报要解决的问题主要有三个方面:①断裂、破碎带等不良地质现象的性质、规模的判定;②不良地质体的位置及产状的确定;③岩体工程类别的识别等。

由于地形、地貌及地层的复杂性,以及设计的地下隧洞埋藏深,在前期勘测设计中常规勘探手段都无法开展工作的情况下,仅靠地表调查来推测地下深部的地质情况,往往只能作宏观的推测,使得隧道(洞)施工地质情况与隧道(洞)勘测设计的地质资料存在出入。再加上隧道(洞)内可供观测的空间有限,观测方法受到限制,要达到准确预报的要求难度很大。因此,在隧道(洞)施工中经常会出现预料不到的塌方、冒顶、涌水等事故,而这些事故一旦发生,轻则影响工期,增加工程投资,重则砸毁机械设备,甚至造成人员伤亡。

多年来,国内外的工程地球物理工作者在不断地改进探测技术和分析方法,试图提高预报的可靠性和精度。采用综合的物探手段,运用相应的理论和规律进行分析、研究,以快速、高效、低耗的方法来取代或减少传统勘探手段,及时准确预知工作面前方工程岩体的状态,并适应隧洞快速施工的要求,以便及时采取正确的开挖方法和支护措施,或对将发生的地质灾害采取相应的对策,减少施工过程地质灾害的发生及施工的盲目性,便显得极为重要。

2 隧洞超前预报的研究现状

我国是较早开展反射地震隧道超前预报研究的国家之一。目前,地震反射、声波反

作者简介:楼加丁(1962—),男,浙江东阳人,教授级高级工程师,主要从事水电工程物探技术及管理工作。

射、探地雷达、TSP203 隧道超前地质预报系统等一系列的地球物理方法形成了隧道超前探测的主流方法。与之相比,研究激发极化法、瞬变电磁法等电场类方法进行隧道超前探测的较少。一方面是由于隧道复杂的地电环境,使得电场类方法场的分布较地面情况更为复杂,影响探测效果,数据的分析和解释难度也更大;另一方面是隧道有限的工作空间也限制了电场类方法的开展。

在隧道施工中,含水断层、充水或充泥溶洞、陷落柱、破碎带、软弱地层等不良地质体是主要的安全隐患,这些与水体相关的不良地质体是超前探测的主要内容。从客观上讲,隧道中的不良地质体与围岩具有较明显的电性差异,利用电法进行隧道超前探测具有较好的理论前提。目前,国际上唯一的一种电法超前预报方法是由德国 GEOHYDRAULIC DATA 公司推出的产品 BEAM(Bore – Tunneling Electrical Ahead Monitoring),它是一种聚焦电流频率域的激发极化方法。这种方法在欧洲许多国家都已得到应用,但我国尚未引进,很多技术我们还无法深入了解到。因此,本文首先对聚焦电流法在隧道超前探测中的异常曲线特征及电极布置方式进行初步探讨和研究。

3　聚焦电流法(BEAM)超前探测的正演问题

聚焦电流法能较好地控制电场的方向性,适合隧道的特殊环境,其工作原理是通过人为地附加一个电场,迫使工作电场具有一定的方向性,利用了同性电极相排斥的原理,使用同极(正极 A1、A0) 环型电极供电,无穷远做负极(B 极),从而形成流向掌子面前方、类似聚光效应的聚集电流场,使电流聚焦进入要探测的岩体中,通过计算视电阻率和观测一个与岩体中孔隙有关的电能储存能力的参数 PFE(Percentage Frequency Effect) 的变化来预报前方岩体的完整性和含水性,以便有效、精确测量掌子面前方一定范围的岩石的电性变化。为了充分达到电流聚焦的目的,电极布设可以是环状、多边形,还可以是任意形状(见图 1、图 2)。

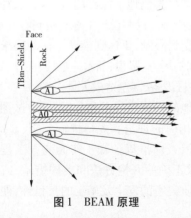

图 1　BEAM 原理

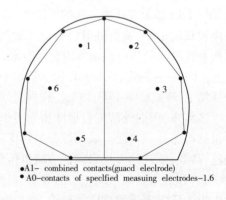

●A1– combined contacts(guacd eleclrode)
●A0–contacts of speclfied measuing electrodes–1.6

图 2　供电极 A1 及测量极 A0 布置

聚焦电流法(BEAM)的正演问题遵循三维电源场的原理和特征。下面对三维电源场的基本原理、边值问题和正演进行分析研究。

3.1　三维点电源场基本原理

3.1.1　基本方程

在稳定电流场中,若电流密度 $\vec{j}$,电场强度 $\vec{E}$,电位 u 和介质的电导率 σ 存在如下关系：

$$\vec{j} = \sigma \vec{E} \text{ 和 } \vec{E} = -\nabla u$$

则

$$\vec{j} = -\sigma \nabla u \tag{1}$$

若在地下 $A(x_A, y_A, z_A)$ 点，存在电流强度为 I 的点电源，电流密度为 $\vec{j}$，在空间作任意闭合面 Γ，Ω 是 Γ 所围的区域，如图 3 所示，根据高斯通量定律，流过闭合面 Γ_s 的电流总量可以表示如下：

$$\oint_\Gamma \vec{j} \cdot d\Gamma = \begin{cases} 0 & A \notin \Omega \\ I & A \in \Gamma \end{cases} \tag{2}$$

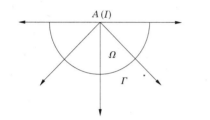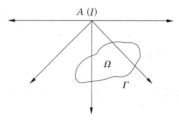

图 3 点源电场示意

根据高斯定理，式（2）中矢量的面积分可转换成矢量的散度积分：

$$\oint_\Gamma \vec{j} \cdot d\Gamma = \int_\Omega \nabla \cdot \vec{j} d\Omega = \begin{cases} 0 & A \notin \Omega \\ I & A \in \Gamma \end{cases} \tag{3}$$

用 $\delta(A)$ 表示以 A 为中心的狄拉克函数，根据 δ 函数的积分性质，有：

$$\int_\Omega \delta(A) d\Omega = \begin{cases} 0 & A \notin \Omega \\ \dfrac{\omega_A}{4\pi} & A \in \Gamma \end{cases} \tag{4}$$

其中，ω_A 是 A 点对区域 Ω 张的立体角。在比较式（3）与式（4），可得出：

$$\nabla \cdot \vec{j} = \frac{4\pi}{\omega_A} I\delta(A) \tag{5}$$

将式（1）代入式（5）中，得电位满足的微分方程：

$$\nabla \cdot (\sigma \nabla u) = -\frac{4\pi}{\omega_A} I\delta(A) \tag{6}$$

在直角坐标系中，展开式（6），得：

$$\frac{\partial}{\partial x}\left(\sigma \frac{\partial u}{\partial x}\right) + \frac{\partial}{\partial y}\left(\sigma \frac{\partial u}{\partial y}\right) + \frac{\partial}{\partial z}\left(\sigma \frac{\partial u}{\partial z}\right) = -\frac{4\pi}{\omega_A} I\delta(x_A)\delta(y_A)\delta(z_A) \tag{7}$$

式（7）便是三维构造中点电源电场的电位所应满足的微分方程。

3.1.2 边值问题

点电源场除满足式（6）方程外，还应满足以下条件：

在地面 Γ_s 上，电位的法向导数为 0，即

$$\frac{\partial u}{\partial n} = 0 \quad A \in \Gamma_s \tag{8}$$

在无穷远边界 Γ_∞ 上，电位是点源电位，即

$$u = \frac{c}{r} \qquad A \in \Gamma_\infty \qquad\qquad (9)$$

r 为点源点到无穷远边界的距离，对式(9)求导，联合消去常数 c，得

$$\frac{\partial u}{\partial n} + \frac{\cos(r,n)}{r} u = 0 \qquad A \in \Gamma_\infty \qquad\qquad (10)$$

因此，点电源中电位满足的方程可归结如下：

$$\left. \begin{array}{ll} \nabla \cdot (\sigma \nabla u) = -\dfrac{4\pi}{\omega_A} I\delta(A) & A \in \Omega \\[2ex] \dfrac{\partial u}{\partial n} = 0 & A \in \Gamma_s \\[2ex] \dfrac{\partial u}{\partial n} + u \cdot \dfrac{\cos(r,n)}{r} = 0 & A \in \Gamma_\infty \end{array} \right\} \qquad (11)$$

式中：Γ_s 为区域 Ω 的地面边界；Γ_∞ 为区域 Ω 的地下边界；n 为边界的外法向方向；σ 为介质的电导率；u 为电位；ω_A 为 A 点对地下区域 Ω 张的立体角。

3.2　隧道聚焦电流法探测有限单元法正演

3.2.1　有限单元法正演

在隧道聚焦电法探测中（见图4），首先要建立一个人为附加电场（由电极组 A_1 产生），然后布设供电或观测电极组 A_0。若有 n 个附加电场电极 $A_{1i}(i=1,2,\cdots,n)$ 和 m 个观测电极 $A_{0j}(j=1,2,\cdots,m)$，则整个空间满足的方程归结如下：

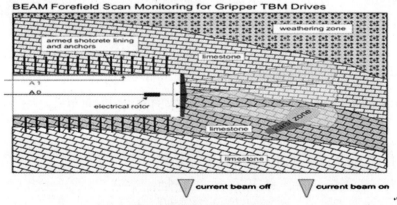

图4　聚焦电流法工作示意

$$\left. \begin{array}{ll} \nabla \cdot (\sigma \nabla u) = -\left\{ \displaystyle\sum_{i=1}^{n} \left[\dfrac{4\pi}{\omega_{A_{0i}}} I\delta(A_{0i}) \right] + \sum_{j=1}^{m} \left[\dfrac{4\pi}{\omega_{A_{1j}}} I\delta(A_{1j}) \right] \right\} & A \in \Omega \\[3ex] \partial u/\partial n = 0 & A \in \Gamma_s \\[3ex] \partial n/\partial n + u \cdot \left(\displaystyle\sum_{i=1}^{n} \cos(r_{A_{0i}},n)/r_{A_{0i}} + \sum_{j=1}^{m} \cos(r_{A_{1j}},n)/r_{A_{1j}} \right) = 0 & A \in \Gamma_\infty \end{array} \right\} \quad (12)$$

对式(12)用有限单元法求解，与式(12)等价的变分问题为：

$$F(u) = \int_{\Omega}\left\{1/2\sigma(\nabla u)^2 - \left[\sum_{i=1}^{n}\left(\frac{4\pi}{\omega_{A_{0i}}}I\delta(A_{0i})\right) + \sum_{j=1}^{m}\left(\frac{4\pi}{\omega_{A_{1j}}}I\delta(A_{1j})\right)\right]\right\}\mathrm{d}\Omega + $$

$$1/2\int_{\Gamma_\infty}\sigma\cdot\left(\sum_{i=1}^{n}\cos(r_{A_{0j}},n)/r_{A_{0i}} + \sum_{j=1}^{m}\cos(r_{A_{1j}},n)/r_{A_{1j}}\right)\mathrm{d}\Gamma \tag{13}$$

$$\delta F(u) = 0$$

选取适当大的边界(r_A 足够大),使得($\sum\limits_{i=1}^{n}\cos(r_{A_{0j}},n)/r_{A_{0i}} + \sum\limits_{j=1}^{m}\cos(r_{A_{1j}},n)/r_{A_{1j}})\to 0$,因此式(13)中对无穷远边界的积分项可以忽略不计,简化为:

$$F(u) = \int_{\Omega}\left\{1/2\sigma(\nabla u)^2 - \left[\sum_{i=1}^{n}\left(\frac{4\pi}{\omega_{A_{0i}}}I\delta A_{0i}\right) + \sum_{j=1}^{m}\left(\frac{4\pi}{\omega_{A_{1j}}}I\delta A_{1j}\right)\right]\right\}\mathrm{d}\Omega \tag{14}$$

$$\delta F(u) = 0$$

3.2.2　插值

将式(14)中对区域 Ω 和边界 Γ_∞ 的积分分解为对各四面体单元 e 和 Γ_e 的积分之和。设四面体单元 e 的四个角点编号为 1、2、3、4,如图 5 所示,$u_i(i=1,2,3,4)$ 是单元中 4 个节点的电位值,则四面体单元 e 内任一点 $p(x,y,z)$ 电位可用这 4 个角点的电位进行线性插值近似得到:

$$u = N_1 u_1 + N_2 u_2 + N_3 u_3 + N_4 u_4 = \sum_{i=1}^{4} N_i u_i \tag{15}$$

式中:N_i 是形函数,它是 x,y,z 的线性函数。N_i 可用下式表示为:

$$N_i = a_i x + b_i y + c_i z + d_i = \frac{V_i}{V} \tag{16}$$

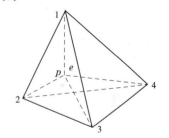

图 5　四面体单元

这里,V 是四面体单元体积,V_i 是插值点 $p(x,y,z)$ 与四面体其他 3 个角点($j=1,2,3,4,j\neq i$)所组成的四面体体积(见图 5),a_i、b_i、c_i、$d_i(i=1,2,3,4)$ 是与四面体单元顶点坐标有关的常数,可由式(16)计算得到。

3.2.3　单元分析

对式(14)第一项单元积分,有:

$$\int_{e}\frac{1}{2}\sigma(\nabla u)^2\mathrm{d}\Omega = \int_{e}\frac{1}{2}\sigma\left[\left(\frac{\partial u}{\partial x}\right)^2 + \left(\frac{\partial u}{\partial y}\right)^2 + \left(\frac{\partial u}{\partial z}\right)^2\right]\mathrm{d}x\mathrm{d}y\mathrm{d}z$$

$$= \frac{1}{2}\sigma\int_{e}\left[\left(\frac{\partial u}{\partial x}\right)^2 + \left(\frac{\partial u}{\partial y}\right)^2 + \left(\frac{\partial u}{\partial z}\right)^2\right]\mathrm{d}x\mathrm{d}y\mathrm{d}z \tag{17}$$

$$= \frac{\sigma}{2}u_e^{\mathrm{T}}K_{1e}u_e$$

其中,$K_{1e} = k_{1ij}$,$k_{1ij} = k_{1ji}$,$u_e = (u_i)^{\mathrm{T}}$,$i,j=1,2,3,4$。

将式(15)、式(16)代入式(17),得出:

$$k_{1ij} = \int_{e}\left[\left(\frac{\partial N}{\partial x}\right)\left(\frac{\partial N}{\partial x}\right)^{\mathrm{T}} + \left(\frac{\partial N}{\partial y}\right)\left(\frac{\partial N}{\partial y}\right)^{\mathrm{T}} + \left(\frac{\partial N}{\partial z}\right)\left(\frac{\partial N}{\partial z}\right)^{\mathrm{T}}\right]\mathrm{d}x\mathrm{d}y\mathrm{d}z$$

$$= \frac{1}{36V}(a_i a_j + b_i b_j + c_i c_j) \tag{18}$$

对式(14)第二项积分,有:

$$- \int_{\Omega} \left\{ \sum_{i=1}^{n} \left[\frac{4\pi}{\omega_{A_{0i}}} I\delta(A_{0i}) \right] + \sum_{j=1}^{m} \left[\frac{4\pi}{\omega_{A_{1j}}} I\delta(A_{1j}) \right] \right\} \mathrm{d}\Omega = - I \cdot (u_{A_{0i}} + u_{A_{1j}}) = - I \cdot u_A \tag{19}$$

其中,$i = 1,2,\cdots,n$;$j = 1,2,\cdots,m$。

可见,其只与电源点有关。

3.2.4 总体合成

对式(14)各项单元积分后,将所得结果相加,再扩展成由全体节点组成的矩阵,进而全部单元相加,得:

$$F(u) = \sum F_e(u) = \sum \frac{\sigma}{2} u_e^{\mathrm{T}}(K_{1e} + K_{2e})u_e - u_A I$$

$$= \sum \frac{1}{2} u_e^{\mathrm{T}} K_e u_e - u_A I = \sum \frac{1}{2} u^{\mathrm{T}} \overline{K}_e u - u^{\mathrm{T}} p \tag{20}$$

$$= \frac{1}{2} u^{\mathrm{T}} K u - u^{\mathrm{T}} p$$

其中,u 是全部节点的 u 组成的列向量;$K_e = \sigma(K_{1e} + K_{2e})$,$\overline{K}_e$ 是 K_e 的扩展矩阵,$K = \sum \overline{K}_e$;$p = (0 \cdots u_A \cdots 0)^{\mathrm{T}}$,$p$ 中只有与电源点(A_0 和 A_1)所在节点相对应的元为 u,其余均为零。

令式(20)的变分为 0,得线性方程组:

$$Ku = p \tag{21}$$

解方程组,得各节点的电位,便可计算视电阻率。

3.3 激电参数计算

3.3.1 直流激电充放电时间和极化率计算

在直流激电中,岩矿石的极化率(η)是充电时间(T)与放电时间(t)的函数:

$$\eta(T,t) = \frac{\Delta U_2(t)}{\Delta U(T)} \times 100\% \tag{22}$$

式中:$\Delta U(T)$ 为供电时间 T 的总场电位差;$\Delta U_2(t)$ 为断电后 t 时刻的二次场电位差。

式(22)中的 $\Delta U_2(t)$ 也可用一段时间内积分的平均值来表示,有:

$$\eta(T,t) = \frac{\dfrac{1}{t_2 - t_1} \displaystyle\int_{t_1}^{t_2} \Delta U_2(t)\,\mathrm{d}t}{\Delta U(T)} \times 100\% \tag{23}$$

通常可以认为二次电位差 ΔU_2 是总场电位 ΔU 与不存在激电效应时电位 ΔU_1 的电位差,有:

$$\Delta U_2 = \Delta U - \Delta U_1 \tag{24}$$

因此,极化率计算可简化为如下公式:

$$\eta = \frac{\Delta U_2}{\Delta U} = \frac{\Delta U - \Delta U_1}{\Delta U} \tag{25}$$

ΔU_1 可通过求解式(21)得到,ΔU 的计算只要将电阻率参数 ρ 换成等效电阻率参数 $\rho^* = \rho/(1 - \eta)$,重新求解式(21)获得。

3.3.2　交流激电频散率计算

在交流激电中,表征岩石激电效应的参数是频散率(P)或复频率(F),常用的方法是变频法,频散率(P)是两个频率(f_D和f_G)的函数,其计算表达式为:

$$P(f_D, f_G) = \frac{\Delta U_{f_D} - \Delta U_{f_G}}{\Delta U_{f_G}} \times 100\% \tag{26}$$

式中:ΔU_{f_D}和ΔU_{f_G}分别表示在低频(f_D)和高频(f_G)两个频率上测得的总场电位差之幅值。

在以往的复电阻率研究中,Dias提出了Dias等效模型,并对其参数的物理意义给出了说明,模型的适用频率范围较宽(10^{-3} Hz ~ 1 MHz),在与试验数据的对比中比 Muti – Cole – Cole 模型要好。

Dias 模型表达式如下:

$$\rho(\omega) = \rho_0 \left\{ 1 - m \left[1 - \frac{1}{1 - i\omega\tau'(1 + 1/\mu)} \right] \right\}, \tau' = \tau \frac{1 - \delta}{\delta(1 - m)}$$
$$\mu = i\omega\tau + (i\omega\tau'')^{1/2}, \tau'' = \eta^2\tau^2 \tag{27}$$

式中有5个独立参数:① ρ_0 为零频时的电阻率;② m 为充电率,相当于时间域的极限极化率,变化范围[0,1];③ τ 为正数表示不同的驰豫机制,代表不同极化单元的平均尺度;④ δ 为电化学参数,与频率无关,变化范围为[1,150];⑤ η 为极化体积百分比,变化范围[0,1]。

4　隧道聚焦电流法电场分布特征研究

4.1　附加电场电极布置

附加电场的作用是产生一个背景场,并且使电场具有方向性,使得电场方向上的地质构造产生更明显的电场扰动。在隧道超前探测中,探测深度、探测位置决定了附加电场电极的布设。在通常情况下,隧道超前探测主要了解掌子面前方及其附近的破碎带、水体、地质构造等信息,因此附加电场电极的布设围绕掌子面进行。

由于隧道环境复杂,电极位置布设往往对电场的影响很大。若电极布设在掌子面上,电场可近似看做是半无限空间场;若电极布设在掌子面和隧道壁夹角处,电场可近似看做是3/4无限空间场。为了更好地了解电极的位置对探测的影响情况,以了解掌子面前方的地质构造信息为例,电极的布设大致归结为以下3种情况(见图6):①电极完全布设在掌子面上;②电极布设在掌子面与隧道壁连接处;③电极布设在靠近掌子面的隧道壁上。

4.2　附加电场特征分析

给定掌子面的大小为4 m×4 m,掌子面的顶边中点为坐标0点,掌子面隧道开挖的方向为 z 方向,水平方向为 x 方向,垂直方向为 y 方向,下面是附加电场情况:

4.2.1　电极完全布设在掌子面上

图7是附加电场随 z、x 变化正演计算结果。

4.2.2　电极布设在掌子面与隧道壁连接处

图8是附加电场随 z、x 变化正演计算结果。

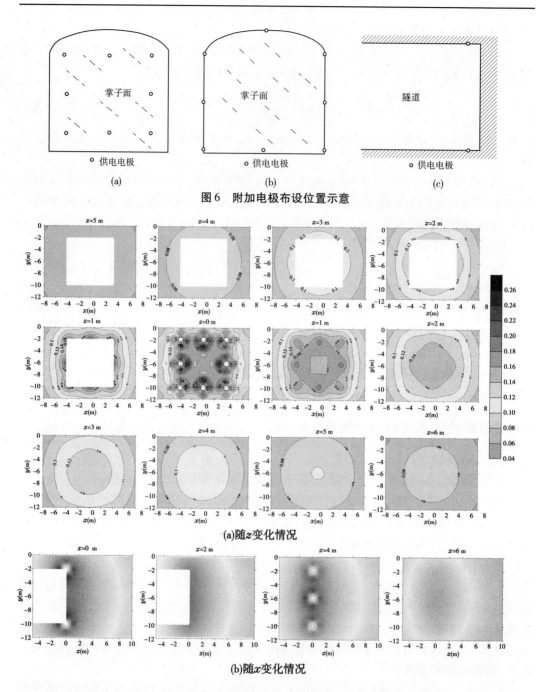

图6 附加电极布设位置示意

(a)随z变化情况

(b)随x变化情况

图7 附加电场随z、x变化正演计算结果(电极完全布设在掌子面上)

4.2.3 电极布设在靠近掌子面的隧道壁上

图9是附加电场随z变化正演计算结果。

4.3 小结

通过对以上的3个附加电场情况的计算,可以看出,附加电场具有以下几个特征:

(1)附加电场有聚焦作用,使得电极包围的区域电场聚焦。

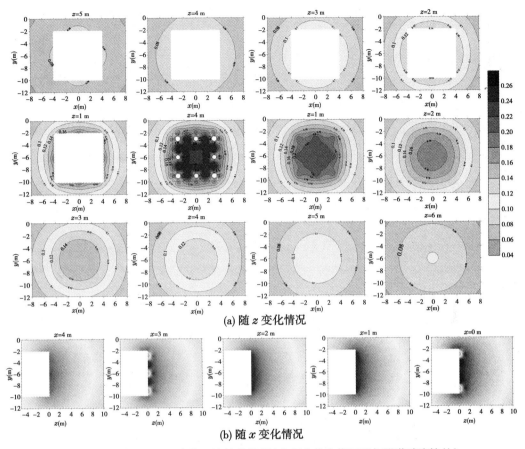

(a) 随 z 变化情况

(b) 随 x 变化情况

图8　附加电场随 z、x 变化正演计算结果（电极布设在掌子面与隧道壁连接处）

（2）附加电场具有对称相似性，即以附加电极面为中心，距离附加电极面相同的前、后面上观测的电场具有相似性。以电极布设在掌子面上为例，也就是说掌子面前方 d 远处的电场与掌子面后方 d 远处的电场形态相似。

（3）附加电场具有衰减特性，即远离附加电极，电场逐渐衰减。

5　隧道聚焦电流法超前探测应用研究

以电极布设在掌子面上为例，下面对隧道聚焦电流法超前探测观测方法、异常解释等进行分析研究。

5.1　供电 – 观测方法研究

5.1.1　利用附加电场本身进行超前探测

附加电场本身可以进行超前探测，当掌子面前方有水体、断裂等存在时，由于与围岩电性有较大差异，会不同程度地吸引或排斥电场。因此，当在掌子面上布设环状电极系，而在环状电极包围的范围布设观测电极时，观测电位或电位差随开挖进度的变化。

图10是利用附加电场进行超前探测电极布设示意，在掌子面上布设8个供电电极，在供电电极包围区设置两个观测电极（ M 和 N ），其中， M 位于包围区中央位置。

图11的计算结果说明：随着隧道开挖，当掌子面逐渐靠近低阻体时，M 点电位迅速下

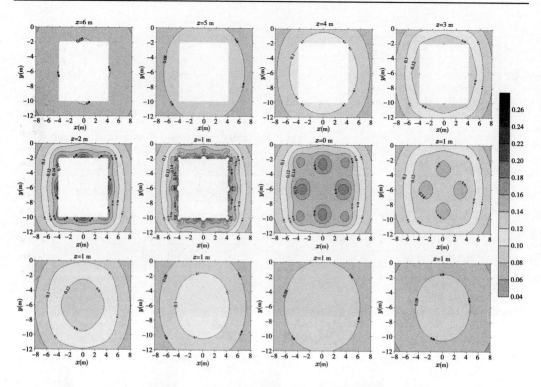

图9　附加电场随 z 变化情况正演计算结果

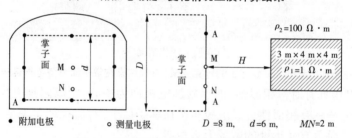

● 附加电极　　　　○ 测量电极　　　　$D=8$ m,　　$d=6$ m,　　$MN=2$ m

图10　附加电场超前探测电极布设示意

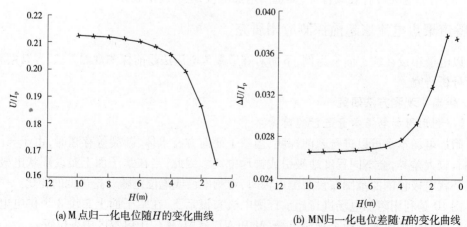

(a) M点归一化电位随 H 的变化曲线　　　　(b) MN归一化电位差随 H 的变化曲线

图11　M点归一化电位及 MN 归一化电位差随 H 的变化曲线

降,而 MN 电位梯度正好相反,迅速增大。因此,可以利用 M 点电位、MN 电位差随开挖深度 H 变化的特性规律进行超前探测。

5.1.2 利用附加电场背景,布设供电观测装置进行超前探测

附加电场起到了聚焦电流作用,因此可以在附加电场背景作用下,在掌子面中点也供电,即也设一个供电电极。在附加背景场的作用下,中点供电电极产生的电场只能先前,达到探测掌子面前方异常体的目的。因此,可以通过观测掌子面上非供电点的电位或电位差随开挖进度的变化,来推断解释掌子面前方是否有水体、断裂等不良异常体存在。

图 12 是以附加电场为背景场,在掌子面中央供电进行超前探测电极布设示意图。在掌子面上布设 9 个供电电极,外面环状分布的 8 个供电电极产生的电场为附加电场,在掌子面中央设置一个供电电极,外围给出 8 个观测电极。计算 8 个观测电极的平均电位 V 和 M、N 之间电位差随开挖深度 H 的变化曲线。

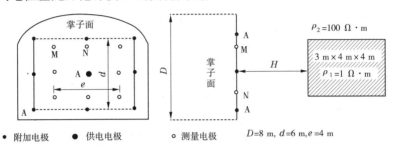

图 12　利用附加电场背景超前探测电极布设示意

图 13 的计算结果表明:随着隧道开挖,当掌子面逐渐靠近低阻体时,掌子面上各观测点电位迅速下降,平均电位也具有相同的规律。与仅用附加电场超前探测不同的是,观测电极 MN 电位差也与平均电位曲线有相同的规律,即掌子面逐渐靠近低阻体时,电位差亦迅速减小,且电位差曲线下降的速度要比电位曲线快。

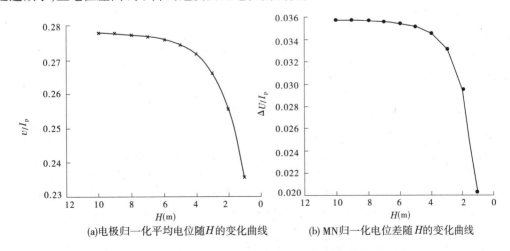

(a)电极归一化平均电位随 H 的变化曲线　　(b) MN 归一化电位差随 H 的变化曲线

图 13　电极归一化平均电位及 MN 归一化电位差随 H 的变化曲线

5.1.3 无穷远电极

上面的讨论和计算中,供电电极都是指供电正电极,供电负电极被假定为放置在无穷

远处。在隧道超前探测实践中,无穷远电极只能放置在已开挖的隧道顶、底或壁上。理论计算结果表明,无穷远(B)负极距离掌子面的距离一般大于 $8 \sim 10$ 倍的掌子面的直径即可。

5.2　异常解释与分析

通过上面的分析可以看出,聚焦电流法隧道超前探测得到的异常曲线简单,易于理解和解释。异常曲线的主要特征为:

(1)当仅使用环状的附加电场工作时,随着掌子面靠近低阻或不良地质体,在掌子面上观测到的电位逐渐减小,而电位差逐渐增大。

(2)当用附加电场作为背景场,在掌子面上环状附加电极内供电进行观测时,随着掌子面靠近低阻或不良地质体,在掌子面上观测到的电位和电位差都逐渐变小。

因此,利用电位和电位差曲线的上述特征可判断掌子面前方是否存在或接近不良地质体,以便及时调整施工组织方案,保证隧洞施工安全。

6　结论与建议

利用聚焦电流法进行隧道超前探测是一个全新的研究领域。通过以上分析和计算,我们看出,聚焦电流法确实能应用于隧道超前探测,并且有不错的效果,方法和数据分析及解释简单,应用前景广阔。但是,我们同样也发现一些问题,由于隧道特殊的工作环境,在掌子面上布设电极不仅会对隧道的施工有一定影响,而且还存在安全隐患问题。另外,由于研究的深度不够,未能对断裂带等其他不良地质体的超前探测进行计算,也未能对隧道的开挖深度是否影响超前探测进行计算。

因此,今后作者打算在以下几个方面做一些研究工作:

(1)研究探测深度及各种不良地质体对超前探测的影响和曲线特征以及异常体的旁侧影响等。

(2)研究基于 Dias 模型的聚焦电流法隧道超前探测频谱激电的异常规律。

(3)研究如何在井壁上设置聚焦电极,减少在掌子面上布设电极的数量,以提高工作效率。

(4)研究如何在电流聚焦背景下,利用电场的对称性来进行超前探测,寻找不用在掌子面上布极的隧道超前探测方法。

参考文献

[1] 阮百尧,村上裕,徐世浙. 电阻率/激发极化率数据的二维反演程序 [J]. 物化探计算技术,1999.

[2] 阮百尧. 三角单元剖分电导率分块连续变化点源二维电场有限元数值模拟 [J]. 广西科学,2001.

[3] 刘海飞,阮百尧,柳建新,等. 混合范数下的最优化反演方法 [J]. 地球物理学报,2007.

[4] 阮百尧,雄彬. 电导率连续变化的三维电阻率测深有限元数值模拟 [J]. 地球物理学报,2002.

[5] 雄彬,阮百尧. 电位双二次变化二维地电断面电阻率测深有限元数值模拟 [J]. 地球物理学报,2002.

[6] 徐世浙. 地球物理中的有限单元法 [M]. 北京:科学出版社,1994.

[7] 阮百尧,徐世浙. 电导率分块线性变化二维地电断面电阻率测深有限元数值模拟 [J]. 地球科学,1998.

[8] 蔡军涛,阮百尧,罗润林. 一种快速准确求取复电阻率真频参数的反演方法 [J]. 工程地球物理学报,2005.

隧道超前地质预报地质综合分析技术

叶　勇

（中国水电顾问集团贵阳勘测设计研究院　贵阳　550081）

摘要：水利水电、铁路、公路工程中隧道工程规模越来越大，加强隧道施工超前地质预报工作是隧道施工安全管理的重要环节，是隧道施工的重要技术保障。以地质分析为主线，多种方法综合运用的超前地质预报体系是提高预报准确率的有效方法，本文根据近几年来在各大隧道工程中的预报经验，结合工程实例，就超前地质预报中的地质综合分析技术作简单阐述。

关键词：超前预报　地质分析　技术

1　引言

随着国民经济建设的飞速发展，特别是实施西部大开发以来，水利水电、铁路、公路工程中新建隧道工程规模越来越大，而这些隧道工程都具有洞径大、埋藏深、洞线长的共同特点，特别是一些水利水电工程隧道埋深上千米，地表地势险要，洞线通过的地质情况复杂，前期勘察阶段很难查明存在的工程地质情况。公路、铁路隧道及水利水电工程的隧道设计的基本依据是地质勘察资料，而隧道施工的依据主要是设计文件。前两者在设计文件提出之前要经过初勘和详勘阶段，后者更要做反复的勘察和比选。尽管如此，设计勘察工作重点考虑与工程的安全性、稳定性、经济性、运行特点相关的主要地质条件，而影响局部施工的地质条件受自然条件、勘察技术的局限性、经济性等影响，小的、局部的地质情况在设计勘察阶段一般都不要求详细查清，但一些局部的、分散、随机的不良地质洞段却是施工最大的安全隐患。其主要表现为隧道施工中塌方、涌水、涌泥、岩爆、有害气体等地质灾害。由于这些灾害的发生具有突发性，给施工带来预想不到的困难和危害，因此加强隧道施工超前地质预报工作是隧道施工安全管理的重要环节，是现场施工安全的重要组成，是隧道施工的重要技术保障。

地质综合分析技术，是一项实践性很强的实用技术。它与地质学科有着广泛联系，尤其是与地质学、地质力学、水文地质学、工程地质学、构造地质学等关系极为密切，也与矿物岩石学、地史学、工程物探学关系密切，做好地质综合分析也必须掌握上述学科的基础知识。

工程区的基本地质条件，开挖过程中面临的诸多地质问题，如地层、岩性、地质构造、地下水、高地应力、岩爆、高地温、瓦斯等，对物探、钻孔探测资料的任何解释与应用，都离不开地质综合判断。地质综合分析技术就是研究判明各种不良地质作用的控制因素和地

作者简介：叶勇（1963—），男，贵州兴仁人，工程师，主要从事工程物探探测及探测过程中的地质分析工作。

质环境。熟悉和掌握相关地质理论,总结工程区各种地质现象的发生发展规律是做好地质综合分析预报的重要环节。

2　地质综合分析基本要求

地质综合分析是一个从理论到实践的认识过程,要求地质预报人员具有较全面的地质知识和物探知识,有丰富的工程实践经验,具体有以下工作要求:

(1)地质人员具有较全面的地质基础理论,实际工作经验及编制综合图件的能力和技能;

(2)力求在隧道工程施工前补充完善工程设计资料,根据前期勘察资料及地表调查资料编写宏观预测地质分析报告;

(3)施工过程中随工程进展及时收集洞内开挖段地质资料,并力求做到全面准确;

(4)及时归纳汇总地质、物探、钻孔探测资料,逐步完善充实综合图件内容;

(5)综合判译各种物探成果,避免多解性影响,提高预报的准确性;

(6)对工程重点洞段的地质综合分析成果,应及时提交指导施工;

(7)通过开挖对比验证预报资料的准确性,对存在的偏差及时分析原因,从中找出规律,使下次预报更加准确可靠。

3　地质综合分析技术主要方法

地质综合分析其实是一项系统的工作,就具体开展的某项工作而言,其方法很多,亦都有一定效果。根据工程性质、工程区基本地质条件和地质环境的不同,其手段和方法的应用亦各有所异,因此在选择手段、方法时应根据工程实际情况合理应用。

3.1　地质法

地质法是地质综合分析技术最基本的方法,不管是物探法还是钻孔探测法,都是地质分析方法向前方延伸的手段。同时,对物探和钻孔超前探测资料的任何解释和应用,都离不开施工过程中观测和收集的地质判断,缺少了这一基础环节,采用任何超前探测方法都很难取得好的效果,而在实施地质法的过程中主要有如下方面。

3.1.1　地质投影法

地层投影法主要是针对地下工程纵剖面图的修正编制,也是隧道工程预报中最主要的图件之一,与工程区的地形地质图相辅相成,涵盖的内容丰富、直观,对施工具有重要的指导意义,是地下工程宏观分析预测基础图件。

3.1.2　地层层序法

地层层序法是确定地质历史的根据和地质构造的基础,掌握了隧道地表的地层层序,岩性组合及特殊的岩层(标志层),对在隧道施工中遇到某一时代的地层时,按地层层序上下叠置关系和岩性组合特征、厚度,结合施工中揭露的地层产状关系,就能预测相关地层在隧道前方出现的位置,以及可能遇到的岩溶含水层和构造带等地质缺陷。

当前期地质勘察实测有隧道工程区地层剖面(地层柱状图),且经复查基本属实时,可不另行实测地质剖面建立地层层序;当工程区地层、构造复杂,原勘察成果不能满足要求时,应补测全部或某一段地层剖面,重新建立地层层序,为地层、岩性段和地质构造的预测、修改补充提供地质依据。当然,往往很多隧道工程要做这样的工作有很大难度,而且也不太容易找到较标准的剖面,在这种情况下,一般可根据某个地区地层分区图或同类地层在其他邻近工程中揭露的情况进行对比确定,不过这样的结果和工程区实际会有一定出入。

3.1.3　地质类比法

地下工程尽管所处地质条件、地质环境各不相同,但构成各工程的地质因素和构造形式及工程地质问题还是有诸多共同之处。地质类比法就是依据工程地质学分析方法,按不良地质作用、地质灾害形成的工程地质条件、水文地质条件和其他条件的共性之处进行类比,对诸如塌方、突水、突泥、岩爆、瓦斯等作出定性判断,并根据工程地质条件对可能出现的破坏模式,以及已出现的变形迹象,对洞室、掌子面、边墙、拱顶的稳定状态作出判断,对其发展趋势作出评估。

地下工程建设中,地质类比法是极为重要的方法之一。地勘部门、设计单位提交的工程地质纵剖面图、工程地形地质图、物探成果(主要是地面地震、电磁法)、钻探、工程勘察报告、设计说明书等,都应该全面系统地进行分析,在此基础上应用地质类比法,对隧道开挖中可能出现的突水、突泥、塌方、岩爆等作出较为确切的宏观预测。

3.1.4　地质编录法

地质编录法是施工地质最基本的工作方法,也是地质综合分析技术取得第一手资料的重要手段。它既反映开挖段的地质变化特征,又预示着未开挖段一定范围的地质问题。因为不论何种不良地质灾害的发生和发展,它总是有其特殊前兆特征。我们通过地质编录掌握了这些变化规律和地质特征,则是地质综合分析和对物探资料解释的珍贵依据,同时也是编写工程基础资料证据。

3.2　综合物探法

物理探测(简称物探)技术是地质综合分析中极为重要的手段之一,它的优点是快捷、直观、探测的距离大、对施工干扰相对小、可以多种方法组合应用。但由于物探是利用岩石的物理性质进行地质判断的间接方法,不同物探方法受限于不同场地和地质条件,并都有一定的局限性,不论何种物探方法的测试成果,它都是反映围岩中的某种物理现象,要对它定性、定量的鉴别,则是物探方法的关键,这就要求地质工程师对物探所揭示的异常情况结合工程区地质背景和工程经验进行深入分析才能作出比较切合实际的解译判断。为此,要在复杂地质背景条件下取得好的预报成果,既要有高水平的地质技术,更要有既懂地质又懂物探的复合型人才。

3.3　超前探孔法

超前探孔是地质综合分析最直接的手段,它通过钻探取芯编录,对掌子面前方揭露出的地层岩性、构造、围岩类别、含水性、岩溶洞穴等的位置、规模能作出较准确的判断。但钻孔布孔位置带有一些偶然性,不能保证每孔都能达到预测目的(如溶洞、管道等),同时钻孔成本高,对施工干扰大,不宜广泛采用,但在特殊复杂地质洞段,特别是物探揭示掌子面前方某一深度内存在重大异常时必须进行超前探孔,并合理纳入预报措施及施工组织中。

4 地质综合分析技术实施要点

4.1 收集和分析研究工程地勘资料

不论是水利水电工程、公路或铁路隧道工程,前期总要进行一定程度的地质勘察工作,特别是水利水电工程勘察工作要做得更详细。进驻一个工地开展超前预报之前,首先要尽可能多地收集工程区地质勘察资料,常要收集的资料有隧道轴线工程地质纵剖面图、工程区工程地质平面图、前期勘察报告(包括地质勘察报告和物探勘察报告)、设计文件及说明书等。花一定时间,通过对这些资料的熟悉、分析和研究,从宏观上掌握场区地质情况,确定预报重难点,初步判断工程中可能出现的不良地质缺陷的性质、部位及规模,同时在上述资料中找出质疑的地方。

4.2 地表地质调查及复核

进行地表地质调查与复核是地质分析的重要步骤,我们在前期勘察资料中所获得的信息并不是直观的,只有通过眼见为实,并结合自己的认识才能更清晰地把握工程区的地质特点,对地表某一地质现象所在的位置、形态特征及规模等在脑子里形成的印象才深刻,这样在预报过程中才能及时地反馈信息和展开联想。通过地表地质调查,一方面可发现新的问题,另一方面对勘察资料中产生的质疑地方进行复核,使后来的预报分析判断更加准确。地表地质调查结束后,要根据调查结果并结合前期勘察资料对隧道进行分段预测,确定预报重难点洞段及所要采取的手段和方法等。表 1 为××高速铁路××隧道工程地表地质调查地质情况分析统计表。

表 1　××隧道工程地表地质调查地质情况分析统计

桩号段	地层岩性	地质情况说明	风化程度	围岩级别	隧洞埋深(m)	地质复杂程度	预报重视程度	预报方法
DK75+080～DK75+500(420 m)	中至厚层灰岩	地表为低山谷地,坡度陡缓分布,岩层走向与轴线呈 50°夹角,倾小桩号,角 20°～30°,洞线两侧 20～80 m 内地表发现落水洞、溶洞共 6 个,口径 3～15 m,最低处溶洞位于洞轴左侧 80 m,洞口高于隧道顶部约 15 m,其中 DK75+270 轴右 20 m 处、DK75+450～DK75+500 轴右 80 m 发育的落水洞均向洞轴线方向延伸,推测以上溶洞间有一定连通关系,在山体深部可能存在岩溶管道串通,隧洞施工中将会遇溶蚀破碎带或溶洞,可能发生涌泥沙或洞内泥石流,雨季出现瞬间突涌水情况	进口 150 m 段强风化,余下弱风化	进口 150 m 及破碎带 Ⅳ～Ⅴ,余下Ⅲ	0～90	很复杂	重点预报	地质分析、表面雷达、TSP、超前探孔及钻孔雷达、红外线探测,必要时进行不良地质体详查

续表1

桩号段	地层岩性	地质情况说明	风化程度	围岩级别	隧洞埋深（m）	地质复杂程度	预报重视程度	预报方法
DK75+500~DK75+850（350 m）	中至厚层灰岩	地表为一雄厚山体，岩层走向与轴线呈50°夹角，倾小桩号偏左侧，角20°~30°，地表无沟谷及岩溶现象，两侧地表水径流条件较好，隧道埋藏深，推测洞顶最上部为纯灰岩，靠洞身部位为灰岩夹砂页岩，DK75+500~DK75+700段隧道从纯灰岩中通过，成洞条件较好，DK75+700~DK75+850段隧洞从灰岩夹砂页岩地层中通过，局部有掉块或坍塌，施工中在揭穿灰岩与砂页岩界面时可能有分散线状或柱状水流	微新岩体	Ⅱ~Ⅲ	90~190	中等	加强预报	地质分析、表面雷达、TSP、必要时超前探孔
DK75+850~DK75+950（100 m）	中厚层灰岩、灰岩夹砂页岩	地表地形较平缓，洞线左边中厚层灰岩，右侧50 m外灰岩夹砂页岩，岩层走向与轴线50°夹角，倾小桩号偏左，角20°，DK75+880轴左70 m地表低洼处发育一较大规模落水洞，口径8~12 m，洞口高于隧道顶板约150 m，四周地表水汇聚该洞内，由于轴线右侧灰岩夹砂页岩层有相对隔水作用，溶洞发育方向推测顺岩层向轴线左侧山体发育，估计距隧道顶部有一定距离，但是，一旦遇溶洞将会出现涌水、涌泥沙情况	微新岩体	Ⅱ~Ⅲ出遇破碎带Ⅳ	150~190	复杂	重点预报	地质分析、表面雷达、TSP、超前探孔及钻孔雷达、红外线探测
DK75+950~DK76+250（300 m）	中厚层灰岩、砂页岩	地表为缓坡谷地，轴线左为灰岩，右为砂页岩，岩层倾小桩号偏左，角20°~30°。DK76+100轴线上发育一溶洞，口径2~3 m，顺层向山体内延伸，洞口高于隧道顶板110 m，DK76+100~DK76+200地表为一宽缓沟谷，推测为一断层通过，性质不明，与洞轴线30°夹角，破碎带宽从地表看，估计10 m左右，施工中可能遇破碎带，围岩条件差，且有相对集中渗水情况	微新岩体	Ⅲ，破碎带Ⅳ	100~150	中等	加强预报	地质分析、表面雷达、TSP、超前探孔及钻孔雷达

续表1

桩号段	地层岩性	地质情况说明	风化程度	围岩级别	隧洞埋深（m）	地质复杂程度	预报重视程度	预报方法
DK76 + 250 ~ DK76 + 500 (250 m)	中厚层灰岩、白云岩	地表为一雄厚山体，地形较陡，无沟谷，岩层倾小桩号偏左侧，角20°～30°，总体成洞条件较好	微新岩体	Ⅱ～Ⅲ	150～170	简单常规	预报	地质分析、表面雷达、TSP
DK76 + 500 ~ DK76 + 719 (219 m)	轴左砂页岩夹煤层，轴右厚层灰岩、白云岩	地表轴线右侧山体雄厚陡峻，左侧较平缓，岩层倾小桩号偏左侧，角20°左右。DK76+520～DK76+620段左侧80～200 m范围内地表有4个已开采煤窑，煤层顺岩层分布，开采方向与隧洞近平行，从井口向深部呈15°～20°下斜，最低处煤井口高于隧洞顶板约40 m，施工该桩号段时主要地质灾害是可能遇低或高瓦斯，其次是围岩失稳或洞顶局部塌方和渗水	出口20 m强风化，余下弱至微风化	Ⅲ～Ⅳ，局部Ⅴ	0～70	很复杂	重点预报	地质分析、表面雷达、TSP、超前探孔及钻孔雷达、瓦斯监测、红外线探测

4.3　编制宏观预测地质分析报告

宏观预测地质分析报告，主要根据勘察资料和地表调查资料编制，重点分析隧道工程区地层岩性，地质构造，不良地质洞段划分，对可能发生的地质灾害进行分析说明，提出拟采取的预报手段和方法措施。对地表岩溶现象，构造、特殊岩层情况等最好采用表格形式展开，尽量用数据说明，不能泛泛而谈，要有针对性地突出重点，具有指导预报和施工的实际意义。

4.4　开挖地质编录及掌子面地质素描

在隧道开挖时，将揭露的地层、岩性、地质构造、地下水及其他不良地质现象如实反映在大比例尺的三壁展示图或洞身展示（平切）图上，并与隧道纵剖面图进行对照。图中重点反映地层岩性、地质界线、断层、节理裂隙等结构面产状、岩溶、地下水及物探成果等。通过展示图的连续编制结合物探成果和洞线剖面等资料综合分析，即可掌握不良地质体的变化趋势，预测掌子面前方可能出现何种地层岩性或不良地质情况。

地质编录要及时，隧洞开挖后往往要进行喷锚支护，特别是不良地质段有时还要采取特殊方法处理，如果编录不及时，开挖揭露的一些地质现象会被覆盖，影响资料的收集，一般情况是每放一轮炮出渣后就要进行现场编录。在进度跟踪地质编录和掌子面素描时主要收集以下几方面资料：①地层岩性特征；②构造地质特征；③岩溶发育特征；④地下水特征。

4.5　物探资料综合分析解释

目前，在超前地质预报中所采用的物探方法主要有场类法、波类法2个系列10余种方法，如TSP、地质雷达、瞬变电磁法、陆地声纳法、红外线法、钻孔（声波、电磁波）等测试法。它们在一定的地质背景下确实能解决一些地质问题,但是某种单一的方法总存在一定的局限性,如何做好多种方法的优化组合、取长补短、相互印证,以取得最佳的测试效果,使对物探成果的多解性转化为唯一性则是关键的问题,要做到这一点的确很难。但是,只要把握好场区工程地质特征,充分掌握工程区的各种物性对不同物探方法的响应特征,对物探资料进行解释时能很好地结合场区工程地质情况,有效利用现场地质编录资料,再配合具有全面的地质知识和物探知识,有丰富的类似工程经验的工程师后至少可以使解释成果出现很小的偏差,更加符合工程实际,使预报成果更加准确可靠。

4.5.1　实例1

图1为××水电站引水隧洞掌子面K1 +604前方雷达测试成果,预报桩号为K1 +604 ~ K1 +628(掌子面前方24 m)。从图1看,图中异常首先可解释为断层,破碎带宽3 m左右,且带内赋水。但是,该隧洞当前开挖洞段为大理岩夹砂板岩地层,且板岩含碳质较重,通过地层对比,结合掌子面素描情况及该洞段构造发育情况等综合分析后,我们把该异常解释为碳质板岩夹层(原文是:"掌子面前方K1 +614 ~ K1 +619段存在较大异常,推断为含碳质软岩夹层,赋水可能性小"),后开挖验证,右边墙在K1 +614桩号开始见碳质板岩层,左边墙在K1 +617见碳质板岩层,该层厚约3 m,无地下水,预报结果与开挖实际完全吻合。

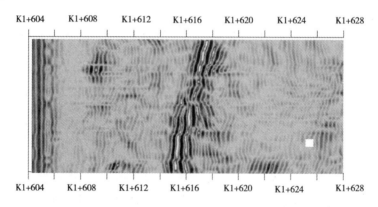

图1　××水电站引水隧洞掌子面K1 +604前方雷达成果

4.5.1　实例2

图2为××水电站引水隧洞底板K7 +860 ~ K7 +890雷达测试成果,探测深度为底板下12 m。

工程情况说明:该隧洞为某支流上一座中小型水电站引水隧洞,隧洞第一次充水试验时,洞室衬砌混凝土多处被击穿。为进一步查明隧洞围岩一定深范围内的岩溶发育情况,工程业主单位委托中国水电顾问集团贵阳勘测设计研究院承担了隧洞岩溶勘察任务,并且明确主要采用物探方法和手段,在最短时间内完成勘察工作。

从前期勘察资料得知,图2中前后隧洞段的岩性均为中厚层灰岩、泥灰岩夹页岩,岩层走向与洞轴线近垂直,倾角25°左右(雷达检测时已全断面混凝土封闭)。从该雷达成果图看,图中异常现象仅从地层岩性方面分析,只要是稍有工程预报经验的人首先可能会判断为灰岩间的软岩夹层,然而当仔细分析雷达波形,两个异常体之间波形杂乱不连续,

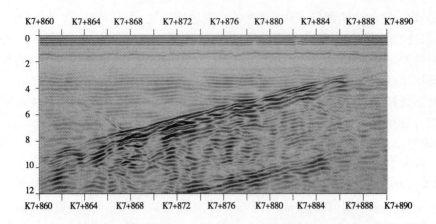

图 2　××水电站引水隧洞底板 K7 + 860 ~ K7 + 890 雷达测试成果

异常情况较之两个异常体来说又不太明显,况且,灰岩、泥灰岩、页岩之间岩性差异也不会是那么大。在对该异常进行解释时,我们认真分析了该套地层岩性特征,结合前期勘察资料及施工支洞所揭示的一些地质现象,我们把该异常解释为:"层间挤压破碎带,局部沿层面溶蚀扩大成宽缝或小溶洞。"后通过钻孔勘验,该异常部位岩体溶蚀破碎,钻进中有卡钻及掉钻现象,取出岩芯均为灰岩,呈碎块状,断口见铁质、泥质物,有溶蚀痕迹,压水试验时升压困难,透水率大于 100 Lu,判断和实际比较吻合。

4.5.3　实例 3

图 3 为××水电站引水隧洞掌子面 K1 + 445 前方雷达测试成果,预报桩号为 K1 + 445 ~ K1 + 469(掌子面前方 24 m)。

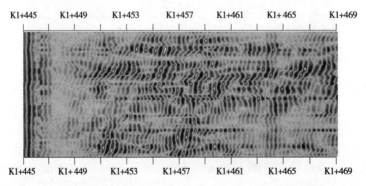

图 3　××水电站引水隧洞掌子面 K1 + 445 前方雷达成果

从图 3 看,图中波形杂乱,像这种情况要作较准确的解释不太容易,仅孤立地从前方这 24 m 看,有可能是一个较大规模的构造破碎带或影响带,也有可能是一个裂隙密集带,且溶蚀现象严重,而且仅从波形分析,表现出有溶洞的迹象不明显。但仔细分析该套地层,结合地表情况及前期勘察资料,首先基本排除是构造破碎带,再结合已开挖的相邻隧洞类似波形图情况及跟踪地质编录资料综合分析,我们把该段异常解释为:原文"掌子面前方 K1 + 445 ~ K1 + 469 段存在明显异常,根据雷达资料及地质综合分析,推断该洞段溶蚀裂隙发育,局部形成密集带,且发育有溶缝或溶洞,岩体破碎,有分散线状水"。后来开挖验证,在 K1 +450 ~ K1 +456 右边墙腰部以上发育一溶洞,洞径 3 m 左右,无充填,掌子面右顶部及右下角发育小溶洞,充填有少量泥夹石,较松散;K1 +445 ~ K1 +456 段洞顶及边墙均有分散线状水,总水量 5 ~7 L/s,整段岩体溶蚀破碎,局部发生塌方,预报结果与开挖实际吻合很好。

4.6　预报成果与开挖实际对比

隧洞开挖以后要及时将预报成果与开挖实际进行对比,对预报准确的或不准确的都要分析其原因,特别是预报与实际出入较大时更应多方面分析原因,找出问题所在,并思考对策措施。进行预报成果与开挖实际对比,既是对预报资料的验证,又是对下次预报或类似洞段预报的指导,通过对比分析不断总结经验,掌握规律,从而达到预报成果更加准确的目的。

4.7　编制相关预报图件

超前地质预报是隧洞施工中非常重要的一个环节,贯穿于整个施工过程中,按工程项目地质特征和主要地质问题的不同,编制不同比例尺的图件也是超前预报必做的工作。常要编制的图件有洞线开挖剖面图、三壁展示图、洞身平切图、地下水分布图、开挖对比图等。不同工程预报中要编制的图件各有所侧重,但每个工程项目的工程地质剖面图和洞身平切图是必须作的,因为它是地质综合研究的基础。编制时随工程进展逐步将地质编录主要地质要素和物探成果一并反映到图上,并根据开挖揭露的地质情况修编工程地质剖面图。

4.8　阶段性地质总结

阶段性地质总结就预报过程而言,是一个从认识—实践—理论—指导实践的过程。隧洞工程一般埋深大,洞线长,地表覆盖层厚,植被茂盛或地形陡险高差大,同时地质情况总是地表与深部有较大差异,与设计资料的不符情况更是屡见不鲜。因此,在隧道每开挖一个地质单元或一个重要地质洞段后,要及时总结开挖洞段地质情况,根据新揭露的地质现象和地质综合分析成果对下一地质单元进行预测,以便采取更为有效的预报措施,同时针对主要地质问题的性质、规模及位置,提出施工建议。

4.9　编写超前地质预报竣工报告

编写超前地质预报竣工报告是预报工程最后的一个环节,内容要包括(且不限于)工程概况,场区工程地质条件说明,超前地质预报实施概况,每期预报成果汇总,阶段性总结报告汇总,取得的效果和存在的不足,产生的社会效益和经济价值,应列入最终提交资料的各类文件、预报资料及其他应补充的资料,相关图表和图件等。

总之,地质综合分析技术在一个地下工程项目中,是一项自始至终进行的工作,没有特定的工序流程,综合分析研究工作的开展与工程进度同步进行,其宗旨是:及时指导施工,为科学施工组织提供地质依据,确保工程施工安全,按期履行合同。

5　结语

近年来,在地下工程施工中,地质超前预报工作越来越得到重视,也做了大量的研究工作,目前在地质超前预报中采用的方法主要有地质分析法、钻探法、物探法等。就一个地下工程而言,地质综合分析法是一项自始至终进行的工作,贯穿于整个施工过程,没有特定的工序流程,综合分析研究工作的开展与工程进度同步进行。多年的预报经验表明,以地质分析为主线,多种方法相互印证的综合预报体系是提高预报准确率的有效方法,这在相关工程中得到了充分认证。

第六篇　检测、监测技术

水电站运行振动对黑叶猴生存环境影响的观测评价

袁景花

（中国水电顾问集团贵阳勘测设计研究院　贵阳　550081）

摘要：通过对乙水电站运行过程中水轮机叶片引起的不同距离地面介质振动规律进行观测，为论证拟建的同类型甲水电站运行期水轮机叶片振动是否对下游保护区黑叶猴生存环境产生影响，从而导致猴群迁徙提供理论依据。

关键词：水电站运行　振动观测　黑叶猴生存环境

1　引言

1.1　项目概况

拟建的甲水电站装机容量 250 MW，电站下游 1.6 km 处为野钟黑叶猴自然保护区。根据专家对该水电站环境影响评价大纲的评审意见，需要对运行期水轮机叶片振动是否对下游保护区黑叶猴生存环境产生影响，从而导致猴群迁徙的问题进行研究。考虑到利用已建乙水电站（同属地下厂房、作为传输振动信号的基岩性状相似、乙水电站装机容量比某甲水电站大）作为类比工程，对乙水电站运行产生的振动进行现场观测，以便进行类比分析，通过了解水轮机运行引起的振动随距离的变化情况，预测某甲水电站的运行对六盘水市野钟黑叶猴自然保护区的影响。根据黑叶猴习性研究资料可知，对黑叶猴影响最大的振动频率为 8～16 Hz。

本次观测使用质点振动观测方法，观测参数主要为质点振动加速度。

在乙水电站选取 11 个点进行振动观测，观测点分别位于水轮机房（相当于振源点）内及同岸距离水轮机 0 m、20 m、50 m、105 m、200 m、500 m、1 000 m、1 500 m 处，对岸距离水轮机 500 m、1 020 m、1 500 m 处，其位置如图 1 所示。并在某甲水电站选取 2 个观测点，获取无水轮机发电振动状态下的环境振动情况，其位置如图 2 所示。在现场观测期间，某乙水电站连日三台机组同时运行，负荷基本高居 470 MW，因此观测结果反映了三台机组同时运行、负荷为 470 MW 条件下 11 个观测点的振动情况。

1.2　各观测点及附近各类振动源概况

乙水电站观测振动源为水轮机组振动，其他为干扰噪声，各观测点及附近各类振动源情况为：

（1）测点距离生活区较近，各种人类活动可产生振动；

（2）电厂交通洞口距离水轮机组约 500 m 处正在进行边坡支护，有 3 台风钻同时运

作者简介：袁景花（1967—），女，四川大竹人，教授级高级工程师，主要从事工程物探应用与技术管理工作。

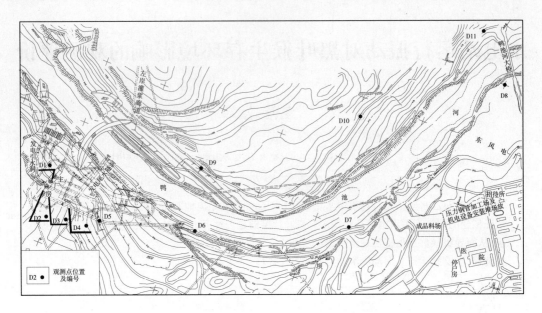

图1　乙水电站水轮机振动观测点位布置示意

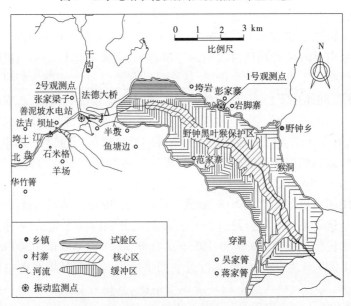

图2　甲水电站环境振动观测点位布置示意

行,但在进行该施工点附近6号点观测时,施工停止;

(3)距离水轮机组约100 m、距离4号观测点约50 m处有一台钻机正在施工,观测过程中施工未中断;

(4)一条省级公路从电厂附近通过,过往车辆产生振动。

某甲水电站地处偏僻,部分农舍零星分布,有简易公路穿过,但过往车辆极少,环境振动弱。

1.3　某乙水电站影响各测点振动观测数据地质因素统计

某乙水电站各测点振动观测数据影响因素主要是跨越水轮机组和观测点间的断层,各断层发育情况统计见表1。从表1中可知,各断层带胶结较好,因此对观测数据影响不大。

表1　某乙水电站各观测点与水轮机组振动源间跨越断层统计

测点编号	跨越断层编号	断层性状描述
1	无	
2	无	
3	无	
4	无	
5	F18	断层带宽度 0.05 ~ 0.7 m,胶结坚实
6	F6	断层带宽度 0.6 ~ 3 m,充填方解石,角砾岩胶结良好
	F 18	断层带宽度 0.05 ~ 0.7 m,胶结坚实
	F 33	断层带宽度 2 ~ 4.5 m,充填方解石,角砾岩胶结良好
	F 35	断层带宽度 0.1 ~ 0.3 m,充填方解石,角砾岩胶结良好
7	F6	断层带宽度 0.6 ~ 3 m,充填方解石,角砾岩胶结良好
	F 18	断层带宽度 0.05 ~ 0.7 m,胶结坚实
	F 33	断层带宽度 2 ~ 4.5 m,充填方解石,角砾岩胶结良好
	F 35	断层带宽度 0.1 ~ 0.3 m,充填方解石,角砾岩胶结良好
8	F6	断层带宽度 0.6 ~ 3 m,充填方解石,角砾岩胶结良好
	F 18	断层带宽度 0.05 ~ 0.7 m,胶结坚实
	F 33	断层带宽度 2 ~ 4.5 m,充填方解石,角砾岩胶结良好
	F 35	断层带宽度 0.1 ~ 0.3 m,充填方解石,角砾岩胶结良好
9	F6	断层带宽度 0.6 ~ 3 m,充填方解石,角砾岩胶结良好
	F 33	断层带宽度 2 ~ 4.5 m,充填方解石,角砾岩胶结良好
10	F6	断层带宽度 0.6 ~ 3 m,充填方解石,角砾岩胶结良好
11	无	

2　观测方法和技术

2.1　现场观测

采用质点振动观测中的稳态观测方式。

原理:水轮机在运行过程中,会作为一定频率的振源引起相邻质点振动,并相互影响,将该振动由近至远传递。一般而言,在同等介质条件下,距离水轮机越近则质点振动速度、加速度越大,反之随着距离的增加,质点振动速度、加速度变小,当距离达到一定程度后,质点振动速度和加速度逐渐趋于环境值。由于质点振动速度和加速度为矢量、具有方向性,现场需观测垂向、水平径向(沿振源点至观测点方向)、水平切向(垂直振源点至观测点方向)三个方向的分量,如图3所示。

2.2　振动参数的获取

现场工作使用速度传感器,直接观测数据为质点振动速度。每一测点振动速度取20次观测算术平均值。

2.2.1　振动加速度

由数学理论可知,对速度进行一阶微分便可得到加速度。每一测点振动加速度取 20 次观测算术平均值。

2.2.2　振动频率

对振动速度波形进行 FFT 可得到频谱图和振动频率。

2.2.3　振动加速度级

按定义,振动加速度级为振动加速度与基准加速度之比的以 10 为底的对数乘以 20,即有:

$$振动加速度级 = 20 \lg(振动加速度/基准加速度)$$

式中:振动加速度级与振动加速度的单位分别为 dB 和 m/s^2;基准加速度根据《城市区域环境振动测量方法》(GB 10071—88)取值为 10^{-6} m/s^2。

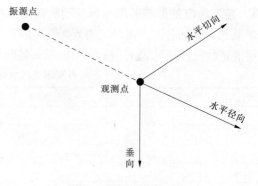

图 3　观测三分量示意

3　观测资料分析

3.1　某甲水电站环境振动观测

两个点观测结果基本一致:振动是自然环境引起的,最大振动加速度为 0.06 cm/s^2,频谱图显示振动频率有两个峰值,主频均为 900 ~ 1 000 Hz,一个峰值为 303 kHz,对应加速度幅值为 0.02 cm/s^2,另一个峰值为 301 kHz,对应的加速度幅值为 0.01 ~ 0.02 cm/s^2 (见表 2)。

表 2　甲水电站环境振动观测参数结果

测点编号	测点位置	观测方向	振动测量结果				最大振动加速度 (cm/s^2)	振动加速度级 (dB)
			振动频率		最大振动速度(cm/s)			
			主频(Hz)	其他频率峰值 (kHz)	分量	合成		
1	保护区	垂向	967	301	0.000 73		0.06	56
		水平径向	967	301	0.001 31	0.00 201	0.06	56
		水平切向	967	301	0.001 32		0.06	56
2	坝址附近	垂向	901	303	0.000 71		0.06	56
		水平径向	901	303	0.001 41	0.002 12	0.06	56
		水平切向	901	303	0.001 42		0.06	56

8 ~ 16 Hz 频率范围内(对黑叶猴影响最大的振动频率)三个分量中最大振动加速度为 0.000 72 ~ 0.001 1 cm/s^2。

3.2　乙水电站水轮机运行振动观测

3.2.1　1号观测点

1号观测点位于2号水轮机旁,环境安静,背景噪声小,能反映水轮机运行产生的振动,其振动频率约为81 Hz。除81 Hz主频外,还存在部分250~900 Hz三台机组同时运行产生的共振。81 Hz振动在垂向、水平径向、水平切向的加速度分量分别为5.81 cm/s²、4.32 cm/s²、4.85 cm/s²。

8~16 Hz频率范围内(对黑叶猴影响最大的振动频率),振动在垂向、水平径向、水平切向三个分量的最大振动加速度分别为0.01 cm/s²、0.021 9 cm/s²、0.031 9 cm/s²。

3.2.2　2号观测点

2号观测点与振源点间距为20 m,共振影响减弱,水轮机运行引起的81 Hz振动突出,其他频率信号弱,表示该点位置的振动主要是由水轮机运行产生的,其在垂向、水平径向、水平切向的加速度分量分别为0.18 cm/s²、0.28 cm/s²、0.28 cm/s²。

8~16 Hz频率范围内(对黑叶猴影响最大的振动频率),振动在垂向、水平径向、水平切向三个分量的最大振动加速度分别为0.004 9 cm/s²、0.003 4 cm/s²、0.005 8 cm/s²。

3.2.3　3号观测点

3号观测点与振源点间距为50声m,共振影响消失,出现了主频为2 kHz左右的振动信号,且该信号能量较强,同时也存在81 Hz的振动,反映该点位置的振动是由环境振动和水轮机运行共同产生的。水轮机运行引起的振动在该点已较弱,其在垂向、水平径向、水平切向的加速度分量分别为0.03 cm/s²、0.08 cm/s²、0.12 cm/s²。

8~16 Hz频率范围内(对黑叶猴影响最大的振动频率),振动在垂向、水平径向、水平切向三个分量的最大振动加速度分别为0.002 7 cm/s²、0.000 92 cm/s²、0.004 3 cm/s²。

3.2.4　4号观测点

4号观测点与振源点间距为105 m,水轮机运行引起的81 Hz振动在该点已较弱,其在垂向、水平径向、水平切向的加速度分量分别为0.03 cm/s²、0.04 cm/s²、0.05 cm/s²。

8~16 Hz频率范围内(对黑叶猴影响最大的振动频率),振动在垂向、水平径向、水平切向三个分量的最大振动加速度分别为0.001 8 cm/s²、0.002 5 cm/s²、0.002 9 cm/s²。

3.2.5　5号观测点

5号观测点与振源点间距为200声m,跨越F18断层,水轮机运行引起的81 Hz振动在该点已极其微弱,其在水平径向、水平切向上已观测不到振动信号,在垂向上的加速度分量也仅为0.01 cm/s²。

8~16 Hz频率范围内(对黑叶猴影响最大的振动频率),振动在垂向、水平径向、水平切向三个分量的最大振动加速度分别为0.001 6 cm/s²、0.001 cm/s²、0.001 cm/s²。

3.2.6　6~11号观测点

两岸距离水轮机500 m以外,同岸跨越F6、F33、F35断层,对岸跨越F6、F18断层,均已无法观测到水轮机振动信号,接收到的振动频率基本大于1.8 kHz,为环境振动。

8~16 Hz频率范围内(对黑叶猴影响最大的振动频率),振动在垂向、水平径向、水平切向三个分量的最大振动加速度分别为0.000 83~0.001 9 cm/s²、0.000 62~0.002 6 cm/s²、0.000 82~0.001 7 cm/s²。

各点观测结果详见表 3。

表 3　乙水电站 470 MW 负荷状态下振动观测参数结果

测点编号	测点位置	观测方向	振动测量结果						备注
			振动频率（kHz）		最大振动速度（cm/s）		最大振动加速度（cm/s²）	振动加速度级（dB）	
			主频	其他频率峰值	分量	合成			
1	距 2 号水轮机轴心约 3 m	垂向	0.081	0.414	0.119 3		7.95	98	
		水平径向	0.414	0.081、0.820、0.939	0.160 5	0.18	5.95	95	
		水平切向	0.081	0.334、0.939	0.119 0		3.58	91	
2	主厂房轴线上，距 3 号水轮机轴心约 20 m	垂向	0.081		0.029 1		0.28	69	
		水平径向	0.081	0.258、0.390	0.019 0	0.031	0.35	71	
		水平切向	0.081		0.0291		0.32	70	
3	距 2 号水轮机约 50 m	垂向	2.65	0.081、2.04	0.002 84		0.11	61	
		水平径向	0.081	2.65、2.04	0.002 11	0.009 56	0.11	61	
		水平切向	0.081	2.65、2.04	0.009 21		0.14	63	
4	距 2 号水轮机约 105 m	垂向	2.62	0.081、2.14	0.002 84		0.10	60	
		水平径向	2.62	0.081、2.14	0.002 81	0.004 53	0.10	60	
		水平切向	0.1	0.081、2.62、2.14	0.004 25		0.09	59	
5	距 2 号水轮机约 200 m	垂向	2.63	2.13、0.081	0.001 42		0.08	58	振源与该点间跨越 F18
		水平径向	0.05	2.63、2.13	0.003 52	0.004 35	0.09	59	
		水平切向	2.63	2.13	0.002 83		0.09	59	
6	距 2 号水轮机约 500 m	垂向	2.63	2.11	0.001 42		0.08	58	振源与该点间跨越 F6、F18、F33、F35
		水平径向	2.63	2.11	0.002 11	0.003 32	0.08	58	
		水平切向	2.63	2.11	0.002 13		0.08	58	
7	距 2 号水轮机约 1 000 m	垂向	2.69	1.92	0.001 42		0.08	58	振源与该点间跨越 F6、F 18、F 33、F 35
		水平径向	0.05	2.69、1.92	0.003 52	0.003 46	0.08	58	
		水平切向	2.69	1.92	0.002 13		0.08	58	
8	距 2 号水轮机约 1 500 m	垂向	2.71	1.86	0.001 42		0.07	57	振源与该点间跨越 F6、F 18、F 33、F 35
		水平径向	2.71	1.86	0.002 11	0.002 91	0.08	58	
		水平切向	2.71	1.86	0.002 13		0.08	58	
9	距 2 号水轮机约 500 m	垂向	2.73	1.82	0.002 13		0.07	57	振源与该点间跨越 F6、F 33
		水平径向	2.73	1.82	0.002 11	0.002 91	0.07	57	
		水平切向	2.73	1.82	0.002 13		0.07	57	
10	距 2 号水轮机约 1 000 m	垂向	1.50	2.83、0.159	0.001 42		0.06	56	振源与该点间跨越 F6
		水平径向	1.50	2.83	0.001 41	0.002 45	0.06	56	
		水平切向	1.50	2.83	0.001 42		0.06	56	
11	距 2 号水轮机约 1 500 m	垂向	1.54	2.82、0.266	0.001 42		0.06	56	
		水平径向	1.54	2.82	0.001 41	0.002 45	0.06	56	
		水平切向	1.54	2.82	0.001 42		0.06	56	

（测点 1～9 位于右岸，测点 10～11 位于左岸）

4 观测评价

(1)甲水电站环境振动频率为 900 Hz、301 kHz,振动加速度为 0.01 ~ 0.02 cm/s²。

(2)水轮机运行引起振动的主频为 81 Hz,该振动能量随着距离的增加逐渐减弱,在 100 m 处振动的垂向、水平径向、水平切向加速度分量已分别减至 0.03 cm/s²、0.04 cm/s²、0.05 cm/s²,至 200 m 处除 0.01 cm/s² 的垂向加速度分量外,水平径向和水平切向振动信号已非常小,500 m 以外在三个方向水轮机运行振动信号已经极其微弱。

(3)甲水电站在 8 ~ 16 Hz 频率范围内(对黑叶猴影响最大的振动频率),垂向、水平径向、水平切向三个分量的最大加速度为 0.000 72 ~ 0.001 1 cm/s²。乙水电站在三台机组同时运行、负荷为 470 MW 条件,该频率段三个分量的最大加速度随着与水轮机距离的加大而减弱。至 500 m 以后(无论是对岸还是同岸),最大加速度的变化不再随着距离的加大而减弱,而是受环境振动影响,其三个分量的最大加速度为 0.000 83 ~ 0.002 6 cm/s²,其值比甲水电站大不是由水电站运行引起的,而是背景噪声偏高。因此,甲水电站运行期间水轮机叶片产生的振动对下游 1.6 km 处黑叶猴的生存环境不会构成影响。

工程检测中钻孔变形模量和声波速度的综合应用

许振奎　董向科

（中国水电顾问集团成都勘测设计研究院　成都　610072）

摘要：变形模量和声波速度是岩体力学中的两个特征参数，无论是在工程地质中评价岩体完整性、地层的力学强度和结构特性，还是评价基础灌浆效果，都是重要的评价指标之一。本文通过一个应用实例阐述钻孔变形模量和钻孔声波速度之间的相关性，说明综合运用这两种方法的有效性和资料的互补性、可靠性。

关键词：工程检测　变形模量　声波速度　相关性

岩体在长期地质作用形成过程中，往往存在许多节理裂隙，其力学特性是岩石、裂隙及结构面等多种因素的综合反映。在现场利用钻孔进行岩体力学性能的综合测试，已成为评价岩体质量的重要手段[1]。用钻孔膨胀仪和声波仪现场直接测试岩体的变形模量和声波速度值，并对其进行相关性分析，为坝基岩体质量分级评价等提供实用指标，已在大型水电站建设中多次应用，并取得了良好的效果[2]。

钻孔声波测试方法是工程检测中最为常用的检测方法，但它是一种间接手段；钻孔变形模量则是近年来兴起的一种测试方法，其成果直接、可靠。虽然不少的物探工作者也综合运用这两种方法进行工程地质的岩体质量分级、地基灌浆前和灌浆后力学指标的测试[3]等，但这两种测试方法间的相关性一直为地质、设计等部门的工程师所关心。本文通过一个应用实例阐述钻孔变形模量和声波速度之间的相关性，说明了综合运用这两种方法的有效性和资料的互补性、可靠性。

1　测试方法及原理

1.1　孔内变形模量测试

孔内变形模量测试是运用钻孔膨胀仪测取岩体变形特性参数的一种原位试验方法。其原理是在选定的钻孔中，由地面高压油泵通过井下探头的橡胶膜给孔壁施加一均匀的径向压力，同时测得孔壁的径向变形，按弹性力学平面应变的厚壁圆筒公式，计算岩体的变形模量。对加拿大 ROCTEST 公司生产的 PROBEX – 1 型膨胀仪（钻孔变模仪）来说，其公式为

$$E_0 = 2(1 + \mu_r)(V_0 + V_m)/(\Delta V/\Delta P_h - C) \tag{1}$$

式中：μ_r 为岩石泊松比；V_0 为名义初始或剩余收缩探头的容积，mL；$V_0 = 1\,950$ mL；V_m 为

作者简介：许振奎（1974—），男，黑龙江龙江人，助工，主要从事水利水电工程物探应用与研究工作。

压力范围中点的总容积,mL;ΔV 为注入模体的体积增量;ΔP_h 为与注入体积相应的压力变化;C 为容积校正因子,模体不同,其值亦不同,其值由套筒中标定给出。

1.2　钻孔声波测试

声波测试的基本原理是利用声波在地层或岩体中旅行一段距离所需的时间来反映地层或岩体的速度特性,从而了解地层或岩体的性质。声波速度是岩体物理力学性质的重要指标,与控制岩体质量的一系列地质要素有着密切的关系。它不仅取决于岩石本身的强度,而且与岩体结构及其发育程度、组合形态、裂隙宽度、裂隙中的充填物质等因素有关。当声波穿透裂隙时,往往会产生不同程度的断面效应,导致波速降低。因此,声波测试的结果可定量划分岩体质量级别,确定层间、层内错动带,裂隙密集带及软弱夹层的空间分布。

钻孔声波测试的基本公式如下:

$$v_p = \Delta l / \Delta t \tag{2}$$

式中:Δl 为两接收换能器间的距离或发射换能器与接收换能器之间的距离;Δt 为声波在两接收换能器间的旅行时间差或声波从发射换能器出发到达接收换能器的旅行时间。

2　钻孔变形模量与声波速度关系

变形模量值 E_0 和声波速度 v_p 都是衡量岩体质量的重要力学指标,它们都与岩性、岩体的风化程度、裂隙和构造的发育程度及发育方向有关,均可在钻孔中进行原位测试,它们之间既有联系又有区别[4]。当地层比较破碎和岩体中有陡倾裂隙发育时,由于孔壁变形模量按厚壁圆筒公式进行计算,它包含了附近陡倾裂隙的影响,因此孔壁变形模量测试值的均值偏小。单孔声波测试不能较好地反映岩体的陡倾裂隙,孔壁声波波速一般相对较高,因此单孔声波波速和钻孔变形模量的相关关系会有一定的误差。当岩体的水平裂隙占主导地位时,单孔声波波速与钻孔变形模量的相关关系会较好。

3　实例分析

3.1　测区简况

瀑布沟水电站进水口闸基建基面高程为 760 m。其岩性以粗粒结构花岗岩为主。根据岩体的风化程度,地质部门将测区分为Ⅱ区和Ⅲ区,其中Ⅱ区为弱风化岩体,Ⅲ区为强风化岩体。测区内分布有 22 个测试钻孔,其中Ⅱ区 5 个钻孔、Ⅲ区 17 个钻孔。

3.2　成果分析

将现场各类岩体钻孔变形模量与其相应的声波测试成果,分岩性和不分岩性进行相关分析,建立 $E_0 \sim v_p$ 相关曲线。钻孔变形模量一般测试点距为 1 ~ 2 m,自孔底向上测试,声波的测试点距为 0.2 m。各深度点的变形模量和声波速度统计如表 1 所示。为了建立钻孔变形模量与声波速度间的相关关系,以同一深度的声波速度 v_p 为横坐标,以变形模量 E_0 为纵坐标作散点图,从而得出回归方程[5]

$$E_0 = a \cdot v_p^b \tag{3}$$

式中:E_0 为变形模量,GPa;v_p 为声波速度,m/s。

表 1　瀑布沟水电站进水口塔基钻孔变形模量与声波速度综合统计结果

岩体分级	孔深（m）	变形模量（GPa）				声波速度（m/s）				K_v
		平均值	最大值	最小值	离差	平均值	最大值	最小值	离差	
Ⅱ	0 ~ 5	1.45	2.78	0.44	0.86	4 606	5 814	2 688	737	0.59
	5 ~ 10	6.74	25.4	0.95	7.95	5 042	5 952	3 731	394	0.71
	10 ~ 15	10.59	41.36	0.39	14.51	4 938	6 098	3 378	527	0.68
	15 ~ 26	5.18	14.11	0.8	4.74	5 268	5 952	4 386	392	0.77
Ⅲ	0 ~ 5	1.1	3.37	0.11	0.87	4 031	5 814	2 941	817	0.45
	5 ~ 10	1.19	8.03	0.1	1.63	4 102	5 952	2 907	686	0.47
	10 ~ 15	1.74	6.94	0.24	1.47	4 431	5 952	2 941	611	0.55
	15 ~ 26	3	5.27	0.35	1.42	4 651	5 814	3 333	495	0.6

根据上述回归方程绘制出了瀑布沟水电站进水口塔基钻孔 $E_0 \sim v_p$ 相关关系曲线，如图 1 所示。

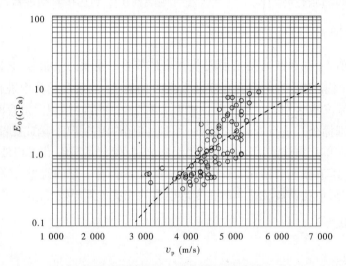

图 1　钻孔 $E_0 \sim v_p$ 相关关系曲线

由图 1 可以看出，钻孔变形模量与声波速度的相关性较好，且变形模量随着声波速度的增加呈指数关系上升。当变形模量小于 1.0 MPa 时，回归曲线的离散度较大，这是因为测点周围岩体中陡倾裂隙较缓倾裂隙更为发育。

图 2 是测区内孔下 5 m（760 m 高程）、10 m（755 m 高程）、15 m（750 m 高程）的变形模量和声波速度等值线的横切片图，其中图 2（a）是钻孔变形模量横切片图，图 2（b）是声波速度等值线横切片图。从岩体质量分区来看，Ⅱ 区的钻孔变形模量和声波速度均比 Ⅲ 区明显要高，其中，Ⅱ 区的钻孔变形模量基本上都在 2.0 GPa 以上，声波速度也大多在 4 500 m/s 以上；而 Ⅲ 区的钻孔变形模量多在 2.0 GPa 以下（在 750 m 高程略大），声波速度也多在 4 500 m/s 以下。从高程上来看，对应部位上的钻孔变形模量和声波速度（平均值）都随着高程的降低（孔深的增加）而增大，在 760 m 高程上，Ⅱ 区的钻孔变形模量一般在

2.0～4.8 GPa 范围内变化,声波速度的平均值为 5 030 m/s,而Ⅲ区的钻孔变形模量一般在 0.6～1.6 GPa 范围内变化,声波速度的平均值为 4 052 m/s;在 755 m 高程上,Ⅱ区的钻孔变形模量一般在 2.5～7.5 GPa 范围内变化,声波速度的平均值为 4 961 m/s,而Ⅲ区的钻孔变形模量一般在 1.5～2.0 GPa 范围内变化,声波速度的平均值为 4 164 m/s;在 750 m 高程上,Ⅱ区的钻孔变形模量一般在 4.0～8.5 GPa 范围内变化,声波速度的平均值为 5 026 m/s,而Ⅲ区的钻孔变形模量一般在 1.5～3.0 GPa 范围内变化,声波速度的平均值为 4 506 m/s。从岩体完整性来看,Ⅱ区的钻孔变形模量在 4.0 GPa 以上、声波速度在 5 000 m/s 以上的区域均随着高程的降低(孔深的增加)逐渐由测区的西南角向东北角扩散;Ⅲ区的钻孔变形模量在 2.0 GPa 以上、声波速度在 4 500 m/s 以上的区域均随着高程的升高(孔深的减小)逐渐缩小,以至于在 760 m 高程上没有出现钻孔变形模量在 2.0 GPa 以上、声波速度在 4 500 m/s 以上的区域。

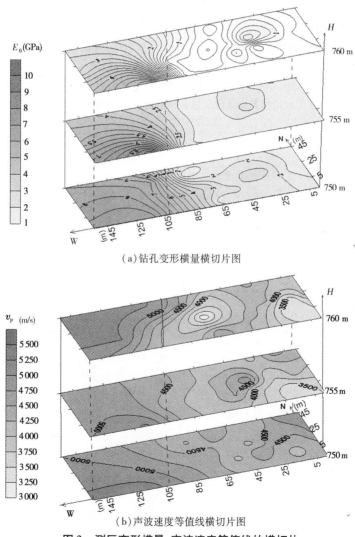

(a)钻孔变形横量横切片图

(b)声波速度等值线横切片图

图 2　测区变形模量、声波速度等值线的横切片

上述分析中钻孔变形模量和声波速度间的良好对应关系正是这两个岩体重要参数之间极大相关的体现。

4　结论

变形模量和声波速度是岩体分类及岩体质量评价的两个重要指标,它们之间有着良好的相关性。综合运用这两种测试方法可以克服过去用单一的、间接的参数(声波成果)来评价岩体质量的不足,测试结果更为合理可靠,更能满足地质、设计等部门的要求。

此外,钻孔变形模量测试方法的适应性较强,它突破了承压板法只能在岩石表面测试变形模量的不足,填补了承压板法与钻孔声波法在空间上资料互为对应、相互补充的空白。

参考文献

[1] 唐大雄,刘佑荣. 工程岩土学[M]. 北京:地质出版社,1999.

[2] 沙椿,宋正宗. 工程岩体力学试验中的静动对比[J]. 工程物探,2003.

[3] 张少华,周楚良. 现场变形模量测试[J]. 矿山压力与顶板管理,1996.

[4] 沙椿. 钻孔变形试验在水电工程中的应用[J]. 工程物探,2003.

[5] 沙椿,黄泽孝. 溪洛渡水电站坝基固结灌浆试验检测[J]. 水电站设计,2003.

锚杆检测方法及实践

徐永煜

（中水顾问集团成都勘测设计研究院 成都 610072）

摘要：该文简单介绍了锚杆检测的方法原理，利用实测数据讨论了入射波形成机制，频率和速度的关系，通过大量的实测波形，讨论和介绍了典型缺陷和锚杆长度的判断与分析方法。

关键词：锚杆检测 一维弹性杆件 入射波 反射 频率 速度

1 引言

在锚杆工程中，过去一直采用拉拔试验来检测锚杆的施工质量，该方法只能提供锚杆的抗拔能力，不能反映锚杆的注浆饱满度，即使锚杆孔内存在大段空浆，锚杆的抗拔能力往往能够满足设计要求。这种情况下，锚杆的锚固作用显然是值得怀疑的。

用反射波法检测锚杆的注浆饱满度，是近几年才兴起的方法。其方法原理来源于建筑基桩检测，但是由于锚杆的缺陷远较建筑基桩的缺陷多而且复杂，因此检测的难度很大。目前，国内外都在致力于该方法的研究，挪威已经研制和生产了一种全自动的锚杆检测仪，但被检测的锚杆长度仅限于 4 m，其方法原理也需要讨论。国内有人把小波变换及相位谱等信号数字处理的技术方法用于锚杆检测资料分析，取得了一些效果。

2 方法原理

由于锚杆检测的方法源于建筑基桩检测，因此国内的生产实践都采用一维弹性杆件的模型原理，但是也有一些研究单位采用半无限空间的模型原理。我们认为，一维弹性杆件的模型不仅能简化问题，而且其理论为大量的实践所证实，因此这里只介绍一维弹性杆件的模型原理。

2.1 一维弹性杆件的模型原理

把锚杆和混凝土砂浆所组成的锚固体系看做是嵌入围岩的一维弹性杆件，由锚杆端部发射的声波沿杆体传播，在杆底和砂浆缺陷部位等界面发生反射与透射，由一维弹性杆件的波动理论可推导出反射系数 K_r 和透射系数 K_t：

$$K_r = (Z_1 - Z_2)/(Z_1 + Z_2) \tag{1}$$

$$K_t = Z_1 Z_2/(Z_1 + Z_2) \tag{2}$$

$$Z_1 = \rho_1 v_1 A_1 \tag{3}$$

作者简介：徐永煜（1948—），男，四川成都人，高级工程师，主要从事水利水电工程物探工作。

$$Z_2 = \rho_2 v_2 A_2 \tag{4}$$

式中:Z_1、Z_2 为杆件截面上、下的广义波阻抗;ρ_1、v_1、A_1、ρ_2、v_2、A_2 分别为杆件材料的密度、纵波速度及截面面积。

由式(1)可知,当弹性波由波阻抗较大的物质进入到波阻抗较小的物质时(空浆、欠密实带),在其分界面上会发生反射,其反射波和入射波相位相同;反之,当弹性波由波阻抗较小的物质进入波阻抗较大的物质时,在其分界面上也会发生反射,其反射波和入射波相位相反。

由式(2)可知,K_t 恒为正值,也就是说,透射波永远和入射波相位相同。

如图 1 所示,由杆端发射的声波向杆底传播,到锚固缺陷(砂浆欠密实或空浆等)位置和杆底时,由于该处截面的面积或材料性质改变而导致波阻抗发生变化,入射波将在该截面上发生反射和透射,表现为在原有的信号波形上叠加了一个反射波信号,其反射波和透射波幅值的大小与波阻抗相对变化的程度有关。同样是缺陷,但空浆处的反射波幅值一定会大于砂浆欠密实处的反射波幅值,也大于一般裂缝的发射波幅值;锚杆的注浆密实度跟锚杆与砂浆、砂浆与围岩的接触以及砂浆的胶结程度有关。分析波形特征、频谱特征、衰减特征等,可以分析锚杆注浆密实度。一般情况下,注浆密实度好的锚杆,所测的波形就规则,反射杂波少,频率较高且集中,相应的振幅小、衰减快;反之,注浆密实度差的锚杆,所测得的波形比较复杂,反射杂波多,频率较低且分散,振幅大且衰减慢,据此可推断锚杆是否存在注浆欠密实或空浆等情况。反射波回来被传感器接收,由仪器所记录的回声时间可按照下式计算出缺陷的位置和锚杆长度:

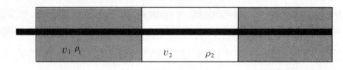

图 1　一维弹性杆件示意

$$L = vt/2 \tag{5}$$

式中:L 为杆端到杆底或锚固缺陷处的距离;v 为弹性波在锚杆中的传播速度;t 为回声反射时间。

2.2　入射波的形成

理想的入射波应该是一个类似于 δt 函数的正相位脉冲,这样的入射波无论是在桩基检测还是在锚杆检测中,都可以获得很高的分辨率。事实上,在钢筋上激发并接收的入射波很类似这种理想的脉冲。图 2 为是用小锤在自由锚杆上激发的入射波曲线。

可惜的是,在进行锚杆检测时,这种入射波由于受到岩壁或喷护层顶面和底面的反射波的影响与叠加,形成了一个新的合成入射波,如图 3 所示为使用较高频率的声波在模型锚杆上测到的曲线。该模型锚杆长 3.05 m,外露 0.25 m,PVC 塑料管直径 100 mm,长度 4.0 m。采用端发侧收的方式,但接收传感器靠近震源。频谱分析显示,该曲线有两个主频,第一主频为 3 440 Hz,第二主频为 11 000 Hz。

图 3 中,t_1 为入射波,t_2 为 PVC 塑料管口混凝土的反射波(按照 4 800 m/s 的波速计算,这段反射的距离为 0.3 m,比实际外露长度多了 0.05 m),t_3、t_4 和 t_5 为多次反射波。

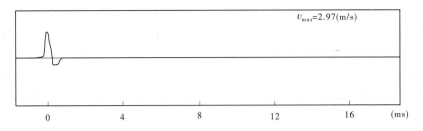

图2　用小锤在自由锚杆上激发的入射波曲线

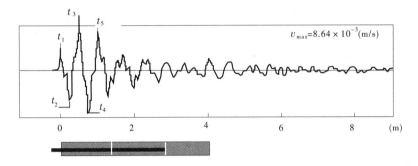

图3　新的合成入射波曲线

这些反射波不仅降低了分辨率,还给解释带来了不利影响。若采用较低频率的震源激发,情况会怎样呢? 图4为普通小锤敲击与图3相同的一根锚杆端头得到的曲线。图4中,t_1为入射波,t_2为PVC塑料管口混凝土的反射波,t_3为二次反射,t_1、t_2和t_3组成了一个复合的入射波。t_4为混凝土中裂缝的反射,t_5为杆端裂缝的反射。从图4可以看出,以t_4为首的缺陷反射和以t_5为首的杆端裂缝反射的波形都和这个复合入射波相似。该曲线主频为3 050 Hz,计算使用的波速为3 900 m/s。比较图4的曲线和图3的曲线可知,管壁的多次反射影响大大降低,缺陷反射清楚,这个事实告诉我们,使用适当的频率和激发方式,可以大幅度地削弱和减少管壁(或岩壁)产生的多次反射。

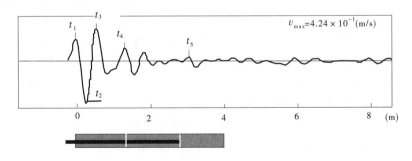

图4　普通小锤敲击锚杆端头得到的曲线

那么,不适当的频率和激发方式是否会加剧这种多次反射因而形成共振呢? 请看图5,该图为某工地实测工程注浆锚杆曲线,锚杆设计长度9 m。频谱分析显示,该曲线主频为2 400 Hz,图5中,t_1为入射波首波,t_4为杆底反射,用3 800 m/s的波速计算,该锚杆长度8.85 m,加上外露长度,刚好9.0 m,问题是首波以后出现了8个强震幅的相位,是否

是由于 t_2 或 t_3 处存在空浆或明显断裂而引起多次反射呢？答案应该是否定。如果该处存在上述缺陷，就不会有 t_4 那样清晰的杆底反射，因此我们可以推断，这是杆头和岩壁之间的反射的共振现象。这是由频率或激发方式的不当引起的。该锚杆应该是一根注浆饱满的优质锚杆。那么在实际检测中，针对具体的工程锚杆，应采用什么样的激发方式和频率来避开共振，笔者这方面经验不多，一些问题也是刚刚想到，希望我的同行们一起来研究和解决这个问题。

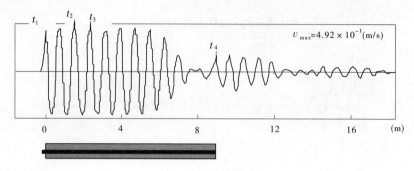

图5　某工地实测工程注浆锚杆曲线

3　锚杆检测实例分析

3.1　自由锚杆实测曲线分析

自由锚杆就是置放于空气之中的钢筋，由于空气的波阻抗接近于零，由式（2）可知，振动能量不会向空气透射，因此弹性波会在杆头和杆端之间来回反射，其能量衰减缓慢，图6为长度为9 m的自由锚杆实测曲线。在图6中可以观察到桩底的一次反射和二次反射，如果记录时间足够长，还可以观察到三次、四次反射和更多的反射。

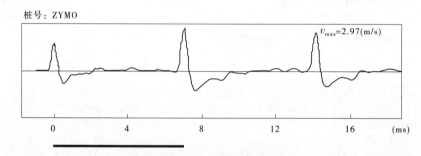

图6　自由锚杆(9 m)实测曲线

图7为某工地桩号为1005的工程注浆锚杆实测曲线，锚杆长度5 m。从图7中可以看到，首波 t_1 以后，出现了4次清晰的桩底多次反射，类似于自由锚杆。据此可以判断，该锚杆孔内的浆液基本上全部渗漏。

3.2　大段空浆的锚杆实测曲线分析

图8为某工地桩号为1017的工程注浆锚杆实测曲线，锚杆设计长度6.0 m。该曲线反映该锚杆中前段注浆密实度较好，但是3.6～5.4 m段空浆。图8中，t_1 为首波，t_2 为空浆顶板一次反射，t_3 为空浆底板一次反射，t_4 为空浆顶板二次反射，t_5 为空浆底板二次反

射,其后还可观测到空浆顶板和底板的三次、四次反射和更多的反射。

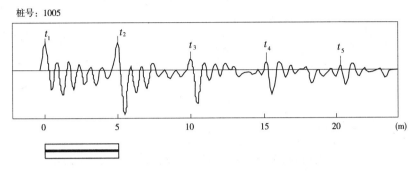

图7　某工地桩号为1005的工程注浆锚杆(5 m)实测曲线

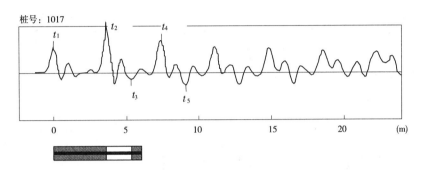

图8　某工地桩号为1017的工程注浆锚杆(6 m)实测曲线

　　图9为某工地桩号为1012的工程注浆锚杆实测曲线,锚杆设计长度4.0 m,杆头外露长度0.2 m,现场测试人员发现,该锚杆孔口无浆,用手可以摇动,用钢卷尺可以插进70 cm。该曲线反映该锚杆孔口1.3 m内无浆,图9中,t_1为首波,t_2为空浆底板一次反射,t_3为空浆底板二次反射,t_4和t_5为空浆底板三次反射和四次反射,曲线后段还有更多次的反射。

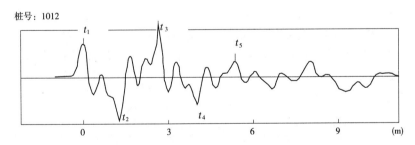

图9　某工地桩号为1012的工程注浆锚杆(4 m)实测曲线

　　图10为某工地制作于硐壁预置缺陷的模型锚杆实测曲线,锚杆设计长度7.0 m,杆头外露长度0.2 m。该曲线反映该锚杆4.8～6.8 m段空浆,图10中,t_1为首波,t_2为空浆顶板反射,该反射能量较弱,究其原因,应该是该处砂浆处于一种由疏松到空浆的渐变过程,因此顶板反射不清晰,t_3为空浆底板反射,t_4为空浆顶板二次反射,t_5为空浆底板二次反射,t_6为顶板三次反射,t_7为底板三次反射。

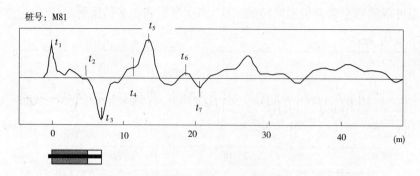

图 10　某工地制作于硐壁预置缺陷的模型锚杆(7 m)实测曲线

应该注意的是,图 9 与图 10 在波形特征上有类似的地方,但是前者是首段空浆,后者是尾段空浆。

图 11 为某工地采用锚固剂充填的工程锚杆实测曲线,锚杆设计长度 3.0 m,实测曲线高频成分较为丰富,可判断缺陷为空浆类,该锚杆 0 ~ 2.5 m 范围空浆,图 11 中,t_1 为首波,t_2 为空浆底板一次反射,t_3 为空浆底板二次反射,t_4 为空浆底板三次反射。

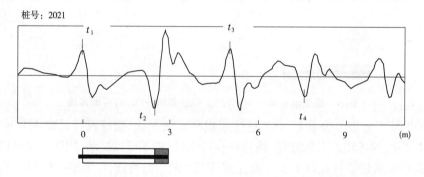

图 11　某工地采用锚固剂充填的工程锚杆(3 m)实测曲线

图 12 为某工地采用锚固剂充填的工程锚杆实测曲线,锚杆设计长度 3.5 m,实测曲线高频成分较丰富,可判断缺陷为空浆类,图 12 中,该曲线有明确的空浆顶板和底板的 t_2 和 t_3,还有顶板和底板的二次反射 t_4 和 t_5。但是与图 8 相比较,反射次数明显减少,空浆特征也不如曲线典型,因此可认为该曲线为半空浆或小半空浆,如图 12 所示。

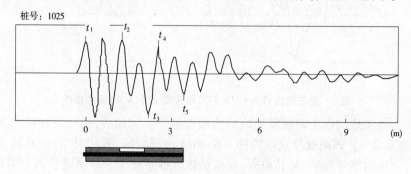

图 12　某工地采用锚固剂充填的工程锚杆(3.5 m)实测曲线

3.3　大段欠密实的锚杆实测曲线分析

图 13 为某工地桩号为 1020 的采用锚固剂充填的工程锚杆实测曲线,锚杆设计长度 2.5 m,该锚杆孔口 0.85 m 内为欠密实或疏松状态。与图 9 不同的是,实测曲线中缺少高频成分,频谱分析显示,该曲线的主频为 1.49 kHz,而图 9 曲线的主频为 2.94 kHz,此外,多次反射的次数也要少些。图中,t_1 为首波,t_2 为缺陷底板一次反射,t_3 为缺陷底板的二次反射,t_4 和 t_5 为缺陷底板的三次、四次反射。

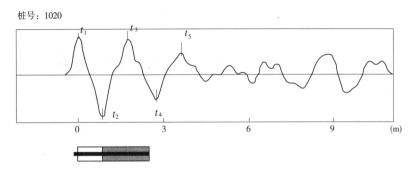

图 13　某工地桩号为 1020 的采用锚固剂充填的工程锚杆(2.5 m)实测曲线

图 14 为某工地桩号为 2010 的采用锚固剂充填的工程锚杆实测曲线,锚杆设计长度 2.5 m,该锚杆 1.6～2.5 m 段欠密实。图中,t_2 为缺陷顶板一次反射,t_3 为缺陷底板一次反射,t_4 为缺陷顶板二次反射,t_5 为缺陷底板二次反射。频谱分析显示该曲线的主频为 1.46 kHz,故判定该缺陷为欠密实。

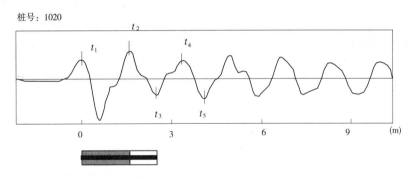

图 14　某工地桩号为 2010 的采用锚固剂充填的工程锚杆(2.5 m)实测曲线

图 15 为某工地桩号为 DC16 的工程注浆锚杆实测曲线,锚杆设计长度 6.0 m,从该曲线可见,4 m 处形成强烈的多次反射信号,且频率很低,频谱分析显示该曲线的主频有三个,分别为 0.65 kHz、1.0 kHz、1.2 kHz,因此判断该锚杆 4.0～5.7 m 欠密实。此外,由于首波频率也很低,可判首段疏松。

3.4　一般缺陷的锚杆实测曲线分析

图 16 为某工地桩号为 1001 的工程注浆锚杆实测曲线,锚杆设计长度 4.0 m。从该曲线可见,2.0 m 后有 t_2、t_3、t_4 多次反射信号,均为缺陷顶板的同相反射,而不见底板反射。由于反射信号强烈而清晰,可以断定缺陷性质为空浆,但是由于没有见到底板的反相反射,可以推断空浆范围较小。

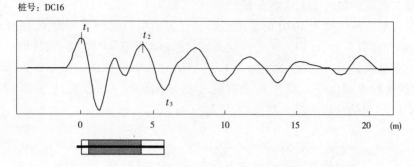

图 15　某工地桩号为 DC16 的工程注浆锚杆(6 m)实测曲线

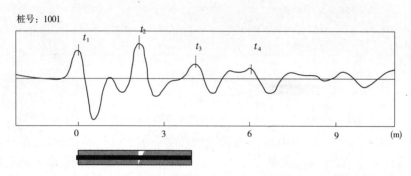

图 16　某工地桩号为 1001 的工程注浆锚杆(4 m)实测曲线

图 17 为某工地桩号为 1001 的工程注浆锚杆实测曲线,锚杆设计长度 5.0 m。从该曲线可见,t_2 和 t_3 明显与其前面的波峰干涉而形成独立的反射,但两个反射都没有明显的二次反射波,故判断其性质为裂缝或局部缩径的缺陷反射。值得注意的是:反射波 t_3 和杆端反射类似,如果这样,该锚杆长度不足 5 m,但是作这样的判断必须慎重。

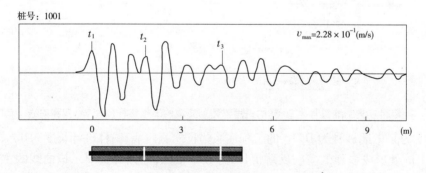

图 17　某工地桩号为 1001 的工程注浆锚杆(5 m)实测曲线

3.5　锚杆长度分析

注浆锚杆在注浆 3 ~ 4 h,浆液尚未固化之时进行测试,可测得准确的锚杆长度。但对于浆液已经固化的锚杆和锚固剂充填的锚杆,其长度测试相当困难。这是由于杆底反射完全沿钢筋传播,其频率较高且能量较弱,而工程锚杆绝大多数存在不同程度的缺陷,其缺陷反射的能量远远大于杆底反射的能量,再加上一些缺陷反射和杆底反射同相,波形相似,更使得问题具有多解性。因此,正确识别杆底反射,从而确定锚杆长度是一件非常困难的事情,根据笔者的经验,在不知道锚杆设计长度的情况下,其长度测试尤为困难。但是一般的工程锚杆,其设计长度是已知的,因此一些锚杆可间接地确定其长度是否符合设计要求。

根据笔者的经验,杆底反射的判断应注意以下几个特征:

(1)杆底反射波应具有独立性;

(2)杆底反射波和入射波同相(不排除个别反相的情况,如图10所示);

(3)杆底反射波和入射波的波形相似;

(4)杆底反射波频率较高,能量较弱。

图18为某水电工程辅助交通硐注浆工程锚杆实测曲线,该锚杆设计长度2.25 m,外露长度0.12 m,t_1为首波,t_2为杆底反射,曲线主频率为4 100 Hz,用5 200 m/s的速度计算,锚杆长度为2.15 m,加上外露长度,锚杆总长度约为2.25 m。

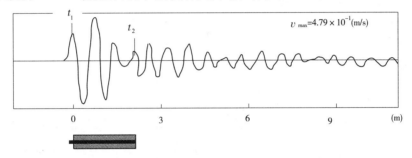

图18　某水电工程辅助交通硐注浆工程锚杆(4.5 m)实测曲线

图19为某水电工程大桥边坡注浆工程锚杆实测曲线。该边坡上的锚杆尺寸分3.0 m和4.5 m两种规格,现场施工人员称该锚杆设计长度为3.0 m时,锚杆外露长度0.21 m,从图19中可见,除0.43 ms(t_1)左右有一轻微裂缝以外,注浆体十分饱满。t_2为清晰的杆底反射波,图19中显示,其频率略高于首波,用4 400 m/s的波速计算,锚杆长度为4.35 m。

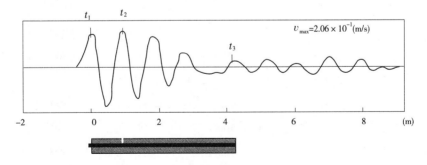

图19　某水电工程大桥边坡注浆工程锚杆实测曲线

图20为某水电工程交通隧道边墙锚固剂充填的锚杆实测曲线。锚杆设计长度3.5 m,外露长度0.12 m,锚固剂充填,锚杆所在边墙岩体质量较好,因而充填饱满。从图20中可见,首波频率较高,频谱分析表明,曲线主频率为3 650 Hz。t_2在时差上明显区别于前面的波,具有其独立性,判断为杆底反射,计算波速4 700 m/s,长度为2.0 m,后来这个

长度得到了证实。

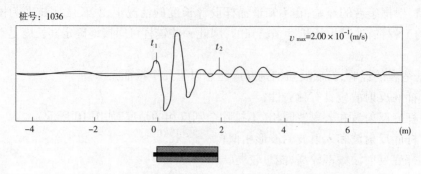

桩号：1036

$v_{max} = 2.00 \times 10^{-1}$ (m/s)

图20　某水电工程交通隧道边墙锚固剂充填的工程锚杆实测曲线

根据以上例子和笔者的经验，以下锚杆可直接获得并确定杆底反射：

(1)注浆锚杆在浆液固化之前；

(2)全孔段空浆的锚杆；

(3)满浆或仅有个别细小裂缝的锚杆；

(4)在已知锚杆设计长度时，前段较饱满，但尾段全部空浆或欠密实(见图10)。

4　弹性波在锚杆中的传播速度

弹性波在置于空气中的锚杆(自由锚杆)中的传播速度主要与钢材的质量有关，螺纹钢一般为 5 000 ~ 5 200 m/s，这一点读者可以自己验证。但是当锚杆被砂浆或锚固剂锚固时，其传播速度发生了变化。笔者曾对长度为 4 m 的 PVC 塑料管中的砂浆模型锚杆做过杆头激发、杆底接收的声波穿透测试，砂浆内设置了长度不等的空浆或纯沙等缺陷段，测得的声波速度为 3 600 ~ 5 500 m/s 不等，波速变化幅度很大，实测中极难把握，见表1。

表1　砂浆模型锚杆声波对穿测试频率和波速关系

编号	锚杆长度（m）	锚固长度（m）	缺陷性质及大小	砂浆饱和度（%）	声波速度（m/s）	声波频率（Hz）
A1	4.2	4.0	无缺陷	100	3 840	2 930
A3	4.2	4.0	1.5 ~ 1.9 m 空浆	90	4 200	3 120
A3	4.2	4.0	1.5 ~ 1.9 m 空浆	90	4 650	5 120
B6	4.2	4.0	0 ~ 1.95 m 欠密实	51.25	5 300	9 770
Ja6	4.2	4.0	0 ~ 1.4 m 空浆	65	3 870	3 230
Ja6	4.2	4.0	0 ~ 1.4 m 空浆	65	4 580	5 080
Jb3	4.2	4.0	1.1 ~ 1.5 m 欠密实	90	3 950	3 450
Jb6	4.2	4.0	1 ~ 1.5 m 欠密实	87.5	3 620	2 730
Jb7	4.2	4.0	0.45 ~ 0.95 m 欠密实	87.5	4 140	3 700
Jb8	4.2	4.0	2.4 ~ 3.4 m 欠密实	75	4 100	3 280

弹性波在工程锚杆中传播时,情况较复杂,可以这样假设,弹性波的能量分成了两个部分向前传播,其中一部分沿钢筋传播,其频率较高,但衰减较快;另一部分沿锚固体传播,其频率较低,能量衰减较慢,最后经杆底或缺陷反射到达传感器被接收的是经钢筋和锚固体传播的混合波,混合波的速度高于锚固体,低于钢筋,速度的高低可以根据其频率特征作粗略判断。按照弹性波在黏滞弹性介质中传播的理论,传播速度不仅取决于材料的力学性质,还与弹性波的频率有关。设介质中黏滞系数为 η,弹性波的园频率为 ω,v 为弹性波速度,λ 和 μ 为拉梅常数,ρ 为介质密度,由 $\eta' = 4\eta/3$,当 ω 较低时,则 $\eta,\omega \ll \eta + 2\mu$,此时有

$$v = (\frac{\lambda + 2\mu}{\rho})^{1/2} \tag{6}$$

式(6)说明,低频的弹性波在黏滞弹性介质中传播时,其速度等于理想弹性介质中的传播速度,即黏滞性并不能改变传播速度 v。

当 ω 很高时,则 $\eta,\omega \gg \eta + 2\mu$,此时有

$$v = (\frac{2\eta'\omega}{\rho})^{1/2} \tag{7}$$

式(7)说明高频的弹性波在黏滞弹性介质中传播时,其速度与 $\sqrt{\omega}$、$\sqrt{\eta'}$ 成正比,不同的 ω 有不同的速度,称此为频散现象。

我们在 PVC 塑料管中的砂浆模型锚杆所作的声波穿透测试,其结果(见表1)充分说明了频率与波速的关系。根据对表1的分析,目前我们建议:

(1)一般情况下使用 4 000 m/s 左右的速度计算;

(2)对于空浆段,用 5 000 m/s 左右的速度计算;

(3)关注和分析波形的频率,对于频率较高者,速度取值较大,反之较小。

在资料的分析和解释中,究竟选取什么速度,关系到资料解释的准确,这是一个难题,特别是锚杆长度加大时频率和速度的变化情况,计算锚杆长度时应该使用何种速度。这些都是亟待解决的难题。目前我们在这方面所作的试验和研究工作还很少,数据量还远远不够,需要同行们共同进行深入的研究和试验。

参考文献

[1] 聂勋碧,钱宗良.地震勘探原理和野外工作方法[M].北京:地质出版社,1990.

龙河口水库东大坝混凝土截渗墙质量检测方法与效果

徐长顺　　陈多芳

（安徽省水利水电勘测设计院勘测分院　蚌埠　233000）

摘要：采用电反射系数(K)法、双排列电位电极系测深法和自然电场法等物探方法,对龙河口水库东大坝混凝土截渗墙质量进行检测,并对其检测效果进行分析与评价。

关键词：截渗墙　电反射系数(K)法　双排列电位电极系测深法　自然电场法　K断面图　电反射系数异常区　分析与评价

在河道堤防及病险水库大坝除险加固工程中,防渗加固是关系到工程安全的重要措施,截渗墙是防渗加固的主要措施之一。目前,截渗墙的种类较多,但在水电工程中应用较多的有:高喷截渗墙、多头小直径深层搅拌桩截渗墙及混凝土截渗墙等,它们起着防渗或隔离地下水、抗滑等特殊作用,在工程建设中应用较广。高喷截渗墙是采用不同的喷射方式(旋喷、摆喷、定喷或它们的组合),将高压水泥浆液形成高速喷射流束,冲击、切割、破碎地层土体,并以水泥基质浆液充填、掺混其中,形成板墙状的凝结体,用以提高地基防渗能力的连续墙体;多头小直径深层搅拌桩截渗墙是运用水泥土搅拌桩的原理,在单头的基础上改成双头或多头,将相邻搅拌桩部分重叠进行搭接组成连续的水泥土截渗墙;混凝土截渗墙是在地面上进行造孔施工,在地基中以泥浆固壁,开凿成槽形孔或联锁桩柱孔,回填防渗材料,筑成具有防渗性能的地下连续墙。由于截渗墙属于地下隐蔽工程,受各种各样客观和主观条件的制约,不可避免地存在质量问题,因此截渗墙的施工质量检测就显得特别重要。经考查,目前截渗墙的质量无损伤检测仍存在一定的难度,国内外尚无成熟的检测方法。本文结合龙河口水库混凝土截渗墙工程实例介绍电反射系数(K)等技术在截渗墙质量检测中的应用效果。

1　工程概况

龙河口水库位于舒城县境内的杭埠河上游,坝址位于杭埠河与龙河汇合处稍下游的龙河口,距舒城县城约25 km。该水库于1958年10月动工兴建,几经坎坷至1970年基本建成,东大坝为黏土心墙砂壳坝,坝顶高程75.2 m,防浪墙顶高程76.3 m,坝顶长度310 m,最大坝高33.2 m,总库容8.2亿 m³,为大(Ⅱ)型水库,是以防洪、灌溉为主,结合发电、水产养殖和旅游开发等的综合利用工程。由于当时的社会经济水平限制,施工手段落后,施工质量较差,存在许多安全隐患,大坝被鉴定为三类坝,需尽快进行除险加固。东大坝防渗加固采用混凝土截渗墙方案截断透水的坝基砂砾石层,设计混凝土截渗墙桩号为

作者简介：徐长顺(1947—),男,安徽砀山人,高级工程师,从事工程物探技术工作。

0 +061 ~ 0 +229,墙体厚 0.6 m,墙体深度根据基岩(粗面岩、凝灰质火山角砾岩)深度确定,墙底以嵌入基岩 0.8 ~ 1.5 m 为原则,截渗墙最深处 39.30 m。加固后坝顶高程 75.8 m,防浪墙顶 77.1 m,水库总库容为 9.03 亿 m³。为检查混凝土截渗墙的施工质量,采用电反射系数(K)、双排列电位电极系测深等方法进行检测。

2　技术方法与效果

2.1　电反射系数(K)法

2.1.1　电反射系数(K)技术的基本原理

自然界中的交变电磁场与波动场一样,都符合波动方程:

$$\nabla^2 \varphi = \frac{\partial^2 \varphi}{c \cdot \partial t^2} \tag{1}$$

当 $\frac{\partial^2 \varphi}{\partial t^2} = 0$ 时,波动方程转化为拉普拉斯方程。

$$\nabla^2 \varphi = 0 \tag{2}$$

即交变电磁场转化为直流电磁场,在直流场中,当电流遇有电阻抗差异的界面时,界面要向实际电源所在介质反射一部分电流线,这部分电流的大小,取决于反射系数 K 值的大小。众所周知,防渗墙的施工,是将水泥与水配制成一定水灰比的浆液,通过钻孔及高压泵将浆液压入地层中,使浆液与砂层、粉土等地层胶结成一体而形成防渗墙。诚然,防渗墙与周围介质相比其强度与电阻抗均明显增大,电反射系数 K 亦增大,说明防渗墙的截渗效果较好。如果水泥质量不符合要求,水灰比配制不当以及泵压、泵量、灌浆时间等控制不当,那么防渗墙与周围介质电阻抗差就小(指同类地层而言),电反射系数 K 值也就随之变小,形成的防渗墙质量相对就差。正是利用电反射系数(K)这一特点,来判断防渗墙的工程质量。

在实际测试过程中是将防渗墙的物性作为相对稳定的、有固定规格的旁侧影响体,其反射系数 K 值是地层和防渗墙的综合反映,必须采取相应措施使防渗墙的影响占有较大比例。第四纪地层在电反射系数(K)断面图上等值线一般呈水平或缓倾角形态,这是它的沉积环境决定的,而防渗墙在某一部位的缺陷,在电反射系数(K)断面图上一般呈低值封闭圈异常,易于分析判断。

2.1.2　采集数据的一次微分演算

理论与实践证明,ρ_s 曲线的形状就客观地反映了电反射系数 K 值的大小,研究它的变化规律,能够分析、判断防渗墙的缺陷问题。为了求得电反射系数 K 值,对野外实测 ρ_s 曲线的一次微分演算,采用了差商法求 K 值:

$$K = \left(\frac{\rho_s(n)}{\rho_s(n-1)} - 1 \right) \Big/ \left(\frac{AB_{(n)}}{AB_{(n-1)}} - 1 \right) \tag{3}$$

将所求 K 值,在单对数纸上绘制 $K \sim \frac{AB_{(平)}}{2}$ 曲线,利用各测点的 K 值绘制电反射系数(K)值断面图,根据该图电反射系数 K 值的异常部位及深度对防渗墙的质量进行分析评价。

龙河口水库截渗墙为混凝土截渗墙,实际施工桩号为 $0+058 \sim 0+237$,截渗墙长度 179 m,检测 179 m,见图 1,截渗墙中部最深为 39.30 m,往截渗墙的两端逐渐变浅,以墙底嵌入基岩内 $0.8 \sim 1.5$ m 为原则。从截渗墙电反射系数(K)断面图(见图 2)可明显看出,电反射系数(K)等值线在墙体部位比较平稳,浅部低反射区($K = 0 \sim -1.2$)是坝顶路面干燥形成相对高阻电性层影响的结果,在墙体的个别部位电反射系数 K 较大($K = 0.4 \sim 2.2$),虽有不同程度的高阻封闭圈异常,主要是坝体电性不均匀引起的,分析截渗墙连续性较好,没有明显的缺陷。实践证明,混凝土截渗墙竣工后,起到了立竿见影的效果,大坝渗漏明流完全消失,这是前所未有的,说明混凝土截渗墙没有明显的缺陷。

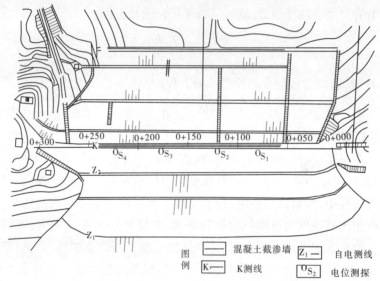

图 1　龙河口水库大坝混凝土截渗墙检测布置

2.2　双排列电位电极系测深法

2.2.1　原理与方法

电位电极系法是将供电电极 AB($B \to \infty$)和测量电极 MN($N \to \infty$)分别布置在截渗墙两侧,且使截渗墙位于 AM 的中心位置,无穷远极距离一般是探测深度的 10 倍($BN \to \infty \geqslant 10AM_{max}$),由于测量电极 M 和供电电极 A 距离较近,电场的变化会被 M 极接收到,根据电位电极系这一原理,随着 AM 极距逐渐增大,就可计算出测点垂直方向上不同深度的电阻率值及其变化规律,从而可以分析判断截渗墙底板的施工深度。

2.2.2　应用效果

截渗墙的截渗效果好坏与截渗墙的深度关系极大。如果截渗墙的施工深度不够,墙底没有进入隔水层,实际上为悬挂式截渗墙,这样达不到截渗的效果;如果墙体深度达到设计要求且连续性较好,则截渗效果就好。本检测工程在墙体上较均匀地布置了四个双排列电位电极测深 $S_1 \sim S_4$,见图 1、图 3。墙体深度见表 1,较好地查明了墙底施工深度问题,经核实该结论与施工记录吻合较好。

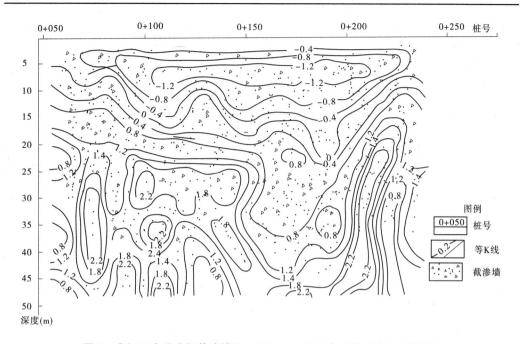

图2　龙河口大库大坝截渗墙(0+058~0+237)电反射系数(K)断面图

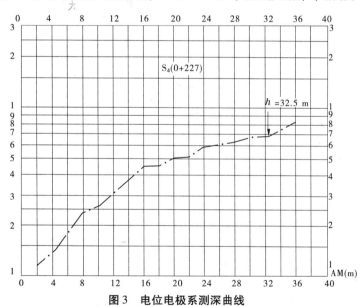

图3　电位电极系测深曲线

表1　双排列电位电极系法解释墙底深度一览

点号	桩号	设计深度(m)	施工深度(m)	检测深度(m)
S_1	0+076	32.96	34.60	36.5
S_2	0+118	36.63	36.80	38.5
S_3	0+178	38.18	38.30	40.0
S_4	0+227		30.80	32.5

注:截渗墙的检测是在截渗墙施工竣工后,在其顶部加高1.70 m后进行检测。

2.3 自然电场法

2.3.1 原理与方法

自然电场法是借助于观测并研究地下天然存在的电场在地表的分布规律，来解决水文工程地质问题的一种电法勘探方法。岩石中存在许多孔隙或裂隙，当地下水存在压力差时，地下水将在这些孔隙（或裂隙）中流动。由于岩石颗粒表面大多有选择性吸附负离子的作用，而正离子随水流迁移，因而在水流的上方具有负电位，下方具有正电位，称此为渗透过滤电位。若大坝存在渗漏地段，当在垂直于地下水流动方向上的剖面观测自然电场时，在漏水地段将观测到自然电位梯度的极小值，甚至零电位。在查明堤、坝渗漏时，常采用电位观测法，由于渗流和漏水状况的不同，异常在曲线上的形态特征也有差异。一般情况下，异常的峰值越高，反映隐患的几率就越高，通常利用异常峰值与背景值的比值作为衡量异常大小的标准，用峰背比大于 1.5 的异常确定为渗漏隐患异常。水库大坝是蓄水挡水工程，蓄水位越高，水压力差越大，隐患部位渗流速度也越大，产生的自然电位（渗透过滤电场）就越强，大坝隐患部位反映就越明显。所以，隐患本身产生的过滤电场，是探测截渗墙、坝体、坝基渗漏隐患的理论前提。

2.3.2 应用效果

大坝截渗墙竣工后，坝基渗漏明流消失，坝基底部是否有暗流隐患呢？为查明这个问题，分别在迎水侧、坝顶和背水侧布置了 Z_1、Z_2、Z_3 三条自然电位剖面（见图 1）。从三条自然电位剖面曲线（见图 4）可明显地看出，三条曲线起伏不大，峰背比值小于 1.5，推测水库水位在 64.97 m 时（自然电位剖面施工时库水位 64.97 m），自然电场探测结果在截渗墙部位没有明显的渗漏隐患，工程质量是合格的。

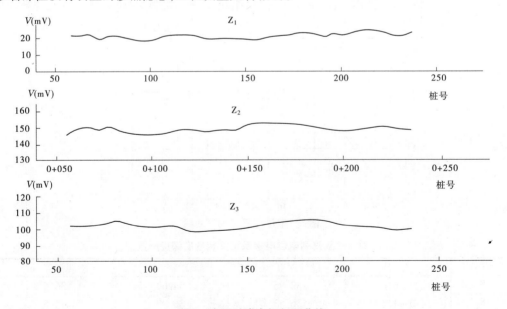

图 4　渗透过滤电场剖面曲线

3　几点认识

通过对龙河口水库东大坝混凝土截渗墙质量检测的实践，认为所运用的物探方法无论是从理论上还是从实际应用效果来说都是可行的,只要根据工程的实际条件,灵活运用不同的检测手段,严格执行野外测试的技术要求,都能够达到事半功倍的效果,从而为截渗墙的检测提供了新的方法手段。对龙河口水库东大坝混凝土截渗墙质量检测所运用的物探方法,初步认为有以下特点:

(1)电反射系数(K)技术可以对截渗墙的质量进行整体评价,并能确定截渗墙缺陷的具体位置及深度。因此,它是一种快速无损伤的检测方法,可以对截渗墙的质量给出较为客观、科学的评价。

(2)电反射系数(K)技术实质上是将 ρ_s 曲线进行一次微分演算变换为 K 值,放大了截渗墙缺陷在电反射系数(K)断面图上的异常。因此,解释工作简便、直观,人为的误差因素较小。

(3)电反射系数(K)方法与自然电位法、双排列电位电极系测深法有机的结合,既能从另一角度验证截渗墙的缺陷,又可检测截渗墙的底板深度,可称为是截渗墙检测的一套系统的检测方法。

"堆石体密度测定的附加质量法"
中地基刚度测试技术研究

李丕武

（黄河勘测规划设计有限公司工程物探研究院 郑州 450003）

提要：地基刚度是"堆石体密度测定的附加质量法"[1]中的一个重要力学参数，地基刚度测定的基本方法是附加质量法。本文扼要总结了附加质量法中关于附加质量、压板问题的近期研究成果，供参考。

关键词：附加质量 地基刚度 堆石体密度 衰减模量

1 引言

"堆石体密度测定的附加质量法"的主要研究内容有三：模型研究、密度求解方法研究及测试技术研究。其中模型研究、密度求解方法研究成果已在《工程物探》2006年第3期（总第94期）发表。测试技术研究的主要内容包括地基刚度K、地基土参振质量m_0、衰减系数β、弹性波速度v_p、v_s等参数测试问题的研究。由于篇幅限制，本文仅将地基刚度K及地基土参振质量m_0测试的主要技术问题——压板及附加质量问题的近期研究成果作扼要总结。

2 附加质量法

质弹阻模型中的地基刚度K及地基土参振质量m_0问题，是动力基础中的一个长期困扰不解的问题[2-6]。1990年，我们在测定地基承载力的研究中，模拟地基基础振动问题，引入弹阻质模型，提出了附加质量法[7]，破解了K、m_0的求解问题，得到了大量试验资料的证实。1995年小浪底堆石坝的兴建使附加质量法又重新提到了议事日程上来，"附加质量法可否用于测定大坝堆石体密度问题"激起了黄河物探人的思绪浪涛，并决然立项研究。1995年12月首次获得了小浪底堆石坝12个点的测试资料，证明了附加质量法用于堆石体密度测试是有效的。随着"堆石体密度测定的附加质量法"的推广应用，一些深层次问题不断浮出水面，其中有关测试求解方面的问题中有，压板大小和形状问题，附加质量多少和分级问题，激振、拾振问题等。本文仅对压板及附加质量两个问题作以探讨，并首先将附加质量法作以简要介绍。

2.1 模型的引入

为了测定堆石（土）介质的K、m_0，我们首先模拟地基基础振动问题，引入"质弹模

作者简介：李丕武(1938—)，男，河南人，教授级高级工程师，注册岩土工程师，从事水工物探技术的研究与应用工作。

型":

$$m\ddot{z} + Kz = 0 \tag{1}$$

$$K = \omega^2 m \tag{2}$$

$$m = m_0 + \Delta m \tag{3}$$

式中: K 为介质的地基刚度; m_0 为参振质量; ω 为圆频率; Δm 为振动体系的附加质量; z 为位移函数; $\ddot{z}$ 为振动加速度。

2.2　K、m_0 的求解

将式(3)代入式(2)得式(4)

$$K = \omega^2(m_0 + \Delta m) \tag{4}$$

式(4)中 K、m_0 未知,一个方程有两个未知数显然没有唯一解。改变 Δm 则可以得到相应的方程;如果给两个不同的 Δm,则可以得到相应的两个方程,问题便可以得到解决。为了减小测试误差,可以利用 ω^{-2} 与 Δm 的线性关系求解 K 和 m_0。即给一组 Δm,测出一组相应的 ω,作 $\omega^{-2} \sim \Delta m$ 曲线(如图1(c)所示),曲线的反射率即为地基刚度 K,曲线在 Δm 轴上的截距即为地基土的参振质量 m_0。

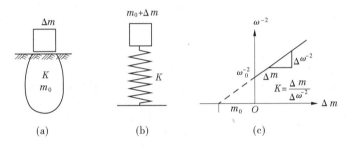

图1　附加质量法示意

3　压板大小问题

K、m_0 测试的装置结构如图2所示,自上而下为附加质量 Δm、压板、地基。压板选择问题中包括压板大小、形状、材质、厚度等。关于材质及厚度问题没有做专门研究,根据经验,如果采用圆形钢板,其厚度为压板直径的3%即可。基本原则是压板要有足够的刚度,以确保附加质量、压板、地

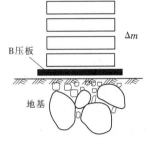

图2　Δm 法的装置结构

基所构成的振动体系只有一个自由度,即只能是地基土具有弹簧作用,压板和附加质量均不能显现出弹簧作用。关于压板的形状问题,由于地基土(石)密度求解的基本方法是建立在动力基础弹性半空间理论模型上的,迄今为止基础振动半空间理论的研究成果都建立在圆形基础上的,故最好选择圆形压板,以避免由形状不同造成误差。下面探讨压板大小的选择问题。根据现有的研究结果及认识水平,我们认为压板大小的选择取决于理论模型、探测深度、介质最大粒径三个方面的因素。

3.1　模型因素

苏联波罗达切夫(Вородачев)认为[2,3],如果把质弹阻模型的弹簧刚度用半空间模型

的静刚度取代,只要在刚体(基础和机械)质量上附加一定的地基土质量(m_0),就能使两种模型的解相一致;当 $a \leqslant 1.5$ 时,($a = \omega r / v_s$)阻尼比和质量附加系数(即考虑地基土参振质量,总参振质量比地基界面以上的质量 Δm 增大的系数)都几乎与频率无关。a、v_s、r 分别为无量纲频率、地基介质的剪切波速度、基底(压板)半径。据此可以推出压板半径的理论模型条件如式(5)。

$$r \leqslant 1.5 v_s / \omega \tag{5}$$

3.2　探测深度因素

《动力机器基础设计规范》(GB 5004—96)[8]提出,地基动力参数测定的影响深度 h 可按式(6)计算。由式(6)可得压板大小的探测深度控制条件,如式(7)。

$$h = 2\sqrt{A} \tag{6}$$

$$r = \frac{h}{2\sqrt{\pi}} \tag{7}$$

$$A = \pi r^2$$

式中:A 为基底(压板)面积。

3.3　介质最大粒径因素

《土工试验规程》[9]原位密度试验中规定:当最大粒径为 200 mm 时,试坑直径为 800 mm,试坑深度为 1 000 mm。即最大粒径与试坑直径之比为 1:4,与试坑深度之比为 1:5。如将这个规定照搬于超大粒径堆石体材料工程中显然是不实际的,因为坑深度远远大于碾压层厚度。目前,堆石坝工程常用的碾压厚度略大于堆石的最大粒径,如用介质最大粒径 d_m 代换有效深度 h,则压板的半径可按式(8)作以控制。

$$r \geqslant \frac{d_m}{2\sqrt{\pi}} \tag{8}$$

3.4　理论与实测资料对比

文献[4]提供了刚度系数(单位面积刚度)C_Z 与基底面积 F 的理论和实测曲线,如图 3 所示。从图 3 中可知,基底(压板)面积越小,两条曲线越接近,即压板越小越好。这一结果是否具有普遍性有待进一步验证。

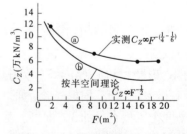

图 3　C_Z 与 F 的理论和实测曲线

综合以上诸因素,可以初步确认压板大小的估选原则:当 $d_m = h$ 时,应满足式(9);当 $d_m < h$ 时,应满足式(10)。同时,还应注意尽量选取小的压板。

$$\frac{d_m}{2\sqrt{\pi}} \leqslant r \leqslant 1.5 v_s / \omega \tag{9}$$

$$\frac{h}{2\sqrt{\pi}} \leqslant r \leqslant 1.5 v_s / \omega \tag{10}$$

4　附加质量多少问题

4.1　附加质量多少的一般选择原则

附加质量多少的选择原则应从既要满足密度测试精度要求又要注意轻便易操作两个方面考虑。所谓精度要求,严格来讲,应根据工程质量检测对密度(堆石、土)的精度要求(例如,《碾压式土石坝施工规范》(DL/T 5129—2001)提出密度的标准差应不大于 0.1 g/cm^3)及误差传递理论反推对 K、m_0、v_p、v_s 等参数的精度要求。截至目前,我们还没有在这方面做系统研究。本文只是从宏观角度提出 Δm 的一般选择原则:

(1)为了保证 $\omega^{-2} \sim \Delta m$ 曲线的回归精度,Δm 不宜少于 4 级;

(2)每一级 Δm 的大小,可按由 Δm 所产生的频差比仪器的测试的频率精度高一个量级掌握;

(3)最大附加质量($\sum \Delta m$)的力学效应,不应使测点地基产生塑性变形;

(4)最小附加质量 $\Delta m_{\min}$ 应大于频率反常的临界附加质量 $[\Delta m]$。

4.2　最小附加质量的衰减模量法

4.2.1　频率反常问题的发现

早在 20 世纪 90 年代研究地基承载力检测时我们就发现,某些测点当 Δm 减小到一定程度时,频率不仅没有增大反而减小了,遗憾的是,当时没有把这一现象作为一个问题去研究。最近我们翻阅了大量文献资料,发现《动力基础半空间理论概论》[2]对此问题曾有述及。文献首先引入了质量比 $b = \Delta m/\rho r^3$ 及无量纲固有频率 ζ 两个无量纲参数;其次,利用 $\omega_d = \sqrt{1 - D^2}\, \omega$、$D = y_i (v_s/r) \sqrt{\Delta m/K}$、$\omega_d = \zeta (v_s/r)$ 等关系,绘出了 b_1($b_1 = \Delta m/2\pi\rho r^3$)与 y_i、ζ(当泊松比 $\mu = 0.3$ 时)的图像,发现当 $b_1 < 0.24$($b = 2\pi b_1 < 2\pi \times 0.24 = 1.51$,$\Delta m$ 很小)时,随着 Δm 的增加,固有频率不仅没有减小反而增大(Δm 原为 m,即基础质量,也就是我们所说的附加质量,r、ρ、v_s、Δm、K 意义同前,ω、D、ω_d 依次为无阻尼圆频率、阻尼比、有阻尼圆频率,y_i 为阻尼系数)。

这种反常现象的发现,揭示了阻尼振动与无阻尼振动不同的振动规律。文献[2]提出的这种反常现象是在引入了质量比 b 和无量纲固有频率 ζ 及泊松比 $\mu = 0.3$ 情况下的研究结果,当泊松比 $\mu \neq 0.3$ 时情况如何,文章没有交待。

4.2.2　最小附加质量的衰减模量法

为了考查阻尼振动中频率反常现象的普遍性,我们试图摆脱质量比 b、无量频率 ζ、泊松比 μ 参数,直接从阻尼固有频率 $\omega_d = \omega \sqrt{1 - D^2}$ 分析入手,寻求附加质量的临界值 $[\Delta m]$ 解决的途径。

已知阻尼振动频率 ω_d 与无阻尼振动频率 ω、阻尼比 D 有如下关系,并由文献[3]查到阻尼比 D 与介质的衰减模量 φ_z(量纲为秒)有如下关系:

$$\omega_d = \omega \sqrt{1 - D^2}$$

其中
$$D = \frac{1}{2}\varphi_z\omega \tag{11}$$

$$\omega^2 = \frac{K}{\Delta m}(\text{模型设定不含地基土参振质量})$$

$$\omega_d^2 = \frac{K}{\Delta m} - \frac{1}{4}\frac{\varphi_Z^2 K^2}{\Delta m^2} \tag{12}$$

式(12)对 Δm 微分并令其等于零得:

$$[\Delta m] = \frac{1}{2}\varphi_Z^2 K \tag{13}$$

对式(12)作二次微分:

$$[\omega_d^2]''_{\Delta m} = [-K\Delta m^{-2} + \frac{1}{2}\varphi_Z^2 K^2 \Delta m^{-3}]'_{\Delta m}$$

$$= 2K\Delta m^{-3}(1 - \frac{3}{4}\varphi_Z^2 K\Delta m^{-1}) \tag{14}$$

将 $[\Delta m] = \frac{1}{2}\varphi_Z^2 K$ 代入式(14):

$$[\omega_d^2]''_{\Delta m} = (1 - \frac{3}{4}\varphi_Z^2 K \frac{2}{\varphi_Z^2 K}) = 1 - \frac{3}{2} = -\frac{1}{2} < 0$$

故函数 $\omega_d^2 = \frac{K}{\Delta m} - \frac{\varphi_Z^2 K^2}{4\Delta m^2}$ 在 $\Delta m = \frac{1}{2}\varphi_Z^2 K$ 处有极大值; $\Delta m < \frac{1}{2}\varphi_Z^2 K$ 段为上升函数,反常段;

$\Delta m > \frac{1}{2}\varphi_Z^2 K$ 段为下降函数。

根据式(12),给 Δm 一系列数值即可求出相应的 ω_d^2 值(见表1),据此数列即可绘制 $\omega_d^2 = \frac{K}{\Delta m} - \frac{\varphi_Z^2 K^2}{4\Delta m^2}$ 的图像,如图4所示。

表1　Δm、ω_d^2、ω_d^2 数值

$\Delta m,(\varphi_Z^2 K)$	$\omega_d^2,(\varphi_Z^{-2})$	$\omega_d^{-2},(\varphi_Z^{-2})$	$\omega_d^{-2},(\varphi_Z^{-2})$
1/4	0.00	∞	1/4
1/3	0.75	1.33	1/3
1/2	1.00	1.00	1/2
3/4	0.89	1.13	3/4
4/4	0.75	1.33	4/4
5/4	0.67	1.49	5/4
6/4	0.56	1.80	6/4
7/6	0.49	2.05	7/6
4/8	0.44	2.28	4/8

从以上推证和图4中可以看出:

(1)在质弹阻模型中,由于阻尼的存在,当 $\Delta m < [\Delta m]$ 时,随着 Δm 的增加, ω_d^2 反而增大(反常);

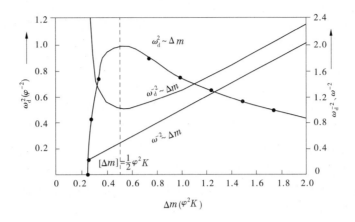

图 4 Δm 的一系列关系曲线

(2) $\omega_d^{-2} \sim \Delta m$ 曲线,在 $[\Delta m] = \dfrac{1}{2}\varphi^2 K$ 处有极小值, $\Delta m > \dfrac{1}{2}\varphi^2 K$ 时接近直线;

(3) $\omega^{-2} \sim \Delta m$ 图像为一条直线,其反斜率为介质的弹簧刚度, $K = \dfrac{\Delta m}{\Delta \omega^{-2}}$;

(4) 如利用 $\omega_d^{-2} \sim \Delta m$ 曲线求刚度 K,其附加质量 Δm 应大于 $[\Delta m]$,即 $\Delta m > [\Delta m]$。

4.3 举例——（水布垭实测资料）

2003 年 1 月实测,料场堆石 5 – 3 号点: $K = 250 \times 10^6$ N/m;压板为方形 0.6 m × 0.6 m,当量半径 $r = \sqrt{\dfrac{0.6 \times 0.6}{\pi}} = 0.339$（m）;当 $\Delta m = 256$ kg 时,实测 $\omega = 2\pi f = 2\pi \times 62 = 390$（Hz）;实测 $\rho = 2\,220$ kg/m³。现用衰减模量法及质量比法分别计算频率反常临界点的附加质量 $[\Delta m]$。

4.3.1 衰减模量法

文献[3]提供 $\varphi_Z = 2D/\omega$,文献[6]中 D 为半经验公式,如式(15),据此计算:

$$D = \frac{0.16}{\sqrt{B}} \leq 0.29 \qquad (15)$$

$$B = \frac{\Delta m}{\rho A^{\frac{3}{2}}} = \frac{256}{2\,220 \times (0.6 \times 0.6)^{\frac{3}{2}}} = 0.534$$

$$D = \frac{0.16}{\sqrt{B}} = \frac{0.16}{\sqrt{0.534}} = 0.219$$

$$\varphi_Z = 2D/\omega = 2 \times 0.219/390 = 1.123 \times 10^{-3}（s）$$

$$[\Delta m] = \frac{1}{2}\varphi_Z^2 K = 0.5 \times (1.123 \times 10^{-3})^2 \times 250 \times 10^6 = 158（kg）$$

4.3.2 质量比法

按文献[2]提供 $b = \dfrac{\Delta m}{\rho r^3} = 1.51$、泊松比为 0.3 时:

$$[\Delta m] = 1.51\rho r^3 = 1.51 \times 2\,220 \times 0.339^3 = 131（kg）$$

与衰减模量法计算结果有一定差距,其原因是该点的泊松比不一定是 0.3。

衰减模量法是本次研究中根据 $\omega_\mathrm{d} = \omega\sqrt{1 - D^2}$ 关系直接推出的求最小附加质量 $[\Delta m]$ 的方法,没有泊松比条件限制。

5　结语

在本文结束之前还有必要对压板大小中的模型因素作以说明。前文考虑了模型因素推出了式(5),式中有 v_s 及 ω 两个参数。对于某一个测点而言,v_s 应该是一个确定数,而 ω 却随 Δm 的不同而变化,因此 v_s/ω 不是一个确定数,显然在考虑压板大小的选择问题时,ω 应考虑最大值,即 Δm 取最小值。Δm 的最小值如何求得? 仍可用衰减模量法。对于 n 个测点($n = 1, 2, \cdots$),由于介质的不均匀性(堆石体介质尤其是如此),可能对应 n 个不同的 v_s 及 n 个不同压板半径 r,显然应从中选择最小的一个 r 作为压板选择的控制条件。但这样一一选择实际上是不可能做到的,也是毫无意义的,因为 r 与 K、K 与 Δm 互为因果。比较实际的做法是先根据检测深度及介质最大粒径选择一个压板直径,而后用式(5)加以核算。

从本文提及的压板和附加质量问题中我们可以看到,实际工作中看似很简单的问题,如果想从理论和实际两个方面解决得比较好也是不容易的,往往需要从实践到理论、从理论到实践,反复多次才能奏效。本文述及的对压板和附加质量问题的研究,是宏观的、粗浅的,旨在抛砖引玉,共同探讨。

参考文献

[1] 李丕武,等.堆石体密度测定的附加质量法[J].地球物理学报,1999.
[2] 严人觉,王贻荪,韩清宇.动力基础半空间理论概论[M].北京:中国工业出版社,1981.
[3] 郭长城.建筑结构振动计算[M].北京:中国建筑出版社,1992.
[4] 王杰贤.动力地基与基础[M].北京:科学出版社,2001.
[5] 徐建.建筑振动工程手册[M].北京:中国建筑工业出版社,2002.
[6] 孙更生,郑大同.软土地基与地下工程[M].北京:中国建筑工业出版社,1987.
[7] 李丕武.地基承载力动测的附加质量法[J].地球物理学报,1993.
[8] 国家技术监督局,中华人民共和国建设部.GB 5004—96 动力机器基础设计规范[S].中国计划出版社,1996.
[9] 南京水利科学研究院.SL 237—1999 土工试验规程[S].北京:中国水利水电出版社,1999.

超声法检测混凝土缺陷在小湾水电工程中的应用

田连义

（中国水电顾问集团昆明勘测设计研究院　昆明　650041）

摘要：对小湾水电站左岸高缆轨道梁两次浇筑的混凝土结合缝，采用超声波跨缝对称平测法检测混凝土结合部浅裂缝的深度，并用跨孔穿透法对裂缝中的充填物充填深度和混凝土结合质量进行了探测。

关键词：超声波检测　混凝土　裂缝

1　引言

小湾水电站位于云南省南涧县与凤庆县交界的澜沧江上，距南涧县城约 80 km。小湾水电站坝高 300 m，为混凝土双曲拱坝，总装机容量 420 万 kW。2004 年 4 月 28 日，左岸高缆轨道梁完成浇筑。轨道梁梁身与上部三角形混凝土块体分两次浇筑，拆模后在梁侧混凝土结合面上存在明显的裂缝，裂缝宽度 0.5 ~ 10 cm，宽裂缝中有泥砂充填物。个别部位经凿开后可视裂缝深度约 40 cm。

完成浇筑 14 d 后，采用超声波法对指定桩号 0 + 92.2 和桩号 0 + 93 处的裂缝深度和充填物的充填深度进行了检测。裂缝深度检测首先采用单面跨缝对称平测法，通过计算得到裂缝深度测试结果。将测试结果与现场调查结果进行对比后，对深裂缝和有密实充填物的部位采用跨裂缝造孔，然后用声波对穿的测试方法进行探测，查明两次浇筑混凝土的结合质量和充填物的充填深度。为便于对穿测试结果的正确判定，在两桩号处还进行了非跨缝对穿测试，以便于和跨缝对穿检测结果相比较。裂缝位置及测试钻孔布置平面示意见图 1。轨道梁竖向钢筋间距为 20 cm，为避开钢筋影响，在两根竖向钢筋之间造孔，换能器距两侧钢筋的距离均能满足 10 cm 的要求，测试结果基本不受钢筋的影响。

2　测试原理

2.1　单面跨缝对称平测

采用单面跨缝对称平测法，主要是探查混凝土结合面是否有浅部裂缝，若有裂缝，则通过测试结果计算裂缝深度。

首先，在裂缝附近同一侧进行无缝平测声时测试和传播距离的计算。将发射（T）换能器和接收（R）换能器置于裂缝附近同一侧，以两个换能器内边缘间距 l' 等于 100 mm、150 mm、200 mm、250 mm 分别读取声时值 t_i，绘制"时—距"坐标图（见图 2）或用回归分

作者简介：田连义（1963—），男，河北沧州人，高级工程师，从事工程地质与工程物探应用研究工作。

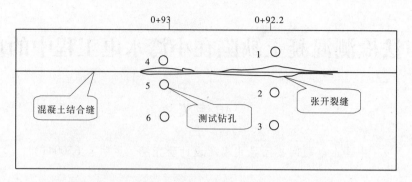

图 1　两次浇筑混凝土裂缝位置及测试钻孔布置平面示意

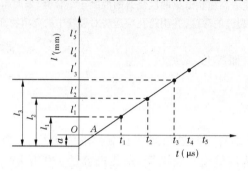

图 2　平测"时—距"

析的方法求出声时与测距之间的回归直线方程：

$$l_i = a + bt_i \tag{1}$$

式中：l_i 为第 i 点的超声波实际传播距离，mm；a 为"时—距"图中 l' 轴的截距或回归直线方程的常数项，mm；b 为回归系数；t_i 为两换能器不同间距读取的声时值，μs。

每测点超声波实际传播距离 l_i 为：

$$l_i = l'_i + | a | \tag{2}$$

式中：l'_i 为第 i 点的收发换能器内边缘间距，mm。

不跨缝平测的混凝土声速为：

$$v = b \tag{3}$$

然后，按图 3 将换能器分置于以裂缝为对称的两侧，取收发距（换能器内边距）为 100 mm、200 mm、300 mm、…、900 mm，分别读取相应的声时值 t_i^0，同时观察首波相位的变化。

平测法检测裂缝深度应按下式计算：

$$h_{ci} = l_i/2\sqrt{(t_i^0 v/l_i)^2 - 1} \tag{4}$$

式中：h_{ci} 为第 i 点计算的裂缝深度值，mm；l_i 为不跨缝平测时第 i 点的超声波实际传播距离，mm；t_i^0 为第 i 点跨缝平测的声时值，μs；v 为混凝土的声速，km/s。

$$m_{hc} = 1/n \sum_{i=1}^{n} h_{ci} \tag{5}$$

式中：m_{hc} 为各测点计算裂缝深度的平均值，mm；n 为测点数。

裂缝深度的确定方法为：跨缝测量中，当在某测距发现首波反相时，可用该测距及两个相邻测距的测量值按式(4)计算 h_{ci} 值,取此三点 h_{ci} 的平均值作为该裂缝的深度值 h_c;若测量中难以发现首波反相,则以不同测距按式(4)、式(5)计算 h_{ci} 及其平均值 m_{hc}。将各测距 l'_i 与 m_{hc} 相比较,凡测距 l'_i 小于 m_{hc} 和大于 $3m_{hc}$,应剔除该组数据,然后取余下 h_{ci} 的平均值,作为该裂缝的深度值 h_c。

2.2　跨缝穿透

采用跨缝穿透法,本次主要是探查裂缝中充填物的充填深度和检查混凝土结合面的结合质量。在裂缝两侧分别造孔,并保证两孔平行(见图4)。造孔深度可先预估,根据检测结果再考虑加大或减小孔深。将收、发换能器分置于两孔中同一深度,用清水耦合。考虑到混凝土构件尺寸、孔深和检测目的,本次测点距定为 10 cm。穿透距离(孔距)视现场造孔难易程度而定。同时在桩号 0 + 92.2 和桩号 0 + 93 处分别加一个不跨缝孔,测得无缺陷混凝土的波速,并绘制波速沿孔深的变化曲线,即比较曲线。经测试可得到各桩号跨缝混凝土声波波速,绘制波速沿孔深的变化曲线,即测试曲线。测试曲线与比较曲线相比较,并结合波幅变化情况分析,可得出裂缝中充填物的充填深度和结合面的结合质量。

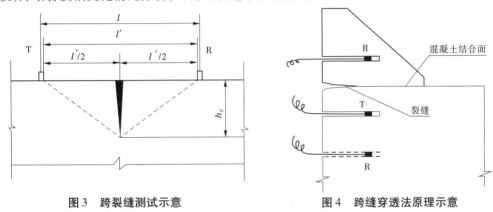

图3　跨裂缝测试示意　　　　　　　　　图4　跨缝穿透法原理示意

3　工程应用实例分析

通过在桩号 0 + 92.2 ~ 0 + 93 之间同一侧平测后,得到声时与测距之间的回归直线方程:

$$y = 0.394\ 8x - 3.751$$

则每一测点超声波实际传播距离为:

$$l_i = l'_i + 3.751$$

本次对桩号 0 + 92.2 和桩号 0 + 93 两处的裂缝分别作跨缝对称平测,测试结果见表1。从表1的测试结果与计算结果可以看出:桩号 0 + 92.2 处的裂缝测试深度为 26.5 cm,桩号 0 + 93 处的裂缝测试深度为 24.2 cm。上述两桩号裂缝夹泥砂,被人工凿开后部分充填物被掏出,从现场量得两桩号凿开后的可视裂缝深度分别为 28 cm 和 25 cm,与测试结果很接近。但现场用铅丝仍能插入泥砂夹层中,探到裂缝深度不止于此,要大于可视深度。由此看来,当裂缝深度较深或裂缝中有密实充填物时,不适宜用单面跨缝对称平测法检测裂缝的深度。因此,现场又采用了跨缝穿透法对裂缝进行了探测。

表 1　超声波单面跨缝对称平测结果

测试部位	超声波传播距离(cm)	波速(km/s)	裂缝计算深度(cm)	裂缝深度判定结果
0 + 92.2	13.8	0.93	28.21	应剔除的数据
	23.8	1.66	25.36	
	33.8	2.24	24.08	裂缝深度 =(24.08 + 28.92)/2 = 26.5(cm)
	43.8	2.39	28.92	
	53.8	3.53	14.15	应剔除的数据
	63.8	3.68	16.43	
	73.8	4.07	—	无裂缝深度
	83.8	4.17	—	
0 + 93	13.8	0.98	25.44	应剔除的数据
	23.8	1.74	22.89	裂缝深度 =(22.89 + 22.28 + 27.37)/3 = 24.2(cm)
	33.8	2.29	22.28	
	43.8	2.48	27.37	
	53.8	3.63	12.34	应剔除的数据
	63.8	3.75	15.97	
	73.8	4.11	—	无裂缝深度
	83.8	4.25	—	

本次对桩号 0 + 92.2 和桩号 0 + 93 处的跨缝与不跨缝检测结果见图 5。

桩号 0 + 92.2：该处打有不跨缝钻孔，有比较曲线。由图 5(a)可以看出，不跨缝测试全孔平均波速为 4.26 km/s，且波速波动幅度较小；跨缝测试全孔平均波速为 3.55 km/s，且波速波动幅度较大。尤其是 0 ~ 1.05 m 孔段，波幅有明显衰减，波速有较大幅度降低，从曲线上可以看出，孔深 0 ~ 0.75 m，测试曲线偏离比较曲线较远，在孔深 0.65 m 处出现拐点，结合波速、波幅变化，该桩号裂缝充填物充填深度定为 0.75 m。从 0 ~ 0.75 m 孔段的测试曲线形态来看，测试曲线呈渐变式偏离比较曲线，说明裂缝由表及里呈尖灭状，充填物由厚变薄。测试曲线普遍偏离比较曲线，且偏离较远，说明整个混凝土结合面的结合质量不良。

桩号 0 + 93：该处打有不跨缝钻孔，有比较曲线。由图 5(b)可以看出不跨缝测试全孔平均波速为 4.17 km/s，且波速波动幅度很小，混凝土浇筑均匀；跨缝测试全孔平均波速为 3.83 km/s，且波速波动幅度较大。尤其是 0 ~ 0.65 m 孔段，虽然波幅无明显衰减，但波速有较大幅度降低，从曲线上可以看出，孔深 0 ~ 0.65 m，测试曲线偏离比较曲线较远，在孔深 0.55 m 处出现拐点，结合波速、波幅变化，该桩号裂缝充填物充填深度定为 0.60 m。从 0 ~ 0.65 m 孔段的测试曲线形态来看，测试曲线呈渐变式偏离比较曲线，说明裂缝由表及里呈尖灭状，充填物由厚变薄。孔深 0 ~ 0.65 m 和孔深 2.1 ~ 2.85 m 两孔段测试曲线偏离比较曲线较远，说明这两段混凝土结合面结合质量不良。

后来经凿开验证，桩号 0 + 92.2 处裂缝充填物充填深度为 0.80 m；桩号 0 + 93 处裂缝充填物充填深度为 0.64 m，与测试结果较吻合。

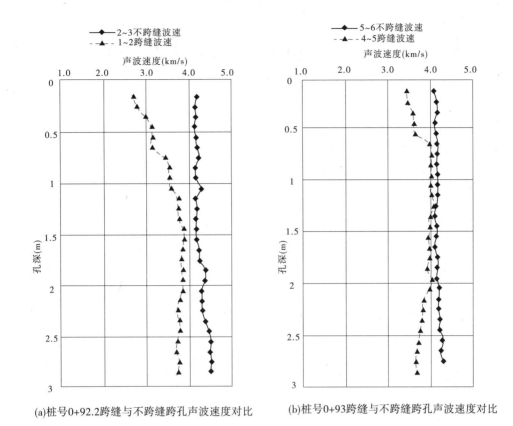

(a)桩号0+92.2跨缝与不跨缝跨孔声波速度对比　(b)桩号0+93跨缝与不跨缝跨孔声波速度对比

图5　跨缝与不跨缝跨孔声波速度对比

4　结语

通过超声法检测小湾水电站高缆轨道梁混凝土缺陷的实践,可以得到如下几点认识:

(1)采用超声法检测混凝土缺陷,依据《超声法检测混凝土缺陷技术规程》(CECS 21:2000)和《水工混凝土试验规程》(DL/T 5150—2001),测试结果可靠。

(2)对于无密实充填物的浅裂缝(裂缝深度小于50 cm),可以采用单面跨缝对称平测方法检测裂缝深度,且测试结果准确度高。

(3)采用跨缝声波穿透法测试裂缝中充填物深度,其测试方法直接得当,测试结果精确可靠。将测试曲线与比较曲线相比较,既形象又直观。若混凝土结合面胶结良好,测试曲线与比较曲线应当总体上接近重合,波速呈小幅度波动;测试曲线偏离比较曲线越远,说明混凝土结合面结合质量越差。

(4)影响混凝土波速的因素很多,不仅裂缝和充填物会降低混凝土的波速,混凝土振捣不充分、混凝土离析等也会导致混凝土波速降低。所以,桩号0+92.2和桩号0+93处的混凝土波速较低,浅部为充填物影响所致,而深部应结合钻孔取芯确定其缺陷性质。

钻孔电阻率法检测桩长专利技术与工程应用

黄世强

（中国水电顾问集团华东勘测设计研究院华东工程检测技术有限公司　杭州　310030）

摘要：通过测量桩侧钻孔电阻率的变化趋势，检测桩的长度。
关键词：钻孔电阻率法　电阻率　检测桩长

1　引言

检验桩施工长度和检测现有建筑物桩基础埋深时必须检测桩长。现有检测桩长的方法通常有桩内钻芯法、桩内埋管超声波法和低应变法。桩内钻芯法仅适用于大直径且长径比较小的灌注桩（因钻孔偏出桩外而无果）；桩内埋管超声波法需要在桩内预先埋设管子，一般不具备条件；低应变法只能用于估量较短的混凝土桩和钢桩的桩长。因此，现有的桩长检测方法应用条件十分苛刻，而且对于低强度混凝土桩、水泥搅拌桩、碎石桩、木桩等类型桩的桩长检测也无可靠的办法。

无论何种类型的基桩，其桩身材质的电阻率一般与土层的电阻率存在明显的差异。通过检测原位土层孔内视电阻率与桩侧孔内（或管桩中间）视电阻率间的差异，可以确定各类桩的施工桩长或既有建筑物的桩基础埋深。该项技术于 2006 年向国家知识局申请专利，并被授予专利（专利号为 200610155691.8）。

2　检测原理与方法

2.1　检测原理

一般桩的材质为混凝土、水泥土、碎石、木材或钢材，其电阻率明显高于或低于土层的电阻率。当钻孔远离桩或桩基础时，孔内各深度所测量的视电阻率反映该深度点附近土层的电阻率，为原位土层的视电阻率；当钻孔靠近桩或桩基础时，孔内各深度所测量的视电阻率是反映土层与桩身材料的复合电阻率。由于桩身材质的电阻率与土层的电阻率具有明显的差异，而在较小的区域内土层的横向物性变化一般较小，故受与不受桩身材质影响的视电阻率必将有所不同。若桩身材质为高阻，则桩侧视电阻率大于原位土层视电阻率；若桩身材质为低阻，则桩侧视电阻率小于原位土层视电阻率。当测点深度超越桩底时，桩侧钻孔所测量的视电阻率远离桩或桩基础的影响，仅反映原位土层的电阻率。因此，通过分析单孔视电阻率的变化趋势，或对比分析两孔的视电阻率差异及变化趋势，可以判断桩底的位置，确定桩的长度或桩基础的深度。

作者简介：黄世强（1964—），男，浙江瑞安人，教授级高级工程师，从事物探、检测等工作。

2.2　检测方法

检测方法有两种:一是单孔电阻率测量桩长,二是对比电阻率测量桩长。

2.2.1　单孔电阻率法测量桩长

首先在桩侧土层钻孔,钻孔距桩侧的距离小于 250 mm,钻孔孔径 75 mm,孔深大于预估桩长 2 m 以上。使用特制的四极对称电极,嵌固在直径为 12 mm 的 PVC 探管的端部,电极电缆从 PVC 探管的中间穿过,与地表的电阻率测试仪器连接。钻孔完成后,将带电极的 PVC 管插入孔内,自下而上逐点测试电阻率。桩长范围内为土层和桩材的复合电阻率,桩底以下为土层电阻率,桩底位置电阻率将发生明显的变化,据此确定桩底位置及桩长。单孔电阻率测量桩长的方法多适用于简单地层。

2.2.2　对比电阻率法测量桩长

该方法需要钻 2 个钻孔,其中一个钻孔位于桩侧,另一个钻孔距离桩一定的距离。首先,采用与单孔法相同的方法测量桩侧钻孔视电阻率,得出桩侧钻孔孔深—视电阻率曲线。然后,在距桩侧 1 m 以上或群桩基础桩的中间位置钻孔(以保证不受桩身影响),以同样检测方法获得原位土层孔深—视电阻率曲线。将所测两条孔深—视电阻率曲线绘制在同一坐标系,则两条视电阻率曲线的合拢处即为桩底位置,据此确定桩底位置及桩长。对比电阻率法测量桩长的方法适用于复杂地层。

3　工程应用实例

浙江某一级公路桥头地基采用素混凝土 CFG 桩处理。CFG 桩直径为 377 mm,桩长为 10～26 m 不等,设计混凝土强度等级为 C8。为检验该批桩的桩长,业主单位邀请多家单位分别采用低应变、探地雷达、钻孔取芯等方法进行检测,但均以失败告终。在大量研究的基础上,中国水电顾问集团华东勘测设计研究院华东工程检测技术有限公司提出孔内电阻率法,共对多个桥头检测 100 多根不同长度的 CFG 桩,检测成果正确可靠,并得到业主、施工和监理单位的首肯。

3.1　大塘 2 号桥头 4-21 桩

大塘 2 号桥头 4-21 桩有预制桩尖,采用单孔电阻率法测量。钻孔距桩侧 200 mm,钻孔深度为 22 m。四极对称电极测量电极间距为 300 mm,供电电极间距为 1000 mm。所用仪器为 DDC-6 电子自动补偿(电阻率)仪,测点步距为 250 mm。测量成果见图 1。根据地质勘察资料,在 0～22 m 深度范围内,土层自上而下分别为填土、卵石、黏土、亚黏土及淤泥质黏土。

从图 1 可以看出,表层视电阻率较高,孔深 14.75 m 以下视电阻率小于 2 Ω·m,且基本无变化,推测为原位淤泥质黏土层的电阻率;孔深 3.5～13.75 m 范围内视电阻率为 2～4 Ω·m,推测为 CFG 桩低强度桩身部分;孔深 13.75～14.75 m 段的视电阻率明显提高,推测为受桩端高强度混凝土预制桩尖的影响。考虑电极装置的影响范围,故判断该桩的桩长为 14.5 m。

3.2　大闸 2 号桥头 10-Q 桩

大闸 2 号桥头 10-Q 桩为活瓣桩尖,采用对比电阻率法测量。桩侧钻孔距桩侧 200 mm,原位钻孔距桩侧 1000 mm,钻孔深度均为 22.5 m。四极对称电极装置及所用仪器同

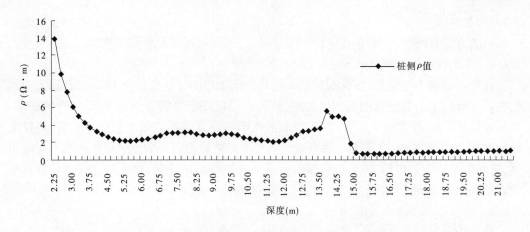

图1　大塘2号桥头4-21桩桩侧单孔视电阻率

大塘2号桥头4-21桩,地质土层也基本相同,测量步距为200 mm。测量成果见图2。

从图2可以看出:原位钻孔土层电阻率较低,且在孔深2 m以下几乎无变化;而桩侧钻孔视电阻率在孔深0～20.5 m段明显高于原位钻孔的视电阻率;孔深20.5 m以下两者视电阻率又几乎一致,两曲线合拢位置在孔深20.5 m处。由此可以判断,桩侧钻孔孔深0～20.5 m段的视电阻率明显受到桩身的影响,而孔深20.5 m以下为原位土层,考虑电极装置的影响范围,判定该桩桩长为20 m。

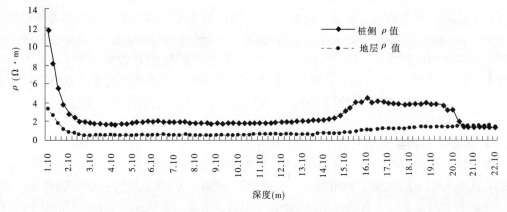

图2　大间2号桥头10-Q桩对比视电阻率

4　结语

通过工程实践与检验表明,采用电阻率法测量桩长具有简便、准确、可靠的特点,其测量误差主要取决于测点步距与装置尺寸,测量误差一般可以控制在0.5 m以内。在复杂条件下,采用对比电阻率法测量桩长更为可靠。该专利技术具有广泛的应用前景,期望与各方合作,共同发展与完善该项技术,以解决更多的类似工程问题。

微地震监测技术在锦屏水电站的应用研究

何　刚　沙　椿　郝名扬

（中国水电建设顾问集团成都勘测设计研究院　成都　610072）

摘要： 微地震波（micro seismic wave 简称微震）属于无源地震监测。微地震监测就是利用传感器在远处测量由破裂变形产生的地震波，然后根据记录信号特征来确定破裂的发生时间、空间位置、尺度、强度及性质（如压张性、剪切或者两者同在），由此可以推断岩体的破坏程度，实时分析变形和错动的发展趋势，为围岩稳定性预测提供依据。微地震监测技术在锦屏国家一级水电站的应用验证了微地震监测技术在水电建设方面的可行性及重大意义。

关键词： 微地震　弹性波　应力　监测

1　引言

微地震波属于无源地震监测。在地下岩土工程的施工过程中，围岩原有的应力平衡被破坏或原有的地质缺陷被激活后，岩体发生破坏变形（如裂纹产生、集聚扩展，并导致突发性强烈的断裂），而围岩变形释放的能量以弹性波的形式依赖围岩介质传播出去形成微地震弹性波。

由破裂变形产生的地震波，携带着破裂源信息通过岩体弹性介质向四周传播。微地震监测就是利用传感器在远处测量这些弹性波信号（见图1），然后利用所测量的信号特征来确定破裂的发生时间、空间位置、尺度、强度及性质（如压张性、剪切或者两者同在），由此可以推断岩体的破坏程度，实时分析变形和错动的发展趋势，为围岩稳定性预测提供依据。

微地震研究是一个交叉学科，涉及地质学、岩石力学、地震勘探、动态信号测试与分析等多门基础学科的知识。微地震监测技术对监测振动诱发围岩变形及其变形造成的地质隐患有重大意义，主要表现为以下几点：

（1）预测和定位可能发生的地质灾害，如岩爆、突水、塌方等。

（2）预警作用。当监测事件的数量、记录事件的能量等弹性波信息发生急骤变化时，表明一些意外情况即将发生。

（3）施工过程中围岩的稳定性分析。根据监测事件的信号参数（如微地震事件的时空分布形式、微地震时序及其他一些相关参数等）的变化规律分析围岩结构的动态应力演变及其稳定性。

（4）最终区域性围岩的稳定性评价。通过长时间连续监测，将最终资料与初始资料进行比对，分析记录信号的传播速度和频率衰减特性，结合相应变形观测资料和地质资

作者简介：何刚（1977—），男，湖北荆州人，工程师，主要从事水利水电工程地球物理勘测研究工作。

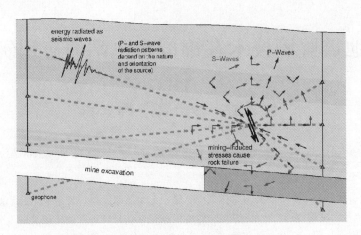

图1　微地震监测系统接收破裂信号示意

料,定性评估区域性岩体力学性质和稳定性。

2　微地震监测数据采集系统

2.1　系统组成

微地震监测属于无源地震监测。监测系统主要由传感器、数据采集系统、数据存储系统组成,如图2所示。

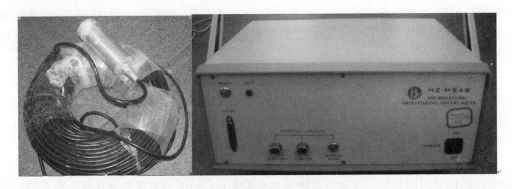

图2　微地震监测系统组成

图2左为传感器,主要技术参数有:①频率为28 Hz;②灵敏度为28 V/(m·s^{-1});③使用温度为 -40 ~ +70 ℃。图2右为采集系统,主要技术指标有:①最大输入通道数量为48;②A/D转换器分辨率为12 bit;③增益为2 ~ 10 000 倍(每通道可单独设置);④采样率为1 ~ 2 000 Hz(每通道可单独设置);⑤陷波频率(陷波可选)为50 Hz 或 60 Hz(可选);⑥触发方式为内触发(自动)、外触发(手动、短路、开路);⑦供电电压为110 V/240 V,频率为50 Hz/60 Hz 的交流电;⑧功耗为<16 W;⑨适用环境温度为0 ~ +50 ℃。

存储设备:存储设备是利用安装有专业软件的 PC 电脑,通过 EPP 并口与采集系统进行数据通信。对 PC 机的设置有特殊要求,使其具有断电后来电系统自动启动功能。

2.2　监测系统的安置

微地震监测系统的安装布置分为传感器的安装、通信电缆的布置及连接、监测主机的安装。

2.2.1　传感器的安装

微地震传感器是高精密设备,传感器的安装效果直接影响接收信号的质量。为了避免已开挖洞室应力松弛圈的滤波影响,减少机械干扰,保证信号接收的稳定性及可靠性,需要把传感器固定在孔深约 1 m、直径 76 mm 的钻孔内。钻孔略为下倾,成孔后用水泥浆灌满钻孔,调整三分量传感器方位,利用传感器安装套管将传感器直线推送至孔底,待水泥初凝后将传感器与通信电缆对接。

2.2.2　通信电缆的布置及连接

传感器安装完成后,需要布置通信电缆,要依据现场实际情况裁减电缆长度,尽量减少通信电缆的焊接,以免妨碍施工。在电缆焊接过程中,要求焊接良好,防止虚焊,确保通信正常。

2.2.3　监测主机的安装

主机的安装位置要避开频繁施工干扰和高压交流电干扰。为了确保监测主机能够 24 h 连续监测,避免施工过程中临时断电和电压不稳定的影响,在监测主机箱内配备 UPS 电源和交流电源稳压系统。在监测主机箱内,要求线路布置整洁,对不同的电缆线应该标注清晰。微地震监测系统在锦屏水电站的布置如图 3 所示。

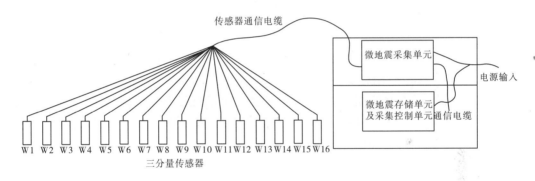

图 3　微地震监测系统在锦屏水电站的布置示意

3　数据采集

微地震系统实行 24 h 全自动数据采集。采集参数(如采样频率、采样长度、放大增益、触发时间窗口等参数)根据现场条件设定。采集系统根据触发参数对连续信号进行自动判别,对符合条件的信号保存于存储单元;对不符合条件的,系统将采集的信号放弃。

监测系统安装完成后,首先在各个传感器附近人工激发地震信号,测试监测系统的工作稳定性,调整系统监测的灵敏度和计算弹性波在岩体中的传播速度。然后针对监测现场常见的干扰源(工程车辆的运输、钻机的钻进、混凝土的振捣等)调整相应的工作参数,让监测系统对这部分干扰信号不保存。根据现场情况,确定好监测系统工作参数后开始正式的监测工作。

4　微地震监测数据分析

微地震监测系统实行 24 h 不间断采集,利用时窗滚动能量比算法对采集事件自动存取记录。监测系统采集的信号记录中包含有干扰记录(见图4、图5)。微地震数据处理主要分为四个步骤:①剔除由于外界电平干扰及采集主机外接电源不稳而触发采集系统采集并记录的事件,对存盘记录进行微地震信号事件的提取;②对信号事件进行初至及频谱分析,将信号事件分为有效信号(爆破事件及破裂事件)和施工干扰事件;③对挑选的爆破事件和破裂事件进行定位计算;④对定位计算结果进行统计分析,确定不同工程部位产生的破裂事件数,对围岩变形后的力学特征定性分析。

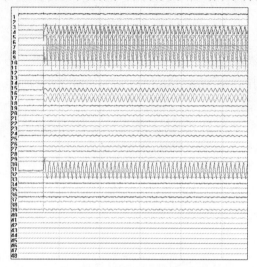
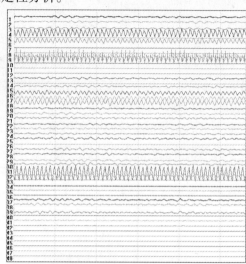

图4　强电平干扰记录　　　　　　　　　　　图5　弱电平干扰记录

　　根据锦屏微地震监测成果,结合微地震监测系统的现场布置情况,对信号事件的提取、分析及分类主要依据以下四个方面进行:①微地震事件的能量;②微地震事件记录频率及P波、S波的特性;③微地震事件初至时间与传感器现场布置的关系;④微地震事件产生的时间特征。

4.1　微地震事件的能量

　　在微地震监测过程中,与能量相关联的因素主要有以下两种:①爆破干扰;②勘探平硐、交通支洞、施工支洞等的施工干扰。图6为典型的爆破记录,爆破记录能量强,所有传感器通道触发,记录信号频率高,子波延续时间很长。图7为施工干扰记录,施工干扰主要来源于已开挖成形的隧洞。由于开挖隧洞受围岩应力松弛圈的滤波效应、干扰源产生的弹性波向声波、S波、瑞雷波的转化、弹性波的反射和散射等影响,施工干扰产生并传播在围岩中的P波能量小,衰减很快,仅距干扰源最近的传感器记录到强能量信号,相邻传感器能量仅记录到十分微弱的信号。岩体破裂变形的能量较爆破能量低,和施工敲击干扰相比较,表现为多通道触发,整体记录与爆破和施工敲击干扰区别明显。

4.2　微地震事件记录的频率及P波、S波性质

　　微地震事件记录有多种频率成分,通常有以下几种:①爆破记录:图8为爆破P波记录,图9为爆破S波记录,两记录在时间上有一定差异,记录的波形基本一致。P波记录能量强,频率高;S波记录能量降低,频率也明显降低。②清脆的敲击干扰:信号表现为一明显脉冲,频率很高,能量衰减很快,如图10所示。

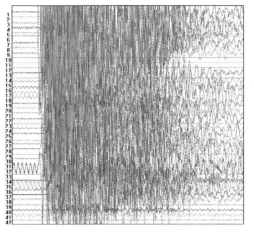

图 6 爆破记录

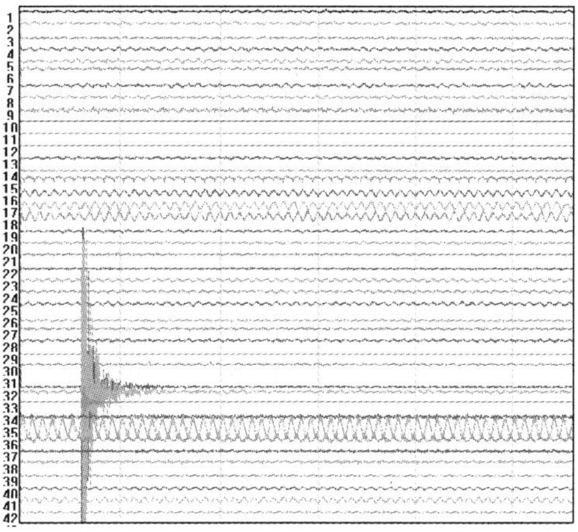

图 7 施工干扰记录

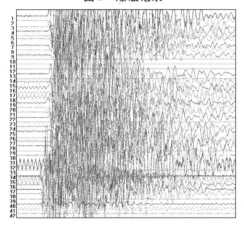

图 8 爆破 P 波记录

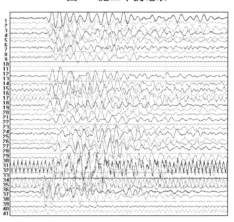

图 9 爆破 S 波记录

破裂变形的微地震信号产生于岩体破碎。由于岩体局部的破裂变形导致岩体错动，在错动过程中，必定伴随有 S 波的产生，所以有效微地震信号通常可见 S 波的成分。P 波和 S 波在记录上形成叠加，较难区分，但可明显见记录中的 S 波成分，如图 11 所示。

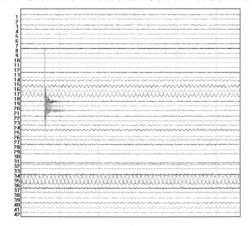

图 10 清脆敲击记录

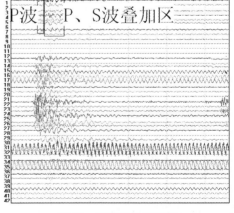

图 11 有效微地震记录

4.3　微地震事件初至时间与传感器现场布置的关系

有效微地震信号的初至时间与传感器现场布置相对应,如图 12 所示。破裂微地震信号到达不同传感器初至时间之差$(t_2 - t_1)$与到达传感器间的直线距离时间 t_0 和弹性波在围岩中的传播速度相互关联。在理想的弹性介质中,无论弹性波从哪里产生,到达两个传感器的时间差都不可能大于弹性波在两传感器之间直线传播的时间($t_2 - t_1 < t_0$ 恒成立)。如图 13 所示,该记录为多传感器触发的微地震记录,传感器编号从上而下分别为 $1^\#$,$2^\#$,…,$14^\#$,传感器为三分量,触发传感器为 $1^\#$、$2^\#$、$3^\#$ 和 $14^\#$。根据监测系统的现场布置,$1^\#$ 和 $14^\#$ 传感器直线距离约 100 m,弹性波在岩体中的传播速度为 4 000 m/s,则有效微地震信号到达 $1^\#$ 和 $14^\#$ 的时间差必定小于 20 ms。从仪器记录信号中读得该记录 $1^\#$ 和 $14^\#$ 传感器的初至时间差大于 600 ms,显然,该记录为两次微振事件合成的记录,对此记录我们无法进行反演定位计算,视为干扰事件。

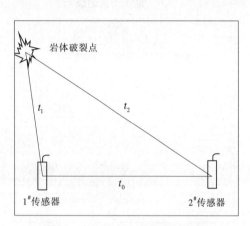

图 12　初至时间与传感器的关系

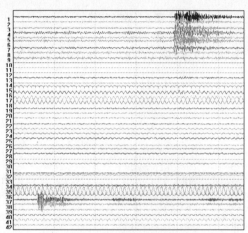

图 13　初至信号的时间差特征

4.4　微地震事件产生的时间特征

从整体上分析记录的微地震信号,触发事件在宏观事件上表现为两种类型:一类是连续的触发类似事件,另一类是随机离散的触发事件。依据岩石破裂机理,虽然岩石的破裂是个突发过程,但不可能在某一固定部位长时间连续产生大量波形基本一致的有效微地震信号。由此,可以剔除部分在某时间段上连续记录的波形相似的记录信号,而将其视为施工干扰记录。

5　微地震监测结果

5.1　工程概况

锦屏一级水电站位于四川省凉山彝族自治州木里县和盐源县交界处的雅砻江大河湾干流河段上,是雅砻江下游从卡拉至河口河段水电规划梯级开发的龙头水库,距河口 358 km,距西昌市直线距离约 75 km。

本工程采用坝式开发,主要任务是发电。水库正常蓄水位 1 880 m,死水位 1 800 m,正常蓄水位以下库容 77.65 亿 m³,调节库容 49.1 亿 m³,属年调节水库。电站装机 6 台,单机容量 600 MW。

本工程枢纽建筑物主要由混凝土双曲拱坝(包括水垫塘和二道坝)、右岸泄洪洞、右岸引水发电系统及开关站等组成,左岸现有建筑物为导流洞及其施工支洞。双曲拱坝最大坝高 305 m。工程等级为 I 等工程,主要水工建筑物为 1 级。

5.2 微地震监测的应用

通过对采集数据的分析和反演定位计算,微地震监测成果如图 14 所示。图 14 中黑点代表爆破开挖形成的微地震事件,其他点代表由于爆破开挖引起的洞室围岩应力调整产生的微地震事件。通道定位结果显示,爆破开挖的微地震事件与爆破开挖的时间和开挖洞室的轨迹基本吻合,验证了微地震监测的可行性,而微地震事件主要发生在开挖洞室的三维空间交汇处。

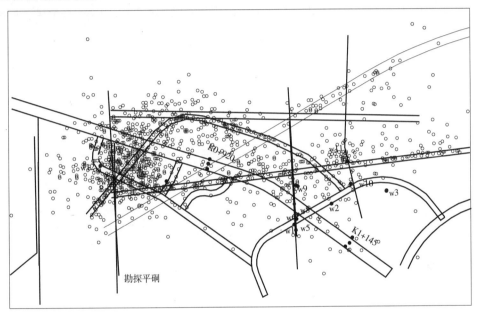

图 14 微地震监测成果

6 结论

微地震监测技术在锦屏电站工程中的应用研究是在中国水电工程建设中的第一次较系统的试验,研究成果表明,微地震监测技术在水电工程施工安全监测方面有着深远意义。试验研究认为,在监测过程中还有很多需要改进的地方,比如台网优化、信号长距离安全传输、实时资料处理、如何构制复杂地质地形下的地震速度模型用于事件定位和噪声信号区分等。

参考文献

[1] Luo X, Hatherly P. Application of microseismic monitoring to characterise geomechnic conditions in longwall mining Exploration Geophysics, 1998.

[2] 姜福兴. 微震监测技术在矿井岩层破裂监测中的应用[J]. 岩土工程学报, 2002.

［3］杨淑华,张兴民,姜福兴,等. 微地震定位监测的深孔检波器及其安装技术［J］.北京科技大学学报,
　　　2006.

［4］姜福兴,杨淑华,成云海,等. 煤矿冲击地压的微地震监测研究［J］.地球物理学报,2006.

［5］李凤琴,郝旺身,张兴民,等. 微地震监测技术对矿井冲击地压防治初步探讨［J］.煤矿安全,2007.

［6］姜福兴,张兴民,杨淑华,等.长壁采场覆岩空间结构探讨［J］.岩石力学与工程学报,2006.

［7］成云海. 微地震定位监测在采场冲击地压防治中的应用［J］.山东科技大学, 2006.

［8］田春志,刘洪.深层地震勘探的地震波传播理论研究前景［J］.地球物理学进展,2002.

［9］罗明秋,刘洪,李幼铭.地震波传播的哈密顿表述及辛几何算法［J］.地球物理学报,2001.

［10］王秀明,张海澜,王东.利用高阶交错网格有限差分法模拟地震波在非均匀孔隙介质中的传播［J］.
　　　地球物理学报,2003.

［11］高亮,李幼铭,陈旭荣,等.地震射线辛几何算法初探［J］.地球物理学报,2000.

［12］李幼铭,束沛镒.层状介质中地震面波频散函数和体波广义反射系数的计算［J］.地球物理学报,
　　　1982.

略论附加质量法检测堆石土密度的三代技术

李丕武 郭玉松 薛云峰 崔 琳

（黄河勘测规划设计有限公司工程物探研究院 郑州 450003）

摘要：从 1995 年开始到 2008 年 1 月，利用附加质量法检测堆石土密度问题的研究工作经历了 13 年之久，随着试验、应用的不断发展，深层次问题不断提出、研究工作不断深入，分别于 1996 年 6 月、2005 年 8 月、2008 年 1 月提出了三个阶段的研究报告，称为三代技术。本文对三代技术成果作以简要介绍及评论。

关键词：堆石土密度 附加质量法 动力参数 检测 神经网络算法

1 引言

众所周知，土石方工程的压实干密度是工程质量控制的一个重要指标[1,2]。对于最大粒径等于和小于 300 mm 粗粒土的密度测试方法，水利部《土工试验规程》（SL 237—1999）、地矿部《土工试验规程》（DT—82）提出了灌水法和灌砂法，试坑尺寸（直径和深度）规定为介质最大粒径的 3 ~ 5 倍。《碾压式土石坝施工规范》（DL/T 5129—2001）[2] 中规定：堆石料密度试验宜采用灌水法，试坑的直径不小于最大粒径的 2 ~ 3 倍，最大不超过 2 m，试坑深度为碾压层厚度，也可以辅以面波法、沉降法。显然，《碾压式土石坝施工规范》（DL/T 5129—2001）规定的试坑尺寸比《土工试验规程》（SL 237—1999）规定的要小许多。从保证测试精度角度而言，应该是大粒径大试坑；从工程施工角度而言，试坑不宜过大。检测要求与施工要求有一定矛盾。因此，长期以来许多工程技术人员试图寻求一种准确、快捷的方法解决这一问题。据了解，大约从 20 世纪 70 年代以来，就提出了 10 余种堆石土密度检测方法。实践证明，对于超大粒径堆石土而言，比较有希望的方法还是动力参数法，即通过测定堆石土的动力参数（如弹性模量、地基刚度、弹性波速度、泊松比等）来测定密度的方法，因为理论研究证明动力参数与介质密度有密切关系。附加质量法则是测定地基土刚度及参振质量简捷有效的方法。

附加质量法检测堆石土密度，从 1995 年启动研究工作至 2008 年 1 月，历经 13 年之久，随着研究、试验、应用的不断深入和扩展，测试技术不断完善，解决问题的能力不断提高，根据不同时期技术发展的成熟程度和解决问题能力的不同，这项技术的发展可分为三个阶段，即三代技术。

2 第一代技术[3]

1996 年 6 月提出了第一代技术研究报告，题目是"堆石土密度测定的附加质量法"。

作者简介：李丕武（1938—），男，河南人，教授级高级工程师，注册岩土工程师，从事水工物探的运用与研究工作。

这次研究工作的背景是:黄河小浪底堆石坝工程的堆石体密度快速检测问题立项。其基本思路是:探索附加质量法解决堆石体密度检测的可能性,以及如何利用地基土刚度和参振质量去求解堆石体密度。

研究工作从模拟地基基础振动模式入手,引入了质弹模型和基础振动的等效动能模型,目的是寻求刚度、参振质量与介质密度的关系。借此,导出了密度、参振质量、衰减系数的解析关系(见式(4)),并称这种方法为衰减系数法。

衰减系数法的原理如图1、图2及式(1)~式(4)所示。

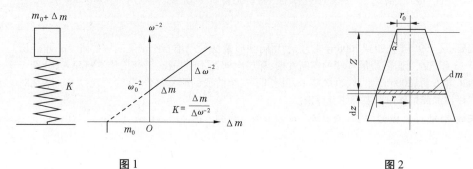

图1　　　　　　　　　　　　　　　　　图2

$$mz'' + Kz = 0 \tag{1}$$

$$K = \omega^2 m = \omega^2(m_0 + \Delta m) \tag{2}$$

$$T_0 = \int_0^\infty \mathrm{d}T_z \tag{3}$$

$$\rho = \frac{2\beta}{A\lambda}m_0 \tag{4}$$

式中:z、z''、K、m 依次为质点振动的位移函数、加速度函数、地基刚度、体系的参振质量;Δm、m_0、ω、A 依次为附加质量、地基土参振质量、体系振动圆频率、基底面积;T_0、$\mathrm{d}T_z$、λ、β 依次为相应 m_0 的振动动能、基底以下介质的薄片微分动能、基底介质的纵波波长、振动随深度的衰减系数。

利用式(2)采用在地基土上附加质量(Δm)的办法即可测出地基土的刚度(K)及参振质量(Δm),再测出衰减系数(β)及纵波长(λ),将 m_0、λ、β 代入式(4)即可算出测点处地基的密度 ρ。

第一代技术的研究成果提出之后,1998年5月在小浪底左坝肩砂砾石层加固处理工程、1999年9月在洛三调整公路路基填方工程、2002年4月~2003年9月在乌江洪家渡堆石坝工程、2002~2003年在清江水布垭堆石坝等工程,曾做过试验和工程检测,完成工作量6 000多个测点。初步证明,衰减系数法对测定的堆石(土)密度是有效的,得到了有关工程单位的大力认可,2005年编入了《水利水电工程物探规程》(SL 236—2005),但也暴露出一些问题,如对模型研究不够深入、密度算法单一、测试仪器落后(模拟信号仪器)、测试技术存在一定问题等,需要进一步探索研究。

3　第二代技术[4]

针对第一代技术中存在的问题,2002年开始了第二代技术的研究工作,2005年8月提交了研究报告,题目是"堆石土密度测定的动力参数法"。在第二代技术的研究中,除第一代技术引入的两个模型外,又引入了两个模型——动力基础弹性半空间模型(见图3)和质弹阻模型(见图4),如式(5)、式(6)

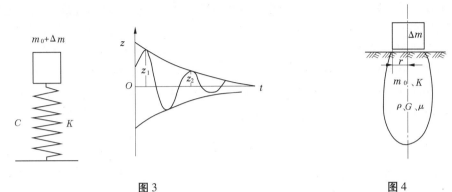

图3   图4

$$mz'' + cz' + Kz = 0 \tag{5}$$

$$K = \frac{4r}{1-\mu}G \tag{6}$$

$$\rho = \frac{1-\mu}{4rV_s^2} \tag{7}$$

$$m = m_0 + \Delta m \qquad C = 2D\sqrt{km}$$

式中:C、D 为阻尼系数、阻尼比;G、μ、r 为基底介质的剪切模型、泊松比、基底(压板)半径。

第二代技术研究成果:①利用 $G = v_s^2\rho$ 关系(v_s 为剪切波速度)代入式(6),推出了弹性半空间密度解析式式(7);②提出了采用数理统计理论和方法,引入线性相关数学模型,建立密度与地基刚度的线性关系;③提出了采用"插值法"解决架空堆石体结构堆石体密度的测不准问题;④引入了"衰减模量"参数,并利用质弹阻模型,破解了附加质量的频率反常(附加负增加频率增加)之谜,导出了临界最小附加质量 $[\Delta m]_{\min}$ 与衰减模量 φ_z 的关系(见式(8)),为最小附加质量的控制提出了原则;⑤根据动力基础半空间理论的无量纲频率式式(9)、动力基础设计规范[5]、堆石土最大粒径 d_m、碾压层厚度 h,导出了压板半径 r 的约束式式(10);⑥根据加权平均概念导出了层密度求解公式,见图5及式(11);⑦根据测试要求设计研制了附加质量法密度测试仪——虚拟信号仪器及相应软件,实现了信号采集、处理一体化,由第一代技术的模拟信号仪器提升为数字仪器。

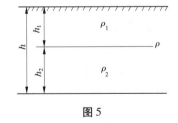

图5

$$[\Delta m]_{\min} = \frac{1}{2}\varphi_z k \tag{8}$$

$$a = \omega r / v_s \leqslant 1.5 \tag{9}$$

$$h/(2\sqrt{\pi}) = r \leqslant 1.5V_s/\omega \tag{10}$$

$$[d_m \leqslant h]$$

$$\rho_1 = (\rho h - \rho_2 h_2)/h_1 \tag{11}$$

第二代技术研究成果提出后,于 2003 年 1 ~ 2 月在清江水布垭、2004 年 6 月在黄河西霞院、2004 年 12 月在清江水布垭、2006 年 5 月在大渡河瀑布沟、2006 年 10 月在河南燕山水库、2007 年 2 ~ 4 月在广东某电厂做过大量试验工作,证明了第二代技术在理论研究、测试仪器、密度算法方面比第一代技术前进了一步,但又呈现出一些问题:①密度算法思路单一,仅局限于线性正相关方面,对线性负相关、非显著性线性相关以及非线性的密度反演等问题,没有意识、研究、准备及对策;②$m_0 \leq 0$ 问题,含水率对刚度的影响问题,密度变化的灵敏度问题,时域波形长度 T_P 对主频的影响问题等,接连被提出。这些问题的出现,在一定程度上影响了"堆石土密度测定的动力参数法"的应用与发展。

4   第三代技术[6]

针对第二代技术中提出的问题很快展开了第三代技术的试验研究工作,于 2008 年 1 月提出了研究报告,题目是"堆石土密度检测的附加质量法第三代技术研究报告"。为了探索密度求解的理论问题,报告中引入了八种力学模型,包括广义(无基础)弹性半空间模型[7]、动力基础弹性半空间模型[8]、静力基础弹性半空间模型[9]、质弹模型、质弹阻模型、有质量弹簧的质弹模型、两个串联弹簧的质弹模型以及等效动能模型。同时,还进行了大量理论研究和现场试验工作,取得了以下主要成果。

4.1   模型之间的关系

研究发现,广义模型与狭义模型、动力模型与静力模型、质弹阻模型与弹性半空间模型力学关系的一致性。例如,用广义弹性半空间模型的弹性模量式式(12)(式中 E、G、μ 分别为介质的弹性模量、剪切模量、泊松比),代入静力基础弹性半空间的刚度式式(13)(式中 K、P、S、r 分别为地基刚度、施加基底的静力、基底沉降量、基底半径),或者将式(12)代入式(13),都可以得到与动力基础弹性半空间模型的刚度式式(6)相同的结果。利用"方程对策法"[8]——质弹阻模型与动力基础弹性半空间模型的振动方程对应项(位移、速度、加速度项)相等,便可以得到质弹阻模型的刚度式与动力基础半空间模型刚度式式(6)相同的结果。

(1)广义(无基础)弹性半空间模型弹模(E)式:

$$E = 2(1 + \mu)G \tag{12}$$

(2)静力基础弹性半空间模型刚度(K)式[9]:

$$K = \frac{P}{S} = \frac{2r}{1 - \mu^2}E \tag{13}$$

(3)质弹阻模型的刚度式等于半空间模型刚度式:

$$K = \omega^2(\Delta m + m_0) = \frac{4r}{1 - \mu}G \tag{14}$$

4.2   水的介入对地基刚度的影响

有关土力学专著提供,土由干燥、渐湿到饱和时,黏性土可能由坚硬、可塑、软塑到流态,其力学指标随着含水率的增加而降低;砂性土,可能由松散、湿润到浮流,力学指标呈峰凸状;介于黏性、砂性之间的土更为复杂。《动力基础弹性半空间理论概论》[8]认为:

"水的介入,似有可能增加压缩刚度而降低剪切刚度。"

此次研究,首先引入了文献[8]的有关资料表 1 和图 6;其次将 $\rho = \rho_0(1+\omega)$、$G = \rho v_s^2$、$\mu = (v_p^2 - 2v_s^2)/2(v_p^2 - v_s^2)$ 关系式代入式(6),并进行微分;再次,选择郑州北郊沉积砂层做了模型试验。理论分析结果表明,水的介入使沉积砂层的压缩刚度(K)和剪切刚度(G)都降低。如式(15)及表 2 所示。

$$\frac{\partial^3 K}{\partial\omega\partial v_s\partial v_p} = 64r\rho_0\left(\frac{v_s}{v_p}\right)^3 \tag{15}$$

表 1

μ	地层状态	v_s/v_p
0.5	液体状态	0
0.45	饱和地层	0.3
0.33	一般岩层	0.5
0.25	泊松比	0.57
0	刚度状态	0.7

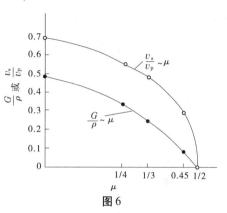

图 6

表 2　沉积砂层洇水前后实测结果

点位	点号	K (MN/m)	m_0 (kg)	品级	ρ_ω (g/cm³)	ρ_0 (g/cm³)	ω (%)	状态
B_1	B_{1-1}	49.5	395	1				原状土
	B_{1-2}	41.6	213	1	1.82	1.58	15.4	洇水后
B_2	B_{2-1}	47.4	342	1				原状土
	B_{2-2}	42.2	240	1	1.85	1.60	15.8	洇水后
B_3	B_{3-1}	65.0	601	1				原状土
	B_{3-2}	49.2	379	1	1.84	1.60	15.4	洇水后
B_4	B_{4-1}	47.1	386	1				原状土
	B_{4-2}	44.5	297	1	1.91	1.64	16.2	洇水后

注:ρ_ω 为湿密度,ρ_0 为干密度。

4.3　地基土参振质量 $m_0 \leqslant 0$ 问题

$m_0 \leqslant 0$ 问题是在作附加质量测试时曾经出现过的一种情况,在这种情况下如何求地基刚度,是第三代技术中研究的一个问题。设由附加质量、地基土组成的振动体系,是两个不同刚度串联的弹簧所组成的质弹体系,文献[10]提供体系的复合刚度(K)的倒数等于两弹簧刚度(K_1、K_2)倒数之和,见式(16)。

$$\frac{1}{K} = \frac{1}{K_1} + \frac{1}{K_2} \tag{16}$$

据查,如果附加质量为钢材,其弹性模量 $E_1 = 2.06 \times 10^5$ MPa,刚度为 K_1;地基土的弹性模量 $E_2 = (2 \sim 8) \times 10^2$ MPa,刚度为 K_2。E_1 比 E_2 的值高 3 个量级,由于 K 与 E 成正

比,故 K_1 比 K_2 亦高 3 个量级,$K_1 \gg K_2$。将这一关系代入式(16)可得式(17)。

$$K \approx K_2 = \omega^2(m_0 + \Delta m) \tag{17}$$

(1)如果 $m_0 > 0$,有 $K \approx K_2 = \omega^2(m_0 + \Delta m) = \Delta m / \Delta \omega^{-2}$;

(2)如果 $m_0 = 0$,则 $K \approx K_2 = \omega^2(m_0 + \Delta) = \omega^2 \Delta m = \Delta m / \Delta \omega^{-2}$;

(3)如果 $m_0 < 0$,则 $K \approx K_2 = \omega^2(m_0 - \Delta m) = \Delta m / \Delta \omega^{-2}$。

不论 $m_0 > 0$、$m_0 = 0$、$m_0 < 0$,由附加质量和地基土组成的振动体系的复合刚度都等于地基土刚度,均为($\omega^{-2} \sim \Delta m$)曲线的反斜率,$K = \Delta m / \Delta \omega^{-2}$。

4.4 密度变化的灵敏度问题

如果定义函数 $y = f(x)$ 对于自变量 x 变化的灵敏度 η 为:由于 x_i 的相对变化,引起函数 y 的相对变化,η 可以表示为式(18),并取绝对值,即有:

$$\eta = \frac{x_i}{y} \frac{\partial y}{\partial x_i} \tag{18}$$

据此定义可以得到:

(1)线性回归式 $\rho = aK + b = a\omega^2 m_0 + b$ 中密度对于圆频率的灵敏度 η_ω 为式(19);

$$\eta_\omega = 2m_0\omega^2 / \rho \tag{19}$$

(2)衰减系数法密度式中频率对密度影响的灵敏度 $\eta_f = 1$,纵波速度对密度影响的灵敏度 $\eta_{v_p} = -1$,$|\eta_{v_p}| = 1$;

(3)动力基础半空间密度式中,圆频率 ω、纵波速度 v_p、横波速度 v_s 的变化对密度影响的灵敏度分别为 $\eta_\omega = 2$,$\eta_{V_p} = -2v_s^2/(v_p^2 - 2v_s^2)$;由于泊松比的变化范围为 $0 \sim 0.5$,根据表 1 及图 5 可以得到 $0 < v_s^2 < 0.5v_p^2$;$|\eta_\omega| = 2$,$0 < |\eta_{v_s}| < 2$,$0 < |\eta_{v_p}| < 2$,$|\eta_\omega| > |\eta_{v_p}|$,$|\eta_\omega| > |\eta_{v_s}|$。

据以上分析可知:以 $K = \omega^2 m_0$ 为自变量的一元线性方程的数学模型中,密度变化灵敏度与 m_0、ω^2 成正比;衰减系数法密度式中,频率和波速的变化对密度变化的影响相同;动力基础半空间模型密度式中,频率对密度变化的影响大于波速对密度变化的影响。

4.5 时域曲线长度(T_p)的裁选问题[11]

时间域信号采样会造成不同频率混迭,时间域信号有限化(截断)造成频率泄漏亦是不可避免的。从采样定理及时域信号截断理论分析:如果 ΔT 为采样间隔,Δf 为频率分辨率,f_m 为模拟信号最高频率,N 为取样点数,T_p 为时间域信号的裁选长度;为了保证频谱分析不失真及主频的有效识别,必须满足式(20)或式(21)。

$$T_p \geqslant \frac{2f_m}{\Delta f}\Delta T \tag{20}$$

$$N \geqslant \frac{2f_m}{\Delta f} \tag{21}$$

由于实测振动曲线(波形)为衰减曲线,而实测信号中往往有随机干扰,使得有效信号难以识别,因此 T_p、N 并非越大越好。根据经验,在满足式(20)或式(21)的前提下,还要考虑频谱曲线是否扭曲,主频是否突出,$\omega^{-2} \sim \Delta m$ 曲线线性关系是否良好,K、m_0 是否稳定等因素进行综合分析。根据四川田湾河仁宗海堆石坝 2007 年实测资料分析,当 ΔT

$=90.703\mu s$、$\Delta f=0.168$ Hz $f_m<80$ Hz 时，选 $N=1\,024$ 或 $T_p=93$ ms 效果较佳。

4.6　密度算法问题

根据所测力学参数与密度关系的不同情况，本报告提出了解析法、相关法和神经网络法三种密度算法。

（1）解析法：指利用动力基础弹性半空间理论模型导出的密度式计算密度的方法。大量试验资料发现，解析法的计算结果与坑测法（黏性土的环刀法）比较，除个别较吻合外，其余往往有较大差距。

（2）相关法：首先，利用数理统计方法建立密度与动力参数（单参数或多参数）的关系，再利用这种关系去求解密度，称相关法。相关关系中有正线性相关、负线性相关和非线性相关三种情况。

（3）神经网络法：神经网络算法是针对"非线性相关"和非显著相关情况而引入的一种新算法。据了解，神经网络算法是解决非线性问题的有力工具，对于包含有部分错误的信息输入，也能得出较好的解答。据田湾河仁宗海的应用情况来看，利用神经网络计算的结果，基本上是合理的。

以上三种算法，覆盖了堆石土密度与动力参数之间的各种关系，对于可能出现的各种情况都能做到有相应的对策。

5　结语

堆石土密度检测附加质量法的第一代技术，引入了等效动能模型，推出了衰减系数密度式，将密度与参振质量挂上了勾，从理论和操作上证明了利用动力参数检测密度的可能性，在试验和工程检测中得到了证实。第二代技术针对第一代技术中存在的问题，引入了动力基础弹性半空间模型和质弹阻模，推出了弹性半空间密度解析式，解开了动力参数测试中频率反常问题的谜团，提出了密度求解的另一种途径线性相关，解决了压板选择和层密度计算问题，研制了密度测试的专用仪器。第三代技术，引入了八种模型，发现了广义与狭义、动力与静力、半空间与质弹阻模型的一致性；研究了含水率对刚度的影响、参振质量 $m_0\le0$ 问题、密度变化的灵敏度问题、时域曲线的裁选问题；提出了解析法、相关法和神经网络法三种密度算法，覆盖了密度求解的各种可能出现的情况。三代技术上了三个台阶。

从 1995 年研究工作启动到 2008 年 1 月第三代技术研究报告提出，研究工作经过了 13 年的历程，有顺利有挫折，有成功有失败，起伏、波折、荆棘、坎坷贯穿了研究工作的始终。但事实证明，跨过"山重水复"，必有"柳暗花明"。

今后，随着这项技术应用不断扩展、深入，还会不断提出新的问题，仍然需要继续探索、研究。在科学研究的历程中，欲"毕其功于一役"几乎是不可能的！但胜利一定属于那些不辞辛苦的探索者和开拓者！

参考文献

[1] 郭庆国.粗粒土的工程特性及应用[M].郑州：黄河水利出版社,1998.

[2] 中华人民共和国国家经济贸易委员会.DL/T 5129—2001 碾压式土石坝施工规范[S].北京：中国电

力出版社,2001.

[3] 李丕武,等.堆石体密度测定的附加质量法研究报告[R].黄河水利委员会勘测规划设计研究院, 1996.

[4] 李丕武,等.堆石体密度测定的动力参数法研究报告[R].黄河水利委员会勘测规划设计研究院, 2005.

[5] 国家技术监督局,中华人民共和国建设部.GB 5004—96 动力机器基础设计规范[S].北京:中国计划出版社,1997.

[6] 李丕武,等.堆石体密度检测的附加质量法第三代技术研究报告[R].四川川投田湾河开发责任有限公司,黄河水利委员会勘测规划设计研究院,2008.

[7] 杨成林.瑞雷波勘探[M].北京:地质出版社,1993.

[8] 严人觉,王贻荪,韩宇清.动力基础半空间理论概论[M].北京:中国工业出版社,1981.

[9] 蔡伟铭,胡中雄.土力学与基础工程[M].北京:中国建筑工业出版社,1991.

[10] 季文美,方同,陈松淇.机械振动[M].北京:科学出版社,1985.

[11] 刘明贵.桩基检测技术指南[M].上海:科学出版社,1995.

塑性混凝土防渗墙质量评价研究

刘康和

（中水北方勘测设计研究有限责任公司 天津 300222）

摘要：本文针对塑性混凝土防渗墙的具体特点，详细介绍了具有无损探测的声波测试技术与方法及其研究过程。通过试验研究，取得了丰富客观的特征数据，为塑性混凝土防渗墙的质量评价提供了科学依据。

关键词：无损探测 声波技术 塑性混凝土 防渗墙

1 引言

某工程以发电为主，兼顾灌溉和航运功能。电站装机容量 480 MW，额定水头 24.5 m，正常蓄水位 432.0 m，设计引用流量 2 203.2 m^3/s，保证出力 151 MW，年利用小时数 5 015 h，年发电量 24.07 亿 kWh。总库容 4 867 万 m^3，正常蓄水位以下库容 4 554 万 m^3。坝轴线长 699.82 m，采用一级混合开发方式，即建坝壅水高 15.5 m，与铜街子尾水相衔接，河床式厂房，厂后接长 9 015 m 的尾水渠，尾水渠利用落差 14.5 m。

尾水渠是本电站的重要组成部分，尾水渠防渗墙 Ⅱ ~ Ⅳ标轴线长度 5 881.42 m，其中Ⅱ标长度 2 230.19 m，Ⅲ标长度 1 866.38 m，Ⅳ标长度 1 784.85 m，防渗墙位于尾水渠左堤中部，墙体厚度不小于 40 cm，纵向深度随基岩面变化有所不同，嵌入基岩不小于 1 m，墙体材料采用一级配塑性混凝土，骨料为细砾石。具体指标为：塑性混凝土强度 28 d 不小于 5 MPa，弹性模量不大于 2 000 MPa，渗透系数不大于 $i \times 10^{-7}$ cm/s。

在Ⅱ标桩号防 0 + 179.8、防 0 + 180.6 处墙体预埋有 2 个 φ80 的钢管孔，两孔距约 80 cm。

本次工作任务主要检测尾水渠Ⅱ、Ⅲ、Ⅳ标塑性混凝土防渗墙墙体质量，提供混凝土强度和弹性模量等参数，为防渗墙质量的评价和验收提供定量参数依据。根据工程经验并结合现场施工、场地条件，采用声波法进行检测，评价防渗墙质量。

2 地质及地球物理特征

Ⅱ ~ Ⅳ标防渗墙为尾水渠左堤防渗建筑，该处覆盖层为漂卵砾石层，下伏基岩为泥质白云岩或泥质砂岩等，其中泥质白云岩局部有溶蚀现象。

根据理论及以往工程经验：防渗墙正常混凝土的声波速度一般为 2 100 ~ 2 900 m/s，而松散段或出现空洞处的混凝土声波速度会降低，一般小于 1 900 m/s。

作者简介：刘康和(1962—)，男，河南遂平人，高级工程师，物探专业总工，从事工程物探技术管理与研究工作。

3　方法原理及测试技术

以介质的弹性特征为基础,进行声波测试,以求得防渗墙介质的物理力学指标。当声波在介质内传播时,与介质本身的物理力学性质有着密切的关系,通过测取声波的波列记录,可以取得一系列的运动学和动力学参数,通过分析和整理这些参数来判定介质质量的优劣,并提供定量依据。

为取得声波波速与强度的对应关系,在室内随机抽取不同标段的试块进行声波测试。实测采用对测法,即在试块相对应的两个面上设置测试点,读取声波沿试块的旅行时间,进而计算出试块的声波速度。

在防渗墙顶面每隔 500 m 左右选择长度约 0.8 m 的表面凿平进行声波平测,即在该平面内每隔 20 cm 设置一个测点,发射(或接收)换能器不动,移动接收(或发射)换能器,读取声波在墙体混凝土中的旅行时间,进而计算墙体顶面混凝土的声波速度。

对预留的两个孔进行声波穿透测试。施测时将接收换能器和发射换能器分别置于两钻孔内的同一深度位置,自上而下同步移动,逐点测试,测试点距 0.2 m。

4　资料整理与解释

根据外业实测数据,按式(1)计算混凝土声波速度:

$$v_\mathrm{p} = L/t \tag{1}$$

式中:v_p 为混凝土声波速度,m/s;L 为接收换能器和发射换能器之间的距离,m;t 为测试对象间混凝土声波的旅行时间,s。

根据试块声波速度按式(2)计算其动弹性模量:

$$E_\mathrm{d} = \rho v_\mathrm{p}^2 (1 + \mu)(1 - 2\mu)/(1 - \mu) \tag{2}$$

式中:E_d 为动弹性模量,GPa;ρ 为塑性混凝土密度,kg/m³,考虑本工程实际取 2.1 kg/m³;μ 为泊松比,取 0.35。

为取得现场混凝土的抗压强度指标和弹性模量参数,对试块抗压强度与声波速度进行相关分析,依此推算墙体混凝土的抗压强度。根据实验室静弹性模量与声波测试动弹性模量的平均比值推算测试墙体混凝土的静弹性模量。

5　成果分析

室内试块声波测试成果及试验成果对应关系见表1。

由表1可以对室内声波速度与抗压强度进行相关分析(见图1),得到室内抗压强度(R)随声波速度(v_p)的变化关系式

$$R = 0.011\,5 v_\mathrm{p}^{0.795\,6} \tag{3}$$

由表1中的室内动弹性模量平均值和静弹性模量平均值,可以算出动弹性模量和静弹性模量对比关系系数(η):

$$\eta = E_\mathrm{d}/E_\mathrm{s} = 9.15/1.82 = 5.03 \tag{4}$$

利用式(3)和图1中的相关关系曲线可以推算出墙体混凝土的抗压强度,利用式(2)和式(4)可以推算出墙体混凝土的静弹性模量,具体成果见表2和表3。

表1　室内混凝土试块测试成果

序号	槽号	桩号	声波速度 v_p(m/s)	动弹性模量 E_d(GPa)	抗压强度 R(MPa)	静弹性模量 E_s(GPa)
0	Ⅳ-204	防 0 + 315.65 ~ 0 + 323.25	2 680	9.40	6.1	
1	Ⅱ-186	防 1 + 332.00 ~ 1 + 339.60	2 760	9.97	6.5	
2	Ⅲ-16	防 0 + 108.00 ~ 0 + 115.60	2 460	7.92	5.8	
3	Ⅲ-16	防 0 + 108.00 ~ 0 + 115.60	2 540	8.44	5.8	
4	Ⅳ-194	防 0 + 387.65 ~ 0 + 395.25	2 730	9.75	6.1	1.74 ~ 1.92
5	Ⅱ-47	防 0 + 331.20 ~ 0 + 338.80	2 630	9.05	6.3	
6	Ⅲ-234	防 1 + 677.60 ~ 1 + 685.20	2 680	9.40	6.0	
7	Ⅳ-198	防 0 + 358.85 ~ 0 + 366.45	2 630	9.05	5.8	
8	Ⅱ-44	防 0 + 309.60 ~ 0 + 317.20	2 680	9.40	6.3	
平均值			2 643	9.15	6.1	1.82

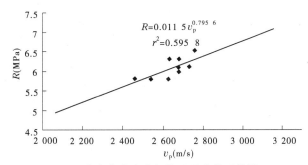

图1　室内声波速度与抗压强度关系曲线

表2　防渗墙顶面混凝土测试成果

序号	槽号	桩号	声波波速 v_p(m/s)	动弹性模量 E_d(GPa)	抗压强度 R(MPa)	静弹性模量 E_s(GPa)
0	Ⅱ-71	防 0 + 506.00	2 360	7.29	5.55	1.45
1	Ⅱ-139	防 1 + 000.00	2 400	7.54	5.62	1.50
2	Ⅱ-209	防 1 + 499.00	2 220	6.45	5.29	1.28
3	Ⅱ-278	防 2 + 000.00	2 360	7.29	5.55	1.45
4	Ⅲ-38	防 0 + 272.21	2 250	6.62	5.34	1.32
5	Ⅲ-108	防 0 + 769.21	2 360	7.29	5.55	1.45
6	Ⅲ-178(2)	防 1 + 270.21	2 200	6.33	5.25	1.26
7	Ⅲ-237	防 1 + 770.21	2 300	6.92	5.44	1.38
8	Ⅳ-192	防 0 + 404.23	2 220	6.45	5.29	1.28
9	Ⅳ-123	防 0 + 902.83	2 150	6.05	5.15	1.20
10	Ⅳ-53	防 1 + 404.23	2 570	8.64	5.94	1.72

表3　防渗墙预埋孔声波穿透测试成果

槽号	孔号(桩号)	孔深 (m)	声波波速 v_p(m/s)	动弹性模量 E_d(GPa)	抗压强度 R(MPa)	静弹性模量 E_s(GPa)
		0.3	2 170	6.16	5.19	1.22
		0.5	2 190	6.28	5.23	1.25
		0.7	2 190	6.28	5.23	1.25
		0.9	2 170	6.16	5.19	1.22
		1.1	2 180	6.22	5.21	1.24
		1.3	2 190	6.28	5.23	1.25
		1.5	2 200	6.33	5.25	1.26
		1.7	2 210	6.39	5.27	1.27
		1.9	2 210	6.39	5.27	1.27
		2.1	2 190	6.28	5.23	1.25
		2.3	2 210	6.39	5.27	1.27
		2.5	2 310	6.98	5.45	1.39
		2.7	2 340	7.16	5.51	1.42
		2.9	2 350	7.23	5.53	1.44
		3.1	2 370	7.35	5.57	1.46
		3.3	2 330	7.10	5.49	1.41
		3.5	2 230	6.51	5.30	1.29
		3.7	2 270	6.74	5.38	1.34
Ⅱ-25 ~ Ⅱ-26	1#孔(防0+179.8) ~ 2#孔(防0+180.6)	3.9	2 290	6.86	5.42	1.36
		4.1	2 290	6.86	5.42	1.36
		4.3	2 300	6.92	5.44	1.38
		4.5	2 370	7.35	5.57	1.46
		4.7	2 290	6.86	5.42	1.36
		4.9	2 250	6.62	5.34	1.32
		5.1	2 230	6.51	5.30	1.29
		5.3	2 190	6.28	5.23	1.25
		5.5	2 220	6.45	5.29	1.28
		5.7	2 190	6.28	5.23	1.25
		5.9	2 190	6.28	5.23	1.25
		6.1	2 330	7.10	5.49	1.41
		6.3	2 290	6.86	5.42	1.36
		6.5	2 350	7.23	5.53	1.44
		6.7	2 300	6.92	5.44	1.38
		6.9	2 320	7.04	5.47	1.40
		7.1	2 370	7.35	5.57	1.46
		7.3	2 350	7.23	5.53	1.44
		7.5	2 360	7.29	5.55	1.45
		7.7	2 380	7.41	5.59	1.47
		7.9	2 330	7.10	5.49	1.41
		8.1	2 190	6.28	5.23	1.25

续表3

槽号	孔号(桩号)	孔深 (m)	声波波速 v_p(m/s)	动弹性模量 E_d(GPa)	抗压强度 R(MPa)	静弹性模量 E_s(GPa)
		8.3	2 190	6.28	5.23	1.25
		8.5	2 250	6.62	5.34	1.32
		8.7	2 270	6.74	5.38	1.34
		8.9	2 400	7.54	5.62	1.50
		9.1	2 370	7.35	5.57	1.46
		9.3	2 240	6.57	5.32	1.31
		9.5	2 250	6.62	5.34	1.32
		9.7	2 250	6.62	5.34	1.32
		9.9	2 330	7.10	5.49	1.41
		10.1	2 290	6.86	5.42	1.36
		10.3	2 260	6.68	5.36	1.33
		10.5	2 260	6.68	5.36	1.33
		10.7	2 300	6.92	5.44	1.38
		10.9	2 330	7.10	5.49	1.41
Ⅱ-25	1#孔(防0+179.8)	11.1	2 260	6.68	5.36	1.33
~	~	11.3	2 230	6.51	5.30	1.29
Ⅱ-26	2#孔(防0+180.6)	11.5	2 320	7.04	5.47	1.40
		11.7	2 300	6.92	5.44	1.38
		11.9	2 400	7.54	5.62	1.50
		12.1	2 340	7.16	5.51	1.42
		12.3	2 380	7.41	5.59	1.47
		12.5	2 390	7.47	5.60	1.49
		12.7	2 290	6.86	5.42	1.36
		12.9	2 400	7.54	5.62	1.50
		13.1	2 260	6.68	5.36	1.33
		13.3	2 210	6.39	5.27	1.27
		13.5	2 230	6.51	5.30	1.29
		13.7	2 210	6.39	5.27	1.27
		13.9	2 300	6.92	5.44	1.38
		14.1	2 290	6.86	5.42	1.36
		14.3	2 250	6.62	5.34	1.32
		14.5	2 240	6.57	5.32	1.31

　　根据表3绘制实测声波速度、推算混凝土抗压强度及混凝土静弹性模量与孔深的变化曲线,见图2。

　　由表2、表3和图1、图2可知:防渗墙混凝土声波速度范围值为2 150~2 570 m/s,平均值2 280 m/s,标准差75.4 m/s,离差系数3.31%;防渗墙混凝土抗压强度范围值为5.15~5.94 MPa,平均值5.40 MPa,标准差0.14 MPa,离差系数2.59%;防渗墙混凝土静弹性模量范围值为1.20~1.72 GPa,平均值1.36 GPa,标准差0.09 GPa,离差系数

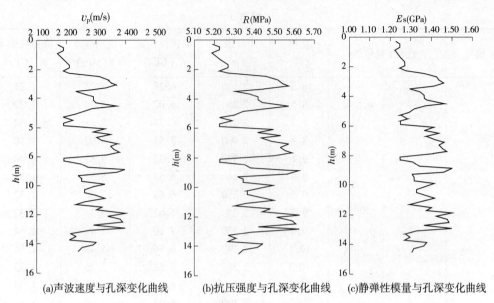

(a)声波速度与孔深变化曲线　　(b)抗压强度与孔深变化曲线　　(c)静弹性模量与孔深变化曲线

图2　声波速度、抗压强度、静弹性模量与孔深变化曲线

6.62%。

由此可见,测试段防渗墙混凝土抗压强度均大于 5.0 MPa,静弹性模量均小于 2.0 GPa,满足设计要求。从离差系数看均较小,说明防渗墙混凝土质量整体较均匀。

6　结语

结合本工程实际(低强度混凝土)情况,通过试验研究,得出了声波速度与塑性混凝土抗压强度的相关关系,提出了墙体混凝土的抗压强度指标及其静弹性模量参数,为塑性混凝土防渗墙质量的评价提供了科学依据,可为类似工程提供参考。

参考文献

[1] 刘康和. 超声回弹综合法的工程应用[J]. 长江职工大学学报,2003(1).

[2] 刘康和,段伟,刘存忠. 混凝土地连墙质量检测分析[J]. 水利水电工程设计,2006(1).

[3] 国家建筑工程质量监督检验中心. 混凝土无损检测技术[M]. 北京:中国建材工业出版社,1996.

大坝裂缝检测方法的研究及应用

田宗勇 高建华 董 亮 李 娜

（水利部长江勘测技术研究所 武汉 430011）

摘要：本文介绍了超声波层析成像、钻孔彩色电视法、冲击回波法等。各种方法的基本理论以及各种方法开展的工作条件，并论证了不同方法的组合必须在特定的工作环境下才能取得较好的效果。为进一步说明方法的实用性，本文介绍了在长江葛洲坝水利枢纽、清江水布垭水利枢纽两个水电工程中，应用综合物探技术检测坝体裂缝的实例。

关键词：超声波层析成像 钻孔电视录像 冲击回波法 裂缝检测 工程勘察

1 引言

大型水利水电工程的建设和运行期间，大坝体可能会出现裂缝、气泡等缺陷，这对大坝的安全是致命的。清大坝坝身的隐患至关重要，同样查清坝体中的裂缝的分布特征及性状也非常重要，它直接关系到大坝的安全。查清大坝坝体中裂缝的分布特征及性状是非常重要的。地球物理方法作为找矿和地质勘探方法已经发挥了重要的作用，近年来，该方法在工程上得到了广泛应用，例如建筑基础勘察、路桥质量检测和水利枢纽工程检测等。先进的地球物理方法应用于大坝隐患探测将会产生巨大的效益。

综合采用超声波层析成像、钻孔彩色电视法、冲击回波法等不同的物探技术，可有效地查清裂缝的发育情况。超声波层析成像（CT）是通过在两孔中的超声波测试，反演出孔间裂缝的发育情况，是一种无损检测技术。钻孔彩色电视录像技术，作为一种直接对钻孔孔壁观察的手段，可观测出裂缝的位置及宽度。冲击回波法是利用冲击产生回波，由回波信号可检测裂缝的深度，也属无损检测法。由于裂缝产生于大坝的不同部位，因此应根据具体情况，选择合适的检测方法。

2 方法原理

2.1 超声波层析成像（CT）

在均匀吸收介质中，弹性波的振幅方程为：

$$A = A_0 e^{-a\gamma} w(t) \tag{1}$$

式中：A_0 为初始振幅；γ 为传播距离；a 为吸收系数；$w(t)$ 为波动函数。

在穿透测试中，由于初始振幅 A_0 不易测出，故由式（1）求取的吸收系数称为相对吸收系数。由式（1）可建立下列方程：

作者简介：田宗勇（1965—），男，江西九江人，高级工程师，主要从事地球物理技术研究工作。

$$a\gamma = -\ln(A/A_0) \tag{2}$$

层析成像处理时,是将成像区域划分成若干个规则的网格单元,由式(2)可建立矩阵方程:

$$[D][X] = [Y] \tag{3}$$

通过多维矩阵方程的求解就可得出各网格单元的吸收参数 a。反演算法多用代数重建技术(ART),它是按照射线依次修改有关单元图像向量的迭代算法。

2.2　钻孔彩色电视法

钻孔彩色电视作为一种测井方法,通过具有可连续旋转、调焦功能的探头,实现对孔壁全方位的观测。该方法受孔径尺寸、探头是否居中影响。一般在屏幕上观察到的孔壁区域为 3 cm × 4 cm(竖 × 宽),放大倍数较大。

钻孔彩色电视可以清晰地观察到混凝土的性状,确定裂缝的位置及大小,分辨能力可达到 0.1 mm。

2.3　冲击回波法

冲击回波法是利用冲击产生应力波,该应力波会在结构上传播从而检测其内部的缺陷。用一个小钢球冲击混凝土表面,即对其有一个持续时间很短的冲击,产生低频应力波(可达到 1 ~ 80 kHz)传入结构内部,遇到缺陷或外表面时发生反射,记录的时间域信号经频率域分析,可以得到与混凝土有关的信息。

冲击回波的基本公式为:

$$d = c/(2f) \tag{4}$$

式中:d 为应力波受到反射的深度(或缺陷到冲击表面的距离);c 为应力波的传播速度;f 为信号主频对应的频率。

应力波的传播速度可以根据深度已知的无缺陷部位测试结果来求取。

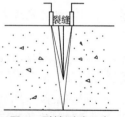

检测多采用跨缝方式测试,测试示意图见图 1。左侧为冲击发生器,右侧为接收换能器,冲击产生的位移通过混凝土传播,得到裂缝底部的绕射及面板底部的反射,通过对接收换能器接收的信号进行傅立叶变换即获得信号的频谱。根据回波信号的波形及频谱综合分析可以得到表面裂缝的深度。

图 1　裂缝测试示意

3　应用实例

3.1　实例 1　葛洲坝水利枢纽 1# 船闸裂缝复查

葛洲坝水利枢纽位于宜昌市西坝,1# 船闸位于大江坝段。1# 船闸裂缝复查工作是以原检测的裂缝底线为主要依据,对船闸坝段选取危害性较大的裂缝进行检测,确定裂缝在坝体内的分布情况,重点查明裂缝走向、宽度、深度,确定裂缝底线分布形态,为设计提供有效资料。

因裂缝较深(有十几米),故在坝体不同位置进行钻孔,在钻孔内和孔间进行测试,现场主要选择了跨孔超声波层析成像、钻孔彩色电视录像。

3.1.1 跨孔超声波层析成像(CT)

根据前几次测试的资料分析,在闸面宽度为0.5~1.2 mm的已知主裂缝线两侧,布置三对超声波检测孔即W_1剖面(W_{1-1},W_{1-2})、W_2剖面(W_{2-1},W_{2-2})、W_3剖面(W_{3-1},W_{3-2})开展声波层析成像,以了解主裂缝的发育深度。现场采用单点发射单点接收,发射点、接收点间距均为0.2 m。超声波检测孔均为直孔或斜孔,孔位布置图见图2。

综合相对吸收系数a值的大小及分布特征,可以推测出裂缝发育的深度是不等的,裂缝底线在W_3剖面深度为5.1 m,W_1剖面为6.3 m,W_2剖面为12.0 m。

超声波层析成像技术较好地确定了裂缝及混凝土密实稍差部分的深度,了解到孔与孔之间混凝土体内的结构及密实情况。

3.1.2 钻孔彩色电视法

为了进一步检查裂缝的确切位置,了解裂缝的性状,重点在坝体的右侧面布置多个不同角度的钻孔,分别穿过原检测裂缝底线不同高程位置,按三排设计,分序钻进、测试。钻孔电视检查孔均为水平孔,孔位布置见图2。

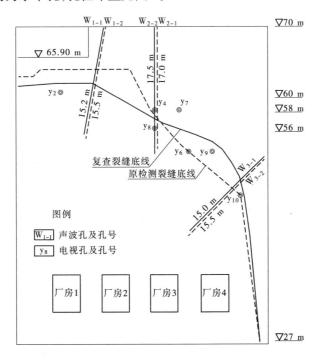

图2 葛洲坝水利枢纽1#船闸裂缝复查钻孔布置示意(侧图)

孔内电视清楚地反映:在三个钻孔中观察到了主裂缝且呈张开状,裂缝宽度不等且裂面较平整;主裂缝深度及形态与原测试结果有一定的差异,主要表现在裂缝底线下游段裂缝发育深度较原资料要浅,中游段裂缝发育深度较原资料要深,但相差不大;y_4孔裂缝中局部有少量白色混凝土析出物。

钻孔电视除观察到裂缝的发育外,还观察到船闸经多年运行后混凝土的质量。混凝土大部分胶结密实,但在一些离闸面较近的局部位置看到有骨料架空现象。

3.2　实例2　水布垭水利枢纽一期混凝土面板裂缝检测

水布垭水利枢纽位于清江中游巴东县境内,为面板堆石坝。一期混凝土面板最大厚度为 1.1 m,最小厚度为 0.7 m,混凝土面板浇筑完毕后,就发现面板出现不同程度的裂缝,要求对裂缝的深度开展进行检测。

由于在面板上不能钻孔以及裂缝深度小于 2 m,故裂缝深度检测采用冲击回波法。检测点距 1 m。

对于无裂缝的部位,从时间域(见图 3)看,只有一个面板底面反射信号,没有其他信号;从频率域(见图 4)看,信号频谱较为单一,即没有缺陷位置的回波信号。在裂缝部位进行跨缝测试,获得的波形及频谱如图 5、图 6 所示。从图 5 可以看出,回波信号中除面板底面反射信号外,还有其他信号的分量;从图 6 可以看出,频率域除一个能量较强的低频分量外,还有一部分频率较高的信号,这些信号就包括了裂缝底部反射信号。根据混凝土的传播速度及反射信号的主频,可以得到裂缝的深度。

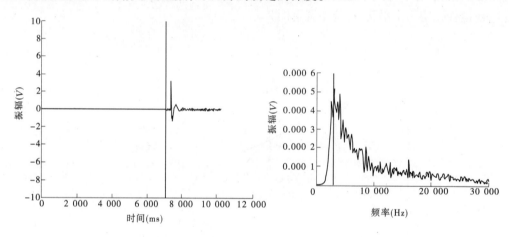

图 3　无缺陷部位冲击回波信号(时间域)　　　图 4　无缺陷部位冲击回波信号(频率域)

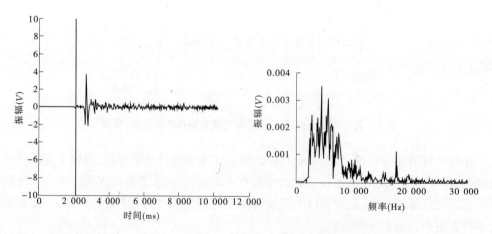

图 5　裂缝部位冲击回波信号(时间域)　　　图 6　裂缝部位冲击回波信号(频率域)

一期混凝土面板由多块小面板组成,检测时分别编号测试。图7为第 M_3 小块面板检测的成果,表1为第 M_3 小块面板检测数据。从检测的结果看到,M_3 面板上除裂缝9外,其余裂缝的平均宽度都小于 0.1 mm,裂缝最大宽度为 0.16 mm。裂缝平均深度为 16~29 cm,最大深度达到 38 cm。

根据对全部裂缝检测结果的统计分析看到,裂缝以水平方向为主,纵向裂缝较少;宽度较大的裂缝深度也较大,一般多为 20~40 cm 深,最小值为 9 cm,最大值为 56 cm。达到了检测的目的。

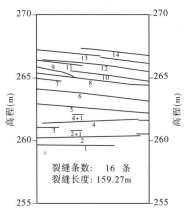

图7 水布垭水利枢纽第 M_3 小块混凝土面板裂缝分布示意

表1 水布垭水利枢纽第 M_3 小块混凝土面板检测结果统计

裂缝编号	裂缝长度(m)	裂缝宽度(mm)		裂缝深度(cm)	
		平均值	范围	平均值	范围
1	11.00	0.04	0.02~0.04	18	15.3~24.2
2	16.00	0.06	0.04~0.11	22	13.4~31.9
2+1	0.70	0.03	0.02~0.04	17	16.2~17.5
3	3.10	0.02	0.02~0.03	18	16.2~22.9
4	15.00	0.03	0.02~0.04	18	11.5~23.9
4+1	0.90	0.04	0.04~0.04	16	12.9~19.3
5	16.00	0.07	0.03~0.10	26	21.9~32.4
6	16.00	0.05	0.03~0.08	25	19.8~27.4
7	2.57	0.07	0.06~0.08	23	19.0~25.3
8	16.00	0.07	0.05~0.14	26	18.9~29.8
9	5.60	0.11	0.08~0.14	29	22.0~38.0
10	11.20	0.08	0.04~0.14	27	24.1~32.7
11	5.70	0.06	0.03~0.16	25	23.1~27.4
12	14.50	0.06	0.03~0.14	24	20.1~29.8
13	16.00	0.07	0.04~0.12	26	16.2~28.9
14	9.00	0.03	0.02~0.04	17	12.8~18.6

4 结语

针对大坝不同部位的裂缝,采用超声波层析成像、钻孔彩色电视法和冲击回波法技术进行检测是可行的。

作为一种检测手段都有一定的适用条件,超声波层析成像、钻孔彩色电视法需要在钻孔中开展工作,其优点是不受裂缝深度的限制,但钻孔彩色电视法只适用于清水或干孔中;冲击回波法虽然可以在平面上直接检测,但检测深度有一定限制,一般为 1 m 左右。因此,根据坝体裂缝发育的情况及现场工作条件选择适宜的检测方法至关重要,它决定探测是否能取得较好的效果。

文中引用的实例资料,是长江勘测技术研究所各项目组的工作成果,在此对所有参加人员一并致谢。

参考文献

[1] 勒洪晓,赵永贵,等.地面地震 CT 在浅层勘探中的应用[J].工程地质学报,2002(2).

常时微动、面波、检层法在场地土测试中的综合应用

樊广利

（中国水利水电顾问集团成都院工程物探测试研究中心 成都 610072）

摘要：采用常时微动、瑞雷面波、检层纵横波法对场地进行了测试，取得了较好的效果。用卓越周期将场地土类别划分为三类，面波测试结果对中硬土场地产生的原因进行了有效解释，钻孔纵横波测试提供场地土的动力学参数。对三种测试结果进行了比对分析，说明了各种测试方法的有效性和准确性。最后给出了测试结论并根据测试结果对场地建筑的地基处理方式提出了合理的建议。

关键词：常时微动 卓越周期 瑞雷面波 检层法 纵横波 场地土 地基处理

1 引言

工程事故常常是由地基事故所引起的，大量的地基事故则是由地基变形所引起的。由于地基的不均匀变形，基础之间产生差异沉降，发生挠曲或倾斜，上部结构受到影响，也会产生倾斜、扭转、挠曲，并可能造成结构的损坏，这不仅影响到建筑物的正常使用功能，有时还危及建筑物的安全。场地土测试提供场地的卓越周期、面波波速、纵横波波速等动力学参数，为设计方在地基基础设计时提供了可靠的基础资料，对优化设计方案、节省工程成本很有帮助。

常时微动是一种没有特定震源，任何时间任何地点都能观测得到的一种振幅很小的微弱振动，其形变位移量只有几微米到几十微米。常时微动的振动波来自测点的四面八方。来自远方振源的波动在传播过程中要经过途中地层介质（地基），必然携带有大量与地基特性有关的地球物理信息，所以观测和研究地基的常时微动可以推断地基的弹性性质、构造和振动特性。因此，可以通过常时微动的分析研究来划分场地土的类别，了解场地土动态变化特征及其与建筑物的关系，为工程抗震设计提供依据。

我国常时微动的研究是从 20 世纪 60 年代开始的。1964 年在抗震建筑设计规范中，将常时微动的卓越周期作为确定场地类别的参考标准，并结合我国近几十年来发生的大地震及地震灾害的调查，开展了常时微动与场地、震害关系的研究。目前，我国对常时微动的研究和应用仍以短周期的常时微动为主，长周期的微动研究也取得了新的进展。

20 世纪 80 年代初，人们开始利用人工激发的高频瑞雷面波来解决浅层工程地质问题。面波勘探是利用瑞雷波在层状介质中所具有的频散特性进行浅层弹性波勘探的方

作者简介：樊广利（1975—），男，陕西渭南人，国家注册一级地震安全评价工程师，从事大型和巨型水电站工程前期勘探和施工检测工作。

法。瑞雷波是沿地表传播的弹性波,其质点振动的轨迹为一逆向椭圆,且振幅随深度呈指数规律急剧衰减,其传播速度略小于横波速度。20 世纪 50 年代初,人们发现了瑞雷波在层状介质中所具有的频散特性,并根据这一特性广泛地利用天然地震记录的瑞雷波来研究地球内部的结构。

检层法一般是在地面通过敲击垫板或叩板,产生弹性波,并在孔内通过检波器接收信号。在钻孔地震波测试过程中要取得准确有效的波形资料,在距离钻孔附近安置垫板,用大锤敲击垫板,激发出地震波,在接收信号中根据地震波初至波确定沿程走时,从而确定波速的一种物探测试方法。

2　工程概况

某水库电站坝址位于四川省宝兴县硗碛乡下游约 1 km 的东河上,厂址位于下游的石门坎附近,与宝兴县城相距 33 km,有简易公路通过工程区,交通较方便。电站拟采用高土石坝长隧洞引水发电,正常蓄水位 2 140 m,最大坝高 123 m,总库容约 2 亿 m³,引水隧洞长约 18.6 km,设计水头 490 m,引用流量 56.2 m³/s,装机容量 240 MW,尾水与下游梯级民治水电站首部枢纽相衔接。因兴建硗碛水电站工程,位于库内 2 020~2 050 m 高程的硗碛乡集镇及 2 150 m 高程以下的散居村民需要搬迁重建。

3　地球物理特征与测试目的

场地覆盖层主要为坡残积、滑坡堆积、泥石流堆积、冲洪积和冰水堆积等砂卵石及碎石土夹漂块石,泥盆系(D)和志留系(S)地层,岩性主要为炭质千枚岩和变质砂岩。弹性波在上述介质中传播时,由于介质的物理力学性质差异(如介质的疏密程度、含水率、岩体强度、结构面方向等),导致弹性波波速高低和振幅强弱出现差异。场地水平向卓越周期一般为 0.12~0.42 s。钻孔弹性波测试成果表明,粉质黏土纵波波速一般为 500~700 m/s,横波波速一般为 230~280 m/s;碎石土纵波波速一般为 800~1 100 m/s,横波波速一般为 300~410 m/s;而局部地层含砂量较多时,纵波波速一般为 700~800 m/s,横波波速为 270~300 m/s,甚至更低。

本次测试的工作目的是:①采用常时微动方法对场地的卓越周期进行测试并对场地土类型进行划分;②采用面波方法,对场地土类别为中硬土的区域进行测试,阐明中硬土产生的原因;③采用检层法对钻孔纵横波进行测试并计算动力学参数。

4　测试原理

4.1　常时微动测试原理

常时微动的资料处理方法主要有两种:一是周期频度分析法,另一种是频谱分析法。周期频度分析法是通过计算各种周期成分的波所出现的次数,从而得出波形和周期特性。具体做法是:选择质量较好的记录段,按波形正反向变化大致对称划一条零线,波形与零线形成一系列交点,取相邻两点时间差的 2 倍作为该处波形的周期;以周期为横坐标,以不同周期波形出现的频度为纵坐标,即得到一条常时微动记录波形的周期频度曲线。出现频度最高的周期称做优势周期,记录中周期最长的称做最大周期,记录长度除以该长度内的波数可得到平均周期。随着计算机的普及使用,频谱分析法已基本取代周期频度法。研究表明,对于周期小于 1 s 的常时微动,两种方法的处理结果在实际应用中效果相同。对常时微动进行频谱分析,通常采用功率谱分析法。设常时微动为时间的函数,用 $x(t)$ 表示,对其进行傅氏积分。

$$x(\omega) = \frac{1}{2\pi} \int_{-\infty}^{\infty} x(t) e^{-i\omega t} dt \tag{1}$$

利用 $x(\omega)$ 及其共扼复数 $x^*(\omega)$,还可以求得功率谱 $P(\omega)$,即有:

$$P(\omega) = \frac{1}{T} x(\omega) x^*(\omega) \tag{2}$$

在实际解释中,将明显混入噪声的时间段剔除不用,用各时间段波形功率谱的算术平均值求平均功率谱 $P(\omega)$ 。

$$P(\omega) = \frac{1}{N} \sum_{n=1}^{N} P_n(\omega) \tag{3}$$

4.2 面波测试原理

瑞雷波用于勘探测试主要有 2 种方法,即瞬态法和稳态法,本次地基测试使用瞬态法。

瞬态法与稳态法的主要区别在于震源的不同。瞬态法多采用锤击或频率不可调的宽频带震源,提取频散曲线多采用表面波谱方法(SASW),对检波器接收到的时域信号进行频谱分析,计算出对应频率(f)的两道相位差,进而算出 v_r;再由半波长理论计算出 $v_r \sim h$ 频散曲线,并依此分析介质的剪切波速度及其他物性参数。

4.3 检层法测试原理

测试工作采用地面激发、孔内接收(见图 1)的方法,为避免地震波沿导管滑行,根据场地条件并进行多次试验,最终可确定激发偏移距。

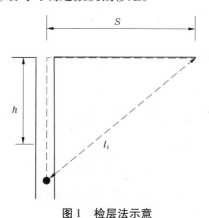

图 1 检层法示意

将测试数据经过转化后,根据式(4)、式(5)、式(6)、式(7)、式(8)分别计算出对应地层的地震波速度、泊松比、动弹性模量、动剪切模量、卓越周期。

(1)地震纵横波速度的计算:

$$v_i = (l_{i+1} - l_i)/(t_{i+1} - t_i) \tag{4}$$

式中:v_i 为第 i 层的层速度;l_{i+1}、l_i 分别为第 $i+1$ 层和第 i 层到激发点的距离;t_{i+1}、t_i 分别为地震波从激发点到第 $i+1$ 层和第 i 层的传播时间。

(2)泊松比计算：

$$\mu = \frac{(v_\mathrm{p}/v_\mathrm{s})^2 - 2}{2(v_\mathrm{p}/v_\mathrm{s})^2 - 2} \tag{5}$$

式中：v_p 为地震波纵波速度，m/s；v_s 为地震波横波速度，m/s。

(3)动弹性模量计算：

$$E_\mathrm{d} = \rho v_\mathrm{p}^2 \frac{(1+\mu)(1-2\mu)}{1-\mu} \tag{6}$$

式中：ρ 为地层密度，结合本工程实际情况并参考其他相关资料 MD 57 钻孔 0 ~ 10 m 粉质黏土层 ρ 为 2.0 g/cm³，10 ~ 27 m 块碎石夹砂 ρ 为 2.2 g/cm³。

(4)动剪切模量计算：

$$G_\mathrm{d} = \rho v_\mathrm{s}^2 \tag{7}$$

(5)卓越周期 T 可由下式计算：

$$T = 4 \sum \frac{H_i}{v_{si}} \tag{8}$$

式中：H_i 为第 i 层厚度，一般应计算至 $v_\mathrm{s} \geq 500$ m/s 的界面深度；v_{si} 第 i 层剪切波速。

5　野外测点布置

本次测试分别采用常时微动、面波、检层法对场地土进行了测试。常时微动测点间距 50 ~ 70 m，测点主要布置在设计规划中建筑物所在区域；面波测试点是根据常时微动测试结果，在卓越周期异常区域布置一条测线，其中测点间距为 20 ~ 30 m；检层法对 MD 57 钻孔进行纵横波测试。各种测试方法布置见图 2。

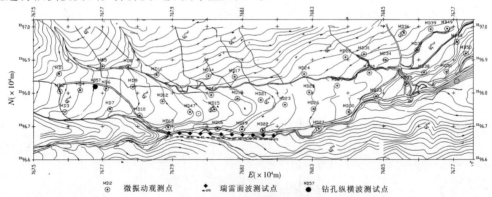

图 2　场地测试方法工作布置

6　资料分析与解释

6.1　微动测试分析与解释

本次场地测试工作严格执行《地基动力特性测试规范》(GB/T 50269—97)，在进行建筑物抗震设计时，要使建筑物自振周期远离场地土卓越周期，以免地震时发生共振，从而达到抗震防灾之目的。

首先设计一定比例尺的测网进行常时微动测试，通过频谱分析，求得各测点的优势周期。在野外采集天然地震波数据,经过数据转化后,根据式(1)、式(2)、式(3)分别计算平均功率谱,通过功率谱分析得到优势频率 f_{max},优势频率的倒数即为测点地基土的测试卓越周期 T_m(见图3),并按一定的要求绘制成不同振动方向上的卓越周期等值线成果图(见图4),测试卓越周期的统计结果详见表1。

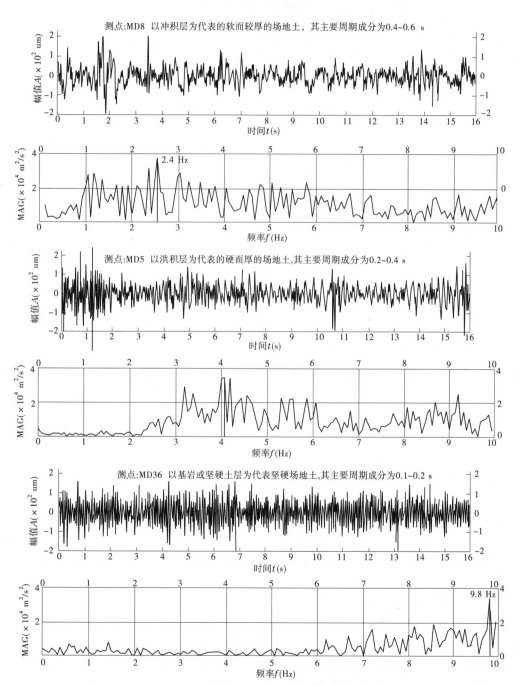

图3 测试区微振动测试特征曲线及其功率谱

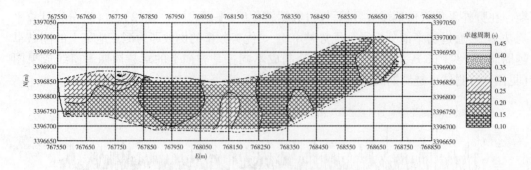

图 4　场地水平东西向卓越周期色谱成果

　　该场地 45 个微动测试结果表明:垂直向卓越周期略小于水平向卓越周期,水平向卓越周期的最大值为 0.41 s,场地水平东西向卓越周期色谱成果图见图 4,由于篇幅有限,省略了水平南北向和垂直向卓越周期色谱成果图。

表 1　场地卓越周期测试统计成果

垂直向卓越周期(s)			水平东西向卓越周期(s)			水平南北向卓越周期(s)		
平均	最大	最小	平均	最大	最小	平均	最大	最小
0.15	0.37	0.10	0.16	0.41	0.11	0.16	0.41	0.11

　　场地卓越周期测试结果结合已知工程地质资料,包括初勘和详勘的钻孔地质柱状图、动力触探值及坑探结果,同时参考表 1,给出该场地地基土分类的判定标准(见表 2)。

表 2　依据卓越周期对场地土类型分类标准

场地土类型	卓越周期(s)
坚硬土	$0.10 < T_m \leqslant 0.18$
中硬土	$0.18 < T_m \leqslant 0.22$
中软土	$0.22 < T_m \leqslant 0.41$
软弱土	$0.41 < T_m \leqslant 1.00$

　　根据表 2 中的评判标准,将该场地土类型分为 3 类,即中软土、中硬土和坚硬土(见图 5)。

6.2　面波测试分析与解释

　　面波测试的目的主要是了解卓越周期异常产生的原因。测试场地西北角的中软土是由于该区域地质蠕变体造成的,该蠕变体在地表的特征为:潮湿且表层黏土有橡皮泥的特性,该部位卓越周期异常原因清楚明确,因此没有布置面波勘探剖面(见图 5);为了解场地中部中硬土产生的原因,东西向布置了一条约 240 m 长的面波剖面(见图 2)。

　　面波波速等值线成果(见图 6)结合已知工程地质资料分析,得出地层岩性与面波波

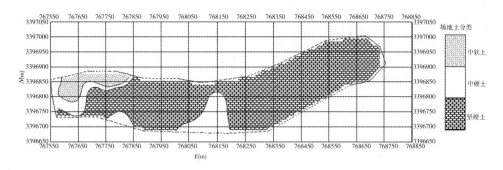

图5 场地土类型分类成果

速 v_r 对应关系(见表3)。

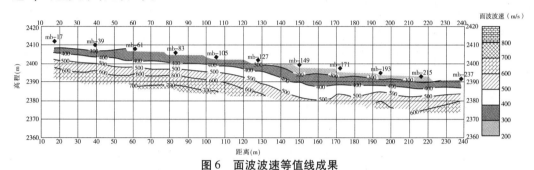

图6 面波波速等值线成果

表3 场地地层岩性与面波波速对应关系

地层岩性及岩性描述	面波波速(m/s)
粉质黏土或耕植土	$150 < v_r < 300$
浅黄色—灰黑色碎石土	$300 < v_r < 410$
灰色碎块石夹砂	$380 < v_r < 520$
强风化粉砂质千枚岩、炭质千枚岩、砂岩	$520 < v_r < 1\ 400$

面波测试结果表明,在 mb-127 ~ mb-215 处,低速面波异常($150\ \text{m/s} < v_r < 500$ m/s)在剖面上的厚度增大,由 10.0 m 左右变深到 20.0 m 左右(见图6),该面波低速异常部位与场地中部的中硬土卓越周期异常部位很好地重叠在一起(见图2、图4、图5),结合表3,说明场地中部场地土卓越周期异常是由覆盖层厚度变深引起的。

6.3 钻孔检层法测试分析与解释

MD 57 钻孔 0.0 ~ 10.1 m 段主要为粉质黏土层,其纵波速度、横波速度分别为 672 m/s、321 m/s;10.1 ~ 27.0 m 段主要为块碎石夹砂层,其纵波速度、横波速度分别为 1 019 m/s、501 m/s。该钻孔测试表明,块碎石夹砂层纵波速度、横波速度、泊松比、动弹性模量、动剪切模量较大,粉质黏土层纵波速度、横波速度、泊松比、动弹性模量、动剪切模量最小。MD 57 钻孔地震纵横波测试成果见图7,MD 57 钻孔纵横波速度及动力学参数统计结果见表4。

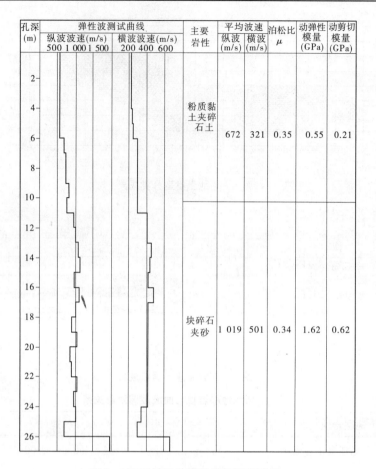

图 7　MD57 钻孔地震纵横波测试成果

表 4　MD 57 钻孔纵横波速度及动力学参数统计

钻孔号	深度(m)	岩性	纵波速度 v_P(m/s)			横波速度 v_S(m/s)			泊松比	动弹性模量(GPa)	动剪切模量(GPa)
			平均	最大	最小	平均	最大	最小			
ZK 57	0.0~10.1	粉质黏土	672	802	572	321	357	267	0.35	0.55	0.21
	10.1~27.0	块碎石夹砂	1 019	1 951	702	501	806	347	0.34	1.62	0.62

7　资料比对

　　本次测试卓越周期异常与面波测试覆盖层深度异常具有很好的一致性(见图 2、图 4、图 5、图 6),地质工程师根据图 6 结果分别在测点 mb - 39、mb - 149、mb - 207 布置钻孔验证,各钻孔对应覆盖层厚度分别为 9.4 m、18.2 m、9.8 m,与图 6 测试结果比较吻合,同时钻孔岩芯与表 3 也保持了很好的一致性。

　　MD 57 测点用常时微动直接测试的卓越周期为 0.24 s,采用钻孔纵横波测试结果,依据式(8)换算的卓越周期为 0.26 s,两者测试结果相对误差控制在 8.4% 以内,说明了资料的可靠性。

8　结论与建议

8.1　结论

(1)本次场地微振测试水平向卓越周期 T_m 的范围为 0.11~0.42 s,根据水平卓越周期测试结果与地质资料将该场地土类型划分为:坚硬土 0.10 s < T_m ≤ 0.18 s、中硬土 0.18 s < T_m ≤ 0.22 s、中软土 0.22 s < T_m ≤ 0.41 s。

(2)场地面波速度 v_r 建议值为:粉质黏土或耕植土 v_r = 150~300 m/s,碎石土 v_r = 300~520 m/s,强风化的砂岩、板岩或千枚岩 v_r = 520~1 400 m/s。

(3)MD 57 钻孔纵横波测试结果表明:0.0~10.1 m 段主要为粉质黏土层,其纵波速度、横波速度分别为 672 m/s、321 m/s;10.1~27.0 m 段主要为块碎石夹砂层,其纵波速度、横波速度分别为 1 019 m/s、501 m/s。

8.2　建议

根据本次物探测试结果,考虑地质情况并结合现场原位静载试验与动力触探试验结果,对地基处理方式给出如下建议:

(1)对于坚硬土区域,将表层耕植土挖除,建议使用天然地基作为持力层。

(2)对于中硬土区域,宜用挤密法或干振冲法对浅部地基进行处理。

(3)对于中软土区域,考虑到挖除工程量较大,该部位建筑场地最好重新选择。

声波法在硐室混凝土衬砌质量检测中的应用

李 洪

（中国水电顾问集团西北勘测设计研究院工程物探研究所 兰州 730050）

摘要：本文主要阐述了声波法检测地下硐室混凝土衬砌质量的基本原理和方法，并通过工程实例介绍了声波反射波法在某水电站发电放空洞钢板－混凝土联合衬砌体脱空检测中的应用效果，其目的是针对地下硐室工程质量存在的一些问题来认识工程质量检测的必要性，并对这种物探检测方法有一个基本的了解。

关键词：声波法 混凝土衬砌 缺陷 脱空 反射 频谱分析

1 引言

在水利水电工程中，地下硐室衬砌质量是关系到整个工程能否安全运行的大事，工程中任何质量隐患都可能导致难以想象的灾难，给社会稳定、国家经济建设、人民生命财产安全带来威胁。为此，工程质量越来越引起人们的高度重视，工程质量检测也成为工程质量验收不可缺少的基本依据。

水电工程地下硐室混凝土衬砌质量检测技术是以结构和构件混凝土无损检测为基础，并综合了多种工程物探检测方法而发展起来的一种新技术。这种检测技术在工程建设中，为防止或减少工程质量事故发挥了不可忽视的作用，并给工程建设带来了巨大的经济效益和社会效益。

地下硐室混凝土衬砌质量检测主要侧重于衬砌体的宏观力学性能和宏观缺陷测试方面，其主要内容是对衬砌混凝土的强度、内部缺陷、衬体厚度、衬体脱空等方面的检测。

目前，常用的物探检测方法主要有声波法、探地雷达法、回弹法和超声回弹综合法等。其中，声波法主要应用于混凝土衬砌体内部缺陷、衬体厚度和衬体脱空等方面的检测。本文将重点对声波检测技术进行探讨。

2 声波法检测混凝土衬砌质量的基本原理和方法

声波法检测混凝土内部缺陷分为穿透声波法和声波反射法。穿透声波法是根据声波穿过混凝土时，在缺陷区的声时、波形、波幅和频率等参数所发生的变化来判断缺陷的，这种方法要求被测物至少有一对相互平行的测试面；声波反射法则是利用声波在缺陷处产生反射现象来判断缺陷的，这种方法较适用于仅有一个测试面的地下硐室衬砌体的质量检测。

作者简介：李洪（1959—），男，河北人，教授级高级工程师，从事水电水利工程物探技术研究和技术管理化。

2.1　声波反射法的基本原理

根据声学理论,当声波从一种介质(v_1,ρ_1)入射到另一种介质(v_2,ρ_2)时,在两种介质的分界面上会发生反射和透射现象。入射波、反射波和透射波的传播方向满足波动理论的斯奈尔定律,其入射角α、反射角β和透射角γ之间关系为:

$$\frac{\sin\alpha}{v} = \frac{\sin\beta}{v_1} = \frac{\sin\gamma}{v_2} \tag{1}$$

当入射波垂直入射到两种介质分界面时,反射波声压与入射波声压之比称为反射率,透射波声压与入射波声压之比称为透射率。界面两侧的介质特性阻抗Z定义为介质密度ρ与声波速度V的乘积。声压的反射率R与透射率D由下式表示:

$$R = \frac{Z_2 - Z_1}{Z_2 + Z_1} \tag{2}$$

$$D = \frac{2Z_2}{Z_1 + Z_2} \tag{3}$$

由式(2)、式(3)可知,当$Z_1 = Z_2$时,$R = 0$,$D = 1$,即入射的声波全部从第一介质透射到第二介质中;当$Z_1 \gg Z_2$或$Z_1 \ll Z_2$时,则$R \to -1$或$R \to 1$,即入射声波几乎全部反射,透射极少。反射波与入射波相位变化取决于两种介质的特性阻抗相对差异。

由上述分析可知:当界面两侧的介质特性阻抗差异较大时,就会有能量较强的反射现象;反之,反射现象较弱。声波反射法检测混凝土衬砌体内部缺陷、衬砌厚度和衬体脱空就是利用了这一基本原理。

当混凝土衬砌体内存在着裂缝、不密实体、蜂窝、孔洞及衬体与围岩间存在脱空缝等缺陷时,若这些缺陷呈连续分布,可把这些缺陷体视为一薄夹层,其反射率R和透射率D与薄夹层的厚度d、特性阻抗比$m(Z_1/Z_2)$、声波在夹层中的波长λ有关,它们之间的关系可由下式表示:

$$R = \sqrt{\frac{\frac{1}{4}(m - \frac{1}{m})^2\sin^2\frac{2\pi d}{\lambda}}{1 + \frac{1}{4}(m - \frac{1}{m})^2\sin^2\frac{2\pi d}{\lambda}}} \tag{4}$$

$$D = \frac{1}{\sqrt{1 + \frac{1}{4}(m - \frac{1}{m})^2\sin^2\frac{2\pi d}{\lambda}}} \tag{5}$$

图1是根据式(4)绘制出的。其中,介质1为混凝土$(v = 4\,000 \text{ m/s})$,薄夹层介质2为水$(v = 1\,500 \text{ m/s})$。由式(4)、式(5)和图1可知:夹层越薄,反射率越小,透射率越大;声波频率越高或波长越短,则反射率越大,透射率越小。在检测衬砌混凝土内部呈薄层状分布的缺陷和衬体与围岩间脱空缝时,其缺陷异常与这些特性或基体物理条件有关。

2.2　检测方法

应用声波反射法检测衬砌混凝土内部缺陷、衬体厚度、衬体脱空常用的检测方法有垂直反射法和等偏移距反射法等。

垂直反射法观测系统及装置形式为一点激发另一点接收,即"单发单收"观测系统,发射点与接收点的距离远小于被探测目的体厚度或深度。因此,这种观测方法又称为零

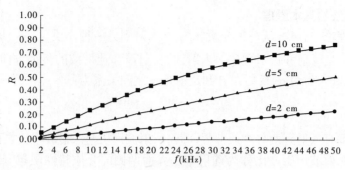

图1　反射系数与频率关系曲线

偏移距反射法。

等偏移反射法观测系统及装置布置形式为一点激发另二点接收,即"单发双收"观测系统。观测时,系统装置固定不变,沿测线方向等间距移动,偏移距一般小于被探测目的体的厚度或深度。

2.3　资料分析基本方法

声波反射法资料分析主要采用波形对比分析和频谱分析两种基本方法。通过波形及频谱特征来分析和判断混凝土衬砌质量,确定缺陷范围和性质。

2.3.1　波形对比分析

波形对比分析主要是对各观测点声波振动波形原始记录进行定性分析和定量解释。波形特征分析内容有声波波形的组合、波的叠加现象、反射波同相轴幅度、正常波形与异常波形对比等。这些分析还要借助于频谱分析来进一步确定异常波形特征。根据波形分析与频谱分析结果,结合反演计算所确定的反射点空间分布位置,最终确定反射波的性质。

2.3.2　波形频谱分析

频谱分析技术是工程物探采用较广泛的一种分析方法,它是应用快速傅里叶变换把时间域波形原函数转换成频率域的谱函数。

根据傅氏变换原理,一个振动信号 $f(t)$ 可视为由多个谐波组成:

$$f(t) = \frac{a_0}{2} + \sum_{n=1}^{+\infty}(\alpha_n \cos n\omega t + b_n \sin n\omega t) \tag{6}$$

而一个声波振动信号 $f(t)$ 是由直达波、反射波、折射波、扰射波等多个子波组成的,一般可把它视为非周期函数,它具有连续的频谱,对应的谱函数为 $F(\omega)$,其傅里叶变换形式为:

$$F(\omega) = \int_{-\infty}^{+\infty} f(t)\mathrm{e}^{-i\omega t}\mathrm{d}t \tag{7}$$

$$f(t) = \frac{1}{2\pi}\int_{-\infty}^{+\infty} F(\omega)\mathrm{e}^{i\omega t}\mathrm{d}\omega \tag{8}$$

在实际计算时,把一个声波振动信号 $f(t)$ 按 Δt 的间隔取样,当波形长度一定时,共有 m 个离散值;对其谱函数 $F(\omega)$ 则按 $\Delta f(\Delta f = \Delta\omega/2\pi)$ 频率间隔取样,如果频率宽度有限,有 n 个离散值。式(7)、式(8)可写成离散型傅里叶变换形式:

$$F(m\Delta f) = \Delta t \sum_{n=0}^{N-1} f(n\Delta t) e^{i2\pi m\Delta fn\Delta t} \tag{9}$$

$$f(n\Delta t) = \Delta f \sum_{m=0}^{M-1} F(m\Delta f) e^{i2\pi m\Delta fn\Delta t} \tag{10}$$

在计算时要将式(6)分解为实部和虚部,实部为振幅谱,虚部为相位谱。振幅谱(简称频谱)是描述各次谐波振幅随频率变化的情况,通过振幅谱图(简称频谱图)可直观地反映一个声波信号 $f(t)$ 是由哪些频率分量组成的及各分量所占的比重(如振幅的大小)。

根据傅里叶变换的单值对应定理和叠加定理可知:每个时域的原函数 $f(t)$ 单值对应一个频率域的谱函数 $F(\omega)$,而每个谱函数 $F(\omega)$ 也单值对应一个原函数;多个信号之和的频谱等于各个信号频谱的和。

结合声波振动波形特点,单一频率的振动波形所对应的频谱函数也就单一;有界面、缺陷反射子波存在的多个频率合成的振动波形所对应的谱函数则为各个子波频谱函数的合成。根据这个原理,便可以通过频谱分析来发现它们的存在。

2.4 缺陷判定

衬砌混凝土缺陷可分为内部缺陷和衬砌体与围岩间存在脱空两种情况,其缺陷的存在可能是单一的,也可能是两种情况的组合。但在异常的特征上是有差异的,因此各种缺陷的分析可分别进行。

2.4.1 混凝土衬砌体脱空缝的判定

根据声波反射原理可知,当衬砌混凝土内部不存在缺陷,与围岩接触良好或存在脱空缝时,在其界面处都会发生反射现象,但反射波的强度是有差异的。在一般情况下,由于围岩相对混凝土衬砌体的声阻抗率差异较小,而脱空缝多以空气或水充填,充填物相对混凝土衬体的声阻抗率差异较大。因此,在有脱空缝存在时,会产生较强的反射波。而当衬砌体与围岩接触良好时,只会产生较弱的反射波。

在这种条件下,声波波形图上呈现较单一的波形,同相轴连续;频谱图则反映的是以首波和界面反射波为主频的频谱特征。

2.4.2 混凝土衬砌体内部缺陷的判定

当衬砌混凝土内部存在有振捣不均或不密实、离析、蜂窝、孔洞等缺陷时,这些缺陷与周围混凝土体存在声阻抗差异。因此,在这些缺陷部位会发生反射和散射现象。当缺陷体范围较大,且充填物为水或空气时,其反射波的强度相对较强。

由于缺陷部位的反射波与首波之间存在声程或相位差,它们到时迟于首波而早于衬体与围岩界面的反射波,并与首波续至波相叠加,致使续至区内波形发生畸变。在波形图上会有较明显的反射波同相轴和波形畸变现象。

由于衬砌混凝土内部缺陷体形态不一、分布范围不连续、分布空间位置不同,在波形图中,则反映为反射波同相轴不连续或呈间断出现、同相轴位置不一等特征。

综上所述,混凝土衬砌体内部缺陷和衬体脱空等缺陷可通过波形和频谱分析结果来区别和判定,由于缺陷的性质、空间分布范围和形态的不同,其缺陷异常是有差异的。

3 工程应用实例

在对陕西某水电站发电放空洞运行情况进行检查时,发现在钢筋混凝土衬砌段与钢板混凝土联合衬砌段结合处的洞顶部衬砌体有压塌现象,并从该处发现衬砌体与围岩间有脱空缝。经检查和分析,初步断定混凝土衬砌体与围岩间回填灌浆施工过程中存在质量问题,导致在衬砌体与围岩间残留脱空缝,运行期间脱空缝充水,因水压较大而致使衬砌体损坏。

这一现象引起了该电站有关部门对发电放空洞主体的钢板混凝土联合衬砌段回填灌浆质量的担忧,为了保证电站的安全运行,提出了对该部位进行物探检测,并根据检测结果确定工程处理方案。

3.1 工程概况

该水电站发电放空洞由进口喇叭段、闸前洞身段、闸室段、闸后洞身段、出口段、发电支洞和导流洞七部分组成,全长 555.3 m,主要担负着发电引水、水库放空及施工导流作用。

物探检测部位位于闸后洞身段桩号 0 + 381.2 ~ 0 + 496.2 间的钢板与 C18 素混凝土联合衬砌段。该段洞室断面为圆形,直径为 3.6 m,断面结构为:管形钢板衬体(厚度 12 ~ 16 mm)—C18 素混凝土衬体(厚度约 0.6 m)—围岩。在该衬砌段曾进行了回填兼固结灌浆和钢板衬体与素混凝土衬体的接触灌浆。回填灌浆仅在洞顶 120°范围进行,灌浆孔入岩 3 m,孔组间距 3.2 m。

3.2 洞室地质简况与物性条件

发电放空洞围岩为白云质砂岩和砂质白云岩,岩体较完整、坚硬、强度较高,呈块状结构,属Ⅱ类和Ⅲ类岩体。

现场对所采集的较新鲜、完整的岩块进行了声波速度测定,其 v_p 值变化范围为 4 170 ~ 4 330 m/s;在发电放空洞出口泄槽 C18 钢筋混凝土侧墙进行了声波速度测定,v_p 平均值为 4 130 m/s,经对混凝土中钢筋影响进行修正,取修正系数为 0.97,其素混凝土 v_p = 4 000 m/s。

当衬砌体与围岩间存在着脱空缝时,脱空缝充填物多为水或空气。混凝土、围岩、水、空气的物性参数和相对混凝土的反射系数见表 1。

表 1 洞室各类介质声波物性参数

介质	密度 ρ(g/cm³)	声速 v_p(m/s)	特性阻抗 Z(× 10⁴ cm² · s)	相对混凝土反射率 R
空气	0.001 2	343	0.004	0.999 9
水	0.998	1 480	14.80	0.737 6
素混凝土	2.45	4 000	98.00	
围岩	2.75	4 000 ~ 4 330	110.00 ~ 119.08	0 ~ 0.097 1

由表 1 可知:无论脱空缝中充填物是水还是空气,它们相对衬砌混凝土的反射率比围岩相对衬砌混凝土的反射率大得多。因此,当衬砌体与围岩间存在脱空缝时,会发生较强的反射现象;当衬砌体与围岩结合良好时,仅会出现较弱的反射现象。这为声波反射法检测衬砌体脱空缝提供了基本物理基础。

3.3 测试方法与工作布置

根据测试目的和实际物性条件,衬砌体与围岩间的脱空缝物探检测采用声波反射法,选择共偏移观测系统,观测装置为一发双收,两接收点偏移距分别为 0.2 m 和 0.4 m,装置移动距离为 0.2 m。

由于发电放空洞顶部是脱空缝存在的可疑部位,也是本次检测的重点部位。根据业主要求,测试部位选择在洞顶部。测试范围为:桩号 0 + 381.2 ~ 0 + 496.2,测试长度 115 m。

3.4　测试资料分析

声波测试资料分析主要是对所采集的声波原始波形记录进行波形特征分析和频谱分析,并通过对正常波形与异常波形进行对比分析来确定异常波形的形态和特征,以此来推断脱空缺陷。

如前所述,当衬砌体与围岩间存在脱空缝时,脱空缝中的充填物一般为水或空气,它们相对混凝土衬砌体有较大的特性阻抗差异,因而在其界面处会产生能量较强的反射波。在声波振动波形图中会出现较强的反射波同相轴,并伴有续至区波形发生畸变现象。

为了分析波形组合形式,以确认异常波形形态,对所采集的声波波形记录进行了频谱分析。在正常波形频谱图中,由于振动波多以首波为主,波形较单一,相应的频谱图中的主频波谱多呈现为单峰;而在异常波形频谱图中,由于首波和反射波存在频率差异,其频谱图中的主频波谱多呈现双峰或多峰形态。

图 2 为衬砌体与围岩结合情况良好的正常波形图,从图中可以看出,声波波形单一、连续、无畸变。频谱图中主频基本呈单峰形态,为衬砌体横波波谱。

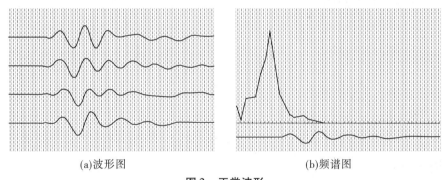

(a)波形图　　　　　　(b)频谱图

图 2　正常波形

图 3 为衬砌体与围岩间存在脱空缝的异常波形图。声波波形图中续至区波形发生较明显的畸变,有较明显反射波叠加现象。频谱图呈多峰形态,分析认为,主频峰和次主频峰分别对应的是衬砌体横波和脱空部位反射波波谱,其他幅值相对较低的高频峰为衬砌体内部缺陷处反射波波谱。

经对所采集的全部声波原始记录进行波形和频谱分析,认为在部分测段处衬砌体与围岩结合部位存在较强的反射现象,波形特征主要表现为:振动波形续至区 0.3 ~ 0.5 ms 处有明显的波形畸变现象,反射波相位明显;频谱图中多为多峰形态,次主频峰幅值相对较高。根据计算结果,反射点的深度与衬体厚度较吻合。

根据上述分析,结合衬砌体与围岩的物性条件、反射波强度或振幅幅度等特征及工程施工与处理的实际情况,认为衬砌体与围岩间存在脱空缝。

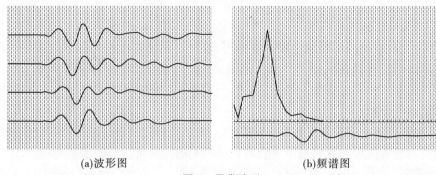

|(a)波形图|(b)频谱图|

图 3　异常波形

根据测试结果,脱空异常点分布较集中,主要分布在桩号 0 + 382.4 ~ 0 + 404.2、桩号 0 + 406.4 ~ 0 + 424.2 和桩号 0 + 434.6 ~ 0 + 476.2 三个区间(以下简称 A、B、C 区)。该范围内脱空异常点共计 218 点,平均分布密度为 2.9 点/m, A 区脱空异常点分布相对较密集,异常点深度范围为 0.47 ~ 0.84 m,平均深度为 0.64 m。各区脱空异常点分布情况见表 2。由于这些异常点多呈连续分布,因此推断脱空缝具有一定的连通性。

表 2　发电放空洞衬砌混凝土与围岩脱空异常区统计

异常区	桩号	异常点数(点)	密度(点/m)	深度范围(m)
A 区	0 + 382.4 ~ 0 + 404.2	73	3.3	0.52 ~ 0.74
B 区	0 + 406.4 ~ 0 + 424.2	41	2.3	0.47 ~ 0.79
C 区	0 + 434.6 ~ 0 + 476.2	104	2.5	0.54 ~ 0.84
全区	0 + 382.4 ~ 0 + 476.2	218	2.3	0.47 ~ 0.84

根据所提供的声波检测结果,在所判定的脱空异常区进行了第一序灌浆处理,一序灌浆共布置 16 个孔。由业主反馈信息可知,16 个灌浆孔中有 15 个孔吃浆量较大,其灌浆效果明显,表明所提供的异常区存在脱空缝,由此验证了物探检测资料的准确性。

4　结语

在水利水电工程中地下硐室混凝土衬砌质量的优劣是影响整个工程安全运行的关键,不少工程所发生的质量事故给人们上了生动的一课,使人们的质量意识不断增强,加强工程质量的管理、监督和检查工作也引起了国家有关部门的高度重视,并制定和颁布了相应的法律法规及质量检测工作的规程规范,工程质量检测越来越多地被采用,检测手段随着现代科学技术的发展也不断完善。

声波法作为工程质量检测的一种常规方法,具有测试方法简单、工作效率较高、测试精度较高、仪器设备轻便、资料处理与分析方法简单、测试费用经济等特点,越来越广泛地应用于工程质量检测中。

根据实际工作经验,声波法在地下硐室混凝土衬砌质量检测中的效果取决于缺陷体的几何形态和尺寸及相对衬砌体的物性差异。因此,在实际工作中,应注意测试方法和观测系统的正确选择,以充分获取缺陷信息,并通过对测试资料的全面分析来正确地判定缺陷的性质和分布情况。

在工作中也发现目前国内所生产的仪器设备还不能完全适应检测工作,如声波换能器的频率与激发能量等因素对探测深度、观测精度和缺陷的分辨率有一定的制约,这有待于仪器设备的改进和完善。

参考文献

[1] 国家建筑工程质量监督检验中心.混凝土无损检测技术[M].北京:中国建材工业出版社,1996.

[2] 陈仲侯,傅唯一.浅层地震勘探[M].成都:成都地质学院出版社,1986.

堆石土密度原位测试技术

李丕武　郭玉松

（黄河勘测规划设计有限公司工程物探研究院　郑州　450003）

摘要：本文简要概括了附加质量法第三代技术的主要研究成果。实践证明，附加质量法的理论可靠，所测 K、m_0 准确，密度反演方法适应性强，密度的反演精度和保证率均能够达到或超过 95%。2008 年 10 月 28 日，堆石土密度原位测试技术通过了技术鉴定，认为总体上达到了国际先进水平。

关键词：附加质量法　堆石土密度　原位测试

1 引言

堆石土密度原位测试技术是堆石体密度检测的附加质量法第三代技术的别称，是在第一、二代技术的基础上研究的新成果。对附加质量法检测堆石土密度的研究，从 1995 年算起至今已有十多年的时间。这期间在理论基础、方法技术、仪器设备、模型试验等方面做了大量的工作，并在黄河小浪底、清江水布垭、乌江洪家渡、大渡河瀑布沟、田湾河仁宗海、河南燕山水库以及澜沧江糯扎渡等堆石坝工程做了大量试验和工程检测工作。累计试验和工程检测点数达 8 000 多个。

堆石土密度原位测试技术于 1999 年获国家发明专利，2005 年编入《水利水电工程物探规程》（SL 236—2005），2007 年列入水利部实用先进技术推广项目。其中堆石土密度原位测试技术（第三代技术）于 2008 年 10 月 28 日通过技术鉴定。鉴定认为：该成果结合田湾河仁宗海堆石坝工程实际，详细研究了 7 种弹性模型与堆石土密度的相互关系，指出刚度、参振质量与密度之间有很好的相关性，为附加质量密度检测法奠定了理论基础；根据弹性参数与密度的相关关系，成功应用了解析法、相关法及神经网络法进行了堆石土密度反演，提高了附加质量法的密度检测精度；研究了不同干扰强度下最佳信号长度选取、水的介入对压缩刚度和剪切刚度的影响、弹性半空间力学模型中基底介质的有效影响深度等，得出了很有实用价值的结论。该研究成果在技术理论上有创新，工程上实用可行，推动了国内外堆石土密度原位无损检测技术的科技进步，整体上达到了国际先进水平。

2 刚度及参振质量的测量——附加质量法

附加质量法的力学模型——质量、弹簧模型见图 1。

作者简介：李丕武（1938—），男，河北人，河南兰考人，教授级高级工程师，国家注册一级岩土工程师，主要从事工程物探、工程检测工作。

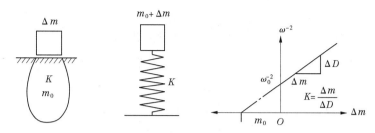

图1　附加质量法示意

设堆石土测点的振动规律符合质量、弹簧模型。为测量堆石土的参振质量（m_0）、刚度（K），须在测点加上适当的刚性质量体 Δm，Δm 称为振动体系的附加质量。设振动体系的位移函数、加速度函数及振动圆频率分别为 z'、z''、ω，体系的振动方程用式（1）、式（2）表示：

$$\left.\begin{array}{l} mz'' + Kz = 0 \\ m = m_0 + \Delta m \end{array}\right\} \tag{1}$$

$$K = \omega^2(m_0 + \Delta m) \tag{2}$$

式（2）中，若 $\Delta m = 0$ 相当于有形状无质量基础的振动，这种情况在理论上成立实际上则无法做振动试验，式中 K、m_0 均为未知量，利用该式无法求解；如果在基础上加一级质量 Δm_1，可测到一个 ω_1，这样一个方程中仍有两个未知量 K、m_0，还是没有唯一解；只有加两级质量 Δm_1、Δm_2，得到两个相应的频率 ω_1、ω_2，方程（2）才有唯一解，如式（3）、式（4）。为了消除测量误差，加上一系列质量 Δm_1、Δm_2 … 可以测到相应的 ω_1、ω_2 … 作（$\omega^{-2} \sim \Delta m$）曲线，其反斜率即为 K，如式（5）；曲线在 m_0 轴上的截距，即为地基土参振质量 m_0，如式（6）。

$$K = \frac{\omega_1^2 \omega_2^2}{\omega_1^2 - \omega_2^2}(\Delta m_2 - \Delta m_1) \tag{3}$$

$$m_0 = \frac{\omega_2^2 \Delta m_2 - \omega_1^2 \Delta m_1}{\omega_1^2 - \omega_2^2} \tag{4}$$

$$K = \frac{\Delta m}{\Delta \omega^{-2}} \tag{5}$$

$$m_0 = K \omega_0^{-2} \tag{6}$$

附加质量法的观测系统由击振器、拾震器、压板、Δm 以及信号采集分析仪组成，其布局见图2。每测一个点位的时间为半小时左右。

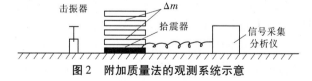

图2　附加质量法的观测系统示意

3　密度的反演计算

测量 K、m_0 的最终目的是计算介质密度。根据 ρ 与 K、m_0 的不同情况，第三代技术提出了解析法、相关法和神经网络法三种密度反演方法。

3.1 解析法

根据弹性半空间模型,可以导出以下四个密度解析式:

$$\rho = \frac{1-\mu}{4rV_s^2}K \tag{7}$$

$$\rho = \frac{2\beta}{\Delta\lambda}m_0 \tag{8}$$

$$\rho = \frac{(1-\mu)}{4rv_s^2}\frac{P}{S} \tag{9}$$

$$\rho = \frac{1}{2(1+\mu)v_s^2}E \tag{10}$$

只要测到介质的 K、v_p、v_s、β、λ、m_0、P(静载荷)、S(弹性静沉降量)、E,并将这些参数代入相应的密度式,就可以直接计算测点的密度 ρ,无须做挖坑试验。但计算结果往往使我们遗憾。例如,X 工程的卵石层、砂层,T 工程的堆石料,H 工程的黏性堆石、压实性土,计算密度就与坑测密度有较大差异(见表 1)。

表 1 工程计算密度与坑测密度差异

工区	介质	数据组数	计算密度 (t/m^3)	坑测密度 (t/m^3)	计算坑测 (t/m^3)
X	卵石层	4	4.95	2.38	2.57
X	砂层	4	2.62	1.90	0.72
T	堆石料	5	2.02	2.21	-0.19
H	黏性堆石	5	2.14	2.19	-0.05
H	压实性土	6	1.26	2.06	-0.80

基于上述情况,欲得到与坑测密度接近的计算密度,还须利用相关分析法,建立计算密度与坑测密度的关系,而后利用这种关系二次求解。由此可见,单独利用解析法去求解密度,一般情况下是不可行的。

3.2 相关法

所谓相关法,就是利用 K、m_0 与 ρ 的相关关系计算密度的方法。这种方法不需要波速参数,只需已知 K、m_0 即可。相关法,根据 K、m_0 与 ρ 的相关程度不同,有 $\rho \sim K$ 相关、$\rho \sim m_0$ 相关、$\rho \sim \omega^2$ 相关以及 $V_0 \sim m_0$ 相关。其中,V_0 为相应 m_0 的体积,$V_0 = m_0/\rho_{坑}$,$\rho_{坑}$ 为坑测密度。$m_0 \sim V_0$ 一般都有很好的相关性(见图 3)。

总之,利用 K、m_0 以及相应的坑测密度 $\rho_{坑}$ 选取一个样本,只要样本有足够的代表性(样本量足够大,范围足够宽),就一定能够找出密度 ρ 与 K、m_0、ω^2 或者 m_0 与 V_0 较佳的相关关系,利用此关系,即可准确地计算出密度来。

3.3 神经网络法

当解析法、相关法不能达到密度求解的预期目的时,可以考虑另外一种反演方法——神经网络法。神经网络法是一种仿生算法,是对人脑的基本结构和某些功能的抽象、简

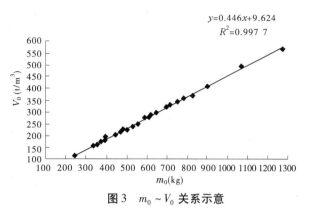

图3　$m_0 \sim V_0$ 关系示意

化、模拟,是一种非线性系统的数学模型,对非线性问题有较强的反演处理能力。神经网络算法的种类很多,三层 BP 网络算法是目前应用最广的一种算法,堆石土密度的反演引入了这种算法。三层 BP 网络包括一个输入层、一个中间层、一个输出层。BP 网络亦要一个有代表性的样本,作为学习和训练之用。其工作过程是由信号正向和误差反向两个相反的过程组成的。以上过程均可由计算机来完成。T 工程的堆石料密度的部分反演结果如表 2 所示。从表中的结果可以看出,密度的反演精度是相当高的。

表2　T 工程的堆石料实测资料

序号	点号	$K(\mathrm{MN/m})$	$m_0(\mathrm{kg})$	坑测密度 ρ_ω ($\mathrm{t/m^3}$)	网络密度 ρ_{BP} ($\mathrm{t/m^3}$)	网络密度 - 坑测密度 $\rho_{\mathrm{BP}} - \rho_\omega(\mathrm{t/m^3})$
9	A13	116	498	2.21	2.21	0.00
10	A14	174	651	2.23	2.22	− 0.01
11	A17	192	793	2.24	2.24	0.00
12	A19	211	1 078	2.32	2.28	− 0.04
13	A20	99	374	2.23	2.19	− 0.04
14	A21	110	380	2.18	2.19	0.01
15	A22	169	906	2.26	2.26	0.00
16	A23	115	398	2.08	2.19	0.11
17	A24	120	587	2.18	2.22	0.04
18	A25	102	395	2.19	2.19	0.00
19	A26	141	708	2.20	2.23	0.03

4　密度的反演精度问题

保证密度的测试精度是附加质量法研究的出发点和归宿。十多年来的研究工作始终抓住这个问题不放。随着理论研究的不断深化、测试技术的不断提高、仪器设备的不断改进、反演能力的不断增强,密度的反演精度和保证率亦不断提升。大量的实测、对比(与坑测法相比)资料证明,密度的反演精度和保证率均不低于95%。

附加质量法的密度反演精度取决于两个环节:第一个环节是 K、m_0 是否准确,第二个环节是密度反演方法是否科学可靠。如果这两个环节都没有问题,密度的反演精度就不应该有问题。

本文在"刚度及参振质量的测量"部分中已经提及,附加质量法的理论模型(质量、弹簧模型)与堆石土体系的振动规律非常接近。大量资料证明:ω^{-2} 与 Δm 的相关系数一般都在0.95以上。由此可见,用附加质量法所测出的 K、m_0 是准确可靠的。

关于密度的反演计算问题,第三代技术提出了三种方法:解析法、相关法和神经网络法。实践证明,在密度反演计算中总可以从中找到一种方法能够保证密度的反演精度,如对 T 工程堆石坝 2007 年实测 32 组资料的体积相关法的反演结果(见图4)。

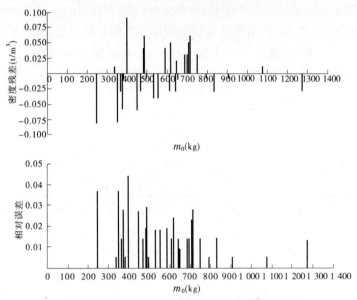

图4　T 工程堆石坝料密度(干)回归误差分析

32组资料的回归标准差 $\sigma = 0.043\ 2\ t/m^3$,$2\sigma = 0.086\ 4\ t/m^3$,按回归理论分析,将有95%的点子落在"$\rho + 2\sigma$"和"$\rho - 2\sigma$"范围之内。也就是说,满足误差 $\leq 2\sigma$ 的保证率为95%;相应的相对误差 $\delta = 2\sigma/\bar{\rho} = 0.086\ 4/2.155 = 0.04$($\bar{\rho}$ 为均值密度),即密度的精度可以达到96%。也就是说,采用体积相关法的密度反演结果可做到两个不低于:精度不低于95%,保证率不低于95%。

5　结论

(1)质量、弹簧模型与堆石土体系的振动规律非常接近。采用附加质量法所测的刚度和参振质量是可靠的。

(2)密度反演的解析法、相关法和神经网络法覆盖了密度反演的各种情况,对于不同情况的密度反演,总可以从中找到一种比较准确有效的方法。

(3)附加质量测量的堆石土密度的精度和保证率一般都不低于95%。每测一个点位的现场作业时间仅需半小时左右。

参考文献

［1］李丕武,等.地基土密度原位测试技术研究报告［R］.郑州:黄河勘测规划设计有限公司工程物探研究院,2008.

［2］严人觉,王贻荪,韩宇清.动力基础半空间理论概论［M］.北京:中国工业出版社,1981.

［3］王连祥,方德植,张鸣镛,等.数学手册［M］.北京:人民教育出版社,1979.

［4］顾晓鲁,等.地基与基础［M］.北京:中国建筑工业出版社,1993.

［5］中国水利水电科学研究院.DL/T 5129—2001 碾压式土石坝施工规范［S］.北京:中国电力出版社,2001.

［6］杨成林.瑞雷面波勘探［M］.北京:地质出版社,1993.

［7］李丕武.堆石体密度测定的附加质量法［J］.地球物理学报,1999.

［8］韩力群.人工神经网络教程［M］.北京:北京邮电大学出版社,2006.

［9］长江水利委员会长江勘测规划设计研究院.SL 326—2005 水利水电工程物探规程［S］.北京:中国水利水电出版社,2005.

适合 TBM 施工的 HSP 声波反射法地质预报技术研究

李苍松　谷　婷　丁建芳　于维刚　何发亮

（中铁西南科学研究院有限公司　成都　610031）

摘要：根据一般隧道地质超前预报方法，无法在 TBM（Tunnel Boring Machine，隧道掘进机）工作面实施测试的情况，结合各种地质预报方法与 TBM 配合施工的优缺点或应用效果的基础上，开展适合 TBM 施工的 HSP（Horizontal Sound Probing）声波反射法快速地质超前预报技术研究。该技术利用 TBM 掘进机刀盘切割岩石所产生的声波信号作为 HSP 声波反射法地质预报的激发信号，开展多次地质预报现场试验。实践证明，该技术在大伙房输水隧洞工程 TBM 施工地质预报的实践中是基本成功的，实现了不停机条件下的 TBM 施工地质超前预报，对 TBM 施工起到了积极的指导作用。

关键词：TBM　隧道　地质超前预报　HSP 声波反射法

1　引言

为了充分发挥 TBM 的工作效率，要求充分了解和准确把握隧道的地质条件。否则，盲目快速掘进必然造成巨大损失。因此，开展适合于 TBM 施工的地质超前预报工作非常必要，它是 TBM 施工的必要环节，是 TBM 工作效率得以保证的关键[1]。

TBM 施工隧道地质超前预报不同于矿山法（钻爆法）施工隧道，采用一般隧道地质超前预报方法无法在工作面（开挖面）实施测试，在掘进机机头适当部位或在掘进机的后部以外实施探测的难度更大。国内外目前常见的隧道施工地质超前预报技术主要包括地质法和地球物理方法两大类。地球物理方法有地震法、电磁波反射法、电法、声波反射法等，它们均有各自的优缺点和适用条件[2]。这些预报方法主要是针对钻爆法隧道施工而言的。目前，国内还没有比较成熟的专门针对或适合 TBM 施工的地质超前预报系统。

BEAM（Bore - Tunneling Electrical Ahead Monitoring）电法超前探测系统是国外主要针对掘进机系统的地质预报系统，由德国 GEOHYDRAULIC DATA 公司推出。在掘进机系统的适当部位安装电极，激发并接收探测前方的电阻率信号，据此分析探测前方的地质条件。该方法预报距离为隧道洞径的 5 倍（30~50 m），激发与接收探头安装在工作面附近，能够实施连续探测。该预报系统在欧洲许多国家都已得到应用，在我国辽宁大伙房输水隧洞工程中也试图将其引进，因多方面原因，引进的效果不理想，未能取得令人信服的数据[3]。

随着 TBM 施工技术的发展，对适用于 TBM 隧道施工地质超前预报的要求日趋迫切。

作者简介：李苍松（1971—），男，重庆人，高级工程师，主要从事隧道施工地质、检测及科研工作。

为此,有必要在现有地质超前预报方法的基础上,进行各种地质预报方法的优化,改进或创新地质预报技术方法。

2 TBM 隧道工程施工的特点及对地质预报技术的要求

TBM 隧道工程施工是一个复杂的系统工程,其最主要特点是机械化、速度快,但对地质条件变化的适应性较差。

根据 TBM 施工的特点及 TBM 刀具的破岩机理,配合 TBM 隧道施工超前地质预报应做到以下几点:

(1)从根本上和宏观上把握隧道施工影响区域的地质条件,仍然以地质法为基础;

(2)鉴于各种物探方法各有其优缺点和适用条件,必须采用综合物探技术;

(3)各种物探技术互为补充,同时还必须有一种或两种方法,要求其探测长度大,尽量减少对 TBM 正常工序的干扰,即现场探测时间应尽量短;

(4)预报方法的选择应充分考虑 TBM 的工作条件、工作环境,以及对各种仪器系统的干扰或特殊要求,如受金属、高压电的影响等;

(5)禁止在掘进机机头附近放炮,测试人员不能任意靠近掘进机机头。

3 HSP 声波反射法应用于 TBM 施工地质预报可行性研究

3.1 HSP 声波反射法的基本原理

HSP 声波反射法是中铁西南科学研究院在 HSP 水平声波剖面法的基础上的地质超前预报技术改进。

声波反射法探测和地震波探测原理相同,其原理是建立在弹性波理论的基础上,传播过程遵循惠更斯 - 菲涅尔原理和费马原理。其物理前提是:不良地质体(带)(如断层、风化破碎带、岩溶洞穴、地下水富集带等)与周边地质体存在明显的声学特性差异。

图 1 为钻爆法施工隧道(洞)HSP 声波反射法地质预报的现场测试布置示意。

3.2 HSP 声波反射法应用于 TBM 施工地质预报的可行性分析

自 20 世纪 90 年代 HSP 声波反射法应用于钻爆法隧道施工地质预报以来,经过十多年的研究和改进,技术已较成熟。但该技术应用于 TBM 施工隧道(洞)地质预报,尚属首次,没有成熟的经验可供参考。

根据 TBM 隧道施工的特点,提出利用 TBM 掘进时刀盘切割岩石所产生的声波信号作为 HSP 声波反射法预报激发信号的设想。

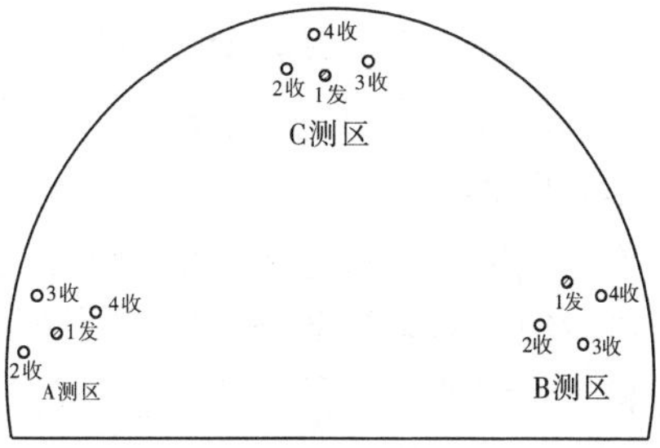

图 1 HSP 法地质预报的现场测试布置示意

3.2.1 第一阶段可行性试验

本阶段试验计划需解决的问题是 HSP 声波反射法地质预报系统能否采集到 TBM 工作所激发的声波信号。

采用仪器为 HSP - 1 型 16 通道地质超前预报仪。现场试验的两个条件:一是掘进机未进行工作时,采用敲击法进行测试;二是利用掘进机工作时所激发的声波信号作为仪器系统的激发信号进行现场试验。

试验结果显示,所采集的信号很弱。

图2为TBM工作条件下的测试断面布置示意,图3为现场采集的典型波形曲线,图4为现场采集波形曲线的波谱分析。试验获得以下认识:

(1)声波仪系统接收到来自TBM工作刀盘前方刀具与岩石摩擦或切割所激发的信号,也就是说,TBM工作刀盘前方刀具与岩石摩擦或切割所产生的声波信号可以作为声波仪系统的激发信号;

(2)HSP-1型16通道地质超前预报仪采集的TBM工作所产生的声波信号频率复杂、紊乱,需进一步开展试验研究激发的信号主频。

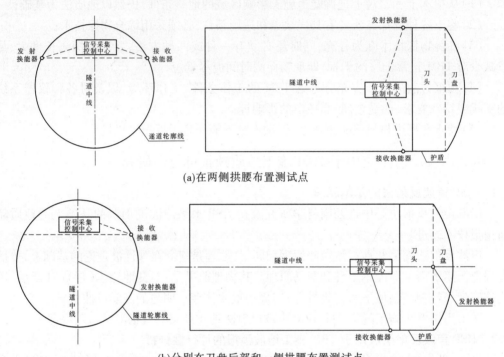

(a)在两侧拱腰布置测试点

(b)分别在刀盘后部和一侧拱腰布置测试点

图2　适合TBM施工的HSP声波反射法测试布置示意

3.2.2　第二阶段可行性试验

本阶段测试计划需解决的问题是TBM工作所激发的声波信号的特征是什么,应用HSP声波反射法进行地质超前预报时,应当如何进行信号采集、信号传输和信号分析。

本阶段试验采用ZGS-1610型智能工程探测声波仪系统进行信号采集。全部利用掘进机工作时所激发的声波信号作为仪器系统的激发信号进行现场试验。

分别按照图2(a)和图2(b)布置换能器进行现场试验。图5为按照图2(b)布置换能器所采集的典型波形曲线。

通过对所采集的波形曲线进行频域分析可知:发射换能器所采集的波形主频均较大,多在1 000 Hz以上,总体上各频带的信号都有;接收换能器所采集波形主频均较小,一般在10~2 000 Hz,频带密集、杂乱。由此可以判断:由TBM机械振动引起的应为高频信

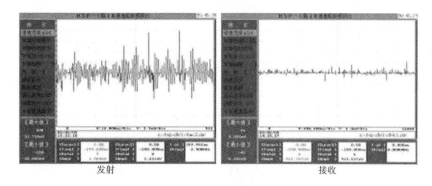

图 3　TBM 工作条件下 HSP-1 型 16 通道地质超前预报仪现场采集的典型波形曲线

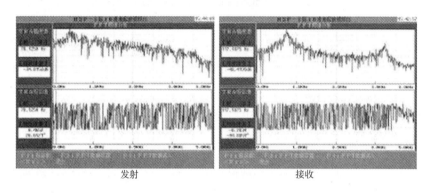

图 4　TBM 工作条件下 HSP-1 型 16 通道地质超前预报仪现场波形曲线的波谱分析

号;由 TBM 刀盘、刀具切割岩石与岩石摩擦所产生的声波信号中既有高频信号,也有低频信号。所以,可以将高频信号进行滤波处理,利用低频信号在岩石中的传播特性来进行 TBM 刀盘前方的地质超前预报。

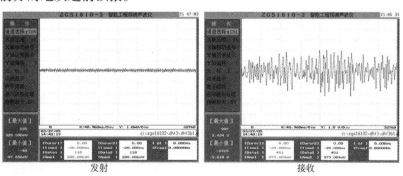

图 5　按图 2(b)布置换能器所采集的典型波形曲线

图 6 为按图 2(b)布置换能器进行测试所获得的曲线的时域、频域分析成果。根据测试工作面的岩性及岩体完整性等情况,计算波速为 4 011 m/s。

根据图 6,测试工作面(或刀盘)前方 130 m 范围内存在三个岩体破碎带,分别距刀盘工作面距离为 31.4～59.2 m、94.0～103.2 m 和 112.3～118.7 m。

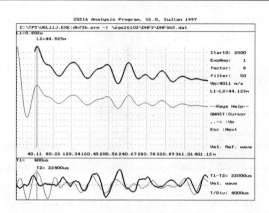

图6　按图2(b)布置换能器所采集波形的分析成果

在掘进机工作1 d后,TBM在工作过程中遇到岩体破碎带,相当于前述的第一个岩体破碎带(前方31.4~59.2 m),现场施工及时采取了加固措施。在掘进至该段时按惯例应停机检修,因该破碎带的影响,掘进机没有停机,而是继续掘进通过该段后才停机检修。

掘进机工作1 d后再次进行测试,预报工作面前方120 m范围内主要存在2个岩体破碎带,距离分别为34.5~44.8 m和71.1~76.2 m。该结果与前次预报结果,扣除TBM工作1 d所掘进的隧道长度,二者之间具有一定程度的可对比性。

3.2.3　两阶段试验研究初步认识

(1)TBM工作时,刀盘及刀具切割或破碎岩石所激发的声波信号频带较宽,既有高频信号,也有低频信号。

(2)采用HSP声波反射法可以采集到TBM工作所激发的声波信号,一般为10~2 000 Hz,且频带密集、杂乱。采取必要的、合适的滤波技术,可以识别出TBM刀盘前方不良地质体的反射波信号。

(3)对ZGS-1610型工程探测声波仪系统所采集的波形曲线进行时域、频域分析,可以进行刀盘前方的不良地质体预报。

4　适合TBM施工的HSP声波反射法硬、软件系统的改进研究

4.1　硬件系统的改进研究

(1)现场测试数据采集系统主机为ZGS-1610型智能工程探测声波仪。与ZGS-16型智能工程探测声波仪相比,该仪器将原并口传输改进为USB接口传输,传输速度提高近10倍,且性能稳定。

(2)选择拾震器(或换能器)频率为50~100 Hz。将发射拾震器安装在刀盘背后,在其前端安设一特制螺帽,通过螺栓与TBM刀盘连接。

(3)根据TBM主控室与刀盘间距,加长仪器主机与拾震器之间的传输线。

(4)因TBM工作震动能量和频率较大,需对仪器系统进行必要的防震防护,有以下两种方案可选:增加缓冲防震泡沫或将仪器系统背在测试人员的身上。

4.2　软件系统的改进研究

软件系统的改进包括采集和分析两个软件系统的改进研究。

对于测试采集软件的改进,与改进后的硬件系统匹配,将原 DOS 系统下运行的软件改为 Windows 系统下运行的软件。

同时,与采集数据相匹配,将时域、频域分析软件也改为 Windows 系统下运行的软件。

5 大伙房输水隧洞工程 TBM 施工地质预报应用实践

大伙房水库输水工程的主体建筑物为 85.31 km 长的输水隧洞,采用以 TBM 为主 (63.71 km,占总长的 74.7%)、钻爆法(21.6 km)为辅联合作业的施工方法。分别在 TBM1 标段 25 +872、26 +005.7、26 +054、32 +312 等工作面进行了多次现场试验。分别在 TBM2 标段 58 +440、58 +397、58 +382 等工作面进行了现场跟踪测试。

以 26 +054 工作面测试为例。

现场共布置测点区 6 对,获取原始记录波形 120 条。预报范围:26 +054 工作面前方 100 m(对应里程 26 +054 ~ 26 +154)。

预报结果:工作面前方 100 m 范围内(26 +054 ~ 26 +154)主要为较完整正长斑岩,局部地段岩体较破碎,存在四个不良地质地段,分别距工作面前方 10 ~ 26 m、31 ~ 36 m、50 ~ 71 m、82 ~ 92 m,对应里程分别为 26 +064 ~ 26 +080、26 +085 ~ 26 +090 和 26 +104 ~ 26 +125、26 +136 ~ 26 +146。

根据该预报结果,建议在掘进机掘进 26 +064 ~ 26 +080、26 +085 ~ 26 +090、26 +104 ~ 26 +125 和 26 +136 ~ 26 +146 四个不良地质地段时,注意观察岩渣块度、含泥量及含水量等情况,及时跟进并加强初期支护措施,以保证施工顺利进行。

开挖揭示情况对这三次预报成果进行了很好的验证:25 +870 ~ 26 +065 段岩体破碎,稳定性差,干燥无水,有节理裂隙发育,在掘进至 25 +967 处出现次级断层破碎带,持续 30 m 左右;26 +065 ~ 26 +106 段岩体较破碎—破碎,稳定性较差,干燥无水;26 +106 ~ 26 +140 段岩体破碎,干燥无水。

6 结论

(1)通过对 HSP 声波反射法应用于 TBM 施工地质超前预报的可行性研究,TBM 工作时,刀盘及刀具切割或破碎岩石所激发的声波信号可以被 ZGS - 1610 型工程探测声波仪系统所接收,采用必要的、合适的滤波技术,对所采集的波形曲线进行时域、频域分析,可以进行刀盘前方的不良地质体预报。

(2)在可行性研究的基础上,对 HSP 声波反射法地质预报技术在硬件和软件系统进行改进研究。直接利用掘进机激发的声波信号作为隧洞地质预报的激发信号,不需专门打孔或激发信号,不占用隧洞施工时间。

(3)大伙房输水隧洞工程 TBM 施工地质预报实践表明,适合 TBM 施工的 HSP 声波反射法地质预报技术是基本成功的,值得在同类工程的生产实践中进一步总结提高。

参考文献

[1] 刘绍宝,张应恩,周如成. 超前地质预报在 TBM 施工中的应用[J]. 现代隧道技术,2007(6).

[2] 何发亮,李苍松. 隧道施工期地质超前预报技术的发展[J]. 现代隧道技术,2001(6).

[3] 朱劲,李天斌,李永林,等. Beam 超前地质预报技术在铜锣山隧道中的应用[J]. 工程地质学报,2007(4).

微地震监测技术在地下工程中的应用研究

裴　琳

（四川中水成勘院工程勘察有限责任公司　成都　610072）

摘要：微地震监测技术就是通过观测、分析生产活动中所产生的微小地震事件来监测生产活动的影响、效果及地下硐室围岩稳定状态的地球物理监测技术。与地震勘探相反，微地震监测中震源的位置、发震时刻和震源强度都是未知的，确定这些因素是微地震监测的首要任务。本文从定性、定量两方面系统地介绍了微地震事件定位、分类以及定位结果的分析，并结合工程实例验证该方法的应用效果。

关键词：微地震　监测　水电工程　围岩

1　概述

　　大型工程的隧道及地下硐室的安全稳定性监测，一直是国内和国际上非常重视并致力于解决的问题。目前，在超大隧道及地下硐室稳定性监测方面大多采用非常原始的方法，如应力应变监测、位移及形变监测等。这些监测的局限性是只能对岩体局部点进行监测，难以对大范围岩体稳定性进行全面的宏观评价。

　　近 10 年来，由于数字采集技术、电子微处理器、数据智能处理与分析方法以及结果的可视化技术突飞猛进的发展，微地震监测技术在国外矿山安全监测方面开始得到广泛的应用，在解决岩体破裂空间分布特征、预测瓦斯突出与突水、岩煤突出和采煤面附近稳定性方面作出了重要贡献。目前，该技术正被开发为国外矿山重大灾害监测管理的一门标准技术。

　　微地震监测具有其独特的优点：一是它能直接确定岩体内部破裂的位置和性质；二是由于它采用地震波信息，其传感器可以布设在远离岩体易破坏的区域，这样就保证了监测系统可以长期运行而不被破坏；三是其监测可以覆盖很大的区域。

　　在国外，微地震监测技术在确定矿山隧道及核废料存储地下硐室围岩破裂分布方面已经有了成功的应用。围岩破裂分布特征为推测隧道及地下硐室的稳定性提供了直接的证据。大型水电工程的隧道及地下硐室的安全稳定性问题与其他隧道及地下硐室的稳定性问题非常类似，也完全可以应用微地震监测技术。然而，在国内，微地震监测技术还没有在超大隧道及地下硐室的安全稳定性方面应用。

　　岩石工程动力灾害的研究表明：不管是冲击地压、矿震等煤矿矿山动力灾害问题，还是岩石工程动力灾害失稳问题，都是工程活动过程中的应力场扰动所诱发的微破裂萌生、

作者简介：裴琳（1965—），女，重庆人，高级工程师，主要从事水电水利工程物探方法技术研究与应用工作。

发展、贯通等岩石破裂过程失稳的结果。因此,不管是哪种岩石动力灾害,在动力灾害出现之前,大都有微破裂前兆。而诱发微破裂活动的直接原因则是岩层中应力或应变增加。因此,在岩石动力灾害的研究工作中,借鉴地球物理学家在地震机理、地震预测和矿山研究工作者在国外矿山工程微地震监测等方面的研究成果,对水利工程超大隧道及地下硐室和边坡的安全稳定性分析预测技术的研究具有重要的指导意义。

2　微地震监测理论

2.1　基本原理

微地震监测技术就是通过观测、分析生产活动中所产生的微小地震事件来监测生产活动的影响效果及地下硐室围岩稳定状态的地球物理监测技术。与地震勘探相反,在微地震监测中,震源的位置、发震时刻和震源强度都是未知的,确定这些因素是微地震监测的首要任务。

微地震事件发生在岩体发生破裂变形的断面上。当岩体原有的应力平衡受到生产活动干扰时,岩体中原来存在的或新产生的裂缝周围区域就会出现应力集中,应变能量增高;当外力增加到一定程度时,原有裂缝的缺陷地区或新产生的裂缝区域就会发生微观屈服或破裂变形,裂缝扩展,从而使应力松弛,储藏能量的一部分以弹性波的形式释放出来,产生微小地震(即微地震)。大多数微地震事件频率范围为 200 ~ 1 500 Hz,持续时间小于1 s。在地震记录上,微地震事件一般表现为清晰的脉冲,微地震事件越弱,其频率越高,持续时间越短,能量越小,破裂长度也就越短。

岩体由于应力集中超过其强度极限变形时,必然引起岩体张裂错动,这个张裂错动形成了一个微地震波的震源,它与常规地震勘探的震源不同,其能量比较微弱,相当于几克到几十克炸药的能量。微地震震源所产生的子波向外传播,在岩体张裂错动变形中,震源同时激发两种类型的波:P 波和 S 波。由于 S 波传播速度比 P 波慢,所以 P 波总是先于 S 波到达,如图 1 所示。在时间 t_1 时刻纵波和横波传播到了 A 点,在时间 t_2 时刻纵波和横波传播到了 B 点。由于 S 波总是晚于 P 波到达,因此微地震事件记录起初总是表现为一高频信号,此后,记录上有一高频和低频信号的叠加,此为 S 波记录,如图 2 所示。在实际监测过程中,S 波很难区分,它通常容易被掩盖在反射或其他续至波中,但可以依据 S 波与 P 波的三个差异(频率、振幅漂移和直角质点振动漂移)来区分。

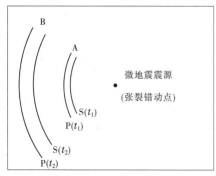

图 1　微地震传播示意

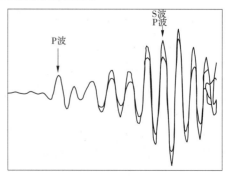

图 2　记录的微地震事件示意

通过对记录事件的信号参数分析,确定岩体发生破裂变形的位置、规模等;依据长时间的监测资料,在时间和空间上对微地震时间进行统计分析,对岩体区域稳定性作出综合评价。

2.2　均匀介质中地震事件定位方法

设微地震监测的测点数为 n,各监测点在空间的坐标 (x_i, y_i, z_i) $(i = 1, 2, \cdots, n)$,微地震事件到达各监测点的时间 $t_i (i = 1, 2, \cdots, n)$,介质中地震波传播速度为 V,估计所有要被定位的事件所在的三维空间边界 (x_1, x_2),(y_1, y_2),(z_1, z_2)。

该地震事件的位置为 (x_0, y_0, z_0) 及发生地震事件的时刻 t_0 见图 3。

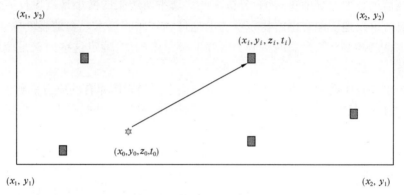

图 3　地震源台站平面示意

对于监测点 i,其从记录的地震波形的到达时间为 t_i。该到达时间可以表示为:

$$t_i = \frac{d_i}{V} + t_0 = \frac{\sqrt{(x_i - x_0)^2 + (y_i - y_0)^2 + (z_i - z_0)^2}}{V} + t_0 \qquad (1)$$

式中: t_0 是该事件发生时刻,为未知数。为了消除这个未知数,对所有台站到达时间求平均值,有:

$$\bar{t} = \frac{1}{n} \sum_{i=1}^{n} t_i = \frac{1}{n} \sum_{i=1}^{n} \frac{d_i}{V} + t_0 = \frac{\bar{d}}{V} + t_0 \qquad (2)$$

式中

$$\bar{d} = \frac{1}{n} \sum_{i=1}^{n} \sqrt{(x_i - x_0)^2 + (y_i - y_0)^2 + (z_i - z_0)^2} \qquad (3)$$

各到达时间与该平均值的差可表示为:

$$\Delta t_i = t_i - \bar{t} \qquad (4)$$

估计所有要被定位的事件所在的三维空间边界 (x_1, x_2),(y_1, y_2),(z_1, z_2),根据边界将三维空间划分成等分小网格(见图 4)。

将网格中每个结点假设为该事件的所在位置 (x_0, y_0, z_0)。如果空间中有 m 个结点,那么就会有 m 个假设的事件位置。以各坐标方向上的顺序,在某一结点 $k(x_0, y_0, z_0)$ 分别对所有台站采用下式计算传播时间:

$$t_i^c = \frac{\sqrt{(x_i - x_0)^2 + (y_i - y_0)^2 + (z_i - z_0)^2}}{V} \qquad (5)$$

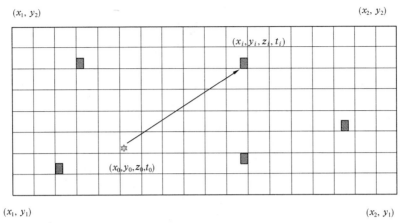

图 4　定位空间等距离网格划分平面示意

对传播时间计算平均值,有:

$$\bar{t}^c = \frac{1}{n} \sum_{i=1}^n t_i^c \qquad (6)$$

则同前,有:

$$\Delta t_i^c = t_i^c - \bar{t}^c \qquad (7)$$

对于每个测点,将该 k 结点计算值与实际观测计算值做差别计算,然后求和:

$$f_k = \sum_{i=1}^n (\Delta t_i^c - \Delta t_i)^2 \qquad (8)$$

对所有的结点都用以上步骤求出 $f_k(k=1,\cdots,m)$。在 m 个 f 中,找出最小值的 f 所对应的结点位置 (x_0,y_0,z_0),这个位置点在理论上就是最接近事件源的点,因此它就是我们要得到的解。

$$f_k = \sum_{i=1}^n (\Delta t_i^c - \Delta t_i)^2 = \min \qquad (9)$$

2.3　信号事件的分类

对提取的信号事件进行时域、频域内波性参数分析,将信号事件分为三类:爆破信号、破裂信号和施工干扰信号。经过对大量微地震信号的对比分析,初步确定爆破事件、破裂事件及施工干扰事件的信号有如下波性特征。

2.3.1　爆破事件

爆破事件主要来源于隧洞开挖的施工爆破,事件在记录上表现为全通道触发,记录能量很强,能量在相邻传感器之间的衰减不明显,信号频率高,地震波延续时间很长,将近 1 s。

近距离爆破一般无法区分 P 波和 S 波;远距离爆破时,P 波和 S 波分离明显,S 波紧接着 P 波到达传感器,整体记录上 P 波和 S 波记录形态基本一致。

2.3.2　破裂事件

破裂事件的能量明显弱于爆破震动信号的能量,事件在记录上表现为多通道触发,能量在各个不同传感器间的衰减程度依赖传感器与震源点间的距离,距离越远,能量损失越厉害。

破裂事件在记录上明显可见P波和S波,由于微地震观测系统监测岩体产生破裂变形的区域相对较小,S波迟于P波到达传感器表现得并不明显,所以在确定S波到达的具体时间时存在一些困难,记录上则表现为P波和S波存在叠加区。

破裂事件的延续时间:有效微地震信号子波延续时间一般介于爆破事件信号和施工干扰事件信号之间,时间短于爆破事件信号而长于施工干扰事件信号。

2.3.3 施工干扰事件

施工干扰事件在记录上表现为能量急剧衰减,与接收到最强信号传感器邻近的传感器上没有或仅有微弱信号,一般不超过3个传感器被触发。施工干扰源一般离接收能量最强的传感器距离很近,无法区分P波、S波。地震波的延续时间短暂。

2.4 影响定位精度的因素

微地震事件的反演定位计算是以弹性波在均匀介质中为假想前提的条件下进行的。在实际反演定位计算中,反演计算定位的准确性受传感器的空间位置、有效信号的强弱、信号的频率及围岩岩体结构等多方面因素的影响。

2.4.1 传感器的空间位置

在空间上,传感器的布置局限于一个水平面和一个铅垂面,没有在监测区域均匀分布,这样给定位计算带来了一定的系统误差。因此,传感器要尽量采用三维空间安装,以获得可靠的事件定位。

2.4.2 有效信号的强弱

微地震产生的能量比较小,在岩体中传播时,受围岩破碎带、已开挖隧道、隧洞松弛圈等的滤波吸收作用的影响,微地震信号能量衰减加剧,在记录上难以精确判读有效微地震信号的最初到达时间,影响反演定位计算的精度。

2.4.3 信号的频率

记录的信号涵盖多种频率成分,高频地震波在岩体中的传播速度较高,低频地震波在岩体中传播速度稍低。在反演定位计算中,由于记录信号的复杂性,采用了恒定速度进行反演计算,影响了定位计算的精度。

2.4.4 岩体波速

受岩体结构、岩级的影响,岩体弹性波波速表现为随埋深增大而增大的趋势,上部岩体波速低,下部岩体波速高;同时,在岩体各向异性的影响下,岩体弹性波波速在不同方向上也有差别。由于速度的变化,导致地震波呈曲线形式在岩体中传播。这点与微地震事件的正演计算模型假设的均匀介质及直线传播条件相矛盾,在实际定位计算中严重影响了反演定位计算的结果。

3 应用实例

3.1 概况

某水电站坝区山高坡陡,两岸山体地应力高,左岸存在深部裂缝、低波速松弛岩体、煌斑岩脉及F2、F5断层等复杂地质条件。在地下硐室开挖施工过程中,围岩应力平衡遭到破坏,岩体发生破坏变形或原有的地质缺陷被激活,给施工带来很大的隐患。为确保工程施工安全,针对该项目,利用微地震监测系统对左岸导流洞、交通洞以及边坡开挖引起的岩体卸荷松弛进行实时监测,通过对记录的微地震信号产生的机理、能量、频谱及最初到达时间等分析,反演计算得到岩体破裂形变的时刻、位置和性质;分析微地震事件在时间、空间上的分布规律,确定岩体三维空间的破裂大小和集中程度,以此推断岩体的破坏程度。实时监测、分析变形和错动的发展趋势,将岩石破裂事件与变形观测资料、地质资料、物探检测资料等相结合,分析微地震与岩体卸荷的关系,预测岩体变形的发展趋势,为围岩稳定性评价提供科学依据。

3.2 监测系统布置

微地震监测系统传感器根据现场施工条件,结合岩体松弛变形区域,布置在导流洞交通支洞、左岸绕坝交通洞、施工支洞、勘探平硐中,布置多个高精度三分量传感器。

3.3 微地震事件监测

某水电站 2006 年度左岸微地震事件点位剖面图如图 5 所示。

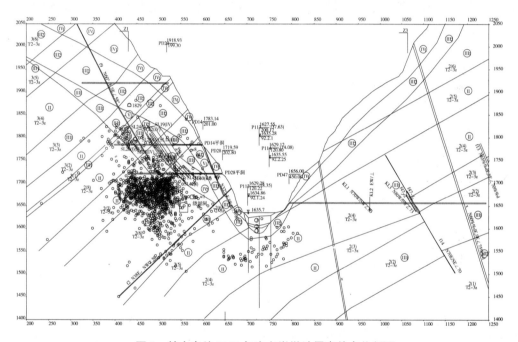

图 5 某水电站 2006 年度左岸微地震事件点位剖面

在 2006 年 1~11 月微地震事件监测期间:1~3 月,微地震记录爆破事件基本上发生在右岸,左岸爆破施工扰动轻微,岩体处于应力调整收敛阶段,围岩稳定;5~7 月,破裂事件数量很平稳,从定位计算的结果来看,事件定位点分布零散,左岸山体基本稳定,但未完全稳定的施工支洞与左岸导流洞交汇处破裂事件稍多;8~11 月,破裂事件数量明显增加,尤其表现在 9 月下旬~11 月,结合破裂事件定位计算结果,破裂事件主要产生在新开挖洞室周围、基础处理施工通道与导流洞及勘探平硐投影交汇区域。

从总体上分析,系统记录的破裂事件与爆破事件存在一定的对应关系:当爆破施工作业面离左岸导流洞较远,数量较少时,左岸导流洞附近区域破裂事件数量较少,且破裂事件的定位结果较分散;当爆破施工作业面离左岸导流洞较近,数量较多时,左岸导流洞附近尤其是在导流洞与其他洞室交汇处破裂事件数量明显增多,且破裂定位点较集中。

4　结语

　　微地震涵盖多个学科的内容,涉及地质学、岩石力学、地震勘探、动态信号测试与分析等多门基础学科的相关知识。任何弹性形变(微破裂、相对错位及体积变化等)都会产生弹性波。这些波可以被安装在远处(5～100 m)的检波器接收到。利用多个检波器接收到的地震波形,通过反演方法就可以得到弹性形变发生的时刻、位置和性质,利用破裂的大小和集中程度及岩体在空间的破裂密度可以推断岩体的破坏程度。

　　在大型水电工程施工过程中,隧道和硐室的开挖破坏了围岩原始的应力平衡状态,不平衡应力状态下的岩石会在新应力的作用下发生弹性和塑性形变。破裂变形主要产生在新开挖洞室周围,这就要求我们在硐室开挖爆破施工过程中要严格按照施工要求进行爆破开挖作业,重视并加强开挖完成后硐室的支护措施,尤其是硐室在三维空间比较接近时,应该控制爆破开挖药量,及时加强支护措施,以防硐室间松弛岩体连通造成大范围灾害性事故。

参考文献

[1]　赵向东,陈波,姜福兴. 微地震工程应用研究[J]. 岩石力学与工程学报, 2002,21(A02).

[2]　W H K Lee,S W Stewat. 微震台网的原理及应用[M].唐美华,译.北京:地震出版社,1984.

黄河河道整治工程水下根石探测专有技术
——小尺度水域精细化探测技术初论

张晓予 郭玉松 谢向文 张宪君 马爱玉 王志勇

（黄河勘测规划设计有限公司工程物探研究院 郑州 450003）

摘要：本文介绍了主要用于黄河河道整治工程水下根石探测的专有技术，探讨小尺度水域精细化探测技术的量化技术指标和技术实现方法，以及在黄河上的具体实践和工程应用情况，提出了小尺度水域 50 m 的工作范围，明确了精细化探测相邻测点间距不大于 0.5 m 的限制条件，探讨了该项技术在其他领域的应用前景。

关键词：黄河 根石 小尺度 精细化 探测

1 引言

河道整治工程是黄河防洪工程的重要组成部分，主要包括控导工程和险工两部分。控导工程和险工由丁坝、垛（短丁坝）、护岸三种建筑物组成，一般以丁坎为主。丁坎结构包括土坝体、护坡（坦石）、护根（根石）三部分。土坝体、护坡的稳定依赖于护根（根石）的稳定。根石是丁坝、垛、护岸最重要的组成部分，也是用料最多、占用投资最大的部位，它是在丁坝、垛、护岸运用期间经过若干次抢险而逐步形成的，只有经过数次不利水流条件的冲淘抢护，才能达到相对稳定。为了保证坝、垛安全，必须及时了解根石分布情况，以便做好抢护准备，防止垮坝等严重险情的发生。因此，根石探测是防汛抢险、确保防洪安全的最重要工作之一。

长期以来，根石探测技术一直是困扰黄河下游防洪安全的重大难题之一，解决水下根石探测技术问题，及时掌握根石的分布情况，对减少河道整治工程出险、保证防洪安全至关重要。几十年来，水下根石状况完全靠人工探摸。人工探摸范围小、速度慢、难度大，探摸人员水下作业时还有一定的危险性，难以满足防洪保安全的要求。水下根石探测技术始终是黄河防洪中急需解决的关键技术难题。

黄河水利委员会于 1996 年申请使用水利部"948"计划经费引进美国 EdgeTech 公司的 X－STAR 浅地层剖面仪，用于黄河河道整治工程水下根石探测技术研究；2006 年申请"948"技术创新与转化项目，对原来的 X－STAR 浅地层剖面仪进行了升级换代改造。后又购置了新的 GPS 实时差分仪，重新改造加工了新的水上载体。2008 年，黄河河道整治工程水下根石探测技术研究取得了圆满成功，提交了试验研究报告，通过了水利部组织的技术鉴定。鉴定意见认为：研究成果总体达到国际先进水平，其中在小尺度精细化根石探

作者简介：张晓予（1963—），男，四川广元人，高级工程师，主要从事水利水电工程物探和物探技术装备研发工作。

测等关键技术的综合集成方面达到国际领先水平。

　　在试验研究过程中,根据黄河下游河道整治工程水下根石分布的特殊状况,引入了小尺度水域精细化探测的概念。所谓小尺度水域的精细化探测,就是在小范围水域内,对水下目标体进行详细探测,以求了解目标体在水下的详细分布状况。

2　小尺度水域的概念及量化技术指标

　　小尺度水域的概念是相对海洋调查勘探而言的。本研究项目中使用的是美国 Edge-Tech 公司的浅地层剖面仪,它主要用于海洋调查勘探。在海洋调查勘探工作中,其工作水域一般是以千米计,探测范围大,分辨率要求不高;而黄河下游河道整治工程根石探测的工作水域,是由建坝和长期运行后水下根石的分布区域决定的。

　　根据黄河下游河道整治工程坝体结构设计资料,各类型坝在建坝时的设计根石水下分布的水面平距不超过 30 m。根据现有探测资料,已探测到的根石最大深度不超过 20 m,按照 1:1.5 的稳定根石坡比降,其水面最大平距不超过 30 m,因此长期运行后根石水下分布的水面平距一般不超过 30 m。图 1 是 2008 年在惠金局南裹头险工使用小尺度水域精细化探测技术取得的探测成果,也是探测至今发现的最大根石深度。

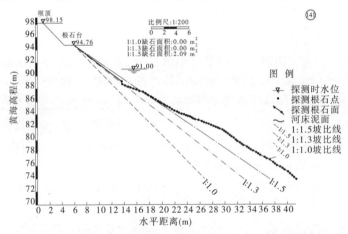

图 1　南裹头险工主坝头 7 坝上跨角 SK2 + 000 根石断面

　　探测断面的水面最大平距和水面下最大根石深度分别为 30.89 m 和 17.50 m。考虑到水下根石分布的特点及黄河水流强携带能力对根石的特殊作用导致可能出现的极端状况,小尺度水域的概念可以量化为距离坝 50 m 的水面范围。

3　精细化探测的概念及量化技术指标

　　精细化探测的概念是相对的,在本文中,精细化探测是相对以往的水下根石探测技术而言的。

　　依据《黄河河道整治工程根石探测管理办法(试行)》,根石探测水下部分沿断面水平方向每隔 2 m 探测一个点。当遇根石深度突变时,应增加测点。在滩面或水面以下的探测深度应不少于 8 m,当探测不到根石时,应再向外 2 m、向内 1 m 各测一点,以确定根石的深度。

因此,现行水下根石探测的水面测点间距是 2 m。按照 1∶1～1∶1.5 的坡比计算,水面 2 m 点距对应的水下根石坡面长度为 2.4～2.8 m,在这一范围内,没有探测数据显示水下根石的真实状态,两测点间形成了长度为 2.4～2.8 m 的探测真空区,其形态见图 2。

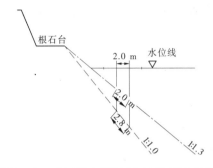

图 2　2 m 水面测点间距水下根石形态示意

黄河河道整治工程根石是由散石构成的,散石的粒径一般不大于 0.5 m,与探测真空区相差一个数量级。在强水流的冲击作用下散石会走失,从而形成根石面的冲刷坑。在以水面 2 m 点距开展水下根石探测工作时,冲刷坑完全可能被跨越,从而导致探测数据不能反映水下根石的真实状态。

为此,在研究水下根石探测新技术时,必须加密测点,使测点间距与散石粒径处于同一数量级或小于散石粒径,彻底消除探测真空区,确保探测数据能够真实反映水下根石的分布状态。因此,精细化探测的概念和量化技术指标是:水面测点间距小于或等于 0.5 m。为了达到这一技术指标,就必须保证水面实时同步定位,且水面实时同步定位精度应当比水面测点间距低一个数量级,因此水面实时同步定位精度应当大于 5 cm。

4　实现小尺度水域精细化探测

在黄河上采用的常规根石探测方法是采用直接触探或凭借操作者的感觉判断水下根石情况,其方法有探水杆探测法、铅鱼探测法、人工锥探法、活动式电动探测根石机。以上几种探测方法均为 2 m 点距,测点之间的根石情况则靠线性插值获得,它们属于小尺度水域探测,但不是精细化探测,不满足黄河水下根石精细化探测的要求。

为了解决根石探测问题,进行了多次研究和反复试验,经过探测仪器主机升级、GPS 实时定位数据匹配、探头水面载体改装和数据处理软件研发等过程,最终采用 3200 - XS 浅地层剖面仪 + GPS 定位仪 + 小型水面载体的组合方式,沿设定根石断面进行探测,能够准确探测水下根石的坡度与分布状况,实现了小尺度水域精细化探测。

河道整治工程中的水下根石探测区域一般围绕坝、垛、护岸 20～30 m 范围内开展,探测深度大多在 30 m 以内,对于水下浅地层剖面仪器而言属于小尺度水域的精细化探测问题。为了满足探测精度与数据密度的需要,采用控制航迹沿既定断面缓慢前行配合高速采样的方法来实现小尺度水域的精细化探测。

小尺度水域的精细化探测确保航迹控制与设定断面偏差不超过 1 m,人工探测时 2 m 一个测点,仪器探测时测点间距与船的速度及仪器发射探头的频率有关,测点间距 $\Delta S = V/N$,V 为船移动的速度,一般取 0.2～0.8 m/s,N 为发射频率,范围为 0.5～12 Hz。测线采样密度达到分米级,水面定位精度达到厘米级,探测深度误差不大于 20 cm。根据现有探测资料,小尺度水域的精细化探测技术在黄河正常浑水中探测深度大于 20 m,泥沙穿透厚度大于 10 m(仪器设计探测能力,穿透深度:粗沙 30 m,软泥土 250 m,最大水深 300 m)。各项数据指标完全适应并满足黄河下游河道整治工程水下根石探测工作需求,图 3 是探测航迹。

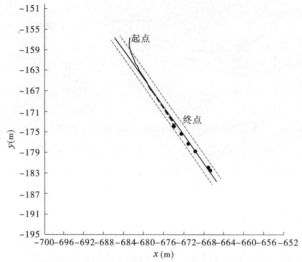

图 3　小尺度水域精细化探测技术探测航迹

表 1 是采用小尺度水域精细化探测技术采集的一组数据,经处理计算后得到相邻两测点间的平距。根据表 1 中数据统计,相邻两测点间的平距均可以控制在 0.5 m 以内,满足小尺度水域精细化探测技术要求。

表 1　探测数据计算统计

序号	经度(原始)	纬度(原始)	平距(m)	相邻点距(m)
1	34°52.6498′	11°349.5868′	17.76	0.36
2	34°52.65′	113°49.5868′	18.12	0.21
3	34°52.6501′	113°49.5867′	18.33	0.36
4	34°52.6503′	113°49.5867′	18.69	0.28
5	34°52.6504′	113°49.5867′	18.97	0.48
6	34°52.6507′	113°49.5866′	19.45	0.18
7	34°52.6508′	113°49.5866′	19.63	0.18
8	34°52.6509′	113°49.5866′	19.81	0.36
9	34°52.6511′	113°49.5866′	20.17	0.22
10	34°52.6512′	113°49.5865′	20.39	0.36
11	34°52.6514′	113°49.5865′	20.75	0.36
12	34°52.6516′	113°49.5865′	21.11	0.31

续表 1

序号	经度（原始）	纬度（原始）	平距（m）	相邻点距（m）
13	34°52.6517′	113°49.5864′	21.42	0.44
14	34°52.652′	113°49.5864′	21.86	0.45
15	34°52.6522′	113°49.5863′	22.31	0.48
16	34°52.6525′	113°49.5863′	22.79	0.4
17	34°52.6527′	113°49.5862′	23.19	0.17
18	34°52.6528′	113°49.5862′	23.36	0.19
19	34°52.6529′	113°49.5862′	23.55	0.39
20	34°52.6531′	113°49.5861′	23.94	0.36
21	34°52.6533′	113°49.5861′	24.3	

5 小尺度水域精细化探测技术的工程应用

2008 年 3 ~ 4 月，在黄河水利委员会建设与管理局和河南黄河河务局的大力支持下，采用小尺度水域精细化探测技术在惠金和长垣两个河务局开展了汛前水下根石探测。在惠金、长垣两河务局进行的汛前根石探测中，共探测坝、垛、护岸 112 道，探测断面 217 个，已探测到的最大根石深度（根石台以下）达 20.47 m，水面最大距离近 30 m，探测成果已提交两局用于防洪预案编制。

实践证明，小尺度水域精细化探测技术探测精度满足工程需要，并具有探测范围大、速度快、安全性高等特点。该技术的应用将为防洪工程管理提供重要的技术支撑，对防洪保安全意义重大，推广应用前景广阔。黄河是一条极其复杂难治的河流，黄河来沙量之大、含沙量之高是世界上绝无仅有的。以往的大量技术实践表明，适用于其他河流和海洋的水利相关技术往往必须加以改造才能应用于黄河上，有些甚至完全不适应黄河特殊的水沙条件而无法应用，但在黄河上应用成功的技术装备则一般适用于其他河流和海洋。因此，小尺度水域精细化探测技术在黄河的成功应用也预示其在相关领域的应用前景非常广阔，如在长江堤防的抛石探测、各类工程的水下勘探等。

井间高密度电阻率成像法检测深孔帷幕注浆效果

唐英杰

（华北有色工程勘察院　石家庄　050021）

摘要： 深孔帷幕注浆效果检测物探方法是人们一直在探索而又难以攻克的一项难题,跨孔高密度电阻率法这一新技术的出现,为深孔帷幕注浆检测方法展示了一种新的途径。本文对这一方法作了叙述,并结合中关铁矿实例,对此方法的应用效果进行了评价。

关键词： 帷幕注浆　井间高密度电阻率法　跨孔检测　注浆效果

1　工程概况

深部铁矿的开采采用传统的疏干排水方式,不仅破坏了地下水资源和地区生态环境,而且费用较高。为了保护地下水资源和地区生态环境,现在大部分的铁矿开采都采用帷幕注浆技术进行堵水,从而减少了大量的无效排水,而且可以降低开采费用,既符合环境保护的要求又可以提高经济效益。

中关铁矿位于河北省沙河市,总储量约 1 亿 t。矿床为埋深 300～500 m 的隐伏矿床,赋存于闪长岩与奥陶系中统石灰岩接触带,奥陶系中统石灰岩裂隙岩溶发育,富水性强,为矿区的主要含水层,要开采铁矿必须先解决矿山治水难题。为实现合理开采矿产资源、有效保护环境地质,矿山治水应以堵水为主,采用帷幕注浆方案可达到阻水效果。

在中关铁矿的 3 km 周边布置一系列钻孔,孔距从 48 m 加密至 12 m,最大孔深 600 m,注浆深度为 200～500 m,通过深部钻探,同步注浆,形成帷幕墙,以阻止灰岩地层中断层和裂隙发育区的透水。

2　检测方法试验

帷幕注浆堵水在水利系统的可溶岩地区大坝建设中已经得到了广泛的应用,效果良好。近 20 多年来,我国多次在石灰岩含水层地区采用帷幕注浆堵水的方式进行金属、煤炭矿山开采,都取得了比较好的成果。传统的帷幕注浆效果的检测方法,都是采用打成对检查孔,用跨孔弹性波透射方法检测的。

在河北中关铁矿帷幕注浆工程中,华北有色工程勘察院对深孔注浆效果检测方法进行了试验,采用传统的地震波方法,用电火花震源在一钻孔中激发,另一钻孔用浅震仪接收透射波,但因钻孔中充满几百米深度的地下水,仪器接收不到所需信号。试验表明,跨孔弹性波检测方法不适用于充水深孔情况。

作者简介： 唐英杰(1981—),男,河北保定人,工程师,从事工程物探工作。

针对矿区深孔帷幕注浆效果检测方法难题,华北有色工程勘察院认为完整灰岩和混凝土有高电阻率特征,含水裂隙发育区为低电阻异常体,具备开展电阻率法的地球物理条件,提出了采用井间高密度电阻率检测的方案。华北有色工程勘察院先期进行了高密度电法检测现场试验,待试验成功后,确定采用井间高密度电阻率检测的方法对整条帷幕线进行检测,并做出帷幕注浆的整体性评价。

3 井间高密度电阻率法的基本原理和方法

井间高密度电阻率法属于直流电法勘探,是高密度电阻率法一种新的应用。地下岩石的电阻率除与岩石本身的特性有关外,还与该岩石的含水量有很大的关系,特别是在石灰岩地区由于地下水矿化度较高,一般来说岩石中的孔隙越大,含水量越多,则这种岩石的电阻率就越低,反之则电阻率就越高。由于岩石的这种特性,电法勘探在查找与水有关的地质构造时就非常有用。

传统的高密度电阻率法主要应用于陆地表面,通过布设在地面的电极测量电压和电流,间接测出地下地层的电阻率分布图,从而推断地层的地质情况,探测深度一般为50~100 m。地面电阻率方法在地下采空区、过水通道、岩溶裂隙等检测方面都取得过非常好的效果,但是对于帷幕注浆效果的检测,地面的探测深度远远达不到所要求的检测深度,应改变电极的供电和接收方式,采用井中供电和接收的跨孔方法进行检测,以达到帷幕注浆效果检测的目的。

将两根带有电极的电缆放到两个钻孔中,进行跨孔供电,跨孔测电位差。检测过程中固定A、B、M点电极,其他电极同步测量一系列的N电极电位数据,然后移动M电极,对N电极再做如上观测,然后移动B电极再做如上观测,最后移动A电极再做如上观测,测量过程中每一对电极都可以任意组合作为AB供电电极和MN接收电极。采用这种供电和接收方式,可以极大地提高数据的采集量,每对测量段可以得到5万组以上的数据,丰富了孔间的信息资料,可以很清晰地反映出两钻孔间的电阻率分布情况。把所测量的数据进行反演,采用有限元模拟,反复与大量实测数据对比,多次迭代,反演出两钻孔井间的电阻率断面图像。这种真断面图的横轴是两井间距,纵轴为测量深度,图像显示井间电阻率分布,相当于井间电阻率CT图像。判释井间电阻率图像可分析裂隙发育程度,断层、裂隙发育区的位置和深度,从而可对两孔之间的注浆效果进行评价,并对加密孔和检查孔的位置提出建议。

4 理论模型

为了解该方法采集和反演软件的特点,首先从理论模型入手,根据矿区地层特点,建立一个水平地层模型,模拟钻孔中采集模式对其进行正演计算,根据正演计算得到的采集结果再进行反演计算,对反演数据进行网格化成图,得到反演电阻率剖面。

理论模型为一个二维平面模型(见图1),两钻孔孔距48 m,模拟深度60~312 m,5层水平地层。根据前期在钻孔中进行的试验测试结果,围岩电阻率值设定为1 000 Ω·m,中间96~144 m夹一层电阻率值为100 Ω·m的低电阻率层,210~246 m夹一层电阻率值为5 000 Ω·m的高电阻率层。

反演电阻率剖面基本能反映实际电阻率的分布情况(见图 2)。反演电阻率剖面在 120 ~ 145 m 电阻率值小于 500 Ω·m,能很明显地反映出低电阻率层;210 ~ 250 m 电阻率值为 4 000 ~ 7 000 Ω·m,能很明显地反映出高电阻率层,而且位置对应非常准确;其他围岩电阻率为 500 ~ 1 500 Ω·m,分布较为均匀。

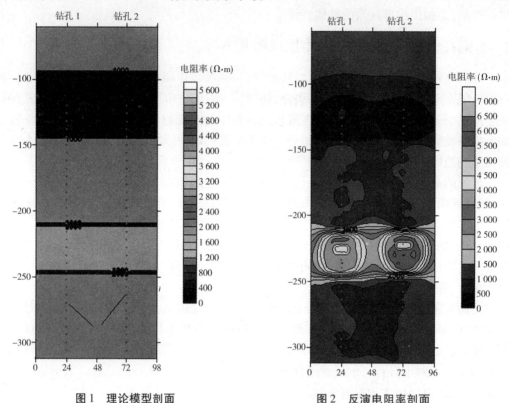

图 1 理论模型剖面   图 2 反演电阻率剖面

虽然反演出的地层电阻率值接近实际地层的电性分布情况,但是由于近电极效应的影响,均匀地层所反演出的地层电阻率值并不均匀,而是在电极附近出现极值。在理论模型中 210 ~ 246 m 地层是电阻率值为 5 000 Ω·m 的均匀电阻率层,在反演结果中电阻率值范围为 4 000 ~ 7 000 Ω·m,而且基本上越靠近钻孔(电极位置)电阻率值越高。如果直接在实际地层中进行测试,就无法判断两钻孔间是否存在低阻异常,或两钻孔周围是否存在高阻异常,因此根据地层反演电阻率的情况,我们引出一个"地层连续性系数",它的定义如下:

$$地层连续性系数 = \frac{段最小电阻率}{段最大电阻率}$$

对地层电阻率采取分层分段处理的方式,如果某一地层反演电阻率的最小与最大电阻率比值达到一定标准就可以判断地层电性特征均匀、连续性较好。结合帷幕注浆效果检测就可以判断两钻孔间是否存在较强的过水通道,推断出地层的平均透水率。理论模型中 210 ~ 246 m 地层连续性系数为 0.57,考虑到理论模型为二维平面,实际情况为三维立体地层,暂时把地层连续性系数定为 0.5,即可以判断地层连续较好,两钻孔间地层一致。该系数对于高电阻率地层较为适用(反演电阻率值大于 2 000 Ω·m),在低电阻率地层由于最小电阻率接近 0,该系数不能适用。在实际工作中,我们所关心的是透水性较高的石灰岩地层,而电阻率较低的泥岩和蚀变灰岩为天然的隔水层,因此该系数能够满足检测解释的要求。

5 测试实例分析

以 K85～K89 钻孔检测结果为例(见图 3),对测试结果进行分析,两钻孔间距 48 m,均为一序注浆孔,K85 电极位置 120～306 m,有效检测长度 186 m,K89 电极位置 120～306 m,有效检测长度 186 m,共进行了一段测试。

下面结合测试得到的孔间电阻率剖面图和钻孔编录资料、注浆资料、压水试验资料对地层电阻率背景值和一序孔的注浆效果进行综合分析。

第一段 105～200 m,本段地层以石灰岩、结晶灰岩、花斑状灰岩和大理岩为主,岩性基本一致,裂隙较发育,泥质半充填,水蚀现象严重,透水性强。K85 段平均透水率为 21 Lu,平均单位注浆量为 5 385.26 kg/m,K89 段平均透水率为 262 Lu,平均单位注浆量为 8 221.03 kg/m。本段电阻率值可以分为两部分:第一部分 105～150 m,电阻率值为 1 000～3 000 Ω·m,分布不均匀,局部地段电阻率值小于 1 000 Ω·m,地层连续性系数为 0.33,本段

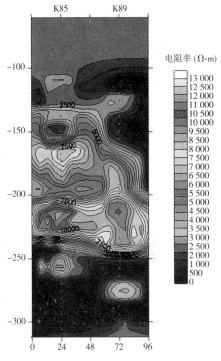

图 3 K85～K89 反演电阻率剖面

透水性较强,浆液的扩散性较差,两钻孔间仍然存在较强的透水带;第二部分 150～200 m,电阻率值为 5 000～8 000 Ω·m,注浆前平均透水率为 6.56 Lu,平均单位注浆量为 1 069 kg/m,地层连续性系数为 0.63,钻孔地层与孔间地层基本一致,本段的注浆效果较好。

第二段 200～260 m,本段地层岩性变化比较大,以石灰岩、花斑状灰岩、结晶灰岩和大理岩为主,夹有薄层的泥质灰岩和蚀变灰岩,岩性较完整,致密坚硬,透水性较弱。从电阻率剖面分析可以分为两部分:第一部分 200～245 m,电阻率值为 8 000～13 000 Ω·m,平均透水率为 0.6 Lu,平均单位注浆量为 85.45 kg/m,地层完整性系数为 0.62,为完整石灰岩地层;第二部分 245～260 m,本段地层为石灰岩夹蚀变灰岩和泥质灰岩,由于蚀变灰岩和泥质灰岩的存在使电阻率值整体偏低,电阻率值为 500～3 000 Ω·m,平均透水率为 0.31 Lu,平均单位注浆量为 45 kg/m。本段透水性弱,为天然的隔水层,能够达到帷幕堵水的目的。

第三段 260～310 m,本段地层变化较大,K85 地层以泥质灰岩为主,局部夹有蚀变灰岩,质软手指可刻划,水蚀现象严重,呈蜂窝状,连通性差,透水性极差;K89 地层大理岩、蚀变灰岩、泥质灰岩和花斑状灰岩互层,264～282 m 为大理岩地层溶孔裂隙发育,泥质或方解石半充填,水蚀现象严重,透水性较强,其他地层透水性弱。本段孔间电阻率分布以

低电阻率为主,除局部(K89 钻孔 264 ~ 282 m 大理岩地层)外,电阻率值均为 500 $\Omega \cdot m$ 以下,透水性弱,平均透水率为 0.55 Lu,平均单位注浆量为 77.13 kg/m。K89 钻孔 264 ~ 282 m 大理岩地层,透水率为 0.64 Lu,单位注浆量为 465.17 kg/m,电阻率值为 3 000 ~ 4 000 $\Omega \cdot m$,对钻孔附近注浆效果明显,浆液扩散半径约 10 m,扩散效果较差,可能是地层不连续造成的。

对上述测试结果,进行分析统计评价如表 1 所示。

表 1　K85 ~ K89 高密度电法检测结果分析统计评价

深度(m)	地层简要描述	平均透水率(Lu)	平均单位注浆量(kg/m)	电阻率值($\Omega \cdot m$)	地层连续性系数	注浆效果评价
105 ~ 150	石灰岩、结晶灰岩和大理岩,裂隙发育,泥质半充填,水蚀现象严重,透水性强	272.46	11 458.61	1 000 ~ 3 000	0.33	钻孔间存在较强透水带
150 ~ 200	石灰岩、结晶灰岩、花斑状灰岩和大理岩,裂隙较发育,透水性较强	6.56	1 069	5 000 ~ 8 000	0.63	达到注浆设计要求
200 ~ 245	石灰岩、结晶灰岩、花斑状灰岩和大理岩,致密坚硬,岩芯完整,透水性弱	0.6	85.45	8 000 ~ 13 000	0.62	达到注浆设计要求
245 ~ 260	石灰岩夹薄层泥质灰岩和蚀变灰岩,透水性弱	0.31	45	500 ~ 3 000	0.17	达到注浆设计要求
260 ~ 310	以泥质灰岩、蚀变灰岩为主,局部有大理岩和花斑状灰岩,透水性弱	0.55	77.13	0 ~ 500	0	地层变化大,局部存在较强透水带

6　解释标准

通过后期二、三序孔的施工,证实了对注浆效果的评价的准确性,并根据检测所得到的电阻率剖面图,对本工区注浆效果评价得出以下解释标准:

(1)弱透水性石灰岩(包括结晶灰岩、大理岩、花斑状灰岩等)地层,岩芯较完整,裂隙微发育,如果地层连续性系数大于 0.5,地层完整性系数大于 0.5,且平均电阻率值大于 10 000 $\Omega \cdot m$,可以判定两测试钻孔间地层连续,地层透水率近似等于两测试钻孔平均透水率,注浆效果达到设计要求。

(2)强透水性石灰岩(包括结晶灰岩、大理岩、花斑状灰岩等)地层,岩芯较破碎,裂隙发育,如果地层连续性系数大于 0.5,地层完整性系数大于 0.3,且平均电阻率值大于 4 000 Ω·m,可以判定两测试钻孔间地层连续,地层透水率近似等于两测试钻孔平均透水率,注浆效果达到设计要求。

(3)泥质灰岩和蚀变灰岩地层,岩芯破碎,质地软,透水性差,平均电阻率值小于 1 000 Ω·m,在电阻率剖面图中为低阻条带,是天然的隔水层。

7 结语

采用井间高密度电阻率成像法检测帷幕注浆效果能够取得较好的成果。由于这项工作刚刚起步还有很多不成熟的方面,如其中使用的一些参数(最佳电极距、孔间距、反演网格密度等)和解释方法,还需要在今后的工作中进一步探索与研究,以求更加完善。

综合物探在思林水电站坝基检测中的应用

孙永清　皮开荣　杜　松　付　洁

（中国水电顾问集团贵阳勘测设计研究院　贵阳　550081）

摘要：本文主要通过综合物探在思林水电站坝基检测中的应用效果，阐明多种物探方法综合应用、扬长避短、优势互补的优点，在今后工作中对同类工程有借鉴意义。

关键词：综合物探　思林水电站　坝基检测

1　引言

乌江思林水电站坝址区构造复杂，岩溶、裂隙密集带、溶蚀裂隙、构造破碎带、缓倾角结构面等发育。根据工程实际要求，需对大坝建基面进行物探检测，其目的是：

（1）复核原设计建基面，确定是否对原设计建基面进行适当调整提供基础资料；

（2）检测坝基岩体力学强度值，确定坝基表面和一定深度范围的岩体物理力学参数是否满足原大坝设计要求，为地基灌浆处理提供设计参数；

（3）检测一定深度范围内是否有影响坝基变形、沉降的隐伏溶洞存在。

2　物探工作的布置

根据检测目的，兼顾现场工作方便高效、各种物探方法扬长避短的原则，采用了地质雷达探测、声波与电磁波CT探测、声波与地震波速度测试、钻孔变形模量测试等综合物探方法（见图1），从不同的角度，用不同的物性参数对大坝建基面进行分析，以查清存在的地质缺陷，确保大坝基础的稳定和有目的地进行地质缺陷处理。

2.1　探地雷达

探地雷达具有工作效率高、现场工作灵活方便、成图影像直观可靠等特点。由于坝基开挖以不同分区按不同高程进行，施工工期紧，因此选择以探地雷达作为主要工作方法。当开挖至一定高程面时立即进行探地雷达探测，确定是否存在隐伏地质缺陷，是否可抬高建基面，以减少开挖方量。据此，在每个预定基础平台布置网格状雷达探测线，网格间距为5~10 m，测线布置原则为岩性较好地带网格间距为5 m，地质薄弱地带网格间距为10 m。

2.2　声波CT与电磁波CT

声波CT与电磁波CT工作方法相似，所不同的是反演结果的物性参数不同，声波CT得出的是岩体波速分布图，电磁波CT得出的是视吸收系数分布图。在坝基检测中，应用声波CT不仅可以判断剖面中地质异常体（如溶蚀、溶洞、破碎带等），还可以通过所测声

作者简介：孙永清（1983—），男，四川广元人，助理工程师，主要从事工程物探与检测技术工作。

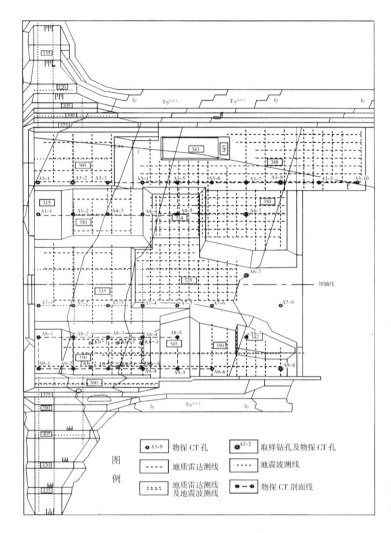

图 1　坝基检测工作布置

波速度,辅助评价岩体的力学性质。在本次检测中,以声波 CT 为主,当现场条件无法满足声波 CT 探测时,则使用电磁波 CT。钻孔孔间距为 15 ~ 20 m,孔深不低于 20 m,当遇底部有异常时加深。

2.3　地震波波速测试

地震波波速测试用于分析表面岩体质量,并计算岩体完整性系数,评价坝基各类岩体质量。地震波波速测试测线主要分布于左右坝肩,且坝左、坝右、坝中不同岩性区布置纵横各一条测线。

2.4　钻孔变形模量测试

坝址区分布有灰岩和泥灰岩,变形模量测试选取不同的岩性钻孔进行,且钻孔分布均匀。如物探测线布置图中,灰岩中选取 A3 - 8、A4 - 7、A9 - 2,泥灰岩中选取 A3 - 2、A9 - 8 做变形模量测试。

3　综合物探方法效果评价

3.1　建基面以下隐伏溶洞探测

坝基整体岩体较为完整,因此岩溶、溶蚀在雷达探测图像中反映较为明显,无充填或半充填的溶洞顶部出现强反射异常,如图2和图3所示为坝右两条平行测线的雷达溶蚀异常反映,测线间距8.5 m,经分析,该处可能发育一较大溶洞群,为排除工程隐患实施开挖,开挖后现场照片如图4所示,可见探地雷达在探测溶洞类异常时准确可靠。从雷达结果还可以看出,整条测线上的表面基岩在雷达图像中表现基本相同,无法分辨表面岩体质量完整性,此时则需要使用其他物探方法来弥补雷达在表面岩体质量评价中的局限性。

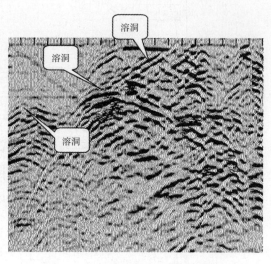

图2　坝右某雷达测线1溶蚀异常反映

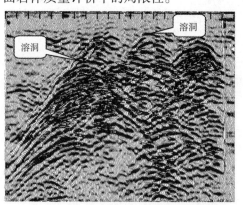

图3　坝右某雷达测线2溶蚀异常反映

图4　坝右溶洞群开挖验证结果

对由地质推断存在较大溶蚀或由雷达探测出现异常的部位进行电磁波CT或声波CT探测,进一步详细准确地确定岩溶发育规模以及周围受影响的区域。结果表明,声波速度小于3 200 m/s的区域解释为溶蚀或溶洞。如图5所示为某测线声波CT成果图,剖面中存在一明显低速异常体即强溶蚀。

根据电磁波CT探测成果,确定视吸收系数大于0.9 dB/m的为黏土充填类溶蚀区域,相对视吸收系数在0.8~0.9 dB/m的为溶蚀区域,如某测线电磁波CT剖面(见图6)中高吸收异常为发育的溶蚀和溶槽。

3.2　建基面岩体完整性分析

建基面岩体完整性分析的主要依据是单孔声波波速。仍以图5某剖面声波CT成果为例,可以得出:坝右0+040.5~0+053.5、高程352~358 m岩体溶蚀强烈,声波波速小于3 200 m/s;坝右0+033.5~0+053.5、高程348~358 m岩体裂隙发育或破碎,声波波

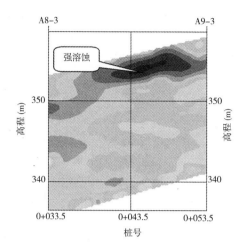

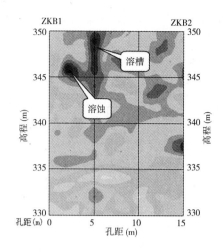

图 5　某测线声波 CT 溶蚀异常显示　　　　图 6　某测线电磁波 CT 溶蚀异常显示

速 3 200 ~ 4 000 m/s;剖面中其余区域声波波速大于 4 000 m/s,岩体较完整。

坝基表面岩体完整性主要依据地震波波速测试值,根据地震波波速整体值及室内岩石参数测试,并结合雷达、CT 综合分析,确定完整岩体的地震波波速,结合剖面地震波速值,计算剖面岩体的完整性系数。某测线地震波波速测试成果如图 7 所示,对于岩体完整性系数小于 0.55 的区域(即岩体完整性标识为完整性差、较破碎与破碎区域),则建议加强固结灌浆处理。

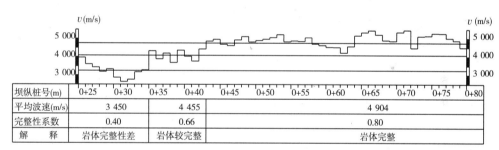

图 7　某剖面地震波波速测试与岩体完整体性系数对比

3.3　爆破松动层的划分

爆破松动层的划分主要依据单孔声波和跨孔声波的测试成果,同时参考 CT 与地质雷达成果。某钻孔的单孔声波测试如图 8 所示,根据钻孔原位变形模量测试,完整新鲜岩体声波波速应大于 4 800 m/s,可见该钻孔处爆破松动层厚度在 1 m 左右,固结灌浆应加强爆破松动层的处理。

3.4　岩性参数的确定

根据选取的不同岩性钻孔进行变形模量测试,在有限的数据的基础上,建立起本区测试段钻孔变形模量与声波波速的关系式 $E_0 = av_p^b$,经回归计算得出参数 a、b 及相关系数。

本区灰岩钻孔变形模量与声波波速相关关系曲线如图 9 所示。

经计算,得出坝址区灰岩变模与声波波速的关系为:

$$E_0 = 4.57 \times 10^{-14} \times v_p^{3.887\,302\,985\,4}$$

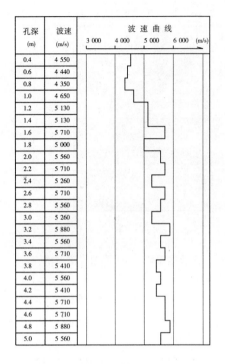

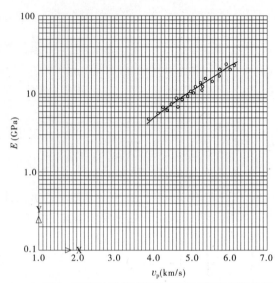

图 8　某钻孔单孔声波波速曲线　　　　　　图 9　灰岩钻孔变形模量与声波波速相关曲线

相关系数为 $r = 0.899\ 5$，岩性参数的确定，为通过声波波速计算变形模量提供了依据，可以最大程度也发挥声波波速测试快捷的特点。

3.5　地质构造的解释

根据前期地质勘测资料，本测试区域内发育有 $f_{j1} \sim f_{j3}$ 规模较大的层间错动，并且沿层间错动方向发育有岩溶管道系统。对此，我们对所有物探探测成果的岩溶、溶蚀、破碎进行详细统计并逐个标于相应坐标图上，如图 10 所示。可见，受 f_{j1}、f_{j3} 影响，左岸主要异常分布于 f_{j1} 附近，较为集中，f_{j3} 周围异常较为分散；而右岸异常主要分布于 f_{j3} 附近，较为分散。这与地质勘测资料相吻合。

4　结语

通过本次综合物探方法的使用，了解了坝基岩体质量，查明了大坝建基面以下存在隐伏溶洞、软弱带的位置及规模，达到了预期的检测目的，取得了较好的效果。对以上物探方法可得出以下结论：

（1）对于探测到较大溶蚀溶洞的区域，进行了继续开挖处理，并且开挖验证情况与探测结果相吻合；对于溶蚀破碎带，进行了固结灌浆处理，固结灌浆过程中的相邻区域冒浆情况验证了物探结果的可靠性。说明本次综合物探方法的应用效果较好。

（2）地质雷达对于强溶蚀类型异常反应明显，顶部深度显示准确，但异常底部界限难以确定，并且探测深度有限，此时可以进行 CT 探测。

（3）用 CT 方法确定异常规模和位置相对准确，并且探测深度可随钻孔深度而增加。溶洞以泥质充填，电磁波 CT 效果相对明显；而声波 CT 则对岩体风化程度、破碎程度反映

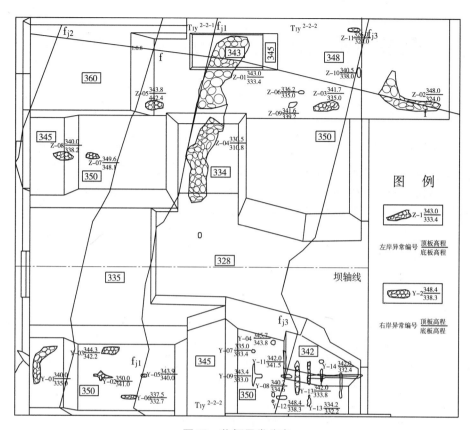

图10　物探异常分布

明显,并可得出剖面岩体的声波波速,评价岩体质量。

(4)岩体表面地震波测试可评价表面岩体完整性,钻孔声波测试可划分爆破松动层厚度,并且可以在进行固结灌浆处理后进行对比测试,评价坝基岩体质量。

(5)钻孔变模测试可以测试钻孔内岩体的变形模量,直接评价原位岩体质量,并通过对变模和波速的相关性分析,进一步了解仅进行波速测试的部位岩体的变形模量。

由此说明,采用综合物探方法避免了采用单一物探方法的局限性与多解性,更有利于物探异常的解释,能够胜任多种目的的物探检测。该电站坝基的综合物探检测对同类工程有借鉴意义。

参考文献

[1] 孙宝喜. 综合物探在双桥水电站工程勘察中的应用[J]. 黑龙江水利科技,2004,32(4).

[2] 付晖. 电磁波 CT 在水利水电工程岩溶探测中的应用 [J]. 人民长江,2003(11).

[3] 杨连生. 地质雷达在水利水电工程地质中的应用及探讨 [J]. 长江职工大学学报,2003,20(1).

截渗墙质量无损检测方法研究与应用

徐长顺[1]　陈多芳[1]　陆英超[2]　邢朝阳[2]

(1. 安徽省水利水电勘测设计院　蚌埠　233000；2. 安徽省水利科学研究院　蚌埠　233000)

摘要：本文简要介绍了目前常采用的几种形式截渗墙及施工方法，提出了截渗墙质量无损检测的研究课题，从众多的方法中结合截渗墙的工程特点，筛选出电反射系数 K 剖面法和电位电极测深法，在野外数据采集上进行刷新与改进，并进行了大量的工程检测与钻探、开挖验证，取得了良好的效果。

关键词：截渗墙　电反射系数 K 剖面法　电位电极系测深法　异常区

1　引言

在河道堤防及病险水库大坝除险加固工程中，防渗加固是关系到工程安全的重要措施，截渗墙是用于工程截渗的重要手段。目前，截渗墙的种类较多，但在水利水电工程中应用较多的有多头小直径搅拌桩水泥土截渗墙、混凝土截渗墙、高喷截渗墙及垂直铺塑截渗墙，它们起着防止或隔离地下水、抗滑等特殊的作用，在工程建设中应用较广。多头小直径搅拌桩水泥土截渗墙，是引用了水泥土搅拌桩的原理，在单头的基础上改成双头或多头，将相邻搅拌桩部分重叠进行搭接组成连续水泥土截渗墙。混凝土截渗墙是在地面上进行造孔，在地基中以泥浆固壁，开凿成槽形孔或联锁桩柱孔，回填防渗材料，筑成具有防渗性能的地下连续墙。垂直铺塑截渗墙首先是开槽并以泥浆护壁，铺塑料薄膜，最后进行槽体填土。高喷截渗墙是采用不同的喷射方式（旋喷、摆喷、定喷）或它们的组合，将高压水泥浆液形成高速喷射流束，冲击、切割、破碎地层土体，并以水泥基质浆液充填、掺混于其中，形成板墙状的凝结体，用以提高地基防渗能力的连续墙体。垂直铺塑截渗墙因施工难度较大，加之工程完成后对坝体整体性有影响，在临时性防渗工程中应用较多，在永久性工程中则很少采用。由于截渗墙属于地下隐蔽工程，受到各种各样客观和主观条件的制约，不可避免地存在质量问题，因此截渗墙的施工质量检测就显得特别重要。其检测内容主要包括截渗墙的连续性、底板深度、渗透系数及墙体抗压强度等。经考察，目前截渗墙的质量无损检测仍存在一定的难度，国内外尚无成熟的检测方法，对截渗墙的检测主要是采用开挖检测、钻孔取芯检测和围井注水检测，但是这些方法都带有很大的局限性，不能客观、全面地反映截渗墙的整体工程质量。因此，开发新的无损检测方法是工程质量检测人员的当务之急。

2　检测方法研究及原理

为适应水利水电工程建设的需要，根据截渗墙的工程特点及检测要求，对有可能用于

作者简介：徐长顺（1947—），男，安徽砀山人，高级工程师，主要从事工程物探探测及检测技术工作。

截渗墙质量检测的方法,从理论应用前提、应用条件、方法的有效性及局限性、检测效果等进行排队、对比、分析、研究,从中筛选出有利的方法,再进一步从技术上深入研究、改进、创新,使之能够满足截渗墙质量检测的要求。图1为截渗墙质量无损伤检测方案对比,从理论应用前提、方法技术、测试条件、资料解释等方面进一步进行了深入细致的研究和试验,从中可以明确地看出,电反射系数 K 剖面法、电位电极系测深法对截渗墙质量无损伤检测最为有利,因此确定选择这两种方法。

2.1　电反射系数 K 技术的基本原理及应用技术

该技术主要检测截渗墙的连续性,其基本原理详见 437 页。

2.2　电位电极系测深法的基本原理与方法

电位电极系测深法主要检测截渗墙的底板深度。图2为电位电极测深布置示意,将供电电极 AB(B→∞) 和测量电极 MN(N→∞) 分别布置在截渗墙两侧,且使截渗墙位于 AM 的中心位置,无穷远极距离一般是探测深度的 10 倍($BN→∞ \geqslant 10AM_{max}$)以上,由于测量电极 M 和供电电极 A 距离较近,随着 AM 极距的不断增大,截渗墙电性由浅部到深部的改变引起地面电场的变化,就会被 M 极接收到,根据电位电极系这一原理,随着 AM 极距逐渐增大,就可计算出测点垂直方向上不同深度的电阻率值及其变化规律,从而可以分析判断截渗墙底板的施工深度。

3　截渗墙工程质量检测应用实例

3.1　多头小直径搅拌桩水泥土截渗墙质量检测

多头小直径搅拌桩水泥土截渗墙具有工程效果好、造价较低、工效高、施工简便等优点,适用于含砾小于 50 mm 的任何土层,在河道堤防和中小型病险水库除险加固防渗处理中广泛应用。姜唐湖蓄(行)洪区位于安徽省霍邱县与颍上县交界处,由姜家湖与唐垛湖联圩而成。姜唐湖蓄(行)洪区堤防加固工程是淮河干流上、中游河道整治及堤防加固工程的一部分。该工程主要由南圈堤和北圈堤组成,为确保南、北圈堤蓄(行)洪期间的安全,对南、北圈堤险段采用多头小直径搅拌桩水泥土截渗墙进行加固处理,设计桩体直径 380 mm,最小搭接厚度 150 mm,南圈堤墙体深度为 20 m,北圈堤墙体深度根据地层情况分别为 22 m、22.5 m、24.5 m、26 m 四个类型,要求南、北圈堤截渗墙墙体伸入重粉质壤土层不小于 1 m。设计墙体的渗透系数 $K \leqslant i \times 10^{-6}$ cm/s(其中 $1 < i < 10$),墙体强度不小于 0.5 MPa(28 d)。截渗墙堤段北圈堤桩号 4+270~7+735,南圈堤桩号 10+045~10+951,截渗墙总长 4 366 m。检测采用随机抽样和对质量可能存在缺陷的重点部位重点抽样相结合的方法。检测段桩号南圈堤 10+250~10+750 段 500 m,北圈堤 4+270~7+735 段中的 2 500 m(4+415~4+854、5+253~5+955、6+356~7+321、7+340~7+735)。本次检测工作量:实测电反射系数 K 剖面 3 057 m,电位电极系法测深 6 点,布置质量检验孔 12 个,总进尺 271.2 m,现场注水试验 12 个孔,室内做抗压强度和渗透试验 14 组。

图3是北圈堤桩号 6+350~7+050 段截渗墙电反射系数 K 剖面,截渗墙长 700 m。从电反射系数 K 剖面图分析得知,在桩号 6+350~6+460 和桩号 6+585~7+050 部位,

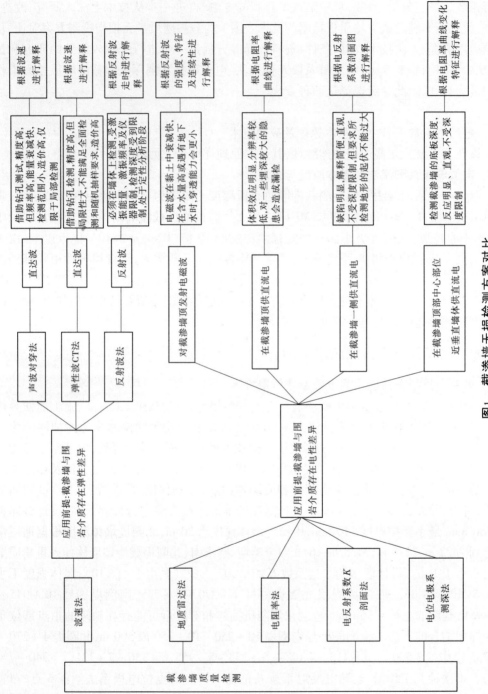

图1　截渗墙无损检测方案对比

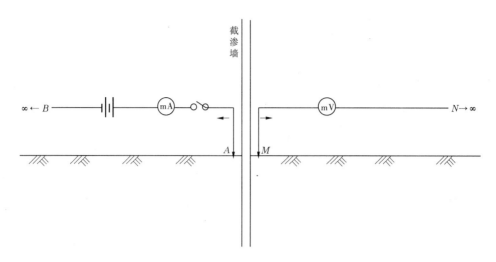

图2 电位电极测深布置示意

电反射系数 $K = 0.1 \sim 0.3$，K 等值线变化平缓，没有产生低值封闭圈异常，说明截渗墙连续性较好，能满足设计要求；但在桩号 $6+460 \sim 6+585$ 间连续三处（$6+480$、$6+522$、$6+573$）出现 $K = -0.2 \sim -0.1$ 的低值封闭圈异常，此三处异常出现的原因结合先导孔地质剖面分析，应是截渗墙的质量缺陷，故布钻孔（Z_3）取芯验证。为了论证截渗墙的施工质量，该工区根据电反射系数 K 剖面图异常区共布设了 7 个质量检查孔（Z_3、Z_4、Z_5、Z_6、Z_8、Z_9、Z_{10}），对截渗墙进行钻探取芯做渗透系数和抗压强度试验，试验结果如表 1 所示。

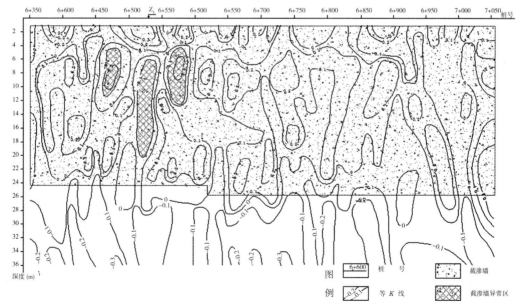

图3 北堤桩号 $6+350 \sim 7+050$ 段截渗墙电反射系数 K 剖面

表 1　检测防渗墙异常区钻探取芯试验结果一览

堤段	孔号	取芯桩号	取芯深度 （m）	抗压强度 （MPa）	室内试验 渗透系数 （cm/s）	注水试验 渗透系数 （cm/s）
北圈堤	Z_3	6 + 522	9.0 ~ 9.2	0.70		
			12.8 ~ 12.9	0.44	2.20×10^{-7}	1.01×10^{-5}
			17.8 ~ 18.0		2.49×10^{-4}	
	Z_4	7 + 110	10.0 ~ 10.3	0.52	3.35×10^{-6}	3.11×10^{-6}
	Z_5	7 + 220	10.0 ~ 10.2	0.44	2.56×10^{-6}	9.58×10^{-6}
	Z_6	7 + 605	14.3 ~ 14.5	0.52	1.68×10^{-6}	7.17×10^{-6}
南圈堤	Z_8	10 + 535	13.5 ~ 13.7	0.31	7.05×10^{-7}	
			18.8 ~ 19.1	25.8（砂层）		1.04×10^{-5}
			20.2 ~ 20.4		2.32×10^{-4}	
	Z_9	10 + 600	9.5 ~ 9.7	0.41	1.92×10^{-6}	
			19.6 ~ 19.8	21.19（砂层）		1.27×10^{-5}
			20.5 ~ 20.9		2.22×10^{-4}	

　　从表 1 中可以看出，在异常区的钻孔，大部分截渗墙不同程度地存在缺陷，如北圈堤的 Z_3（6 + 522），南圈堤的 Z_8（10 + 535）、Z_9（10 + 600），底部局部位置，芯样室内试验渗透系数为 2.49×10^{-4} ~ 2.22×10^{-4} cm/s，注水试验渗透系数为 1.27×10^{-5} ~ 1.01×10^{-5} cm/s，而且缺陷都集中在 15 m 以下。由表 1 中数据可以推测：多头小直径搅拌桩水泥土截渗墙在浅部(15 m 以上)质量比较容易控制，且室内试验渗透系数为 1.92×10^{-6} ~ 2.20×10^{-7} cm/s，能够满足设计要求；深度超过 15 m 时，由于客观及主观上的多种原因，其质量较难控制。

　　为了更进一步论证电反射系数 K 剖面法的检测效果和截渗墙的施工质量，对电反射系数 K 剖面图正常区(检测认为截渗墙连续性较好，能够达到设计要求的部位)，亦进行布孔验证。为此，在北圈堤桩号 4 + 270 ~ 7 + 735 段布置了 4 个钻孔，南圈堤桩号 10 + 045 ~ 10 + 951 段布置了 1 个钻孔。从上述 5 个钻孔验证结果分析，其截渗墙渗透系数和抗压强度均能满足设计要求，详见表 2。

表2　检测截渗墙正常区钻探取芯试验结果一览

堤段	孔号	桩号	取样深度 （m）	抗压强度 （MPa）	注水试验 渗透系数 （cm/s）	结论
北圈堤	Z_{11}	4 + 430	16.7 ~ 16.9	9.4	4.2×10^{-6}	合格
	Z_1	5 + 350	16.7 ~ 16.9	11.8	2.77×10^{-6}	合格
	Z_2	6 + 340	17.7 ~ 17.9	10.7	4.21×10^{-6}	合格
	Z_{12}	7 + 060	16.4 ~ 16.8	3.3	4.42×10^{-6}	合格
南圈堤	Z_7	10 + 430	15.35 ~ 15.55	12.8	1.47×10^{-6}	合格

　　截渗墙的截渗效果好坏，与截渗墙的深度关系极大，截渗墙的施工深度不够，就达不到截渗的效果，若截渗墙深度达到设计深度要求且连续性较好，则截渗效果就好。为此，在北圈堤抽检段选布了4个电位电极系测深(S_1、S_2、S_3、S_4)，在南圈堤选布了2个电位电极系测深(S_5、S_6)，抽查截渗墙的底板深度。

　　图4是S_1电位电极测深曲线，S_1位于桩号4 + 415，自堤顶地面0 ~ 4 m视电阻率$\rho_s = 29$ $\Omega \cdot m$，曲线为平直线，说明墙体均匀且连续性好，4 ~ 22 m视电阻率$\rho_s = 29 ~ 17$ $\Omega \cdot m$，曲线缓缓下降逐渐趋于平直，该段应是截渗墙随着深度增加含水成分增加电性层的客观反映，当AM大于22 m时，ρ_s曲线下降后进入平直形态，说明探测深度已进入重粉质壤土，因此推测截渗墙底板深度为21.8 m，高程约为6.2 m，符合设计要求，其他电位电极测深结果详见表3。

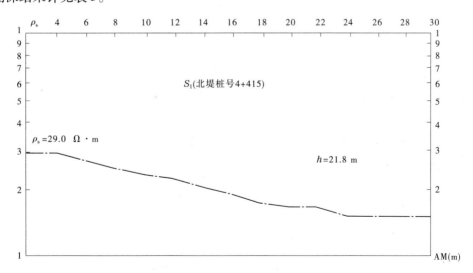

图4　S_1电位电极测深曲线

表3　电位电极系法检测截渗墙底板深度一览

堤段	编号	检测桩号	设计(m)		检测(m)		结论
			墙深	底高程	墙深	底高程	
北圈堤	S_1	4+415	22	6	21.8	6.2	合格
	S_2	4+895	22	6	21.7	6.3	合格
	S_3	5+955	24.5	3.5	24.2	3.8	合格
	S_4	7+040	26	2	26	2	合格
南圈堤	S_5	10+368	20	8	19.7	8.3	合格
	S_6	10+760	20	8	19.8	8.2	合格

从以上对截渗墙无损检测的异常区和正常区验证结果可以看出:在异常区的钻孔,大部分截渗墙不同程度地存在缺陷;在正常区的钻孔,其截渗墙渗透系数和抗压强度均能满足设计要求;电位电极系法测深结果对墙底反应正确,均满足设计要求。

3.2　混凝土截渗墙质量检测

混凝土截渗墙具有施工相对简便、经济合理、安全适用、能确保防渗效果等优点,适用于松散层透水地基或土石坝坝体内深度小于70 m、墙厚60~100 cm截渗墙的施工,在大中型工程中应用较多。

龙河口水库位于舒城县境内的杭埠河上游,坝址位于杭埠河与龙河汇合处下游的龙河口,距舒城县城约25 km。该水库东大坝于1958年10月动工兴建,至1970年基本建成,大坝为黏土芯墙砂壳坝,坝顶高程75.2 m,防浪墙顶高程76.3 m,坝顶长310 m,最大坝高33.2 m,总库容8.2亿 m^3,为大(2)型水库,是以防洪、灌溉为主,结合发电、水产养殖和旅游开发等的综合利用工程。由于当时的社会经济水平限制,施工手段落后,施工质量较差,存在许多安全隐患,大坝被鉴定为三类坝,需尽快进行除险加固。东大坝截渗加固采用混凝土截渗墙方案截断透水的坝基砂砾石层,加固后坝顶高程75.8 m,防浪墙顶77.1 m,水库总库容为9.03亿 m^3,其检测布置如图5所示。

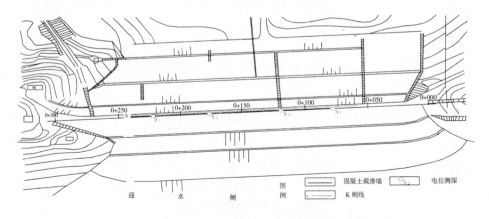

图5　龙河口水库东大坝混凝土截渗墙质量检测布置

龙河口水库混凝土截渗墙施工桩号 0 + 058 ～ 0 + 237，截渗墙长度 179 m，实际检测 179 m，截渗墙最深为 39.30 m，以墙底嵌入基岩内 0.8 ～ 1.5 m 为原则。图 6 为东大坝截渗墙反射系数 K 剖面，从 K 剖面图可明显看出，浅部低反射区($K = 0 ～ -1.2$)是坝顶路面干燥形成相对高阻电性层影响的结果，在墙体的其他部位电反射系数 K 较大($K = 0.4 ～ 2.2$)，在其底部虽有不同程度的高值封闭圈异常区，但主要是杭埠河与龙河汇合处冲、洪积地层电性不均匀引起的，从而确认截渗墙连续性较好，不存在明显的缺陷。运行结果证明，混凝土截渗墙竣工后，起到了立竿见影的效果，大坝渗漏明流完全消失，说明混凝土截渗墙没有明显的缺陷。

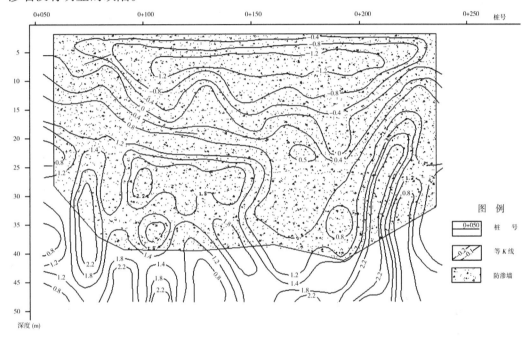

图 6　龙河口水库东大坝截渗墙(0 + 058 ～ 0 + 237)电反射系数 K 剖面

为检测截渗墙的施工深度，在不同部位布置了 4 个双排列电位电极测深点(见图 5)，检测结果详见表 4，均满足设计要求。

表 4　双排列电位电极系法检测墙底深度一览

点号	桩号	设计深度(m)	施工深度(m)	检测深度(m)	结论
S_1	0 + 076	32.96	34.60	36.5	合格
S_2	0 + 118	36.63	36.80	38.5	合格
S_3	0 + 178	38.18	38.30	40.0	合格
S_4	0 + 227		30.80	32.5	合格

注： 截渗墙的检测是在截渗墙施工竣工后，在其顶部加高 1.70 m 后进行检测的。

3.3　高喷截渗墙质量检测

高喷截渗墙施工时由于高喷灌浆喷射流的能量很大，当它连续和集中地作用在土体上时,压应力和冲蚀等多种因素在很小的区域内产生效应,对从粒径很小的细粒土到含有颗粒直径较大的卵石、碎石土,均有巨大的冲击和搅动作用,使注入的浆液与土搅混拌和凝固成新的凝结体,具有良好的防渗效果,适用于淤泥质土、粉质黏土、粉土、砂土、砾石和卵(碎)石等松散透水地基或填筑体内的截渗墙施工。

蒙洼上堵口泵站位于阜南县城东南 45 km,设计从控制段到排涝进水闸上游施工高压摆喷围封截渗墙,目的是保护水工建筑物基础不受扰动,确保水工建筑物安全。截渗墙长 374 m,截渗墙深入砂层以下重粉质壤土 1 ~ 2 m,高程 8 ~ 10 m,墙顶距地面 2 m,高程约 21.4 m。设计使用普通硅酸盐水泥,强度等级为 32.5,墙体抗压强度不小于 0.5 MPa,渗透系数 $K \leqslant i \times 10^{-6}$ cm/s,墙体有效厚度 200 mm。

图 7 为 0 +000 ~ 0 +300 段截渗墙电反射系数 K 展开剖面,从图中可明显看出,在 0 +000 ~ 0 +056 和 0 +091 ~ 0 +300 对应截渗墙部位,电反射系数 K = -0.2 ~ 0.8,K 等值线反映平缓,没有产生 K 低值封闭圈异常,但在 0 +056 ~ 0 +064 和 0 +071 ~ 0 +091 对应部位,高程在 12.4 ~ 17.7 m(地面以下 5.7 ~ 11.0 m)处出现两个 K = -0.4 的低值封闭圈异常。在检测过程中仪器指针受到外来电场干扰摆动,分析其原因可能是附近敷设的铝质电机接地网和两台搅拌机电机接地所致,但也不能完全排除是截渗墙的缺陷异常。在 0 +058 处围封截渗墙的内侧布置围井开挖验证,开挖井径 1.5 m,井深 8.0 m 进入低值异常部位 1 m,5.6 m 以下是中砂,施工期间正逢雨季,地下潜水位深 4.0 m 左右,围井内砂层部位未见地下水涌出(围封截渗墙内侧工程施工采用降水井降低地下水位至 15.4 m 以下),证明截渗墙的连续性较好,达到了截渗的目的。由此可以判断两个低值封闭圈异常是泵站接地网和搅拌机电机接地所致,并不是截渗墙的缺陷。

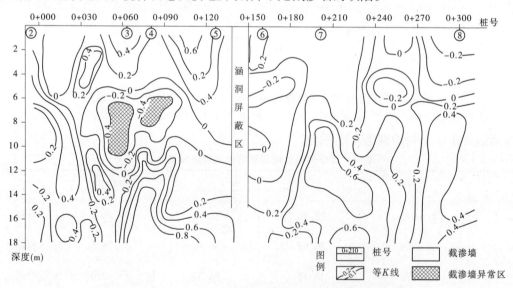

图 7　0 +000 ~ 0 +300 段截渗墙电反射系数 K 展开剖面

为检测截渗墙的底板深度布置了 3 个电位电极测深点,其检测结果如表 5 所示。

表5　上堵口截渗墙电位电极系测深法检测墙底深度一览

点号	桩号	设计深度（m）	施工深度（m）	检测深度（m）	结论
S_1	0 + 350	8.0	8.0	8.1	合格
S_2	0 + 332	8.0	8.0	7.9	合格
S_3	0 + 290	14.8	14.8	14.9	合格

为检测截渗墙的抗压强度和渗透系数,在 0 + 300 ~ 0 + 325 之间采用开挖试坑的方法对截渗墙体取样试验,试验结果见表6,均符合设计要求。

表6　截渗墙取芯试验结果一览

试件组号	施工日期（年-月-日）	检测日期（年-月-日）	取样位置	抗压强度（MPa）	渗透系数 k（cm/s）	结论
1	2005-01-20	2005-04-27	0 + 316	3.63	4.05×10^{-7}	合格
2	2005-01-20	2005-04-27	0 + 322	6.10	8.98×10^{-7}	合格

4　总结与展望

电反射系数 K 剖面技术、电位电极系测深等方法通过近几年的研究与试验,证明这两种方法无论是从理论论证还是从实际应用效果来讲都是可行的。这为截渗墙的质量检测提供了新的手段。在测试中要根据工程的实际条件,严格执行野外测试的技术要求,就能够达到事半功倍的效果。

4.1　电反射系数 K 剖面法等技术无损伤检测的特点

（1）电反射系数 K 剖面法检测截渗墙连续性,是把截渗墙横向作为无限延伸（相对截渗墙深度）的有固定形态的旁侧影响体,大大减少了电法勘探的体积效应影响,为截渗墙的检测提供了理论依据。

（2）电反射系数 K 剖面法、电位电极系测深法等技术是快速无损的检测方法,并能确定截渗墙缺陷的空间位置,在无损检测的基础上配合少量的钻孔取芯或开挖竖井试验,可以对截渗墙的整体质量给出较为客观、科学的评价。

（3）由于对 ρ_s 曲线进行一次微分演算变换为 K 值,放大了截渗墙缺陷在电反射系数 K 剖面图上的异常,因此解释工作简便、直观,人为误差因素影响较小。

（4）电反射系数 K 剖面方法、电位电极系测深法及钻孔取芯或开挖竖井有机地结合,可以快速地检测截渗墙的连续性、底板深度、渗透系数及墙体抗压强度,是目前截渗墙比较完整系统的检测方法。

4.2　电反射系数 K 剖面法等技术无损伤检测工作要点

（1）为不漏检截渗墙的缺陷,要采用较高密度极距进行检测,相邻极距差 $L = 2 ~ 5$ m。

（2）电反射系数 K 剖面法检测截渗墙的质量是把截渗墙作为有固定形态、均匀的直立板状墙体,野外施工布极时必须将电极布置在墙体的同一侧,并且离墙体 0.5 ~ 1.0 m。

（3）野外数据采集准确可靠,复杂地形对 ρ_s 曲线的影响要进行校正,避免进行一次微分演算放大后与截渗墙异常交叉在一起,给分析解释工作带来困难,甚至造成判断上的失误。

(4)电反射系数 K 剖面图上异常区的确定,因各地地质电性结构不同,异常区电反射系数 K 值是不同的,如姜唐湖蓄(行)洪区南圈堤、北圈堤截渗墙异常区 $K = 0 \sim 0.1$,同样都是搅拌桩水泥土截渗墙,而微山湖西堤截渗墙异常区 $K \leqslant -0.6$,要因地制宜,没有固定不变的标准。

(5)对截渗墙电反射系数 K 剖面图上的异常区,要结合先导孔的地质剖面图,从异常的形态、异常的桩号位置、异常的高程等进行综合分析,正确判断异常是地层变化影响还是截渗墙缺陷。

4.3 展望

(1)该方法还在南四湖二级坝坝基围封高压摆喷截渗墙、五河县城市防洪堤防高压摆喷截渗墙、砀山县岳庄坝水库大坝多头小直径深层搅拌桩水泥土截渗墙、天长市岗陈水库大坝多头小直径深层搅拌桩水泥土截渗墙、南京市六合区河王坝水库大坝多头小直径深层搅拌桩水泥土截渗墙、京沪高铁淮河特大桥影响工程高压摆喷截渗墙等十几个工程进行检测试验,并对截渗墙异常区和非异常区钻探取芯验证,均取得了良好的效果。但该方法毕竟是一项新技术,试验区域的广泛性不够,还存在许多不完善的地方,如从野外数据采集到室内图件绘制都是手工操作,因此亟需加大试验工作区域,不断总结经验,发挥它在工程质量检测中的重要作用。

(2)积极创造条件,在条件许可的情况下与仪器厂商协作,开发从野外数据采集到室内图件绘制等全自动化作业,不断提高检测效率及检测质量,使这项新技术日臻完善。

参考文献

[1] 中华人民共和国国家发展和改革委员会. DL/T 5200—2004 水电水利工程高压喷射灌浆技术规范[S]. 北京:中国电力出版社,2005.

[2] 中华人民共和国水利部. SL 174—96 水利水电混凝土防渗墙施工技术规范[S]. 北京:中国水利水电出版社,1996.

[3] 吴世明,唐有职,等. 岩土工程波动勘测技术[M]. 北京:水利出版社,1992.

某在建水库大坝震后安全评价分析

樊广利 刘双美

（中国水利水电顾问集团成都勘测设计研究院 成都 610072）

摘要：结合工程概况和地质情况，通过对震后水库大坝安全评价方法、评价内容、评价标准的分析，得出了评价结论及建议。

关键词：地震 安全评价 水库大坝 地震地质灾害 监测

2008年5月12日14时28分，在四川省汶川县境内发生8级特大地震，震中烈度达10度以上。据水利部5月25日的消息："5·12"汶川地震造成四川、重庆、陕西等8省市水库出险2 380座，险情主要为大坝裂缝、坝体滑坡、溢洪道毁坏、泄水洞垮塌、防浪墙断裂、坝坡塌陷等。其中，存在溃坝险情的水库有69座，存在高危险情、次高危险情的水库分别为320座和1 991座。

发生强烈地震时，应立即对大坝进行震害检查，并结合大坝结构所设的监测仪器取得的监测记录数据，对大坝安全作出分析评价。若属于危险大坝，应上报主管部门，启动应急预案，进行抗震抢险，以防次生水灾的发生。

1 工程概况

四川省某引水工程是四川省西水东调总体规划中确定的大型综合利用水利工程。工程共分二期建设，其中第一期工程包括取水枢纽、总干渠和涪梓灌区（灌溉面积126.98万亩）渠系及沉抗囤蓄水库等已于1987年复工建设、2000年底建成，第二期工程包括某水库、西涪灌区（灌溉面积101.53万亩）渠系和金峰囤蓄水库等。

该水库坝址地处四川省绵阳市江油市武都镇以北约4 km的涪江干流上，北（即库区尾山区）临绵阳市的平武县、东（即武引灌区）在绵阳市的梓潼县、南为绵阳市的江油市。坝址区位于该引水枢纽进水闸上游的模银洞地段，坝高120 m，库容5.52亿 m^3，电站装机容量15万 kW，为大（1）型一等水电工程。

2 地震地质条件

西南地区地壳活动强烈，地质问题十分复杂。一些断层的活动伴随着地震、崩塌、滑坡和泥石流等地质灾害，区域的地震地质条件和地质灾害是影响西南地区水利水电工程建设的主要工程地质问题之一。

由于印度板块与欧亚板块的碰撞，青藏高原强烈隆升，地壳运动主要表现为大面积整

作者简介：樊广利（1975—），男，陕西渭南人，国家注册一级地震安全评价工程师，建筑与土木工程硕士在读生。

体抬升,形成了著名的世界第三极——青藏高原,受其影响,断块间的差异升降和相对水平运动等也较为明显。大、小断块之间的边界断裂一般为活动性断裂,根据其不同的活动强度,存在发生6级以上破坏性地震的可能性,如炉霍—康定地震带、东川—嵩明地震带就是与所谓的川滇菱形块体的东部边界断裂——鲜水河—安宁河—小江断裂带的活动密切相关。

西南地区各流域现今构造运动主要继承了上述新构造运动的特征。野外地质考察和GPS对地监测结果表明,运动最为显著的是川滇菱形块体,川滇菱形块体周边断裂带及其次级块体的边界断裂带是该区域主要的强震活动带。历史地震记录和现代地震监测表明:8级及以上地震、绝大部分7~7.9级地震发生在大块体边界的活动断裂带内,少数7~7.9级地震和部分6~6.9级地震可能发生在次级块体边界的活动断裂带上。汶川8级地震就是龙门山断裂带最新逆冲右旋活动的结果。就整个西南地区而言,受断裂带活动和地震直接强烈影响的区域仍是有限的狭窄条形区域,而活动断裂带(地震带)之间的块体多数还是受到影响。

区内碳酸盐岩广泛出露,主要碳酸盐岩地层为中统白石铺群观雾山组(D_2gn)、上统唐王寨群(D_3tn)、石炭系下统总长沟群(C_1zn)、二叠系下统阳新组(P_1)及上统乐平组(P_2)、三叠系下统飞仙关组+铜街子组(T_1f+L)、中统嘉陵江组+雷口坡组(T_2j+L)及天井山组(T_2L);主要的非可溶岩地层为中统罗惹坪群—沙帽群(S_2-3),下统平驿铺群(D_1pn)侏罗系中统千佛岩组(J_2q)、沙溪庙组(J_2s)、遂宁组(J_2sn)及上统莲花口组(J_3L)等地层。

区内碳酸盐岩层在长期地质历史及强烈的岩溶化作用下,岩溶地貌发育较齐全,岩溶形态有石芽、溶沟(槽)、峰丛、岩溶漏斗、落水洞、岩溶洼地、溶洞、暗河。泉水与暗河是区内地下水排泄的主要型式,主要分布在谷坡中部及侵蚀基准面附近,分别向涪江、平通河或其他深切冲沟排泄。区内各地层岩溶强度由强至弱的发育趋势是:$C_1zn \rightarrow D_3tn \rightarrow D_2gn \rightarrow D_2y \rightarrow D_1g$。其主要岩性特征为:灰岩为主→白云岩为主→灰岩、白云岩夹泥灰岩及砂、页岩为主→碎屑岩夹薄层灰岩为主。区内岩溶发育的型式、方向、强度与地下水径流型式基本一致,垂直形态的岩溶多沿陡倾角裂隙和构造线交汇部位发育。水平溶洞多沿北东向岩层走向和向斜构造的纵张裂面发育。

3 洪水漫坝及溃坝危险性分析

暴雨、洪水是威胁水库大坝安全的重要危险因素。由于水库蓄水量较大,流域内降雨时空分布很不均匀,上游山区多年平均降水量达1 200~1 400 mm,中游的三台、盐亭等县仅为850~900 mm。降水量多集中在6~9月,占全年降水量的70%以上。年际变化也较大,最大年降水量为最小年降水量的1.7倍。涪江流域内洪灾频繁,流域内雨洪关系十分密切,受鹿头山暴雨区控制,干支流上游不同的暴雨控制范围,将在干流中下游发生不同规模的局部洪水或流域性的大洪水、特大洪水。历史上1902年、1945年、1954年及1981年等大洪水即为典型。上游洪水过程特点为洪水涨落快、洪峰多是单峰;中下游则以洪水过程平缓,峰型以单峰与复峰交替出现为主。暴雨导致的洪水灾害已严重威胁了中下游国民经济的发展。在汛期,如果工程枢纽遭遇到超标洪水、泥沙淤积河床抬高水位、冲沙或泄洪闸门失去操作电源、冲沙或泄洪闸门启闭失灵或其他误操作等都能导致洪水漫坝事故。根据水库工程各类建筑物级别,按《水利水电工程等级及洪水标准》(SL 252—2000),本工程大坝设计洪水标准为 500 年一遇,校核洪水标准为 2 000 年一遇,发电厂房设计洪水标准为 100 年一遇,校核洪水标准为 200 年一遇。该工程的设计和校核洪水标准均符合《水利水电工程等级及洪水标准》(SL 252—2000)的规定。洪水计算采用的方法是合适的,计算成果符合该河道实际成果,工程能防范洪水威胁。

4　地震地质灾害危险性分析

水库岸坡地质稳定分析主要是指暴雨、地震和库水位大幅骤变引起的库岸滑坡、崩塌、泥石流等。其突发性强,危害性大,直接关系到水工建筑物的安全和经济效益。

4.1　水库岸坡滑坡危险性分析

白石沟覆盖层库岸段存在塌岸,规模较小。窝坑里滑坡在蓄水运行期的各种工况下,均属稳定状态,即使发生塌岸并考虑 7 度地震作用,滑坡体处于临界稳定状态,根据滑坡体前缘滑床形态及武 ZK35 钻孔揭示滑床坡角 5°～8°判断,该滑坡体整体失稳可能性较小。但在蓄水运行期,滑坡存在塌岸问题,受塌岸影响滑坡体前缘存在局部失稳,失稳型式为前缘解体塌滑,由于滑坡体所处河段较宽阔,且距坝址 19 km,河道蜿蜒曲折,即使滑坡前缘局部失稳,也不会危及大坝安全运行。但是,在该滑坡塌岸范围内有 40 余人居住,建议移民搬迁。近坝库岸岸坡段(柳林子—坝前):岩质岸坡和断层破碎带岸坡蓄水后,局部地段有塌岸的可能,因该岸坡段处于右坝肩部位,对大坝安全有一定影响,建议对其进行工程处理。

综上所述,只要按设计要求进行处理,并加强监测,岸坡滑坡危险性是可以消除的。

4.2　地震液化、震陷及崩塌危险性分析

坝体基本置于 D25 白云岩地基上,不存在坝肩液化、震陷的可能。该水库库岸主要为岩质边坡,以横向河谷为主,其整体稳定性好;在椒圆子一带长约 3.5 km 的顺向河谷段,据赤平投影分析,边坡也属稳定结构类型,整体稳定性较好;坝肩岩体质量较好,如该部位遇个别崩塌不稳定岩体,可通过一定的施工措施排除,以确保施工人员及工程安全。由于地震震害影响,沿高程方向有增加趋势,坝肩及以上部位有必要进行一定量的补充勘测工作。

4.3　水库诱发地震的可能性分析

该水库具备诱发地震的有利条件,坝区—白石铺库段诱发构造型水库地震的可能性较小,考虑最不利条件的组合,水库地震的震级上限预测 Ms 为 4.5,震中烈度为 6 度,即使地震发生在 F5 断层距坝址最近的地方,大坝所受的影响烈度也不会超过 6 度;坝区—白石铺库段诱发岩溶塌陷型水库地震的可能性较大,最大震级可按 $Ms = 3.0$ 考虑,震中一个很小的范围内地震烈度可能达到 4～6 度。白石铺—平驿铺库段诱发岩溶型水库地震的可能性较大,$Ms < 3.0$,震中烈度 4～5 度。该库段诱发构造型水库地震的可能性极小。平驿铺至沙湾库段诱发地震的可能性极小。综合以上分析成果,水库诱发地震不会构成对各水工建筑的安全威胁。

5　地震安全性分析

　　"5·12"汶川地震的发震构造为龙门山断裂带。该断裂带中段由灌县—江油断裂（前山断裂）、映秀—北川断裂（中央断裂）和汶川—茂县断裂（后山断裂）组成，总长约500 km，断裂带总体走向北30°～50°东，倾向北西，倾角30°～70°，为全新世（约10 000年）活动断裂，本次汶川地震主震及部分余震分布如图1所示。有历史记载以来，沿该断裂带未发生过6.5级以上的强震，之前已有的研究成果也未显示沿该断裂带具备发生8级大地震的潜能。因此，该地震为一个重现期较长的罕遇地震。"5·12"汶川地震的另一个特点就是主震发生后，沿龙门山断裂带北东走向以约3 km/s的速度向北东方向破裂，形成持续时间长达80～90 s的强烈震动，对建筑物产生了严重的破坏。

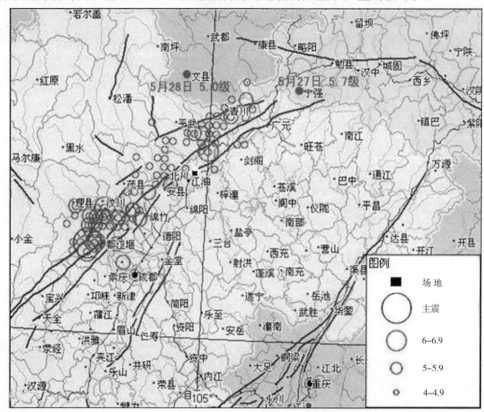

图1　四川汶川主震及部分余震分布

　　主震发生后持续的地表破裂导致"5·12"汶川地震重灾区的范围超过10万 km²，形成沿龙门山断裂带北东走向的长条形极震区，使远离震中数百千米外的甘肃、陕西等省区产生强烈震感并导致建筑物的破损。

　　由于"5·12"汶川地震为小概率事件，导致在相当大范围内的地震影响烈度大于以往确定的基本烈度。伴随地震产生的强烈地表破裂，进一步加剧了对破裂带附近建筑物的破坏。

　　该引水二期工程水库摸银洞坝址区位于龙门山前陆逆冲楔与四川前陆筋地的交界部

位,2002 年经四川省地震局复核和国家地震局审定批复,地震基本烈度为 7 度,地震动峰值加速度为 0.11g,工程区属基本稳定区。该水库工程主要建筑物的级别除坝后式电站为 3 级外,其余均为 1 级。挡水建筑物地震设防类别为甲类,可按地震基本烈度 7 度设防。考虑建筑物级别较高,根据项目建议书审查评估和可行性研究审查意见,按 8 度设防。

该工程场地受到“5·12”汶川地震及其余震的影响,局部区域的地震构造环境、区域现代构造应力场、区域地球物理场、地震的历史记录已经发生一些改变,有必要对该工程重新进行地震加速度及抗震设防烈度复核,并按照认定结果进行抗震设计施工,以确保工程抗震安全。

6　大坝震后安全现状

6.1　震后大坝混凝土开裂现状

“5·12”汶川地震发生后,监测发现已施工的大坝发生混凝土开裂现象,在坝体廊道内共有 10 条裂缝,长度 2～89 m 不等,裂缝宽度 0.5～8 mm,主要部位在廊道拱顶和底板,部分裂缝有渗水现象。在 19#～20# 坝段 569 m 高程,有 4 条裂缝;16# 坝段护坦549.5 m 高程有 2 条裂缝,裂缝均顺水流方向分布,长几米至一百余米,宽度为毫米级;20# 坝段上游面有 8 条裂缝,近垂直分布,较密集,间距 20～30 cm,缝宽 0.2 mm 左右,最长的两条从底部一直贯通至顶部;10#～11# 坝段 580.5 m 高程共 5 条缝,缝宽 1～2 mm,顺水流分布;6#～7# 坝段 627 m 高程共计 6 条缝,最大缝宽 10 mm(是混凝土未初凝造成的),分布零乱。

6.2　震后大坝安全监测评价

为监测本水库工程施工期和运行期的工作性态,保证各建筑物的正常安全运行,本工程的监测项目分安全性监测和专门性观测两类,各监测结果如表 1 所示。

综合各部位监测成果,受“5·12”汶川地震的影响,各个坝段变形监测沉降、裂缝和接缝、应力应变、渗透压力都有一定的变化,就目前震前震后监测资料来看,大坝各个监测项目观测结果无明显异常变化,坝体基本上未受到影响。

7　工程安全的现状分析评价

7.1　工程防洪安全评价

根据目前大坝形态,河床段大坝 10#～21# 坝段仅完成 560～580.5 m 高程,高度仅 22～39.5 m,高出原河床仅几米,目前处于施工期,大坝并未挡水,河水由导流洞下泄,水库没有蓄水,不存在大坝失稳、溃坝威胁下游的条件。即使出现超标洪水,也可以翻坝自然泄洪,不会造成安全威胁,目前工程防洪处于安全状态。

7.2　地震对场地的破坏影响评价

“5·12”汶川地震的类型是“主震余震型”,其总体特征是衰减趋势,但其持续时间较长,而且还会有一些起伏。虽然龙门山地震带距离工程场地较近,但由于主震震中距工区直线距离 165 km 左右,工程场地位于该地震带等烈度椭圆衰减的短轴方向,地震烈度和地震加速度衰减快,因此主震及其余震对工程场地的破坏影响有限。

表1　各观(监)测方法成果评价

观(监)测方法	震前、震后观测结果	初步评价
沉降位移变形观测	绝对位移量普遍在 ±(2～3)mm 以内,比较各测点在5月12日遭受大地震后的观测值与震前各点测值,最深测点位移最大相对变化量 ±0.02 mm,其余各点变化幅度在 ±0.3 mm	无明显异常
裂缝观测	测值在 -0.05 mm 左右,裂缝呈闭合状态,震前后测值基本无变化,变化量在 ±0.02 mm,震前后测值基本无变化	无明显异常
接缝观测	各坝段处埋设的基岩与混凝土接缝的观测值有一定的波动变化,变幅为 -0.1～0.1 mm,震前与震后测值无明显差异,相对测值变化在 ±0.03 mm 以内	正常
渗流监测	坝体上游部位基础及基础混凝土分界面渗压计测值普遍为0.12～0.15 MPa,下游部位基础及基础混凝土分界面渗压计测值普遍在0.1 MPa 以内,目前测值波动仅为 ±0.02 MPa,但整体测值变幅不大。大部分渗压计震后测值与震前测值相比略有变化,测值较震前变幅在0.01 MPa 以内	正常
混凝土应力应变监测	测值变化主要随着大坝混凝土的浇筑加高,应变计受混凝土自身荷载、温度影响,目前大部分测值基本在 -40～100 $\mu\varepsilon$ 以内。震前、震后无明显变化,变化幅度在 ±10 $\mu\varepsilon$ 左右	无明显异常
温度监测	现阶段最低测值为20 ℃,从观测结果来看,温度变化规律是初期上升到最高后逐步缓慢下降,期间受上层混凝土浇筑及其他施工因素等的影响,测值有一定幅度波动,但基本规律为先升后降	正常

该工程所处区域诱发震级不大,上限预测 Ms 为4.5;坝基没有液化、震陷的可能,坝肩岩体级别较高,整体稳定性较好。

7.3　大坝的震害影响评价

大坝震害是多种多样的。根据震害考察经验,将大坝的震害划分为四个等级,地震震害等级 Sj ($j = 1,2,3,4$)的震害描述见表2。

根据震后大坝混凝土开裂现状和目前大坝的安全监测数据分析,受"5·12"汶川地震的影响,仅在坝体廊道内有10条裂缝,长度2～89 m 不等,宽度0.5～8 mm,主要部位在廊道拱顶和底板,裂缝有渗水现象,结合各个坝段监测沉降、裂缝和接缝、应力应变、渗透压力都有一定的变化,就目前震前震后监测资料来看,大坝各个监测项目监测结果无明显异常变化。

以上说明该在建大坝经受了"5·12"汶川地震考验,震害等级介于基本"完好"与局部"轻微"破坏之间。

表2　大坝震害等级描述

震害等级 S_j	震害描述	外观	运行功能	修复难度
完好（S4）	无明显震害	完好	正常	直接可用
轻微（S3）	大坝仅产生几条规模不大的纵横向裂缝或兼有沉陷，局部隆起；防浪墙裂缝；输水管管身或溢洪结构轻微裂缝等。凡产生上述一种或一种以上震害者，均属"轻微"	保持完好	基本正常	短时间内即可修复使用
较重（S2）	大坝坝基渗漏量稍有增加；纵横向裂缝10～20条以下，宽度及长度不大，或兼有沉陷和局部隆起；护坡块石稍有松动；防浪墙裂缝；输水管启用塔身裂缝稍有倾斜；溢洪道结构发生裂缝等。凡产生上述两种或两种以上震害者，均属"较重"	局部震损	需限制使用条件	1年之内可修复使用
严重（S1）	大坝发生滑坡或滑裂；坝坡渗水；坝基渗漏量明显增大；冒水喷砂；库水位下降；坝体纵横向裂缝在10～20条以上；缝宽5～10 cm以上，且缝长几十米至百余米；输水管及管周围严重渗水；启闭塔塔身断裂倾斜，影响闸门启用等	损坏严重	基本丧失	3年之内可修复使用

8　建议

（1）继续加强大坝监测工作，及时分析，提出成果。加强库区数字强震台网布设，特别是在坝体结构上需布设强震仪，以有效监控坝体响应，这样不仅可以为快速判断险情、排险加固提供减轻灾害的参考依据，还可以为水工建筑物的抗震研究提供依据。

（2）尽快进行大坝震后裂缝监测工作，对裂缝的性状进行深入分析，提出监测成果，尽早完成裂缝处理方案并实施，具体监测方法如表3所示。

（3）建议对工程抗震设防烈度和地震加速度进一步复核，以指导工程震后复工建设。

（4）根据勘测、震害调查结果、裂缝状况、结构面状况、检测结果等资料，设计单位应分别进行渗透分析评价，水库大坝整体与局部稳定性分析评价，震害调查表如表4所示。

（5）由于还不能充分地、系统地、全面地认识地震对水库大坝的破坏作用，在经历"5·12"汶川地震后，对于水库大坝工程可能出现的"正常事故"应予以重视；对于坝体混凝土结构及其他结构部位出现的裂缝需加强观测；对于水库大坝地震地质灾害，应贯彻及时发现、及时监测、及时治理的原则；在检测方式上，应优先采用原位测试手段，首先考虑物探无损方法；针对该工程距离龙门山断裂带较近的特点，应坚持"概念"设计思想，不断总结，开发抗震加固新技术；对地震活动的不确定性、长时间的强烈震动、地震波传播方向和方式、地表破裂的影响等因素，均需要在今后水电工程的防震抗震工作中给予重视和深入研究。

表3　监测方法及作用

监测目的	监测方法	监测参数	作用
围岩裂隙的贯通性	压水试验	透水率渗透系数	了解裂隙的贯通性，为水库渗透性评价、震后围岩固结灌浆施工提供参数
岩体结构面强度	岩体剪切试验	c、φ	了解震后岩体强度变化，为震后大坝及围岩整体与局部稳定性分析提供参数
围岩与衬砌结合状况	地质雷达	反射界面	了解围岩与衬砌的胶结状况，为震后回填灌浆处理提供依据
围岩岩级状况	钻孔声波电视、变模	声波波速、钻孔描述	了解震后岩体状况，为震后有限元抗震稳定分析提供参数
混凝土质量	声波	声波波速	评价震后混凝土质量及裂隙深度
坝体低速带	面波测试	面波波速	了解地震对已经施工大坝的影响

表4　震害调查

调查部位	调查项目	调查内容
坝基	两岸坝肩区	绕渗、管涌、裂缝、滑坡、堆积
	下游坝脚	集中渗流、渗漏水水质、管涌、沉陷、坝基淘刷
	坝体与岸坡交接处	坝体与岩体接合处错动、脱离
	灌浆及基础排水廊道	排水量变化、浑浊度、水质
坝体	坝顶	坝面及防浪墙裂缝、错动、坝体位移、不均匀位移、伸缩缝、止水
	上游面	裂缝、膨胀、伸缩缝开合
	下游面	松软、脱落、裂缝、露筋
	廊道	裂缝、漏水、伸缩缝开合情况
	排水系统	排水通畅情况、排水量变化
	观测设备	仪器工作状况
泄洪设施	进水口、闸门、过水、消能设施	塌方、滑坡，渠道边坡稳定，护坡混凝土裂缝、沉陷；冲刷、变形；危及坝基的淘刷
引水发电系统	竖井、管道压力钢管	混凝土衬砌剥落、裂缝、漏水，围岩崩塌、掉块、淤积，排水孔堵塞，裂缝、鼓胀、扭变，漏水及钢衬损坏
边坡	工程边坡、近坝区堆积体边坡	坡体开裂、松动、错台、滑移、塌方、脱离、滚石、涌水、渗水
水库	库区、库边	水库渗漏、塌方、库边冲刷、断层活动以及冲击引起的水面波动等现象，尤应注意近坝库区的这些现象

坝基爆破开挖影响程度及破坏机理的检测研究

魏树满　　刘栋臣　　王志豪

（中水北方勘测设计研究有限责任公司　天津　300222）

摘要：水利工程坝基爆破开挖是岩石基础常见的开挖形式，但爆破开挖对基岩应力、应变特性的影响直接关系到基础的承载能力和大坝的变形及稳定性。因此，研究如何检测爆破开挖对基岩变形特性的影响和破坏十分必要。本文以黄河龙口水利枢纽工程为例，探讨研究了爆破开挖对近水平层状岩体影响程度及破坏机理的测试方法。

关键词：爆破开挖　声波　钻孔录像　变形回弹　变形量　变形梯度

1　引言

水利工程坝基爆破开挖是岩石基础常见的开挖形式，但爆破开挖对基岩变形特性的影响和破坏直接关系到基础的承载能力和大坝的变形及稳定性。因此，研究如何检测爆破开挖对基岩变形特性的影响和破坏程度是十分必要的。

黄河龙口水利枢纽工程基础主要是奥陶系中统上马家沟组（O_2m_2）地层。地层呈平缓单斜，总体走向 NW315°~350°倾向 SW，倾角 2°~6°。坝基地层呈现舒缓波状，层间错动痕迹明显。与工程密切相关的是上马家沟组（$O_2m_2^2$）地层的三个小层：第一小层（$O_2m_2^{2-1}$），中厚层、厚层灰岩，豹皮灰岩；第二小层（$O_2m_2^{2-2}$），灰岩，浅灰色，隐晶结构，薄层状构造；第三小层（$O_2m_2^{2-3}$），中厚层、厚层灰岩，豹皮灰岩。

为评价坝基岩体爆破开挖的影响深度、基岩变形量等，在建基面基础岩体布置了多点位移计孔内岩石变形试验及钻孔声波和电视录像工作。

2　测试成果分析

2.1　声波振幅测试成果

为研究岩体内部损伤情况及爆破动力效应范围，在爆破开挖前后进行了 3 对钻孔的孔壁滑行波振幅衰减规律测试（图 1 为开挖前后钻孔声波振幅测试综合对比）。分析钻孔声波振幅测试结果可知：①开挖前，$A_d \sim h$ 曲线光滑，衰减规律显著（A_d 与 $h^{1.31}$ 成反比，相关系数为 0.98），说明开挖前的岩体完整性、均一性较好。②开挖后，$A_d \sim h$ 曲线在浅部急剧衰减，在孔深 0.5 m 振幅值已衰减至峰值（0.3 m 处的振幅值）的 18%，0.9 m 振幅衰减至峰值的 4%，1.1 m 振幅已衰减至峰值的 3%，1.1 m 以下振幅值没有明显的衰减变化，说明浅部岩体内部出现损伤，岩体的完整性、均一性遭到破坏，声波能量急剧衰减。

作者简介：魏树满（1964—），男，辽宁锦西人，高级工程师，主要从事水利水电工程物探工作。

2.2 声波波速测试结果

开挖前后布设了 8 对声波测试孔,各钻孔声波测试综合对比结果见图 2。

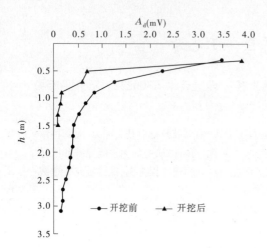

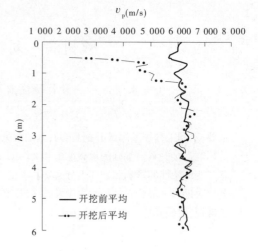

图 1　开挖前后钻孔声波振幅测试综合对比　　图 2　坝基开挖前后钻孔声波测试综合对比结果

综合分析开挖前后可对比段的钻孔声波测试结果可知:

(1)开挖前,建基面以下岩体的 $v_p \sim h$ 曲线相对平缓,波速变化不大;岩体弹性参数较高,实测声波波速为 4 650 ~ 6 940 m/s,整体平均波速为 6 200 m/s,岩体动弹性模量为 46.27 ~ 119.18 GPa,平均值为 91.77 GPa,岩体完整性系数为 0.45 ~ 1.00,均值为 0.80,属完整岩体。以上说明在原岩状态下的坝基岩体质量较好。

(2)开挖后,建基面以下岩体的 $v_p \sim h$ 曲线与开挖前相比自上而下可划分为:①波速降低段、波速过渡段、波速稳定段。各波速段的弹性参数特征为:①波速降低段,主要分布在表层,实测声波波速为 2 020 ~ 5 560 m/s,整体平均波速为 4 360 m/s,岩体动弹性模量为 5.94 ~ 71.00 GPa,平均值为 39.59 GPa,岩体完整性系数为 0.08 ~ 0.64,均值为 0.39,属完整性差岩体,该层综合影响深度约为 1.2 m。②波速过渡段,主要是波速降低段和波速稳定段的连接段,厚度为 0.3 ~ 0.4 m,实测声波波速为 5 710 ~ 6 020 m/s,整体平均波速为 5 910 m/s,略低于该段开挖前的平均波速。③波速稳定段,分布在孔深 1.2 m 以下,受局部完整性较差岩体影响,岩体弹性参数差异相对较大,实测声波波速为 5 200 ~ 6 950 m/s,平均波速为 6 220 m/s,岩体动弹性模量为 60.54 ~ 119.58 GPa,平均值为 92.47 GPa,岩体完整性系数为 0.56 ~ 1.00,均值为 0.80,属完整岩体。

对比开挖前后钻孔声波测试结果可见:在建基面以下埋深约 1.2 m 以上普遍存在一层相对较低波速的岩体,该层较相应段原状岩体平均波速降低约 30%,平均动弹性模量降低约 57%,说明坝基建基面形成后,在一定深度范围内的岩体受到了不同程度的破坏。

2.3 电视录像结果

开挖前后布设了 7 对电视录像孔,对比分析开挖前后钻孔电视录像显示的可见异常及岩体状况可得出以下结果。

(1)开挖前,建基面以下岩体相对完整,层面、裂隙等结构面多呈闭合状态,层间充填物胶结紧密,在所录像的钻孔中,除泥化夹层外未见有明显的层面张开现象。

(2)开挖后,建基面以下岩体在一定深度内可见有层面张开、岩体破碎等异常现象,具体情况描述如下:

①所有录像孔内均可见有层面张开现象,主要表现为层面开度扩大和闭合层面开度显化两种形式(见图3),且有由浅到深影响程度逐渐减弱的趋势,其影响深度为0.4 ~ 3.0 m,平均影响深度约为1.6 m。

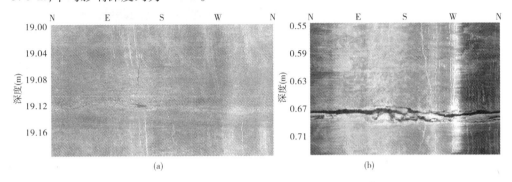

图3　ZKB6(开挖前)与ZKJ10(开挖后)钻孔录像对比图片(0.55 ~ 0.75 m)

②部分钻孔的局部岩体可见破碎(见图4)、裂隙的开度显化、出现新生断裂面等异常。

③在浅部层面、裂隙切割的钻孔内岩体较破碎(见图5)。

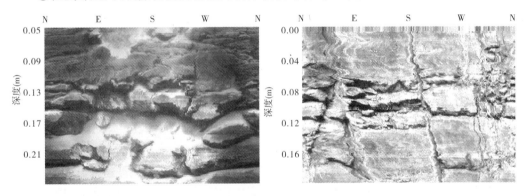

图4　局部岩体的破碎　　　　图5　在浅部层面、裂隙切割的钻孔内岩体的破碎

④层面上盘岩体的破坏程度比下盘岩体的破坏程度严重。例如:ZKJ12钻孔开挖前在0.53 m的对应位置仅见有层面,开挖后层面张开,上盘岩体较破碎,下盘岩体相对完整,如图6所示;ZKJ7钻孔0.48 m为层面,开挖后层面张开,上盘裂隙开度明显扩大,下盘裂隙开度显化,如图7所示。

2.4　多点位移计测试结果

在开挖前布设了8个多点位移计变形测试孔。

分析回弹变形资料(见图8),不难看出基岩变形特点是:建基面以下1.0 m范围内,回弹变形量相对于深部比较大一些,基岩回弹变形量占总变形量的45%左右。因爆破开挖导致基岩深部岩体也产生回弹变形,回弹变形主要发生在基岩面下2.0 m以内,但影响深度可扩展到基岩面下 3.0 m。

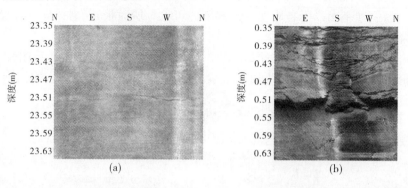

图6　ZKB4 - 2(开挖前)与 ZKJ12(开挖后)钻孔录像对比图片(0.35 ~ 0.65 m)

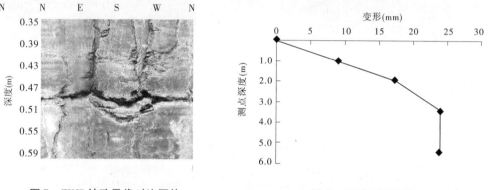

图7　ZKJ7 钻孔录像对比图片　　　　　图8　回弹变形资料

3　爆破开挖后基岩破坏程度分区

3.1　按物探测试成果分区

开挖后的钻孔声波测试结果表明:建基面以下至孔深 1.2 m 浅层声波波速为 2 020 ~ 5 560 m/s,整体平均波速为 4 360 m/s,与对应段原状岩体相比,平均波速降低约 30%,岩体完整性系数为 0.08 ~ 0.64,均值为 0.39,按完整性系数划分,属完整性差岩体;孔壁滑行波振幅至孔深 1.1 m 已急剧衰减;由录像成果可知,建基面以下至孔深 0.6 ~ 1.8 m 平均深度约为 1.1 m 岩体存在破碎(破碎岩体的最大厚度达 0.85 m)、层面张开等异常现象。该段岩体的破坏形式主要以岩体破碎、裂隙张开、层面张开为主,说明浅部岩体内部出现损伤,岩体的完整性、均一性遭到破坏。孔深 1.1 ~ 3.0 m 间岩体开挖后则呈层面张开、层面显化等,而该段开挖前后的岩体实测声波波速没有明显变化,其原因主要是异常规模小,加之在饱水的状态下测试所致。该段岩体的破坏形式主要以岩体层面张开、层面显化为主。

钻孔声波测试结果表明,低波速岩体分布在建基面以下 0.8 ~ 1.2 m 深度范围内;录像结果表明,可见异常的影响范围为建基面至其下部 1.8 ~ 3.0 m 处。

综合上述分析,在基岩浅部平均孔深 1.1 m 内岩体破坏形式主要以岩体破碎、裂隙张开、层面张开为主;在孔深1.1～3.0 m岩体的破坏形式主要以岩体层面张开、层面显化为主。

3.2　依据基岩钻孔中张开层面出现的频度分区

为了研究基岩的变形和破坏机理,开挖后,在开挖前的8个钻孔附近又打13个钻孔以便于开挖前后对比分析,并在其中11个钻孔中录像。钻孔录像显示张开层面出现频度统计结果如下:

(1)建基面以下至孔深1.2 m范围内有27个层面,占55%;

(2)孔深1.2～2 m范围内有16个层面,占35%;

(3)孔深2～3 m范围内有4个层面,占10%。

依据上述统计结果,浅层基岩(孔深1.2 m以上)扰动程度较高,1.2～2 m范围内基岩扰动中等,2～3 m属于较微扰动区,3 m以下与原状岩体一致。总之,基岩是处于轻微扰动级别,在这个前提之下,上面所列出来的高、中、低三个档次仅是按扰动程度排序。

3.3　依据基岩回弹变形量分区

用多点位移计测试基岩回弹变形量(实测值)与测孔深度的关系,可分为以下三个区:

(1)建基面以下至孔深1.0～1.2 m范围内,基岩回弹变形量11～13 mm,占45%～55%;

(2)孔深1.2～2 m范围内基岩回弹变形量9.34 mm,占38%;

(3)孔深2～3 m范围内基岩回弹变形量1.68 mm,占7%。

上述统计结果表明:建基面下浅层部分,基岩扰动程度相对于基岩深部较高,基岩埋深1.2～2 m范围基岩扰动程度居中,2～3 m范围基岩扰动程度相对微弱,3 m以下未扰动。

4　基岩破坏原理

综合分析检测成果认为,基岩的破坏可分为如下7个类型:

(1)基岩粉碎,位于炮孔底部,炸药引爆后,炮孔底部及炮孔周围小范围内岩石粉碎,基岩表层呈坑窝状。

(2)径向破裂,位于基岩粉碎区之外,基岩表层呈径向被拉断裂状态。

(3)中厚、厚层灰岩新生的断裂面,基岩振动引发层理面扩展成连续的断裂面,与层面平行,略有波状起伏特征。

(4)层面上、下盘邻近层面边缘处的拉张性断裂。

(5)闭合结构面(层面、陡倾节理)开度显化。

(6)结构面(层面、陡倾节理)开度扩大,岩体破碎。

(7)中厚、厚层岩体中内部损伤程度扩大。

自然界中的岩体,都经受过多期的构造运动。在完整岩体中,虽然外观完整,但其内部是有损伤的,即有隐微小裂纹或小至穿晶、绕晶小裂纹,在爆炸应力波或弹性波的冲击下,小裂纹的长度沿原有裂纹尖端外延伸长,使完整岩体中的小裂纹损伤程度扩大。至于原岩中已发育的层面、节理、裂隙等结构面,则必然在爆破冲击波作用下进一步扩展并在开挖卸荷后加剧。

这种岩体内部的损伤不能从外观直接看到,但是可通过声波振幅测试验证,图1展示出声波振幅测式结果。开挖前,声波振幅衰减率低,3.0 m 以外还可以测出声波振幅值。开挖后,声波振幅衰减速度明显加快,传播距离比开挖前短很多,仅有 1.3～1.4 m,不足开挖前的1/2。此结果说明开挖后,岩体内部的隐微结构的破裂程度明显增大。

5　声波测试结果与其他方法测试结果产生差异的原因

分析上述基岩破坏程度 3 种分区可以看出,尽管 3 种描述基岩破坏程度分区不完全相同,彼此之间有些差异,但总体趋势相同。其中,钻孔录像展示基岩破坏程度分区与多点位移计法测试结果分区基本一致。

利用声波测试结果对基岩破坏程度分区,其中纵波波速低速区(建基面以下至孔深0.8～1.2 m),钻孔录像展示的基岩破坏情况和多点位移计展示的主要变形区也是一致的。

在基岩深部声波测试分区与其他方法分区有一些差异性。产生差异性的原因分析如下:

(1)测试方法原理不同。声波测试是根据孔内岩体(质点振动)的运动学和动力学特征的变化规律来推测的,属间接测试方法,但该方法可提供定量依据;录像是根据开挖前后孔内岩体的变化情况直观判定的,属直接方法,但只能定性描述。

(2)岩体的破坏形式不同。建基面以下至孔深约 1.1 m 岩体破坏形式主要以岩体破碎、裂隙张开、层面张开为主。在孔深 1.1～3.0 m 之间岩体的破坏形式主要以岩体层面张开、层面显化为主。

(3)声波测试是在饱水状态下进行的,岩体内结构面充水后间接提高了岩体的完整性,导致波速可达到原始状态。基岩深处破坏,又是属于层面显化或开度扩大类型。所以,在基岩深部有水条件下测试的声波速度不能直接用来评价基岩的破坏程度。

6　结语

(1)综上所述,基岩的破坏程度(或者说被扰动程度),通过上述资料和分区结果可以看出,基岩被扰动程度是由基岩表层至深部呈逐渐减弱,若要分出严重、中等、轻微三个区,其结果如下:

建基面以下至孔深 1.2 m 为严重扰动区;

基岩内 1.2～2 m 为中等扰动区;

基岩内 2～3 m 为轻微扰动区。

此处所述的基岩被扰动程度分为严重、中等、轻微三个档次,只限于建基面下可利用岩体间的相互比较而言,不要与建基面上被严重扰动的预留基岩保护层岩体相混,彼此之间的量级不是一个水平。

这样细分基岩破坏原理的目的是便于为施工设计提供参考。可根据浅层基岩扰动的程度考虑是否要撬挖、锚固或灌浆加固补强。

(2)基础固结灌浆结果证明,黄河龙口水利枢纽坝基岩体爆破开挖破坏程度分区是合理的,采用声波测试、电视录像和多点位移计进行检测是行之有效的。对类似工程具有一定的指导和参考价值。

大坝截渗墙综合检测技术研究

涂善波 毋光荣

（黄河勘测规划设计有限公司工程物探研究院 郑州 450003）

摘要：大坝截渗墙属于地下隐蔽工程，其质量检测受多种因素制约，采用单一检测方法往往无法准确全面地评价截渗墙质量。本文通过某水电站截渗墙质量检测的工程实例，研究采用全孔壁光学成像与弹性波 CT 技术相结合的综合检测方法，查找截渗墙墙体接头缝或混凝土不密实区，真实全面地反映截渗墙墙体混凝土浇筑质量。

关键词：截渗墙 综合检测 光学成像 弹性波 CT

1 引言

随着国家经济的迅速发展，一大批水利水电工程将进一步开展前期工作，并将陆续兴建。它们的共同特点是工程规模越来越大，工程地质条件也越来越复杂，大坝截渗墙工程的重要性与复杂性也日益凸现出来，截渗墙工程的质量关系到地基的渗透稳定和闸坝安全，以及水库的效益。因此，大坝截渗墙的质量检测也至关重要。但是，对于截渗墙质量检测问题，仅靠单一的检测方法有时无法有效解决。目前，常用的弹性波 CT 法仅限于局部检测，不能满足全面检测和随机抽样要求；而高密度电法、大地电磁法等无损检测方法又受制于截渗墙与围岩介质具备一定的电性差异，应用范围较窄。弹性波 CT 是井中弹性波测试向信息密集化发展的一种新的地下物探方法，其获得的成果是地下介质弹性波速度的空间分布，与电磁波类方法相比，弹性波速度与介质的力学性质关系密切，因此不仅有利于全面细致地了解探测区域异常体的大小、形态及空间分布，也有利于确定异常性质。而目前国内全孔壁光学成像的技术也日趋成熟，该方法集电子技术、视频技术、数字技术和计算机应用技术于一体，可有效解决地下隐蔽工程中地质信息采集的完整性和准确性问题，摆脱钻孔取芯率相对较低和机械扰动造成的岩芯失真的制约。本文根据某水电站工程截渗墙检测的工程应用，结合这两种检测方法的优点，探讨研究截渗墙质量检测的综合技术。

2 方法原理

2.1 全孔壁光学成像

全孔壁光学成像是以视觉获取地下信息，具有直观性、真实性等优点，它已广泛应用于地质勘探和工程检测中。在工程建设中可用来检查混凝土浇筑质量、灌浆处理效果等。

作者简介：涂善波(1980—)，男，河南正阳人，工程师，现主要从事水利水电工程物探工作。

对钻孔进行全孔壁光学成像,记录钻孔全孔壁图像,使钻孔孔壁资料更加完整,不遗漏钻孔内的地质信息。本文中全孔壁光学成像测试采用 JD - 2(200)型钻孔全孔壁成像系统,其原理是采用井下摄像机通过锥形反光镜摄取孔壁四周图像,利用计算机控制图像采集和图像处理系统,自动采集图像,并进行展开、拼接处理,形成钻孔全孔壁柱状剖面连续图像实时显示,连续记录全孔壁图像。采用计算机控制采集图像,采用数字图像记录,图像记录在硬盘上或刻录在光盘上。孔壁图像变换示意见图1。

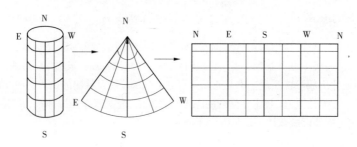

图1　孔壁图像变换示意

2.2　弹性波 CT

CT(Computer Tomography)技术,又称层析成像技术,是医学计算机层析扫描技术在地球物理领域的应用和发展,是一项新兴技术。工程 CT 技术,是借鉴医学 CT,通过人为设置的某种射线(弹性波、电磁波等)穿过工程探测对象(工程地质体),从而达到探测其内部异常(物理异常)的一种地球物理反演技术。由于所用射线不同,又可分为弹性波 CT、电磁波 CT 及电阻率 CT 等。

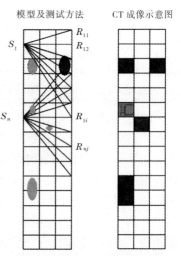

图2　弹性波 CT 成像原理

弹性波 CT 可分为地震波 CT 和超声波 CT,两者成像方法原理完全一致,如图 2 所示,首先通过扇形测试获取大量的首波走时数据(t_i),然后通过求解大型矩阵方程来获取两孔之间速度剖面图像,根据速度剖面图像可以直观准确地判定隐患大小分布,是目前最为有效和最为精确的测试方法之一。设在成像剖面内共测有 N 条射线,首先根据测试精度把剖面分为 M 个单元(网格),以射线理论为基础的成像方法归结为求解如下方程:

$$\begin{bmatrix} l_{11} & l_{12} & \cdots & l_{1M} \\ l_{21} & l_{22} & \cdots & l_{2M} \\ \vdots & \vdots & & \vdots \\ l_{N1} & l_{N2} & \cdots & l_{NM} \end{bmatrix} \begin{bmatrix} S_1 \\ S_2 \\ \vdots \\ S_M \end{bmatrix} = \begin{bmatrix} t_1 \\ t_2 \\ \vdots \\ t_N \end{bmatrix} \qquad (1)$$

式中:l_{NM} 为第 N 条射线在第 M 个单元内的路径长度;S_M 为第 M 个单元的慢度值,$S_j = 1/V_j$;t_N 为第 N 条射线的走时值。

弹性波 CT 算法从最初的 BPT(Back Projection Technique)和 ART(Algebraic Reconstruction Technique)发展到目前普遍使用的 SIRT(Simultaneous Iterative Reconstruction Technique)已经十分成熟。当异常体波速变化较大时,应用快速射线追踪技术和 SIRT 算法,可以实现高精度弯曲射线 CT,这一技术具有很强的适用性,在实际生产中发挥着重要作用。

根据费马原理和 Dijkstra 最佳路径算法进行快速射线追踪较普通方法具有明显的优越性。设剖面离散结点数为 n,其计算次数由 $n!$ 降低到 n^2。然而,如果在整个 CT 剖面内进行射线追踪,由于 n 很大计算速度仍然受到限制。应用"椭圆约束"方法可以实现更快速射线追踪。具体方法是首先以激发点和接收点为焦点作一个椭圆,根据椭圆方程性质,如果首波射线路径任意一点弯曲到椭圆之外,射线路径将会大于 $2a$(a 为椭圆长轴),由于首波走时必须最小,即弯曲射线路径较直射线路径不可能偏离太多,所以只要适当选择椭圆长轴 a 值,然后在椭圆区域内进行弯曲射线追踪即可。

弹性波在被检测体中的传播速度与其构成的成分及密实度等密切相关。墙体波速高的区域,灌浆密实,密度大,弹性模量值大;波速低的区域,灌浆松散,密度小,弹性模量值小。这就是用弹性波 CT 检测截渗墙混凝土质量的基本原理。

弹性波 CT 检测工作方法如图 3 所示,ZK01 和 ZK02 为截渗墙墙体上布置的两个钻孔。检测时,先在 ZK01 中某一位置处激发弹性波,并在 ZK02 孔中 n 个等间隔位置处接收,可测得 n 个弹性波旅行时;然后,按一定规律移动激发点或接收点的位置,直到完成预先设计好的观测系统。若整个观测系统共激发 m 次,则可测得 $m \times n$ 个弹性波旅行时,据此信息,利用计算机作反演计算,即可得到被检测体内部的波速图像。

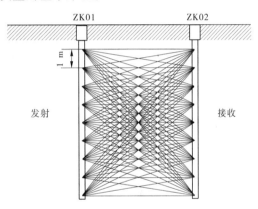

图 3　弹性波 CT 检测工作示意

3　工程实例

3.1　工程概况

某水电站为一反调节水库,目前蓄水水位达到设计水位 134 m,为防止绕坝渗漏,在左、右岸各修筑一条截渗墙。截渗墙混凝土设计强度等级为 C15,龄期90 d。左岸截渗墙上部约为 30.0 m 厚的黄土,截渗墙混凝土高约 22 m,基岩以泥质粉砂岩与(砂质)黏土岩等软岩为主,截渗墙进入基岩 2 m。右岸截渗墙上部为 0.5 m 厚的黄土,截渗墙混凝土高约20 m,基岩以黏土岩为主,截渗墙进入基岩 2 m,截渗墙设计墙宽为 0.60 m,分序施工。截渗墙结构示意详见图 4。

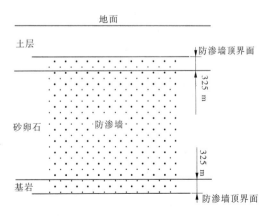

图 4　截渗墙结构示意

3.2　工作布置

根据任务要求,在左、右岸截渗墙上各打了一组检测孔,各检测孔情况见表1。

表1　截渗墙检测孔汇总

位置	弹性波 CT 剖面编号	钻孔编号	钻孔桩号	孔深(m)	孔口高程(m)
左岸	ZJ01 – 02	ZJ01	DZ1 + 148.3	23.0	153.615
		ZJ02	DZ1 + 163.9	24.0	153.562
右岸	YJ01 – 02	YJ01	DY0 + 200	19.0	134.244
		YJ02	DY0 + 218	21.0	134.106

工作思路是,首先对各检测孔进行全孔壁光学成像测试,其次分别对两组钻孔进行弹性波 CT 测试。

弹性波 CT 检测的基本流程是:首先,用弹性波扫描被检测地层,得到多个弹性波旅行时;然后,利用计算机作反演计算,得到被检测体内部的波速图像;通过对地层灌浆前、后所得到的速度剖面图的比较,判断灌浆效果。观测系统采用激发点距和接收点距均为 1.0 m、1 点激发、12 点接收的观测系统。CT 扫描时,激发孔 1 点激发,接收孔 12 个点接收。逐一完成激发孔各点的激发工作,直至完成整个观测系统。现场测试以左岸 ZJ01 钻孔为激发孔,ZJ02 钻孔为接收孔,右岸 YJ01 钻孔为激发孔,YJ02 钻孔为接收孔。弹性波 CT 检测采用美国生产的 R24 地震仪和 12 道压电晶体型串式拾震器接收,大功率电火花震源激发。

3.3　成果分析

3.3.1　左岸 ZJ01 – 02 段

对于 C15、龄期 90 d 的混凝土,其纵波波速应高于 3 000 m/s。从弹性波 CT 成果(见图 5)上可以看到,左岸 ZJ01 – 02 段有 A、B、C 三个明显的波速偏低区。其中:A 区范围较大,速度值也最低,与其相对应位置的 B 区也存在波速低值区;C 区在截渗墙底部,速度值也较低。初步判断截渗墙的 A、B、C 三区可能存在浇筑不密实区或者缺陷。调取 A、B、C 三区相应部位的全孔壁成像资料(见图 6)进行对比,可以发现:A 区混凝土存在较严重的掉块及破碎带;B 区混凝土有浇筑不密实现象;C 区混凝土质量较好,不存在缺陷部位。经过与弹性波 CT 资料进行对比,可以确定 A、B 区混凝土质量存在缺陷,C 区弹性波 CT 所反映出来的低速异常应该是弹性波射线反演的盲区问题导致的,并

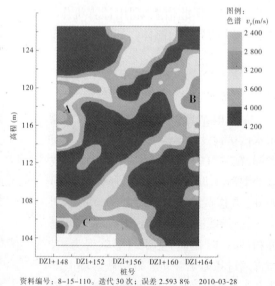

资料编号:8-15-110。迭代 30 次;误差 2.593 8%　2010-03-28

图5　左岸 ZJ01 – 02 弹性波 CT 剖面

非混凝土质量问题。经综合断定,在左岸截渗墙的 A 区(DZ1 + 148 ~ DZ1 + 153,高程 116 ~ 121 m 处),以及 B 区(DZ1 + 162 ~ DZ1 + 164,高程 117 ~ 121 m 处)混凝土质量存在缺陷,有浇筑不密实区。

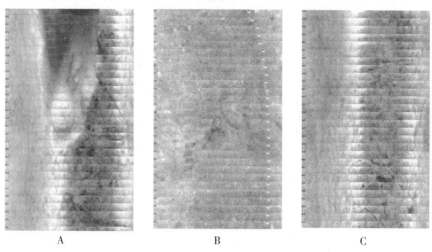

图 6 左岸钻孔全孔壁成像截图

3.3.2 右岸 YJ01 - 02 段

从弹性波 CT 成果(见图 7)上可以看到,右岸 YJ01 - 02 段有 D、E 两个明显的波速偏低区,波速低于 3 000 m/s。其中:D 区位于截渗墙上部,低速区范围较大;E 区位于截渗墙底部,异常区很小。初步判断截渗墙的 D、E 区可能存在浇筑不密实或者缺陷。调取 D、E 区相应部位的全孔壁成像资料(见图 8)进行检查,可以发现:D、E 区相对应部位钻孔孔壁较完整,没有明显混凝土缺陷,与弹性波 CT 资料存在矛盾。经在右岸截渗墙顶部 DY0 + 209 ~ DY0 + 216 段进行浅部开挖,证实在该段高程 132 m 以上部位存在一混凝土浇筑缺陷区;而 E 区弹性波 CT 所反映出来的低速异常应该是弹性

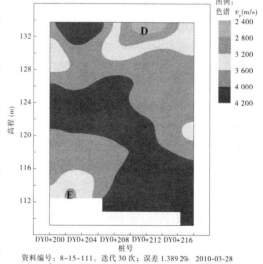

图 7 右岸 YJ01 - 02 弹性波 CT 剖面

波射线反演的盲区问题导致的,并非混凝土质量问题。经综合断定,在右岸截渗墙的 D 区(DY0 + 209 ~ DY0 + 216,高程 131 ~ 133 m 处)混凝土质量存在缺陷,有浇筑不密实区。

4 结论

由以上成果分析可以看出,仅靠单一物探方法很难真实全面地了解截渗墙质量问题,如在本工程实例中,左岸 C 区、右岸 E 区缺陷的判定上,若仅凭弹性波 CT 的资料解释成果,判定这两个区域截渗墙存在质量缺陷,是不科学的;在右岸 D 区缺陷的判定上,若仅

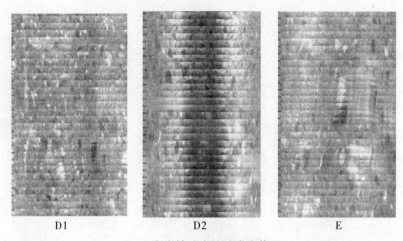

图8　右岸钻孔全孔壁成像截图

根据两个检测钻孔全孔壁光学成像资料判断该区域不存在质量缺陷,也会造成误判。全孔壁成像解决了截渗墙地下信息采集的完整性和准确性问题,能够提供直观精确的孔壁全景图像,为弹性波 CT 成像测试成果提供佐证;弹性波 CT 又可延伸全孔壁成像的二维信息,对截渗墙混凝土构造在检测孔间的完整情况进行三维空间上的拓展。全孔壁成像和弹性波 CT 两种检测方法相互验证和补充,可以真实反映截渗墙的整体结构特性,快速准确地定位缺陷位置,为加固处理提供翔实、准确的依据。通过本例工程应用可以得出结论,将全孔壁成像和弹性波 CT 测试技术综合应用于截渗墙工程检测是可行的,并且具备全面检测截渗墙整体构造、成果直观、缺陷定位准确等优点。

参考文献

[1] 王家映.地球物理反演理论[M].北京:高等教育出版社,1998.

[2] 董清华.井间地球物理成像与工程勘察[J].工程勘察,1999(4):64-66.

[3] 杨文采,杜剑渊.层析成像新算法及其在工程检测上的应用[J].地球物理学报,1994,37(2):239-244.

[4] 邱庆程,李伟和.跨孔地震 CT 层析成像在岩溶勘察中的应用[J].物探与化探,2001,25(3):236-240.

[5] 何良军.层析成像技术在桥墩灌浆加固质量检测中的应用[J].岩土工程界,2001,4(10):55-57.

[6] 刘国华,王振宇,孙坚.弹性波层析成像及其在土木工程中的应用[J].土木工程学报,2003,36(5):76.

[7] L J Bond, W F Kepler, D M Frangopol. Improved assessment of mass concrete dams using acoustic travel time tomography[J]. Construction and Building Materials ,2000 ,14 (3) :147-156.

[8] V K Karastathis, R N Karmis, G Drakatos, et al.. Assessment of the dynamic properties of highly saturated concrete using one-sided acoustic tomography : Application in the Marathon Dam [J]. Construction and Building Materials ,2002, 16(5) :261-270.

[9] 王运生.最佳路径算法在计算波路中的应用[J].物探化探计算技术,1992,14(1):32-36.

[10] 王运生,王家映,顾汉明.弹性波 CT 关键技术与应用实例[J].工程勘察,2005(3):66-68.

大口径钻孔弹模测试仪在某水利工程中的应用

马若龙 胡伟华 涂善波

（黄河勘测规划设计有限公司工程物探研究院 郑州 450003）

摘要：本文介绍了在大口径（孔径大于 800 mm）钻孔中进行原位弹性（变形）模量测试的弹模测试仪及其在某水利工程中的应用情况，在国内首次实现在大口径钻孔中进行原位弹性（变形）模量测试。通过实际应用证明，大口径钻孔弹模测试仪测试数据可靠，是对大口径钻孔进行原位弹性（变形）模量测试的理想设备。

关键词：大口径 钻孔弹性模量 岩体变形

1 引言

由于受到仪器设备等因素的限制，常规的钻孔弹性（变形）模量测试技术仅局限于孔径在 70～190 mm 的小口径钻孔，对于孔径达到 800 mm 以上的大口径钻孔原位弹性（变形）模量测试，目前在国内公开查询的范围内未见先例。黄河勘测规划设计有限公司工程物探研究院在成功研制出全自动智能化钻孔弹模测试仪（小孔径弹模仪）的基础上，研制开发出了可以对大口径钻孔进行原位弹性（变形）模量测试的专用设备，在某水利工程中首次应用并取得了良好的效果。

2 测试原理及设备主要技术指标

大口径钻孔弹模测试仪的工作原理和小孔径相同，均采用钻孔千斤顶法工作原理，即利用千斤顶内的活塞，推动刚性承压板，给大口径钻孔孔壁施加一对径向压力，同时测量相应的孔径变形，并依据压力与变形的关系计算出岩体弹性（变形）模量。其计算公式如下：

$$E = AHdT(\mu,\beta)\frac{\Delta p}{\Delta d}$$

式中：E 为弹性（变形）模量；A 为与千斤顶长径比有关的影响系数，即二维公式计算三维问题的影响系数；H 为油压转换系数；d 为钻孔直径；$T(\mu,\beta)$ 为和泊松比 μ 及接触角 β 有关的函数；Δp 为压力增量；Δd 为径向位移增量。

知道了系数 A、H、d、$T(\mu,\beta)$ 等参数，根据式（1），当代入全变形时就能计算出变形模量，当代入弹性变形时就能计算出弹性模量。

作者简介：马若龙（1980—），男，甘肃白银人，工程师，现主要从事水利水电工程物探工作。

位移测量采用高精度、可调的位移传感器,压力测量采用高精度压力传感器。位移和压力通过电缆将信号送到测试主机,并在加压两端装配有摄像头,实时监控探头在井下的工作情况,主机实时显示工作压力、位移、传感器工作情况和仪器工作电压、漏水报警等。其主要技术指标如下:

(1)位移测试精度:0.001 mm;

(2)位移测试线性度:≤0.10% FS;

(3)位移量程:20 mm(可根据孔径调整);

(4)可测孔径:ϕ 800 ~ 1 000 mm;

(5)压力测试精度:0.175 MPa;

(6)最大工作压力:45 MPa;

(7)探头质量:小于 60 kg。

3　工区地质概况

某水利工程坝址区主要有三种岩性,分别为砂岩、泥质粉砂岩和粉砂质黏土岩,分布有一定范围的软弱夹层,部分岩体较破碎,为了确保水电站大坝的安全,在项目建议书和可行性研究阶段,需要对坝基岩体的各种物理力学性质进行全面试验研究,其中一个重要的参数是确定基岩岩体静弹性模量。

4　工作情况及测试成果

受业主委托,对 DKJ1[#] 和 DKJ2[#] 孔进行了原位弹性(变形)模量测试,两孔分别位于河床的左、右岩,地层岩性类似,分别为砂岩、泥质粉砂岩和粉砂质黏土岩。测点间隔一般为 1 ~ 2 m,外业工作布置如图 1 所示,测试探头通过钢丝缆由绞车控制升降,高压油管及电缆随钢丝缆连接到主机及加压油泵。测试时,由油泵通过高压油管给千斤顶加压,通过测试岩体在不同压力下的变形计算岩体弹性模量和变形模量。测试最大加压值为 20 MPa 左右,分 7 ~ 10 级加压,加压方式为逐级一次循环法或大循环法。测试方法和技术按《水利水电工程岩石试验规程》(SL 264—2001)执行。

典型测试曲线如图 2 ~ 图 4 所示。

从 DKJ1[#] 和 DKJ2[#] 孔所测得的变形—压力曲线来看,大多数情况下曲线的低压段压力和变形不呈线性关系,这是由于岩体中存在裂隙或者承压板未与孔壁完全接触造成的。随着压力的增高,岩体中的裂隙逐渐闭合,承压板也与孔壁完全接触,因此在曲线的高压段,压力和变形都为明显的线性关系。对照加压曲线和卸压曲线可以看出,塑性变形部分的形变是不可恢复的。

测试段内砂岩的弹性模量为 11.69 ~ 26.56 GPa,均值为 19.08 GPa;变形模量为 7.30 ~ 17.88 GPa,均值为 12.47 GPa。测试段内泥质粉砂岩的弹性模量为 3.74 ~ 17.76 GPa,均值为 11.85 GPa;变性模量为 2.81 ~ 14.11 GPa,均值为 8.76 GPa。测试段内粉砂质黏土岩的弹性模量 8.49 ~ 26.47 GPa,均值为 17.15 GPa;变性模量为 6.78 ~ 18.82 GPa,均值为 12.07 GPa。

将两个钻孔的测试成果和地质柱状图对照,基本上弹性模量值的低值段与岩芯的

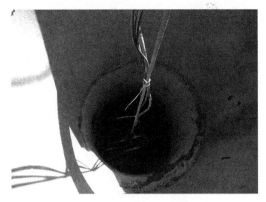

图 1　外业工作布置示意

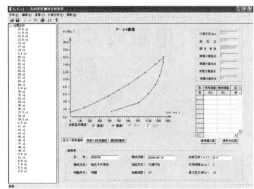

图 2　典型测试曲线（一）

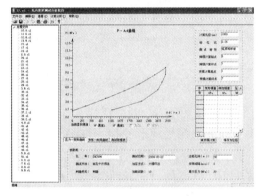

图 3　典型测试曲线（二）

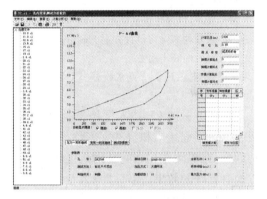

图 4　典型测试曲线（三）

RQD 低值相对应，说明测试成果有较好的代表性。由于某水利工程岩层为近水平状，故垂直钻孔内只能做水平方向的试验，同一岩性数值的变化反映了节理裂隙的影响，代表了不同的完整程度，可以作为岩体变形参数选择的重要依据。

5　结论

　　大口径钻孔弹模测试仪突破了常规的钻孔弹性（变形）模量测试技术仅局限于孔径在 70～190 mm 的小口径钻孔的限制，成功解决了大口径（孔径大于 800 mm）钻孔原位弹性（变形）模量测试问题，测试结果能真实地反映地下岩体的变形特征，为设计和施工提供了重要的岩体力学参数。

电磁波 CT 技术在光照水电站防渗
帷幕探测中的应用

尹学林[1]　　蒋承华[2]　　吕春源[1]

(1. 中水顾问集团贵阳勘测设计研究院　贵阳　550081;
2. 黔源电力有限责任公司　贵阳　550081)

摘要:钻孔电磁波 CT 技术是一门较为成熟的物探技术,主要用于探测岩溶、断层裂隙密集带、地层分界等,也是建设期间进行防渗帷幕探测的主要手段之一,用以查明可能存在的集中渗漏带,为灌浆处理和优化设计方案的制订提供指导性依据。本文结合光照水电站防渗帷幕的探测说明其有效性和实用性。

关键词:电磁波 CT　防渗帷幕　不良地质体　探测

钻孔电磁波 CT 技术是地下地球物理探测的一种重要方法,已广泛应用于石油、煤田、矿床、工程地质和自然灾害治理等领域,解决了地表物探受地形、深度影响而无法解决的问题,在探测钻孔之间及附近区域诸如岩溶、断层破碎带、软弱夹层等地质构造异常体方面有良好的效果,能够减少大量钻孔而达到解决相同问题的目的,能够快速、方便、经济地为工程地质勘察服务。

1　工程地质概况

光照水电站位于北盘江中游,贵州省关岭、晴隆两县交界的光照河段,距贵阳市 162 km,是一个以发电为主,航运其次,兼顾灌溉、供水等综合效益的水利枢纽。坝址控制流域面积 13 548 km^2,水库正常蓄水位 745 m,水库回水长 69 km,大坝为碾压混凝土重力坝,为世界同类坝型最高坝之一,最大坝高 200.5 m,坝顶全长 412 m,总库容 32.45 亿 m^3。装机容量 1 040 MW,保证出力 180.2 MW。本水电站为北盘江干流最大梯级水电站,水库具有多年调节性能。

1.1　岩性

根据地质资料,灌浆帷幕左右坝肩廊道地层为 T_1yn^{1-2}、T_1yn^{1-1}、T_1f^{2-3}、T_1f^{2-2},涉及的地层及岩性详见表 1。

1.2　断层构造

断层有 F1 和 F2 两条。其中:F1 主要发育于 T_1yn^1 厚层灰岩中,断层产状 N70°~83° W,SW∠68°~74°,破碎带宽 2~5 m,局部 3~5 m,断距不明显,长 2 km,为逆断层;F2 断层,在 F1 断层下游 130 m,发育于 T_1yn^1~T_1yn^3 地层中,总体产状走向 EW、倾向 S、倾角

作者简介:尹学林(1964—),男,云南罗平人,高级工程师,主要从事工程物探技术工作。

72°,长度小于 1.5 km,为逆断层,沿主裂面局部见断层泥、角砾岩,一般胶结良好。

表 1　灌浆帷幕左右坝肩廊道地层及岩性

地层代号				代号	厚度 （m）	岩性描述
界	系	统	组			
中生界	三叠系	下统	永宁镇组	T_1yn^{1-2}	53~63.5	灰、深灰色薄层夹中厚层灰岩,层间夹少量单层厚 0.1~1.0 cm 的灰色钙质泥页岩
				T_1yn^{1-1}	87.3~96.6	灰、深灰色薄至中厚层灰岩夹厚、极薄层灰岩、泥质灰岩。其中:上部为灰、深灰色中至薄层夹少量厚层灰岩,偶见蠕虫状构造;下部为灰、深灰色薄至中厚层泥质灰岩夹少量钙质页岩,蠕虫状构造
			飞仙关组	T_1f^{2-3}	38~42	灰、紫红色薄层极薄层泥质灰岩,泥灰岩,夹少量钙质粉砂岩
				T_1f^{2-2}	88.8~95	紫红色、黄绿色薄层至中厚层粉砂质泥岩,夹少量泥质粉砂岩

1.3　岩溶及水文地质

T_1yn^1 地层岩溶发育,河心钻孔均未遇到溶洞,电站前期综合勘探显示,河床基岩面以下局部见溶蚀带及裂隙密集带,但河床最低基岩面以上至河流枯水位之间的地带岩溶较为发育,这一带为大的岩溶管道及地下水的出口;沿 F1 断层带岩溶管道甚为发育,左岸沿 F1 断层发育有 1 号岩溶管道,右岸沿 F1 断层发育有 2 号岩溶管道、3 号岩溶管道,3 条管道可见总出水量大于 40 L/s,根据地质调查及平硐揭露资料,推测在河流枯水面以下还有出水点。

2　电磁波 CT 技术

2.1　电磁波法基本原理

CT 为英文"Computer Tomography"的缩写,中文意为"计算机成像",也称层析成像。电磁波 CT 即用无线电波为物理手段对地质体进行成像。

电磁波法中广泛使用的数据处理方法,其根本出发点都是基于射线原理。从麦克斯韦方程组推导出电偶极子场,当电偶极子衍射效应可以忽略,测点与发射点距离足够远时,可以将电偶极子场作为辐射场。在辐射区内,介质中的电磁波传播路径可以用射线来描述。对于配置半波偶极子天线的电磁波仪,其辐射场的场强可表达为:

$$E = E_0 e^{-\beta R} \frac{f(\theta)}{R} \tag{1}$$

由式(1)可以推导出:

$$\beta = \frac{\ln \dfrac{E_0}{E} + 2\ln D - 3\ln R}{R} \tag{2}$$

式中:E_0 为初始辐射场;R 为射线长度,m,即射线传播的路线积分;D 为两孔间的水平距离,m;β 是反映介质电磁特性的一个参数,称为介质电磁波吸收系数,Np/m。

　　实际上,由于测量数据不可避免地受到电磁波在介质中的散射、多次反射及可能存在的衍射的影响,因此用观测数据进行反演所得到的只是介质电磁波剖面内吸收系数的视平均效果,简称视吸收系数,仍用 β 表示。

　　当 β 的单位取 dB/m 时,对式(2)进行离散化,第 n 条射线所穿过的路径已于入总射线衰减值为:

$$\beta_n R_n = E_0 - E - 60\ln R_n + 40\ln D \tag{3}$$

2.2　工作频率

　　选择工作频率是整个工作的关键。首先要考虑仪器的“透距”,即:穿透法能解决地质问题的工作范围,透距主要取决于发射机功率、接收机的灵敏度、天线长度、围岩电磁吸收系数及仪器与介质耦合条件等,当前几项给定时就决定了围岩的吸收系数 β 和工作频率。由于电磁波在地下岩体的波长比空气中缩短若干倍,当波长小于探测物体的空间尺度时,电磁波法就有较好的分辨率。在探测岩溶时,不能单一地考虑分辨率,由于频率高,电磁波能量衰减大,容易观测到直达波与二次波的干扰现象,出现假异常。根据地质条件和现场确定最佳工作频率,本次工作选用的频率为 8 MHz 和 16 MHz。

　　本次探测采用国产 EM－1 型钻孔无线电磁波仪,有三个工作频段,即低频段(1 MHz、1.5 MHz、2 MHz)、中频段(3 MHz、4 MHz、6 MHz、8 MHz)、高频段(16 MHz、24 MHz、36 MHz)。该仪器具有耗电省、外径小、质量轻、稳定性可靠等特点,野外数据采集用计算机控制。

2.3　观测系统的布设

　　电磁波 CT 技术是医学计算机层析成像技术在地球物理领域的应用和发展,考虑到该方法的特点,结合常规电磁波探测的方法,在双孔中一般都采用同步观测和定点观测两类。同步法是发射机与接收机保持相对位置不变同时移动;定点法是把发射机(或接收机)固定在钻孔中某一深度上,移动接收机(或发射机)进行测量。野外观测系统布设得恰当与否,将直接影响反演计算精度。因此,在布设观测系统时尽可能对被测区域进行全方位扫描。根据勘测工作的要求,采用多次覆盖技术,结合同步观测和发射机与接收机互换的定点发观测系统,定发点距为 3～5 m,接收间距都为 1 m。

2.4　成像技术

　　由采集到的信息到图像生成可以分成以下几步:观测结果的预处理、反演处理、图像处理。利用自编绘图软件包生成图像,然后将生成图像进行编辑,就能得到孔间电磁波 CT 探测的彩色成果图。

3　CT 剖面布置

　　光照水电站布置防渗帷幕五层,分别为 560 廊道、612 廊道、658 廊道、702 廊道和 750 廊道 CT 探测与导流洞堵头 612 施工支洞 CT 探测,其目的是探测防渗帷幕岩溶、溶蚀破碎带及断层的发育情况和岩体的完整性等,为灌浆设计与施工提供指导。五层廊道和导流洞堵头共完成 CT 探测 120 对孔,钻孔 CT 剖面间距主要为 16～24 m。光照水电站施工详图阶段防渗帷幕线 CT 探测工作量见表 2。

表2　光照水电站施工详图阶段防渗帷幕线 CT 探测工作量

序号	部位	廊道编号	剖面深度 （m）	剖面数量 （对）	标准工作量 （射线数量）
1	左岸	750	53	11	7 530
2		702	53	12	13 483
3		658	51	15	19 550
4		612	50 ~ 104	16	37 522
5	左右岸	560	65 ~ 117	18	77 357
6	右岸	750	53	9	18 889
7		702	53	10	10 264
8		658	51	10	13 838
9		612	40 ~ 104	12	16 094
10	右岸堵头	612	100 ~ 120	3	21 100
11	试验区			4	12 664
12	合计			120	248 291

4　探测成果分析

本文对 560 廊道防渗帷幕、658 廊道防渗帷幕灌浆试验和 560 廊道防渗帷幕左侧电磁波 CT 探测进行解释分析。

防渗帷幕灌浆试验,其目的是试验灌浆效果,得出不同水文地质条件下的灌浆方法与技术指标,为灌浆工程提供相关参数。

4.1　560 廊道防渗帷幕中强渗漏区灌浆试验

560 廊道灌浆防渗帷幕处于最底层防渗线,静水头压力最大。该试验区在左岸 560 m 高程桩号 F 左 0 +084.00 ~ F 左 0 +084.00,处于 $T_1 yn^{1-1}$ 灰、深灰色薄、中厚层灰岩与 F1 断层附近的集中渗漏带上,其目的是获得整个防渗岩层中强渗漏区的灌浆技术参数。

4.1.1　灌浆技术设计

(1)灌浆方法为"小口径钻进、自上而下分段、不待凝、孔口封闭、孔内循环式"的高压灌浆工艺。

(2)灌浆顺序为先导孔→下游排Ⅰ序孔→下游排Ⅱ序孔→上游排Ⅰ序孔→上游排Ⅱ序孔→中间排Ⅰ序孔→中间排Ⅲ序孔→检查孔。

(3)灌浆试验浆液采用水泥粉煤灰浆液,浆液比分别为 1:1、0.7:1、0.5:1。

该试验区布置灌浆孔 21 个,检测孔 5 个,设计为 3 排,排距 0.7 ~ 1.0 m,孔距 2 m。

4.1.2　压水试验

灌前压水试验共 449 段,透水率均为 0 ~ 9.68 Lu,其中小于 1.0 Lu 的有 363 段,占 80.85%,1.0 ~ 5.0 Lu 的有 82 段,占 18.26%,5.0 ~ 10.0 Lu 的有 4 段,占 0.89%,平均透

水率为 1. 15 Lu。

灌后检查孔压水试验共 115 段,透水率小于 1.0 Lu 的有 114 段,占 99.13%,1.0 ~ 5.0 Lu 的有 1 段,占 0.87%,平均透水率为 0.23 Lu。

4.1.3　CT 测试

灌前灌后电磁波 CT 测试孔剖面为 J6 ~ J9,两钻孔处于检查孔的两端,间距 9.3 m。采用相同观测系统和相同工作频率进行测试,电磁波 CT 结果详见图 1。

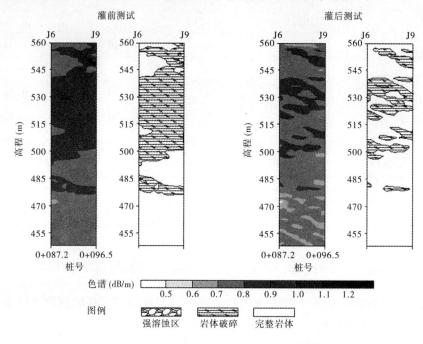

图 1　560 廊道防渗帷幕灌浆试验电磁波 CT 结果

测试结果如下:

(1)灌前岩体破碎区占测区的 53.4%,灌后占 22.9%,灌后岩体破碎区域比灌前减少了 57.1%。

(2)灌前桩号 F 左 0 + 094.5 ~ 0 + 096.5,高程 551 ~ 547 m 范围的强溶蚀区,灌后未显示,说明已灌浆充填,岩体整体质量得到明显提高。

4.1.4　试验结论

通过压水试验与电磁波 CT 灌前灌后对比试验,可以得出以下结论:

(1)560 m 高程按设计参数灌浆效果明显,采用"小口径钻进无塞高压灌浆"施工工艺可行,帷幕灌浆后能够满足防渗设计要求。

(2)560 m 高程帷幕灌浆施工参数可选:①三排孔,排距 0.7 m,孔距 2 m,钻孔段以长 5 m 为宜;②浆液宜采用 0.7∶1、0.5∶1 两个比级掺加 30% 粉煤灰,最大灌浆压力 5.0 MPa。

4.2　658 廊道防渗帷幕灌浆试验

658 廊道灌浆防渗帷幕处于中间层防渗线,该段为 T_1yn^{1-2} 中厚层夹薄层灰岩,弱风化,岩体较完整。该试验区在左岸 658 m 高程桩号 F 左 0 + 195.0 ~ 0 + 210.0,其目的是获得整个防渗岩层中一般岩体的灌浆技术参数。

4.2.1　灌浆技术设计

(1)灌浆方法为"小口径钻进、自上而下分段、不待凝、孔口封闭、孔内循环式"的高压灌浆工艺。

(2)灌浆顺序为先导孔→下游排Ⅰ序孔→下游排Ⅱ序孔→上游排Ⅰ序孔→上游排Ⅱ序孔→中间排Ⅰ序孔→中间排Ⅲ序孔→检查孔。

(3)灌浆试验浆液采用水泥粉煤灰浆液,浆液比分别为0.7∶1、0.6∶1、0.5∶1三级。

该试验区布置灌浆孔14个,检测孔5个,设计为3排,排距0.75~1.0 m,孔距为1.5 m、1.75 m、2 m、2.25 m、2.5 m五种。

4.2.2　压水试验

灌前Ⅰ序孔压水试验44段,透水率小于1.0 Lu的有40段,占90.9%,1.0~5.0 Lu的有3段,占6.8%,大于5.0 Lu的有1段,占2.3%,平均透水率为1.03 Lu;Ⅱ序孔压水试验33段,透水率小于1.0 Lu的有33段,占100%,平均透水率为0.04 Lu,递减率96%;Ⅲ序孔压水试验44段,透水率小于1.0 Lu的有44段,占100%,平均透水率为0.01 Lu,递减率75%。

灌后检查孔压水试验共50段,透水率小于1.0 Lu的有49段,占98%,1.0~5.0 Lu的有1段,占2%,平均透水率为0.21 Lu。

4.2.3　CT测试

灌前灌后电磁波CT测试采用相同观测系统相同工作频率进行测试,电磁波CT结果详见图2。

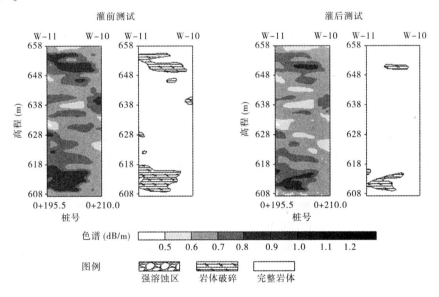

图2　658廊道防渗帷幕灌浆试验电磁波CT结果

测试结果为:灌前岩体破碎区占测区的13.5%,灌后占3.4%,灌后岩体破碎区比灌前减少了73.9%。这说明通过灌浆,岩体强度与完整性得到明显改善,主要是浆液对裂隙的充填良好。

4.2.4　试验结论

通过压水试验与电磁波 CT 灌前灌后对比试验,可以得出以下结论:

(1)658 m 高程按设计参数灌浆效果明显,采用"小口径钻进无塞高压灌浆"施工工艺可行,帷幕灌浆后能够满足防渗设计要求。

(2)658 m 高程帷幕灌浆施工参数可选:①双排孔,排距 1.0 m,孔距 1 m,钻孔段长以 5 m 为宜;②浆液宜采用 0.7∶1 比级掺加 30% 粉煤灰和 0.2% 木钙,最大灌浆压力 5.0 MPa。

4.3　560 廊道防渗帷幕左侧电磁波 CT 探测

该区共有 5 对电磁波 CT,钻孔深度 105 ~ 111 m,孔间距 20 m,探测 CT 剖面长 100 m。电磁波 CT 探测结果详见图 3。

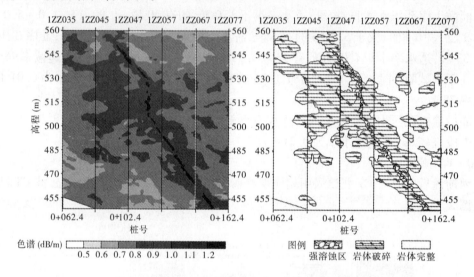

图 3　560 廊道防渗帷幕灌浆试验电磁波 CT 结果

该段岩体吸收系数值为 0.4 ~ 1.3 dB/m,从电磁波 CT 结果图中可以得出:

(1)高程 532 ~ 557 m,桩号 F 左 0 + 062.4 ~ 0 + 077;高程 476 ~ 560 m,桩号 F 左 0 + 075 ~ 0 + 102.4;高程 478 ~ 535 m,桩号 F 左 0 + 102.4 ~ 0 + 162.4;高程 450 ~ 478 m,桩号 F 左 0 + 122.4 ~ 0 + 162.4。岩体吸收系数值为 0.8 ~ 1.0 dB/m,为岩体破碎或裂隙发育区。

(2)桩号 F 左 0 + 095,高程 550 m 点至桩号 F 左 0 + 153,高程 450 m 点之间有一条吸收系数值为 1.0 ~ 1.3 dB/m 的强溶蚀带。

(3)其余部位岩体吸收系数值小于 0.8 dB/m,岩体较完整。

5　防渗帷幕优化

根据工程物探结果及现场实际灌浆情况,并结合防渗帷幕体结构要求,除物探测试结果表明为岩体破碎、有地质缺陷部位及溶蚀的区域,灌浆孔在钻孔过程中出现异常的地质情况(如返黄黄泥、掉钻等)孔段外,灌前简易压水试验透水率小于 1.0 Lu 孔段和已灌孔吸浆量较小(单耗不大于 40 kg/m)的孔段作了以下调整及提出相关要求:

　　(1)612 m 高程以下由三排帷幕形成的幕体区域(必须是在同一高程有三排孔的位置;帷幕底线不在同一高程,使部分区域达不到三排帷幕体的部位不在此列)岩体完整部分的上游排孔在第四段(即 15.5 m,不含第四段)以后将灌浆段长由原设计 5 m 加大到 8 m。中间排帷幕灌浆孔可在第三段(即 10.5 m,不含第三段)以后将灌浆段长由原设计 5 m 加大到 10 m,将第四段灌浆压力由 4 MPa 调整为 5 MPa。

　　(2)对两岸 658 m、702 m 帷幕上游排Ⅱ序灌浆孔,将其在第三段(不含第三段)以后灌浆段长由原设计的 5 m 加大到 8 m。

　　混合浆液水胶比采用 0.7、0.5 两个比级,开灌水胶比为 0.7。

　　主防渗帷幕面积由原设计 16.6 万 m^2 优化为 14.58 万 m^2,河床辅助封闭帷幕由原设计 1.15 万 m^2 优化为 0.89 万 m^2。

6　结语

　　在国内大中型水利水电工程中,灌浆帷幕电磁波 CT 探测应用越来越多,它为灌浆工程提供了重要的技术支持,指明需要灌浆的重点部位和灌浆可以优化的地段,达到了既保证了灌浆质量,又能节约工期与工程投资的目的。目前,电磁波 CT 无论是理论或是方法技术都已成熟,国内最新的电磁波仪已达到了计算机控制的自动扫描、自动采集与处理、成像一体化的水平。可以说,随着电磁波 CT 技术的不断发展和更新,电磁波 CT 技术的应用前景将会越来越广泛。

参考文献

[1] 冯锐,马奎详,郭鸿,等.电磁波层析成像——图像的一致性及地下水探测[J].地震学报,1997(5).

关于锚杆锚固密实度检测方法的探讨

黄世强

（浙江华东工程安全技术有限公司　杭州　310030）

摘要：锚杆锚固密实度准确检测是一个技术难题，本文通过对声反射法锚杆模型与声反射原理的分析研究，结合实地模拟锚杆的试验成果，探讨锚固密实度检测方法。

关键词：锚杆　无损检测　锚固密实度

1　引言

锚杆支护是通过锚入围岩内部的锚杆改变围岩本身的应力状态。工程上大量使用全长黏结型锚杆，以水泥砂浆、化学锚固剂或树脂作为锚杆黏结剂。锚杆注浆密实度是反映锚杆锚固质量的主要参数之一，根据《锚杆喷射混凝土支护技术规范》（GB 50086—2001）的规定，全长黏结型锚杆的注浆密实度不得小于 75%。在锚杆无损检测时，如何准确地反映锚杆注浆密实度仍是技术难题。

2　锚杆理论模型分析

声反射法是当前锚杆锚固质量无损检测应用比较广泛的方法，也是《锚杆锚固质量无损检测技术规程》（JGJ/T 182—2009）指定的方法。声反射法适用于检测全长黏结型锚杆的锚固质量，其理论基础是将由锚杆、黏结剂和围岩组成的锚固体系简化为一维变截面杆模型。在此分三种情形讨论模型的符合性：

（1）锚杆全长锚固密实，锚固密实度为 100%，锚杆、黏结剂和围岩紧密粘连，锚杆锚固体系可看做半无限空间介质模型。在锚杆端头激发的应力波信号沿锚杆传播，通过黏结体进入围岩，在围岩中向四周传播。显然，此时的锚杆锚固体系不再是一维变截面杆模型。

（2）锚杆全长不密实，锚固密实度为 0，锚杆与围岩脱离呈基本自由状态，锚杆属一维杆模型。

（3）锚杆锚固局部欠密实，锚固密实度介于 0 ~ 100%，此类情形比较复杂。当锚杆锚固较密实时，趋同于半无限空间介质模型；当锚杆锚固密实度较差时，趋同于一维变截面杆模型。

由上述分析可知，利用声反射法检测锚杆锚固质量时，对于锚固密实度越差的锚杆，

作者简介：黄世强（1964—），男，浙江瑞安人，教授级高级工程师，目前从事物探、检测工作。

其锚固体系与理论模型越接近,检测效果也越好。

3　锚杆锚固密实度检测方法分析

锚杆锚固密实度沿杆长方向的改变,表现为一维杆件截面面积的变化,反映了广义波阻抗的变化,在波阻抗变化之处必然产生反射波。因此,从理论上分析,通过测量声反射波可以检测锚杆锚固密实度的变化。

当然,这里还涉及两方面的问题:第一,声反射信号能否传播到锚杆端头或围岩表面,被仪器接收并可有效识别;第二,声反射信号相关参数与锚杆锚固密实度之间是否存在相关性。

首先,分析第一个问题。在锚杆锚固密实度变化之处产生的声反射信号,从应力波传播理论分析可知,声反射信号可看做是新的信号源,在无限介质中将以球面波向四周传播,在一维杆件中以平面波沿杆体传播。显然,如果声反射点至锚杆端头段锚固密实,则声反射信号将扩散到围岩中而难以到达锚杆端头被接收;若声反射点至锚杆端头段锚固不密实,则声反射信号沿杆体传播到锚杆端头被接收。上述分析说明,当锚杆靠近端头段锚固不密实时,检测锚杆的杆中声反射信号是容易的;而当锚杆靠近端头段锚固密实时,则检测锚杆的杆中声反射信号是困难的。

然后,再来分析第二个问题。声反射信号的产生与否取决于波阻抗的变化,而声反射信号的强度取决于反射界面两侧的波阻抗差异程度,也就是说,声反射信号与反射面有关,而无法反映界面两侧介质的体积性变化。但是,锚杆锚固密实度是反映体积的概念,是已注浆区与应注浆区的体积之比。显然,单一声反射信号与锚固密实度不具有直接的相关性。

由于工程锚杆注浆施工的不确定性,锚杆不密实区呈现不规则的形态,密实与不密实的交界面也非平界面。随着握裹锚杆的黏结剂多少的变化,在不密实区内往往存在多个波阻抗界面,即在锚固不密实区内将产生繁杂的声反射波。因此,不密实区越大,不密实点(段)越多,声反射信号数量越多。同时,锚杆锚固密实度越差(接近一维杆件模型),声反射的阻尼越小,声反射信号衰减越慢,则接收到的声反射信号越强。由此分析可见,若以声反射的能量总和表征声反射信号的数量和强度,则声反射的能量总和与锚杆锚固密实度之间具有一定的相关性。

4　锚杆锚固密实度估算方法

当锚杆端头激发高频声波后,锚杆端头的声波总能量

$$E = \frac{1}{2} \int_0^T dm\, v^2(t)\, dt \tag{1}$$

锚杆端头的声波总能量是激发声波能量与反射声波能量之和,其中反射声波能量

$$E_s = \frac{1}{2} \int_0^T dm\, v^2(t)\, d(t - E_0) \tag{2}$$

式中:dm 为单位质量;$v(t)$ 为锚杆端头质点振动速度;E_0 为杆端激发声波能量,当激发方式一定时,则激发声波能量可看做恒定。

如果已知锚杆杆系的声速 C，把公式 $l = \dfrac{1}{2}tC$ 代入式（2），则可把式（2）变换为：

$$E_s = \frac{1}{2}\int_0^L \mathrm{d}mv^2(l)\,\mathrm{d}(l - E_0) \tag{3}$$

式（3）表明，当 l 等于锚杆长度 L 时，即为锚杆全长范围内的反射声波总能量。

如果把锚杆锚固体系作为一个系统，激发声波为系统的输入信号，反射声波为系统的输出信号，可把反射声波能量与激发声波能量的比值作为锚固体系的声波反射率

$$\eta = E_s / E_0 \tag{4}$$

以下分析两种极端情况：

（1）锚杆全长锚固密实，锚固密实度为 100%，锚杆端头激发的声波信号沿锚杆传播并进入围岩，只有极其微弱的锚杆底端反射信号返回锚杆端头被传感器所接收，此时声波反射率 η 接近为 0。

（2）锚杆全长锚固不密实，锚杆端头激发的声波信号沿锚杆传播，到锚杆底端产生全反射，声波反射信号沿锚杆传播几乎不衰减地返回锚杆端头被接收，此时声波反射率 η 接近为 1。

试验结果表明，实际的检测结果也如此。

那局部不密实的锚杆情况如何呢？我们分别制作了 16 根砂浆锚杆和 16 根中空药卷锚杆的实地模拟锚杆。通过计算各实地模拟锚杆的激发声波能量、反射声波能量和声波反射率，绘制声波反射率与锚杆锚固密实度（空隙率）的关系曲线图，砂浆模型锚杆见图 1，中空药卷模型锚杆见图 2。

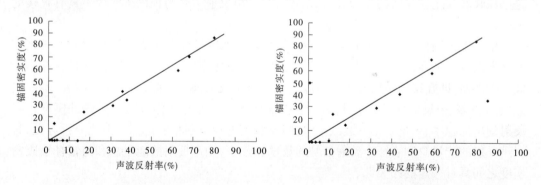

图 1　砂浆锚杆声波反射率与锚固
密实度回归分析

图 2　中空药卷锚杆声波反射率与
锚固密实度回归分析

通过回归分析，砂浆模型锚杆锚固不密实度（E）、密实度（S）与声波反射率的关系如下：

$$E = (1.06\eta - 0.034) \times 100\% \tag{5}$$

$$S = 100\% - (1.06\eta - 0.034) \times 100\% \tag{6}$$

中空药卷模型锚杆锚固不密实度（E）、密实度（S）与声波反射率的关系如下：

$$E = (1.05\eta - 0.04) \times 100\% \tag{7}$$

$$S = 100\% - (1.05\eta - 0.04) \times 100\% \tag{8}$$

　　通过模拟锚杆研究发现,锚杆声波反射率与锚杆锚固密实度之间存在着较好的线性相关关系。总结上述研究成果,结合前述分析,初步得到锚杆声波反射率与锚杆锚固密实度之间一般性估算公式:

$$D = (1 - \beta\eta) \times 100\% \tag{9}$$

式中:D 为锚固密实度;η 为锚杆杆系能量反射系数;β 为杆系能量修正系数,可通过实地模拟锚杆试验修正或根据同类锚杆经验取值,若无模拟锚杆试验数据或同类锚杆经验值,则可取 $\beta = 1$。

　　在研究中也发现,当锚杆孔口段严重不密实时(缺浆),声波信号将在锚杆端头与反射点之间出现多次强反射信号,锚杆端头能量难以快速衰减而导致计算的反射声波能量偏大,此时上述估算密实度的公式不适用,但可以直接用长度比率估算锚杆锚固密实度。

5　结语

　　近年来,锚杆锚固质量无损检测技术得到了快速发展,并在工程中广泛应用,但锚杆锚固质量无损检测技术仍存在一定的局限性:包括锚杆锚固密实度较好时的长度检测和锚固密实度的精确计算。值得欣慰的是,当锚杆锚固密实度较差时,锚杆与理论模型比较接近,锚杆的无损检测结果将更加准确,也容易发现并准确判定不合格锚杆,对保证锚杆施工质量具有重要意义。锚杆锚固质量无损检测技术必将在工程应用中日趋完善。

混凝土钻孔灌注桩质量事故的发生、预防及检测

李　军　　张永伟　　李　戟　　杨学亮

（黄河勘测规划设计有限公司工程物探研究院　郑州　450003）

摘要：通过对钻孔灌注桩施工过程中常见质量事故的分析，描述了事故现象，阐述了事故发生的原因，提出了预防措施。对于各种质量事故，给出了检测曲线、图片等。

关键词：钻孔灌注桩　质量事故　预防措施　桩身夹泥　断桩检测

1　引言

随着我国工程建设的日新月异，钻孔灌注桩基础已被广泛应用到各类建筑工程中，其施工技术也得到了快速发展，但在施工过程中经常会发生塌孔、埋管、卡管等质量事故，从而引起桩身夹泥、缩径及断桩等质量问题。下面就上述质量事故进行探讨、分析，针对不同情况提出相应的预防措施，保证钻孔灌注桩的工程质量。

2　塌孔

2.1　塌孔现象及危害

发生塌孔时一般有大量气泡不断从孔中冒出、孔内水位突涨突降、钻机负荷突然增加、排渣量与进尺显著不符、孔周围出现裂缝、护筒下蛰等表征现象。这类现象在工程桩的质量事故中占有相当大的比例，可形成较为严重的夹泥、断桩等质量事故，而且位置深浅不一，较难处理，是导致工期无限延期及经济上极大浪费的重要因素之一。

2.2　塌孔原因

塌孔主要发生在地质疏松、地下水位偏高的工作条件下。护壁不良引起塌孔：泥浆比重太小及其他泥浆指标均不符合施工规范要求，或在松软砂层和强透水砂砾钻进一味要求钻进速度而没有形成坚实有效的泥皮来保护孔壁。由于孔内出现承压水，或河水、潮水上涨和用反循环钻孔时补浆不及时等原因造成孔内水头消失甚至产生负水头压力。护筒埋置太浅，护筒底部为松软砂层时没有用黏土换填夯实，埋设护筒时回填土没有分层夯实，钻机置于护筒上由于钻机高频振动引起孔口土层液化等原因造成孔口塌陷。钻头悬空空转过久、转速过快、桩孔局部严重扩径形成悬壁土层引起塌孔。清孔后泥浆比重、黏度等指标值过低，清孔时间过久护壁泥皮遭到水流冲刷破坏，反循环清孔时补浆不及时或泥浆直接冲刷孔壁，清孔后没有及时灌注混凝土以至桩孔放置过久。冲击（抓）锥、掏渣筒倾倒冲撞孔壁，用爆破法处理孤石、探头石时药量过大，覆盖物厚度太小，震塌孔壁，吊

作者简介：李军（1966—），男，河南开封人，工程师，主要从事工程物探、工程质量检测等工作。

入钢筋笼时碰撞孔壁。

2.3 预防措施

根据地质报告和地质剖面图针对不同地质条件制订相应的钻孔施工方案。在有松软砂层、流砂及强透水砂砾层地质条件下钻孔时,首先要备足制浆材料,在开孔前制备足够数量比重、黏度、胶体率大的优质泥浆。钻进过程中泥浆比重一般不小于 1.3,黏度大于22 s,进尺速度不要大于 4 m/h。必要时可向孔内投放胶泥块从而提高护壁效果。保证孔内有稳定的水头压力:在环境水位变化大的工作条件下钻孔,可将护筒接长加高,通过虹吸或连通管保持孔内水头相对稳定。采用反循环作业时设专人观察孔内水位并向孔内补浆。埋设护筒时护筒坑直径应比护筒直径大 60~80 cm,护筒底若为松软砂层先将护筒底以下 50 cm 深的砂层用黏土换填并分层夯实,埋护筒时应用黏性土回填并分层夯实,取用黏土困难时可用水泥土或膨润土代替黏土。不要将钻头停在某一位置长时间高速空转。清孔时不要刻意追求降低泥浆比重,清孔时间不要太长,泥浆指标和孔深达到规范与设计要求后即停止清孔,补浆要及时并不得冲刷孔壁。清孔后要尽快灌注混凝土以缩短桩孔放置时间。使用冲击、冲抓锥钻孔,掏渣筒排渣时松绳不要太长,以免钻锥和掏渣筒倾倒撞塌孔壁。用爆破法处理孤石及探头石时用药量要根据孔径大小确定,并回填一定厚度沙塞以降低爆破产生的振动对孔壁的破坏作用。

3 埋管、卡管

(1)灌注混凝土过程中,测定已灌混凝土表面标高出现错误,导致导管埋深过小,出现拔脱提漏现象形成夹层断桩。特别是钻孔灌注桩后期,超压力不大或探测仪器不精确时,易将泥浆中混合的坍土层误认为混凝土表面。因此,必须严格按照规程规定的测深锤测量孔内混凝土表面高度,并认真核对,保证提升导管不出现失误。

(2)在灌注过程中,导管的埋置深度是一个重要的施工指标。导管埋深过大,以及灌注时间过长,导致已灌混凝土流动性降低,从而增大混凝土与导管壁的摩擦力,加上导管(采用已很落后而且提升阻力很大的法兰盘连接的导管),在提升时连接螺栓拉断或导管破裂而产生断桩。

(3)卡管现象也是诱发断桩的重要原因之一。由于人工配料(有的机械配料不及时校核)随意性大,责任心差,造成混凝土配合比在执行过程中的误差大,使坍落度波动大,拌出的混合料时稀时干。坍落度过大时会产生离析现象,使粗骨料相互挤压而阻塞导管;坍落度过小或灌注时间过长,使混凝土的初凝时间缩短,加大混凝土下落阻力而阻塞导管,都会导致卡管事故,造成断桩。

(4)预防卡管、埋管的措施。优化水下灌注混凝土配合比设计,提高混凝土拌和物的和易性、保水性及黏聚性,延长其初凝时间,如根据导管直径选择合适的骨料级配,采用较大的砂率,掺加减水剂、缓凝剂。保证混凝土在运输及灌注过程中不产生离析、初凝等现象。对含有卵石的砂进行筛分,保证混凝土拌和物含砂率及骨料级配并避免大块石混入卡堵导管。导管使用前进行水密试验,试验压力大于 1.5 倍的最大孔深不漏水。对有缺损的密封垫、密封圈及时进行更换,防止导管漏水。及时拆除导管,保持导管内外有较大的压力差。混凝土浇灌之前,必须做好充分准备保证水电供给,保证各种机械设备运转良好、应急措施安全可靠,避免灌注混凝土过程中中断混凝土供应。在灌注过程中要适当加大导管的埋置深度,将其控制在 2 ~ 6 m 内,这样不仅能有效地避免因导管埋入太浅或者导管拔脱混凝土面而造成的断桩事故,而且使导管下口有足够的超压力,可以促使混凝土顶托孔内泥浆均匀上升,防止桩身夹泥等局部缺陷的发生,也能避免因导管埋深过大而起重能力不足造成埋管。因此,在灌注过程中,导管应勤提勤拆。清孔后泥浆指标要符合规范及施工要求,既要保证孔壁稳定,又要保证在灌注过程中不发生沉淀。对机械设备进行经常性保养维修,保证设备完好率,避免设备带病作业,配备必要的备用设备,保证灌注作业的连续进行,并且缩短灌注时间。

4　基桩检测

　　一般钻孔灌注桩出现塌孔时,完整性检测时域曲线在塌孔处一般表现为负跳,即扩径现象。但是有时也会表现为正跳,即因桩体夹泥引起的局部强度偏低或缩径现象。后者应引起特别注意,它将会引起承载力的显著降低,造成质量事故的发生。

　　如漯河某工地试验桩,桩径 0.7 m,桩长 20 m,后注浆钻孔灌注桩,静载荷试验前,完整性检测时域曲线 1#、2# 桩分别在 2.1 m、7.3 m 左右发现缺陷,静载荷试验时均为加至最后一级破坏,后经对 1# 桩开挖验证为塌孔导致桩身局部出现裹泥块,如图 1 ~ 图 4 所示。

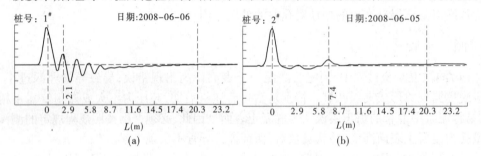

图 1　1#、2# 试验桩桩身完整性曲线

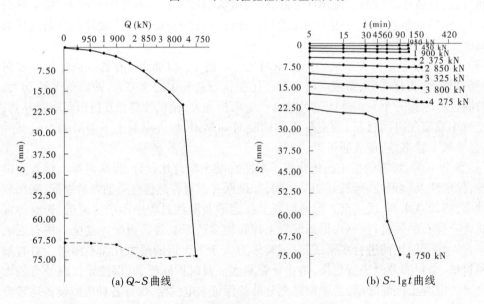

图 2　1# 试验桩 $Q \sim S$、$S \sim \lg t$ 曲线

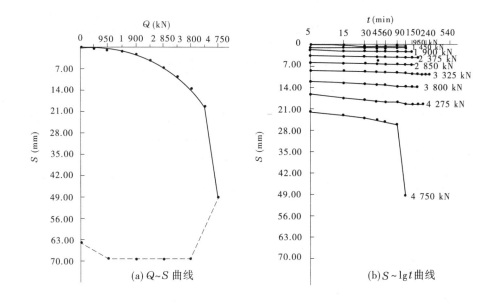

图3　2#试验桩 $Q \sim S$、$S \sim \lg t$ 曲线

对于断桩,完整性检测时域曲线常常表现为周期波(波的多次反射),它同样会引起承载力的显著降低,造成质量事故的发生。

如某工地钻孔灌注桩,桩径0.6 m,桩长15 m,完整性检测在10 m左右断桩,静载荷试验结果在加荷至第8级(荷载为1 098 kN)时破坏,如图5、图6所示。

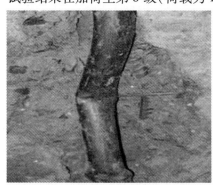

图4　1#试验桩开挖后发现在此断面处
桩被压碎裂

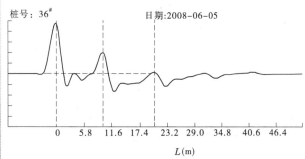

图5　36#试验桩桩身完整性曲线

5　结语

对于钻孔灌注桩施工中每道工序都很关键,施工中任何一道工序发生事故都将影响工程质量、工程进度和经济效益。所以,每项工程开工前都应该制订详细的事故预防措施,如在驻马店电厂,针对几百根钻孔灌注桩,我们全部采取了以上技术措施进行预防钻孔灌注桩质量事故,结果经过质量检测,所有钻孔灌注桩全部达到优质桩标准。得到了监理、业主方的一致好评,为该工程的评优打下了坚实基础。

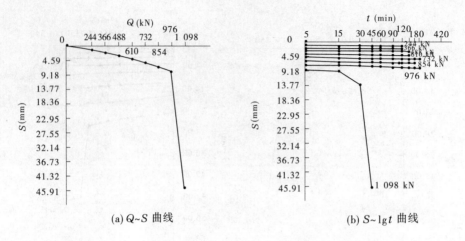

(a) Q~S 曲线   (b) S~$\lg t$ 曲线

图6   36# 试验桩 $Q \sim S$、$S \sim \lg t$ 曲线

全自动智能化钻孔弹模仪在某水利枢纽
工程中的应用

马若龙 周锡芳 胡伟华 杨红云

（黄河勘测规划设计有限公司工程物探研究院 郑州 450003）

摘要：采用全自动智能化钻孔弹模仪对某水利枢纽工程坝基（包括河床）岩体弹性（变形）模量进行了测试，简要介绍了全自动智能化钻孔弹模仪性能及测试结果，并将测试结果与钻孔波速及全孔壁成像资料进行了对比分析，为岩体变形参数的选择提供了重要的参考依据。

关键词：钻孔弹模仪 弹性模量 对比分析

1 引言

某水利枢纽工程位于黄河小北干流，是《黄河治理开发规划纲要》确定的黄河干流七大骨干工程之一，是黄河水沙调控体系的重要组成部分，具有防洪、减淤、供水、发电、灌溉等综合效益。枢纽最大坝高 199 m，相应总库容 165.57 亿 m³，长期有效库容 47.76 亿 m³；电站装机容量 2 100 MW，多年平均发电量 70.96 亿 kWh。

坝段区位于华北地层区，陕甘宁蒙盆地地层分区。出露基岩为中生界三叠系二马营组上段和铜川组下段，为一套陆相碎屑岩类，分布于整个坝址区的河谷及岸坡上，出露厚度为 80~220 m，最大揭露厚 400 m 左右。坝址区基岩岩性可概化为钙质（长石）砂岩类、泥质、钙泥质粉砂岩及少量（砂质）黏土岩三大类。

由于设计、地质部门的要求，需要了解坝基（包括河床）岩体的变形特征。在此之前，该工程中使用的都是传统的承压板法，其不足之处是只能测量地表或硐壁附近处岩体的弹性模量，若需了解深部岩体的弹性模量，则需开挖巷道至被测位置。在工程坝址（尤其是河床段），承压板法无法开展。受业主的委托，黄河勘测规划设计有限公司工程物探研究院采用钻孔弹模仪成功地完成了河床岩体的弹性（变形）模量测试工作。

2 测试原理及使用的仪器

采用钻孔千斤顶法测量岩体弹性（变形）模量的测试原理是利用千斤顶内的活塞，推动刚性承压板，给钻孔孔壁施加一对径向压力，同时测量相应的孔径变形，并依据压力与变形的关系计算出岩体弹性模量（见图 1）。设千斤顶承压板在接触角 2β 范围内对孔壁施加一对均匀分布力。该问题不便直接求解，可分解为（2）和（3）两个简单的问题间接求解（见图 2）。

作者简介：马若龙（1981—），男，甘肃白银人，工程师，从事工程物探工作。

对问题(2)和(3)分别求取弹性解并叠加,并考虑到钻孔千斤顶的加载长度等因素,即可得到钻孔弹性(变形)模量的计算公式:

$$E = AHdT(\mu,\beta)\frac{\Delta p}{\Delta d} \tag{1}$$

式中:E 为弹性(变形)模量;A 为与千斤顶长径比有关的影响系数,即二维公式计算三维问题的影响系数;H 为油压转换系数;d 为钻孔直径;$T(\mu,\beta)$ 为与泊松比 μ 及接触角 β 有关的函数;Δp 为压力增量;Δd 为径向位移增量。

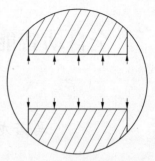

图1　钻孔千斤顶法测试原理

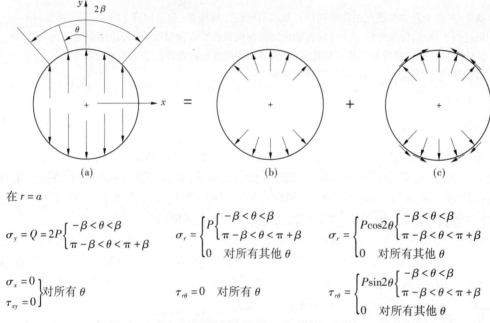

(a)　　　　　　　(b)　　　　　　　(c)

在 $r = a$

$$\sigma_y = Q = 2P\begin{cases}-\beta < \theta < \beta \\ \pi - \beta < \theta < \pi + \beta\end{cases}$$

$$\sigma_r = \begin{cases}P\begin{cases}-\beta < \theta < \beta \\ \pi - \beta < \theta < \pi + \beta\end{cases} \\ 0 \quad 对所有其他 \theta\end{cases}$$

$$\sigma_r = \begin{cases}P\cos2\theta\begin{cases}-\beta < \theta < \beta \\ \pi - \beta < \theta < \pi + \beta\end{cases} \\ 0 \quad 对所有其他 \theta\end{cases}$$

$$\left.\begin{matrix}\sigma_x = 0 \\ \tau_{xy} = 0\end{matrix}\right\}对所有 \theta \qquad \tau_{r\theta} = 0 \quad 对所有 \theta$$

$$\tau_{r\theta} = \begin{cases}P\sin2\theta\begin{cases}-\beta < \theta < \beta \\ \pi - \beta < \theta < \pi + \beta\end{cases} \\ 0 \quad 对所有其他 \theta\end{cases}$$

图2　力学模型受力分解图及边界条件

如果知道了系数 A、H、d、$T(\mu,\beta)$ 等,根据式(1),当代入全变形时就能计算出变形模量,当代入弹性变形时就能计算出弹性模量。

使用的仪器为黄河勘测规划设计有限公司工程物探研究院研制的 HHWT – TM01 型全自动智能化钻孔弹模仪。该仪器可以根据预设工作参数快速、准确地测量出钻孔被测部位岩体的压力—变形曲线,从而根据测试曲线计算弹性模量和变形模量。主要技术指标如下:①位移测试精度为 0.001 mm;②位移测试线性度 ≤0.10% FS;③位移量程为 15 mm、20 mm;④可测孔径为 75 ~ 110 mm;⑤压力测试精度为 0.175 MPa;⑥最大压力为 75 MPa、85 MPa;⑦供电方式有交流或直流(12 V)两种;⑧探头防水性能不小于 500 m。

3　工作情况

按照地质部门的要求,共进行了 ZK233、ZK234、ZK239 共 3 个孔的钻孔弹性(变形)模量测试工作。其中:ZK233 位于河床,孔径 75 mm,岩性有泥质粉砂岩、砂岩及少量的粉砂质黏土岩;ZK234 位于河床,与 ZK233 之间的距离为 60 m,孔径为 91 mm,岩性有泥质粉砂岩、砂岩及少量的粉砂质黏土岩;ZK239 位于左坝肩,孔径 75 mm,岩性有泥质粉砂岩、砂岩及少量的粉砂质黏土岩。

测试工作执行《水利水电工程岩石试验规程》(SL 264—2001),一般分 10 级左右加压,最大加压值 20 MPa 左右,加压方式采用大循环法。利用加载曲线的直线段计算弹性模量,利用全变形段计算变形模量,采用的泊松比由地质部门提供。该仪器配备的专用分析处理软件能根据输入的孔径、泊松比、计算起终点快速计算出测点的弹性(变形)模量,并可直接输出为 Word 表格。典型的测试结果如表 1 ~ 表 4 所示。

表 1 钻孔弹性(变形)模量测试结果

钻孔编号:ZK233　　　　　测试深度:54.0 m　　　　　测试日期:2009-05-16

序号	加压值 (MPa)	位移 1 (μm)	位移 2 (μm)	平均 (μm)
1	2.22	0	0	0
2	4.38	94	204	149
3	6.78	132	298	215
4	8.12	152	344	248
5	9.97	172	388	280
6	12.07	187	426	307
7	14.00	206	469	338
8	16.10	220	508	364
9	17.97	227	549	388
10	19.91	227	579	403
11	14.58	227	567	397
12	11.73	221	543	382
13	9.46	207	514	361
14	7.47	191	477	334
15	4.75	156	378	267
16	2.58	103	261	182
17	2.20	68	228	148

测点岩性:泥质粉砂岩
计算孔径:75 mm
采用的泊松比:0.25

序号	加压值 (MPa)	弹性模量 计算起点	弹性模量 计算终点	变形模量 计算起点	变形模量 计算终点	全变形 (μm)	弹性变形 (μm)	弹性模量 (GPa)	变形模量 (GPa)
1	19.91	5	10	2	10	254	123	14.10	10.67

表2 钻孔弹性(变形)模量测试结果

钻孔编号:ZK233   测试深度:62.0 m   测试日期:2009-05-16

序号	加压值 (MPa)	位移1 (μm)	位移2 (μm)	平均 (μm)
1	1.36	0	0	0
2	2.78	104	85	95
3	4.33	160	123	142
4	6.12	207	157	182
5	8.06	219	228	224
6	10.11	254	275	265
7	12.34	284	301	293
8	14.01	309	323	316
9	16.25	338	356	347
10	18.19	368	370	369
11	16.65	366	369	368
12	13.67	362	345	354
13	10.52	338	319	329
14	6.67	307	273	290
15	3.86	238	209	224
16	2.23	192	177	185
17	1.42	132	128	130

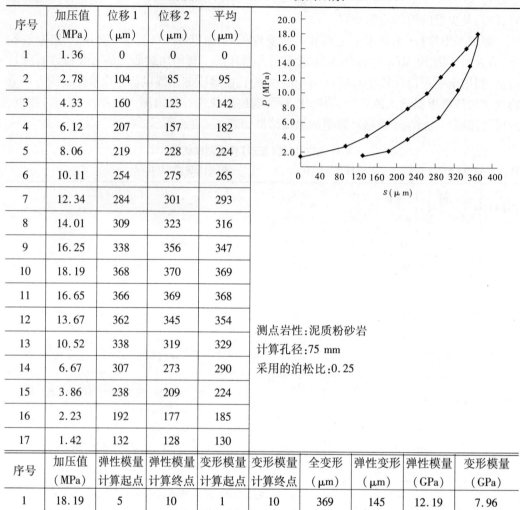

测点岩性:泥质粉砂岩
计算孔径:75 mm
采用的泊松比:0.25

序号	加压值 (MPa)	弹性模量 计算起点	弹性模量 计算终点	变形模量 计算起点	变形模量 计算终点	全变形 (μm)	弹性变形 (μm)	弹性模量 (GPa)	变形模量 (GPa)
1	18.19	5	10	1	10	369	145	12.19	7.96

4 结果分析

4.1 单孔分析

ZK233 孔测试段内砂岩的弹性模量范围为 6.56 ~ 24.00 GPa,弹性模量均值为 17.57 GPa;变形模量范围为 2.71 ~ 17.16 GPa,变形模量均值为 11.02 GPa。测试段内泥质粉砂岩的弹性模量范围为 5.22 ~ 23.29 GPa,弹性模量均值为 11.60 GPa;变形模量范围为 4.23 ~ 11.21 GPa,变形模量均值为 7.02 GPa。

ZK234 孔测试段内砂岩的弹性模量范围为 4.12 ~ 36.52 GPa,弹性模量均值为 20.26 GPa;变形模量范围为 3.68 ~ 25.52 GPa,变形模量均值为 12.86 GPa。测试段内泥质粉砂岩的弹性模量范围为 5.95 ~ 30.33 GPa,弹性模量均值为 17.58 GPa;变形模量范围为 3.45 ~ 22.97 GPa,变形模量均值为 11.63 GPa。

表3　钻孔弹性(变形)模量测试结果

钻孔编号:ZK233　　　　　测试深度:64.0 m　　　　　测试日期:2009-05-16

序号	加压值 (MPa)	位移1 (μm)	位移2 (μm)	平均 (μm)
1	1.63	0	0	0
2	2.78	78	79	79
3	4.08	94	113	104
4	5.98	127	145	136
5	8.12	146	178	162
6	10.13	163	194	179
7	12.34	176	209	193
8	13.89	192	228	210
9	16.12	207	247	227
10	18.33	223	266	245
11	20.21	237	285	261
12	16.67	237	284	261
13	12.85	230	275	253
14	9.66	228	233	231
15	6.25	198	192	195
16	3.77	174	159	167
17	1.55	115	138	127

测点岩性:砂岩
计算孔径:75 mm
采用的泊松比:0.20

序号	加压值 (MPa)	弹性模量计算起点	弹性模量计算终点	变形模量计算起点	变形模量计算终点	全变形 (μm)	弹性变形 (μm)	弹性模量 (GPa)	变形模量 (GPa)
1	20.21	5	11	2	11	182	99	21.88	17.16

ZK239测试段内砂岩的弹性模量范围为3.07~36.87 GPa,弹性模量均值为15.12 GPa;变形模量范围为2.47~19.54 GPa,变形模量均值为8.57 GPa。测试段内泥质粉砂岩的弹性模量范围为0.87~26.18 GPa,弹性模量均值为7.58 GPa;变形模量范围为0.76~14.87 GPa,变形模量均值为4.28 GPa。

4.2　与波速及岩体完整程度的对比分析

钻孔弹性(变形)模量测试结果与波速及岩体完整程度密切相关。一般情况下,波速高,孔壁较完整的地方弹性(变形)模量也较大,反之亦然,如图3、图4所示。

表 4　钻孔弹性(变形)模量测试结果

钻孔编号:ZK239　　　　　　测试深度:93.0 m　　　　　　测试日期:2009-04-02

序号	加压值 (MPa)	位移1 (μm)	位移2 (μm)	平均 (μm)
1	1.71	0	0	0
2	2.58	34	185	110
3	4.24	143	273	208
4	6.28	298	291	295
5	8.33	482	290	386
6	10.22	768	302	535
7	12.27	1 004	535	770
8	14.18	1 412	1 000	1 206
9	12.53	1 429	1 035	1 232
10	9.42	1 430	1 039	1 235
11	7.34	1 422	1 039	1 231
12	4.06	1 402	1 033	1 218
13	2.23	1 309	973	1 141
14	1.78	1 268	935	1 102

测点岩性:粉砂质黏土岩

计算孔径:75 mm

采用的泊松比:0.27

序号	加压值 (MPa)	弹性模量 计算起点	弹性模量 计算终点	变形模量 计算起点	变形模量 计算终点	全变形 (μm)	弹性变形 (μm)	弹性模量 (GPa)	变形模量 (GPa)
1	8.33	3	5	1	5	386	178	3.96	2.96

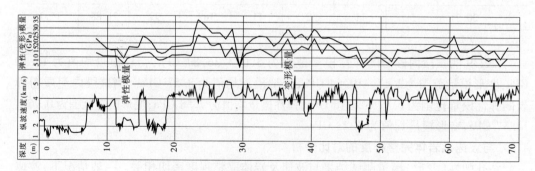

图 3　ZK234 波速与弹性(变形)模量对比曲线

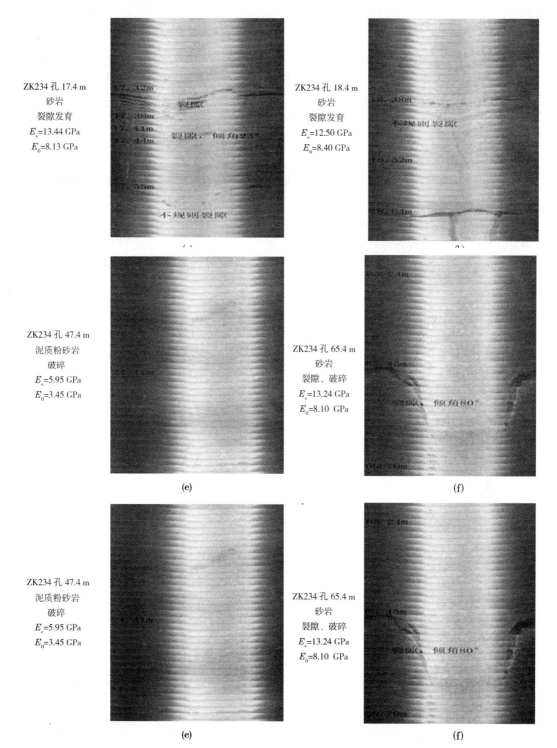

ZK234 孔 17.4 m
砂岩
裂隙发育
E_e=13.44 GPa
E_0=8.13 GPa

ZK234 孔 18.4 m
砂岩
裂隙发育
E_e=12.50 GPa
E_0=8.40 GPa

ZK234 孔 47.4 m
泥质粉砂岩
破碎
E_e=5.95 GPa
E_0=3.45 GPa

ZK234 孔 65.4 m
砂岩
裂隙、破碎
E_e=13.24 GPa
E_0=8.10 GPa

(e)

(f)

ZK234 孔 47.4 m
泥质粉砂岩
破碎
E_e=5.95 GPa
E_0=3.45 GPa

ZK234 孔 65.4 m
砂岩
裂隙、破碎
E_e=13.24 GPa
E_0=8.10 GPa

(e)

(f)

图 4　弹性（变形）模量测试结果与孔壁完整情况对比

5　结论

通过对某水利枢纽坝基岩体的弹性(变形)模量进行分析,可以得出如下结论:

(1)对于各种岩性而言,岩体的弹性(变形)模量比较离散。例如:ZK234 孔测试段内砂岩的弹性模量范围为 4.12 ~ 36.52 GPa,弹性模量均值为 20.26 GPa;变形模量范围为 3.68 ~ 25.52 GPa,变形模量均值为 12.86 GPa。这表明部分岩层段岩体的完整性较差,构造裂隙发育。

(2)随深度变化,岩体的弹性(变形)模量无明显的变化规律。

(3)不同岩性岩体的弹性(变形)模量差别较大,砂岩的弹性(变形)模量较泥质粉砂岩的弹性(变形)模量高。这表明泥质粉砂岩岩性较软,强度较低。

(4)钻孔弹性(变形)模量测试结果与波速及岩体完整程度密切相关。一般情况下,波速高,孔壁较完整的地方弹性(变形)模量也较大,反之亦然。

(5)全自动智能化钻孔弹模仪测试结果成靠,能真实反映地下岩体的变形特征,为岩体变形参数的选择提供重要的参考依据。

抬动监测在紫坪铺2#泄洪排沙洞震损修复工程固结灌浆过程中的应用与研究

胡伟华 毋光荣 高拴会 赵志华

（黄河勘测规划设计有限公司工程物探研究院 郑州 450003）

摘要：本文通过对2#泄洪排沙洞的抬动监测，介绍了抬动监测装置的安装、抬动观测点的布置以及抬动监测过程控制，分析了抬动变形的影响因素及灌浆抬动的影响范围。

关键词：抬动监测 固结灌浆 压力 抬动 监测

1 概况

"5·12"汶川特大地震发生后，紫坪铺2#泄洪排沙洞受损，必须对2#泄洪排沙洞洞身进行固结灌浆加固。为了防止在固结灌浆过程中，隧洞衬砌、底板等部位出现抬动而造成破坏，必须对隧洞内灌浆全过程进行抬动变形监测，指导灌浆工作，保证灌浆工作的顺利进行。

2#泄洪排沙洞总长641.0 m，分龙抬头段和导泄结合段，固结灌浆共分8个单元，龙抬头段4个单元（1~4单元），导泄结合段4个单元（5~8单元）。龙抬头段设计灌浆深度为进入基岩15.0 m，1次成孔，自下而上分4段灌浆，每段长度分别为2.0 m、3.0 m、5.0 m、5.0 m，最高灌浆压力为3.0 MPa；导泄结合段设计灌浆深度为进入基岩25.0 m，分6段成孔，自上而下分5段灌浆，每段长度分别为2.0 m、3.0 m、5.0 m、5.0 m、5.0 m，设计灌浆压力为0.7~2.0 MPa，灌浆孔呈梅花形布置。

2 地质概况

龙抬头段以中厚层状含煤含砾中细粒砂岩及泥质粉砂岩为主，局部为煤质页岩，围岩类别以Ⅲ、Ⅳ类为主。导泄结合段桩号0+509.00~0+595.00段为F3断层破碎带及影响带，断层带由鳞片岩、糜棱角砾岩、断层泥和砂岩透镜体组成，岩体软弱破碎，为Ⅴ类围岩。桩号0+595.00~0+641.00段，为中厚层—薄层状中细粒砂岩与泥质粉砂岩、煤质页岩互层，受构造挤压和F3断层影响，次级小断层和层间剪切破碎带发育，为Ⅴ类围岩。

3 抬动监测点的布置

抬动变形量的大小不仅与抬动监测孔与灌浆点间的距离有关，还与灌浆的压力大小、基础的地质条件、基岩与砌体、底板的胶结情况等诸多因素有关。根据现场情况，按照设

作者简介：胡伟华（1965—），男，湖北武穴市人，高级工程师，主要从事地球物理勘探和工程质量检测工作。

计意图,尊重甲方意见,在每个单元(2单元由于各方面的原因,未布置抬动监测点)的中间断面埋设3个抬动监测点,即左壁、右壁、底板各1个监测点,共计21个抬动监测点。

4　抬动监测装置的安装

在混凝土衬砌和围岩内钻孔后,埋设钢管和传感器支架,保护钢管需嵌入围岩中,钻孔与保护管之间充填细砂,内管位于保护管中,末端被水泥浆锚固固定,保护管与内管之间用麻丝堵塞,孔口段用10 cm厚砂浆固定,支架固定在灌浆部位的混凝土衬砌中。位移传感器用支架固定好并与监测仪器相连,压力传感器分别与灌浆泵压力接口和监测仪器相连接。详细装置如图1所示。该抬动孔由施工单位设计安装。

5　仪器设备

仪器选用黄河勘测规划设计有限公司工程物探研究院研制的TDS - A型变形观测仪,该仪器具有24 h自动采集记录、报警功能(超过限值自动报警),记录时间可任意设置,最小记录时间1 min。位移传感器采用HY - 65数码型位移传

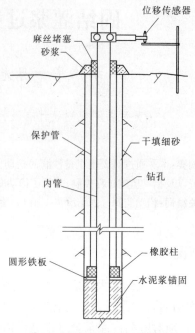

图1　抬动变形装置结构示意

感器,精度1 μm,压力传感器选用ST3000LBCⅢER压力变送器,通过油杯与灌浆机对接,可实时监测灌浆压力。

6　抬动变形监测

在灌浆过程中,安排专人进行抬动监测,自动记录仪每1 min采集记录1次数据,当抬动变形值增大明显或达到150 μm时,仪器自动报警,立即采取措施,进行降压和限流控制。在非灌浆过程中,自动记录仪每10 min采集记录1次数据。在整个施工过程中,加强日常巡视,防止较大抬动变形产生。

7　成果分析

(1)从所监测的数据看,整个灌浆过程中抬动变形很小,最大值为80 μm,最小值为2 μm,一般为3~5 μm,远未达到限值150 μm,整个灌浆过程平稳。

(2)如图2(a)所示为龙抬头段一单元底板灌浆底板监测抬动曲线,该处地质条件较好,灌浆压力达到2.5 MPa的情况下,从曲线上看最大抬动值为6 μm,最小抬动值为2 μm。如图2(d)所示为F3断层处底板灌浆底板监测抬动曲线,其灌浆压力只有1.0 MPa,而最大抬动值达到73 μm,最小抬动值14 μm。说明岩体越破碎,裂隙越发育,抬动变形值越大,越容易造成破坏,因此在灌浆前应充分了解地质情况。

(3)监测过程除显示了抬动与灌浆压力相关外,还反映了抬动反应明显滞后于灌浆

压力,从图2(a)、(d)可以看出,最大抬动值峰值明显后移,故在灌浆过程中要特别注意,灌浆过程中一旦产生突变性抬动,即使立即实行降压与限流控制,抬动值仍不会马上回落。因此,在抬动监测过程中,抬动变形控制限值应留有充分的余地。

(4)在监测过程中,对最大抬动值与灌浆距离(灌浆抬动影响半径)作了统计,从图2(e)可以看出:该处地质条件较好,灌浆压力达到2.5 MPa,在1.5 m处灌浆,其最大抬动值为6 μm;在3.35 m处灌浆,其最大抬动值为3 μm;当灌浆距离大于4.5 m时,其最大抬动值为0 μm,呈递减趋势。这说明以下两个问题:一是该单元灌浆影响范围(抬动半径)最大只有4.0 m,二是随着灌浆距离增加抬动值变小。图2(f)为F3断层处最大抬动值与灌浆距离关系曲线,灌浆压力1.0 MPa。从图2(f)中可以看出:曲线基本上也是随灌浆距离增加而抬动值变小,且在F3断层处其灌浆影响范围不超过4.74 m;同时,也说明地质条件越差,裂隙越发育,其影响范围越大。另外,从图2(a)、(b)、(c)还可以看出:在底板灌浆,左右洞壁的抬动值基本为0,说明在底板灌浆对左右洞壁影响不大;反之亦然。

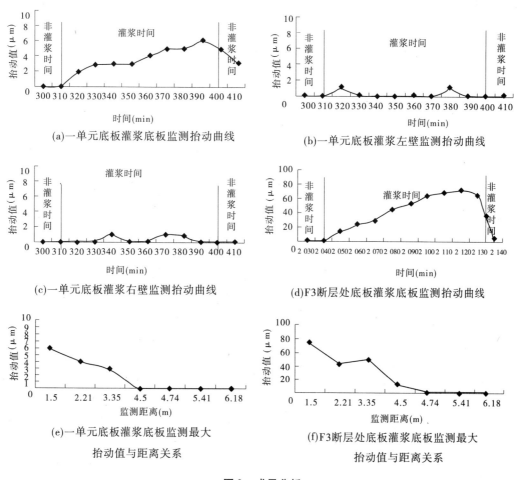

(a)一单元底板灌浆底板监测抬动曲线

(b)一单元底板灌浆左壁监测抬动曲线

(c)一单元底板灌浆右壁监测抬动曲线

(d)F3断层处底板灌浆底板监测抬动曲线

(e)一单元底板灌浆底板监测最大抬动值与距离关系

(f)F3断层处底板灌浆底板监测最大抬动值与距离关系

图2　成果分析

灌浆时间内记录时间间隔为1 min,为了便于作图、分析,本文均以10 min为时间间隔。

8 存在的问题

(1)由于抬动监测时间较长,有的达到半年甚至超过一年,在灌浆过程中,岩体经常抬动或微抬动,使装置中的橡胶柱疲劳使用而失去弹性,或灌浆压力大穿透橡胶柱致使内外管间出现漏浆现象,造成内外管连接,导致监测数据失真。

(2)该监测装置适用于底板抬动监测,对于洞壁抬动监测建议采用精密水准仪进行两点监测,即在左右壁打抬动监测孔,埋好监测杆,测两监测杆间测距的变化,水准仪的距离尽可能离灌浆点远些,避免架仪器的位置由于灌浆产生抬动造成观测结果的假象。

9 结语

目前,国内在灌浆抬动监测方面没有统一的规定及控制标准,抬动孔的布置和抬动装置的埋设方法、监测方法、监测记录时间控制以及限值等都随设计要求而不一样,各个地方、各个监测单位都有自己的一套方案,抬动监测工作比较混乱,为了保证灌浆质量,确保灌浆工作正常进行,建议加快抬动监测规范的编制。

参考文献

[1] 苏常林,黄猛.灌浆施工中的抬动控制[J].工程实践,2008(2).

[2] 华媛,李云廷.汾河二库大坝基础固结灌浆试验[J].山西水利科技,2002,11(4).

[3] 郭晓刚,程少荣.高面板堆石坝趾板基础灌浆抬动控制研究[J].长江科学院院报,2006,6(3).

运用滑动测微计分析灌注桩受荷时内力分布

李 载 王志勇 张宪君 李万海

（黄河勘测规划设计有限公司工程物探研究院 郑州 450003）

摘要：本文简述了滑动测微计在桩身内力测试中的基本原理和工作方法，结合工程实例，分析灌注桩受竖向荷载时弹性模量随应变的变化规律，通过拟合法对断面修正后应变曲线进行磨光处理，从而得到准确可靠的各级荷载作用下桩身内力分布情况，为设计提供依据。

关键词：滑动测微计 拟合法 内力分布

1 引言

随着社会经济的发展，桩基础已得到了广泛的应用，在桥梁、电厂等建筑等级较高的工程中，不仅要检测承载力是否满足设计要求，还需要分析基桩在受到竖向荷载时的内力分布情况。目前，进行桩身内力测试可以通过钢筋计、电阻应变片、滑动测微计等方式。其中：钢筋计和电阻应变片是在地层的变化界面埋设测试元件，进行应变观测，得到的数据相对较少；滑动测微计通过在桩身埋设测微管，每隔 1 m 进行一次应变观测，实测数据量大，包含的信息丰富，测试结果更加准确可靠。因此，在一些重点工程的招标书中，通常指定使用滑动测微计进行内力测试。

2 滑动测微计简介

2.1 滑动测微计的工作原理

应变测试采用瑞士 Solexperts AG 公司最新生产的滑动测微计（Sliding Micrometer），它是根据线法监测原理设计的（见图 1）。

为测定应变及温度，在测线上每隔 1 m 安置一个具有特殊定位功能的环形标，其间用硬塑料管相连，测试时使用标距 1 m、两端带有球状测头的位移探头，依次测量两个环形标之间的相对位移，根据测量结果，不仅可提供每级荷载下摩阻力、端阻力等静力试桩所需的全部参数，还可全面地评估混凝土质量和等级，计算桩身平均弹性模量，并分析弹性模量随应变量级的变化规律。

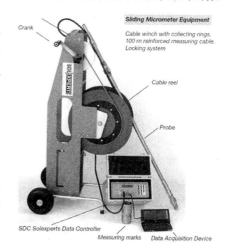

图 1 滑动测微计

作者简介：李载（1975—），男，山东胶州人，工程师，主要从事工程物探、工程质量检测等工作。

滑动测微计在测试原理及精度上均明显优于传统的钢筋计等测试元件,具体表现如下:

(1)可连续地测定标距为 1 m 测段的平均应变,分辨率高(1 $\mu\varepsilon$),可评估构件质量,计算弹性模量。传统方法将被测元件预埋在地层界面变化处,测点有限,两测点之间距离较大。

(2)在构件内埋设套管和测环,用一个探头测量,简单可靠,不易损坏,而且探头可随时在铟钢标定筒内进行标定,筒体温度系数小于 1.5 $\mu m/℃$,可有效地修正零点飘移,而传统方法零点飘移无法避免,不能修正。

(3)具有温度自补偿功能,温度系数小于 2 $\mu m/℃$,而且附有一支分辨率为 0.1 ℃ 的 NTC 温度计,可随时监测测段温度。

(4)对于承受横向力的大型构件(如桩、地下连续梁和大坝等),平行埋设两条测线,利用应变差计算横向位移,其灵敏度比常用的倾斜计高一个量级,可达 1 μm。

2.2　工作方法

在钢筋笼的对称部位平行埋设两条测管,测管中每隔 1 m 安装一个锥形测环,并将测管固定在钢筋笼上,随钢筋笼一节一节下放在桩孔中,要求主筋及每节钢筋笼平直,主筋数量为偶数,下部钢筋笼主筋数量不能减,箍筋必须焊在外侧,不能焊在钢筋笼内,否则不利于固定测管,两测管连线方向必须通过桩心。全部钢筋笼下完后用特制测孔器检查测管安装质量,必要时吊出钢筋笼并重新安装有问题的测管,检查合格后向管内注满清水,然后浇筑混凝土。

加载前自上而下和自下而上两次测定每条测管中的初始读数,以保证测试精度满足要求。加载时采用慢速维持荷载法,分级加荷,每级荷载稳定后测定相应读数。

3　资料解释

资料处理时将各测段前后级读数相减,其差值乘以标定系数即为各级荷载下每一测段的应变值,用相应测段的平均应变进行分析计算,可以避免加载过程偏心引起的误差。由于在施工过程中孔径及桩身混凝土质量存在差异,实测数据也会产生一定误差,所以首先要用相应测段钻孔实测孔径对实测应变进行修正,然后用拟合法对断面修正后应变曲线进行磨光处理。由回归处理后的零点应变可计算弹性模量随应变量级的变化规律,一般可以用一元一次方程表达,即 $E_i = a - b\varepsilon_i$(GPa),计算轴向力和摩阻力时采用不同的弹性模量值,如下式所示:

桩身轴向力　　　　　　　　　$Q_i = AE_i\varepsilon_i$

单位摩阻力　　　　　　　　　$f_i = (Q_i - Q_{i+1})/\pi D$

式中:Q_i 为任意断面处的轴向力,kN;ε_i 为任意断面处的回归应变;E_i 为相应应变时的弹性模量,GPa;A 为平均桩身面积,m^2;D 为平均桩径,m。

通过计算得到的轴向力和摩阻力值可分别绘制出轴向力和摩阻力曲线图、桩顶荷载与桩顶沉降及累计变形关系曲线图、桩顶荷载与摩阻力及端阻力关系曲线图。

4　工程实例

根据某电厂初步设计阶段勘测资料可知,该场地内浅部地层承载力较低,有湿陷性,湿陷等级Ⅱ级;湿陷性土的厚度较大,为15 m左右,下部无软弱下卧层,厂址区60 m勘探深度内的地层主要为第四系黄土状粉土、粉土、粉质黏土、中粗砂。本工程试桩采用直径800 mm的干作业钻孔灌注桩,总桩数11根,桩长35 m,混凝土强度等级为C35。其中:锚桩8根,通长配筋,主筋12 ⌀ 32 HRB335;试桩3根,通长配筋,主筋12 ⌀ 18 HRB335,正截面配筋率0.6%,预估单桩极限承载力为11 000 kN。按招标文件要求,对3根试桩作竖向抗压静载荷试验,并选取两根试桩进行桩身内力测试,本工程选取A5、A6两根试桩进行内力测试。

4.1　竖向静载荷试验结果

A5试桩分11级加载,最大加荷11 000 kN,试验历时2 265 min,桩顶最大沉降量102.89 mm,残余沉降量94.22 mm,极限承载力10 000 kN;A6试桩分10级加载,最大加荷10 000 kN,试验历时2 100 min,桩顶最大沉降量61.26 mm,残余沉降量57.84 mm,极限承载力9 000 kN。A5、A6试桩在最后一级荷载作用下,桩顶沉降量均大于前一级荷载作用下沉降量的5倍。

4.2　桩身内力测试结果

A5、A6试桩各埋设有两根测微管,分别进行测试,取其平均值绘出A5、A6试桩平均应变曲线,如图2所示。

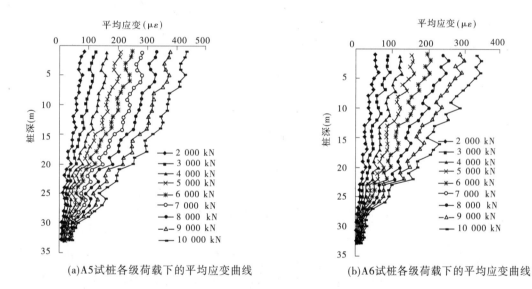

(a)A5试桩各级荷载下的平均应变曲线　　　　(b)A6试桩各级荷载下的平均应变曲线

图2　A5、A6试桩平均应变曲线

对平均应变进行回归处理,得到A5、A6试桩各级荷载作用下回归应变曲线,如图3所示。

由回归应变曲线得到零点处的应变,A5、A6试桩桩身平均弹性模量与应变量级关系如图4所示。

然后分别计算A5、A6试桩各级荷载下轴向力和摩阻力、桩顶荷载与累计变形及桩顶沉降关系、桩顶荷载与摩阻力及端阻力关系,绘制相对应的曲线,如图5~图8所示。

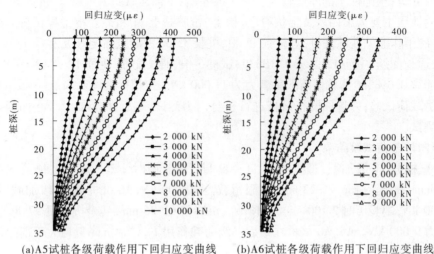

(a)A5试桩各级荷载作用下回归应变曲线　　(b)A6试桩各级荷载作用下回归应变曲线

图3　A5、A6试桩各级荷载作用下回归应变曲线

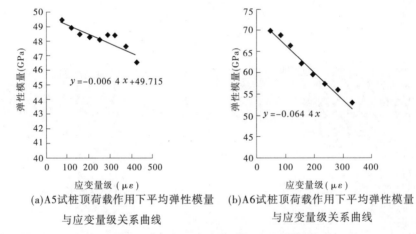

(a)A5试桩桩顶荷载作用下平均弹性模量　　(b)A6试桩桩顶荷载作用下平均弹性模量
　　与应变量级关系曲线　　　　　　　　　与应变量级关系曲线

图4　A5、A6试桩桩身平均弹性模量与应变量级关系曲线

4.3　测试成果分析

对静载荷试验和滑动测微计测试结果进行综合分析。由图4可得到桩身平均弹性模量随应变量级的关系曲线,其弹性模量方程为:A5试桩 $E_i = 49.715 - 0.006\ 4 \times \varepsilon_i (\mathrm{GPa})$,A6试桩 $E_i = 73.047 - 0.064\ 4 \times \varepsilon_i (\mathrm{GPa})$。

由图5可以看出:在桩顶荷载的作用下,桩身轴向力随试桩深度的增加而递减,说明桩顶荷载大部分由桩侧阻力所抵消,这也反应了摩擦桩的特征。

由图6可以看出:随着荷载的增加,单位摩阻力随之增大,且在桩身某一位置出现峰值,峰值的位置随荷载增加向桩的下部移动,表明各地层的摩阻力自上而下逐渐发挥,上部土层侧阻力发挥到极限后不再增加,荷载继续向下部土层传递。A5试桩当荷载为10 000 kN时,最大单位摩阻力为158 kPa;A6试桩当荷载为9 000 kN时,最大单位摩阻力为140 kPa。

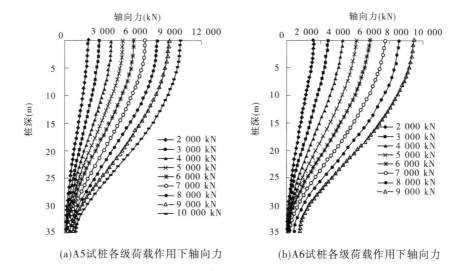

(a)A5试桩各级荷载作用下轴向力　　　　　　(b)A6试桩各级荷载作用下轴向力

图5　A5、A6试桩各级荷载作用下轴向力

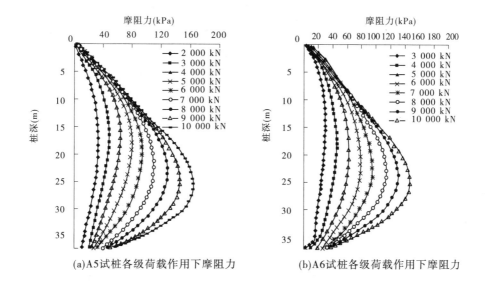

(a)A5试桩各级荷载作用下摩阻力　　　　　　(b)A6试桩各级荷载作用下摩阻力

图6　A5、A6试桩各级荷载作用下摩阻力

　　由图7可以看出:A5、A6试桩加荷6 000 kN以前,桩顶荷载由桩身侧阻力提供,桩的沉降为桩身压缩,桩端阻力仍没有发挥;随着荷载进一步增加达到6 000 kN后,累计变形、桩顶沉降分离,桩端开始下沉,端阻力随荷载逐渐增加。

　　由图8可以看出:A5试桩加载至10 000 kN时,总端阻力为822 kN,占总加载量的8.22%;A6试桩加载至9 000 kN时,总端阻力为928 kN,占总加载量的10.31%,继续加载,$Q \sim S$曲线(Q为桩顶荷载,kN;S为桩顶沉降,mm)出现陡降,桩土体系破坏,说明摩阻力及端阻力已达到极限值。

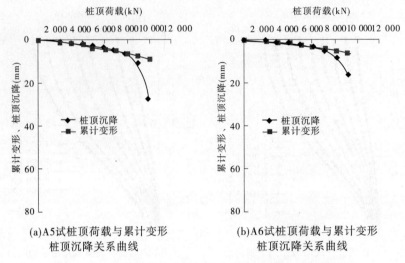

(a)A5试桩顶荷载与累计变形　　　(b)A6试桩顶荷载与累计变形
桩顶沉降关系曲线　　　　　　　　桩顶沉降关系曲线

图7　A5、A6 试桩桩顶荷载与累计变形及桩顶沉降关系曲线

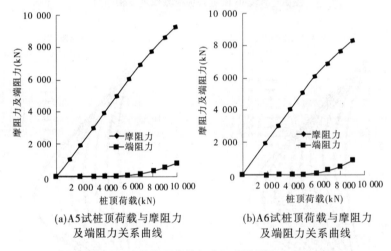

(a)A5试桩顶荷载与摩阻力　　　　(b)A6试桩顶荷载与摩阻力
及端阻力关系曲线　　　　　　　　及端阻力关系曲线

图8　A5、A6 试桩桩顶荷载与摩阻力及端阻力关系曲线

5　结语

　　滑动测微计采用线性监测原理,精度高,信息丰富,数据准确可靠,从工程实例可以看出,两根试桩测试结果均有较好的规律性和一致性。目前,作为一种较为先进的内力测试方法,滑动测微计已在各种大中型工程项目中得到了广泛的应用。

参考文献

[1] 石怀清,章杰,茹伯勋. 滑动测微计技术在桩侧阻力测试中的应用与研究[J]. 岩土工程技术,2003(4).
[2] 陈尚桥. 用滑动测微计实测桩的荷载传递函数[J]. 岩土力学与工程学报, 2005(4).
[3] 唐军峰,胡祥昭,等. 滑动测微计在大直径桩身检测中的应用[J]. 勘察科学技术,2005(2).
[4] 王可怡,王遇国. 滑动测微计在桩基内力测试中的应用[J]. 建筑技术,2009(4).

综合物探在高地应力条件下硐室群开挖过程中的检测应用研究

何 刚 邓希贵 廖 伟

（四川中水成勘院工程勘察有限责任公司 成都 610072）

摘要：综合物探在高地应力条件下硐室群开挖过程中的检测目的是评价高地应力条件下硐室群在开挖过程中岩体的松弛圈深度变化及松弛变形的时间效应，合理判定松弛变形后岩体的质量等级，为硐室群支护提供科学依据。综合物探采用声波长观与及钻孔全景图像测试相结合，相互验证，合理判定岩体松弛变形及其时效性；结合其锦屏一级水电站地下硐室群开挖工程中的检测运用，该方法成功地反映了高地应力条件下地下硐室群开挖过程中岩体卸荷松弛的时效变形效应及卸荷松弛后岩体质量结果。实践检验了该方法在高地应力条件下硐室群开挖过程中检测的可行性和科学性。

关键词：声波长观 钻孔全景图像测试 卸荷松弛 时效变形 高地应力

1 引言

高地应力条件下地下硐室群开挖过程中岩体卸荷松弛变形及变形后岩体质量直接影响硐室群稳定，大量的监测设施在一定条件下能够准确检测岩体变形的范围，评价岩体卸荷松弛的深度，但无法评价卸荷松弛岩体的质量等级，给地下硐室群支护带来一定的困难。通过单孔声波长观与钻孔全景图像测试相结合的综合物探测试方法，可同时解决上述两类问题，可准确评价特定时期岩体卸荷松弛深度，并且能够合理判定卸荷松弛后岩体质量等级，为硐室群支护措施提供科学依据。

单孔声波长观测试就是利用单孔声波测试原理，在测试过程中，定期对原测试孔进行单孔声波测试，根据各次声波测试结果差异评价岩体单孔声波波速值差异，判定围岩岩体卸荷松弛的时效变形及变形后岩体质量等级。该测试方法具有以下特点：①检测孔布置便利，检测范围广；②单孔声波测试精度高，采用 20 cm 测点对裂隙反应灵敏；③岩体声波波速作为岩体质量等级划分的一个定量指标，与岩体质量等级关系性好；④现场检测工作便利，检测结果客观、科学，检测效率高。

钻孔全景图像测试通过检测以视觉方式获取地下信息，具有直观性、真实性等钻孔孔壁岩层表面特征原始图像的优点。该测试方法具有以下特点：①观测图像直观，可以直观地反映岩体裂隙发育情况及程度；②现场检测工作便利，检测结果客观、科学，检测效率高。

2 工程概况

锦屏一级水电站总装机容量 360 万 kW，年均发电量 166.2 亿 kWh。电站主要由拦河坝、右岸泄洪洞、右岸引水发电系统及地面出线场等组成（见图 1）。拦河坝为混凝土双曲

作者简介：何刚（1977—），男，湖北荆州人，工程师，主要从事水电站施工期主体工程物探检测工作。

拱坝,最大坝高 305 m,为世界
第一高坝。厂区主要建筑物有
地下厂房、主变室、尾水调压室,
三大硐室平行布置。主厂房尺
寸 为 276.99 m × 25.60 m ×
68.80 m,主变室尺寸为 201.60
m×19.30 m×32.70 m。①调压
室上、下室直径分别为 41.0 m、
38 m,高 81 m;②调压室上、下
室直径分别为 37.0 m、32 m,高
80 m。

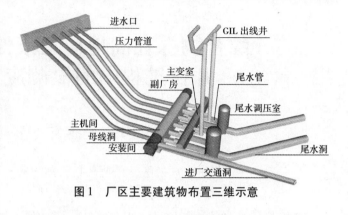

图 1　厂区主要建筑物布置三维示意

地下厂区硐室围岩岩性第 2、3、4 层为大理岩,岩层走向与厂房轴向大角度相交,缓倾
山外偏下游。规模较大的软弱结构面有 F13、F14、F18 断层,此外主要发育层面裂隙和
NE 向裂隙,少量发育 NW 向、NNW 向裂隙,局部出露煌斑岩脉。安装间 F13 断层带上盘
地下水丰富,其余部位仅有少量渗滴水。地下厂区属于高地应力区,最大主应力 σ_1 值超
过 30 MPa,厂房硐室群多数岩石强度应力比(R_b/σ_m)为 1.5 ~ 4,可以判定为高—极高地
应力区。除断层破碎带、煌斑岩脉外,厂房岩体完整性较好,在第 2 层大理岩出露部位岩
体多呈中厚层次块状结构,第 3、4 层大理岩出露部位,岩体多呈厚层块状结构。厂房围岩类
别以 III_1 类围岩为主,部分为 III_2 类围岩,局部稳定性较差,在 F13、F14、F18 断层和煌斑岩脉
出露部位,岩体破碎,风化,属IV ~ V类围岩,不稳定。

3　测试结果

3.1　测试工作的布置

锦屏一级水电站地下厂房尺寸为 276.99 m × 25.60 m × 68.80 m,主厂房约每 30 m
布置 1 个声波长观测试断面,共布置 6 个检测断面,断面内长观测试孔以 8.0 m 等高程均匀
布置。

3.2　声波长观测试结果分析

1 665 m 高程声波测试孔测试时段 2007 年 3 月 ~ 2009 年 7 月,最后一次测试开挖底
板高程为 1 634 m。该高程声波长观孔自 2007 年 4 月开始观测,2007 年 4 ~ 9 月期间,底
板高程 1 665 ~ 1 661.5 m。观测结果表明:该高程上游侧围岩岩体松弛深度约 2.0 m,下
游侧围岩岩体松弛深度约 2.0 m。因 2007 年 5 月以来,对该高程进行系统支护施工,长
观孔被封堵或观测通道及平台未形成等原因,2007 年 9 月 ~ 2008 年 12 月对该高程的长
观孔均未进行观测工作;2009 年 1 ~ 3 月对该高程长观孔重新造孔或扫孔后,继续开展检
测工作,该期间底板高程 1 639 m,上游侧围岩松弛深度 2.0 ~ 3.4 m,下游侧围岩松弛深
度 5.0 ~ 8.4 m;松弛岩体波速 3 000 ~ 5 000 m/s 不等;2009 年 4 ~ 7 月期间,开挖底板高
程为 1 634 m(0 + 000 ~ 0 + 048 桩号段底板高程约 1 630 m),上游侧围岩松弛深度 2.0 ~
3.5 m,下游侧围岩松弛深度 9.0 m 左右,该高程岩体松弛深度及其与时间的关系如图 2
和图 3 所示。

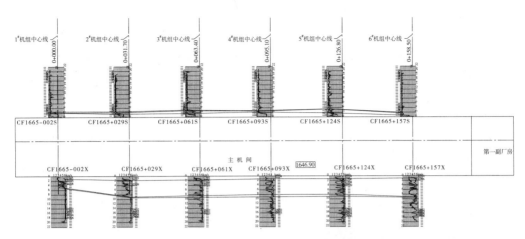

图2 地下厂房1 665 m高程围岩松弛深度与时间的关系

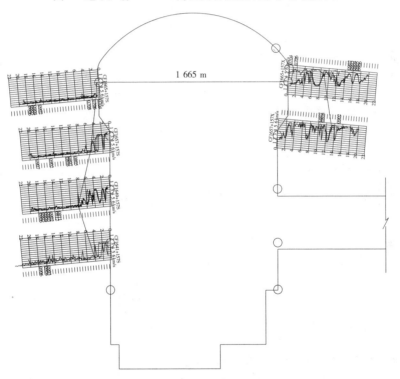

图3 地下厂房0+167桩号断面围岩松弛深度

为了更好地评价围岩松弛情况,根据物探测试结果,并结合围岩开裂破坏情况,按照围岩破坏程度,将围岩松弛区大致分为破坏区、强松弛区和弱松弛区三部分。

破坏区:指岩石板裂、碎裂破坏严重,施工期围岩有明显的变形开裂现象,岩体已经破坏,破碎,松弛,失去承载能力。该部分主要分布于厂房和主变室下游拱部表层。

强松弛区:指岩石破坏较严重,新鲜张开裂缝发育,间距一般小于30 cm,裂缝多与开挖面近平行。岩体结构已经发生改变,多呈板状,波速较低或波速曲线起伏大,平均波速一般为2 500~4 500 m/s,围岩自稳能力差。

弱松弛区:指岩石有一定破坏,但破坏程度较轻,裂缝间距较大,一般为 1~3 m,其至更大,平均波速较高,一般为 5 000~6 000 m/s。局部偶尔出现的裂缝在波速曲线上表现为大幅向下锯齿,这是由于波速穿过裂缝衰减造成的,而规模很小的裂纹在波速曲线上反映不明显。岩体结构有一定程度的松弛,围岩还有自稳能力。

3.3　钻孔全景图像测试结果分析

钻孔全景图像是一种直观的检测方法,地下厂房 1 665 m 高程下游侧 0 + 124 桩号长观孔钻孔全景图像如图 4 所示,钻孔全景图像直观表明:该孔段 0~8.0 m 孔段微张裂隙发育,岩体完整性差;8.0 m 以后孔壁光滑,岩体完整。

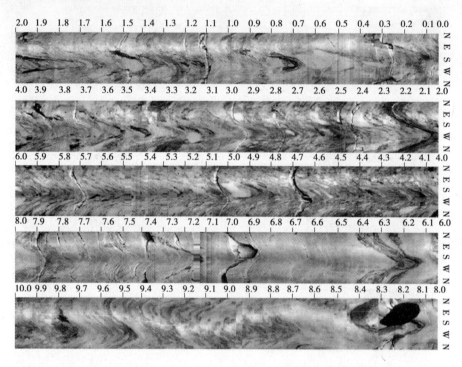

图 4　地下厂房 1 666 m 高程 0 + 124 桩号下游侧钻孔全景图像测试结果

3.4　监测结果分析

针对地下厂房 1 666 m 高程预埋多点位移计位移分布结果(见图 5)分析监测结果可知:厂房 1 666 m 高程上游边墙变形深度为 0~5.0 m;厂房 1 666 m 高程下游边墙变形深度为 9 m 左右,并有向深部发展的趋势。

4　结论

锦屏一级水电站地下厂房声波长观测试结果表明:高地应力条件下硐室群开挖过程中的声波长观测工作是十分必要的,它能够准确反映围岩岩体在开挖过程中的卸荷松弛变化,科学地判定卸荷松弛圈岩体的质量等级,对高地应力条件下的硐室群支护具有重要的指导意义。

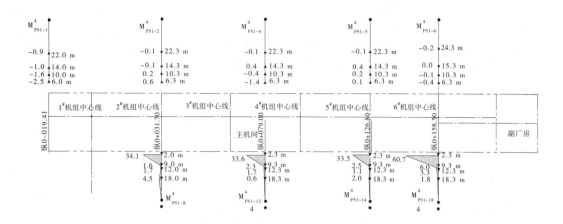

图 5　地下厂房 1 666 m 高程预埋多点位移计位移分布结果

参考文献

[1] 陈仲候,王兴泰,杜世汉,等.工程与环境物探教程[M],北京:地质出版社,1993.

[2] 邵泽波.无损检测技术[M].北京:化学工业出版社,2003.

[3] 美国无损检测学会.美国无损检测手册(上、下册)[M].美国无损检测手册译审委员会,译.北京:世界图书出版公司,1996.

[4] 吴淦国.变形岩石的超声波研究[J].地学前缘,1994(Z1).

[5] 赖立清.混凝土超声波和 CT 检查在工程中的应用[J].浙江水利水电专科学校学报,2002(3).

[6] 黄潮科.物探综合测井在广州地铁二号线上的应用[J].中山大学学报论丛,2002(3).

综合物探在拱坝建基岩体检测的应用

何　刚　廖　伟　邓希贵

（四川中水成勘院工程勘察有限责任公司　成都　610072）

摘要：拱坝建基面一般位于高山峡谷，沿河两岸山势巍峨。伴随其开挖施工将引发一系列工程地质问题：①爆破开挖对岩体质量的损伤评价；②开挖出露的建基面岩体质量复核；③基于拱坝建基面对基础岩体变形模量的要求，建基面岩体变形模量评价；④开挖后建基面在地应力作用下的卸荷松弛分析等。针对上述问题，在拱坝建基面开挖过程中系统开展综合物探检测，并结合其在锦屏一级水电站的大坝建基面的检测运用，成功解决了上述工程问题，为工程下一步工序提供客观、科学依据。实践证明，综合物探检测在拱坝建基面开挖过程中具有可行性、高效性及科学性。

关键词　综合物探　拱坝建基面　钻孔变模

1　引言

"十六大"制定了全面建设小康社会的奋斗目标，要在 21 世纪头 20 年，集中力量，全面建设惠及十几亿人口的更高水平的小康社会，国内生活总值到 2020 年力争比 2000 年翻两番。相应的全国电力装机容量必须达到 6 亿 kW 以上。为实现上述目标，应结合"西部大开发"和"西电东送"战略。目前，我国西部水力资源以水电站建设形式的开发正在如火如荼地进行中，伴随着大中型拱坝建基面的开挖施工中，暴露出一系列工程地质问题：①爆破开挖对岩体质量的损伤评价；②开挖出露的建基面岩体质量复核；③基于拱坝建基面对基础岩体变形模量的要求，建基面岩体变形模量评价；④开挖后建基面在地应力作用下的卸荷松弛分析等。

针对上述工程地质问题，在拱坝建基面开挖过程中引进综合工程物探检测方法，已能够切实、高效、科学地解决上述问题。

（1）拱坝建基面上系统布置爆破检测孔，以声波测试与钻孔全景图像测试相结合，利用爆前、爆后数据对比分析，评价爆破开挖对岩体质量的损伤深度及损伤程度。

（2）拱坝建基面上系统布置岩体质量检测孔，以声波测试与钻孔全景图像测试相结合，以点带面，对建基面岩体质量进行系统检测，以声波波速值及钻孔岩体质量直观情况评价开挖建基面的岩体质量，复核可行性研究阶段资料。

（3）拱坝建基面上针对各质量等级岩体系统布置承压板变形试验点，以声波测试、承

作者简介：何刚（1977—），男，湖北荆州人，工程师，主要从事水电站施工期主体工程物探检测工作。

压板变形试验、钻孔变形模量与钻孔全景图像相结合,建立岩体质量等级、声波、钻孔变形模量及承压板变形模量间的相关关系,系统评价建基面各级岩体变形模量。

(4)结合建基面岩体质量检测孔及爆破检测孔系统布置岩体时效卸荷松弛长观孔,以声波测试与钻孔全景图像测试相结合,评价开挖建基面在地应力作用下岩体卸荷松弛的时效性。

上述综合物探检测应用于拱坝建基面开挖过程中,基本解决拱坝建基面开挖过程中引发的工程地质问题,同时应用上述检测方法具有以下优势:①检测工作开展便利、高效,在空间和时域上均避免了对施工的干扰;②检测孔布置灵活,可根据新开挖揭示情况及时调整孔位,客观评价新开挖揭示地质缺陷;③各物探检测方法相结合,资料相互验证,成果资料客观、科学;④检测成果系统、全面地反映开挖建基面岩体质量情况。下面以锦屏一级水电站为例介绍综合物探检测在实际工程中的应用成果。

2　工程概况

锦屏一级水电站采用堤坝式开发(见图1),主要任务是发电。水库正常蓄水位1 880 m,死水位1 800 m,正常蓄水位以下库容77.65亿 m³,调节库容49.1亿 m³,属年调节水库。电站装机6台,单机容量600 MW。

图1　锦屏一级水电站鸟瞰图

枢纽主要建筑物为混凝土双曲拱坝,坝顶高程1 885.00 m,最大坝高305.00 m,坝顶宽度16.00 m,坝底厚度63.00 m,厚高比0.207,弧高比1.811,坝体混凝土方量约474万 m³;泄洪设施由坝身4个表孔、5个深孔、2个放空底孔、坝后水垫塘以及右岸1条泄洪洞组成,采用坝后水垫塘消能;引水发电建筑物布置在右岸山体内,由进水口、压力管道、主厂房、主变室、尾水调压室、尾水隧洞组成。

3　系统检测成果分析

针对锦屏一级水电站拱坝建基面开挖过程系统布置综合检测主要涵盖以下四个方面

的内容:①岩体爆破损伤检测;②岩体质量复核检测;③岩体变形模量检测;④开挖暴露岩体卸荷松弛时效检测。

3.1　坝基岩体爆破损伤检测

坝基岩体爆破损伤检测孔以均匀布置为原则,确保每个开挖梯段有一定数量的检测孔。锦屏一级水电站岸坡段以7.5 m等高差布设检测剖面,河床段以均匀原则布设检测剖面,每剖面分别于大坝中心线与坝踵线中间、大坝中心线、大坝中心线与坝趾线中间布置3个检测孔,以锦屏一级水电站右岸1 645～1 637 m梯段为例,该梯段岩体爆破松弛深度主要集中在0.6～2.2 m,检测成果如表1所示,检测成果如图2所示。

表1　锦屏一级水电站右岸建基面1 645～1 637 m梯段岩体爆破损伤检测成果

钻孔编号	1 m处声波速度(m/s)		衰减率 η(%)	爆破松弛卸荷深度(m)
	爆破前	爆破后		
YBP1645B1	5 618	5 435	3.26	1.0
YBP1645B2	5 747	5 208	9.38	1.4
YBP1645B3	6 098	5 682	6.82	1.0
YBP1637B1	6 329	6 313	0.25	0.6
YBP1637B2	5 208	4 717	9.43	1.6
YBP1637B3	5 618	4 902	12.74	2.2

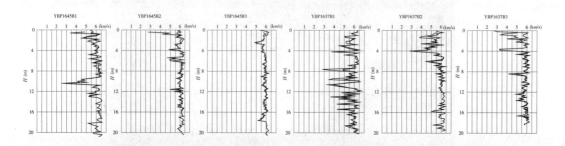

图2　锦屏一级水电站右岸建基面1 645～1 637 m梯段岩体爆破损伤检测成果

综合锦屏一级水电站各检测孔爆破损伤资料,绘制锦屏一级水电站坝基岩体松弛深度等值线图(见图3)。成果图表明:①左岸EL.1 730 m以上垫座建基面松弛深度0.5～3.8 m,一般1.0～2.6 m;EL.1 730 m垫座平台地基松弛深度0.8～4.2 m,一般1.4～2.4 m;左岸EL.1 730～1 580 m坝基松弛深度0.8～3.5 m,一般1.2～2.2 m;②右岸EL.1 885～1 580 m坝基松弛深度0.4～4.6 m,一般0.6～2.2 m,EL.1 725 m以上相对较浅,一般0.6～1.2 m,以下相对较深,一般1.2～2.2 m;③河床坝基松弛深度1～4.2 m,一般1.0～2.2 m,左岸相对较浅,普遍1.4 m左右,右岸相对较深,普遍1.6 m左右。

3.2　坝基岩体质量复核检测

坝基岩体质量检测孔以均匀布置为原则,对新开挖揭示地质缺陷补充增加检测孔。

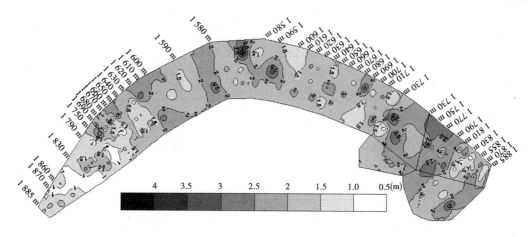

4　3.5　3　2.5　2　1.5　1.0　0.5(m)

图3　锦屏一级水电站坝基岩体松弛深度等值线图

锦屏一级水电站岸坡段以7.5 m等高差布设检测剖面,河床段以均匀原则布设检测剖面,每剖面分别于坝踵、坝中心线、坝趾布置3个检测孔;若岩体质量检测孔孔位已布设爆后检测孔,则二者可结合为一钻孔,评价中兼顾两种用途。综合坝基各级岩体声波波速值,汇总统计分析,分析成果如表2及图4所示。

表2　锦屏一级水电站左右岸坝基各级岩体单孔声波(v_p)统计表

分类	岩级	单孔波速 v_p(m/s)			段长(m)	点数
		平均值	大值平均	小值平均		
大理岩	II	5 800	6 146	5 111	5 819.2	29 096
	III$_1$	5 371	5 883	4 394	3 041	15 205
	III$_2$	5 166	5 838	4 119	114	570
	IV$_1$	4 270	4 995	3 254	46.6	233
	IV$_2$	3 659	4 628	2 831	178.2	891
	V$_1$	3 551	4 378	2 714	102.2	511
砂板岩	III$_1$	5 377	5 901	4 576	61.2	306
	III$_2$	4 860	5 484	3 819	1 184.4	5 922
	IV$_2$	4 227	4 995	3 084	240.8	1 204
	V$_1$	3 627	4 573	2 794	79	395
综合	II	5 800	6 146	5 111	5 819.2	29 096
	III$_1$	5 371	5 882	4 396	3 102.2	15 511
	III$_2$	4 852	5 487	3 761	1 406.0	7 031
	IV$_1$	4 270	4 995	3 254	46.6	233
	IV$_2$	3 971	4 881	2 937	446.8	2 234
	V$_1$	3 523	4 381	2 718	183.6	918

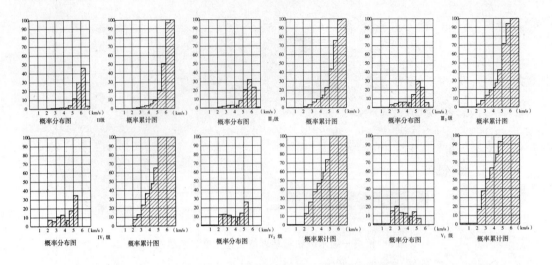

图4 锦屏一级水电站坝基各级岩体声波分段统计直方图

综合各质量等级岩体声波测试曲线如图5所示。各岩体质量等级声波测试曲线表明:①Ⅱ级岩体波速分布集中,声波曲线均匀、平滑,岩体均一性好;②Ⅲ₁级岩体波速分布较集中,声波曲线局部稍有起伏,整体平稳,岩体均一性较好;③Ⅲ₂级岩体声波分布范围较广,少量低波速锯齿出现,起伏较明显;④Ⅳ₂级岩体声波分布范围较广,低波速锯齿带比例增加,起伏明显;⑤Ⅴ₁级声波曲线整体出现较大跳跃,低波速锯齿连成带状,构成低波速带。

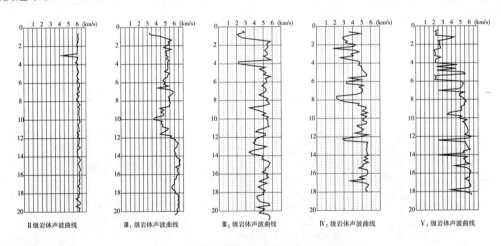

图5 锦屏一级水电站坝基各级岩体声波波速曲线

汇总锦屏一级坝基岩体质量声波测试数据,绘制坝基15 m深度处岩体声波波速等值线图(见图6)。由等值线图可知:坝基岩体15 m深度处低波速部位主要集中在河床靠右侧及左岸垫座下游侧,主要受右岸河床F18断层及垫座下游侧F5、F38-6断层影响,其他部位坝基15 m深度处岩体声波波速均匀,主要集中在5 500 m/s左右。

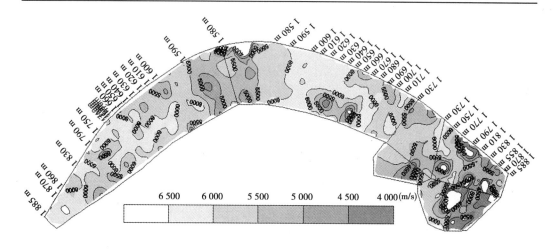

图6　锦屏一级水电站坝基15 m深度岩体声波波速等值线图

3.3　坝基岩体变形模量检测

　　坝基岩体变形模量测试孔采用钻孔变形模量与承压板变形模量试验相结合的方法处理。由于钻孔变形模量测试的便利性及高效性,钻孔变形模量测试孔采用系统均匀布置的原则;承压板变形模量测试受其测试场地、测试环境及测试周期限制,针对各典型岩级布设承压板试验点;与此同时,在钻孔变形模量测试点、承压板变形模量测试点配套进行声波测试,建立三者间相关关系。锦屏一级水电站钻孔变形模量测试孔岸坡段以15 m等高差布设检测剖面,河床段以均匀为原则布设检测剖面,每剖面分别于坝踵、坝中心线、坝趾布置3个检测孔,检测孔孔向铅垂;承压板变形试验点结合开挖地质条件合理布设。综合锦屏一级水电站岩体钻孔变形模量、承压板变形模量及声波测试成果,总结承压板变形模量、单孔声波、钻孔变形模量对应关系如表3所示。根据承压板变形模量、钻孔变形模量及声波数据形成承压板变形模量与声波波速、钻孔变形模量与声波波速相关关系曲线(见图7)。

表3　岩体钻孔变形模量 E_{ok} 值与承压板变形模量 E_{o50} 值关系对比

承压板变形模量 E_{o50}(GPa)	44.52	28.86	17.88	10.48	5.72	2.85	1.25	0.46	0.13
单孔 v_p(m/s)	6 500	6 000	5 500	5 000	4 500	4 000	3 500	3 000	2 500
钻孔变形模量 E_{ok}(GPa)	23.16	16.70	11.70	7.92	5.15	3.18	1.84	0.98	0.47

3.4　坝基岩体卸荷松弛时效检测

　　坝基岩体卸荷松弛时效检测孔以坝中心线均匀布置,检测频率在前期观测成果的基础上总结调整。锦屏一级水电站以坝中心线为基础,岸坡段以7.5 m等高差布设观测孔,河床段以均匀为原则布设观测孔。以右岸1 825～1 802 m高程梯段为例,其建基面岩体不同深度声波波速与时间的关系如图8所示。测试成果表明:①松弛深度一般5 m左右,其中<2 m孔段强烈松弛,2～5 m孔段中等—轻微松弛,5～10 m孔段大部分基本无松弛,局部轻微松弛。②从松弛发展进程看,本梯段<2 m孔段除个别测孔松弛呈持续缓慢

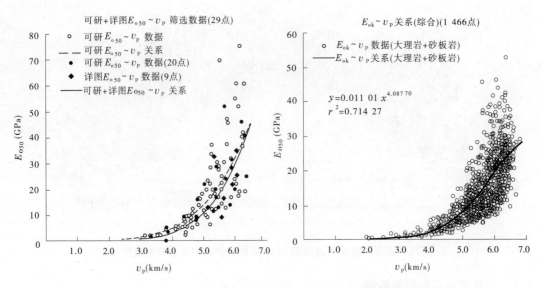

图7　锦屏一级水电站变形模量与声波波速相关关系曲线

发展外,其余大部分测孔松弛至一定时间即趋于停止,松弛持续时间一般为 12 ~ 15 个月,短者 6 ~ 9 个月,长者达 18 个月;2 ~ 5 m 孔段松弛持续时间一般也为 12 ~ 15 个月,少部分测孔为 4 ~ 7 个月;5 ~ 10 m 孔段松弛发展极为缓慢,看不出明显的松弛持续时间。③本梯段 <2 m 孔段 v_p 衰减率平均为 34.9%,属强烈松弛;2 ~ 5 m 孔段 v_p 衰减率平均为 9.0%,属轻微松弛;5 m 以外孔段 v_p 衰减率低于 4.0%,属基本无松弛。

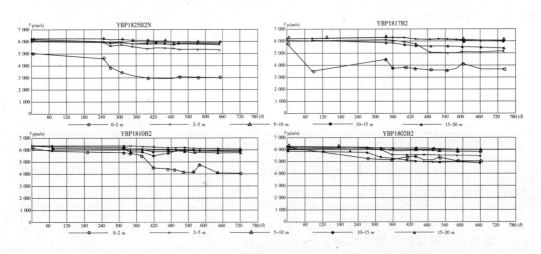

图8　右岸坝基 1 825 ~ 1 802 m 梯段建基面岩体不同深度声波波速与时间关系

4　结论

锦屏一级水电站建基面综合物探检测成果表明:综合物探检测在拱坝建基面的运用有效地解决了拱坝建基面开挖过程中爆破损伤检测、建基面岩体质量复核、岩体变形模量评价及卸荷松弛岩体时效变形等问题,客观、合理、科学、高效地解决了拱坝建基面开挖过程中的地质问题,构建了完整的质量评价体系,对后续拱坝基础处理提供科学依据,为后续坝基处理验收提供合理验收指标,对拱坝建基面基础意义重大。

参考文献

[1] 中国水电顾问集团成都勘测设计研究院. 四川省雅砻江锦屏一级水电站可行性研究报告[R]. 成都:中国水电顾问集团成都勘测设计研究院,2004.
[2] 中国水电顾问集团成都勘测设计研究院. 四川省雅砻江锦屏一级水电站左岸边坡及大坝建基面关键技术咨询报告[R]. 成都:中国水电顾问集团成都勘测设计研究院,2008.
[3] 邹丽春,喻建清,李青. 小湾拱坝设计及基础处理[J]. 水利发电,2004,30(10):21-23.
[4] 赵永刚. 锦屏一级高混凝土拱坝基础处理研究[D]. 武汉:武汉大学,2003.

刚度相关法测试堆石体密度

薛云峰　李丕武　崔　琳　李晓磊

（黄河勘测规划设计有限公司工程物探研究院　郑州　450003）

摘要：利用刚度相关法建立了燕山水库堆石体密度与附加质量法归一化刚度之间的线性关系式，通过计算相关系数和误差分析，说明附加质量法用于检测燕山水库的堆石体密度是适宜的，密度测试误差可以满足设计要求。

关键词：堆石体密度　附加质量法　归一化刚度　误差分析

1　引言

燕山水库坐落在沙颍河支流澧河上游的支流干江河上，坝址位于河南省叶县保安镇杨湾村，总库容3.64亿 m^3，是一座以防洪为主，结合供水、灌溉，兼顾发电的综合利用工程。大坝长约4 070 m，坝顶高程117.8 m，最大坝高34.7 m，桩号2 + 700以北为黏土质坝，以南为黏土斜墙分区坝，黏土斜墙后设排水带和任意料。堆石体的主要技术指标：①防渗体黏土压实度不小于99%，干密度1.723 g/cm^3；②砂砾料和砂压实度不低于75%和70%；③任意堆石料空隙率为18% ~ 20%，干密度2.15 g/cm^3。无疑，堆石体密度的检测与控制是确保大坝工程质量的关键环节，燕山水库的任意石料（风化砂页岩）及黏土质砂砾岩最大粒径一般为300 ~ 500 mm，有的更大。如果比照《碾压式土石坝施工规范》（DL/T 5129—2001）[1]的要求去操作，则试坑的尺寸可达1 ~ 2.5 m，这样做的弊端是破坏坝体、影响施工，故研究一种快速检测方法替代或部分替代常规的方法是非常有必要的。

关于堆石体密度原位快速检测问题，是20世纪80年代以来工程界（特别是水利工程界）十分关注的一个问题。为满足工程快速施工的要求，改善检测技术落后的局面，国内外纷纷提出了一些研究思路和办法，诸如动力触探法、瞬态冲击法、面波法及附加质量法等，这些技术在适用范围、测试精度、用于施工质量检测的可行性等方面还存在一定问题，有必要进一步研究。本文是在文献[2]、[3]研究的基础上，针对燕山水库大坝堆石介质的特点，提出了刚度相关法测试堆石体密度的思路：对不同岩性组成、不同颗粒级配、不同密度（密度的大小要拉开档次），分别测量其刚度 K、参振质量 m_0，并在同一个测点测量其密度 ρ，最后建立密度 ρ 与归一化刚度 K/r（r 为压板半径）的关系。K 的测量方法选择附加质量法，ρ 的测量方法选用传统的坑测法及环刀法（对黏土）。

作者简介：薛云峰（1967—），男，河南禹州人，教授级高级工程师，国家注册岩土工程师，主要从事工程探测、检测和监测方面的研究。

2　模型及方法研究

早在 20 世纪 90 年代初以李丕武为主的研究人员就着手附加质量法的研究工作,试图从测定地基土介质的动力参数(K、m_0)入手作为测定地基承载力的突破口。在质、弹模型的基础上,附加上一定的刚性质量体 Δm,为 K、m_0 的求解找到了办法,解决了土力学中长期困扰的一个问题。1995 年又试图将附加质量法引入堆石体密度的检测中,为了寻求堆石体密度测试的理论依据及方法,先后引入了四种模型,即质弹模型(无阻尼)、质弹阻模型、弹性半空间模型、等效动能模型[4-8]。在研究基础振动的四种模型之后,提出了基底堆石体介质密度求解的两种途径:一种途径是,通过严格的数学推导寻求密度 ρ 与刚度 K、衰减系数 β、基底介质的剪切模量 G、泊松比 μ(或弹性波速度 v_p、v_s)的关系,求解密度 ρ,俗称解析法;另一种途径是,考查某一种参数与密度的相关关系,利用相关分析法求解堆石体密度。根据以上两种思路研究了衰减系数法、刚度波速法。由于密度求解的诸方法中是通过刚度 K、衰减系数 β、纵波速度 v_p、横波速度 v_s 的实测值来实现的,因此研究这些参数的测试技术问题显得非常必要。为了摆脱衰减系数、波速参数测试误差大的问题,本文用刚度参数去推求密度。

2.1　刚度波速法及刚度相关法关系式

堆石体密度求解的刚度波速法,其理论基础是弹性半空间模型,经过数学推导可得出密度与刚度、弹性波速度的解析式,故称做刚度波速法。

刚度波速法的密度式有如下三种形式:

$$\rho = \frac{1-\mu}{4rv_s^2}K \tag{1a}$$

$$\rho = \frac{(1-\mu)^2}{2r(1-2\mu)v_p^2}K \tag{1b}$$

$$\rho = \frac{1}{8r(1-\frac{v_s^2}{v_p^2})v_s^2}K \tag{1c}$$

式中:K 为基底介质刚度;v_p 为基底介质纵波速度;v_s 为基底介质横波速度;μ 为介质的泊松比;r 为基底(压板)半径;ρ 为基底介质密度。

在刚度波速法,往往会由于波速的极小变化(第 3 位数字)而引起密度较大变化,目前对于波速要求达到 4 位有效数字是不实际的。为解决这一问题,仅用刚度参数去推求密度。首先来分析式(1a),由于 K 的系数 $(1-\mu)/(4rv_s^2)$(随 v_p、v_s 变化)不是常数,$\rho \sim K$ 的关系严格来讲不是线性关系,但由于堆石体密度的变化范围不大(一般为 2.05 ~ 2.35 t/m³),故取曲线中的一小段作为直线。

基于上述分析,将式(1a)右边的 K 除以 $4r$ 可以变为归一化刚度如式(2),大量实测资料证明 ρ 与归一化刚度 K_1 确有较好的线性关系,我们称这种方法为刚度相关法。不过,这个所谓刚度 K_1,其物理意义和量纲与一般的刚度 K 都有所不同。由于这种方法是单参数相关,不需要测波速,也不需要率定衰减系数 β,非常简单,自然也摆脱了速度测试精度与密度 ρ 要求精度不匹配的困扰。

$$\rho = \frac{1-\mu}{v_s^2}\frac{K}{4r} = \frac{1-\mu}{v_s^2}K_1 \tag{2}$$

其中

$$K_1 = \frac{K}{4r}$$

2.2　刚度相关法的特点

由于《土工试验规程》(SL 237—1999)[9]中还设有堆石体密度检测的规定,实际检测中的坑测法往往比照或照搬砂卵石介质的原位密度现场试验方法来进行。这样做带来的问题有:①由于堆石料颗粒极度不均,不同的采样量及不同的采样部位会得出不同的密度值;②由于堆石粒径超常之大,不便挖出,采样过程中极易破坏其原状结构;③由于堆石大而不规则,使得采样坑不规则,有时会出现倒坡、空洞,采样坑的边界不清,使得体积计算不准等情况,严重影响了堆石体密度测试的代表性和正确性。由于以上原因,坑测法对于超大粒径特别是有架空现象的堆石体介质密度的检测存在测不准的问题。虽然如此,但是坑测法对颗粒相对较小的砂、砂砾石介质,密度测得比较准。砂的密度一般为 1.8 ~ 1.9 t/m³,天然砂砾石的密度一般为 2.35 t/m³ 左右,人工堆石体密度介于砂和砂砾,如果采用刚度相关法建立了砂和砂砾(卵)石的密度与刚度关系,就可以利用堆石的实测刚度 K 来推求堆石体密度。如果堆石体的刚度 K 测得较准,那么求得的堆石密度自然也比较准,利用 $\rho \sim K_1$ 曲线两端测得准的关系,通过内插法去解决坑测法堆石体密度的测不准问题。

2.3　刚度 K 的求解

刚度相关法测试堆石体密度最基本的参数是堆石体的刚度 K。刚度 K 的测试采用李丕武提出的附加质量法[2-3]。基本原理有:①模拟基础振动问题,将一块刚性基础板置于地基介质(堆石、土等)表面,使基础板及其以下介质构成一个振动体系,如图 1 所示;②利用弹性振动理论模型,求解体系的动力参数 K(刚度)、m_0(压板下介质参振质量);③通过 K、m_0 与介质(堆石或土)密度 ρ 的关系,达到测定介质密度的目的。

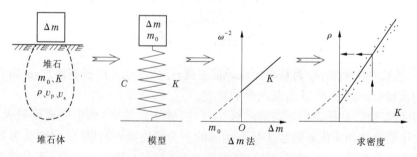

图 1　刚度相关法测试堆石体密度示意

2.4　关键测试技术

2.4.1　压板半径(r)的选择

压板大小的选择取决于理论模型、探测深度及介质最大粒径三要素。

理论模型要求　　　　$$r \leqslant 1.5\frac{v_s}{\omega} \tag{3}$$

探测深度要求　　　　$$r = \frac{h}{2\sqrt{\pi}} = 0.282h \tag{4}$$

最大粒径要求
$$r \geq \frac{d_{\mathrm{m}}}{2\sqrt{\pi}} = 0.282 d_{\mathrm{m}} \tag{5}$$

在以上条件都满足的前提下压板越小越好,以上三式中:r、v_{s}、ω、h、d_{m} 依次为压板半径、介质剪切波速度、体系的固有圆频率、测试深度、介质最大粒径。

2.4.2　附加质量的多少及材质

附加质量 Δm 控制的原则如下:

最小 Δm 应满足
$$\Delta m \geq \frac{1}{2}\varphi_{\mathrm{z}}^2 K \tag{6}$$

式中:φ_{z} 为地基介质的衰减模量。

仪器测试的频率精度要比加 Δm 产生的频差 Δf 高一个量级,要保证压板下不产生塑性变形,为保证振动体系为线弹性体系,Δm 要求为相对刚性体。

2.4.3　激振、拾振

激振不仅要求有足够的能量,还要求激振频带的峰值频率接近体系固有频率;拾振器的主频也要与体系的固有频率相近以保证有较好的振动性能。据此要求,经多次试验选用 50 kg 的击振锤,27～60 Hz 速度型检波器。

2.4.4　仪器

选择黄河勘测规划设计有限公司研制的 WYS－2003 密度测试仪。主要技术指标:计算机声卡采样,软件运行于 Windows XP 系统;A/D 16 位,采样频率 1.1～44.1 kHz;采样点数 2 048;有较强的频谱分析、频率细化和数字滤波功能;有 ω^{-2}～Δm 绘图功能并能计算地基刚度 K、m_0、ρ。

3　试验结果及分析

3.1　工作量及测点布局

现场试验研究选择 A、B、C、D、E 五种介质:A——紫红色风化砂页岩(任意料),测点 3 个;B——黏土质砂砾岩,测点 6 个;C——天然砂砾料,测点 6 个;D——粗砂反滤料,测点 8 个;E——黏土防渗墙,测点 6 个。5 种介质共完成测点 29 个,获得附加质量法成果数据 82 组,坑测法成果数据 26 组,环刀法成果数据 6 组。将上述成果资料分为 1、2、3 三个品极,1 级品可信度最高,2 级品次之,3 级品最差。附加质量法所得 82 组数据 1、2 级品为 70 组,占 85.37%;坑测法的 26 组成果数据中 1、2 级品为 16 组,占 61.5%;环刀法的 6 组成果数据中均为 1 级品。

3.2　$\rho \sim \dfrac{K}{r}$ 回归分析

根据一元线性回归的数学模型式(7),拟选 1 级品的归一化刚度 $\dfrac{K}{r}$ 与 1 级品坑测密度或环刀法实测密度对应数据计 15 组,见表 1,经过回归计算建立 $\rho \sim \dfrac{K}{r}$ 关系,如图 2 所示。

$$\rho = a\frac{K}{r} + b \tag{7}$$

$$\rho = 6.0 \times 10^{-4} \frac{K}{r} + 2.01 \tag{8}$$

式中：$a = 6.0 \times 10^{-4}$；$b = 2.01$。

表1　归一化刚度 $\dfrac{K}{r}$ 与坑测密度或环刀法实测密度对应数据

序号	ρ (t/m^3)	$\dfrac{K}{r}$ (MN/m^2)	ρ^2	$(\dfrac{K}{r})^2 \times 10^4$	$\rho \dfrac{K}{r}$	介质类型
1	2.29	534.7	5.24	28.59	1 224	A－1
2	2.24	431.3	5.02	18.60	966	A－2
3	2.25	422.0	5.06	17.80	950	A－3
4	2.31	482.3	5.34	23.26	1 114	B－5
5	2.20	426.0	4.84	18.15	937	B－6
6	2.30	432.0	5.29	18.66	994	C－1
7	2.25	351.7	5.06	12.37	791	C－4
8	2.31	366.7	5.34	13.45	847	C－5
9	2.24	310.0	5.02	9.61	694	C－6
10	2.03	146.0	4.12	2.13	296	E－1
11	2.10	136.0	4.41	1.85	286	E－2
12	2.05	119.5	4.20	1.43	245	E－3
13	2.09	86.0	4.37	0.74	180	E－4
14	2.06	115.0	4.24	1.32	237	E－5
15	2.09	133.0	4.37	1.77	278	E－6
$\sum$	32.81	4 492.2	71.92	169.74	10 039.0	

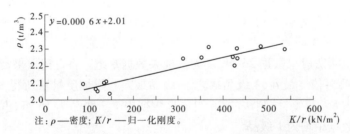

图2　燕山水库堆石体密度和归一化刚度关系 $(\rho \sim \dfrac{K}{r})$

3.3　误差分析

　　一元线性回归分析的相关系数 r 可按式(9)计算。相关系数表征两个变量线性关系的密切程度，r 的值为 $0 \sim 1$，r 越接近1，说明两个变量的线性关系越好。将 $L_{xx} = 35.45 \times 10^4$，$L_{yy} = 0.15$，$L_{xy} = 213$ 代入式(9)得相关系数 $[r] = 0.924$，说明 ρ 与 $\dfrac{K}{r}$ 的线性关系比较好。

$$[r] = \frac{L_{xy}}{\sqrt{L_{xx}L_{yy}}} = 0.924 \tag{9}$$

标准差

$$\sigma = \sqrt{\frac{1}{n-2}\sum_{i=1}^{n}(y_i - \hat{y})^2} = \sqrt{\frac{1}{n-2}\sum_{i=1}^{n}(\rho_i - \hat{\rho})^2} = \sqrt{\frac{(1-r^2)L_{yy}}{n-2}} = 0.041(t/m^3) \tag{10}$$

若取 2σ 则有 95.4% 的 ρ 值落在 $\pm 2\sigma$ 两条平行直线之间,则:

$$\rho'_{+} = 0.0006\frac{K}{r} + 2.01 + 0.082 \tag{11}$$

$$\rho'_{-} = 0.0006\frac{K}{r} + 2.01 - 0.082 \tag{12}$$

《混凝土面板堆石坝设计规范》(SL 228—98)[10] 要求干密度标准差不大于 0.1 t/m³; 3 倍的标准差 3σ 为极限误差,此处 $3\sigma = 3 \times 0.041 = 0.123(t/m^3)$。由此可见,规范中规定密度标准差应不大于 0.1 t/m³,恰为 $2\sigma(0.082\ t/m^3) \sim 3\sigma(0.123\ t/m^3)$,说明用这条曲线(见图2)或关系式(8)去推求密度 ρ 是可以满足设计要求的。

4　结论

(1)根据实测数据分析,利用刚度相关法建立了燕山水库堆石体介质的密度 ρ(原位密度)与附加质量法归一化刚度($\frac{K}{r}$)之间的线性关系式,相关系数 $[r]$ 为 0.924,说明刚度相关法用于检测燕山水库堆石体介质的密度检测是适宜的。

(2)将误差分析理论应用于该项目试验研究之中,并获得了明确答案。《混凝土面板堆石坝设计规范》(SL 228—98)中规定的干密度标准差 0.1 t/m³ 的限值在关系曲线 $\rho = 6 \times 10^{-4}\frac{K}{r} + 2.01$ 的标准差 σ 的 2～3 倍,说明刚度相关法的密度测试误差可以满足设计要求。

参考文献

[1] 中国水利水电科学研究院. DL/T 5129—2001　碾压式土石坝施工规范[S].北京:中国电力出版社,2001.
[2] 李丕武.地基承载力动测的附加质量法[J].地球物理学报,1993,36(5):683-687.
[3] 李丕武.堆石体密度测定的附加质量法[J].地球物理学报,1999,42(3):423-427.
[4] 严人党,王贻荪,韩清宁.动力基础半空理论概论[M].北京:中国工业出版社,1981.
[5] 郭长城.建筑结构振动计算[M].北京:中国建筑工业出版社,1992.
[6] 卢世深.桥梁地基基础试验[M].北京:中国铁道出版社,1984.
[7] 季文美,方同,陈松淇.机械振动[M].北京:科学出版社,1985.
[8] 王杰贤.动力地基与基础[M].北京:科学出版社,2001.
[9] 中华人民共和国水利部.SL 237—1999　土工试验规程[S].北京:中国水利水电出版社,1999.
[10] 中华人民共和国水利部. SL 228—98　混凝土面板堆石坝设计规范[S].北京:中国水利水电出版社,1999.

锚杆锚固质量检测技术研究与应用

崔　琳　薛云峰　李晓磊

（黄河勘测规划设计有限公司工程物探研究院　郑州　450003）

摘要:利用应力波原理对河南省燕山水库锚杆锚固质量进行了检测与方法技术研究,初步形成了一套锚杆锚固质量无损检测的方法,能够对锚杆长度、缺陷位置以及砂浆饱和度等参数进行测试,对锚杆锚固的施工质量作出全面的评价。

关键词:锚杆锚固　质量检测　缺陷位置　砂浆饱和度

1　引言

随着我国基础设施建设的迅猛发展,人工隧道和人工高边坡工程大量涌现。锚杆锚固技术作为各类地下工程(隧道、洞室等)及边坡护理的重要手段,已在水电、公路、铁路等工程施工中得到广泛应用。但是锚杆的施工属于隐蔽工程,锚杆的有效长度、砂浆的饱和度及砂浆的灌注缺陷越来越受到工程技术人员的关注,锚杆的施工质量直接影响着洞室或边坡的安全稳定。因此,对锚杆锚固的质量检测是十分重要的工作。

在锚杆锚固技术中,锚杆嵌入岩石中的长度及锚杆与岩石间砂浆的饱和度是评价锚杆能否发挥其最大效用的关键,因此对这两项技术指标进行检测评价是锚杆锚固质量检测的主要任务。目前,常用的拉拔试验一般仅能以拉拔力一项指标对锚杆质量进行评价,难以对施工过程中实际锚杆长度及砂浆饱和度是否满足设计要求作出定量评价,并且这种方法具有破坏性、抽检的样本数有限、不能检测锚杆的实际长度等缺陷,在工程实践中已逐步被无损检测方法所替代。应力波法就是一种无损检测方法,该方法不仅能够对锚杆长度和砂浆饱和度作出判定,达到对锚杆质量做出评价的目的,而且不对锚杆产生破坏作用,适宜进行大面积的检测。通过河南省燕山水库溢洪道及输水洞工程千根锚杆质量检测的对比研究,说明采用本方法对锚杆锚固质量进行检测是可行的。

2　检测原理及方法技术

2.1　检测原理

饱和、密实状态下的锚固剂凝固后,与锚杆杆体紧密握裹,可近似为一个组合杆体。组合杆体入岩后,可近似看做嵌入围岩的一维杆状体。

根据波动理论,当在锚杆顶端激振一个初始振动时,杆体中的质点即产生纵向拉伸与

作者简介:崔琳(1962—),女,安徽阜南人,工程师,从事水利水电工程物探工作。

压缩的波动,并以纵波的形式在杆体内传播,此时遵循一维波动的传播与反射规律,当入射波到达杆体锚固段的波阻抗差异界面(锚杆与砂浆界面、锚固段砂浆不饱和或不密实区域、砂浆握裹段的空腔)R 时,将发生反射、透射和散射,由固定在锚杆外露段的传感器接收反射波信号通过测试仪器记录储存,经过分析处理计算判断锚杆锚固质量。测试系统见图 1。

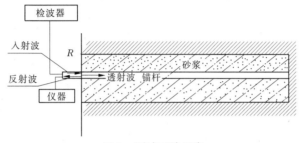

图1 测试系统示意

在锚杆检测工作中,通过分析研究反射波相位特征判定锚杆锚固系统的质量。锚杆锚固检测反射波相位特征见图 2。

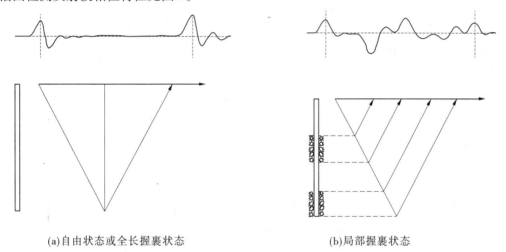

(a)自由状态或全长握裹状态　　　　(b)局部握裹状态

图2 锚杆锚固检测反射波相位特征

利用边界条件(力、位移连续),可求出反射波与入射波的振幅比 B'/B,即反射系数 K。

$$K = \frac{B'}{B} = \frac{\rho_1 v_{p1} A_1 - \rho_2 v_{p2} A_2}{\rho_1 v_{p1} A_1 + \rho_2 v_{p2} A_2} \tag{1}$$

式中:$\rho_1 v_{p1} A_1$ 为锚杆与锚固剂组合杆体的波阻抗(组合杆体密度 ρ_1,波速 v_{p1} 和横截面面积 A_1 的乘积);$\rho_2 v_{p2} A_2$ 为锚杆与锚固剂组合杆体缺陷的波阻抗。

式(1)表明,杆体界面反射波与入射波振幅比不仅取决于密实度和波速差异,而且还与杆体的横截面面积的差异有关。由于锚杆自身可看做一均匀体,组合杆体波阻抗的变化即是由锚固剂锚固密实,并是在达到有效握裹的状态下形成的。根据波动理论,K 的正负将引起反射波相位的变化,据此可以判别反射界面的性质,根据界面反射波的到时求得其深度,不同变性界面的杆体应力波反射相位特征见表1。

表1　杆体应力波反射相位特征

反射界面	波阻抗	反射系数	相位特征
锚固段上界面	$\rho_2 v_{p2} A_2 > \rho_1 v_{p1} A_1$	$K > 0$	反相
锚固段下界面	$\rho_2 v_{p2} A_2 < \rho_1 v_{p1} A_1$	$K < 0$	同相
锚固段缺陷上界面	$\rho_2 v_{p2} A_2 < \rho_1 v_{p1} A_1$	$K < 0$	同相
锚固段缺陷下界面	$\rho_2 v_{p2} A_2 > \rho_1 v_{p1} A_1$	$K > 0$	反相

应力波在锚杆中传播时,当遇到波阻抗差异界面时会发生反射,其原始振动能量应为各界面反射波能量加透射波能量的和(振动质点间内摩擦耗损可忽略),而来自某一界面的反射波能量大小与该界面的波阻抗特征密切相关。因此,各界面反射波能量状态能反映出界面的物性变化,是判断界面性质的另一种辅助指标。

2.2　方法与技术

在锚杆施工中,当因施工因素而造成锚固剂局部不饱和、不密实或空锚时,则形成组合杆体的非规则边界,利用应力波在杆体中传播与反射原理,可判别锚杆杆体锚固状态和握裹长度,从而计算出锚杆长度和注浆饱和度。

测试时,在锚杆外露段激发并接收应力波,波在杆体中的传播速度可利用相同的未锚固锚杆进行标定,设杆长为L,杆底反射波到时为ΔT,则波速为$v_p = 2L/\Delta T$,一般通过对数根锚杆进行测试标定后,即可取得该种锚杆的代表波速值。

该工程对数根自由锚杆进行试验标定,典型记录见图3,锚杆波速取值5 090 m/s。

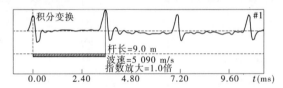

图3　自由锚杆模型原始记录曲线

在实际检测中,首先在测试信号波形图上判读杆体界面反射波的相位与到时,据此判断各界面的性质,然后利用波速值求得各界面的深度,进而得出杆体握裹段长度。锚杆的注浆饱和度跟锚杆与砂浆、砂浆与围岩体的接触以及砂浆的胶结程度有关。在一般情况下,注浆饱和度高、密实度好的锚杆,所测到的波形就较规则、反射杂波少、频率较高且集中,相应的振幅小、衰减快;反之,注浆饱和度低、密实度差的锚杆,所测到的波形较复杂,反射杂波较多,频率较低且分散,振幅大且衰减慢。因此,按其反射波的走时计算出缺陷位置和缺陷长度,从而计算出锚杆长度和注浆饱和度。注浆饱和度依照式(1)计算:

$$注浆饱和度 = \frac{测试锚杆长度 - 钢筋外露长度 - 缺陷长度}{测试锚杆长度 - 钢筋外露长度} \times 100\% \qquad (2)$$

2.3　仪器设备的选择

检测仪器设备为RS - 1616K(P)振动信号。对于锚杆这种特定介质,要使测试结果准确,现场测试应注意以下两点。

（1）检波器频率的选择：检波器频率的选择是准确识别反射波的关键因素之一，由于锚杆长度一般都比较短、激发的应力波频率又高，如果选择的检波器频率较低，反射波就不容易识别，得到的反射波双程走时误差大。因此，检波器频率应选择较高一些的，这样才能准确识别反射波。

（2）击震工具的选择和击震力的控制：要得到很好的反射波必须保证击震干脆并且击震力要合适。由于锚杆顶部面积小，如果采用小锤击震，一般的小锤底面面积较大，顶部既要安装检波器又要作为击震面，要保证击震干脆并且击震力合适很困难，不易得到满意的反射波。在试验中，选用质量为 250 g 左右带尖的小锤击震最好，锤击力不宜太大，这样得到的反射波能够较好识别。

3　评价锚杆质量的参数标准与检测成果

3.1　评价锚杆质量的参数标准

（1）砂浆缺陷。指砂浆在钻孔中某处存在空浆、不饱满、欠密实或轻微离析等。当测试曲线中某段的波形出现严重的衰减时，则判断该段为空浆；当波形某段反射波振幅时大时小时，则判断该段有少量砂浆或者半浆；当波形局部畸变时，则判断为局部砂浆不饱满、欠密实或者轻微离析。根据锚杆完整波形初步确定的锚杆综合波速，直接从波形上读出缺陷的位置及长度。

（2）有效锚固长度。根据波在裸钢筋中的传播和反射规律，找出锚杆在孔底的反射波信号，根据完整锚杆波形初步确定的综合波速，直接从波形上读出锚杆的有效长度。

（3）注浆饱和度。指杆体的有效长度减去缺陷长度后与有效长度的百分比。当波形严重畸变时，以与首波同相位的位置为起点，以缺陷后部与首波反向的位置为终点。

锚杆锚固的质量可根据工程地质条件、工程设计要求制定评价标准，凡锚杆长度和砂浆饱和度不符合设计要求的均属于不合格，合格锚杆可根据砂浆饱和度程度进一步评价质量等级。

3.2　检测结果

河南省燕山水库溢洪道及输水洞设计锚杆 10 000 根，按设计数量的 10% 进行抽检，共抽检锚杆 1 034 根。根据测试资料进行综合分析计算锚杆长度、入岩长度、缺陷位置和注浆饱和度，对检测结果进行评价，检测锚杆长度及入岩长度均符合设计要求，溢洪道检测 804 根，饱和度大于 80% 的锚杆占 97.9%，饱和度小于 80% 的锚杆占 2.1%；输水洞检测 230 根，饱和度大于 80% 的锚杆占 89.1%，饱和度小于 80% 的锚杆占 10.9%；没有发现饱和度小于 60% 的锚杆。

4　结论

（1）利用应力波原理对锚杆施工质量进行检测，除检测时间短、效率高、对锚杆无损伤等优点外，还能对锚杆长度、缺陷位置以及砂浆饱和度等参数作出评价，与抗拔法试验相结合，能够对锚杆的施工质量作出全面的评价；在对模型锚杆和工程锚杆进行大量的测试与研究的基础上，初步形成的工程锚杆无损检测方法，在目前国内尚无理想的专用设备和成熟的检测技术条件下，无论从原理上还是从方法上都是可行的。

（2）由于锚杆锚固体系是一个复杂的体系，在锚杆顶端所接收到的反射信号是施于锚杆顶端的瞬态激振力、锚杆围岩系统自身的振动特性以及传感器特性等因素的综合反映。在众多因素中，锚杆围岩系统自身的振动特性的识别是判断锚杆施工质量优劣的决定性因素，因此从理论上研究锚杆锚固系统在各种激振力作用下的振动特性，研究锚杆锚固体系正演理论模型，对锚杆锚固质量的弹性波检测法的信号测试、处理和解释等有着重要的指导意义。

施工爆破振动(冲击)对建筑物和设备的影响试验与研究

杨永强 刘 山

(中国水电顾问集团中南勘测设计研究院 长沙 410014)

摘要:施工爆破对建筑物和设备的影响涉及工程安全和民事纠纷,必须高度重视,本文结合工程实际进行试验,研究分析了爆破振动波与水击波对原有建筑物的影响情况,成果对后期施工有较好的指导作用。

关键词:爆破振动 水击波 允许最大段药量 允许最大质点振动速度 爆源点 监测点

1 引言

某抽水蓄能电站水库利用原有水库枢纽工程水库,原水库枢纽工程主要由主坝、副坝、溢洪道、发电引水隧洞、厂房及东西干渠引水建筑物等组成。

此工程部分建筑物与原有水库已有建筑物距离较近,例如:进厂交通洞进口与右岸小发电厂房的最小距离仅 66 m;进厂交通洞从西干渠隧洞下方穿越,二者垂直距离仅 17 m 左右;下库进(出)水口预留岩坎高 23 m,距大坝坝脚最小距离约 80 m。此外,原水库主坝为 20 世纪 60 年代修建的土石坝,至今已运行 40 余年,抗振动和水下冲击能力较弱。为评估施工期间的爆破振动(冲击)对电站原有建筑物和开关站等敏感电器设备产生影响程度并采取相应的防护措施,开展了爆破振动和水下爆破冲击波现场试验工作,推荐工程区爆破振动(冲击)规律,研究爆破振动(冲击)对原有建筑物和设备的影响,进而为施工期实施爆破控制和监测提供依据。

试验研究工作内容包括观测系统标定、继电器室内模拟振动试验、现场爆破振动试验、现场水下爆破冲击波试验等。

2 试验研究方法

2.1 主要工作思路

(1)重点研究对原有建筑物和设备可能造成影响的关键爆破工程或部位及其爆破方式条件下的爆破振动(冲击)传播衰减规律。对地面边坡、厂房部位的开挖,拟采取的主要爆破方式为预裂爆破和梯段爆破。

(2)根据工程地质条件分析推荐各工程不同施工阶段或部位爆破施工控制时宜采用的爆破振动(冲击)衰减规律。

(3)研究并提出各保护对象的爆破振动(冲击)控制标准。

作者简介:杨永强(1964—),男,湖南长沙人,教授级高级工程师,主要从事工程物探和管理工作。

(4)按照各保护对象的爆破振动(冲击)控制标准及爆心距,确定各开挖部位的允许最大单响药量。

(5)为施工控制爆破提供基础数据与建议。

2.2 观测物理量

在描述爆破振动强度物理量中,质点振动速度与建筑物的破坏特征关系比较密切,国内外工程界一般采用质点振动速度作为衡量和描述爆破振动强度的标准,我国现行的有关国标和行标也都采用质点振动速度作为安全控制标准,本次试验选用的物理量即为质点振动速度。

在描述水下爆破冲击波强度的波阵面压力、比冲量、水流能量密度等物理量中,波阵面压力因观测仪器相对较简单且与建筑物的破坏特征关系比较密切而为工程界所接受,《水电水利工程爆破施工技术规范》(DL/T 5135—2001)也采用压力作为衡量水下爆破冲击波强度的标准,本次水下爆破冲击波试验选用的物理量即为爆破冲击波压力。

2.3 爆源点布置及爆破参数

依据工程主要建筑物与原有建筑物的相互位置及现场条件,布置五处爆源(B1 ~ B5)。B1、B2爆源点分别位于地下厂房勘探平硐 PD1 主硐硐深 495 m、PD1 - 2 支硐硐深111 m,该两处爆源点与主坝距离约600 m,主要目的是研究地下硐室爆破振动衰减规律;B3 爆源点位于 PD1 平硐下游基岩露头处,距离主坝约 200 m,主要目的是研究下库进(出)水口和进厂交通洞进口等明挖段的爆破振动衰减规律;B4 爆源点位于主坝下游右岸拟定进厂交通洞进口附近基岩露头,该爆源点距小发电厂约 65 m,主要目的是观测爆破振动对小发电厂、居民楼及左岸电厂的影响;B5 爆源点位于下水库中拟定进(出)水口预留岩坎附近,距右坝头坝顶约 180 m,主要目的是研究水下爆破冲击波衰减规律。

爆破振动(冲击)现场试验爆破参数汇总见表1。

表 1 爆破振动(冲击)现场试验爆破参数汇总

爆源点	爆破次序	炮孔(个)	炮孔(m)	单孔药量(kg)	总药量(kg)	炸药种类
B1	B1 - 1	2	3.5	2 × 1.50	3.00	硝铵炸药
	B1 - 2	3	3.5	3 × 1.95	5.85	
	B1 - 3	6	3.5	4 × 1.50、1.20、1.95	9.15	
B2	B2 - 1	2	3.6	2 × 1.80	3.60	
	B2 - 2	8	3.5	8 × 1.80	14.40	
B3	B3 - 1	2	3.5	1.50、1.65	3.15	
	B3 - 2	7	3.5	7 × 1.50	10.50	
B4	B4 - 1	2	3.6	2 × 1.80	3.60	
	B4 - 2	3	3.6	3 × 1.80	5.40	
B5	B5 - 1	—	3.0	—	1.20	乳化炸药
	B5 - 2	—	3.0	—	4.00	
	B5 - 3	—	3.0	—	12.00	

2.4　观测点布置

观测点分为衰减规律观测点和主要建筑物、设备监测点两类。

衰减规律观测点共 27 个(S1～S27),布置成 4 条测线,B1～B3 爆源点各对应 1 条测线、7 个衰减规律观测点。S1～S7 布置在 PD1 主硐内,对应 B1 爆源点;S8～S14 布置在 PD1－2 支硐内,对应 B2 爆源点;S15～S21 布置在下库进(出)水口与右坝头间山坡基岩上,对应 B3 爆源点。同一条测线的衰减规律观测点尽可能布置成一条直线并在对数坐标上呈等间距。因衰减规律观测点距爆源较近,因而以观测质点振动速度的垂直分量为主,目的是确定质点振动速度衰减规律。S22～S27 布置在下库进(出)水口与右坝头间水库水深 3 m 处,对应 B5 爆源点,观测水中爆破冲击波压力,目的是确定水下爆破冲击波压力衰减规律。

监测点共布置 10 个(C1～C10),主要布置于原有重要建筑物和电气设备基础上,见表 2。振动监测点均同时观测质点振动速度的垂直分量和水平径向分量。

爆源点和观(监)测点布置两者对应关系见表 3。

表 2　振动监测点位置一览

编号	位置	编号	位置	编号	位置
C1	右岸西干渠取水口	C5	右岸 5 层居民楼楼顶柱	C9	西干渠隧洞地面基岩
C2	主坝右坝头坝顶	C6	左岸电厂开关站基座	C10	主坝右坝头上游坝面
C3	右岸小电厂边坡基岩	C7	左岸电厂中控室地面		
C4	右岸小电厂电器基础	C8	主坝右坝头下游坝脚		

表 3　爆源点和观(监)测点对应关系

爆源点	衰减规律观测点	振动监测点	爆源点	衰减规律观测点	振动监测点
B1	S1～S7	C1、C2、C8、C9	B4	—	C3、C4、C5、C6、C7、C8、C9
B2	S8～S14	C1、C2、C6、C8	B5	S22～S27	C1、C2、C7、C10
B3	S15～S21	C1、C2、C6、C7			

2.5　观测系统

爆破振动试验采用由速度传感器、屏蔽电缆、数据采集仪组成的观测系统,水下爆破冲击试验采用由压力变送器、屏蔽电缆、数据采集仪组成的观测系统,震动观测点使用的数据采集仪为 TOPBOX508S 自记仪。速度传感器及压力变送器的主要技术性能见表 4。

3　试验成果与分析

3.1　试验成果

爆破振动(冲击)现场试验共爆破 12 次,其中 B2、B3、B4 爆源点各 2 次,B1 爆源点 3 次,B5 爆源点 3 次,累计获得有效爆破振动观测数据 49 组、有效振动衰减规律观测数据 40 组、有效冲击波衰减规律观测数据 15 组,图 1 为实测典型振动波波形实例。

表 4　速度传感器及压力变送器主要技术性能

传感器型号	方向	灵敏度($mV/cm \cdot s^{-1}$)	频响范围(Hz)	说明
20DX – 10 超级	垂直	255	10 ~ 800	与多道爆破振动监测仪配套使用
20DX – 10 普通	垂直	220	10 ~ 800	
CDJ – P10	水平	280	10 ~ 300	
EG – 10	垂直	360	20 ~ 1 000	与 TOPBOX508S 自记仪配套使用
PSH	水平	230	10 ~ 250	
CYG1401T	—	0.10、0.50、2.00	0 ~ 500 000	与 TOP – 5612 动态测试仪配套使用

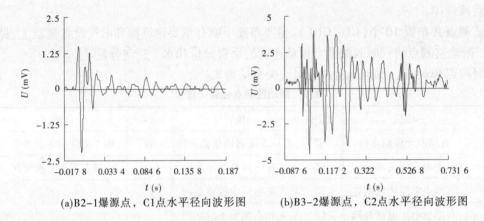

(a)B2-1爆源点，C1点水平径向波形图　　　(b)B3-2爆源点，C2点水平径向波形图

图 1　实测典型振动波波形实例

3.2　爆破振动衰减规律

目前,国内常用如下经验公式(即萨道夫斯基公式)来描述爆破峰值振动速度衰减规律:

$$v = K(Q^{1/3}/R)^{\alpha} \tag{1}$$

式中:v 为峰值振动速度,cm/s;Q 为爆破药量,kg;R 为观测点至爆心距离,m;K 为场地系数;α 为衰减指数。

现场试验的目的在于确定场地系数 K、衰减指数 α,然后用式(1)来估算施工期爆破振动速度。

依据各相关观测系统衰减规律观测点观测成果,用最小二乘法进行回归分析,得出不同部位的爆破振动衰减规律,见表5。

表 5　爆破振动峰值速度衰减规律一览

位置	质点振动速度衰减规律	相关系数 R_X	公式编号	说明
PD1 主硐	$v_V = 203.6(Q^{1/3}/R)^{1.907}$	0.985	(2)	S1 ~ S7 观测点
PD1 – 2 支硐	$v_V = 72.12(Q^{1/3}/R)^{1.415}$	0.930	(3)	S8 ~ S14 观测点
PD1 平硐	$v_V = 138.5(Q^{1/3}/R)^{1.727}$	0.962	(4)	S1 ~ S14 观测点
PD1 平硐与右坝头间山坡	$v_V = 134.0(Q^{1/3}/R)^{1.911}$	0.975	(5)	S15 ~ S21 观测点

表5中各种振动衰减规律差异较大。

式(2)反映的是受断层隔振影响较大情况下的爆破振动衰减规律。鉴于地下厂房主要硐室与西干渠取水口、大坝、左岸电厂间发育有 F8、F21、F22、F23、F24、F26、F27 断层，选用式(2)估算施工期上述部位的爆破振动速度较合理。

B2 爆源点、S8 ~ S13 观测点分布区域无断层发育，岩体呈微风化，以完整岩体为主，可用式(3)估算完整岩体的爆破振动速度。

式(4)是在式(2)和式(3)基础上的综合规律，代表的是受断层影响较小情况下的爆破振动衰减规律。

B3 爆源点、S15 ~ S21 观测点位于 PD1 平硐口与右坝头间山坡基岩上，观测值(质点振动速度、主振频率)明显小于 Q 和 R 相近情况下其他部位观测点的观测值，原因是岸坡浅表部强风化岩体中节理(卸荷)裂隙较发育，岩体完整性较差，对地震波具有较强吸收性，地震波在沿岸坡浅表部传播过程中能量及频率损失较大，衰减较快。可用式(5)估算进厂交通硐进口及下库进(出)水口等明挖段的爆破振动速度。

3.3 水下爆破冲击波衰减规律

水中冲击波(水击波)的传播是一个复杂的力学过程。水击波对目标的破坏，一般用波阵面峰值压力 P、比冲量 I_+ 等水中冲击波的特征参数来衡量。计算无限水介质中水击波压力时，目前广为使用的是库尔经验公式，即

$$P = 0.098K(Q^{1/3}/R)^{\alpha} \tag{6}$$

式中：P 为水中冲击波峰值压力，MPa；其他符号意义同前。

大量试验数据表明，在水深 d 与药包半径 R_0 之比大于 10 ~ 20，装药沉深 H 与药包半径 R_0 之比大于 5 ~ 10 的深水中爆炸时，水中冲击波峰值压力不受或基本不受自由水面和水底反射的影响，可视为在无限水介质中爆炸。本次现场水中爆破试验，爆源点及观测点均置于水深 3 m 处，与岸边的最小距离大于 40 m，试验区水深大于 20 m，均满足上述条件，因此可视为在无限水介质中爆炸。

依据试验观测成果，用最小二乘法进行回归分析，得出水中冲击波压力衰减规律，即

$$P = 61.65(Q^{1/3}/R)^{1.122} \tag{7}$$

3.4 监测点观测结果与分析

现场爆破振动试验中 C1 ~ C9 振动监测点共观测到有效振动信号 39 组，其观测值与综合衰减规律反算值均较接近，绝对误差一般小于 0.035 cm/s，最大为 0.067 cm/s，表明用衰减规律估算该点振动速度基本能反映实际情况，以西干渠取水口情况为例分析如下：

现场振动试验中位于西干渠取水口基岩上的 C1 振动监测点观测到的质点振动速度最大值：垂直向 $v_V = 1.182$ cm/s，振动频率为 48 ~ 107 Hz。C1 振动监测点观测值与反算值见表6。

表6　C1振动监测点观测值与反算值

爆破次序	药量 Q （kg）	距离 R （m）	质点振动速度 v_v（cm/s）		
			观测值	式(2)反算值	式(5)反算值
B1－1	3.00	507.40	<0.004	0.003	—
B1－2	5.85	509.18	0.004	0.004	—
B1－3	9.15	509.68	<0.007	0.006	—
B2－1	3.60	460.39	0.006	0.004	—
B2－2	14.40	460.43	<0.017	0.009	—
B3－1	3.15	23.01	0.628	—	0.695
B3－2	10.50	26.40	1.182	—	1.151

观测值与反算值基本一致,绝对误差小于0.067 cm/s。

3.5　继电器室内模拟振动试验

厂房及开关站是电气设备的聚集地,也是对爆破振动最敏感的部位。为在更大范围(振动强度、振动频率)内观测振动对电气设备的影响,对电厂提供的五台不同型号中控室继电器进行了室内模拟振动试验。每台继电器任选一对常开(闭)触点,在空载下进行振动试验,结果见表7。

表7　继电器室内振动试验结果一览

继电器种类	继电器型号	振动频率 （Hz）	振动速度 （cm/s）	共振频率 （Hz）	常开(闭)触点
电流继电器	DL－32	10～250	0.1～5.0	不明显	常开触点未闭合
电压继电器	DY－32	10～250	0.1～5.0	不明显	常开触点未闭合
中间继电器	DZJ－206	10～250	0.1～5.0	不明显	常开触点未闭合
中间继电器	DZY－204	10～250	0.1～5.0	不明显	振动速度固定在1 cm/s时,在45～65 Hz、85～95 Hz频率段常闭触点断开;振动频率固定在100 Hz时,在0.1～5.0 cm/s振动速度范围内常闭触点均未断开
信号继电器	DX－31B	10～250	0.1～5.0	100	振动速度固定在1 cm/s时,在40～165 Hz频率段常闭触点断开;振动频率固定在100 Hz时,在0.1～5.0 cm/s振动速度范围内常闭触点均断开

注:试验时各继电器均为空载。

试验结果说明:①继电器的常闭触点受振动的影响较常开触点大,试验中发生误动作的均为常闭触点,因每对常开触点之间均有一定的间隙,故常开触点抗振动能力相对较强;②引发继电器误动作的主要因素是振动频率,该频率应为继电器的共振频率或与继电器的固有频率有关,DZY－204型继电器当振动速度为1 cm/s时,在45～65 Hz、85～95 Hz频率段常闭触点断开,而当振动频率为100 Hz时,即使振动速度达到5.0 cm/s,其常闭触点仍未断开,又如 DX-31B 型继电器当振动频率达到其共振频率(100 Hz)时,0.1 cm/s 的振动速度就能使其常闭触点断开。

继电器室内振动试验是在空载等非正常工况条件下进行的,试验结果也只能反映一定的规律。

3.6　爆破振动安全控制标准

参照《爆破安全规程》(GB 6722—2003)、《水电水利工程爆破施工技术规范》(DL/T 5135—2001)、《水电水利工程施工组织设计手册》相关规定,结合本次试验和工程条件推荐本工程主要建筑物和设备爆破振动安全控制标准见表 8。

表 8　工程爆破振动安全控制标准

部位	允许最大质点振动速度(cm/s)	部位	允许最大质点振动速度(cm/s)	部位	允许最大质点振动速度(cm/s)
西干渠取水口	5.0	左岸开关站	0.9	右岸小电厂	0.9
主坝	1.5	左岸中控室	0.5	5 层居民楼	5.0
西干渠隧洞	10.0				

3.7　爆破振动影响判断

依据设计的主要建筑物布置方案,能确定原有建筑物中拟防护对象与爆源点的最小距离,根据相应的爆破振动衰减规律和安全控制标准可推算允许最大段药量,见表 9。

表 9　允许最大段药量一览

施工部位	防护部位	最小水平距离 D(m)	安全控制标准(cm/s)	允许最大段药量(kg)	说明
进厂交通洞进口明挖段	主坝下游坝脚	90	1.5	□	按式(5)计算
	右岸小电厂	66	0.9	111.6	按式(5)计算
	左岸开关站	153	0.9	□	按式(5)计算
	左岸中控室	182	0.5	□	按式(5)计算
	5 层居民楼	66	5.0	□	按式(5)计算
进厂交通洞进口洞挖段	主坝下游坝脚	93	1.5	310.0	按式(4)计算
	右岸小电厂	69	0.9	52.1	按式(4)计算
	左岸开关站	162	0.9	□	按式(4)计算
	左岸中控室	191	0.5	398.3	按式(4)计算
	5 层居民楼	72	5.0	□	按式(4)计算
进厂交通洞与西干渠隧洞交汇处	西干渠隧洞	17	10.0	42.9	按式(2)计算
				74.5	按式(3)计算

注:表中注明为"□",表示按正常的水工建筑物施工爆破最大药量推算,爆破震动对防护对象的影响很小,下表同。

　　其他按正常的水工建筑物施工爆破最大药量推算,爆破振动对防护对象的影响很小的施工部位与防护对象未列入表9中。

　　由此可见,地下厂房主要硐室爆破施工、下库进(出)水口爆破施工爆破作业产生的爆破振动对原有建筑物和设备的影响很小。

　　进厂交通洞进口爆破作业除对右岸小电厂有一定影响外,对其他建筑物和设备的影响很小。在保证右岸小电厂安全运行的前提下,进厂交通洞进口明挖段的单响最大段药量应控制在111.6 kg以内,洞挖段的单响最大段药量应控制在52.1 kg以内。

　　进厂交通洞与西干渠隧洞交汇处的爆破作业对西干渠隧洞有一定影响,其单响最大段药量应控制在42.9 kg以内。

3.8　下库进(出)水口预留岩坎爆破拆除影响初步分析

　　下库进(出)水口预留岩坎高23 m,因分段爆破时水下钻孔及装药难度较大,故需一次性爆破拆除。预留岩坎朝向进(出)水口的一面为临空面,朝向下水库的一面为水,爆破时主坝将承受地震波、水击波和空气冲击波三种爆破荷载的作用。由于爆破药量不大,爆炸引起的空气冲击波对主坝的影响不大,爆破地震波和水击波是大坝将要承受的主要动力荷载。

　　仅考虑爆破振动防护情况下,预留岩坎爆破拆除时的允许最大段药量见表10。预留岩坎爆破拆除时的爆破振动对西干渠取水口和主坝将产生一定影响,其单响最大段药量应控制在139.1 kg以内。

表10　预留岩坎爆破拆除允许最大段药量

施工部位	防护部位	最小水平距离 D（m）	安全控制标准（cm/s）	允许最大段药量(kg)	说明
下库进(出)水口预留岩坎	西干渠取水口	43	5.0	248.1	按式(4)计算
	主坝上游坝脚	80	1.5	139.1	按式(3)计算
	主坝坝顶	220	1.5	□	按式(3)计算
	左岸开关站	397	0.9	□	按式(4)计算
	左岸中控室	473	0.5	□	按式(4)计算

注:未考虑水击波的影响。

　　当单响最大段药量取139.1 kg,最小距离取80 m时,按无限水介质情况下的水击波压力衰减公式(式(7))计算,预留岩坎爆破拆除时,主坝上游坝面将要承受的最大水击波峰值压力为2.859 MPa。

　　通过观测和对大坝分析计算,在此药量爆破情况下,对大坝不造成影响。也就是说,此种情况下爆破振动是爆破影响的主要因素。

4　结语

　　(1)通过试验分析,获得了特定条件下推算控制单响药量的爆破振动影响衰减规律,即采用 $v_V = 134.0(Q^{1/3}/R)^{1.911}$ 估算明挖段,采用 $v_V = 72.12(Q^{1/3}/R)^{1.415}$ 估算微风化岩体,采用 $v_V = 203.6(Q^{1/3}/R)^{1.907}$ 估算受断层影响较大情况,采用 $v_V = 138.5(Q^{1/3}/R)^{1.727}$ 估算

受断层影响较小情况下的爆破振动强度以及采用 $P = 61.65(Q^{1/3}/R)^{1.122}$ 估算无限水介质的水中冲击波压力是合理的,基本能反映实际情况。

（2）影响继电器等电气设备安全运行的主要因素是振动频率,该频率与电气设备自身的固有频率有关。

（3）此试验结论在后期的施工爆破控制中起到了重要作用。

（4）爆破振动观测结果是特定的地质、爆破参数等条件下的综合反映,现场爆破试验不可能做到与施工期的各种条件完全一致,而场地条件、岩体特性及爆破参数的变化等均会影响爆破地震效应。因此,施工期须开展现场爆破振动监测,同时监测垂直分量和水平径向分量,并注意振动频率的改变对建筑物安全的影响,以便将爆破参数控制在合理的范围内,从而达到降震的目的,实现安全快速施工。

对附加质量法检测堆石体密度的认识

崔 琳 高明霞

（黄河勘测规划设计有限公司工程物探研究院 郑州 450003）

摘要： 堆石料体积较大，采用传统的坑测法检测其密度比较困难，可能因测点数偏少、采样率低等原因导致堆石体密度检测精度较低。基于质量弹簧振动、弹性半空间、相关分析等理论提出的附加质量法，具有理论可靠、方法简捷、效果良好等特点。经实践证实，其是一种检测堆石体密度的较佳方法，可有效提高检测速度和质量。

关键词： 堆石体密度 检测 附加质量法

1 引言

堆石体作为一种工程材料，由于对不同地基地质条件适应性强、沉降小、稳定性好、抗震性能好、施工简单、易修复，对多数工程而言都可以就地取材，有较丰富的料源，在技术经济指标方面有显著优势，因此被广泛应用于堆石坝、堆石路基以及地基加固改造工程。由于堆石料的最大桩径 1 000 mm 者非常普遍，有的甚至达 1 500 mm，故采用挖坑灌水法求取密度（单位体积的质量）比较困难，开挖取料难、称重难。由于试坑凹凸悬殊，体积的量测精度受到一定影响，致使密度的最终精度亦受到一定影响。此外，由于坑测法比较困难，导致测点数偏少，采样率低，对于客观评价堆石体工程的压实质量受到一定程度的限制。同时，施工过程中石料的堆放有较大的随意性，粗、细料的级配、分布极不均匀，为加强堆石体工程的施工质量控制与评价必须加大检测点的数量，而仍采取坑测法检测堆石体密度则很难实现检测点数的大幅度增加。因此，采用一种快捷、准确的办法注入检测工作十分必要。

为解决堆石体密度的快速检测问题，国内外曾经研究、试验、应用过沉降法、压实计法、施工中控制碾遍数法、动力触探法、静力触探法、静载荷试验法、核射线法、瞬态冲击法、弯沉仪检测法、面波法等，但效果均不够理想。本文结合 1995 年黄河水利委员会工程物探总队提出的附加质量法以及堆石坝工程实际的试验资料，深入分析其检测效果并提出几点认识。

2 附加质量法检测堆石体密度的方法及原理

利用附加质量法检测堆石体密度有两个关键性环节：首先是测量测点的动力参数，地基刚度 K 和堆石体介质的参振质量 m_0；其次是将 K、m_0 转化为堆石体密度 ρ。第一个环节的理论依据是物理学中的质量弹簧振动理论，而设堆石体测点处的介质振动符合物理

作者简介： 崔琳（1962—），女，安徽阜南人，工程师，现从事水利水电工程物探工作。

学中的质弹模型;第二个环节的理论依据是弹性半空间理论、相关分析理论以及物理场理论等。

2.1　地基刚度 K 及堆石体介质的参振质量 m_0 的测量

将一块刚性板覆盖于地基(堆石体)测点表面,加上刚性质量体,并将拾震器埋置在压板(附加质量体)上,与振动信号采集分析仪连接,击振旁土(堆石体)即可完成一级附加质量相应的振动测试。重复即可得到多级附加质量相应的振动信号,经频谱分析即可得到与不同的附加质量 Δm_1、Δm_2、$\cdots$ 相应的振动频率 f_1、f_2、$\cdots$,如图1所示。

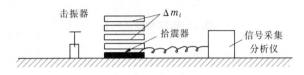

图1　附加质量法系统连接

设 K、m、m_0、Δm 分别为压板下堆石体的动刚度、振动质量、堆石土介质的参振质量、附加质量,其中 $m = m_0 + \Delta m$,则模型的振动方程如下:

$$mZ' + KZ = 0 \tag{1}$$

$$K = \omega^2 m \tag{2}$$

$$K = \omega^2(m_0 + \Delta m) \tag{3}$$

$$Z = A\sin(\omega t + \varphi)$$

$$Z' = \frac{\mathrm{d}^2 Z}{\mathrm{d}t^2}$$

式中:Z 为振动的位移函数;Z' 为振动加速度函数;A 为振幅;ω 为相应于 Δm 的振动圆频率;φ 为初相角;t 为振动时间;Δm 为附加质量。

式(3)中 Δm 及 ω 均可测,而 K、m_0 为待求的未知量,若欲求其解,必须有两级以上的附加质量 Δm,即采用两点法按式(5)和式(6)求解。为降低由测试所造成的偶然误差,也可采用多级 Δm,通过 ω^{-2} 与 Δm 的线性关系曲线按式(7)和式(8)求解,如图2所示。

$$\left.\begin{array}{l} K = \omega_2^2(m_0 + \Delta m_1) \\ K = \omega_2^2(m_0 + \Delta m_2) \end{array}\right\} \tag{4}$$

$$K = \frac{\omega_1^2 \omega_2^2}{\omega_1^2 - \omega_2^2}(\Delta m_2 - \Delta m_1) \tag{5}$$

$$m_0 = \frac{\omega_2^2 \Delta m_2 - \omega_1^2 \Delta m_1}{\omega_1^2 - \omega_2^2} \tag{6}$$

$$K = \frac{\Delta m_2 - \Delta m_1}{\omega_2^{-2} - \omega_1^{-2}} = \frac{\Delta m}{\Delta \omega^{-2}} \tag{7}$$

$$m_0 = K\omega_0^{-2} \tag{8}$$

m_0 即 $\omega^{-2} \sim \Delta m$ 曲线在 Δm 轴上的截距,如图2所示。

2.2　密度的求解

随着附加质量检测技术的不断创新和发展,利用 K、m_0 或 ω(圆频率)求解堆石体密度 ρ 的方法相继产生了解析法、衰减系数法、直接相关法、神经网络法、体积相关法和物理

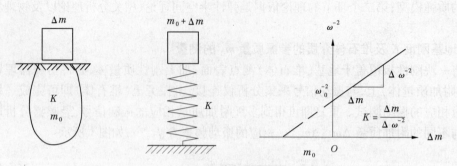

图 2　附加质量法示意

场解法等六种。

2.2.1　解析法

解析法是根据弹性半空间理论导出的各弹性参数之间关系的解析函数计算密度的方法,可用下式表示:

$$K = \frac{4r}{1-\mu} v_s^2 \rho \tag{9}$$

式中,K、v_s、μ、r、ρ 为堆石体的地基刚度、横波速度、泊松比(可以由 ρ、s 计算)、基底(或承压板)半径、介质密度。

如果 K、v_s 等参数可以准确量测则可直接计算出密度 ρ,但波速的测量精度往往难以满足密度的精度要求,超出了合理的范围,因此认为解析法虽然理论严密、算法简单,但实际上却不可行。

2.2.2　衰减系数法

根据压板下介质振动的 m_0 的集中动能 T 等于其连续介质微分动能 dT 的积分原理(见图 3),则可导出密度计算公式,即:

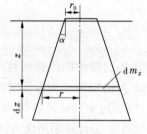

图 3　衰减系数法计算简图

$$T = T'$$

$$T' = \frac{1}{2} m_0 v_0^2$$

$$T' = \frac{1}{2} \int_0^\infty dm_z v_z^2$$

$$\rho = \frac{2m_0}{A\lambda} \beta \tag{10}$$

式中:v_0 为 m_0 的振动速度幅值;v_z 为任意深度 z 质点 dm_z 的振动速度幅值;ρ 为介质密度;A 为基底(压板)面积;λ 为波长;β 为振幅衰减系数。

λ、β 可以直接测量,为减小测量误差也可以通过坑测 ρ 率定,即 $\frac{\beta}{\lambda} = \frac{\rho A}{2m_0}$。

2.2.3　直接相关法

直接相关法即是对同一点位采用附加质量法和坑测法,再根据实测的 K、m_0、ρ 三个参数,采用统计学的方法建立 $\rho \sim K$、$\rho \sim m_0$ 的关系。根据正态分布的数理统计理论,资料组数(样本量)一般不宜少于 30 组。

2.2.4　神经网络法

神经网络法是模拟人脑某些基本功能为学习记忆、识别、联想、信息处理等建模、编程等用于密度的求解。

2.2.5　体积相关法

体积相关法是用 m_0 与其相应的体积 V_0 建立关系(已知坑测 ρ),再用以求 m_0 相应的体积 V_0,即可求得密度 ρ。由于 V_0 只有借助于 ρ 求得,故该方法亦是一种半经验方法。

2.2.6　物理场解法

密度的物理场解法,是利用弹性介质的密度与其相应的弹性参数刚度、参振质量等物理参数之间的场函数关系去求解密度的方法。用这种方法得到的密度值一般会有更高的精度。

3　检测实例分析

T 堆石坝工程 32 个试验点体积相关曲线式(11)如图 4 所示,N 堆石坝工程 33 个试验点体积相关曲线式(12)如图 5 所示。

$$V_0 = 0.423\,5m_0 + 14.942 \tag{11}$$

$$V_0 = 0.451\,4m_0 + 4.368\,2 \tag{12}$$

式中:m_0 为用附加质量法测到的参振质量;V_0 是相应于 m_0 的体积。

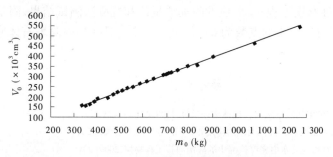

图 4　T 堆石坝工程体积相关曲线

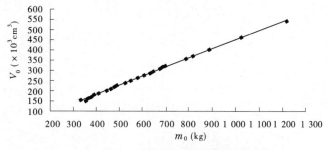

图 5　N 堆石坝工程体积相关曲线

用式(11)、式(12)分别计算 T 工程和 N 工程的密度值,并将其与相应坑测密度值比较,用以分析附加质量法的检测精度。对比分析结果如下:N 工程密度的绝对误差(或称回归误差、残差)$\Delta\rho > 0.05$ t/m³ 的有 8 个点,占测点总量(33 个点)的 24%,$\Delta\rho \geq 0.10$ t/m³ 的有 2 个点,占 6%;其相对误差 $\delta > 2.5\%$ 的有 9 个点,占 27%,$\delta > 5.0\%$ 的点数为 0。T 工程密度的绝对误差 $\Delta\rho > 0.05$ t/m³ 的有 5 个点,占测点总量(32 个点)的 15.6%,$\Delta\rho \geq 0.10$ t/m³ 的有 1 个点,占 3%;相对误差 $\delta > 2.5\%$ 的有 5 个点,占 15.6%,$\delta > 5.0\%$ 的有 1 个点,占 3%。两工程共测 65 个点,$\Delta\rho > 0.05$ t/m³ 的共 13 个点,占 20%,$\Delta\rho \geq 0.10$ t/m³ 的点共 3 个,占 4.6%;$\delta > 2.5\%$ 的共 14 个点,占 21.5%,$\delta > 5.0\%$ 的共 1 个点,占 1.5%。

综上所述,附加质量法的检测精度达 97.5% 以上的点位 51 个,占 78.5%;检测精度达 95% 以上的点为 64 个点,占检测点总数的 98.5%,是一种检测堆石体密度的较佳方法。

4　主要结论

(1)利用附加质量法检测堆石体密度主要依据质量弹簧模型、弹性半空间理论、动能定理、相关分析理论、神经网络理论和物理场理论,具有牢靠的理论基础。该方法的关键性环节有堆石土地基的动参数 K、m_0 测定和测点介质密度 ρ 的推求。

(2)测量 K、m_0 的方法是利用附加一定的质量体,测量相应频率的变化即可奏效。每个点的测量时间仅需 20 min 左右,方法简捷。

(3)实践证明,将动参数转化为堆石体密度的六种办法中,体积相关法使用较多且效果良好,而物理场解法则可使密度的精度大幅度提高。

(4)对比 N、T 两堆石坝工程 65 个点的附加质量法和坑测法测试结果,附加质量法检测效果良好,相对误差小于 5% 的点数为 64 个,占 98.5%,是一种检测堆石体密度的较佳方法。

参考文献

[1] 李丕武.堆石体密度测定的附加质量法[J].地球物理学报,1999,42(3):423-427.

[2] 李晓磊.Δm 体积相关法在田湾和仁宗海大坝的应用效果[J].工程物探,2009(2).

[3] 杜爱明,等.附加质量法在糯扎渡水电密度检测中的应用[J].工程物探,2009(2).